U0910630

书籍点燃希望
智慧创造财富
学习改变人生
献给所有热爱生活的朋友

TONGRENGE BOOKS
同人阁图书

梦的解析

THE INTERPRETATION OF DREAMS

［奥］西格蒙德·弗洛伊德 著

听 泉 译

天津社会科学院出版社

图书在版编目（CIP）数据

梦的解析：英汉对照/（奥）弗洛伊德著；（美）布里尔，听泉译.—天津：天津社会科学院出版社，2013.7（2019.8重印）

ISBN 978-7-80688-916-9

Ⅰ.①梦…　Ⅱ.①弗…②布…③听…　Ⅲ.①梦—精神分析—英、汉　Ⅳ.①B845.1

中国版本图书馆CIP数据核字（2013）第137202号

出版发行：天津社会科学院出版社
出 版 人：张　博
地　　址：天津市南开区迎水道7号
邮　　编：300191
电话/传真：（022）23366354
（022）23075303
网　　址：www.tass-tj.org.cn
印　　刷：三河市华润印刷有限公司

开　　本：787×1092毫米　1/16
印　　张：39.5
字　　数：693千字
版　　次：2013年10月第1版　2019年8月第2次印刷
定　　价：80.00元（上下册）

Flectere si nequeo Superos,
Acheronta movebo

（如果无法影响上帝，我就要搅动地狱。）

THE INTERPRETATION OF DREAMS

Flectere si nequeo Superos,Acheronta movebo

前 言

1909年，G·斯坦利·霍尔[1]请我到位于伍斯特的克拉克大学，作有关心理分析的首轮演讲。同年，布里尔博士[2]首次发表了拙著的英译本，以后不久又陆续发表了其他拙著的英译本。如果心理分析目前在美国理性生活中发挥作用，或者将来发挥这种作用，这个结果的大部分就得归功于布里尔博士的历次活动。

他首译的《梦的解析》发表于1913年。从那以后，世界发生了很大变化，我们对神经官能症的看法也发生了很大变化。这本书问世时（1900年）对心理学作出的新贡献曾经让世界吃惊，基本内容现在仍未改变。即使根据我当前的判断，它也包括我有幸发现的所有内容中最有价值的部分。一个人有幸产生这样的洞察力，一生只有一次。

弗洛伊德

1931年3月15日于维也纳

---

① G·斯坦利·霍尔（G. Stanley Hall，1844～1924），美国心理学家，1882年他在约翰斯·霍普金斯大学建立了一座实验性心理实验室，创建儿童心理学，对教育心理学影响极大。

② 亚伯拉罕·阿登·布里尔（Abraham Arden Brill，1874～1948），奥地利裔美籍精神病学家，因翻译荣格和弗洛伊德的著作而闻名。

目 录

第一章　梦问题的科学文献
（截至 1900 年）

我在下文中将论证一种有可能解梦的心理技巧。运用这种技巧，每个梦都会自动呈现出一种充满意义的精神结构，并可能和清醒状态心理活动的某一特定部分有关。我还会进一步尽力阐明梦扑朔迷离产生的那些过程，并从这些过程推断出这些精神力量的特性。我们的梦就是这些力量之间的冲突或协作产生的。之后，我的调查报告即告结束，因为梦的问题会变成更加综合的问题，而要解决这些问题，我们必须求助于各种不同的材料。

我首先要简述早期作家对这一主题的见解，然后再简述梦的问题在当代科学中的地位，因为在这个论述过程中，我很少有机会再谈到这两方面。尽管梦的问题谈论了几千年，但对梦的理解却没有多大科学进展。这一事实已得到论述该主题的早期作家的普遍承认，似乎没大必要引述各自的看法。读者会在本书末所列的著作中发现许多富有刺激性的观察报告，以及和我们的主题有关的大量有趣材料，但与梦的真实特性关系不大或毫无关系，肯定也解不开梦的任何谜团。当然，受过教育的外行对这件事知道的甚至更少。

史前时期原始人类对梦、对宇宙和灵魂观念的形成可能产生影响，这种观念是一个非常有趣的主题，只是我不愿意在这些篇章中论述这个问题。我会让读者去查阅约翰·拉伯克爵士[①]（安维伯里勋爵）、赫伯特·斯宾塞[②]、E·B·泰勒和其他作家的名著；我只会补充说，直到我们完成摆在面前的解梦工作，才能认识到这些问题和推测的重要性。

对原始时代持有的梦观念进行追忆，似乎成了评价梦的基础，这种评价在古代各族人中通用。他们想当然地认为，梦与他们信奉的超自然界有关，认为他们从鬼神那里得到了灵感。而且，在他们看来，梦一定会对做梦者起一种特殊作用，这些梦通常预卜未来。显梦和给做梦者产生印象的离奇变化，

---

① 约翰·拉伯克（John Lubbock, 1834～1913），英国银行家、政治家和自然主义者。他以撰写大众科学读物而闻名，其作品包括《昆虫的起源与变形》和《英国的野生茶》。

② 赫伯特·斯宾塞（Herbert Spencer, 1820～1903），英国哲学家，他试图在其系列论著《合成哲学》中将进化论运用于哲学和伦理学。

确实很难使人对梦产生一致的观念，所以有必要根据其价值和可靠性，进行多种分化和聚合。古代个别哲学家对梦的评价自然是根据其重要性而定，因为他们愿意把这重要性归因于通常的预言。

亚里士多德的两部作品里提到了梦，他曾经把那些梦看作是心理问题。我们得知，梦不是神赐，不具有神性，而是源自魔力。因为自然确实是魔力，而不是神力。也就是说，梦不是超自然的显灵，而是受人类精神法则的影响。当然，这和神灵有密切关系。因为睡眠者处于睡眠状态，所以梦被定义为他的精神活动。亚里士多德知晓一些梦生活的特点。比如，他知道梦会把睡觉时的轻微知觉变成强烈感觉（“如果一个人身体的某一部分微微变暖，他就会以为自己正穿过大火，感觉很热”），这会导致他推断出，梦可能会很容易向医师泄露患者当天最初不易诊断的先兆。①

据说，亚里士多德之前的那些古代作家，并不把梦看作是梦心灵的产物，而看作是梦源自神灵。我们将会发现，在评价有关梦生活时，古代显然就已经有了两种对立的思想倾向。古人把梦分为两种：一种是真实、有价值的梦，它为做梦者送去警告或预卜未来之事；一种是徒然无益、具有欺骗性的空梦，其目的是让他误入歧途或走向毁灭。

科学问世前，古人对梦的观念肯定与他们对宇宙的整体观念完全一致，习惯把这种观念作为现实性投射到外部世界，而这只有在心灵生活中才具有现实性。此外，这还说明了，梦醒后第二天早上的记忆给清醒生活留下的主要印象，因为在这个记忆中，和精神内容的其他方面比较，梦似乎有些陌生，实际上是来自另一世界。我们认为自己的时代没有人支持梦源自超自然理论，将是一种错误，因为在科学解释清除这些残余之前，除了仍然坚守一度盛行的超自然领域的虔诚神秘的作家，我们还常常发现，头脑相当清醒的人，虽然在其他方面反对任何空想之事，却虔诚地相信，在梦现象的神秘特性上存在和聚合超自然精神力量（哈夫纳）。某些哲学流派（比如谢林②学派）对梦生活的正确评价，显然是古代盛行梦无可争辩神力的记忆再现；而对某些思想家来说，梦的预卜力量仍然是一个争论的主题。这是因为，由心理学努力尝试解释的事实，不足以妥善处理那些堆积的材料，持科学态度的思想家可能会非常强烈地感到，这些迷信的学说都应该受到批判。

要写一部有关梦问题的科学认识论史非常难，因为尽管在某些方面可能很

---

① 希波克拉底在其名著的一章中讨论过梦与疾病之间的关系。

② 弗雷德里希·威廉·约瑟夫·冯·谢林（Friedrich Wilhelm Joseph von Schelling，1775～1854），德国理想主义哲学家，其关于自我、自然和艺术的理论对浪漫主义产生了影响，在一定程度上预示了存在主义。

有价值，但迄今为止，可以看出，仍然无法在一个特定方向有真正进展。至今还没有奠定核实结果，未来研究者可能会以此继续创建的真正基础。每位新作者会重新开始考虑同一问题。如果要把这些作者按年列出，纵览每位作者对有关梦的问题所持的看法，我肯定无法全面清晰地描述我们这一主题目前的认识状况。因此，我宁愿根据自己的处理方法，也不愿依赖各位作者；而在努力尝试梦的各个问题的解决方法时，我将引用在这个主题文献里发现的材料。

但是，由于我没有成功把握这个文献的全部内容——文献分布广、并与其他主题文献相互交织，因此假如没有忽略根本事实或重要观点，我必须请读者依靠我目前调查的内容。

在后来的 1911 年德文版补编中，作者补充道：

我不得不为自己辩护，因为在本书第一次问世和第二版发表这段时间，我无法补充自己对梦问题的文献概述。读者对这个理由也许会非常不满，但对我来说，仍确定无疑。促使我在主题文献中概述处理梦的方法的动机，却因上述引言，使我耗尽了心血；要继续这样下去，会耗费我大量精力，也不会特别有益和具有启迪意义，因为无论是在实际材料上，还是在新观点上，这 9 年间隔对梦的概念都没有任何有价值的新见解。拙著问世以来，大多数文献中都没有提及和讨论过。当然，这本书根本没有引起那些所谓“研究梦的人”的关注，这正是这类科学家特有的厌学新东西的一个鲜明例子。讽刺作家阿纳托尔·法郎士①说过：“博学者不好奇（Les savants ne sont pas curieux）。”如果在科学上有权报复的话，我就有理由忽略这本书出版以来发表的文献。科学期刊上发表的寥寥几篇评论，既充满误解，又缺乏了解，所以我对那些批评的唯一可能的回答就是，请求他们应该再看看这本书，或者只是建议他们应该看看！

在 1914 年问世的德文第四版的补遗中，也就是我发表这部著作第一个英译本一年后，他写道：

从那以来，事态肯定已经发生了变化；我对“梦的解析”的贡献，主题文献已不再忽视。但是，这种新情况使我更不可能继续前面所说的概述。《梦的解析》已经引起了一系列新争端和新问题，那些作者曾经以各种不同的方式详细解释过这些争端和问题。而要等到我发展了这些著作的作者提到的那些理论，我才能对它们进行论述。因此，凡是在这些最近的文献中出现的对我有价值的东西，我都要在下列讲解过程中加以评论。

① 阿纳托尔·法郎士（Anatole France，1844～1924），法国小说家和讽刺家，1921 年获诺贝尔文学奖。

第二章 解梦的方法

一个梦例的分析

本书扉页的引语①表明，我在梦的观念上比较喜欢传统惯例。我要说明梦可以解析；而已经讨论过的解决梦问题的任何文稿，在实现我的特殊任务中，只不过是副产品。在梦可以解析的前提下，我马上发现自己和梦的流行学说意见不同——事实上是除了施尔纳理论的所有梦理论，因为要解梦，就要详细说明梦的意义，用符合我们精神活动链条中的某个事物，作为具有一定重要性和价值的一个环节，来代替梦的意义。但是，我们已经看到，梦的科学理论根本没有为解梦留什么余地。因为首先根据这些理论，梦根本不是一种精神活动，而是利用象征意义告知心理器官的一种肉体过程。外行的意见总是与这些理论对立，声称梦的过程有不合逻辑的特权。尽管它承认梦不可思议、荒谬可笑，却无法鼓足勇气否认梦有任何意义。出于某种模糊的直觉，似乎可以这样设想，梦都具有某种意义，即使是一种隐意；做梦是用来代替某种其他的思想过程，所以我们只有正确揭示出这个替代物，才能发现梦的隐意。

因此，非科学界总是尽力去解梦，而且基本上采用的是两种不同的方法。其中第一种方法是把显梦看成一个整体，试图以另一个可以理解、在某些方面相似的内容来取代。这是象征性的解梦；当然，在那些梦既费解又混乱的情况下，会一塌糊涂。《圣经》中约瑟夫对法老的梦所作的解释就是这种方法的一个例子。先出现 7 头肥牛，然后又来了 7 头瘦牛，瘦牛吃掉了肥牛，这是象征埃及将有 7 个饥荒年，根据这个预言，将会耗尽 7 个丰年的盈余。

---

① ［维吉尔著《埃涅伊特》第八册 312 行］

大多数富有想象、善于抒情的艺术家[①]构想的梦都是这样一些象征性的解释，因为他们在一种伪装下再现了作家的思想，这种伪装正如我们在自己的梦里常常发现的那样。

梦主要关系到未来并能提前预卜未来形态的观念——这是预言意义的残余，梦就是用这种残余虚构的——现在则成了把象征性解释得到的梦意义转为未来时态的动机。

要实证象征性解梦法，当然是不可能的。成功仍然取决于巧妙的推测或完全的直觉，因此解梦自然被提高到了似乎依靠非凡的天赋才能进入的艺术境界[②]。第二种流行的解梦法完全放弃了这些主张。这可以称为译码法，因为它把梦看成是一种密码，其中每一个象征都可以按照既定的关键字译成另一种已知意义的象征。比如，我曾经梦到过一封信，也曾经梦到过一个葬礼或诸如此类的东西。我查了一下“解梦书”，发现那封“信”要译成“烦恼”，“葬礼”要译成“婚约”。它现在仍然通过我已经破译的风马牛不相及的东西建立一种联系，我又一次假想这种联系与未来有关。在达尔狄斯的阿尔特尔米多鲁斯撰写的解梦作品里，人们发现这种密码程序有一种有趣的变异[③]，在某种程度上纠正了这种方法的纯机械移情性质。在解梦时，他不仅考虑显梦，而且考虑做梦者的个性和社会地位，因此同一个显梦，对富人、已婚男人或演说家、穷人、单身汉、商人具有不同的意义。那么，这个程序中的基本点在于，解释工作并不是针对梦的整体，而是针对显梦的各个独立

---

① 在诗人 W. 詹森（W. Jensen）著的小说《格拉狄瓦》（Gradiva）里，我碰巧发现了几个编造的梦，这些梦的结构编得完全正确，能够解释，好像不是虚构的，而是由真人做的梦。对于我的询问，作者宣称他不熟悉我的梦理论。我认为，我的研究论文与诗人的创作不谋而合，证明我对梦的分析法是正确的（《W. 詹森的〈格拉狄瓦〉中的热情和梦》第一卷，1906 年）。

② 亚里士多德曾经提到最善解梦者，能最好地把握相似点，因为梦象犹如水中幻影，水动一下，就会变形，因此只有在变形中看出真相的人，才能最好地命中目标。

③ 达尔狄斯（Daldis）的阿尔特米多鲁斯（Artemidoros）大概出生于公元 2 世纪初期，为我们留下了在希腊罗马时代就沿用的最完备、最细致的解梦著作。正如甘珀茨（Gompertz）强调的那样，解梦应重视以观察和经验为基础，而且他在自己的解梦术和其他具有欺骗性的方法之间划了一条明显的界线。根据甘珀茨的观点，他解梦的原则和魔术相似，也就是联想原则。梦中之事意味着心想之事——肯定是解梦者心想之事！梦可能会使解梦者想起各种不同的事情，而且不同的解梦者想起的事情都不相同，这个事实肯定会引起无法控制的任意性和不确定性。我要描述的技巧从本质上来说不同于古代的技巧，也就是说，把解梦工作交给做梦者本人。它考虑的不是梦中发生的事情可能和解梦者有什么关系，而是仅仅考虑有关的梦元素和做梦者有什么关系。根据传教士芬克狄特（Tfinkdjit）最近的记录（1913 年的 Anthropos），东方的现代解梦者好像同样重视与做梦者的合作。他是这样叙述美索不达米亚阿拉伯人（Mesopotamian Arabs）中的解梦者的：“为了准确解梦，最老练的解梦者要从做梦者的所有情况中发现自以为必要的情况，以便进行恰当解释……总之，我们的解梦者不容忽视任何情况，只有在充分掌握和领会想要的问题之后，才会给出满意的解释。”在这些问题中，总是包括与做梦者近亲（父母、妻子、儿女）有关的准确信息，也包括下面这个套话：“你夜里做梦前后和妻子性交过吗？”解梦中的主要思想在于用梦的相反内容去解梦。

部分，好像梦是一种集成物，其中每一片段都要求特殊对待。译码法肯定是受到了支离破碎、颠三倒四的梦的启发才发明出来①。

这两种流行解梦法毫无价值，不容置疑。至于这一主题的科学处理，象征法在应用上有所限制，无法普遍解梦。在译码法中，一切都依赖于关键内容——解梦书是否可靠，因此一切都缺乏保证。所以，人可能会禁不住同意哲学家和精神病学家的论点，而且把解梦的问题统统看成是幻想②。

然而，我却想法不同。我不得不再次认识到：在我们经常遇到的其中一个梦例中，古代顽固坚持的通俗看法，似乎比现代科学的见解更接近事实真相。我必须坚持，梦确实具有某种意义，科学解梦法可能存在。我是通过下面这种途径知道这个方法的：

多年来，我怀着治疗的目的，专心致志地解决某些精神病理结构——癔病性恐惧症、强迫性意念等。事实上，自从听到约瑟夫·布罗伊尔那段意味深长的陈述，我就这样专心致志，以便在这些被看成病态症状的结构中解析与治疗相互结合。③ 如果尽可能在患者精神生活中追溯以往病态思想的那些元素，这种观念就会消失，也会解除患者病痛。由于我们其他治疗努力失败，这些病态状况又神秘莫测，因此我觉得，尽管困难重重，但我还是禁不住遵循布罗伊尔创立的方法，直至彻底阐明这个主题。我将会另行详述这个过程的技巧采取的最终形式，以及我通过努力得到的结果。在这些心理分析的过程中，我偶然发现了解梦的问题。我要求患者保证把发生在他们身上，与某个特定主题相关的观念和想法告诉我之后，他们就讲起了自己的梦，因此使我领会到，梦可以加入到精神联想中，这个联想可以从病态观念进入患者的

---

① 阿尔弗雷德·罗比泽克（Alfred Robitsek）博士提醒我注意这个事实，就是东方的解梦书（我们的都是可怜的剽窃）通常是对和词的类似音和相似性一致的梦元素进行解析。因为翻译成我们的语言，这些关系一定会失去，所以我们流行的解梦书不可理解的原因也就解释清楚了。研究雨果·温克勒（Hugo Winckler）的著作，可以发现，东方古代文化中的双关语和文字游戏具有特定的其他意义。从古代传给我们的最出色的解梦例子就是以文字游戏为基础的。阿尔特米多鲁斯是这样叙述的（第255页）："但在我看来，阿里斯坦德罗斯给马其顿的亚历山大大帝做了一个非常愉快的解析。当亚历山大大帝包围特洛城久攻不下，为旷日持久而愤怒沮丧时，他梦见自己看到一个半人半兽的森林之神萨堤罗斯（Aristandros）在他的盾牌上跳舞。当时，阿里斯坦德罗斯正好在特洛城里陪王伴驾，攻打叙利亚人。他把Satyros这个词分为sa和turo，促使国王在围攻中变得更加咄咄逼人。因此，亚历山大成了该城的主人。"（特洛城是你的。）的确，梦和口头表达密不可分，所以费伦齐一语中的："每一种口音都有自己的梦语。"通常，梦不能被译成其他语言。

② 完成原稿后，我才注意到斯顿夫（Stumpf，1899年）写的一部著作，他的书和我的书不谋而合，试图证明梦充满意义、能够解释。但他是用寓言化的象征法来解释的，所以无法证明这个方法可以得到普遍应用。

③ 《癔病和其他精神神经病文选》。《神经病和精神病学报》专著系列。

记忆。第二步就是把梦本身当成一种症状，并将解梦法应用其中，这些症状就会解除。

为此，患者方面有必要作某些心理准备。必须加倍努力增加他在心理感受方面的注意力，排除他平时习惯把这些想法看成是表面流露的批评情绪。为了达到聚精会神自我观察的目的，患者摆出宁静的姿势闭上眼睛，是有益的；必须明确要求放弃对可能感知到的思想的一切批评，同时必须告诉他，心理分析的成功与否，取决于他是否注意和传达掠过他脑海的一切，绝不允许自己因为主题微不足道或毫不相关而抑制某一种想法，也绝不允许自己因为它毫无意义而抑制另一种想法。他必须对自己的各种想法保持绝对公平，如果他无法成功地找到梦、强迫性意念和诸如此类问题的解决方法，那是因为他对这些问题吹毛求疵。

我曾经注意到，在心理分析工作过程中，一个人在反省时的心理状态与他在观察自己的心理过程截然不同。反省时要比专心致志自我观察所需的精神活动大；一个人在反省时绷紧身体、皱起眉头，自我观察时则神态安详，仅这一点就可以说明问题。尽管在这两种情况下必须聚精会神，但一个正在反省的人却会利用他的批判官能，因此他排斥和突然中断一些已经感知进入意识的想法，这样他就不会跟随以其他方式为他打开的那些思绪；对于其他的想法，他则能以这种方式表现，说明它们根本没有形成意识——也就是说，在感知之前，就受到了压制。另一方面，在自我观察中，他只有一个任务——抑制批评的任务。如果他成功地做到这一点，无法捕捉的无数想法就会进入他的意识。因此，借助这样获得的资料——对自我观察者新鲜的资料——就可能解释这些病态的观念和梦的构成。可以看出，其要点是产生一种精神状态，就精神能量（流动注意力）的分布而言，在某种程度上类似入睡前的心理状态，当然也类似催眠状态。入睡时，由于某种思想行动（当然仍是批评行动）松懈，那些不想得到的意念会涌现出来，因此这个行动会影响我们思想的倾向。我们都习惯把疲乏说成是这种松懈的原因。这些涌现出来不想得到的意念，常常变为视觉意象和听觉意象。在对梦和病态意念进行分析时，这种活动被有意放弃，这种因此保留（或部分保留）下来的精神能量，用来专门追踪那些现在浮现出来不想得到的意念——保留本体作为意念的思想（其情形和入睡状况不同）。“不想得到的”的意念就这样变为“想得到的”的意念。

许多人好像发现很难对显然“自由浮现的”意念采取这种必要态度，放弃批评意见。“不想得到的”意念常常引起最猛烈的阻力，这种阻力试图阻止它们到达意识。但是，我们相信伟大的诗人兼哲学家弗雷德里希·席勒，诗歌创作的基本条件常常包括非常类似的态度。在和哥尔纳的通信中（我们感谢奥托·兰克发现了这封信），席勒对一位抱怨自己缺乏创作力的朋友作了如下回答："在我看来，你抱怨的原因似乎在于你的理智对你的想象力强加的限制。这里我要发表一份意见，并通过一个寓言加以说明。如果理智对那些似乎已经涌入大门的意念检查过严，显然不好，而且确实会阻碍心灵的创作。孤立来看，一个意念可能毫无意义、极端荒谬，但可能从跟随而来的另一个意念中获得价值。如果再和其他几个同样荒谬的意念相结合，也许就能变成一个非常有用的环节。理智无法判断所有这些意念，除非它能把它们一一保留，然后再把它们和其他这些意念一起考虑。在我看来，如果头脑处于创作性的状态，理智就会撤回大门口的岗哨，那些意念会一涌而入，只有此时，理智才会审视和检查整体部分。你的可敬的批判力（或者不管称为什么）会对这种稍纵即逝的疯狂感到羞耻或害怕，这在所有真正创作者的心里都可以发现。正是这种或长或短的疯狂，才把有思想的艺术家和做梦者区别开来。因此，你之所以抱怨没有灵感，是因为你拒绝得太快、区分得太严。"（1788年12月1日的信）

然而，正如席勒所说，这样从理智的大门口撤回岗哨，这样转化为不加批判的自我观察，绝不困难。

我第一次加以指导后，我的大多数患者都能做到。如果借助于记下闪过自己脑海的那些念头，我自己完全能做到这一点。这种批判活动的精神能量日减，自我观察的能量就可能日增，这要根据各人对主题内容的注意力不同而发生很大变化。

这个方法应用的第一步告诉我们，一个人无法将整个梦作为注意的对象，只能注意其内容的各个部分。如果我问一个至今没有经验的患者："你会想到和这个梦有关的什么事?"他通常无法看到精神世界的任何东西。我首先必须为他剖析这个梦，然后他就会告诉我有关各个片段的一系列联想，这些联想可以被说成是梦这个部分背后的思想。因此，首要方面，我采用的解梦法与流行的、历史的和传奇的那种象征解梦法存在分歧，而与第二种方法或译码法更为接近。像译码法一样，这是一种分段而非整体的解释；同样，它从一开始就把梦看成是堆砌的东西，看成是精神构成的聚集。

在对神经病患者的心理分析过程中，我曾经解释过大约1000多个梦，但我现在不想用这个材料来介绍解梦的理论与技巧。因为这些材料会引起别人的反对，认为这些是神经病患者的梦，所以从他们那里得出的结论不能用来推断健康人的梦。另外还有一个理由，就是迫使我拒绝使用这些材料。这些梦指向的主题肯定总要涉及神经病的发病史。因此，每个梦都需要有一个很长的介绍，还需要对精神神经病的性质和病因状况有一个调查报告，这些事情本身新奇异常，因此会完全分散对梦问题的注意。相反，我的目的是通过解决梦的问题，为解决更棘手的神经衰弱症心理问题铺路。但如果排除了神经病患者的梦（那是我的主要材料），那我就不能对处理其他问题太挑剔。那我就只剩下一些健康的熟人偶尔闲谈提到的梦或我在梦生活的文献中见过的例子。不幸的是，在所有这些梦中，我被剥夺了分析的权利，如果没有这种分析，我就无法找到梦的意义。我的解梦方式肯定没有流行的译码法难，译码法只用一个固定的关键字，就可以译出已给的显梦；相反，我认为同样的显梦对不同的人或不同的关联可能会有不同的意义。所以，我必须采用自己的梦，作为丰富便利材料的源泉，这个材料或多或少是由一个正常人提供的，而且包括与许多日常生活事件有关的参考书目。当然，会有人对我这些自我分析的可靠性表示怀疑，也会有人对我说，在这些分析中，绝不排除任意性。在我自己的判断中，自我观察比观察别人可能更为有利；无论如何，通过自我分析，可以调查解梦能起多大作用。在内心深处，我还有必须克服的其他困难。可以理解，一个人总是不喜欢暴露自己精神生活中那么多隐秘的细节，同时也担心素不相识者的误解，但一个人必须能超越这些顾虑。德尔贝夫写道："只要每个心理学家认为有助于解决某个难题，他就必须有勇气承认自己的弱点。"而且我想，读者最初对我言行轻率的关心，马上就会让位于阐明这些心理学问题的兴趣。①

所以，我要挑选自己的一个梦，来阐明我的解梦方法。每个这种梦都需要有前言，我现在必须请求读者暂时把我的兴趣当成其本人的兴趣，并和我一起全神贯注我生活中的那些细枝末节，因为这种转移将是探究梦的隐意必须具有的兴趣。

开场白——1895 年夏天，我曾经为一位年轻女士进行过心理分析治疗，她是我和家人的亲密朋友。可以理解，这些复杂关系可能引起医生（尤其是精神治疗医生）的多种感情。医生的个人兴趣越大，他的权威就越小。如果他失败，他和患者亲属的友情就会受到破坏。然而，这次治疗以部分成功而告终，尽管治好了患者的癔病焦虑，但并没有治好她的肉体的所有症状。当时，我对癔病最后治疗的标准还不十分清楚，因此我盼望她接受一个她似乎

① 然而，我不得不提到，在上述限定中，我几乎从未对自己的梦作过任何完全的解释。我对读者的判断力不过分信任，也许是对的。

不愿接受的解决办法。在这次分歧中，我们中断了暑假的治疗。有一天，一位比较年轻的同事，也是我最亲密的一位朋友，拜访过患者爱玛和她住在乡下的家人后，又来看望我。我问他爱玛怎么样，他回答说："她好了点，但还不是很好。"我意识到我的朋友奥托的这些话或他说话的腔调让我烦恼。我想我听到了那些话里含有责备，也许大意是我向患者许诺太多，无论对错，我把奥托明显"反对"我归咎于他受了患者亲属的影响。我想他们从来没有同意过我的疗法。不过，我对这种令人不快的印象并不清晰，也没有说起过。当晚，我写下了爱玛的临床病史，想把它送给一位朋友 M 医生（当时他是我们圈里的领军人物），好像是为自己辩护。当天夜里（或者更准确地说，第二天凌晨），我做了下列一个梦。醒来后，我马上记录了下来：①

1895 年 7 月 23 日至 24 日的梦

一个大厅——我们正在接待的许多客人——爱玛就在这些客人中，我马上把她拉到一边，好像是回答她的来信，责问她还没有接受我的"解决办法"。我对她说："如果你仍感到痛苦，那确实只是你自己的过错。"她回答说："你可知道我现在喉咙、胃和腹部有多么疼，疼得我都透不过气来了。"我大吃一惊，望着她。她脸色苍白、浮肿。我想我一定是忽视了某种器质性疾病。我把她领到窗边，查看她的喉咙。她像戴假牙的女人那样反抗了一下。我想她肯定不需要假牙。随后，她嘴巴大张，我在右边发现了一块大白斑，在其他地方还看到有大片大片白中带灰的伤疤附在奇特卷曲的结构上，这些结构明显像鼻甲骨。我马上叫来了 M 医生，他又做了一次检查，进一步证实……M 医生看上去完全不同往常，脸色非常苍白，走路一瘸一拐，下巴刮得很净……现在我的朋友奥托也站在她的身边，我的朋友利奥波德隔着衣服叩诊她的胸部，说："她胸部左下方有浊音，"同时注意到她左肩上的皮肤有一块渗透性病灶（尽管隔着衣服，但我可以感觉到）……M 说："毫无疑问，这是一种传染病，但不要紧。只要拉拉肚子，病毒就会排出来。"……我们也都很清楚这个病是怎么传染的。不久前，爱玛感觉不舒服时，我的朋友奥托给她打了一针丙基制剂……丙基……丙酸……三甲胺（这个配方以粗印刷体呈现在我眼前）……人不会这样轻率地打这种针……注射器可能也不干净。

这个梦比其他许多梦有一个有利条件。同时，这个梦显然与前一天发生的

---

① 这是我详细分析的第一个梦。

事情和话题相关。开场白对这些事作了解释。我听到奥托说的爱玛健康状况的消息和我写到深夜的临床史，甚至在我睡觉时都占据了我的精神活动。不过，看过我的开场白和了解显梦的人，谁也猜不出这个梦象征什么。我对爱玛在梦里抱怨的那些病症迷惑不解，因为那些不是我给她治疗的症状。我对注射丙酸的荒谬想法和 M 医生的极力安慰，都一笑了之。快到结尾时，梦似乎比开始时更模糊、速度更快。为了搞清楚所有这些细节的意义，我决心进行详细分析：

分　析

*大厅——我们正在接待的许多客人。*那年夏天，我们正住在贝尔维尤，这是卡赫伦堡附近其中一座小山上的一个独立房子。这座房子本来是为公众娱乐场所建，所以都是非常高大、像大厅一样的房间。这个梦是妻子生日前几天我在贝尔维尤做的。那天，妻子曾经提到她希望几位朋友前来参加生日宴会，其中包括爱玛。于是，我的梦预示了这个情形：妻子生日那天，我们正在贝尔维尤宽敞的大厅接待许多人，其中就有爱玛。

*我责备爱玛没有接受我的“解决办法”。我说：“如果你仍然感到痛苦，那确实只是你自己的过错。”*我醒着时可能说过这种话；我也许确实说过。当时，我以为（后经验证是错的）我的工作只是告诉患者他们症状的隐意。对他们接不接受决定成败的这个解决办法，我没有什么责任。我感谢这个错误（幸亏现在已经克服），因为难免会疏忽大意，但我仍然有希望把病治好，这样会使我的生活更轻松。但是，我注意到，我在梦中对爱玛说的那些话是首先想急于说明她仍忍受痛苦，不要责怪我。如果这是爱玛的过错，那就不可能是我的。梦的意图不应该在这一部分寻找吗？

*爱玛的抱怨——颈痛、腹痛和胃痛，痛得她透不过气来。*胃痛是我的患者原来就有的症状综合征，但当时并不很显著；她常常抱怨恶心想吐。她几乎没有颈痛、腹痛和喉咙堵塞。我不知道自己为什么在梦中决定选择这些症状；我现在无法找到原因。

*她看上去苍白浮肿。*我的患者总是面色红润。我怀疑梦中是另一个人代替了她。

*我对自己可能忽略了某个器质性疾病而吃惊。*读者会很容易相信，一位几乎专治神经病患者的医生，总是担心自己习惯把其他医生诊断为器质性疾病的许多症状，都归为癔病。另一方面，我总是隐隐怀疑自己是否真的完全恐慌——我不知道根源在哪里。如果爱玛的疼痛确实是器质性的，那治好它

们就不是我的职责。当然，我只消除癔病疼痛。其实，在我看来，我希望发现诊断有误，这样我就不会因治疗失败而受到责备了。

我把她领到窗边，以便查看她的喉咙。她像戴假牙的女人那样微微反抗了一下。我暗想她不需要假牙。我从来没有机会检查过爱玛的口腔。梦中的情景使我想起了前段时间为一位家庭女教师做的一次检查。初看上去，她年轻漂亮，但张开嘴时，她却想法掩饰自己的假牙。我又想起了其他一些医学检查，想起了这些检查暴露出来的小秘密；和这个病例一联系，会让医生和患者都很尴尬。“她确实不需要那些假牙”也许首先是对爱玛的称赞，但我怀疑还有另一层意思。经过仔细分析，一个人就能发现自己是否已经思想枯竭。梦中爱玛站在窗边的样子，使我想起了另一次经历。爱玛有一位闺中密友，我非常尊重她。一天晚上，我去看望她时，发现她就站在窗边梦中重现的那个位置。她的医生，也就是M医生，断言她患有白喉膜。M医生这个人和白喉膜其实在做梦过程中又再次出现。现在，我才想到，在过去几个月中，我有各种理由认为这位女士也有癔病。是的，爱玛本人向我泄露了这个事实。但是，我对她的病情知道什么呢？只知道一件事，就像梦中的爱玛那样患有癔病窒息。因此，梦中我把我的患者和她的朋友作了互换。现在，我才想起，我常常推想这位女士可能也会让我给她治病。但当时，我想是不可能的，因为她非常保守。就像梦中显示的那样，她进行了反抗。另一种解释可能是她不需要。事实上，直到现在，她都表示自己身体结实，足以自理，无需外来帮助。现在只剩下几个特征，我在爱玛和她的朋友身上无法发现，那就是苍白、浮肿、假牙。假牙使我想起了那个家庭女教师；我现在渐渐明白坏牙是怎么回事了。我又想到了另一个人，这些特征也许指的就是她。她不是我的患者，我也不想让她做我的患者，因为我已经注意到她对我心神不安，所以我想她不是一个听话的患者。她常常脸色苍白，有一次感觉特别不好，身体浮肿。[①] 于是，我把我的患者爱玛和另两个进行比较；另两个同样拒绝治疗。我在梦里把她和她的朋友相互交换是什么意思呢？也许是我想换掉她，要么是她的朋友引起了我更强烈的怜悯之心，要么是我更尊重她的聪明才智。我之所以认为爱玛笨，是因为她不接受我的解决办法。另一个女人则会更通情

① 至今没有解释的腹部疼痛的抱怨可能涉及到第三个人。提到的这个人当然是我自己的妻子；腹部疼痛使我想起了有一次她显然对我感到羞怯。我必须承认，在这个梦里，我对爱玛和妻子都不很殷勤，但我得为自己辩护，我是以勇敢听话的女患者的理想标准来衡量她们俩的。

达理、更有可能让步。这样，嘴巴更容易张开，她会比爱玛说的多些。①

*我在喉咙处发现的东西：一块白斑和结痂的鼻甲骨。*白斑使我联想起了白喉，继而想到了爱玛的那位朋友，但同时，也使我回想起了两年前大女儿的重病和那段不幸时期的所有苦闷。鼻甲骨的伤疤使我想起了自己对健康问题的担忧。当时，我常用可卡因来抑制鼻子里令人痛苦的肿胀。几天前，我曾经听说一位女患者因使用可卡因而使鼻粘膜大面积坏死。1885 年，我推荐使用可卡因，结果受到了严厉谴责。一位好友因滥用可卡因而加速了他的死亡，他是在做这个梦那天之前死的。

*我马上叫来了 M 医生，他又检查了一遍。*这仅仅等于 M 医生在我们中的地位。但是，“马上”这个词足以引人注意，需要一次特殊检查。这使我想起了一次难过的行医经历。有一次，一位女患者因连续服用一种当时仍然认为无害的药（二乙眠砜）而严重中毒，我赶忙求助于一位更有经验的年长同事。一个补充的情况证实了我确实记得这个病例。那个中毒而死的患者和我的大女儿同名。我直到现在才想到这件事。但如今，在我看来，这简直像是命运的报复，仿佛一个人被另一个人代替还包含了另一层意思：这个玛蒂尔达代替那个玛蒂尔达，以眼还眼，以牙还牙。似乎我在寻找各种机会来谴责自己缺乏医德。

*M 医生脸色苍白，下巴刮得很净，走起路来一瘸一拐。*这其中大部分都是正确的，他不健康的外貌常常引起他的朋友们的担心。另两个特征一定属于另一个人。我想到了住在国外的一位兄长，因为他的下巴也刮得很净。如果我记得没错的话，梦里的 M 医生基本上和他长得有些相似。几天前有消息说，他因髋关节炎走路一瘸一拐。梦中把两个人合成一个人，肯定有原因。我想起来了，事实上我和这两个人关系不好，原因相似。两个人都拒绝了我最近对他们提出的某个建议。

*我的朋友奥托现在正站在患者身边；我的朋友利奥波德为她检查，注意到她的胸部左下方有浊音。*我的朋友利奥波德也是一名内科医生，而且是奥托的亲戚。因为两人干的是同一行，注定要相互竞争，所以他们经常要相互比较。当我仍然在主持儿童神经病科门诊时，他们俩都在我手下帮过几年忙。像梦里重现的种种景象经常在那里发生。当我和奥托在会诊一个病例时，利奥波德常常会重新检查那个儿童，并对我们的诊断结果作出意想不到的贡献。这两个人性格不一样，就像监工布拉西格和他的朋友卡尔的性格那样。奥托

① 我认为这部分的解析不足以理解每个隐意。如果我继续比较这三个女人，就会离题太远。每个梦都至少会有一个深不可测的点，仿佛是连接着未知东西的一个中心点。

非常敏捷机警，利奥波德则缓慢、细心而周到。如果我在这梦里把奥托和谨慎的利奥波德进行对比，那我这样做显然是为了赞美利奥波德。这种比较就像上述不听话的患者爱玛和我认为她那位比较通情达理的朋友之间的关系一样。我现在明白了梦中观念联想的其中一条运行途径：从生病的儿童到儿童门诊部。胸部左下方浊音的问题，使我联想到了又一个病例，所有细节都相似，利奥波德对这个患者一丝不苟，给我留下了深刻的印象。我也隐隐想到了一种转移性疾病，但这同时也使我想到，如果爱玛就是那个患者该多好，因为据我推断，这位女士显示的症状类似结核病。

左肩皮肤上的渗透性病灶。我马上明白这正是自己左肩的风湿病；如果夜里长时间醒着躺在那里，我总会感受到。这个梦的措辞听起来意思含混：“尽管隔着衣服，我像他一样能感受到。”“摸我自己的身体”是有意而为。此外，这让我想到皮肤渗透性病灶这句话是多么不寻常。我们习惯用“左上后部有渗透性病灶”这种说法；这常常指肺部，因此又一次提到了结核病。

尽管隔着衣服。当然，这只是一句插话。在诊所里，那些儿童自然是脱光衣服接受检查。这句话对成年女患者必须接受检查的方式来说具有对比的意思。据说有一位名医总是隔着衣服检查他的患者。对我来说其他不清楚；坦率地说，我不想进一步注意这件事。

*M 医生说：“这是一种传染病，但不要紧。只要拉拉肚子，病毒就会排出来。”*起先，我觉得这句话很可笑，但像其他所有事情一样，必须仔细分析；更加密切观察之后，这句话好像不无道理。梦中，我发现这个患者患有局部性白喉。我记得女儿生病时曾经讨论过局部性白喉和白喉。白喉是全面感染，是局部性白喉的延续。利奥波德说明了存在浊音引起的全身感染，这也表明是转移性病灶。然而，我相信，仅仅这种转移不会发生在白喉病例中。这使我想起了脓血症。

*这不要紧*是一种安慰。我相信它符合如下内容：梦的最后内容是，我的患者的痛苦来自一种严重器质性疾病。我开始怀疑，我只是想设法转移自己的过失。精神治疗无法治好延续性白喉疾病。现在，一想到仅仅要为自己开脱罪责，竟为爱玛想出了这样一种严重疾病，我就万分痛苦。这似乎非常残酷。因此，我需要保证最后的一切没有危险。在我看来，我作出的良好选择，莫过于借 M 医生的嘴说出这句安慰话。但在这里，我要把自己放在超越梦的位置上，这个事实需要进行解释。

但是，这个安慰为什么那样荒谬呢？

痢疾。某种牵强的理念认为，疾病的那些毒素可以通过肠道排出。难道

我是在设法取笑 M 医生大量牵强的解释吗？他习惯构想古怪的病理关系。痢疾又暗示了另一件事。几个月前，我为一个正患明显肠道疾病的年轻人看病；其他同事诊断为“营养不良贫血症”。我认识到这是一个癔病病例。我不愿意给他用我的精神疗法，就打发他去航行一次。几天前，我收到了他从埃及写来的一封令人失望的信。信上说，他又发作了一次，那个医生说是痢疾。我怀疑仅仅是一位不学无术的同行的一次误诊，让痢疾要了他自己一把。然而，我不禁责备自己把患者弄到了这样一种地步，也许除了癔病，他可能感染了某种肠道器质性疾病。痢疾（dysentery）的发音听上去很像白喉（diphtheria）的发音，痢疾这个词没有在梦中出现。

是的，一定是那个具有安慰性的预后病例：“会发生痢疾等等。”我是在取笑 M 医生，因为我想起几年前，他开玩笑似的告诉我一位同事非常类似的故事。M 医生被请去和那位医生会诊一个病情非常严重的女患者。M 医生不得不面对那个似乎满怀希望的同事，他在患者的尿中发现了白蛋白。然而，他的同事不让这件事困扰他，而是平静地回答说：“这不要紧，我的好先生；白蛋白很快就会排掉的！”因此，我不再怀疑梦的这一部分正是嘲笑我那些不了解癔病的同事。而且，好像是为了证实，那个想法进入了我的脑海：“M 医生认出爱玛的朋友（他的患者）的模样了吗？那个模样使他有理由害怕结核病，同样也是由于癔病。他是看出了这个癔病，还是让自己受到愚弄呢？”

但是，我如此恶劣地对待这位朋友有什么动机呢？那是再简单不过了：M 医生和爱玛一样都不同意我的解决办法。因此，我就在梦中亲自报复了两个人：用那些话报复爱玛：“如果你仍然感到痛苦，那就是你自己的过错，”借 M 医生的嘴说出了荒谬的安慰话。

*我们都明确知道感染是怎么引起的。*梦中这个准确认识不同寻常。在此之前，我们还不知道感染是怎么回事，因为那是利奥波德首先证实的。

*不久前，我的朋友奥托在她不舒服时给她打了一针。*奥托确实讲过，他去短暂拜访爱玛的家人时，曾经被请去附近一家旅馆，给一个突然得病的人打针。打针使我又一次想起了因可卡因而毒死自己的那位不幸的朋友。我曾经建议他只在停用吗啡时才能内服可卡因，但他马上给自己注射了可卡因。

*打了一针丙基制剂……丙基……丙酸。*我究竟是怎么想起这个的呢？我写过临床史、梦到那个病例后那天晚上，我的妻子打开一瓶标有菠萝（Ananas）[①] 的甜露酒，是我的朋友奥托送的一份礼物。事实上，他习惯一有机会

---

① 此外，“Ananas”的发音和我的患者爱玛的姓非常近似。

就送礼；我希望有朝一日他找一个妻子①，治好他这个习惯。这种甜露酒有强烈的杂醇油味，我不想喝。我的妻子建议说："我们把那瓶送给那些仆人吧。"我更加谨慎，表示反对，用慈善的口气说："他们也不能中毒。"杂醇油（戊基……）的气味现在显然已经唤醒了我对整个系列——丙基、甲基等——的记忆，这就为梦中提到的丙基制剂提供了解释。我确实在梦里实现了一种替换：闻到戊基后，我就梦到了丙基。但这种替换也许是允许的，尤其是在有机化学里。

三甲胺。在梦中，我看到了这种物质的化学结构式——无论如何，这说明了我的记忆力在这方面做了很大努力——而且这个结构式是用粗体字印出来的，好像是为了在前后情节中区分某种特殊的重要性。那么，这个三甲胺要把我的注意力引向哪里呢？这使我想起了我和另一位朋友的谈话，他多年来对我萌发的所有思想了如指掌，我对他的思想也了如指掌。当时，他刚刚告诉我有关性过程化学性质的某些思想，并提到，在其他想法中，他认为他发现了三甲胺就是一种性的新陈代谢物。因此，这种物质使我想到了性欲。我认为，这是我要设法治愈的这些神经病中最重要的因素。我的患者爱玛是一位年轻寡妇；如果我需要对她医治无效找借口的话，我也许会设法提到这种情况，那些追求她的人会乐意终止这种说法。但是，真是巧得出奇，完全吻合！我在梦里用来代替爱玛的那位朋友也是一个年轻寡妇。

我猜测为什么三甲胺的结构式在梦中那么突出。许许多多事情都集中在这个词上：三甲胺是一种隐喻，不仅仅是指性的重要因素，而且是指一位朋友。每当我的意见受到孤立时，我就会愉快地想起他的慰问。这位朋友在我的一生中发挥了如此大的作用：难道他不会在这个梦独有的联想中出现吗？肯定会。他对鼻腔和鼻窦疾病具有专门知识，并向科学界披露了鼻甲骨与女性性器官的几种非常显著的关系。（爱玛喉咙里三个卷曲的构造。）我曾经让他检查爱玛，以便确定她的胃痛是否和鼻腔有关。但是，他自己患有化脓性鼻炎，这使我非常担心，也许这是暗指脓血症，它在梦的转移中盘旋在我的眼前。

人不会这样轻率地打这种针。这里指责轻率，是直接指向我的朋友奥托。我相信当天下午我就有了这样的想法，当时从说话和表情好像都表明他曾经反对过我。意思大概是："他是多么容易受影响；他下结论是多么不负责任。"此外，上述这句话又一次指向了我那位亡友，因为他是那样不负责任求

① 在这方面，梦最终没有成为预言，但另一方面又证明是对的，因为"没有解决的"胃痛（我不想因此受到责备）成了因胆结石而引起的一种严重疾病的预兆。

助于注射可卡因。正如我曾经说的那样，我没有想过要注射那种药。我注意到，在责备奥托时，我又一次联想到了不幸的马蒂尔达的故事，这也是用来责备我的借口。显然，我是在这里搜集自己有医德的例子，也是在搜集相反的例子。

也许注射器也不干净。这是又一次指责奥托，但起因不一样。前一天，我恰好碰到了一位82岁老太太的儿子，我不得不每天给她注射两次吗啡。现在，她住在乡下。我听说她患上了静脉炎。我马上想到，这可能是注射器不干净引起的渗透性病例。让我自豪的是，两年内我没有让她有过一次感染渗透。当然，我总是小心翼翼，确保注射器干干净净，因为我有医德。我从静脉炎又想起了妻子，她怀孕期间曾经得过一次血栓症。现在有三个相关的情景出现在我的记忆中，包括我的妻子、爱玛和死去的马蒂尔达，其同一性显然使我能把这三个人在梦中相互替换。

我现在已经完成了这个梦的分析[①]。在这次分析过程中，我曾经尽了极大努力去避免所有那些意念，这些意念一定是通过比较显梦和隐藏在显梦背后的梦念表现出来。同时，我对梦的意义也有了了解。我已经注意到一种通过梦实现的意向，那一定是我做梦时的动机。这个梦完成了我好几个愿望，它们是由前一天晚上发生的事情（奥托的消息，以及我写的临床史）唤起的。梦的结果是不应把爱玛仍在忍受痛苦归咎于我，而应归咎于奥托。现在，奥托说爱玛没有彻底痊愈，这使我恼火；梦中，我把责备转嫁给了他，为我报了仇。这个梦表明我对爱玛的病情不应负责，也涉及其他一些原因（其实这提供了很多解释）。这个梦象征了我希望事情存在的某种状态。因此，显梦是愿望满足，其动机就是一种愿望。

乍一看，这个梦大致分明。但是，梦的许多其他细节则要从愿望满足的观点来考虑，才可以理解。我报复奥托，不仅是因为他急于反对我，我谴责他医疗（打针）上的粗心，而且因为闻起来像有杂醇油味的劣质甜露酒，所以我报复自己，在梦中发现了一种把这两种谴责合在一起的表达方式：注射丙基制剂。然而，我并不满意，便通过比较他和更可靠的同事，来继续报复自己。因为，我似乎在说："我喜欢他，胜于喜欢你。"但是，奥托并不是要承受我愤怒的唯一的人。我报复那个不听话的患者，用一个更懂事、更听话的人来替换。我也不放过M医生的反驳，因为我清楚地暗示了我对他的意

---

① 像预料的那样，我在解梦过程中没有说明所有的一切。

见：即他对这个病例的无知态度（会发生痢疾等）。看来我确实想把他换成一个更见多识广的人（那个告诉我三甲胺的朋友），就像我把爱玛换成她的朋友、把奥托换成利奥波德那样。我仿佛是说：让我摆脱这三个人，让我自己挑选的另三个人来代替，然后我才会摆脱那些我不愿承认的谴责！在我的梦中，这些谴责以最精妙的方式证明对我不合情理。爱玛的疼痛不应归咎于我，因为她拒绝接受我的医治，所以应归咎于她。因为这些疼痛是器质性的，无法通过精神疗法治好，所以它们和我没有关系。爱玛的痛苦只能用她的守寡（三甲胺!）作出满意的解释，这是我无法改变的一种状态。爱玛的疾病是由奥托不慎注射失当的药引起的，这种事我绝不会做。爱玛的抱怨是不洁注射器注射的结果，就像我那位老女患者一样，而我的注射从来没有引起过任何病症。我意识到，这些对爱玛疾病的解释（合在一起为我开脱罪责），彼此不一，甚至相互排斥。因为这个梦没有他意，整个辩解使我生动地想起了一个人的辩护：邻居控告说他还了一把坏水壶。首先说，他还时，水壶没有损坏；其次说，他借时，水壶就已经有了几个洞；最后说，他根本没有借过水壶。说起来头头是道；只要这三条辩护有一条被公认有效，这个人肯定就会被宣判无罪。

还有其他一些主题在梦里也起了作用，它们与我对爱玛的疾病不负责任的关系并不那么明显：我女儿的疾病，与我女儿同名的一个患者的疾病，可卡因的危害，我的患者在埃及旅行时的病情，对我妻子、哥哥和 M 医生的健康的关心，我自己的身体疾病，以及我那个患有化脓性鼻炎的亡友。但如果我把所有这些事情考虑在内，它们就会合成一条思路，可以称为：对我自己和他人健康的关心——职业良心。我记得，奥托告诉我爱玛的病情时，我有一种隐隐不快的感觉。那件事后，我终于想在成为梦的一部分的那条思路中，找到这种稍纵即逝感觉的表达方式。好像奥托对我说：“你没有足够认真地履行自己的医生职责；你没有医德；你没有履行自己的承诺。”于是，这条思路就自动听我吩咐，以便我能证明自己很有医德，密切关注我的亲戚、朋友和患者。非常奇怪的是，这个材料里也有一些痛苦的回忆，这证实了对奥托的谴责，而不是为我开脱罪责。这个材料显然不偏不倚，但在这个以梦为基础、比较广泛的材料和想证明我对爱玛的病清白无罪比较有限的主题之间，这种联系却明明白白。

我不想断言我已经完全揭示了梦的意义，也不想断言我的解析毫无瑕疵。

我可能还要在这个梦上花很多时间，也许会从中得到进一步的解释，然后探讨可能要提出的深层问题。我甚至能感知到那些要点，由此可能会追踪到思想上的进一步联系。但是，我对自己的每个梦都需要考虑，所以就阻止了我进一步解析下去。那些急于谴责我矜持慎言的人，应该去做那种设法更坦率的实验。目前，我非常满意这个刚刚得到的新发现：如果按照这里所指的解梦法，就会发现梦确实具有某种意义，绝不像论述该主题的那些作家让我们相信的那样，是一种支离破碎的大脑活动的表现。**当解梦工作完成时，我们就会认识到，梦是一种愿望满足。**

第三章 梦是愿望满足

穿过一条狭窄小路之后，我们突然到达一片高地，高地那边的道路分散开来，美景伸向四面八方，这时正好停留一会儿，想想下一步要走向何方。我们掌握了这第一个解梦法之后，也处在了类似的境地。这个突然的发现使我们耳目一新。梦无法和由某种外力敲击而不是由音乐家之手弹出的杂音相比；梦既不是毫无意义，也不荒谬，更不是预示着我们的一部分思想处于睡眠状态，另一部分思想开始醒来。它是一种完全有效的精神现象，其实是一种愿望满足；它可以加入到一系列可以理解的清醒状态的精神活动中；它是由高度复杂的智力活动逐步建立的。但是，正当我们要为这个发现而欢欣时，一大堆问题围住了我们。如果梦像这个理论定义的那样象征愿望的满足，那么表现这种愿望满足显著新奇方式的原因是什么呢？在形成我们醒来后记得的显梦之前，我们的梦念发生了什么转化呢？这些转化是怎么发生的呢？转化为梦的材料又是从哪里来的呢？是什么引起了梦念中看到的许多特点的呢？比如，它们怎么能产生互相的矛盾呢？（参看水壶的类比）梦能对我们的内在精神过程传授一些新东西吗？显梦能纠正我们白天所持的看法吗？我建议，目前所有这些问题都应该放在一边，只追寻一条道路。我们已经发现，梦是一种愿望的满足。我们下一步的目的应该确定，这是梦的普遍特征，或者仅仅是我们开始分析过的梦的偶然内容（有关爱玛的打针梦），因为即使我们已经得出每个梦都具有意义和精神价值的结论，我们仍然必须考虑，这个意义可能并不是每个梦都一样。我们考虑过的第一个梦是一种愿望的满足，另一个梦可能会是一种忧虑的认识，第三个梦是其内容的反映，第四个梦可能仅仅是一种记忆的再现。那么，除了愿望梦，还有梦吗？难道只有愿望梦吗？

不难看出，梦中的愿望满足常常毫不掩饰、容易识辨，所以人可能会纳闷为什么梦的语言长期得不到理解。比如，有一种梦，就像做实验那样，我可以随心所欲地把它唤起。如果我晚上吃了凤尾鱼、小肉片菜卷或其他非常咸的食物，我夜里就会渴得醒来。不过，醒来之前，总是会有一个同样内容的梦，也就是我正在喝水。我正在大口大口喝水，那就像口干舌燥能品尝到冷饮一样美味可口。我醒来后，发现自己确实想喝水。这个梦就是我醒来时感到口渴引起的。这种感觉引起了喝水的愿望，而梦则向我表明这个愿望得到了实现。因此，它具有一种功能，我马上就会推测到它的特性。我睡眠良好，不习惯因身体需求而醒来。如果我通过梦见自己在喝水来解渴，那就用不着醒来再去解渴了。因此，这是一种方便梦。梦取代了生活中别处的行动。不幸的是，喝水解渴的需要无法像我渴望对奥托和M医生报复那样，用梦就能满足，但意图是一样的。不久前，我又做了一个形态稍有修改的相同的梦。这次，我上床前，就感到口渴，便喝光了放在我床边小柜上的一杯水。但几小时后，到了半夜，我又口渴起来，结果感到不便。我要得到水，必须得起床，到妻子床边的桌上去拿杯子。因此，我就恰好梦见妻子正从一只水瓮里递给我水喝。这只水瓮是我从意大利带回家、早已送人的伊特鲁里亚骨灰瓮。可是，瓮里的水喝起来很咸（显然是因为那些骨灰），所以我不得不又醒来。可以看到，这个梦把各种东西都安排得是多么便利。由于愿望的满足是梦唯一的目的，因此它完全是自私自利的。贪图安逸和体谅别人是难以兼容的。梦见骨灰瓮可能又是一次愿望的满足；我遗憾自己不再拥有这只水瓮；就像放在我妻子身边那杯水一样，我难以拿到。骨灰瓮和越来越咸的味道也是相符的，我知道它会迫使我醒来①。

年轻时，我经常做这种方便梦。我总是习惯工作到深夜，所以早晨醒来往往就成了一件难事。当时，我经常梦到自己起床站在脸盆架边。过了一会儿，我明明知道自己还没有起床，但同时却又接着去睡。一个似乎和我一样贪睡的年轻同事也做过这种嗜睡的梦。其表现形式非常有趣。他寄宿在医院附近的公寓里，他吩咐女房东每天早晨严格在特定时刻叫醒他。但她发现执行他的命令绝非易事。一天早上，他正睡得特别甜。女房东冲他的房间喊道："佩皮先生，起床啦；该到医院上班去了。"于是，他梦见自己正躺在医院病房的一张床上，头顶上方别有一张病历表，上面写着："佩皮·M，医科学生，22岁。"他在梦中对自己说："如果我已在医院里，就不必去那里了。"然后翻过身，又继续睡了起来。他就是这样坦率承认自己做梦动机的。

---

① 韦安特（Weygandt）也知道与口渴梦有关的事实，他这样说道："渴的这种感觉在所有感觉中表现得最准确；它总是引起解渴的表象。梦中解渴的方式多种多样，而且根据新近的一些记忆而定。这里值得注意的一个普遍现象是，解渴的表象之后，马上会对想象饮料的无效产生失望。"但他忽略了对刺激物作出的梦反应具有普遍性。如果其他人夜里因口渴而醒来预先没有做梦，这并不能来反对我的实验，只能说他们睡得更不踏实。参看《以赛亚书》（Isaiah）第29章第8节："这甚至像一个饥饿的人做梦，梦见他在吃，但醒来后，他的灵魂空虚；或者像一个口渴的人做梦，梦见自己在喝，但醒来后，看到他非常虚弱……"

这里还有一个睡眠期间刺激能起作用的梦：我的一个女患者不得已做了一次不成功的下颚手术；医生们吩咐她日夜都要在染病的脸颊上戴冷敷器。但是，她一睡着就习惯扔掉冷敷器。有一天，她又把冷敷器扔到了地板上，医生们要我责备她。患者这样辩护说：这次我真的忍不住；这是我夜间做梦的结果。在梦里，我坐在歌剧院的一个包厢里，正在兴致勃勃地观看演出。可是，卡尔·梅耶尔先生正躺在疗养院里，因下颚疼痛而可怜地抱怨着。我自言自语说：'既然没有那种痛苦，我就也不需要那种冷敷；这就是我把它扔掉的原因。'”这个可怜患者的梦使我想起了我们处在不快境地时挂在嘴边的一句话：“噢，我可以想些更有趣的事儿!”这个梦呈现了这些“比较有趣的事儿”。做梦者把她的痛苦归咎于卡尔·梅耶尔先生，也就是她能想起的最不经意的那个熟人。

我从一些健康人身上搜集到的其他几个梦，也很容易发现愿望的满足。一位朋友熟悉我的梦理论，并向他的妻子解释过。有一天，他对我说：“我的妻子请我告诉你，她昨天梦见她的月经又要来了。你一定会知道那是什么意思。”我当然知道：如果那位年轻妻子梦见她要来月经，那就是月经已经停了。我完全可以想象，她是想在怀孕开始带来不便之前，多享受一段时间的自由。这是通知她第一次怀孕的一种巧妙方式。另一位朋友写信说，他的妻子不久前曾经梦见她的衬衫前面沾有一些乳渍。这也是怀孕的征兆，但不是第一胎；这位年轻妈妈希望自己的第二胎比第一胎有更多的乳汁。

一个年轻女人因为照看患传染病的孩子，已经几个星期没有参加社交活动了。孩子康复后，她做了一个梦，梦见的人有阿方斯·都德、保罗·博格特、马赛尔·普雷沃斯特和其他作家；他们都对她非常友善，让她格外开心。在梦里，这些作家的面貌和他们的画像一模一样。她不熟悉M·普雷沃斯特的画像，他看起来就像前一天给病房消过毒的那个人，也是很久以来第一个进病房的人。显然，这个梦可以这样解释：“现在是愉快的时候，而不是这永久的看护。”

也许这种搜集会足以证明，梦常常只能理解为愿望的满足，在最复杂的情况下，常常也能一眼看出来，而且它们的内容毫不隐藏。在大多数情况下，这些都是简短的梦，它们与混乱夸张的梦形成鲜明的对比，后者几乎引起了该主题作家们的全部注意。但如果我们花一些时间考察一下这些简短的梦，我们就会得到回报。我认为，可以在儿童身上发现最简单的梦，因为他们的心灵活动肯定没有成人的复杂。

依我看，就像研究低等动物的构造或成长有助于研究高等动物的结构一样，儿童心理学同样也有助于了解成人心理学。但是，至今刻意通过努力去利用儿童心理学达到这一目的的人寥寥无几。

幼儿的梦常常是简单愿望的满足，因此，和成人的梦相比，肯定没有趣味。尽管它们提不出要解决的问题，但提供了无法估价的证明，说明梦最内在的本质是愿望的满足。我曾经从自己的儿女提供的材料中搜集了好几个这样的梦例。

我要感谢1896年夏天我们到哈尔希塔特游览时做的两个梦：一个是女儿做的，当时她8岁半；另一个是5岁3个月的儿子做的。我必须首先说明，那年夏天我们住在奥西湖附近的一座小山上；天气晴朗时，我们就从那里欣赏达赫斯坦的壮丽景色。我们用望远镜可以轻松地辨认出西蒙尼小屋。孩子们常常设法通过望远镜去看，我不知道他们是否看见了它。开始游览前，我告诉孩子们说，哈尔希塔特就在达赫斯坦山脚下。他们都欢天喜地地盼望这次郊游。我们从哈尔希塔特进入埃斯切恩山谷，山谷不断变幻的景色让孩子们欣喜若狂。然而，5岁的儿子渐渐不满起来。常常是看到一座山，他就问："那就是达赫斯坦吗？"于是，我不得不回答说："不是，那只是山下的一个小丘。"这样问了好几次后，他就变得一声不吭，也不想陪我们爬上台阶去看瀑布了。我还以为他累了呢。但第二天早上，他兴高采烈地来到我身边，说："昨晚我梦见我们去了西蒙尼小屋。"我现在才明白他的意思；当初我说到达赫斯坦时，他就盼望我们去哈尔希塔特游览时，他一定要爬上那座山，近距离去看经常用望远镜看到的西蒙尼小屋。当得知只能指望以山丘和瀑布来满足自己时，他就感到失望和不满。但是，梦为他补偿了所有这一切。我试图了解梦中的一些细节，却是一片空白。他像别人说的那样："你要上6个小时的台阶。"

在这次游览时，8岁半的女儿同样满怀希望，这些希望只能靠梦来满足了。去哈尔希塔特时，我们带着邻居的一个12岁的男孩，这个男孩颇像一位文质彬彬的小绅士。在我看来，他已经赢得了这个小女孩的欢心。第二天早上，她讲述了下面这个梦："请想一下吧，我梦见埃米尔是我们家庭的一员，他喊你们'爸爸'、'妈妈'，而且像我们家的男孩一样，睡在我们家的大房间里。接着，妈妈走进房间，将一把用蓝色和绿色纸包裹的巧克力大棒棒糖扔到了我们的床下。"她的兄弟们显然没有继承解梦的理解力，所以就像我们曾经引证的那些作家一样宣称："那个梦是胡言乱语。"女儿至少为她梦中的一部分进行了辩护。从神经症理论的观点来看，得知她为哪一部分辩护，让人感到非常有趣："说埃米尔是家庭的一员是胡言乱语，但巧克力棒棒糖的事儿不是胡言乱语。”就是后面这部分我搞不明白，后来妻子作了解释。原来，在从火车站回家的路上，孩子们停在自动售货机前，想要买的正是那种机器提供的金属闪光纸包裹的巧克力棒棒糖。不过，他们的母亲的想法不错，这一天他们的愿望已够满足了，所以就把这个愿望留到梦里去满足。我疏忽了这一小小的情景。于是，被女儿责难的那部分梦，我没有费力就明白了。我亲耳听到我们那位彬彬有礼的小客人在前面路上吩咐孩子们要等“爸爸”、“妈妈”赶上来。对小女孩来说，这个梦把这种暂时的关系变成了永久的接纳。她的感情迄今还无法构想她与朋友永远相伴的其他任何方式，仅仅是梦中接纳而已，这正是她的兄弟们想到的。当然，为什么把巧克力棒棒糖扔在床下，不问孩子是无法解释的。

我从朋友那里听说了一个和我的儿子做的非常相似的梦。那是一个 8 岁的小女孩做的梦。她的父亲带了好几个孩子步行去多恩巴赫，想参观洛雷尔小屋，但因为天色渐晚，半路又拐了回来，他答应孩子们改天再来。在回去的路上，他们经过了一个指向哈密欧的路标。孩子们现在又要求他带他们去哈密欧，但又出于同样原因，他只好答应他们改天再去那里，来满足他们的要求。第二天早上，这个小女孩兴高采烈地去告诉她的父亲说：“爸爸，我昨晚梦见你和我们在洛雷尔小屋，还去了哈密欧。”因此，在梦中，她的迫不及待已经提前实现了她父亲的承诺。

风景如画的奥西湖美景促使我的女儿做的梦，也同样简单明了。当时，她才 3 岁 3 个月。女儿是第一次乘船过湖，过湖时间对她来说太快了。到上岸时，她不想离开船，哇哇哭了起来。第二天早上，她告诉我们说：“昨晚我在湖上航行呢。”我们希望这梦中的游湖会让她更满意。

我的大儿子当时 8 岁，就已经在做实现幻想的梦了。他梦见自己和阿基里斯一起坐在狄俄墨得斯驾驶的一辆双轮战车上。前一天，他对送给姐姐的一本希腊神话书兴趣盎然。

如果允许把儿童睡眠时的梦呓算在梦的范围，我就把下面这段作为最早的搜集材料：我最小的女儿当时才 19 个月，一天早上，她发生了呕吐，所以一天都没有让她进食。当天夜里，我就听到她在睡梦中兴奋地喊道：“安娜·弗（洛）伊德，草莓，野（草）莓，煎（蛋）卷，稀粥!”她这样利用自己的名字，是为了表达她占有东西的行为。这些菜大概包括她最喜欢吃的所有东西。两种草莓出现在梦呓中这个事实，是她反抗家庭卫生规定的实证。而且，根据这个情况（她绝没有忽略这一点），保姆把她这个病归咎于她吃了太多的草莓。所以，她就在梦中为这个意见报复自己，以示反对①。

当我们称儿童时代因为不知性欲而快乐时，我们不应忘记失望和放弃是多么丰富的源泉，所以在梦的刺激中，另一个可能就是对儿童至关重要的刺激。②

这里还有一个例子。在我生日那天，有人教22个月大的侄儿向我祝贺生日，并送给我一小篮樱桃，因为当年那个时候几乎还不到季节，所以非常稀有。他好像发现这个任务很难，因为他嘴里反复说着："樱桃在里面，"而且不想松开小篮子。但是，他知道怎样补偿自己。直到那时，他都习惯每天早上告诉妈妈，说他梦见了"白兵"，就是他曾经在街上羡慕的一个身穿白色大氅的卫兵司令。在他忍痛送给我生日礼物后的第二天，他醒来时高兴地宣称："那个人把所有的樱桃都吃了。"这可能只是针对一个梦来说的。③

动物梦见什么，我无从知道。我要感谢一名学生告诉我们的一条谚语，

---

① 之后，小女孩的祖母做的梦达到了同样的目的，祖孙二人相差大约70岁。她因游动肾不得安宁而被迫禁食一天后，梦见自己显然回到了快乐的少女时代，应邀出席午宴和晚宴，每顿饭吃的都是山珍海味。

② 我们从对儿童精神生活更透彻的研究中得知，婴儿期的性动机，的确在儿童的心理活动中起相当大的作用，这被忽略得太久了。像后来成人想象的那样，这使我们在某种程度上怀疑儿童的快乐。参看《性学三论》。

③ 应该提出，儿童经常产生比较复杂和难解的梦；另一方面，成人却经常产生简单幼稚的梦。不超过四、五岁的儿童的梦出现意外的丰富内容可以在我的《一个5岁男孩恐惧症的分析》（《论文选》）和荣格（Jung）的《有关儿童精神生活的经历》（1910年4月《美国心理学学报》，布里尔译）中找到例证。对儿童梦的解析，也可参看冯·休格-赫尔姆斯（von Hug-Hellmuth）、普特南（Putnam）、拉尔特（Raalte）、施皮尔雷因（Spielrein）和陶斯克（Tausk）；还可参看比安契里（Banchieri）、布斯曼（Busemann）、道格利安（Doglia），尤其是威根姆（Wigam），他强调了这种梦的愿望满足的倾向。另一方面，幼儿型的梦好像在成人转入不熟悉的情况时会出现得特别频繁。奥托·诺登斯科伊德（Otto Nordenskjold）在他的书《南极洲》（1904年，第一卷第336页）写到了如下和他一起越冬的那些队员："我们的梦表明了我们内心深处非常典型的思想倾向，再没有比这些梦更生动、更丰富了。即使以前很少做梦的那些同事，在我们早上交换自己在这个梦幻世界的种种体验时，也能讲很长的故事。这些梦都涉及到现在把我们隔这么远的外部世界，但它们常常符合我们最近的处境。有一个梦尤其典型，就是我们中的一位同事相信自己又回到了学校，分给他的任务是在那里剥小海豹皮，制作这些小海豹皮是专供教学使用的。我们大多数的梦还是围绕吃喝这个中心点。我们中有一个特别喜欢去参加大型晚宴的人，要是第二天早上能报告说：'他参加了三道菜的一个晚宴'，就会喜上眉梢。另一个人梦见了烟草，满座山都是烟草。还有一个人梦见一艘轮船开足马力从开阔的海域越驶越近。另有一个梦更值得一提：邮差送来了邮件，并详细解释了为什么延误了这么久；原来他送错了地址，费了很大周折，才又把信重新找回。当然，我们经常在睡梦中梦到更不可能的事情，但在我自己或听别人讲述的梦中，几乎所有的梦都非常鲜明地缺乏幻想。如果能把所有这些梦记录下来，肯定具有极大的心理学价值。不过，不难理解，我们是多么渴望睡眠。只有它能为我们大家提供我们最迫切想要的所有东西。"我要接着引用杜普里尔的话："在一次非洲探险旅行中快要渴死时，芒戈·帕克不断梦见自己家乡流水淙淙的山谷和草原。同样，当被困在马德堡要塞饥饿难忍时，特伦克梦见自己周围都是丰盛的佳肴。还有富兰克林第一次探险队的队员乔治·巴克快要饿死时，也梦见丰盛的佳肴总是源源不断。"

因为谚语这样问道："鹅梦见什么？"回答是："玉米。"[①] 梦是愿望满足的整个理论都包含在这两句话里[②]。

我们现在认识到，如果仅仅考虑本国，我们应该已经通过捷径得到了梦的隐意论。确实，众所周知的名言常常不无鄙视地谈起梦——说"梦是泡沫"，显然是企图为那些科学家辩护。但在口语里，梦主要是和蔼可亲的愿望满足者。如果我们发现事实超出我们的期望值，就会高兴地大声叫道："就是再荒谬的梦，我也绝不会想到。"

---

① 费伦齐（Ferenczi）引用的一个匈牙利谚语说得更明确："猪梦见橡果，鹅梦见玉米。"一条犹太谚语问："母鸡梦见什么？""小米。"（*Sammlung jüd. Sprichw. u. Redensarten* 第二版）

② 我绝不是想声称，以前从来没有作家想过梦产生于愿望。（参看下一章的开头几段）。那些对这个主题感兴趣的人会发现，古代生活在托勒密王一世时代的赫洛菲洛斯医生把梦分为三类：一是神明托梦；二是自然产生的梦——就是每当心灵自发形成对它有益的图象时产生，并得以满足的那些梦；三是混合梦——就是当我们看到自己想要的东西时，因图象交叉重叠而自发产生的那些梦。从施尔纳（Scherner）搜集的例证中，J·斯塔克引用了一个梦，这个梦由作者本人描述成了一种愿望的满足。施尔纳说："幻想马上会满足做梦者的愿望，仅仅是因为这生动地存在于脑海中。"这个梦属于"心情梦"。同样还有"男女性欲梦"和"易怒梦"。不难看出，施尔纳认为，愿望作为梦的深层意义，不亚于清醒状态的任何其他心理状态；他最不主张愿望和梦的本质之间的联系。

第四章　梦中的变形

如果我现在宣称愿望满足是每个梦的意义，除了愿望梦没有任何其他的梦，那我预先就会知道自己将遭到最有力的反驳。批评我的人会反对说："有些梦被理解为愿望满足这个事实并不新鲜，而是早就被拉德斯托克、沃尔克特、普金耶、格里辛格尔等这种作家认可。[①] 不过，除了愿望满足，没有其他梦，那是以偏概全，幸运的是，这很容易就能驳倒。呈现最痛苦内容和毫无愿望满足迹象的梦屡见不鲜。悲观主义哲学家爱德华·范·哈特曼大概最反对愿望满足论。他在《潜意识哲学》第二部分中说："入梦时，清醒生活的所有烦恼都会进入睡眠状态；在某种程度上，唯一无法入梦的是有教养者对科学生活和艺术生活的乐趣……"可是，即使不太悲观的观察者也强调这个事实，那就是，在我们的梦里，痛苦和反感比愉快更常见。萨拉·韦德和弗洛伦斯·赫拉姆两位女士，甚至根据她们自己的梦，计算出了痛苦和不适在梦中占的优势数值。她们发现58%的梦令人不快，只有28.6%确实令人愉快。除了把生活中的许多痛苦感情带入我们睡眠的那些梦，还有一些焦虑梦。在这些梦中，所有痛苦感情中最可怕的这种梦折磨着我们，直到我们醒来。孩子们现在正是经常受到这些焦虑梦的折磨［参看德巴克尔的《夜惊》(Pavor nocturnus)］。然而，你要发现最明显的愿望满足的梦，还是在儿童身上。"

焦虑梦似乎真的排除了根据上一章所举例子得出的"梦是愿望满足"的概说，甚至斥之为无稽之谈。

不过，要想回避这些显然顽固的反对意见并非难事。只是要注意到，我们的学说不是以对明显的显梦的评估为基础，而是和思想内容有关，在解析过程中，我们发现它藏在梦的背后。让我们来比较和对比一下梦的显意和隐意。的确，有些梦的显意带有最痛苦的性质。但是，有谁设法去解析这些梦，发现它们隐藏的思想内容呢？如果没有，这两种反对我们学说的意见就不再

---

① 新柏拉图派柏罗丁（Plotinus）说："当愿望唤起时，幻想就会来，好像是向我们呈现了愿望的对象。"［杜普里尔（Du Prel）］

有效，因为经过解析，我们的痛苦梦和可怕梦总有可能证明是愿望的满足。[①]

在科学研究中，如果解决一个难题出现困难，那就再加一道难题，这样常常有利于解决，就像把两只坚果放在一起敲反而比分开敲容易一样。因此，我们面临的不仅是“痛苦恐怖的梦怎么可能是愿望满足？”这种问题，而且可能还要再加上一个问题，这是由前面讨论梦的普通问题时产生的，那就是“为什么那些梦没有显示无关紧要的内容，最终却仍然是愿望的满足，毫不掩饰地暴露它们的意义？”以爱玛打针详细治疗这个梦为例：这绝不是一个痛苦性质的梦，经过解析可以看出，这是愿望满足的一个突出例子。但是，为什么非要解析不可呢？为什么梦不直接表示它的意思呢？事实上，爱玛的打针梦起先并没有给人留下可以表现做梦者愿望满足的印象。读者不会得到这种印象；甚至在进行分析之前，我自己也没有意识到这个事实。如果我们把“梦需要解释”这个特性称为“梦的变形现象”，那第二个问题就会出现：梦里这种变形的根源是什么？

如果要考虑一个人对这个主题最初的想法，好几个可以接受的解决办法可能会自动显现：比如，睡觉时，一个人不可能找到自己梦中想法的足够表达方式。然而，某些梦的分析迫使我们提出另一种解释。我要通过自己的第二个梦来论证这一点，这又一次意味着许多轻率的言行，但通过全面彻底地阐述这个问题，会弥补这种个人牺牲。

前言——1897年春天，我得知我们大学的两位教授推荐我任临时教授(Professor extraordinarius)。这个消息使我又惊又喜，表明有两位杰出人士赏识我，这就不能说是个人的兴趣了。但是，我马上又告诉自己，不要对他们的提议抱什么希望。过去几年来，部里对这种提议都熟视无睹，而且好几位比我年长和至少在能力上与我旗鼓相当的同事，都一直在徒劳地等待着这种任命。我绝没有理由认为自己会好到哪里去。所以，我决定听天由命。我认为自己没有野心，即使没有教授头衔，我也会带着成功的喜悦从事自己的专业。无论我认为那些葡萄是甜还是酸，都无关紧要，因为对我来说它们挂得太高了。

---

① 读者和评论家拒绝这种考虑，忽视显露和隐藏的显梦之间的区别，态度顽固，让人非常难以置信。在该主题的文献中，任何文章都没有J·萨利（J. Sully）的《作为启示的梦》如此贴近我自己对梦的观念（而我第一次在这里间接提到，并不是因为我认为它没有价值）：“毕竟，梦并不像乔叟、莎士比亚和密尔顿这样的权威说的那样是胡言乱语。我们夜间幻想的混乱集合体都有意义，并传播新的知识。像密码中的某个字母一样，仔细观察，梦中文字就会失去它最初的梦呓模样，呈现出信息严肃理性的一面。要么，稍微改变一下字形，我们可以说，梦就会像某个重写的碑文一样，披露其没有价值的表面特征下古老珍贵的传达痕迹。”

一天晚上，一位朋友打电话要来看我；他是那些同事中的一位，我把他的境遇看成是一种警告。他早就是教授头衔的一名候选人（在我们的社会里，医生有了这个头衔，患者们就会奉若神明）。因为他不像我那样听天由命，所以他常常不时地向当局提醒自己的要求，希望得到晋升。他这次来看我，就是在这样一次访问之后。他说，这次他已经把这位尊贵的先生逼得走投无路，坦率地问他，自己迟迟不能晋升是否真的因为他的宗教教派。得到的回答是：阁下不得不承认，在目前的舆论状态下，他不能晋升，云云。“至少现在我知道自己的处境，”我的朋友最后说道。他对我说的这句话并不新鲜，但这很可能更使我听天由命，因为教派考虑，同样适合我自己的情况。

朋友访问后的第二天凌晨，我做了下面这个梦。同时，梦的形式也值得注意。它包括两种思想和两个图象，这样一个想法和一个图象交替出现。但在这里，我只记录下梦的前半部分，因为后半部分和我引用的梦的目的没有任何关系。

一、我的朋友R是我的叔叔——我对他有很深的感情。

二、我看到他的脸在我面前有些变形，似乎被拉长了，满腮的黄胡子，看上去特别显眼。

接着是梦的其他两部分，又是一个人物和一个图象，我就略去了。

这个梦是这样解析的：

那天早上，回想起这个梦时，我马上笑道：“这个梦是胡言乱语。”可是，我却无法从脑海里排除，整天被纠缠着。直到晚上，我才这样自责道：“如果在梦的解析过程中，你的一个患者只会说：‘那是胡说八道，’你就一定会责备他，而且你怀疑在梦的背后藏有某件令人不快的事情，他不想暴露这一点，使自己难过。你会用同样的方式来对待自己的患者；你认为‘梦是胡言乱语’的意见，也许仅仅表示内心对解梦的抗拒。别让自己搪塞过去。”于是，我继续解析起来。

R是我的叔叔。那可能是什么意思呢？我只有一个叔叔——我的约瑟夫叔叔。[①] 的确，他的故事让人伤心。30多年前，为了赚钱，他竟然允许自己参与一种法律严惩的交易，并受到了惩罚。我的父亲因为伤心，没几天头发

① 看到我的记忆在清醒状态为了分析而受到这样的限制，真让人惊讶。我知道我有五位叔叔，其中一位特别让我爱戴和尊敬。但是，在战胜了解梦的抗拒时，我对自己说：“我只有一位叔叔，就是梦中想说的那位。”

就白了，总是说约瑟夫叔叔从来没有做过坏人，只不过是一个傻瓜。那么，如果我的朋友R是我的约瑟夫叔叔，那就等于说："R是一个傻瓜。"简直难以相信，非常令人不快！但是，我在梦中看到了那张脸：拉长的脸和黄胡子。我的叔叔确实有这样一张脸——长长的，还有漂亮的黄胡子。我的朋友R特别黝黑，但当黑发开始变灰时，就会失去青春的光泽。他们的黑胡子也一根一根经历了令人不快的变色，先是变成浅红棕色，然后是浅黄棕色，最后干脆变成了灰色。我的朋友R的胡子现在就到了这个阶段。到现在，我遗憾地注意到自己的胡子也是这样。我在梦中看到的那张脸，马上成了我的朋友R和我叔叔的脸，就像高尔顿的一张合成照片。为了强调家庭成员的相似之处，高尔顿把好几张面孔拍照在同一底片上。毫无疑问，现在是可能的；我确实认为我的朋友R是一个傻瓜，就像我的约瑟夫叔叔一样。

我仍然不知道自己是为了什么目的解决了这种关系。这肯定是我必须毫不客气反对的。然而，进行得不很深入，因为我的叔叔是一个罪犯，而我的朋友R先生不是，除了有一次他因骑自行车撞倒一个学徒而被罚款。我能想起这次犯罪吗？这种比较会非常可笑。我在这里又想起了几天前与另一位同事N的对话。事实上是同一个话题。我和N在街上相遇；他也被提名晋升教授；听到我也同样得此殊荣，他向我祝贺。我拒绝他的祝贺，说："你绝不能拿这件事开玩笑，因为根据自己的经验，你知道提名价值几何。"于是，他说，尽管可能不是出于真心："你可说不准。我的事是有专人反对。难道你不知道一个女人曾经控告过我吗？我几乎可以让你放心的是，这件事摆平了。这是一种卑鄙勒索的企图，我力所能及的就是让原告免受惩罚。但是，这件事可能让部里记住了。而你却没有受责备。"就这样，我从这里又发现了罪犯，同时也得到了对我的梦的解析和倾向。我的叔叔约瑟夫象征了我的两位没有被任命教授的同事——一个是傻瓜，另一个是罪犯。现在，我也明白了这种表现是出于什么目的。如果教派考虑是我的两位朋友延期任命的决定因素，那么，我的任命也同样危险。但如果我能查到这两位同事遭到拒绝的、不适合我自己的其他原因，那我的晋升希望就不受影响。这就是我的梦遵循的程序：它使其中一位朋友R成了傻瓜，另一位朋友N成了罪犯。但是，我既不是傻瓜，也不是罪犯，我们之间没有共同之处。我有权利享受任命我为教授，而且避免了那位官员对我的朋友R所下的那种令人痛苦的结论。

我仍然必须对这个梦进一步解析，因为我感到解释得还不是很满意。为了扫清自己晋升教授道路的障碍，我竟在梦中降低两位尊敬同事的身份，心里仍感到不安。当然，因为我已经了解到梦中证据的真正价值，所以我对这个程序的不满也就减轻了。如果有人说我确实认为 R 是一个傻瓜或我不相信 N 所说勒索之事，我就应该加以驳斥。当然，我也不相信爱玛会因为奥托给她打的一针丙基制剂而病情严重。这里像前面一样，梦表现的只是我的愿望：事情可能如此。就愿望实现的叙述而言，第二个梦听起来没有第一个荒唐；这个梦在这里巧妙地利用了实际的事实，就像貌似真实的诽谤之词，使人会说“言之有理”，因为当时我的朋友 R 不得不同自己系里的一位投反对票的教授争辩，而我的朋友 N 毫不怀疑地亲自给我提供了诬陷的材料。不过，我要重申，我仍然认为这个梦需要进一步解析。

我现在想起来，这个梦还包含有另一部分，这一部分至今没有得到解析。当我在梦中发现我的朋友 R 是我的叔叔后，我感到对他有一种深厚的感情。这种感情是指向谁呢？因为我对约瑟夫叔叔确实从来没有过任何感情。尽管 R 是多年的挚友，但如果我去当面向他表达我在梦中毫不含糊对他怀有的那种深情，他肯定会感到吃惊。如果我这份感情是对他，似乎虚伪和夸张，就像我把他的人格和我叔叔的人格融合在一起判断他的智慧品质一样，但夸张是朝着相反方向。不过，现在我渐渐明白了一种新的事态。

梦中的这份感情并不属于隐藏的内容，也不属于梦后面的那些思想。它和显梦相反。它是蓄意隐藏解析传达的知识。这大概正是梦的功能。我记得，我当初进行梦的分析时是多么不情愿，设法拖延了很长时间，断言梦是一派胡言乱语。我从心理分析的实践知道这种指责需要解析。它没有任何情报价值，只是表达了一种情感。如果我的小女儿不喜欢送给她的一只苹果，她就声称苹果是苦的，连一口都不尝。如果我的患者们这样表现，我就知道我们是在对付他们正设法压抑的一种思想。我的梦也是这样。我之所以不想解析这个梦，是因为我反对解析中的某些内容。解析完这个梦之后，我才发现我反对的是什么，那就是断言 R 是个傻瓜。我在梦中对 R 那种感情并不是指隐藏的梦念，而是我对梦的这种不情愿。如果和隐藏的内容比较，我的梦的伪装其实是通过产生其反面而对事情进行曲解，梦中显现的那份感情因而达到了曲解的目的。换句话说，变形在这里是有意而为——这是一种伪装的手段。我在梦中对 R 的思想是贬损，所以我不可能意识到诽谤这相反的一面——对他的一种温情——进入了梦中。

这个发现可能证明是普遍站得住脚的。就像第三章的例子显示的那样，肯定会有不加伪装的愿望满足的梦。在愿望满足难以辨认和伪装的地方，肯定是有自我防御这种愿望的一种倾向，由于这种防御，愿望无法自己表达，只好以一种变形的方式出现。我要设法在社交生活中找到与这个内心精神生活事件类似的实例。在社交生活中，哪里才能找到类似的曲解呢？只有两人相处，其中一个拥有某种权力，另一个因对这种权力有某种考虑而不得不行动时，才会出现这种情况。那么，第二个人会使他的精神行动发现变形，或者像我们说的那样，他会戴上面具。我每天进行的礼节大部分都是这种伪装。如果为了读者们的利益，我解析自己那些梦的话，我不得不进行这种曲解。就连诗人也抱怨这种曲解的必要性：“你所能知道的最好事情，不要向男孩们讲。”

对那些当权者讲述不快事实的政论作家，发现自己也处在类似的境地。如果他毫不保留地告诉所有的一切，政府就会进行镇压——如果是口头发表的言论，就会事后追究；如果是要出版，就会查封。作家对审查机构提心吊胆，所以，他在表达看法时，常常缓和语气和改头换面。他发现自己不得不依照检查官的敏感性，要么避开某些攻击方式，要么用隐喻来代替自己的直接主张，要么他必须以显然天真的伪装来隐藏令人不快的叙述。比如，他可以讲述两个中国清朝官员之间的意外事故，其实他是在想本国的那些官员。审查控制越严，伪装越彻底，而且让读者领会真正含义采用的手段也常常越巧妙。

审查制度现象和梦的变形现象之间在细节上的吻合，向我们证明了两者是以相似的情况为先决条件。那么，我们应该假设，作为梦构成的主要起因，每个人心里都存在两种精神力量（倾向或系统）：一种形成愿望，由梦表现出来；另一种对这个梦的愿望行使审查制度，由此迫使它发生变形。问题是，这第二种借此能行使审查制度的权威性是什么呢？如果我们记得分析前我们意识到的不是那些梦的隐念，而是记忆中从那些思想中出现的梦的显象，那么，让梦的隐念进入意识是第二种力量的特权，这并不是牵强的设想。任何东西事先不经过第二个系统，都无法从第一个系统到达意识；如果第二个系统不行使权利，迫使发生这种变形适合进入意识，就不会让任何东西通过。我们由此得出了意识本质的一个非常明确的概念；在我们看来，变成意识的状态是一种特殊的精神行为，不同于或独立于成为观念或表象的过程，所以对我们来说，意识就是一种感知来自另一个资料内容的感觉器官。可以看出，精神病理学绝不能免除这些基本假设。不过，我们将另抽时间更加彻底地研究这一主题。

如果牢记两种精神动因的概念和它们与意识的关系，我就会在政界找到我对朋友 R 那种特殊感情非常恰当的类似现象，因为 R 在梦的解析中遭到了如此贬损。我之所以谈到一个国家的政治生活，是因为这个国家警惕自己权利的统治者和积极的民意常常发生相互冲突。人民反对一个不受欢迎的官员的所作所为，强烈要求将他免职。相反，独裁者为了表示他对民意的蔑视，故意在不该让那个官员升官时授予他某种特权。同样，控制进入我的意识的第二种系统，以一种强烈的特殊感情来突出我的朋友 R，因为第一个系统的愿望倾向当时迫不及待的特殊兴趣，是想把他贬损为一个傻瓜①。

我们现在也许会开始怀疑，梦的解析可以产生有关精神器官的信息，我们至今从哲学中都无法指望得到。然而，我们不会沿着这条小路走下去，而是一解释清楚梦变形的问题，就会回到我们最初的问题上。出现的问题是，带有令人不快内容的梦如何能分析为愿望的满足。我们现在看到，当令人不快的内容只是用来掩饰想得到的东西时，梦就可能在那个地方发生变形。我们对两种精神动因的假设，现在也可以说，令人不快的梦事实上包括对第二种动因感到不快的东西，但同时这又满足了第一种动因的愿望。只要每个梦源自第一种动因，它们就是表示愿望的梦，而第二种动因对于梦只是一种防御性的而不是建设性的方式②。如果我们只限于考虑第二种动因对梦的作用，那我们将永远无法理解那个梦，而且这个主题的那些作家在这个梦里发现的所有问题也仍未得到解决。

每个梦经过分析，肯定可以重新证明，梦其实都具有一种愿望满足的神秘意义。因此，我要精选几个具有痛苦内容的梦，尽力来分析它们。其中有些是癔病患者做的梦，所以要求有一个长篇开场白，而且有些篇章要对癔病发生的心理过程进行分析研究。尽管叙述起来会很复杂，但这不可避免。

当我分析治疗一位神经官能症患者时，正如我曾经说过的那样，他的梦常常成为我们谈话的主题。所以，我必须给他所有心理上的解释，这样在他的帮助下，我自己终于成功地明白了他的症状。我在这里遭到了无情的批评，其刻薄程度大概绝不亚于我的同事们。我那些患者都一致反对“梦是愿望满足”的学说。这里援引几个用来反驳我的学说的梦例。

“你总是说‘梦是愿望满足’。”一个聪明伶俐的女患者开口说道。“现在我要告诉你一个内容完全相反的梦，在这个梦里我自己的愿望没有得到满足。

---

① 这种伪善梦无论是我还是别人都不罕见。我一直在致力于某个科学问题时，好几个晚上，每隔一小段时间，一个有点乱的梦就会突然出现，显梦是和一位断交很久的朋友和解。经过三四次努力后，我终于领会了这个梦的意义。这个梦其实是鼓励我放弃对那个可疑人仍然残留的顾虑，使自己完全摆脱他，但我在梦中却虚伪地伪装成了它的反面。我曾经记录过一个“虚伪的俄狄浦斯（Oedipus）梦”，梦念的敌视情感和死亡愿望都被表现出来的温柔情感所取代。（《伪装的俄狄浦斯梦的典型例子》，《心理分析公报》第一卷，1910 年）另一类伪善梦将在另一处标明（参看第六章《梦的工作》）。

② 后文我们将介绍相反的情形，也就是梦表达了第二种力量的愿望。

看你怎样来自圆其说？梦是这样的：我想举行晚宴，但手边除了一些熏鲑，什么也没有。我想去买东西，但又想起是星期天下午，所有商店都不开门。这时，我设法给几家餐馆打电话，可电话又出了故障。于是，我只好断了举行晚宴的念头。”

我回答说，当然，只有分析才能决定这个梦的意思，尽管我承认它乍一看似乎明白连贯，和愿望满足相反。“可是，是什么事引起你做这个梦的呢？”我问。“你知道梦的刺激总是处在前一天的体验当中。”

分析——患者的丈夫是一个诚实能干的肉贩子，前一天曾经告诉她说，他胖得太快了，他是说想接受减肥治疗。他常常早起，参加运动，坚持严格节食，而且最重要的是，他不再接受任何晚宴邀请。她继续调侃着叙述说，有一次，她的丈夫在他们常去的饭馆里结识了一位画家，这位画家执意要为他画像，因为他从来没有见过这样一个富有表情的头部。可是，她的丈夫直截了当地回答说，尽管他非常感谢，但他宁愿不让画，他确信一个漂亮女孩的一片屁股会比他的整张脸更让画家高兴[①]。她非常爱自己的丈夫，好好调侃了他一番。她曾经求他不要再给她鱼子酱。那可能是什么意思呢？

事实上，她好长时间都想每天早上吃鱼子酱三明治，但又不愿破费。当然，如果她开口要，她会马上从丈夫那里得到鱼子酱。然而，相反，她却请求他不要给她任何鱼子酱，这样她可以调侃他时间长点儿。

（在我看来，这个解释好像缺乏说服力。不可告人的动机常常藏在令人不满的这种解释的背后。它们使我们想起了那些被伯恩海姆施了催眠术的患者，他对患者发出催眠后的指令，问他们的动机时，他们不是回答：“我不知道为什么这样做”，而是编造出一个显然不充分的理由。这大概和我的患者说的鱼子酱的情况有些相似之处。我明白，她是在清醒状态下被迫编造了一个没有满足的愿望。她的梦也表明了她的愿望没有满足。可是，她为什么需要一个没有满足的愿望呢？）

迄今为止，引出的这些思想不足以解析这个梦。我又追问她。她停顿了一会儿，克服了某种阻力，报告说，前一天她曾经去拜访一位她确实嫉妒的朋友，因为她的丈夫总是在高度称赞这位女士。幸运的是，这位朋友又瘦又高，而她的丈夫喜欢丰满的女人。此刻，这位瘦女友说了什么呢？她当然是说了想长胖些的愿望。她也问我的患者：“你什么时候打算再邀请我们呀？你做的菜总是那样好吃。”

---

① 坐着让画家画像。歌德：“如果贵人没有屁股，他怎么能坐呢？”

现在，这个梦的意义就清楚了。我可以告诉患者说："这就像她要你请客时你已经心里有数那样：'当然，我要请你，好让你在我家里吃，长胖后，更合我丈夫的心意！我宁愿再也不举行晚宴！'那么，这个梦就告诉你，你不能举行晚宴，从而满足了你不想帮助女友身材丰满的愿望。你的丈夫不再接受任何晚宴邀请、想要瘦身的决心，使你明白，人之所以长胖，是在别人家餐桌上吃的。"现在，除了证实这个解答是某种巧合，什么都清楚了。还没有找到梦中熏鲑的线索。"你为什么会在梦里想到熏鲑呢？""熏鲑是我的朋友最喜欢的一道菜。"她回答说。刚好我也认识这位女士，并能断言，她自己舍不得吃熏鲑，就像我的患者舍不得吃鱼子酱一样。

如果补充一种情况，这个梦其实就有必要容许另一个更准确的解析。这两种解析互不矛盾，而是相互吻合，并提供一个通常含义模糊的极好梦例，就像所有其他精神病理学的构成一样。我们曾经听说过，当这女患者在梦里拒绝某个愿望时，她被迫拒绝了一个真实的愿望（想吃鱼子酱三明治的愿望）。她的朋友也表达了一种愿望，那就是想长得更胖。所以，如果我们的患者梦到她朋友的这个愿望——想增加体重的愿望——没有满足，那不会让我们吃惊。然而，取而代之的是，她梦到自己的愿望没有得到满足。如果梦中她不是指她自己而是指她的朋友，如果她把自己放在了她朋友的位置上，或者我们可以说，把她自己看成了她的朋友，这个梦就可能有一种新的解析。

我想，她的确是这样做的，而作为一种认同的标志，她在现实生活中使自己产生了一种无法满足的愿望。可是，这种癔病的认同作用有什么意义呢？要说明这个问题，有必要进行更详尽的解释。认同作用是癔病症状结构中一个非常重要的动机；通过这个方法，患者不仅能在症状中表达自己的体验，还能表达别人相当多的体验；他们好像能为一大群人忍受，并用自己的个性扮演所有的角色。有人会反对说，这是再清楚不过的癔病模仿，就是癔病患者有能力模仿发生在别人身上，给他们留下深刻印象的所有症状，好像引起的同情达到了再现的程度。然而，这只是说明了癔病模仿中心理过程所走的途径。可是，途径本身和遵循这个途径的精神行为却是两码事。行为本身比我们易于相信的癔病模仿稍微复杂；它相当于一种潜意识的最后过程。举例来说。如果一个发生特殊抽搐的女患者和其他患者住在同一病房里，有一天早上医生得知其他患者已经学会了这种特殊的癔病抽搐，他不会感到吃惊。他只会告诉自己：其他患者曾经看到过她发作，然后就模仿了她。这是精神感染。这话没错，但精神感染似乎是以下面这种方式发生的：通常，患者们彼此间的了解，要比医生对其中任何一个患者的了解多；医生巡视病房后，患者们会相互关心对方的病情。如果今天一位患者发作，其他患者马上就会知道，起因是一封家书、相思病复发等等。这唤起了她们的同情心。尽管这没有进入她们的意识，但她们形成了下列结论："如果这种原因可能导致这种疾病发作，我也许会得这种病，因为我也有相同的情况。"如果这是一个可以变成意识的结论，它在害怕遭到同样疾病时也许会自动表现出来；不过，它是在另一个精神区域形成，最后才会产生那些可怕的症状。因此，认同作用不仅仅是模仿，而是一种基于同病相怜的同化作用；它表现为一种"类似性"，而且指滞留在潜意识中的某种相同状况。

在癔病中，认同作用最常用来表示一种性的一致性。癔病女患者最容易——尽管不是唯一——出现的症状就是认同和她有过性关系的男人，或者是认同像她自己那样和同样的男人性交过的女人。语言具有这种认同倾向：据说，两个恋人是"合二为一"。在癔病的幻想中和在梦中一样，如果一个人只是想起性关系，认同作用也许就会跟着发生；它们不一定要成为实际情况。当患者表达她对朋友的嫉妒（她自己也因此承认这不公平）时，她只是遵循癔病思想过程的规则，在梦中把自己放在朋友的位置，认同自己虚构一个症状（放弃的愿望）。这可以进一步阐释：在梦中，她之所以把自己放在朋友的位置，是因为她的朋友已经占据了她和丈夫有关的位置，因为她想取代她的朋友来得到丈夫的尊重①。

另一位女患者（所有做梦者中最聪明）做的梦和我的梦理论正相反，尽管仍然按照一个愿望没有满足意味着另一个愿望会得到满足的原则，但解决的方式却更简单。有一天，我向她解释说，梦是愿望满足。第二天，她就讲了一个梦，大意是，她和婆婆一块到那个地方旅行，两个人都要在那里消夏。此刻，我知道，她强烈反对在婆婆的附近消夏。我也知道，她很幸运能避免这样做，因为她最近在一个地方租到了一座房子，那里远离婆婆要去的地方。现在，这个梦和这个想得到的解决办法正相反。难道这不是和我的欲望满足论完全矛盾了吗？要解析，只有从这个梦进行推理。从这个梦看来，我错了。但是，要我出错正是她的愿望，她的梦表明这个愿望得到了满足。要我出错的愿望在乡下房子的主题中得到了满足，实际上涉及到另一件更严重的事情。当时，我从对她的分析提供的材料推断，她在生命的某段时间一定发生过与她的病情有关的重要事情。她否认了这一点，因为她现在想不起来了。我们

---

① 我自己后悔在这里插入这几段癔病精神病理学实例，因为它们只是片段的陈述，而且脱离了上下文，所以无法证明具有多大启发性。如果这些段落可以说明梦和神经官能症之间的密切关系，也就达到了我引用它们的目的。

马上就会看到我是对的。因此，她总希望我发生错误，而这个愿望则转化成了她要和婆婆一起下乡的梦，与她有足够理由的愿望相互一致，当时只是怀疑的那些事从来没有发生过。

我随便举一位朋友生活中的一件小事，不用分析，只凭假设，因为他曾经是我的8年同窗。他曾经听过我给一小群观众发表过一次演讲，论述梦是愿望满足的新颖观点。他回家后，梦见他的所有讼案全部败诉——他是一位律师——于是就向我抱怨了一番。我避开话题说："一个人不可能永远胜诉。"但是，我又暗自想道："如果8年同窗，我一直名列前茅，他却时高时低成绩中等，那么，从少年时代起，难道他就不会有我也可能出一次丑这样的愿望?"

然而，一个女患者给我讲了另一个更忧伤的梦，来反驳我的梦是愿望满足的理论。这位患者是一个年轻姑娘，她这样说道："你还记得我的姐姐现在只有一个男孩查尔斯吧。我还和她住在一起时，她失去了大儿子奥托。奥托是我最喜欢的孩子；其实是我把他带大的。尽管我也喜欢另一个小家伙，但肯定不如他死去的哥哥。我昨晚做了一个梦，梦见查尔斯躺在我面前死了。他躺在小棺材里，两手交叉，周围点着蜡烛。总之，那就像小奥托死时的情景，这让我非常震惊。现在，告诉我，这个梦是什么意思?你了解我——难道我真的那样坏，希望自己的姐姐失去剩下的唯一的儿子?要么说，这个梦意味着，我宁愿查尔斯死去，也不愿让我喜欢不尽的奥托去死吗?"

我向她保证说，这后面的解释是不可能的。思考了片刻之后，我终于能对这个梦进行解析了，随后她也进一步证实了这一点。我之所以能这样做，是因为我对做梦者以前的历史都了解。

这个姑娘小时候就成了孤儿，是在一位老姐姐家长大的。她在常来家拜访的亲友中，遇到了一位让她一见倾心的男人。有一段时间，好像他们到了谈婚论嫁的地步，但这种快乐顶点被她的姐姐不明不白地破坏了。关系断裂后，我的患者心仪的那个男人不再到她家里来了。她自己把感情转到了小奥托身上。奥托死后，她独立了一段时间。可是，她始终无法摆脱自己对姐姐那位朋友的感情。尽管她的自尊心要求她避开那个人，但她发现自己无法将这份爱转移到其他向她求婚的人身上。她爱的这个人是一位写作教授，无论何时何地他发表演讲，她肯定到场去听；而且她不动声色，抓住每一个见他的机会。我记得，前一天她曾经告诉过我，那位教授要去参加一场特定的音乐会；为了欣赏他的风采，她也要去。这正是做梦前的一天；音乐会就要在她告诉我那个梦的当天举行。我现在可以轻松地作出正确解析了；我问她是否能想起奥托死后曾经发生过什么特别事件。她马上回答说："当然能。离别这么久后，教授当时也回来了，我在奥托的小棺材边又看到了他。"这就像我曾经预料的那样。我是这样解析这个梦的："如果现在另一个男孩要死，同样的事情也会发生。你要和你的姐姐在一起度过那天，教授肯定会来吊唁。所以，你就像以前那样在同样的情形下再次看到他。这个梦只不过表示你想再见到他的这个愿望——这是你在内心斗争的一种愿望。我知道你的袋子里装有今天音乐会的票。你的梦是一种迫不及待的梦；它已经提前几小时预见到了今天要进行的会见。"

为了掩饰自己的愿望，她显然选了一个通常压制这种愿望的情景——这个情景充满悲伤，甚至让人想不到爱情。然而，在她更疼爱的大男孩棺材旁边那种实际情景中，她无法抑制自己对思念这么久的那位来宾的柔情，却是完全可能的。

对另一个患者的类似梦则做了不同的解释。这个患者早年以才思敏捷和天性乐观而出名，而且在治疗期间，她自由联想时，仍然显示出这些品质。在一个较长的梦中，这位女士仿佛看到15岁的女儿死去躺在她面前的一个箱子里。尽管她自己也怀疑"箱子"这个细节肯定会引向一个不同的梦念，①但她仍然坚决想用这个梦象来反对愿望满足论。因为在分析过程中，她想起前一个晚上她曾经和一群朋友谈到英文box这个词，德文可以有多种译法，比如*Schachtel*（箱子）、*Loge*（包厢）、*Kasten*（衣橱）、*Ohrfeige*（耳光）等。从同一个梦中的其他部分来看，现在可能加上这个事实，也就是这位女士已经猜中了英文"box"这个词和德文*Büchse*（容器）这个词之间的关系，她这时也想起了*Büchse*表示女性生殖器的粗俗说法。所以，如果以一种迁就的态度来看待她的局部解剖学知识，也许就可以假定，箱子里的孩子象征着母亲子宫里的胎儿。解释到了这里，她不再否认梦中的那个景象其实和她的愿望相互吻合。就像许多其他的年轻女人一样，发现自己怀孕绝不会高兴。她不止一次地向我承认她的孩子出生前可能死去的这个愿望。一次和丈夫大吵一架后，她甚至一怒之下用拳头砸自己的腹部，要损害腹中的胎儿。因此，死去的孩子其实就是一种愿望的满足，只不过是被放置15年的一个愿望，愿望间隔了这么久才得到满足，让人认不出来，不足为奇，因为在这期间已经发生了许多变化。

包括以上提到的两个梦例（内容都是亲友死亡）的这组梦，将在"典型

---

① 就像延期晚餐和熏鲑鱼的梦中情形一样。

梦”的标题下再次讨论。然后，我要举几个新例子，尽管所有这些显梦令人不快，但它们必须被解析为愿望满足。我要感激的是，下面这个梦不是我的患者的，而是我相识的一位聪明律师的。他给我讲这个梦，是想阻止我不要对自己的理论匆匆下结论。这个报告者对我说道：“我梦见自己挽着一位女士的胳膊，在我家门前散步。一辆关着门的出租车等在门前。这时，一个人走到我面前，向我亮出了他的警官证件，并要我跟他走一趟。我只是求他给我时间，处理一下自己的事务……”这时，律师问我：“你能认为被捕是我的愿望吗?”我只好承认：“当然不能。你碰巧知道自己被捕是什么罪名吗?”“知道，我相信是杀婴罪。”“杀婴罪？可你知道，只有母亲才能对新生儿犯这种罪吧?”“这话没错。”①“你是在什么情况下梦见的？前一天晚上发生了什么事儿?”“我宁愿不告诉你——这是一件微妙的事儿。”“但是，我需要知道，否则我们必须放弃对这个梦的解析。”“那好，我就告诉你吧。我昨晚没有在家，而是在我非常喜欢的一位女士那里过夜。第二天早上醒来时，我们又发生了一次关系。随后，我又睡着了，并做了我给你讲过的这个梦。”“这女人结婚了吗?”“结了。”“那你不希望她怀孕吗?”“不，那会出卖我们的。”“那你们没有进行正常的性交吗?”“每次射精前，我就做好预防抽出来。”“我想，你是夜间这样预防了好几次，到第二天早上你拿不准自己是否成功吧?”“大概就是这样。”“那你的梦就是愿望满足。根据这个梦，你确信自己没有生出孩子，或者等于说，你已经杀死了那个孩子。我可以轻松地举例说明相关环节。你还记得吧，几天前，我们在一起谈论过结婚的种种麻烦，谈论过性交时只要不受孕，用什么方法都可以，而卵子和精子一旦相遇、成为胎儿，采取任何阻止行为，都会构成犯罪。由此，我们想起了中世纪的争论，那时认为正是那一时刻灵魂才真正进入胎儿体内，只有从那一点起才可用谋杀的概念。当然，你也知道莱瑙那首令人厌恶的诗，那首诗把杀婴罪和避孕一视同仁。”“真够怪的，今天早上我碰巧偶然想起了莱瑙。”“这是你的梦的一种回波。现在我要给看一下，你的梦里还有一种附带的愿望满足。你挽着那位女士的胳膊走到你的家门口。所以，你是带她回家，而不是像现实中做的那样在她的家里过夜。愿望满足（这是梦的本质）伪装成这种令人不快的形式，这个事实也许有不止一种解释。从我的焦虑神经官能症病因学的论文中，你会看到，我把中断性交看成是神经质恐惧发展的因素之一。经过多次这种性交后，如果你心里留下了不安的阴影（现在变成了你的梦的一个

① 梦中叙述常常不全，只有在分析过程中，遗漏的部分才会想起来。这些后来插入的部分总是给解析提供线索。参看第七章“梦的遗忘”部分。

构成元素)，你就符合这种情况。你甚至还利用这种不安的心境来掩饰愿望满足。同时，你提到的杀婴罪还没有解释。你为什么想到这种罪只有女人才会犯呢?”“我要向你承认，几年前，我曾经卷入过这种事。我和一个姑娘私通，为了不使她自食其果，她设法去堕胎，我应对这件事负责。尽管我与她执行这个计划无关，但好长时间我还是心神不安，惟恐事情败露。”“我理解。这个回忆提供了你笨拙中断性交的猜想一定让你痛苦的第二个理由。”

一位年轻医生在我的演讲室听了这个梦后，一定觉得这符合他的情况，因为他马上模仿用同一思想模式，分析了他自己的另一个主题的梦。前一天，他提交了收入报告书，因为陈述的东西不多，所以报告书简单明了。他梦见一个熟人从税务委员会开完会后告诉他说，所有其他的报告书都已经毫无异议地通过了，但他的报告书引起了普遍怀疑，因此要罚以重金。这个梦是一种伪装蹩脚的愿望满足，他希望自己成为收入丰厚的一名医生。这又使我想起了那位少女的故事，有人建议她不要答应那个求婚者，因为他脾气急躁，他们结婚后，他肯定会打她。她的回答是:“但愿他会打我!”她想结婚的愿望是那样强烈，所以她已经考虑到了这场婚姻即将带来的那些不快，甚至把它们提高到了愿望的水平上。

如果我把这类频繁发生的梦（似乎完全和我的理论相矛盾，因为它们体现的是愿望的否认或某件不希望出现的事情）统统放在“反愿望梦”这个标题下，就会发现它们都可以归为两个原则。其中一个原则还没有提到，尽管它在清醒生活和梦幻生活中扮演重要角色。激发这些梦的其中一个动机就是希望我是错的。在治疗过程中，只要患者处在一种抵抗状态，这些梦就会经常发生。其实，一旦我向患者解释过梦是愿望的满足，我就能有很大把握来唤起这种梦①。的确，我有理由预期，我的许多读者会有这种梦，他们仅仅是为了满足“我可能是错的”这个愿望。最后，我要从治疗过程中那些患者中再举一个梦例，来证实这件事。一个年轻姑娘违背她的亲人和他们请教的专家们的意愿，苦苦挣扎继续接受我的治疗，做了这样一个梦：她的家人禁止她再来我这里看病。于是，她提醒我说，我曾经答应过她，如有必要，免费给她治疗。我告诉她说:“我无法考虑钱的问题。”

尽管证实愿望满足在这种情况下绝非易事，但在这类梦中还有一个问题。这个问题的解决有助于解决第一个问题。她借我的嘴说出的话从何而来？我的确从来没有告诉过她这种事，而是对她产生最大影响的一个哥哥出于善意，

---

① 近几年来，那些听我演讲的人屡次向我报告类似的反愿望梦，这是他们第一次接触“反愿望梦”后的反应。

曾经对我做过这种评论。因此，这个梦的目的是表明她的哥哥是对的，而她不只是想在梦中证实她哥哥的话。这就是她生活中的目的和她生病的动因。

一位医生（奥古斯特·斯塔克）做的一个梦并由他做的解析，乍一看，很难用愿望满足论解释："我发现自己左手食指的最后指骨上有一种原发性梅毒病。"

有人也许不想分析这个梦，因为除了不想要的内容，好像清晰连贯。然而，如果不怕费事去分析，就会认识到原发的疾病相当于 prima affectio（初恋），而令人厌恶的溃疡——用斯塔克的话说——证明了"代表带有强烈感情的愿望满足。"①

反愿望梦的另一个动因非常清楚，所以很容易忽略它，我自己好长时间就是这样。许多人的性体质中都有受虐狂的成分，它是通过攻击性虐待狂成分转化为其反面产生的。如果这些人不从他们遭受的肉体痛苦，而从遭受的屈辱和精神惩罚中寻求快乐，他们就被称为理想受虐狂。显而易见，这类人可能做的都是反愿望梦和令人不快的梦。而对他们来说，这些只不过是一种愿望满足，因为这些满足了他们受虐狂的倾向。这里还有一个梦：一个年轻人对他的哥哥有同性恋的倾向，早年时曾经把哥哥折磨得痛苦不堪，但后来他的性格发生了完全改变，他就做了下面这样的梦。这个梦包括三部分：(1) 他受到了哥哥的"嘲弄"；(2) 两个成人以同性恋为目的互相爱抚；(3) 他的哥哥已经卖掉了弟弟曾经留作将来发展的商行。他从这最后一个梦中醒来，感到极其不快。然而，这是一个受虐狂愿望满足的梦。这可以解释为：如果我的哥哥要不顾我的利益那样变卖，那将是我应得的报应。他在我手里曾经受到了种种折磨，这将是对我的惩罚。

我希望，在另一些反对意见出现之前，上述这些梦例似乎足以使人相信，即使带有痛苦内容的梦，也可以分析为愿望满足。② 在解析过程中，也不应该认为，这仅仅是一个人总碰巧不喜欢说或想的偶然事件。这些梦引起的不快感觉，肯定本身就是阻止我们通常提到或讨论这些主题的反感情绪，如果我们都不得不去动手处理这些梦问题，就必须克服这种反感情绪。但重现在我们梦中的这种不快感情，并不排除愿望的存在。每个人都有一些不喜欢向别人承认的愿望，就连对自己都不喜欢承认。另一方面，我们觉得，有理由把所有这些梦的不快性质和梦的变形这一事实联系在一起，然后得出结论，这些梦都发生了变形，它们的愿望满足伪装得难以辨认，正因为对梦的主题

---

① 《心理分析公报》第二卷，1911～1912 年。

② 我在这里指出，我们还没有解决这一主题，后文会再次讨论。

或由此产生的愿望有一种强烈的反感，所以必须采取高压手段。那么，梦的变形实际上就是一种审查行为。如果我们改用这样的表述：梦是一种（受抑制、被压抑的）愿望（伪装的）满足，就会把一切对令人不快的梦的分析包括在内。①

目前，还需要考虑焦虑梦，因为它是带有痛苦内容的特殊梦。如果把这种梦列入愿望满足，对那些没有受过解梦训练的人来说更难接受。不过，我可以在这里粗略地谈一下焦虑梦的问题；它们要揭示的并不是梦问题的新的方面；这里的问题是大体理解神经官能症焦虑的问题。我们在梦中体验的焦虑显然只能由显梦进行解释。如果我们对那个内容进行分析，就会意识到，梦的焦虑由显梦证实，恐惧症的焦虑则由和恐惧症有关的思想证实，只不过是一回事。比如，一个人确实站在窗边时，有可能从窗口掉下来，所以应该小心，但不清楚的是，为什么在这类相关的恐惧症中的焦虑那样强烈，为什么它折磨受害者的程度超过事情的起因。适用恐惧症的解释也适用于焦虑梦。在这两种情况下，焦虑只是依附在与之相伴、得自另一来源的意念上。

由于梦的焦虑与神经官能症焦虑的这种密切关系，因此讨论前者时，我不得不提到后者。在1895年写的一篇有关焦虑神经官能症的短文中②，我主张神经官能症焦虑源自性生活，而且相当于偏离自身目的而又无所适从的性欲。从那以来，这个论点的正确性已经得到越来越肯定的证明。由此，我们可以推论，焦虑梦就是性梦，属于该内容的性欲已经转化为焦虑。稍后，我将有机会通过分析神经官能症患者的几个梦，来进一步证实这个主张。在进一步探讨梦的理论时，我会再次有必要来讨论焦虑梦的种种情形和它们与愿望满足理论的一致性。

---

① 有人告诉我说，一位伟大的当代诗人没有听过心理分析和梦的解析，却根据自己的经验得出了对梦的特征几乎相同的公式："受到压制的向往在虚假的面目和名称下未经认可的浮现。"

我将在这里提前引用奥托·兰克提出的这个基本公式的扩充和修订："根据并借助受压抑的婴儿期性资料，梦常常表现为当前满足的、常为性欲的愿望，以伪装的象征形式出现。"

我从来没有在任何地方说过我接受兰克这个公式。包含在正文中的那个较短说法在我看来是充分的。但我仅仅提到兰克修订这一事实，就足以使心理分析屡遭谴责，以为我们在声称所有的梦都有性内容。如果一个人按原来的意思来理解这句话，那只能证明我们的批评家无的放矢，常常是多么缺乏良知，反对者是多么急于忽略那些陈述。仅在几页前，我还提到儿童梦的多种愿望满足（去陆地游览或水上航行、弥补遗漏的一顿饭等）。我在其他地方还提到过口渴梦、排泄梦和纯粹的方便梦或舒适梦。就连兰克也没有作出绝对的声明。他说"通常也是性爱的愿望"，这可以在成人的大部分梦里完全得到证实。

然而，如果我们采用"性（sexual）"这个词来代替心理分析学家们理解的"性爱（Eros）"这个词的意义，情况就会不同。但我们的反对者几乎没有考虑过所有的梦是否由性欲动因（与破坏动因相对）产生这个有趣的问题。

② 《癔病和其他精神神经病论文选》，A·A·布里尔译，《神经病和精神病学报》专题系列。

第五章　梦的材料与来源

我们分析了爱玛的打针梦之后，认识到梦是一种愿望满足，马上就想确定我们是否由此发现梦的普遍特征，所以在解析过程中，暂时把可能自动显出的其他每个科学问题放到了一边。既然我们已经在这一条路上达到了目标，就可以回过头，即使我们一时可能忘记愿望满足这个仍要进一步考虑的主题，也要选一个新的出发点，来探究梦的问题。

既然我们能通过运用解析过程来探测梦的隐意（其重要性远远超过梦的显意），我们自然就必须回到各个梦的问题上，来看看我们只在显意中发现的似乎让我们困惑的各种难题和矛盾，现在是否可以得到圆满解决。

这里没有探讨以前作家对梦和清醒生活的关系，以及梦材料来源的看法。不过，我们可能要回想一下梦中记忆的三个特征，因为这些特征经常提到，但从来没有解释过：

1. 梦显然比较喜欢过去几天的那些印象（罗伯特、斯顿培尔、希尔德布朗特，以及韦德－赫拉姆）；

2. 梦根据不同于醒时记忆的原则进行选材，因为它记起的不是不可或缺的重要事情，而是被忽视的次要事情。

3. 梦受我们童年时最初的印象支配，并从这段人生时期披露种种细节，这些细节看似微不足道，而且在清醒生活中还以为早被遗忘[①]。

当然，梦在选择材料时的这些特征，早期作家已经在梦的显意方面作了评述。

第一节　梦中的最近印象和无关紧要的印象

如果我现在以自己的经验来讨论出现在显梦中的那些元素的起源，我肯

---

① 罗伯特认为，梦的目的是要摆脱白天接收的那些无用印象，但如果我们童年的无关紧要的记忆经常出现在梦中，那他的观点显然就站不住脚。我们只好推断说，我们的梦常常很不恰当地执行规定的任务。

定首先表达这样的看法，也就是，在每一个梦中，我们都可能发现前一天那些体验的某些证明。无论我求助什么样的梦，无论是我自己的还是别人的，这种体验总会得到证实。明白了这一点，我也许就可以通过寻找前一天激发梦的那种体验，开始解析工作。在许多情况下，这的确是一个最快的方法。在上一章我详细分析过的两个梦（爱玛的打针梦和黄胡子叔叔的梦）中，和前一天有关的联系一目了然，所以不需要进一步阐明。但是，为了可以证明这种联系是多么有规律，我要研究自己梦记史中的一部分。我要尽可能多地叙述那些梦，急需找到可疑梦的来源。

1. 我去拜访一个我只有费劲才能进去的人家……同时我让一个女人在等着我。

来源：傍晚，我和一位女亲戚谈话，大意是她必须得等待她曾经要求的一笔汇款，直到……等等。

2. 我曾经写了一本某种（未定）植物的专著。

来源：当天上午，我曾经在书商的橱窗里看到一本樱草属植物的专著。

3. 我在街上看到两个妇女，是一对母女，女儿是一个患者。

来源：傍晚，一位接受治疗的女患者告诉我说，她的妈妈如何设置障碍，阻止她继续接受治疗。

4. 在S与R书店，我订了一份期刊，每年价值20弗罗林。

来源：白天，妻子提醒我，我还欠她每周20弗罗林的零用钱。

5. 我收到社会民主委员会的一封信，在信中我被称为会员。

来源：我同时收到了自由选举委员会和博爱社主席的来信，我的确是博爱社的会员。

6. 一个男人像伯克林那样站在从海里升起的一块陡峭的岩石上。

来源：魔鬼岛上的德雷福斯（Dreyfus）；还有我从英国亲戚那里听到的消息，等等。

可以提起的问题是，梦仅仅总是指前一天的那些事情，还是可以延长时间，把最近过去这段时间的印象包括在内？这也许不是一个首要问题，但我倾向于支持优先考虑做梦前那天（梦日）的情况。无论什么时候，只要想到梦的来源是两三天前的印象，我就能在仔细研究后说服自己，这个印象是前一天记住的；也就是说，前一天印象的重现已被插入事发当天和做梦时刻之间；此外，我还能指出，引起较早时候印象回忆的新近诱因。另一方面，我无法使自己确信，在激起梦的白天印象和梦中重现之间，存在生物学意义的固定时间间隔（斯沃博达宣布的这种第一时间间隔是18小时）。

所以，我相信，对每个梦来说，梦的刺激因素可以在“人还未入睡”的这些体验中发现。

哈夫洛克·埃利斯同样也已经注意到了这个问题。他说，尽管他曾经寻找过，但他无法在自己的梦中发现任何这种再现的周期性。他叙述了一个梦，梦见自己在西班牙，想去一个叫达劳斯、瓦劳斯或扎劳斯的地方。醒来时，他无法想起任何这样的地名，而且再也想不起这件事。几个月后，他真的发现了扎劳斯这个地名；那是圣塞巴斯蒂安和毕尔巴鄂之间的一个站名，在做梦日之前的8个月（250天），他曾经坐火车路过那个地方。

因此，过去不久（除了做梦夜之前那个日子）的印象和无限遥远时期的印象，对显梦的关系没有两样。只要思想链能把做梦那天的那些体验（“最近”那些印象）与早期体验联系起来，梦就可以从一生任何时期进行选材。

可是，为什么梦这样偏爱最近的印象呢？如果我们对已经提到过的其中一个梦进行更精确的分析，就会得出一些假设。我选的是植物学专著的梦：

我写了一本某种植物的专著。这本书躺在我面前；我正在翻阅一页折叠的彩色图片。每本书都钉有一个干枯的植物标本，就像从植物标本集里取出的一般。

分析——当天早上，我在一个书商的橱窗里看到一卷名为《樱草属植物》的书，显然是这类植物的一本专著。

樱草花是我的妻子最喜欢的鲜花。我之所以责备自己很少想起给她带鲜花，是因为她想让我给她带。我从给她送鲜花这个主题，想起了最近给一些朋友讲的一个故事，来证明我的主张，也就是我们经常忘记服从潜意识的目的，而且遗忘总能使我们推断出遗忘者的秘密意向。一位年轻妇女每年生日总习惯收到丈夫送给她的一束鲜花。有一次生日，她没有收到这份爱的信物，就突然放声大哭。她的丈夫进来，不明白她为什么哭。她这才告诉他说：“今天是我的生日。”他拍了拍自己的额头，失声叫道：“噢，原谅我，我完全给忘了！”然后打算马上出去给她买鲜花，但她没有得到安慰，因为她明白，丈夫的遗忘证明她在他的心中不再像以前那样占有同样的地位。这位L夫人两天前见过我的妻子，说她感觉良好，并向我问好。几年前，她是我的一位患者。

补充的事实：我确实曾经写过某种植物的论著，也就是有关古柯植物的论文。这篇论文引起了K·科勒对古柯碱麻醉特性的注意。我曾经暗示生物碱可用作麻醉剂，但我没有继续彻底研究这个问题。这也使我想起，梦醒后那天早上（我直到那天晚上才抽出时间进行解析），我是在一种白日梦中想到了古柯碱。如果我患了青光眼。就会去柏林，然后化名住在柏林朋友的家里，他会推荐那里的一位外科医生给我做手术。这位外科医生不知道我这个患者叫什么名字，所以会像往常一样吹嘘说，自从采用了古柯碱，这些手术就变得多么易如反掌；而我又不愿泄露自己在发现古柯碱中也有一份功劳这个事实。随后，幻想又使我想到，一名医生要求一位同行为自己进行专业服务真是尴尬。我应该能像其他所有人那样付给这位素不相识的柏林眼科医生医疗费。只是在回忆起这个白日梦后，我才意识到梦的背后隐藏着对某个特定事件的记忆。科勒发现古柯碱不久之后，我的父亲患了青光眼。是我的一位朋友——眼科医生柯尼斯坦为他做的手术。科勒医生负责古柯碱麻醉，他评论说，这次手术把负责推广古柯碱的三个人聚在了一起。

我的思绪现在又回到了最近一次使我想起与古柯碱有关的情景。这是在几天前，当时我收到了一份纪念文集，这是感恩的学生们为庆祝他们的老师兼实验室主任50周年纪念编的。文集在列举与实验室有关的人物的声望时，我注意到，他们把发现古柯碱具有麻醉特性归功于K·科勒。现在，我才突然意识到，这个梦和前一天晚上的一个经历有关。我正好陪同柯尼斯坦医生回家，就讨论起了一个话题，只要提起这个话题，就让我大为兴奋。我和他在门厅交谈时，加特纳教授和他的年轻妻子走了过来。我情不自禁地恭喜他们俩貌若鲜花盛开。现在，加特纳教授是我刚说到的纪念文集的编者之一，很可能是他让我想起了纪念文集。我和柯尼斯坦谈话时，还提到了前面说的生日那天失望的L夫人，尽管肯定是另一种关系。

我现在想阐明显梦的其他决定因素。论著中夹了一个干枯的植物标本，就像是一本植物标本集。而植物标本集使我想起了中学时代。有一次，我们学校的校长把高年级学生召集到一起，目的是检查和清理中学植物标本集，结果发现了小虫子——蛀书虫。校长似乎对我的协助能力没有多大信心，因为他只交给我寥寥几页。我到现在才知道，它们上面有十字花科植物。我对植物学的兴趣从来都不是很大。预考植物学时，要求我识别一种十字花科植物，结果我没有辨认出来。要不是理论知识帮我的忙，我肯定会考砸的。十字花科植物暗示着菊科植物。洋蓟确实是一种菊科植物，而我确实可以把它称为自己最喜欢的花。我的妻子比我更体贴，从市场回来时，经常给我捎我最喜欢的这种花。

我看到自己写的那本专著摆在我面前。这段又有一种联想。昨天，我的一位朋友从柏林来信说："我非常看重你的梦书。我看到它全部杀青，摆在我面前，就逐页翻阅着。"我真嫉妒他这种视觉能力！要是我能看到它已经杀青摆在我面前，该多好！

折叠的彩色图片。上医学院时，我曾经一门心思狂热地攻读各种专著。尽管金钱有限，但我还是订阅了许多医学期刊，上面的彩色图片确实让我赏心悦目。我对这种一丝不苟的爱好感到非常自豪。我后来开始自己出书时，不得不为自己的论文画上插图，我记得其中有一张画得很糟，一位善意的同事为此还嘲笑过我。不知怎么回事，我由此又联想到了自己童年的一段记忆。有一次，我的父亲为了逗我们开心，递给我和妹妹一本含有彩色图片的书（那本书是波斯旅行记事），让我们把它撕毁。从教育观来看，这一点也不值得称赞。当时，我5岁，妹妹不到3岁，我们两个小孩子欢天喜地把书撕成碎片（我应该补充一句，就像洋蓟似的，一页一页）的情景，几乎是我人生这个时期留在脑海里的唯一生动的记忆。后来，上大学后，我对收藏书本情有独钟[①]（这类似于我攻读论著的爱好，是在我的梦念中暗示过、与樱草花和洋蓟相关的一种嗜好）。我变成了一个书虫（参看植物标本集）。自从着手自我分析到现在，我总是从人生这个最早的热情追溯到童年的这个印象：或者更准确地说，我已经认识到，这个童年景象是我后来成为藏书癖的一种屏隔或隐藏记忆。当然，早年我就得知，我们的激情常常会成为我们的不幸。我17岁时就欠了书商一大笔钱无法偿还；不管怎样，我的父亲不会因为我这种爱书热情可敬而原谅我。但是，提到我年轻时的这段经历，又使我想起了做梦前那天晚上和柯尼斯坦医生的谈话，因为谈话的其中一个主题还是原来受责备的事情——我过分热衷于自己的嗜好。

因为和这里无关，所以我就不再继续分析这个梦了，而是仅仅指出解释的途径。在解析过程中，我想起了和柯尼斯坦医生的谈话，而且想起的确实不止一部分。当考虑这个谈话中涉及的那些主题时，我马上就会明白梦的意义。所有已经开启的思路——我自己的爱好、妻子的爱好、古柯碱、向自己同行求医的尴尬、我对论著研究的偏爱，以及我对某些学科（比如植物学）的疏忽——所有这些都会延续进来，把话题渐渐地引到这个谈话纵横交错的一两个分枝上。这个梦又一次呈现了自我辩解的特性，为我自己的权利辩解（像第一次分析过的爱玛的打针梦一样）。它甚至会延伸那个梦导入的主题，然后讨论已经加进两个梦之间、与新主题有关的问题。甚至梦的显然无关紧

① 参看《日常生活的精神病理学》。

要的表达方式也马上会产生一种意义。现在这个梦的意思是:“我的确是曾经写过(有关古柯碱)的有价值的成功论文,”就像以前我在自我辩解中宣称的那样:“我毕竟是一个一丝不苟、勤奋刻苦的学生。”在这两个例子中,我发现的意思是:“我可以允许自己这样做。”但是,我也许无需对这个梦进一步解析,因为我记录梦的唯一目的,就是研究显梦和唤起梦的前一天体验之间的关系。只要我知道这个梦的显意,与白天的任何印象的唯一联系就会显而易见。但是,当我完成这个解析时,当天的另一个体验就变成了梦的第二个来源。这个梦涉及的其中第一个印象无关紧要,是一种次要的情况。我在橱窗里看到一本书,书名让我注意了一会儿,但内容几乎让我不感兴趣。第二个体验具有重大的心理价值。我和眼科医生朋友热心交谈了大约一个小时。我在这次交谈中做了一些暗示,这肯定让我们俩感到不安,并唤起了我的回忆。我意识到这些回忆和各种各样的内心刺激有关。此外,这次交谈没有结束就被打断了,因为一些熟人走向了我们。现在,白天这两个印象之间,以及和当晚做的梦之间,是什么关系呢?

在梦的显意中,我仅仅发现对无关紧要印象的一种暗示,因此我能够重申,梦更喜欢把非本质特性的体验吸收进它的内容。相反,在梦的解析中,一切都集中在合理烦扰的重要事件上。如果我根据在分析过程中显示出来的梦的隐意,以唯一正确的方法来判断梦的意义,我就会感到自己无意间又发现了一个新的重要事实。我明白,“梦只是涉及白天体验到的毫无价值的零碎东西”这个费解理论是站不住脚的。我也不得不反驳“清醒状态的精神生活不会在梦中延续,因此梦在微不足道的材料上浪费我们的精神能量”这个主张。其实,刚好相反。白天曾经引起我们注意的事情也支配我们的梦念。我们在梦中对这些事用心,是在为我们白天思考的提供食粮。

也许对“我梦见白天无关紧要的印象,而这个印象有充分理由使我兴奋导致我做梦”这个事实最直接的解释,就是我们又一次要在这里谈到梦变形的现象,我们曾经把这看作是一种精神力量在扮演审查的角色。利用对樱草属植物专著的回忆,像是对我和朋友交谈的一种暗示,仿佛提到我的患者的朋友在梦中延期吃晚餐、由熏鲑鱼作为暗示一样。唯一的问题是:通过什么中间环节,才能使论著的印象发展到暗示和眼科医生朋友谈话的关系呢?因为这种关系起先感觉不到。以延期晚餐的梦为例,相互的关系一目了然;熏鲑作为患者的朋友最喜欢的一道菜,属于那个思想圈,朋友的个性自然会在做梦者的心中唤起。在我们的新例子中,我们要涉及两个完全孤立的印象。乍一看,除了它们确实发生在同一天,似乎没有任何共同点。那本专著是那天早上引起我注意的：晚上，我参与了那个谈话。分析提供的答案是这样的：两个印象之间的这种关系一开始并不存在，随后才在一个印象的思想内容和另一个印象的思想内容之间建立。在写这个分析的过程中，我曾经着重挑出那些中间环节。只有在某些外力的影响下，也许是对L夫人没有得到那些鲜花的回忆，樱草属植物专著的思想会依附樱草属植物是我妻子最喜欢的鲜花的思想。我相信这些不起眼的思想不会引起一个梦。

就像我们在莎士比亚的《哈姆雷特》中看到的那样：

我的上帝，要告诉我们这个，
不必让鬼魂从坟墓里出来。

不过，请看！在分析中，我想起了打断我们谈话的那个人名叫加特纳（园丁），我认为他的妻子看上去像鲜花盛开一般。的确，现在我甚至还记得，一个叫弗洛拉这个芳名的女患者曾经一度是我们谈话的主要话题。这肯定是依靠植物学思想领域的这些中间环节，让白天的两个事件（一个无关紧要，一个富有刺激性）产生联系，随后就建立了其他关系，比如说古柯碱的关系，这可以恰如其分地在柯尼斯坦医生那个人和我写的植物学专著之间建立一种联系，从而保证两个思想圈的熔合，这样现在第一种体验的一部分就可以作为第二种体验的一种暗示。

我准备找到这种被抨击为武断和人为的解释。如果加特纳教授和鲜花盛开般的妻子不出现，如果我们讨论的女患者不是叫弗洛拉，而是叫安娜，会发生什么呢？然而，答案不难找到。如果这些思想的关系不存在，也许会选其他关系。建立这种关系非常容易，就像我们为了娱乐使用诙谐问题和双关谜语表明的那样。风趣的范围无边无际。更进一步说，如果无法在当天的两个印象之间建立足够丰富的联系，这个梦就会只遵循另一途径；当天无关紧要的另一个印象——这些印象会一古脑地涌上心头，然后又被遗忘——将会取代梦中的专著，和对话内容形成一种联系，在梦中重现这一点。由于被选中执行这个功能的是专著这个意念，而不是其他意念，因此这种意念可能最适合这个目的。我们不必像莱辛的《狡猾的小汉斯》那样惊讶：“只有世界上的富人才拥有最多的钱。”

然而，按照我们的解释，无关紧要的体验自动取代重要的心理体验的心理过程，似乎对我们来说古怪而无定论。在后一章中，我们会把这个看似错误的操作特性解释得更明白。我们在这里只关心这个过程的结果，不得不经常通过对梦的分析再现种种体验，来接受这个结果。在这个过程中，就像在那些中间步骤过程中一样，出现一种强调精神的置换现象，就是具有微弱潜能的意念通过最初具有较强潜能的意念，摄取能量，达到一定强度，才能迫使它们进入意识。当这种置换现象是感情量或运动神经活动的转移问题时，一点也不会让我们吃惊。孤独的老处女移情于动物，单身汉变成热心的收藏家，士兵用鲜血保卫一块彩布——他的旗帜，恋爱时比平常握手稍久一点唤起无比幸福之情，或者像《奥赛罗》中那样一块丢失的手帕引发雷霆大怒——这些都是精神置换的例子，这在我们看来是不容置疑的。但是，如果我们采用同样的方式，根据同样的基本原则，决定什么出入我们的意识——即我们要想什么——这就会给我们留下病态的印象。如果这发生在清醒生活中，我们就会称之为思想错误。我们也许可以在这里预见到后面要讨论的结果——我们在梦的置换中已经认识到的精神过程，最终证明不是一种病态失常的过程，而仅仅是一种不同于正常的过程，是比较初级的特性之一。

因此，我们可以这样解释这个事实，显梦以琐碎体验的残余作为一种梦变形（通过置换）的表现形式。于是，我们想到，我们曾经把这种梦的变形看作是两种精神动因之间进行的一种审查。因此，我们可以预见，梦的分析不断向我们揭示当天事件中梦的精神意义的真正来源，记忆重点已经转移到了一些无关紧要的记忆上。这种观念与罗伯特的理论完全相反，因此对我们没有进一步的价值。罗伯特想要解释的事实根本不存在；它的假设是基于一种误解，是基于无法用梦的显意代替梦的真意。对罗伯特学说的进一步反驳如下：如果梦的任务确实是通过一种特殊的精神活动摆脱我们的记忆、摆脱白天记忆的残渣，那么，根据我们醒时的思想判断，我们的睡眠必然会更加混乱，陷入比我们所能猜想的更加紧张的工作。因为我们必须保护自己的记忆，抵制白天无关紧要印象的数量显然大得难以估量，整个夜晚时间都不够摆脱它们。不需要任何精神力量的积极干预，忘记无关紧要的印象，更有可能。

然而，一些事情警告我们，没有进一步的考虑，不要告别罗伯特的理论。我们尚未解释清楚“当天一个无关紧要的印象（其实是前一天的印象）经常有助于构成显梦”这个事实。这个印象和潜意识中梦的真正来源之间的关系，并不是一开始就存在。据我们所知，它们是随后建立的，此时梦其实正在工作，仿佛是要为有意置换的目的服务。所以，有必要在无关紧要的最近印象的方向上建立某种联系。这种印象必须具有特别适合的性质，否则梦念会同样轻易地把重点转移到自己观念范围内某种次要的成分上。

以下的种种体验可以给我们一种解释：如果白天带给我们两件或两件以上值得唤起梦的体验，那个梦就会把两种暗示合成完整的一个：它遵循强迫性冲动，把它们合为单一的整体。比如：一个夏天的午后，我走进一节火车车厢，在那里发现了两个熟人，但他们彼此并不认识。其中一位是有影响的同事，另一位是我一直去给他们看病的名门望族的成员。我介绍两位先生认识，但在漫长的旅途中，他们却通过我进行交谈，所以我不得不轮换着时而讨论这个话题，时而讨论那个话题。我请求那位同事推荐我们俩都认识的一位刚开始行医的朋友。他回答说，他确信这个年轻人的能力，但他的平凡相貌会使他很难得到上流社会患者的青睐。我对此回答说："这正是他需要推荐的原因。"过了一小会儿，我转向另一位同行的旅客，询问他的姑母——我的一位患者的母亲——的健康状况，因为她当时正重病在床。这次旅行的当天晚上，我梦见我曾经请求一位同伴推荐的那个年轻人在一个时髦的客厅里，站在一群有权有势的人面前，以一种通晓世故的举止为那位老太太致悼词。她是我的第二个旅伴的姑母，在我的梦中已经死去（我坦白承认，我和这位女士关系不好）。所以，我的梦又一次找到了白天的两个印象之间的联系，并通过这两个印象形成了一个统一的状况。

由于许多相似的体验，因此我就提出了"梦在一种强迫性冲动下工作，这种强迫性冲动迫使它把提供给梦刺激的所有来源合成统一的整体"的主张。[①] 在下一章（论梦的功能）中，我们将认为这种作为浓缩过程部分的联合冲动是另一种主要精神过程。

我现在要考虑的问题是，通过分析梦刺激的来源，是否必须总是最近的（有意义的）一个事件，或者一种主观体验——也就是说，重要精神事件的回忆，一连串的思想——是否能承担梦刺激的角色。根据无数次的分析，得出下面非常肯定的答案：梦的刺激可能是一种主观活动，似乎是由当天的精神活动形成的一个最近事件。

这也许是将梦的来源运作的各种不同状况简要概述的最好时候。

梦的来源可能是：

（a）最近发生、具有精神意义的事件，直接在梦中表现出来。[②]

（b）最近发生的几个有意义事件，由梦中合成一个单独的整体。[③]

---

① "把同时发生的一切有趣事件合并成单一的活动"，这种梦的工作倾向曾经被好几个作者（如德拉格和德尔贝夫）评论过。

② 爱玛的打针梦；把朋友当作我叔叔的梦。

③ 年轻医生为老太太致悼词的梦。

(c) 最近发生的一个或一个以上有意义事件，由同时发生、但无关紧要的一个事件，通过暗示，表现在显梦中。①

(d) 一个主观意义上的体验（回忆，一连串的思想），经常在梦中以最近发生、但无关紧要的印象暗示，表现在梦中。②

可以看出，在梦的解析中，显梦的某一成分总是重复做梦前一天的最近印象。这个注定要在梦中表现出来的成分，要么可能属于梦刺激本身（作为同类中一种重要的或次要的成分）的同一意念范畴，要么可能来自某个无关紧要的印象，因为这个印象或多或少和梦的刺激有丰富的联系。这些情形外观上的多样性仅仅起因于发不发生置换这种选择，也许在这里要注意的是，这种选择能使我们解释梦的那些差异，就像医学理论利用脑细胞从部分到全部清醒的假说去解释梦一样容易。

在考虑这一系列来源时，我们进一步注意到，在心理上具有重大意义、但不是最近发生的元素（一连串的思想，一种回忆），在梦的形成中可能会被一种最近发生、但在心理上无关紧要的元素取代，只要满足下面两种条件：(1) 显梦与最近体验的事情保持一种关系；(2) 梦的刺激物仍是一个在心理上具有重大意义的事件。在其中一种情况（a）中，同一种印象可以满足这两个条件。如果我们现在认为这些无关紧要的相似印象——只要是最近发生的，就可以用作梦的材料——过了一天（或者至多几天），它们就会失去这种资格，那我们就得设想一种新鲜印象对梦的形成具有某种精神价值，有点儿类似带有强烈感情记忆或一连串思想的价值。稍后，按照某种精神因素，我们将能解释最近印象在梦形成中的这种重要性。③

在这里，我们顺便还要注意到，我们的记忆和观念材料可能会在夜里不知不觉发生重要变化。“在作出最后决定之前，应该考虑一夜再说，”这个训谕显然是完全有道理的。但到了这一点，我们发现，已经从做梦心理学转到了睡眠心理学，这一步以后还要经常趁机提到。

此时，又出现一种反对意见，这有可能使我们刚刚得出的结论失效。如果一些无关紧要的印象只有最近的来源才能进入梦中，那么，显梦中为什么也出现我们早期生活的一些元素呢？像斯顿培尔说的那样，这些元素最近发生时并没有什么精神价值，所以应该早被遗忘；也就是说，这些元素既不新鲜，也没有心理意义。

---

① 植物学专著的梦。

② 我分析的患者的梦大多数都是这一类。

③ 参看第五章第二节第二个梦。

如果我们求助于对神经病患者心理分析的结果，这种反对意见完全可以驳倒。解答如下："通过无关紧要的材料（无论是做梦还是思考）代替具有精神意义的材料"这种变换和重排过程，已经在人生早期发生，而且从此固定在了记忆之中。那些原来无关紧要的元素事实上不再是那样，因为它们已经获得了具有心理意义材料的价值。其实，仍然无关紧要的材料绝不可能在梦中再现。

从前面的解释中，读者也许会得出正确结论，因为我主张没有无关紧要的梦刺激，所以也就没有坦率的梦。除了儿童梦以及夜间梦中对感官刺激的短暂反应，我绝对无条件地相信这个结论。除了这些例外，无论梦到的是什么，要么是一眼就可辨认具有精神意义，要么是发生变形，只有经过全面解析正确判断，才能证明它毕竟具有精神意义。梦绝不会关注琐碎小事；我们不允许睡眠受到琐碎小事的打扰①。如果不怕费事去分析那些显然坦率的梦，就会变成清白的反面；如果允许这样表达的话，梦都会显示"兽性的痕迹"。因为我料到这可能是遭到反对的另一点，也很高兴有机会来说明梦的变形工作，所以我将在这里从自己搜集的梦中挑选许多清白梦，加以分析。

第一个梦

一位聪慧优雅的少妇在现实生活中显然话语不多，是常说的"静水流深"的那种人，她是这样叙述下列梦的："我梦见我到达市场时太晚了，从肉贩子和女菜贩那里买不到任何东西了。"这肯定是一个清白梦，但真正的梦不是这个样子，所以我诱导她详述一下梦中的细节。于是，她这样叙述说：她和厨师一起去市场，厨师提着篮子。当她说过要买肉后，肉贩子告诉她说："那再也买不到了。"然后要递给她另一种东西，说："这也不错。"她没有要，然后走到了女菜贩那里。那女人想卖给她一种其他蔬菜，菜扎成一捆一捆，呈黑色。她说："我不认识那东西，我不买。"

这个梦和前一天的联系够简单的。她的确去市场太晚了，无法买到任何东西。肉铺已经关门了，这种体验进入脑海，构成了梦中的叙述。但且慢，这句话——或者更准确地说，它的反面——难道不是暗示一个男人不修边幅的土话吗？② 做梦者没有使用过这种话；她也许已经避开了它们：让我们寻

① 《梦的解析》的一位善意的批评者哈夫洛克·埃利斯（Havelock Ellis）在《梦的世界》中写道："从这时起，我们中的很多人都无法理解弗（洛伊德）。"但是，埃利斯先生没有对梦作过任何分析，因此不会相信，根据梦的显意对它们加以判断，是多么不合理。

② ［它的意思是："你的钮扣遮布开了。"——译者注］

找梦中包含的细节，进行解析。

当梦中一些内容具有言语的性质——也就是，当这件事是说到、听到，不仅仅是想到，而且常常肯定能加以区分时，它就源自清醒生活中讲过的某件事，尽管这件事被看作是原始材料，已被肢解，稍有改变，最重要的是脱离了它们的前后关系。[①] 在解析工作中，我们也许把这种言谈看作是出发点。那么，肉贩子的话“*那再也买不到了*”来自哪里？那是我自己说过的话。几天前，我曾经对她解释说：“童年最早的体验再也想不起来了，但它会在分析中由移情和梦代替。”因此，我就是那个肉贩子，她不愿把这些移情表现为旧的思想感情方式。她的梦话“*我不认识那东西，我不买*”从何而来？为了分析起见，这句话必须分解。“我不认识那东西”是她前一天和厨师发生争执时说的，她当时还补充了一句：*你要规矩些*。这里显然发生了置换作用；在她对厨师说的两句话中，她把那句无关紧要的话放进了她的梦里，但那句压抑话“你要规矩些”正好和梦中的其他内容相吻合。当一个人提出不恰当的建议，并忘记“关他的肉铺”时，才可能用那些话。我们确实发现了解析的途径，这可以由和女菜贩事件产生的暗示相互一致加以印证。扎成捆卖的蔬菜（后来她补充说，是一种稍长的蔬菜），而且是黑色的：这除了是芦笋和黑萝卜的梦中组合物，又能是什么呢？我不必解析芦笋原来代表什么；还有另一种蔬菜（想一想那句呼喊：“黑子，救救你自己!”）在我看来，是指一开始我们就猜测的性主题，当时我们就想用“肉铺已经关门”来代替梦的故事。我们在这里不关心这个梦的整个意义；非常肯定的是，这充满意义，而且绝不单纯[②]。

第二个梦

这个梦是同一个患者做的另一个单纯梦，在某些方面是上一个梦的姐妹篇。她的丈夫问她：“难道我们不应该请人给钢琴调音吗?”她回答说：“这不值得，那些琴锤也必须得修了。”这又是一个前一天发生的真实事件的重

---

① 参看《梦的工作》一章梦中说过的话。只有其中一位作者德尔贝夫（Delboeuf）好像辨认出了梦中听到的言谈的来源；他把它们和陈词滥调相比较。

② 我可以说，对那些好奇的人，在梦的背后隐藏着一种我不道德的、性挑逗的幻想，也隐藏着那位女士排斥的幻想。如果这种解析听起来荒谬的话，我可以提醒读者曾经有过许多这样的病例。在这些病例中，患癔病的妇女都把医生们作为攻击的对象。对这些患癔病的妇女来说，同样的幻想不是以梦的变形方式出现，而是已经变成了不加掩饰的意识和妄想。这个梦是患者第一次接受心理分析治疗时开始的。后来，我才知道，随着这个梦反复出现的是引起她神经官能症的最初精神创伤。从那以后，我注意到，其他病例也有同样的行为，她们童年时受到了性伤害，现在这种愿望似乎在她们的梦中反复出现。

现。她的丈夫曾经问过她这样一个问题，她也是用这些话回答的。但是，她梦见这句话是什么意义呢？她说，那架钢琴是一个令人厌恶的旧盒子，音质非常难听；他们结婚前，她的丈夫就有了这东西[①]云云，但真正解答的关键在于：那不值得。这句话来自她昨天对一位女友的拜访。她的朋友请她脱下外衣，但她婉言谢绝说："谢谢，那不值得，我必须马上就走。"这时，我想起了昨天她在接受我的心理分析时，她曾经突然抓紧自己的外衣，因为一只纽扣松开了。她好像是要说："请不要往里看，那不值得。"因此，盒子成了胸部；而对这个梦的解析，又引向了她从小长大的那些岁月，当时她就开始对自己的身材不满。如果我们考虑那令人厌恶的难听音调，想起在暗示和梦中女人身体的两个小半球——无论是替代品还是对立面——是多么经常来取代两个大半球，就会把我们引回到更早的时期。

第三个梦

我要中断对这个做梦者的分析，以便插入一个小伙子做的简短清白的梦。他梦见自己又穿上了冬季大衣；这很可怕。这个梦的诱因显然是寒冷天气的突然来临。再仔细研究分析一下，我们就会注意到，梦中的两个短暂片段并不完全吻合，因为寒冷天气穿上厚重的大衣有什么可怕的呢？不幸的是，对这个梦的清白来说，经过分析，第一个联想就产生了回忆，想起了昨天一位女士向他秘密承认说，她生最后一个孩子，是因为避孕套破裂所致。根据这个建议，他现在重构自己的思想：一只薄避孕套危险，一只厚避孕套糟糕。避孕套是一种"套衫"（Ueberzieher 字面意思等于 pullover），因为它是套在某个东西上：Uebersieher 是德语"轻便大衣"的专用名词。对一个未婚男人来说，由那位女士讲述那样的一个经历确实会非常可怕。

我们现在再回到另一个清白梦。

第四个梦

她将一根蜡烛插入烛台，但蜡烛断了，所以无法直立。那些女生说她笨，但她回答说，这不是她的过错。

这个梦也是一个真实事件。前一天，她确实曾经把一根蜡烛插入烛台，但这根蜡烛没有折断。这里显然使用了象征手法。蜡烛是一个能让女性生殖器兴奋的物体；它折断，无法直立，象征男人阳痿（这不是她的过错）。但

---

① 分析后，就会明白这是相反的替换。

是，这位受过良好教养、对猥亵一无所知的少妇知道蜡烛这种用途吗？她可能会说出她曾经如何偶然听到过这种知识。当她泛舟莱茵河上时，一条载着一些大学生的小船从她身边经过，他们正在兴高采烈地唱着，或者更准确地说，大声喊着："瑞典皇后，躲在关闭的百叶窗后，用阿波罗的蜡烛……"

她不是没有听见，就是没有明白最后那句话。她请丈夫给她进行必要的解释。于是，这些诗句在显梦中被一件事的清白回忆所代替，这就是她曾经在寄宿学校因关闭百叶窗而笨手笨脚地做过。手淫的话题和阳痿的话题之间的关系够清楚的了。这个梦的隐意中的阿波罗和早期出现处女帕拉斯（·雅典娜）的梦又有联系。所有这一切显然都不是清白的。

第五个梦

要从做梦者的真实情况中得出结论，似乎并非易事，所以我要补充同一个患者的另一个又看似清白的梦。"我梦见自己正在做白天的确做过的某件事，"她叙述说。"也就是说，我把一只小皮箱装满了书，难以合上。我的梦就像实际发生的情况一样。"在这里，做梦者自己强调了梦和现实之间的一致性。对梦的所有这类批评和评论，尽管在清醒思想中占有一席之地，但完全属于梦的隐意，因为更多的例子将会证实这一点。于是，我们就知道了梦中叙述的东西确实在白天发生过。如果用英语来帮助我们解析这个梦，获得这种概念，肯定会让我们走太多弯路。只要说这又是一个小箱子（参看第四章箱子里有死孩的梦）的问题就够了，因为箱子装得太满，再也装不下什么东西了。

在所有这些"清白"梦中，性因素作为审查的动机非常显著。但是，这是一个非常重要的主题，以后我们会再详细讨论。

第二节　作为梦来源的幼儿期体验

和研究这一主题的其他作者（除了罗伯特）一样，我们引证了显梦第三个特性这样的事实，就是我们的童年印象可能会出现在梦中，因为这些印象似乎不听从清醒记忆的支配。当然，这很难决定出现的频率多少，因为醒来后，辨认不出梦各个元素的来源。因此，我们要研究的童年印象必须客观引证，只有在罕见情况下才能证明这些条件。A·莫里讲的故事特别真实。故事说的是，有个人决定去拜访阔别20年的故乡。在启程前的那天夜里，他梦见自己到了一个完全陌生的地点，在那里碰到了一个陌生人，他和那个人交谈起来。后来，他一回到故乡，才使自己相信这个陌生地点确实在家乡附近存在，梦中那个陌生人是他父亲生前的一位朋友，这位朋友如今住在城里。这当然确凿证明，这是他童年曾经见过的人和地点。此外，这个梦还可以解释为一种迫不及待的梦，就像口袋里装有音乐会票的少女梦、因父亲答应带他去哈密欧游览的小孩梦（第三章），等等。当然，做梦者在脑海中重现童年那些印象的动机，不经过分析是难以发现的。

我有一位同事听过我这些演讲，夸口说，他的梦很少发生变形。他告诉我说，他前一段时间曾经梦见过以前的家庭教师和保姆同床，那位保姆在他家里一直待到他 11 岁。甚至连真实的地点也逼真地呈现在梦中。因为他很感兴趣，所以就把这个梦告诉了哥哥。他的哥哥笑着证实确有其事，说他非常清楚地记得这件事，因为他当时已经 6 岁了。两个情人只要是晚上方便性交，就常常用啤酒把大男孩灌醉。小男孩（我们的做梦者）当时才 3 岁，尽管和保姆睡在同一个房间里，但他们认为这并不是什么障碍。

还有一种情况，不借助梦的解析，就可以确定梦含有来自童年的元素——即这种梦是一种所谓持续不断的梦，最初出现在童年的梦，到了成年又反复出现。尽管我本人对持续不断的梦一无所知，但我再举几个大家已知的这种例子。一个 30 来岁的内科医生告诉我说，他从小到现在经常梦见一头黄狮子，对那个形象可以描写得一清二楚。有一天，他终于发现了这头狮子的实物，原来是一个早被遗忘的瓷动物。后来，年轻人从他母亲那里得知，这个瓷狮子曾经是他小时候最喜欢的玩具，而他自己对这个事实却再也想不起来了。

如果我们现在从梦的显意转移到经过分析才揭示出的梦念，就可以发现，童年的体验甚至会重现在梦中，显梦就不会让我们怀疑任何类似的东西。我再从那位梦见“黄狮子”的可敬同事那里举一个特别愉快有益的类似梦例。在看了南森北极探险的故事后，他梦见自己在一块浮冰上，用电疗法为这位坚韧不拔的探险家治疗坐骨神经痛！在分析这个梦时，他想起了童年的一件事；没有这件事，这个梦将无法理解。三四岁时，他有一天在专心倾听大人们谈话；他们正在谈论探险。过了一会儿，他问父亲探险是不是一种严重的疾病。他显然把 Reisen（旅行）和 Reissen（腹绞痛）搞混了。而他的哥哥姐姐们的嘲笑使他无法忘记那次丢人的经历。

我们正好有一个类似的例子。在分析樱草属植物专著的梦时，我偶然想起了童年时的一件事，大意是，我 5 岁那年，父亲允许我去撕一本配有彩色图片的书。可能有人会怀疑这种回忆是否真的进入显梦的构成中，也许会想到这种联系是分析后才建立的。但是，这种联想的丰富和复杂证明了我的解释是对的：樱草属植物——最喜爱的花——最喜爱的菜——洋蓟；像洋蓟一样一片一片撕成碎片（当时每天听到的一句话，就是瓜分中华帝国）；植物标本集——书虫，它最喜爱的食物就是书。此外，我可以向读者保证，我在这里还没有发表的梦的最终意义和童年的破坏情景密切相关。

在另一系列梦中，我们从分析中得知，引起梦的那种愿望，以及愿望的满足，都来自儿童时期，因此会惊奇地发现，*带有所有冲动的那个孩子仍然留在梦中*。

我现在要继续对一个梦进行解析，已经证明这个梦是有益的：我指的是朋友 R 是我叔叔的那个梦。我们已经对愿望——被任命为教授的愿望——的动机进行了足够深入的解析，清楚地表明了这一点；而且，我们曾经把在梦中对朋友 R 的情感，解释为在梦念中出现、对两位同事反对和蔑视的结果。因为这是我自己的梦，所以我可以说，对得出的结果不太满意，要继续分析下去。我知道，自己对这两位同事的看法，会以截然不同的语言表现在清醒生活中，因为他们在我的梦念中受到了慢待；在任命问题上，我不希望遭遇和他们一样命运的愿望强度，在我看来，似乎不足以解决梦和清醒状态对他们看法的矛盾。如果对另一职称称谓的心愿真是那样强烈，那就证明是一种病态的野心，我相信自己没有那种野心，而且我相信自己绝不会那样喜欢。我不知道那些相信他们了解我的人怎么会那样判断我；也许我真的有野心，但如果我有野心，那我的野心早就转到不同于 *Professor extraordinarius*（临时教授）地位和职称的目标上去了。

那么，我梦中的那份野心又从何而来的呢？在这里，我想起了自己童年经常听到的一个故事——我出生时，一位老农妇曾经向我的快乐妈妈（我是她的头胎儿）预言说，她给这世界带来了一个伟人。这样的预言肯定十分常见。既有许许多多快乐期待的母亲，也有许许多多老农妇和其他老妇人，因为世俗的权力已经抛弃了她们，所以她们就把目光转向了未来。再说，这位女预言家也不可能因为自己的预言而受罪。我对出人头地的渴望可能是这个来源吗？但在这里，我又想起了童年后期的一个印象，也许这可能会提供更好的解释。我大约十一二岁时，我的父母亲常常带我去布拉特的一家餐馆吃饭。一天晚上，我们注意到，那里有一个人从一张桌子走到另一张桌子，只要给他一些小钱，他就会按你给他的题目即兴赋诗。我奉命把那个诗人带到我们的桌边，他表示感谢。还没等命题，他就为我献了几首诗，而且告诉我们，如果能相信他的灵感，那我将来有一天就可能会成为一名部长。我仍然可以清晰地记得这第二个预言产生的印象。那是“中产内阁”的时代。最近，我的父亲把那些中产阶级毕业生赫布斯特、吉斯克拉、昂格尔、伯格等人的肖像带回了家，他们让我们的家里蓬荜生辉。其中也有犹太人，每个用功的犹太学生都在书包里装有一个部长公文夹。那时的印象一定是因为这个事实，所以我上大学前不久，本想攻读法学，到最后一刻才改变了主意。一个医生绝不会有机会成为一名部长。现在，再来看我这个梦：我现在才开始明白，它把我从死气沉沉的现在带回到了中产内阁充满希望的岁月，完全满足了当时我的勃勃雄心。在对待那两位可敬渊博的同事时，之所以那样粗暴，只是因为他们是犹太人，一个好像是笨蛋，另一个好像是罪犯，我的做派就像是一名部长，我已经把自己放在了部长的位置上。我对部长阁下的报复是多么厉害！他拒绝任命我担任 *Professor extraordinarius*（临时教授），我就在梦中把自己放在了他的位置上。

在另一个梦例中，我注意到，尽管刺激这个梦的愿望是当时的一个愿望，但它被童年的种种记忆大大加强了。我要谈到一系列梦，这些梦都是以渴望去罗马为基础。我可能要长期不得不通过做梦来满足这种渴望，一到每年我能去旅行的季节，都是由于健康的原因不能去罗马①。因此，我曾经梦见自己从火车车厢的窗户看到了泰伯河和圣安基洛桥。不久，火车启动。随后，我意识到自己根本没有进过这个城市。梦中出现的风景，是前一天我在其中一个患者的客厅里偶然注意到的一幅著名版画。在另一个梦里，有个人把我带上一座小山，让我看在薄雾中时隐时现的罗马城；罗马城非常遥远，所以我对风景那样清晰感到惊讶。这个显梦非常丰富，无法在这里一一转述。“要看到远方乐土”的动机在这里一目了然。因此，我在薄雾中看到的那座城市是吕贝克城，那座小山的原型是格利欣堡山。在第三个梦里，我终于到了罗马城。让我失望的是，风景完全不是都市景色：城里有一条流着黑水的小河，河岸的一边是黑色岩石，另一边是长有大白花的草地。我注意到一位似曾相识的祖克尔先生，就决定向他打听进城的道路。显然，我是想设法在梦中看到自己在清醒生活中从来没有见过的一座城市。如果我把梦中景色分解成若干元素，那些白花就是指我熟悉的拉文纳，拉文纳曾经一度取代罗马成为意大利的首都。在拉文纳四周的沼泽地带，我们发现黑水潭中有最美丽的睡莲；因为我们发现很难从水里摘到它们，所以梦中就让它们长在了草地上，像我们家乡奥西湖生长的水仙花一样。距离水边很近的黑色岩石，使我生动地想

---

① 我早就得知，这种愿望满足只需要一点小小的勇气，于是我就成了一名热心的罗马朝圣者。

起了卡尔斯巴德附近的泰伯尔山谷。卡尔斯巴德现在能使我解释我向祖克尔先生问路的特殊情况。在这个梦编织的材料中，我能看出其中两个有趣的犹太人的奇闻逸事。这些奇闻逸事包含深刻的世故，有时也带有尘世的辛酸。所以，我们非常喜欢在写信和谈话中引用。第一个是体质的故事。故事讲的是一个贫困的犹太人没买车票，偷偷上了去卡尔斯巴德的快车，结果被发现，每到沿途检票时，就会受到列车员越来越苛刻的对待。在这悲惨的旅途中，他终于在一个车站碰到了一位朋友。他的朋友问他要去哪里，他回答说："如果体质能维持的话，我就去卡尔斯巴德。"我由此又想到了另一个故事。故事讲的是一个不懂法语的犹太人，在巴黎问去里希尼街如何走。巴黎是我多年渴望去的目的地，我把自己第一次踏上巴黎人行道的满足，看成是达到其他愿望满足的一种保证。而且，问路是对去罗马的一种直接暗示，因为我们都知道："条条大路通罗马。"此外，祖克尔（糖）的名字又指向了卡尔斯巴德，因为我们经常送患有体质性疾病糖尿病（Zuckerkrankheit）的患者去那里。这个梦的起因是我的柏林朋友建议我们应该复活节在布拉格会面。我和他要讨论的事情可能与糖和糖尿病有进一步联系。

上一个梦发生后不久，第四个梦就把我带回了罗马城。我看到面前有一个街角，而且惊讶地发现那里张贴有那么多德国人的布告。前一天，我给朋友写信时，就以真正的先见之明告诉他说，布拉格对德国旅游者可能不会是一个舒适的地方。所以，这个梦同时表达了我和他是在罗马而不是在捷克首都见面的愿望，也表达了可能从我的学生时代就产生的愿望，希望布拉格可以更多地容忍使用德语。事实上，我一定在童年的最初几年就懂捷克语了，因为我出生在莫拉维亚的一个小村里，生活在斯拉夫人中间。我 17 岁那年听到的一首捷克童谣深深地印在了我的记忆里。所以，时至今日，我不用费力仍然能背出来，尽管我对它的意思一窍不通。因此，这些梦与我童年早期的那些印象也不乏种种联系。

在最近一次的意大利旅途中，经过特拉西美诺湖时，我看到泰伯河后，却又不情愿地从罗马折回了 50 英里，最后发现自己童年时代的印象更加强了我对永恒之都的渴望。我计划第二年经罗马去那不勒斯旅行时，突然想起了以前一定是在一部德国名著中看过这句话[①]："他计划好去罗马后，越发不安，在房间里走来走去，是当温凯尔曼副校长，还是当汉尼拔大将军，这是一个问题。"我自己已经步了汉尼拔的后尘。像他一样，我也注定再也看不到

① 我找到的这段文章的原作者可能是让·保罗·里克特（Jean Paul Richter）。

罗马。而他也是在所有人都盼望他进军罗马时，却去了坎帕尼亚。在这一点上和我相似的汉尼拔，曾经是我高中时代最喜欢的英雄。像许许多多同龄的男孩一样，我不是同情迦太基战争中的罗马人，而是同情迦太基人。此外，当我最终认识到身为异族人的后果，班里同学反闪族情绪迫使我要采取明确立场时，闪族司令官的形象在我的思想中越发高大。在我朝气蓬勃的眼里，汉尼拔和罗马象征着犹太人的坚韧和天主教组织之间的斗争。随后采取的反闪族运动对我们情感生活的重要影响，有助于巩固早年的思想和印象。因此，去罗马的心愿在我的梦想生活中已经成为许多热切愿望的伪装和象征，因为这些愿望的实现必须具有迦太基将军的坚韧和专心，尽管满足这些愿望有时就像汉尼拔一生都想进军罗马城一样遥远。

而现在，我第一次偶然想起了年轻时的那段经历，至今它仍对所有的感情和梦发挥着威力。当时，我可能十一二岁，父亲开始每天带着我散步，并谈了他对世事的看法。于是，有一次，他告诉了我下面这件事，向我说明我出生的时代比他那时快乐。他说："我年轻时，有个星期六，我沿着你出生的那个村子的街道散步。我穿着考究，头戴一顶新皮帽。这时，迎面来了一个基督教徒。他一下把我的帽子打进泥里，吼道：'犹太人，从人行道上滚开！'""那你怎么办？""我走到街上，拾起了帽子。"他平静地回答说。对一个身高体壮、拉着我这个小个子的手的男子汉来说，这似乎不算英雄。我把这个让我不快的情景和另一个与我的情感更融洽的情景进行了对比。另一个情景就是汉尼拔的父亲哈米尔卡·巴尔加斯让儿子在家族祭坛前发誓，要向罗马人复仇。[①] 从那以后，汉尼拔就在我的幻想中有了一席之地。

我想，我对迦太基将军的热情还可以进一步追溯到我的童年，因此这也许只是一个把已经建立的情感关系转移到新媒介的例子。童年时，我学会看书后，看的第一本书就是席尔的《执政与帝国》。我记得，我把帝国元帅们的名字写在小标签上，贴在我的木兵平坦的后背上。当时，马塞纳（犹太名是马纳塞）已经是我自认为最喜欢的元帅[②]。毫无疑问，这种偏爱还可以解释为100年后我出生在同一天。拿破仑本人之所以自比汉尼拔，是因为他同样越过了阿尔卑斯山。也许这种尚武理想的发展可以追溯到我童年的头3年，因为我和比自己大一岁的男孩时友时敌的关系，肯定会激发两个伙伴中较弱一方的好战愿望。

---

① 本书第一版时，我在这里误写成了哈斯多鲁巴尔（Hasdrubal），这是一个令人吃惊的错误，我在拙著《日常生活的心理分析》中作了解释。

② 这位元帅的犹太血统有些可疑。

我们对梦分析得越深入，常常会发现童年的体验越多，因为这种体验会在梦的隐意中发挥梦来源的作用。

我们已经得知，梦很少以一种没有变化和没有删节的方式构成显梦，再现记忆。不过，也曾经记录过几个这种真实再现的梦例。我可以再补充几个新梦例，这些例子又一次涉及到了童年的情景。有一次，我的一个患者在梦中重现了几乎没有变形的一次性事件，这马上被公认为一次精确的回忆。这个记忆在清醒生活中从来没有完全消失过，但已经变得非常模糊，在前面分析后才重新复活。做梦者 12 岁那年曾经去看望一位久病不起的同学。那位同学在床上也许只是一个偶然动作，把身体露了出来。看到那个男孩的生殖器，他不由自主也露出了自己的身体，并握住了对方的生殖器。那个男孩又惊又气地望着他。于是，他变得非常尴尬，松开了手。23 年后，这个情景又出现在了梦中，伴随情绪的所有细节也出现在了梦中，但这个梦发生了变化，做梦者扮演的是被动角色，而不是主动角色，一个同龄人代替了原来那位同学。

当然，童年的情景通常只以隐喻方式表现在显梦中，而且必须通过解析，才能理清头绪。这类梦的引证很难让人信服，因为缺乏证人来证明它们确实是童年的体验。如果它们是在更早时期，我们的记忆就会再也无法辨认出来。得出这种童年时期的体验在梦中再现的结论，要靠心理分析工作提供的大量因素加以证实。这些因素在相互结合的结果中似乎非常可靠。但是，为了梦的解析，这些对童年体验的证明脱离前后情节，尤其是我不能提供解析依据的所有材料，它们似乎可能很难给人留下深刻印象。然而，我不会让这阻止我再举几个例子。

第一个梦

我有一位女患者，她所有的梦都具有匆忙的特征；她行色匆匆地赶时间，以免误了火车，等等。在一个梦中，她不得不去看望一位女友。她的妈妈告诉她要乘车，不要步行。然而，她却奔跑，不停地叫喊。在分析中出现的这个材料，可以使人辨认出童年嬉戏奔跑的一个记忆，而且，尤其是有一个梦，使她回想起了广受欢迎的儿童绕口令游戏。之所以想起所有这些小朋友间进行的没有恶意的玩笑，是因为它们代替了其他一些更没有恶意的游戏。①

第二个梦

另一位女患者做了下面这个梦：她在一个有各种各样机器的大房间里；

① ［在原文中，这一段包括很多这方面的游戏（匆匆、追逐、急赶、游戏等）。——译者注］

她想这有点儿像整形外科院。她听到我时间紧迫，她必须和另外5个患者一起接受治疗。但是，她表示抵制，不愿在床上躺下来，也不愿在任何其他给她指定的东西上躺下来。她站在一个角落，等着我说："那不是真的。"这时，其他患者都嘲笑说那都是因为她笨。同时，好像又吩咐她画许多小方格。

这个显梦的第一部分是暗指治疗和对我自己的移情作用①。第二部分包含对童年一段情景的暗示。两部分因提到床而衔接了起来。整形外科院是暗指我的一次谈话。在这次谈话中，我把这种治疗的期限和性质比作整形外科治疗。开始治疗时，我不得不告诉她说，我暂时给她的时间不多，但稍后我会每天给她整整一小时。这唤起了她原有的那种敏感性，这种敏感性是注定要得癔病的儿童的一个主要特征。他们对爱的渴望永不满足。我的患者在6个兄弟姐妹中最小（因此，是和另外5个），是她父亲的心肝宝贝。不过，尽管这样，她似乎还是感到敬爱的父亲给她的时间和关注太少太少。她等待我说"那不是真的"起源如下：一个小裁缝学徒给她送来了一件衣服，随后她把衣服钱给了他。后来，她问丈夫，如果那个男孩把钱丢了，她是不是得再付一次。为了取笑她，她的丈夫回答说："是的"（梦中的调侃）。她问了一遍又一遍，等着他说"那不是真的"。梦中的隐意现在可以解释如下：如果我愿意花一倍时间给她治疗，她愿意加倍给我付费吗？这是一种吝啬或丑恶的思想（童年的不洁在梦中常常被贪钱所取代；"丑恶"这个词在这里起了桥梁作用）。如果梦中涉及她等我说"那不是真的"这一整段，是想婉转曲折地说"肮脏"这个词，那么，站在一个角落和不愿在床上躺下来，就和这个词相互一致，这是她童年一幕景象的组成部分，因为她弄脏了自己的床，被罚站在一个角落里，同时被警告说，爸爸不再爱她了，于是她的兄弟姐妹就嘲笑她，云云。那些小方格是指她的小侄女在9个方格中写上数字做算术游戏，（我想）这样做，任何方向加起来都等于15。

第三个梦

这是一个男人的梦：他看见两个男孩在相互扭打。他从散放在四周的工具推断出，他们是箍桶匠的孩子。一个男孩把另一个男孩撂倒在地。倒在地上的那个男孩戴着蓝宝石耳环。他举起一根棒，奔向那个攻击的男孩，想严惩他一顿。那个男孩躲在一位妇女的身后。她好像是他的母亲，正靠站在一个木篱笆边。她是一名散工的妻子，背对着做梦的这个人。最后，她转过身，

① ［这个词在这里用来指心理分析的意义。——译者注］

带着一种可怕的表情盯着他。他吓得跑走了。她的下眼帘的红肉仿佛从眼里突了出来。

这个梦充分利用了前一天发生的琐碎小事。他当时的确在街上看见两个男孩，一个男孩把另一个男孩摞倒在地。当他走上前劝架时，两个男孩拔腿就跑。箍桶匠的男孩——这只有用后来的一个梦解释。在分析过程中，他采用了那句谚语："打破桶底。"根据他的观察，蓝宝石耳环主要是妓女戴的。这使人想起了一首有关两个小男孩的打油诗："另一个男孩名叫玛丽。"也就是说，他是一个女孩。站在篱笆边的女人：看到两个男孩跑走后，他沿着多瑙河畔散步，趁左右没人，他就对着一个木篱笆撒起了尿。他又向前走了一小段。一位衣着体面的老妇人非常愉快地向他微笑，要递给他一张印有她的地址的名片。

因为在梦中那个女人像他站着撒尿一样站在那里，这暗示一个女人正在撒尿。这就阐明了"可怕的表情"和突出的红肉，这只能是针对呈蹲姿时张开的阴部。这种景象在童年曾经见过，后来以"凸肉"（作为"伤口"）出现在了回忆中。这个梦把他小时候两次看见小女孩生殖器的情景结合了起来。一次是把那个小女孩摔倒在地，一次是那个女孩在撒尿。这还引起了另一种联想，他记得，因为表现对性的种种好奇，他曾经受到过父亲的惩罚或威胁。

第四个梦

可以发现，下面一位老妇人的梦的背后，一大堆童年记忆匆匆合成一种幻想：她匆匆忙忙出去买东西。走到格拉本①时，她双膝瘫倒，身体好像垮了似的。好多人围在她身边，尤其是出租车司机，但没有人扶她站起来。她徒劳地试了好多次，最后她一定是成功了，因为她被放进了一辆送她回家的出租车。她上车后，一个装满东西的大篮子（像是货篮）通过车窗被扔了进来。

这就是那个梦中总是受到骚扰的女人，就像她小时候经常受到骚扰那样。第一个梦境显然是源自看到了一匹倒下的马，就像"垮掉"是指赛马一样。她年轻时曾经是一名骑手；更早的时候，她也许还是一匹马。摔倒这个想法使她想起了童年早期的记忆：门房17岁的儿子因在街上癫痫发作而被一辆出租车送回了家。当然，她只是听说了这件事，但这种癫痫发作摔下来的念头极大地影响了她的想象，后来又影响了她自己癔病的形成。当一个女性梦到

① ［维也纳的一条街道。——译者注］

摔倒时，这几乎总含有性的意义；她变成了一个“堕落的女人”，而且，这个解析对研究梦的目的大概毫无疑问，因为她是在格拉本摔倒的。格拉本是维也纳著名的妓女一条街。货篮容许有一种以上的解析；从“拒绝”（德语Korb既是“篮子”也是“冷落、拒绝”的意思）的意义上来说，她想起了自己起初对求婚者的多次冷落，她认为她后来也受到了冷落。这和没有人扶她站起来这个细节相互吻合，她自己把这解释为“受到了鄙视”。此外，货篮提醒她在分析过程中已经出现的种种幻想。她想象自己已经下嫁，现在要亲自去市场买东西。最后，货篮也可以解释为仆人的标志。这又启发了她童年的几个记忆：她想起了因偷东西而被解雇的厨师；她也双膝下跪，请求宽恕。做梦者当时12岁。随后，她又想起了一个打扫房间的女仆，这个女仆因和家里的出租车司机私通而被解雇，顺便说一句，后来这个出租车司机娶了她。所以，这个记忆给我们提供了梦中出租车司机的一条线索（和事实相反，出租车司机没有帮助那个倒下的女人）。但是，剩下要解释的还有扔篮子的事情。尤其是，为什么它通过窗口被扔进去？这使她想起了铁路运行李的方式、乡间Fensterln①的风俗、避暑胜地的琐碎印象，想起了一位先生把几只青梅扔进了一位女士的房间，想起了她胆战心惊的小妹妹，因为一个经过的白痴朝窗里张望。现在，她10岁时的一件模糊的回忆从所有这一切后面浮现出来：一位乡下保姆和一个男仆做爱（而且他们的行为，小孩子可能会注意到）。这个保姆收拾包裹，和她的情人一起被赶了出去（在梦中，我们表达为“被扔进去”）。我们一直在从好几个其他途径考虑一件事。一个仆人的行李或箱子在维也纳被贬称为“7个梅子”。“收起你的7个梅子，滚出去！”

我收集的这些梦当然包括大量这类患者的梦，对这些梦的分析可以追溯到童年的印象，经常回溯到记忆模糊或根本没有记忆的人生的头3年。但是，要把从这些梦得出的结论应用在一般的梦上是靠不住的，因为它们大部分都是神经官能症患者——尤其是癔病患者的梦。这些梦中出现的童年情景可能受到神经官能症的性质制约，而不是受一般梦的性质制约。然而，我自己的梦确实没有严重的疾病症状，而在解析这些梦时，却在梦的隐意中意外地发现一幕童年的景象，而且我的整个一系列梦会突然聚合在源自某个童年体验的途径上。我已经举过几个这种例子，还要再举一些不同关联的梦。如果不引用几个自己的梦例——最近发生的事件和长期遗忘的童年体验一起出现作

---

① ［Fensterln是德国黑森林农村地区的风俗，现已废弃。说的是情人们向心上人求爱时，要通过梯子攀登上去，才能享受这种亲密。这种关系实际上等于试婚。年轻女人的名声从来不会因为Fensterln而受损害，除非她和太多的求爱者发生性关系。——译者注］

为梦的来源，也许我就无法比较恰当地结束这一章节。

第一个梦

我旅行回来，又饿又困，上床睡觉后，生命的主要需求开始在睡梦中维权。于是，我就做了下面这个梦：我走进厨房，想要一些布丁。那里有三个女人站在那里，其中一个是女主人；她正在手里搓动着某个东西，好像是在做汤团。她回答说，我必须等到她做好（话听不清。）我变得不耐烦，觉得受到冒犯，就走开了。我想穿上大衣。可是，我穿上的第一件太长，就脱了下来，然后有点儿惊讶地发现它装饰有毛皮。第二件大衣缝有土耳其图案的长条布。一个长脸短胡的陌生人走过来，不让我穿，声称那是他的。我现在给他看那上面有土耳其绣花。他问："土耳其（图案、布条……）和你有什么关系?"但我们马上便非常友好了起来。

在解析这个梦时，我非常意外地想起了我曾经看过的第一部小说，或者更准确地说，我是从第一卷的结尾开始看起，当时我13岁。我从不知道那本小说的名字，也不知道作者的名字，但结尾仍然生动地留在记忆里。英雄发疯了，不断地呼喊三个给他一生带来最大幸福和最大不幸的女人的名字。其中一个名字叫贝拉姬。在分析期间，我仍不知道怎么解释这个回忆。现在和三个女人一起出现的是掌握着人类命运的三女神。我知道，梦里三个女人中的女主人是赋予生命的母亲，而且，像我自己的情况那样，她赋予了孩子最初的营养。爱和饥饿在母亲的乳房上会合。时常流行这样一段趣闻：有一次，一个非常崇拜女性美的年轻人谈到了曾经给他哺乳的身体健美的奶妈，说很遗憾他没有更好地利用那些时机。我习惯在精神神经病机制中利用这个趣闻，来阐明追溯既往倾向的因素。那么，其中一位女神正搓着手掌，像是在做汤团。一位女神的奇怪职业，急需要解释！这可以用我童年的另一个更早的体验加以解释。当我6岁接受妈妈上的第一课时，她让我相信，我们是尘土做的，所以必须回到尘土。但我不喜欢这个说法，就对它表示怀疑。于是，妈妈就搓起了手掌，就像在做汤团似的，只可惜她手里没有生面团，然后让我看搓掉的黑皮屑，以此证明我们是尘土做的。我对这种现场示范非常惊讶，随后勉强接受了我后来听到的"人归于自然"这种说法①。所以，我走进厨房，发现她们真是命运女神，就像我在童年时常做的那样，当我肚子饿时，母亲站在火边，告诫我要等到午饭做好了再吃。现在再来看看那些汤团！提

---

① 属于这些童年情景的两种感情——对注定要发生的事的惊讶和顺从——在前不久的梦中曾经出现过，它首先使我想起了童年的这个事件。

起克诺德（Knödl 是“汤团”的意思）这个名字，至少使我想起了大学的一位老师——我感谢他给我讲了组织学知识（表皮知识）。他起诉克诺德剽窃了他的作品。剽窃就是把属于别人的东西据为己有。这显然把梦引向了第二部分。在这个部分的梦里，我被当成了经常在演讲厅下手的偷衣贼。我之所以没有明确目的地写出了“剽窃”这个词，是因为它突然出现在了我的脑海里。现在，我明白它一定是梦的隐意，这将在显梦的各个显意之间架起一座桥梁。贝拉姬——剽窃——横口鱼[①]（鲨鱼）——鱼鳔这一连串联想，把一本旧小说与克诺德事件和大衣（德语 überzieher 意为“套头毛衣”、“外套大衣”或“避孕套”）联系了起来，这明显是指性技巧的用具。的确，这是一个非常勉强、没有理性的联想，但要不是经过梦的工作，我在清醒生活中不可能形成这些联想。当然，对这种强迫性联想的冲动好像没有什么神圣的，现在布律克（Brücke 意为“桥”，见上）这个心爱的名字，使我想起了我在学生时代一无所求愉快度过的那个学院。“那你每天会在智慧的胸膛找到更多的快乐吗?”这又和我做梦时折磨我的那些愿望形成了最完美的对比。最后，我想起了另一位敬爱的老师——他的名字听起来又像是吃的东西（Fleischl 弗利希—Fleisch = 肉——像汤团一样 = 汤团），然后又想起了表皮屑引起的一幕悲惨景象（母亲——女主人），以及精神错乱（那本小说）和从拉丁药典（Küche 意为“厨房”）买来的麻木饥饿感的一种药——古柯碱。

这样，我可以顺着这一连串错综复杂的思想进一步探索，完全可以阐明在分析中需要的那部分梦。但是，我必须就此打住，因为这会付出极大的个人牺牲。我会只选其中一条线索，因为这条线索会直接把我们引向纷繁思想中的一个梦念。那个要阻止我穿大衣的长脸短胡的陌生人，长相颇似斯巴拉多商人，我的妻子曾经向他购买了大量土耳其布料。他的名字叫波波维（Popovic），这是一个可疑的名字，幽默作家斯特顿海姆曾经借题发挥说：“他向我报上名字，然后红着脸跟我握手。”[②] 至于其他，我发现又滥用了人名，就像上面的贝拉姬、克诺德、布律克、弗利希的情况一样。没有人否认这样用名字开玩笑是一种儿童游戏；如果我以此为乐，那就会有因果报应，因为我自己的名字也常被这样无益尝试，成为打趣的口头禅。歌德（Goethe）曾经谈到一个人对自己的名字是多么敏感，他认为那种敏感甚至比得上皮肤的感觉，赫尔德曾经用歌德的名字写了下面这首诗：

---

① 我不是一时兴起介绍 plagiostomi（横口鱼）这个词。它们使我想起在同一个老师面前丢脸的痛苦事件。

② Popo 在德国儿语中是“屁股”的意思。

你们来自诸神，来自哥特人（Gothen），也来自泥土。

所以，你们神圣的形象，甚至也归于尘土。

我认识到，这个滥用名字的题外话只不过是想发发牢骚而已。但是，让我们就此打住……在斯巴拉多买东西的事情，使我想起了另一次在卡塔罗买东西的情形，因为我在那里过于谨慎，所以失去了大赚一把的良机。（失去了一次抚摸奶妈乳房的良机；见上文。）饥饿感引起的一个梦念确实是这样：我们不要放过任何东西；我们能拿到什么就拿什么，就是犯点小错也在所不惜；我们绝不要让机会错过；生命如此短暂，死亡不可避免。因为这有性的意味，因为愿望不愿自行停止，去想是否做错，所以这种及时行乐的人生观有理由害怕潜意识中的抑制力，必须把自己藏在梦的背后。于是，做梦者获得足够精神食粮时的记忆、各种阻碍思想、甚至令人反感的性惩罚的威胁——所有这种对立思想，都找到了表达方式。

第二个梦

第二个梦需要一个更长的序言：

为了去奥西湖度假，我驱车前往西站，走上月台，及时赶上了开往伊希尔的早班火车。我在那里看到了图恩伯爵（Count Thun）。他又要去伊希尔觐见皇上。尽管下着雨，但他还是乘着无篷出租车来了。他径直穿过慢车入口处。门口的检票员不认识他，向他要车票。他没有一句解释，唐突地挥手挡开了检票员。他坐上前往伊希尔的火车离开后，站里要我离开月台，回到候车室。我费了一些口舌，才获准留在月台上。我消磨时间时，注意到许多人贿赂站务员，想获得一个小隔间；我真想投诉——也就是，也想获得那种特权。此时，我独自哼着一首歌，后来我辨认出那是《费加罗的婚礼》（The Marriage of Figaro）中的咏叹调：

如果我的伯爵愿跳舞，跳舞，

就让他尽兴，

我愿为他伴奏。

（也许另一个人听不出这首曲子。）

整个晚上，我都兴冲冲想找人吵架，拿服务员和出租车司机开玩笑，我希望没有伤害他们的感情。现在各种大胆、革命的思想都涌进了脑海：比如，费加罗的台词、我在法兰西剧院观看博马舍的喜剧、那些自以为生来就是大人物的狂言、阿尔玛维瓦伯爵想对苏珊娜行使的爵爷权、不怀好意的反对派记者们对图恩伯爵的名字开的玩笑，称他为 Graf Nichtsthun（不做事的伯爵）。其实，我不嫉妒他；他现在艰难地觐见皇上，我才是真正的“不做事的伯爵”，因为我要去度假。我对度假做了各种各样的有趣安排。这时，走来一位先生。我知道他是政府医务监考官。他因为活动能力而获得了“政府同床人”的奉承绰号。他以自己的官位坚持要获得半个一等隔间。我听到一名列车员对另一名列车员说：“我们打算把这位要半个一等隔间的先生安排到哪里？”这是一种非常糟糕的偏袒！我则要付整个一等隔间的钱。我确实有了一个属于自己的整个隔间，但不是通车厢，所以夜里没有厕所可用。我对那个列车员的抱怨没有结果。出于报复，我建议说，至少应该在这个隔间的地板上打个洞，以备乘客急需。凌晨 2 点 45 分，我因尿急而从以下的梦中醒来：

一群人，一个学生集会……某个伯爵（图恩或塔弗）正在演讲。有人请他谈谈对德国人的看法。他以轻蔑的姿态宣称，他们最喜欢的花是款冬。接着，他把一片撕裂的叶子——其实是一片干皱的枯叶——塞进钮扣孔。我跳起来，我跳起来[①]，但我对自己采取的态度感到吃惊。随后，更加模糊：仿佛这是大学礼堂（Aula），出口挤满了人，我必须逃走。我闯过一个装潢漂亮的套房，显然是部长级的套房，摆有棕紫相间颜色的家具。最后，我来到一条走廊，那里坐着一位上年纪的看门胖女人。我想设法避免与她说话，但她显然认为我有权通过这条路，因为她问她是否需要掌灯陪我走。我用手势暗示，或告诉她，她要继续站在楼梯上，我似乎很聪明，因为我毕竟在躲避追踪。现在，我下了楼梯，发现了一条陡峭向上的狭窄小路，就沿着向前走。

梦又模糊了起来：好像我的第二个任务是要逃离这个城市，就像我的第一个任务是要逃离这座楼一样。我正坐在一辆一匹马拉的出租车里，吩咐出租车司机送我去火车站。当他责备我要把他累垮时，我说：“我不会和你一起在铁路线上坐出租车的。”这听起来好像我已经在他通常走铁轨的出租车里进行了一次旅行。火车站挤满了人。我不知道是去克雷姆斯还是去赞尼姆，但我细想了一下，宫廷会在那里，所以我决定去格拉茨或类似的地方。现在我坐在火车厢里，这有点儿像有轨电车。我在钮扣孔里插着一个长辫子一样的奇特东西，上面是硬料做的紫棕褐紫罗兰，这给人留下了非常深刻的印象。到这里，梦境

① 这句重复话已经不知不觉进入了这个梦的正文，显然是出于无心；而我之所以把这句话留下来，是因为分析表明，它具有某种意义。

又中断了。

我又一次到了火车站前，但这次我和一位老先生在一起。我对仍然辨认不出的部分想出了一个计划，但我看到这个计划已在执行。思想和体验似乎在这里是同一回事。他装成瞎子，至少瞎了一只眼。我把一只男用玻璃便壶（这我们必须得在城里买或已经买过）举在他面前。于是，我就成了一名照顾患者的护士，必须得把便壶递给他，因为他是瞎子。如果列车员看到我们这个姿势，他一定不会注意我们，放我们过去。同时，这位老人的姿势和他的排尿器官像塑料似的可以感知到。随后，我就因尿急而醒来了。

这整个梦似乎是一种幻想，把做梦者带回了1848年革命时期。这个记忆是由1898年的50周年纪念和我到瓦休的短途旅行唤起的。我去访问了爱默斯多夫，那是学生领袖费肖夫的避难地①。梦的显意可能涉及到费肖夫的好几个特征。于是，这联想又把我引到了英国，引到了我哥哥的房子。哥哥过去经常拿丁尼生的《50年前》那首诗的标题来嘲笑他的妻子，他的孩子们常常给他纠正为《15年前》。然而，这个幻想和看到图恩伯爵引起的想法之间的联系，就像意大利教堂的正面一样，与其背后的结构没有有机联系。但和这正面不一样的是，它杂乱无章，到处都是缺口，而且许多地方内部的一些部分可以突破。这个梦的第一部分情景由好多景象组成，深入其中，我就能加以剖析。梦中伯爵的傲慢态度是我15岁那年在学校时一幕景象的翻版。我们曾经炮制了一场反对一位不受欢迎的无知老师的阴谋。这次的主谋是一名同学，他从那时起就好像以英国的亨利八世为楷模。这次政变由我执行，并以讨论多瑙河对奥地利（瓦休！）的重要性作为公开造反的诱因。我们这些反叛分子中只有一个是贵族，因为他个子过高，大家都叫他“长颈鹿”；他受到学校的暴君德语教授训斥时，站得就像梦中伯爵站得那样。对最喜欢的花，以及把很可能像花（这使我想起那天我送给一位朋友的那些兰花，还有一朵耶利哥玫瑰）一样的东西插进钮扣孔的解释，特别使我想起了莎士比亚历史剧中打开红白玫瑰内战的那个事件。提起亨利八世，就为这次回忆铺平了道路。现在从玫瑰到红白康乃馨距离就不是很远了。（这时，两段小诗，一段是德语，另一段是西班牙语，自动潜入了分析之中：玫瑰、郁金香、康乃馨，每种花都会凋谢；伊莎贝拉，不要为谢花哭泣。西班牙诗文在《费加罗》中出现过。）在维也纳，白色康乃馨已经成为反闪族人的象征，红色康乃馨则是社会民主党人的象征。此后是坐火车在美丽的撒克逊（盎格鲁－撒

① 这是一种错误，而不是笔误，因为我后来得知，瓦休（Wachau）的爱默斯多夫（Emmersdorf）和革命者费肖夫（Fischof）的避难地不是同一个地方，只是同名而已。

克逊）旅行遇到的一次反闪族人挑战的回忆。构成梦中第一个情境的第三个景象，起始于我早年的学生时代。当时，德国学生俱乐部有一场哲学和普通科学之间关系的辩论。作为一个血气方刚的年轻人，我满脑子都是唯物论，就出风头，为一种极其偏颇的立场辩护。于是，一位睿智的学长站起来，把我们彻头彻尾训了一顿。从那时起，他就已经显露出了领导男生和组织群众的本领，而且他还有一个动物王国的绰号。他说，他年轻时也放过猪，后来才迷途知返，回到了父亲的房子里。我跳起来（像梦中那样），变得像猪那样粗鲁，反驳说，既然我知道他曾经放过猪，那我对他说话的腔调也就不感到吃惊了。（在梦里，我对自己的德国民族主义感情感到吃惊。）会场出现了一阵强烈的骚动，几乎所有同学都要求我收回自己的话，但我坚持立场。那位受到侮辱的学长非常明智，没有接受他们的建议来向我挑战，才让这件事结束。

梦中这个景象剩下的那些元素的来源更模糊。伯爵轻蔑地提到的款冬是什么意思？我在这里分析自己的一连串联想。款冬、莴苣、色拉狗（自己吃不到东西而嫉恨别人的狗）。这里可以了解到好多辱骂的绰号：长颈鹿（德语 Affe 是"猴子，猿猴"的意思）、猪、母猪、狗；我甚至可以通过这名称推出蠢驴，并由此来藐视一位大学教授。此外，我还把款冬译为蒲公英——我不知道这样做是否正确。这个想法是我从左拉的《萌芽》中得到的，书中吩咐一些孩子要带一些蒲公英色拉。狗（chien）听起来像是具有较大功能的动词——chier（大便），因为 pisser（小便）代表较小功能。现在，我们马上就要在三种物理状态中找到有伤风化的例子，因为在那本《萌芽》里提到了未来的革命，描述了一种非常特殊的竞争，这和被称为屁的排泄气体的产生有关[①]。现在，我不能不说，引向这个屁的途径早已准备好，从那些花开始，接着是《小伊莎贝拉》的西班牙诗文，又到《费迪南》和《伊莎贝拉》，再由亨利八世到西班牙无敌舰队时代的英国史，无敌舰队全军覆没后，英国人在一枚奖章上刻上了"Flavit et dissipati sunt（他将它们吹得溃不成军）"这样的铭文，因为暴风雨摧毁了西班牙舰队[②]。如要成功发表对癔病的观念和治疗的详细报告，我曾经半开玩笑地想用这句话作为《治疗》这一章的标题。

---

① 不是在《萌芽》里，而是在《土地》里——这是我在分析时才意识到的。在这里，我要提请注意，Huflattich 和 Flatus 在字母上非常相似。

② 一位多事的传记作家 F·威特尔斯（F. Wittels）博士责备我在上述格言中漏掉了耶和华的名字。英国奖章在一片云的背景上刻有希伯来文的神的名字，所以这样既可以把它看成一部分图象，也可以看成是一部分铭刻。

我之所以无法对这个梦的第二个景象进行详细解析，完全是因为审查的缘故。此时，我把自己放在了革命时代某个杰出人物的位置，这个人和一只鹰有一段传奇的经历，据说他曾经有过大小便失禁等毛病。即使这段历史的大部分都是一位宫廷枢密官告诉我的，我也认为不应该合法通过审查。梦中的那套房子，使我想起了这位阁下的私人特等客车，因为我曾经进去看过一眼。但是，房间在梦中常常指女的（Frauenzimmer 意为“妇女的房间”，Zimmer 意为“房间”，Frauen 意为“妇女”，暗示一种轻微的贬义）。[①] 梦中女管家的个性特征是指我忘恩负义地对待一位机智风趣的老太太，我对曾经在她的房子里享受的好时光和听到的好故事恶意相报。那盏灯的枝节又让我想起了格里巴泽尔，因为他注意到一个性质类似的动人体验，后来就用在了《海洛与利安得》（情海波浪——无敌舰队与暴风雨）中。

我必须放弃详细分析这个梦剩余的两部分，只选引导我想起童年两个景象的那些元素，就是为了这些才选了这个梦。读者肯定会认为，是性材料迫使我产生了压抑，但他不可能满足于这个解释。尽管有很多事我们对自己不会保密，但对别人却必须守口如瓶。而我们在这里关心的不是促使我隐瞒解决办法的那些理由，而是关心甚至对自己隐瞒梦的真正内容的内部审查动机。关于这一点，我会承认，这个分析把梦的这三个部分展现为粗鲁无礼夸夸其谈、荒谬可笑妄自尊大和清醒生活中早被压抑。然而，个别枝节居然敢自动出现在梦的显意中（看来我是一个狡猾的家伙），同时完全可以理解，在做梦前的那天晚上情绪高昂。事实上，是各种各样的夸耀。因此，在提到格拉茨时，就会常常用非常有钱的人惯用的那种口气：“格拉茨，什么价?”如果读者们还记得拉伯雷大师对高康大和他的儿子庞大古埃的生活和行为的无与伦比的描述，就能理解这个梦的第一部分包含的我曾经暗指的那些自夸。但是，下列叙述则属于我曾经说到的童年的两个景象：为了这次旅行，我曾经买了一个浅棕紫色的新皮箱，这种颜色在梦中出现了好几次（棕紫色硬布紫罗兰，戴在一种被称为“少女饰品”的东西上——部长级房间里的家具）。我们知道，儿童们相信，只要是新东西，就能引人注意。有人曾经给我讲了我童年时的一件事。我对记忆的叙述已经代替了记忆本身。有人告诉我说，我两岁时仍然常常不定期地尿床。而当我因此受到责备时，我就安慰父亲，答应在N市（距离最近的大市）给他买一张漂亮的新红床。因此，这是梦中的插话。我们在市里已经买了便壶或不得不买；一个人必须信守诺言。（而

① ［译者注］

且，应该注意男便壶和女人大衣箱、盒子的联想。）儿童的所有夸大狂都包含在这个诺言里。在解析一个较早的梦时，我们已经发现了梦中小便困难的重要意义（参看第五章第一节中的梦）。对神经官能症患者的心理分析，已经使我们认识到，尿床和野心的性格特征密切相关。

后来，我七八岁时，家里发生的另一件事，我还记得一清二楚。一天晚上，上床睡觉前，我不顾父母亲的禁令，非要和他们一起睡在他们的卧室不可。父亲训斥我这种不良行为，说："这个男孩绝不会有什么出息。"这对我的野心一定是一个可怕的侮辱，因为这个情景反复出现在我的梦中，而且常常和我取得的成就与成功同时出现，好像是我想说："你看，我已经有出息了吧。"这个童年景象为这个梦的最后意象提供了那些元素——为了报复，那些角色肯定作了相互交换。那个上年纪的人明显是我的父亲，因为瞎了一只眼表示他一只眼患了青光眼[①]，现在他在我面前撒尿，就像我曾经在他面前撒尿那样。通过青光眼，我让父亲想起了古柯碱。在他手术期间，古柯碱对他很有用，好像我因此兑现了自己的诺言。此外，我嘲笑他，因为他是瞎子，所以我必须在他面前举着玻璃便壶，而且我热衷于了解癔病理论的隐喻，并为此感到自豪[②]。

根据我的理论，如果这两个儿童时代撒尿的情景与我想出人头地的欲望

---

① 另一种解析：他是独眼，就像万神之父欧丁（Odin）——欧丁的安慰。童年景象中的安慰则是：我会给他买一张新床。

② 这里还有一些可以解析的材料：举着玻璃便壶，使我想起了一个不识字的农民在眼镜店的故事。他试了一副又一副，但还是无法识字。（农民的饰物——梦的前一部分中的少女饰物）左拉的《大地》中农民对待意志薄弱的父亲。我的父亲去世前几天，像小孩子一样弄脏自己的床。因此，作为悲剧性补偿，我在梦中成了他的护士。"在这里，思想和体验好像是一回事"。这使我想起了奥斯卡·潘尼查（Oscar Panizza）的一部极富革命性、不适合演出的剧本。剧中，天父被屈辱地当成了一位中风的老人。他的意志和行动是一回事，他不得不受到类似盖尼米得（Ganymede，天神宙斯带去为众神司酒的美少年）那样的大天使的限制，不能责骂和诅咒，因为他的诅咒马上就会变成现实。制定计划是对我父亲的一种责难，梦中整个反抗的内容（比如大叛逆和蔑视权威）都可以追溯到我后来对父亲的反抗。君主被称为一国之父，父亲是最早最老的权威，对小孩子来说，是唯一的权威。在人类文明进程中，其他社会权威都是从父亲的专制主义发展而来（迄今为止，母权还不具备这种学说的资格）。梦中我想到的"思想和体验是同一回事"这句话是针对癔病症状的解释，男用便壶也和这有关。我对一个维也纳人不必解释 Gschnas 的原则；它是指用琐碎滑稽、没有价值的材料构成罕见的名贵物品——比如，就像我们的艺术家们喜欢在欢宴上做的那样，用一些餐具、几束稻草和长卷食物做成甲胄。我已经了解到，癔病患者正是这样做的；除了真正发生在他们身上的事情，他们无意中还为自己考虑非常可怕、极其荒谬的事件，这些事件都是由实际体验中最无害、最平凡的材料逐步形成的。这些症状主要是附着在这些想象上，而不是附着在真实事件的记忆上，无论这些事件是非常严重还是微不足道。这种解释曾经帮助我克服了许多难点，并给我带来了极大快乐。我之所以能用"男用便壶"这个梦元素来顺便提到它，是因为有人曾经告诉我说，最近一次的 Gschnas 晚会上展出了（罗马传说中的贞妇）卢克丽霞·波姬亚服毒用的高脚杯，制造的主要原料竟是医院里的男用玻璃尿壶。

密切相关，那么，在去奥西湖途中出现车厢上没有厕所这个偶然情况，更证实了我这种说法。我必须准备好在旅途中先忍住不尿，就像实际生活中我在清晨因尿急而惊醒那样。我想，也许有人会认为这种感觉才是梦的真正诱因。然而，我却比较喜欢另一种解释——排尿的欲望首先是由梦念引起的。对我来说，睡觉时很少受到身体需求的干扰，凌晨3点45分这个时刻醒来更不可能。我会阻止进一步的反对意见，因为我在其他更舒适的旅途中早早醒来后，也从来没有过要撒尿的欲望。然而，即使我将这一点悬而未决，也不会削弱自己的论断。

此外，解梦经验使我注意到这个事实：即使一眼望去仿佛可以完全解析的梦，也可以通过重要的联想，追溯到童年的最早年代，因为梦的来源和愿望的刺激显而易见。但是，我不得不自问，这种特征是否构成做梦的基本条件。如果允许这样归纳这个说法的话，我就可以说，每个梦通过显意都和最近的体验有关，通过隐意又和最早的经验有关。事实上，在分析癔病时，我能证明这些早年的经验仍实实在在持续至今。但是，我仍发现很难证明这一假设。我将会在下文（第七章）中重新探讨我们童年最早经验可能扮演的角色。

在以上认为梦的记忆具有的三个特征中，其中之一就是显梦偏爱次要事情，这已经由追溯梦的变形而得到了满意的解释。我们已经成功地证实了其他两个特征的存在——优先选择最近的和幼儿期的材料——但是，我们发现不可能从梦的动机推出这两个特性。让我们牢记这两个特性，因为我们仍需要解释或评价；必须得在其他地方，要么是在讨论睡眠状态的心理学中，要么是在研究心理器官的结构时，为它们找到一个位置。通过解梦，我们已经看到自己能像检查孔一样扫视这个器官内部之后才会去做。

但此时此地，我要强调从最后这几个梦分析得出的另一结果。梦似乎常常有好几种意思，不仅仅是我们所举的那些例子显示的好几个愿望满足合成，而且可能是一个愿望满足隐藏着另一个愿望满足。直到经过最底层的层次分析，童年最早时期的一种愿望满足才会出现。这里也许有人再次问我，这句话开头用的那个词用“不断”代替是否更准[①]。

---

① 梦意义的分层化是梦的解析中最微妙、也最富有成效的问题之一。无论是谁忘记这种分层化的可能性，十有八九都会误入歧途，对梦的特征作出站不住脚的断言。但是，迄今为止，对这方面的研究很不全面。至今，只有奥托·兰克彻底评价过一次因泌尿器官受到刺激而引起梦中象征富有条理的层化问题。

第三节　梦的身体方面的来源

如果我们试图让有教养的普通人对梦的问题感兴趣，并为这个目的问他，他认为梦的来源是什么，那么，我们通常会发现，他对自己至少知道的这部分解释都相当有把握。他马上会想到，梦的形成是受到消化障碍（“梦来自胃部”）、身体偶然的姿势、睡觉时发生的琐碎小事的影响。他好像没有想到，就是把所有这些因素都考虑在内，有些事情还有待解释。

在序章[①]中，我们详尽研究过学术家们的意见，他们认为肉体刺激对梦的形成发挥了作用，所以我们在这里只需要回想一下这个探究的结果。我们已经看到，肉体刺激可分三种；一、外物引起的客观存在的感官刺激；二、只有主观现实的感官兴奋的内在状态；三、产生于身体内部的肉体刺激。我们也注意到，这些论述梦的作家倾向于把梦的精神来源强行推入不显眼的位置，因为梦的精神来源可能和肉体刺激同时运作或完全把它们排除在外。在检验了代表这些肉体刺激的主张之后，我们认识到了感官客观刺激的重要性——无论是睡眠期间偶然发生的刺激，还是无法排除这些梦中意象和意念与身体内部刺激的休眠关系，并通过实验加以证实。主观感官刺激扮演的角色似乎从梦中重现的休眠感官意象展现出来。尽管无法彻底证明这些梦中意象和意念与身体内部刺激的广泛接受的关系，但不管怎样，消化、泌尿和性器官的兴奋状态对我们的显梦产生的众所周知的影响，已经得到了证实。

因此，“神经刺激”和“肉体刺激”会成为梦的解剖学的来源。许多作家认为，那是梦的唯一来源。

但是，我们却认为有好几个疑点，这些疑点似乎不是怀疑肉体理论的正确性，而是怀疑它的合适性。

无论代表这种理论的学者们对它的事实根据是多么自信，尤其是偶然的和外界的神经刺激，因为这可以毫不困难地在显梦里认出来，但他们似乎都承认，梦中发现的这些意念的丰富内容不可能单独来自外部刺激。在这方面，玛丽·惠顿·卡尔金斯小姐曾经对她自己的梦和另一个人的梦测试了6个星期，随后发现，外部感官知觉分别占这些梦的13.2%和6.7%。在搜集的所有梦中，只有两个梦可能和器官感觉有关。这些统计数字进一步证实了，我们根据自己的经验进行的匆匆调查肯定会使我们产生怀疑。

---

① 这部分已从本文中省略。那些对该主题特别感兴趣的人，可以参看纽约麦克米兰公司和伦敦艾伦与巫文公司出版的原版译本。

经常有人把梦分为神经刺激梦（这已经进行了全面，调查研究）和其他形式的梦。比如，斯皮塔曾经把梦分为神经刺激梦和联想梦。但是，显而易见，如果不能指出梦的肉体来源及其观念内容之间的联系，这个解释仍不能令人满意。

除了第一种“外部刺激来源并不多见”的反对意见，还出现了第二种反对意见，也就是用这种来源解释梦理由不够充分。这个理论的代表们有两件事没有作出解释：第一，为什么在梦中没有认出外部刺激的真实本性，而常常错当成其他事情；第二，为什么感知的心灵对这种误解的刺激产生的反应结果如此变化不定。我们已经看到，为了回答这些问题，斯顿培尔主张，因为心灵在睡眠时脱离了外部世界，所以无法正确解析客观感觉刺激，被迫在来自许多方向的模糊刺激的基础上构建种种错觉。他自己是这样说的（《梦的性质及其来源》）：

睡眠时，由于外部神经刺激或内部神经刺激，在心中产生一种感觉、一种感情情结或任何一种精神过程，并被心灵感知，因此这个过程从心灵中唤起了属于清醒体验范围的感觉意象，也就是说，唤起了早期的感觉，这些感觉要么不加修饰，要么附有精神价值。这个过程仿佛为自身搜集了或多或少的这种意象，来自神经刺激的印象便获得了精神价值。在这方面，一般来说，就像我们通常谈到的清醒过程一样，心灵解析睡眠中神经刺激的印象。这种解析结果就是所谓的神经刺激梦——也就是，梦的成分是按照神经刺激再现原则在心灵生活中产生精神效果这个事实而定。

在所有基本观点中，和这个学说相同的就是冯特的主张。他认为，不管怎样，梦的观念大部分都来自感官刺激，尤其是全身知觉刺激，因此大部分都是荒谬的幻觉——可能只有一小部分纯粹记忆观念提升到了幻觉状态。为了按照这种理论阐明显梦和梦刺激的关系，斯顿培尔用了一个绝妙的比喻：“就像一个不懂音乐的人十指在琴键上乱弹一样。”这个含义就是说，梦并不是一种源自精神动机的精神现象，而是一种生理刺激的结果，因为受刺激影响的器官无法以其他方式表现，所以就在精神症候群中自行表现出来。基于同样的假设，梅涅特试图以漂亮的比喻解释强迫性观念：钟面上每个数字都最强烈地凸现出来。

尽管这个肉体刺激梦的理论已经流行，尽管它好像非常诱人，但仍可以非常容易发现它的弱点。每一种在睡眠中引起心灵器官形成幻象的肉体刺激，可以产生无数这样的解析企图。因此，这可以在显梦中表现为大量的不同概念。[①] 但是，斯顿培尔和冯特的理论无法指出任何种类的动机，来控制外界刺激和选择解析梦念之间的关系，因此无法解释这种刺激经常在生产性活动过程中作出的“奇特选择”（利普斯的《生命灵魂的基本事实》）。其他的反对意见可能是针对错觉理论背后的基本假设——睡眠期间心灵无法认出客观知觉刺激的真实本性的假设。老生理学家布达赫向我们表明，即使在睡眠中，心灵也可以对到达的知觉印象进行正确解析，并根据这个正确解析予以反应，因为他证明，对睡眠者似乎重要的感官印象也许会被排除在睡眠心灵普遍忽视的范围（比如奶妈和孩子）之外，一个人听到自己的名字肯定会比无关紧要的听觉印象容易惊醒。当然，所有这一切都预示着，即使在睡眠时，心灵也能区别各种不同的感觉。从这些观察资料，布达赫推断出，我们必须假定心灵并不是不能解释睡眠状态中的感官刺激，而是对它们没有足够兴趣。1830 年布达赫采用的那些论点，又原封不动地出现在了利普斯的著作（1883 年）里，用来攻击肉体刺激理论。根据这些论点，心灵似乎就像趣闻中的那个睡眠者一样，有人问他：“你睡着了吗?”他回答说：“没有。”但是，当那人又对他说“那借给我 10 弗罗林”时，他却找借口说：“我睡着了。”

肉体刺激形成的梦理论，还可以从另一个方面进一步证明它有不足之处。观察表明，即使我一开始做梦这些刺激就出现在显梦中，外部刺激也不会强迫我做梦——假如我真的做梦的话。我在睡觉时，为了响应体验到的触摸或压力的刺激，有各种各样的反应供我随意支配。我可以对它置之不理，发现醒来时自己的一条腿没有盖东西，或者是我一直侧躺在一条手臂上。事实上，病理学为我提供了一大堆各种各样的强烈兴奋感觉和运动神经刺激的例子。睡眠期间，这些例子不起任何作用。我在睡眠期间可以察觉到那种感觉，就像常常在痛苦刺激中发生的那样，但没有把那种痛苦编入梦中。第三，我可能会因那种刺激而醒来，只是为了回避它。可能还有一种反应——第四种反应，即神经刺激可能导致我做梦。但是，其他可能发生的反应梦形成的反应一样频繁。然而，如果做梦的动机在肉体刺激梦的来源之外，这就不会发生。

意识到上述肉体刺激梦的解释有许多漏洞，其他作家——如施尔纳，以及追随他的哲学家沃尔克特——都尽力更加准确地确定精神活动的本性，因为这个本性引起了肉体刺激引起的具有各种色彩的梦象。这样做，他们将梦

---

① 我建议，每个人都看一下莫利・伏尔特用实验方法创作的精确详细的梦资料（收在两卷中），以便说服他自己，那些实验条件能帮助解释每个显梦，是多么微不足道。这些实验能帮助我们理解梦的问题，也是多么微不足道。

的本性问题当成了心理学的一个问题加以考虑，并把做梦看成是一种精神活动。施尔纳不仅对梦在形成过程中展现的精神特性进行富有诗意、栩栩如生的描述，而且他相信自己已经发现了心灵处理受到的刺激的原则。根据施尔纳的观点，梦是幻想的自由活动，因为幻想已经摆脱了白天受到的束缚，力争用象征手法再现发生刺激的器官的本性。于是，就有了一种用来指导解梦的梦书。通过梦书，可以从梦象推断出肉体的感觉、器官的状况，以及刺激的状态。“因此，猫的意象表示极端暴躁的脾气；浅淡光滑的点心则表示赤裸的人体。在梦的幻想中，整个人体被想象成一座房子，人体的各个器官则被想象成房子的各个部分。在‘牙痛梦’中，拱状门厅相当于口腔，下降的阶梯相当于从咽喉到食道。在‘头痛梦’中，爬满令人厌恶的蟾蜍般蜘蛛的天花板，用来暗示头的上半部。”“我们在梦中对同一个器官可以使用许多不同的象征：于是，烈焰熊熊的火炉象征呼吸的肺脏，空盒和空篮象征心脏，圆形袋状物或纯空心物象征膀胱。特别有意义的是，在梦结束时，受刺激的器官及其功能常常会毫不掩饰地表现出来，而且往往是在做梦者自己的身体上。因此，‘牙痛梦’一般都是以做梦者从嘴里拔出一颗牙而结束。”我不能说这种解梦理论会受到其他作者的很多青睐。最重要的是，这似乎言过其辞。因此，施尔纳的读者们甚至不愿给予一点赞扬，因为我却认为它值得赞扬。可以看出，它往往是通过象征手法（古人使用的一种方法）恢复对梦的解析，只是解析范围局限于人体。施尔纳的理论因为缺乏科学理解的解析技巧，所以其适用性必然会严重限制。似乎绝不排除梦的解析的任意性，尤其是因为一种刺激可以在显梦里表现为好几种典型象征。因此，就连施尔纳的追随者沃尔克特也无法确定一座房子就代表人体。另一种反对意见是，根据这种理论，梦的活动被看成是一种没有用处、没有目标的心灵活动，因为心灵仅仅是满足于根据刺激构成种种幻想，根本不想消除这种刺激。

施尔纳肉体刺激梦的象征理论还受到了另一种反对意见的严重诽谤。这些肉体刺激无所不在，而且这种刺激一般被认为是心灵在睡眠期间比清醒时更容易接近。因此，无法解释，为什么心灵不是整夜连续做梦，为什么它不是每天夜里都梦见所有这些器官。如果一个人企图避开这种反对意见，提出条件，说特殊兴奋必须先从眼睛、耳朵、牙齿、肠等等开始，才能引起梦的活动，那么，又会面临证明增加这种刺激是客观存在的这种难题。只有极少数几个梦可能得到证明。如果梦中飞翔是肺叶上下运动的象征，那么，就像斯顿培尔曾经谈到的那样，这个梦要么屡次三番地出现，要么可能表明在做这个梦时呼吸更加有力。不过，还有第三种可能性——而且是最大的可能性

——不时会有某些特殊动机在起作用，将注意力引向那些平时经常存在的内脏感觉但这将使我们远远超出施尔纳的理论范围。

施尔纳和沃尔克特的专题论文的价值在于，唤起我们注意许多需要解释的显梦特征。这似乎有希望促成新的发现。肉体器官和功能的象征现象确实在梦中出现，这是完全正确的：比如，梦中的水常常表示想小便的欲望，直立的棍棒或柱子等可以象征男性生殖器。展现栩栩如生、五光十色的梦象和其他模糊的梦象比较，我们几乎无法不解析为"因视觉刺激而引起的梦"。对那些含有噪音和嘈杂人声的梦，我们也无法怀疑幻觉形成的作用。比如，施尔纳说的一个梦：两排头发金黄的英俊男孩面对面站在一座桥上，相互攻击，然后回到原位，最后做梦者自己在桥上坐下来，从下颏上拔出一颗长牙。沃尔克特也有一个相似的梦：两排抽屉发挥作用，最后也是以拔出一颗牙而结束。这两位作者记述大量这种梦的形成，使我们不能把施尔纳的理论看成是一种没有价值的发明，而不去寻找可能包含在其中的真理内核。因此，我们面临的任务就是为所谓的牙齿刺激的假定象征寻找另一种解释。

在我们对梦的肉体来源的理论研究中，我没有引述过我们从梦的分析得到的论断。如果利用其他作家们在研究梦时没有用过的一种方法，我们就能证明梦具有精神活动的内在价值，一种愿望满足梦形成的动机，前一天的那些经验提供显梦最明显的材料，那么，任何其他梦理论，只要忽略这种重要的研究方法，从而使梦对肉体刺激出现无用费解的精神反应，都可以无须专门批判予以否定。因为既然这样，就必须有两种截然不同的梦——这却是根本不可能的，所以一种可以根据我们的观察得到，另一种只能由那些早期研究者观察得到。现在只有在我们的梦理论中，为梦源自肉体刺激这个流行学说依据的事实，找到一席之地。

我们在这个方向上已经采取了第一步，提出了这个论题，认为梦的工作不得不将所有活动的梦刺激合成一个整体（参看第五章第一节）。我们已经看到，如果前一天在心灵上留下两个或两个以上的体验能够形成一个印象，那么，由此产生的愿望就会合成一个梦。同样，假如在两者之间能够建立相互沟通的观念，这些具有精神价值的印象和前一天无关紧要的经验就会合成梦的材料。因此，梦似乎是一种对在睡眠心灵中同时呈现的一切实情的反应。就我们目前分析的梦资料来看，我们已经发现，它是精神残余和记忆痕迹的一种聚集，由于这些精神残余和记忆痕迹优先表现为最近的和幼儿期的材料，因此不得不赋予一种心理现状特征，尽管这种现状特性当时还没有确定。我们现在不难预测，以感觉形式出现的最新材料在睡眠中加入这些记忆现状时，会产生什么样的梦。这些刺激对梦又非常重要，因为它们具有真实性。它们与其他精神现状结合起来，给梦的形成提供了材料。换句话说，睡眠期间发生的刺激，和我们已经熟悉的白天经验留下的精神残余的其他成分，精心合成了一种愿望满足。然而，这种结合并不是不可避免。我们已经看到，对睡眠期间受到的身体刺激可能有不止一种行为。产生这种合成后，概念性材料充当了显梦。这种显梦表现为两种梦的肉体和精神的来源。

梦的本性不会因肉体刺激加入梦的精神来源而改变。无论它的表现方式是以何种可以利用的真实材料确定，它都仍是一种愿望满足。

我想在这里说明，有许多种特性能够改变外部刺激对梦的意义。我认为，个人生理因素和偶然因素，根据瞬间情况的结合，决定一个人睡眠期间受到比较强烈客观刺激，单独情况下将如何行动。睡眠习惯或偶然深度与刺激强度结合起来，一种情况会有可能压抑那种刺激，不会打搅睡眠者，而另一种情况则会迫使睡眠者醒来，或者设法压制那种刺激，将它编入梦中。根据这些构象的多样性，外部客观刺激表现次数的多少，也会因人而异。就我自己来说，因为我睡眠极好，无论什么借口，睡眠期间我都坚持不让自己受到打搅，所以外部刺激的动机很少闯入我的梦中，而精神动机显然会轻而易举让我做梦。事实上，我只记下了一个梦。这个梦中客观痛苦的肉体刺激来源显而易见，看一下外部刺激在这个特殊的梦里起什么作用，大有裨益：

我骑着一匹灰马，起先提心吊胆、笨手笨脚，仿佛我只是被驮着向前走。随后，我碰到一位同事P，他也骑在马背上，身穿粗毛绒。他直挺挺地坐在马鞍上。他提醒我一件事（可能是提醒我坐姿很差）。现在，我骑在这匹非常聪明的马身上，开始感到越来越自在。我坐得也越来越舒适，而且发现自己骑在上面相当轻松自如。我的马鞍是一种鞍褥，完全占据了马颈到马臀之间的空隙。我骑马走在两辆有篷货车之间，真想越过它们。沿街走了一段距离之后，我转过头，想下马，起先打算停在一座面街的小教堂前，随后真的在第一座小教堂附近的一座小教堂前下了马。旅馆在同一条街上。我可以让马独自去那里，但我更喜欢牵着它到那里。我好像觉得骑着马到那里不好意思。旅馆面前站着一个侍童。他给我看他找到的我写的一张便条，并以此奚落我。便条上写的字下面画了双线：“不吃任何东西”，然后还有一句话（难以辨认，有点儿像）：“不要工作”；同时，朦胧意识到我在一个陌生城市，没有工作。

这个梦源自痛苦刺激的影响——或者更准确地说，强迫性影响——并不是马上就一目了然。不过，前一天我长了疖疮，这使我每动一下都痛苦万分。

最后，一个疥疮在阴囊根部竟然长到了苹果那么大，使我每走一步都疼痛难忍。发烧疲乏、食欲不振、当天的艰苦工作和痛苦混在一起，使我心烦意乱。尽管我不是完全不能行医，但由于疾病的性质和部位，因此可以想象，我非常不适合做另一件事，那就是骑马。现在正是这个骑马活动进入了我的梦境。这可能是我对那种疼痛想象到的最有力的否定方式。事实上，我不会骑马，也没有梦见过骑马。我只骑过一次马——而且没有马鞍——我不喜欢那样。但是，在这个梦中，我却骑着马，好像会阴处没长疥疮，或者更准确地说，我之所以骑马，是因为我根本不想长疥疮。从这个描述判断，我的马鞍是能让我入睡的膏药。也许由于如此舒适，因此我睡眠的前几个小时没有感到任何痛苦。随后，痛感让我感知到，并试图把我唤醒。于是，梦就出现，安慰我说："继续睡吧，你不会醒的！你根本没有疥疮，因为你正骑在马背上，谁也不会生了疥疮还能骑马！"于是，梦取得了成功，痛苦受到了遏制，我又继续睡了起来。

但是，梦并不满足于顽固坚持一个与疾病格格不入的观念，对我的疥疮"敷衍了事"（就像失去儿子的母亲或失去财富的商人引起的幻觉那样举止疯狂）。另外，遭到否定的感觉细节和用来压抑的意象细节都把梦作为一种手段，将心中实际存在的其他材料和梦中情景联系起来，并使这个材料得以再现。我骑着一匹灰马——马的颜色和我上次在乡间见到的同事P穿的椒盐色衣服正好符合。他曾经警告我，调味品太多的食物是生疥疮的起因，而且不管怎么说，病原学比较喜欢解释为糖。他可能认为糖和疥病有关。自从取代我去治疗一位女患者以来，我的朋友P就喜欢像"骑着高头大马"那样对我耀武扬威。其实，我对那位女患者已经取得了显著功绩（在梦中，我起先像特技骑士一样斜坐在马上），但事实上，这个女患者就像星期天骑士这个故事里的马一样随心所欲驮着我跑。因此，马最后就成了代表女患者的象征（梦中，它非常聪明）。"我感到相当轻松自如"是指同事P取代我之前，我在患者家中所处的地位。"我还以为你在那里稳坐马鞍呢，"最近市里的名医中一位支持我的同事提到那个患者家时对我说。而且，在忍受这样的痛苦时，我每天还要做8到10个小时的心理治疗，真是一大功德。但是，我知道，如果没有完全的身体健康，我就无法长时间继续这项非常艰辛的工作，而且梦中充满了对处境的抑郁暗示，如果我的病继续发展下去（便条上写的就像神经衰弱患者拿给他们的医生看的），结果就会是：不要工作，不要吃东西。进一步解析时，我看到，这个梦的活动已经成功地从骑马的愿望情境，找到了童年时我自己和比我大一岁，现在住在英国的侄子吵架的场面。这个梦也吸收了我在意大利旅行时的一些元素：梦中的街道是根据维罗纳和锡耶纳的印象建起的。更深入的解析就会引向性的梦念。我回想起了梦中暗指的美丽乡村应该是指一位从未去过意大利（to Italy，德文为 gen Italien = Genitalien = genitals，生殖器）的女患者的梦；同时，还和我先于朋友 P 到达的那个房子，以及疥疮所长的部位有关。

在另一个梦中，我也同样成功地避免了一次可能对我睡眠的打扰。这次威胁来自一次感官刺激。然而，这只是出于偶然，才使我发现了梦和偶然刺激之间的关系，这样才了解了这个梦。一个仲夏的早晨，我在提洛尔的一个避暑山庄醒来，知道梦见：教皇死了。我无法解析这个简短的非视觉梦。我可以想起的就是这个梦唯一可能的依据，也就是，不久前报纸曾经报道说，教皇陛下贵体欠佳。但是，当天早上，我的妻子曾经问我："你今天早晨听到教堂可怕的钟声了吗?"我完全没有听到这钟声，但现在我明白了自己的梦。这是因为我的睡眠需要对那些虔诚的提洛尔人试图用钟声唤醒我作出反应。我通过虚构的显梦对他们进行报复，然后继续睡觉，对鸣响的钟声不再感兴趣。

在前几章提到的那些梦中，有好几个都可以作为例证，来详尽阐述所谓的神经刺激。大口大口喝水的梦就是这样一个例子。这里，肉体刺激似乎是梦的唯一来源，而由这种感觉——口渴——引起的愿望，是做梦的唯一动机。我们发现其他的简单梦非常相似，梦中肉体刺激本身就能产生一个愿望。那个夜里扔掉面颊上冷敷器的女患者做的梦表现出的愿望满足，是以不同寻常的方式对疼痛刺激作出的反应。患者好像暂时使自己成功地止住了痛苦，把自己的痛苦推到了一个陌生人身上。

我的有关命运三女神的梦显然是一个饥饿梦，但它设法把对食物的需求退回到了儿童对母亲乳房的渴望，并用一个无害欲望掩盖了一个不能冒险公开的、更重要的欲望。在对图恩伯爵的梦里，我们能够看到，一种偶然的身体需要通过何种途径与精神生活中最强烈、最压抑的冲动产生联系。加尼尔转述的梦例中，拿破仑一世在诡雷惊醒他之前，他把那种声音编入了一个战役梦，这异常清晰地表明，真正的目的就是让精神活动在睡眠期间主动影响感觉。一位年轻律师因为满脑子都是他办的第一桩破产诉讼大案，所以午睡时，表现得就像伟大的拿破仑那样。他梦见了自己在那桩破产诉讼案中结识的赫斯廷（Hussiatyn），的某位赖希先生。但是，赫斯廷迫使他进一步关注。他被迫醒来，只是听到患气管炎的妻子正在剧烈咳嗽（德语 husten 意为"咳嗽"）。

让我们比较一下拿破仑一世（顺便说一下，他睡眠极好）的梦和那个嗜睡学生的梦。女房东曾经唤醒那个学生，并提醒他得上医院去了。于是，他梦见自己正躺在医院的一张床上，继续睡了起来，潜在的推理是这样的：如果我已经在医院，那我就不必起床去那里了。显然，这是一个方便梦；睡眠者在做梦时坦率承认了自己的动机。但是，他因此泄露了通常做梦的一个秘密。在某种意义上，所有的梦都是*方便梦*。它们服务的目的是继续睡眠，而不是惊醒。*梦是睡眠的保护者，而不是干扰者*。关于唤醒梦的那些精神因素，我们将有必要在另一处证明这种观念。但我们已经能够证明，它可以适用于客观外部刺激。如果心灵能以这种态度反对刺激的强度和充分意识到的重要意义，它要么在睡眠期间根本不会关心感觉的起因，要么会利用梦来否定这些刺激；要么采用第三种，如果不得不承认这些刺激，它就会寻求对它们的解析。这些解析将会再现与睡眠相容、作为渴望得到一部分情景的真实感觉。为了剥掉真实感觉本身的现实性，它被编入了梦中。拿破仑被允许继续睡觉；试图干扰他睡眠的不过是对阿柯尔枪炮声的梦中回忆①。

因此，睡眠愿望——意识的自我调整。梦的审查作用和后文要提到的“润饰作用”，都代表自我对梦的贡献——必须始终看作是梦形成的一个动机，而且每一个成功的梦都是这种愿望满足。这种普普通通、不断出现、经常不变的睡眠愿望与显梦不时满足的其他愿望的关系，将会成为以后考虑的主题。在睡眠愿望中，我们发现一种动机可以弥补斯顿培尔和冯特理论的不足，并可以说明对外部刺激解析的反常和任性。睡眠的心灵完全可以对外部刺激进行正确解析，会包含主动兴趣，也会要求睡眠者醒来。因此，在对外部刺激的一切可能的解析中，只有合乎睡眠愿望的专项检查，才会得到承认。比如，梦中情境的逻辑会是这样：“那是夜莺，不是云雀。”因为如果是云雀，爱的夜晚就会结束。从得到承认的对外部刺激的解析中，经过挑选的那种解析，能够获得与潜伏在心灵中的欲望冲动的最好联系。因此，梦中的一切都确定无疑，没有任何的反复无常。错误解析不是一种错觉，而是一种借口——如果你愿意这样说的话。我们在这里再次指出，当梦的审查作用通过移置进行替代时，我们的正常精神过程就会发生偏差。

如果外部神经刺激和内部肉体刺激的强度足以迫使心灵注意，如果它们导致做梦而没有惊醒，它们就会表现为梦形成的焦点、梦材料的核心，因为寻找一种适当的愿望满足，就像（见上文）在两种精神的梦刺激之间寻找中

① 我知道这个梦的两种来源和内容并不完全一致。

介意念一样。在这种程度上，这适合于肉体元素支配显梦的许多梦。在这种极端梦例中，甚至确实没有活动的一种愿望，可能为了梦的形成而被唤醒。但是，梦无非是代表某种情境下愿望的满足；它面临的任务似乎是通过特定的感觉，发现由此得到满足的某种愿望。即使这种特定的材料带有痛苦或不快的特性，它对梦的形成也不无裨益。精神生活对满足时引起不快的那些愿望可以任意支配，这好像是一种自相矛盾。但如果我们考虑到两者之间存在两种精神动因和审查作用，就会变得完全可以理解。

我们已经看到，精神生活中存在种种被压抑的愿望。这些愿望属于原发性系统，而它们的满足则遭到继发性系统的反对。我们并不是从历史性的意义说——这些愿望曾经一度存在过，后来遭到了毁灭。我们在精神神经病研究中需要的抑制作用学说主张，这些压抑的愿望仍然存在。但是，同时又有一种压迫它们的压抑作用。当说到这些冲动的抑制作用时，suppression 正好表达了这个词的原义（向下压）。那种能使那些受压制的愿望得以实现的精神机制保持着存在状态和工作秩序。但如果这样一个受压制的愿望得到满足，继发性系统（具有意识力）遭到失败的抑制作用就会表现为不快。而且，是为了得出这个论点：如果睡眠期间产生一种源自肉体的不快特征，梦的活动就会利用这种感觉来获得满足，因为另一种受压抑的愿望或多或少还保持有审查作用。

这种事态可以解释许多焦虑梦，而与愿望理论相反的其他这些焦虑梦，则表现为一种不同的机制。因为梦中焦虑肯定带有精神神经症的特点——源自心理性欲的兴奋，在这种情况下，焦虑就相当于被压抑的利比多（原欲）。因此，这种焦虑，就像整个焦虑梦一样，具有心理症状的意义。我们面临梦中愿望满足倾向到何处会落空的问题。但是，在其他焦虑梦中，焦虑感则来自肉体因素（比如肺脏病患者或心脏病患者，偶然会呼吸困难），然后它用来帮助那些受到强烈压抑的愿望在梦中得到满足，因为这些愿望从精神动机进入梦中，那份焦虑也会得到释放。要调和这两种显然矛盾的情形并不难。当两种精神构成物（一种是感情倾向，另一种是观念内容）关系密切时，只要其中一个确实存在，即使在梦中，也会唤起另一个。现在，来自肉体的焦虑唤起了受压抑的观念内容，它马上就成了伴有性兴奋、得到释放的观念内容，从而促成了焦虑的释放。在一种情况下，可以说，由肉体决定的感情在精神上得到了解析；在另一种情况下，尽管一切都来自精神因素，但与焦虑相符合的肉体解析，可以很容易代替曾经受到压抑的内容。妨碍我们理解所有这一切的种种困难都和梦没有关系。它们应归于这样一个事实，那就是在讨论这些要点时，我们要涉及的是焦虑和压抑的演变问题。

毫无疑问，来自身体内部的主要梦刺激，肯定包括全身性的肉体感觉。它不仅可以提供显梦，而且能强迫梦念去选择出现在显梦中的材料，就近选取适合梦的性质的部分，而疏远其他部分。此外，前一天遗留下来的这种一般感觉，肯定和对梦有重要意义的精神残余有关。而且，这种感觉本身在梦中可以保持不变，也可以发生变化。因此，如果它是痛苦的感觉，就可以变成它的对立面。

如果睡眠期间来自肉体的刺激——也就是睡眠的那些感觉——不具有不同寻常的强度，那么，根据我的判断，它们在梦的形成中所起的作用，就类似于那些最近遗留下来无关紧要的白天印象。我是说，如果它们能和来自梦的精神来源的观念内容相互结合，在梦的形成中就可以利用，而不是用其他方式。它们会被当成一种便宜的现成材料，只要需要就可以利用，而不是当成珍贵材料，必须利用时，要严格按照规定的方法。我可以打一个比喻：一位鉴赏家给一位艺术家一块稀有宝石，比如一块缟玛瑙，让雕刻成一件艺术品。这时，宝石的大小、颜色及其纹理，有助于决定表现什么样的主题或情景。如果艺术家处理的是一件像大理石或砂石这样俯拾皆是的材料，那他只凭自己脑海里想象的观念就行了。在我看来，只有这样，我们才能解释这个事实，普通强度的肉体刺激提供的显梦，并不是每天夜里都出现在所有的梦里①。

也许再举一个解梦的例子就能完美阐明我的意思。有一天，我想尽力搞清抑制感觉、无法动弹、力不从心等的意义，这种感觉常常出现在梦中，而且和焦虑密切相关。那天夜里，我做了下面这个梦：*我衣着不整，从楼下走向楼上。我上楼梯时每次跳三个台阶，发现自己上楼梯这样快，心里非常高兴。突然，我注意到一个女佣人正从楼梯上朝我走下来。我感到不好意思，想马上走开。这时就产生了这个被抑制的感觉。我像被粘在了楼梯上，动弹不得。*

分析：这梦中情境来自每天的真实情况。我在维也纳的一座房子里，有两层套间，两个套间只有主楼梯上下相连。我的诊疗室和书房在楼下，起居室在楼上。我每天深夜在楼下完成工作，才上楼去卧室。做梦前那天晚上，我确实衣着不整走了这段短短的距离——也就是，我解开了衣领、领结和袖口。而在梦中却更进一步，达到了赤身裸体的程度，但像平常一样模糊不定。我上楼习

---

① 兰克在许多研究中证明，由器官刺激（排尿梦和射精梦）引起某些惊醒的梦，尤其适合论证睡眠需要和机体需要的要求之间的冲突，以及后者对显梦的影响。

惯一次两三个台阶。甚至在梦里也可以看出一种愿望满足，因为我上楼跑得这样轻松自如，使我对自己的心脏状况感到放心。此外，我跑上楼的这种方式和梦后半部分受到抑制的感觉形成了有效对比。这向我表明——不需要任何证明——梦可以毫不困难地把运动神经动作表现得淋漓尽致，比如，想象一下梦中飞行！

但是，我向上走的楼梯并不是我家房子的楼梯。起先，我没有认出它来，只有向我走来的那个人告诉我，它们是什么地方。这个女人是一位老太太的女佣，而我每天出诊两次，去为那位老太太打针。那些楼梯也正好和我每天都要爬两次的这位老太太家的相似。

这些楼梯和这个女人怎么会进入我的梦中呢？那种衣着不整的羞耻感毫无疑问带有性的特征。梦中的女佣比我年龄大，粗暴无礼，毫不迷人。这些疑问使我想起了下面这件事：我每天早上去这座房子时，常常有一种想清清嗓子的欲望，于是痰就落在了楼梯上。两层楼之间根本没有痰盂，所以我认为楼梯要保持干净，不应该由我掏钱，而应该提供痰盂。女管家也是一个坏脾气的老女人，但我愿意承认，她是一个爱清洁的女人，对这件事持不同看法。她总是暗中监视我，看我是否又随便吐痰。如果她看到我这样做，我就能清楚地听到她发牢骚。以后几天，我们相遇时，她都拒绝像往常一样以尊敬的姿势和我打招呼。做梦前那天，女佣对我的态度进一步加强了女管家对我的态度。我像往常一样刚给患者匆匆看过病，女佣就在前厅面对我说："医生，你今天不妨擦擦皮鞋再进这个房间。红地毯又让你的脚给全弄脏了。"这就是那些楼梯和女佣出现在我梦中的理由。

在我跃步上楼和在楼梯上吐痰之间有一种密切关系。咽炎和心脏病都应该是对吸烟恶习的惩罚，因为这种恶习，我自己的女管家也认为我很不整洁，所以我的名声在这两家都受到了损害，而我的梦却把这两件事合而为一。

我必须推迟对这个梦的进一步解析，直到我能指出衣着不整这个典型梦的来源。同时，我从刚才叙述的梦得出一个暂时的推论，运动受到抑制的梦中感觉，总是在某种前后情节需要它时，才会在某一点上激起。睡眠期间，我的运动神经系统的一种特殊状况对显梦不负责任，因为就在此前不久，我发现自己轻快地跳上了楼梯，好像是为了证实这个事实。

第四节　典型梦

一般来说，如果一个人不愿提供给我们隐藏在显梦背后的潜意识想法，我们就无法解析他的梦，因此我们解梦方法的实际应用就会常常受到严重限制[①]。每个人都习惯随意赋予自己的梦幻世界特殊的个性，从而使人难以理解，但也有一些完全相反的梦。因为每个人梦见的很多都几乎相同，所以我们习惯认为，这种梦对每个做梦者都具有相同的意义。人们对这些典型的梦特别感兴趣，因为无论是谁梦见，大概都来自同一来源，所以它们好像特别适合为我们提供梦来源的信息。

因此，我们特别期望能继续把自己的解梦技巧试用在这些典型梦上。只是我们特别不愿承认，正是在这种材料上，我们的方法没有得到完全核实。在解析典型梦时，我们常常无法从做梦者那里获得那些联想，因为这些联想在其他情况下会引导我们去理解梦，否则，这些联想就会混乱不足，无法帮助我们解决问题。

为什么是这种情况，以及我们如何才能弥补技巧中的缺陷，将是后面一章讨论的要点。随后，读者就会明白，我为什么能在本章只涉及少数几组典型梦，也会明白我为什么推迟了其他方面的讨论。

（一）尴尬——裸体梦

有人梦见自己在陌生人面前赤身裸体或穿得很少，有时对自己的状态根本没有羞耻感。但是，只有在感到羞耻和尴尬，想逃跑或隐藏，无法动弹，完全无力改变那种痛苦情境，产生奇异的压抑感时，裸体梦才需要我们注意。只有在这种情况下，才算是典型梦；否则，其内容的核心可能会包含其他各种关系，或者可能会因人而异。这种梦的要点就是做一个人有一种羞耻的痛苦感，通常急于以运动方式掩藏自己的裸体但又无能为力。我相信，大多数读者都曾经在梦中发现过自己处在这种情境之中。

暴露的特征和方式常常相当模糊。可能做梦者会说："我当时穿着内衣。"但是，这很少会是一种清晰的意象。大多数情况下，这种缺少衣着的景象非常模糊，所以叙述起来，常常是模棱两可："我当时穿着内衣或衬裙。"通常，这种缺少衣着的程度还没有严重到感到羞耻的地步。对一个曾经在军队服役的人来说，裸体常常由违反军规的着装方式代替。"我没有佩带军刀走在街上，随后看到一些军官迎面走来，"或是"我根本没有衣领，"或是"我穿着一条方格便裤"，等等。

一个人感到羞耻，在场的几乎总是一些陌生人，他们的面孔始终模糊不

① 这种认为没有掌握做梦者的联想材料，我们就无法应用解梦法的观点，一定有所保留。其中有一种情形，我们的解析工作和这些联想无关，那就是做梦者在梦中利用象征元素的时候。严格地说，我们要采用次要的辅助解梦法（参看下文）。

清。在典型梦中，一个人因缺少衣着而感到难堪，从来不会引起外人的责骂或注意。相反，梦中的那些人似乎完全漠不关心；或者，就像我在一个特别清晰的梦中所能看到的那样，他们都是僵硬严肃的表情。这给我们提供了思考的食粮。

做梦者的尴尬处境和旁观者的漠不关心构成了经常在梦中出现的一种矛盾。如果那些陌生人要惊讶地看着他、嘲笑他或感到非常愤怒，那一定会更符合做梦者的感情。然而，我认为，这种可憎的表情已经被愿望满足所取代，而做梦者的尴尬处境却因某种原因保留了下来，因此梦的两个部分互不协调。我们可以有趣地证明，我们对部分内容被愿望满足变形的梦还没有真正理解。因为安徒生就是以此为基础写出了家喻户晓的《皇帝的新衣》这个文本，最近弗尔达更是以诗情画意的手法写出了《护身符》。安徒生的童话告诉我们，有两个骗子为皇帝编织了一种贵重的衣服，但只有善良和忠诚的人才能看到。于是，皇帝就穿上这件看不见的衣服向外走。由于这件虚构的衣服充当了一种试金石，因此人们都吓得装作没有注意到皇帝的赤身裸体。

但是，这确实是我们梦中的情境。不妨假设这种难以理解的显梦已经提供了产生衣不遮体状态的一种动机，这就给存在于记忆中的情境赋予了一种意义。因此，这种情境就被剥夺了原有的意义，被迫充当了相异的目标。然而，我们将会看到，这种对显梦的误解经常出现在继发性精神系统的意识活动，并会被看成梦的最后形式的一种因素。此外，我们还将看到，在强迫性观念和恐惧症的发展过程中，类似的误解——当然是指在同样的精神人格中——也发挥决定性作用。甚至可能详细说明这个梦的新解材料取自何处。骗子就是梦，皇帝就是做梦者本人，而且道德倾向露出了那个事实的模糊迹象，那就是在梦的隐意里有被禁止的愿望——受压抑的牺牲品的问题。在我对神经官能症患者的分析中，从梦的前后情节来看，这种梦无疑是以做梦者童年最早期的记忆为基础。只有在我们的童年，亲戚、陌生的保姆、佣人和客人才会见到我们那样穿戴不齐，而且当时我们对自己的赤身裸体并不感到羞耻。[①] 可以看到，对很多长大了一些的孩子来说，不穿衣服对他们有一种令人兴奋的作用，而不是感到羞耻。他们哈哈大笑，跳来跳去，啪啪拍打自己的身体；母亲，或者不管是谁在场，都会斥责他们说："呸！真丢脸——不要再那样做了！"小孩子们常常有一种展示自己的欲望。我们随便走过哪个村庄，总会碰见一个两三岁的小孩子在旅行者面前掀起他或她的衣服，也许是

---

① 那个孩子也出现在了童话里，因为有一个小孩子突然大声喊道："可他什么也没有穿呀！"

在致敬呢。我的一位患者曾经保留了他 8 岁时的一幕情景：脱衣上床后，他想穿着衬衣到妹妹的房间里跳舞，但被佣人制止了。在神经官能症患者的童年历史中，在异性小孩面前裸露自己起着重要作用。在穿衣服、脱衣服都觉得有人看的妄想狂错觉中，都可以直接追溯到这些经验。而在那些行为倒错的患者中，有一类人的幼稚冲动已经发展到了症状的地步，那就是裸露症患者。

童年这个时期不知道什么是羞耻感，日后回忆起来仿佛是天堂，天堂本身只是每个人童年的一大堆幻想。这就是人们在天堂里总是赤身裸体不知害羞的原因，直到害羞和担心觉醒，那个时刻才到来。随后，被逐出天堂，性生活和文化发展才开始。梦每天夜里都能把我们带回这个天堂。我们曾经大胆推测我们最早的童年期（从记忆前的时期到大约 3 岁末）的那些印象，都渴望为了自己的利益而再现，也许没有进一步涉及其内容，因此它们的再现就是一种愿望满足。那么，裸体梦就是暴露梦①。

暴露梦的核心是做梦者本人的形象，看到的不是儿童的形象，而是现在的形象。由于后来穿了部分衣服的无数情境的重叠和出于对审查作用的考虑，因此衣着不整的意念模糊显现。此外，还要加上使做梦者感到害羞的那些在场人的形象。我知道，在这些幼儿裸露景象的梦中，从来没有再现过儿时的真正旁观者，因为梦从来不是一个简单的回忆。足以奇怪的是，那些是我们童年时性兴趣对象的人统统不再出现于梦、癔病或强迫性神经官能症中。只有妄想症中又出现了那些旁观者，而且狂热地相信他们的存在，尽管仍然看不见他们。梦中代替这些人的是不注意那种尴尬场面的陌生人，正是做梦者想对自己熟悉的那个人裸露的一种反愿望。此外，“许多陌生人”常常在梦中产生其他各种联系。作为一种反愿望，它们总是代表一种秘密。② 可以看出，即使旧事在妄想症中再现，也符合这种反倾向。做梦者不再是单独一个人。他肯定会被人观望，但这些旁观者是许多素不相识、形象模糊的人。

此外，压抑作用在这种暴露梦中也找到了一席之地，因为梦中的不快感觉肯定是继发性精神力量，对审查制度反对成功出现裸露情景，作出的反应。唯一避免这种感觉的方法就是不要再现那个情景。

在后面一章中，我们要再次讨论被压抑的感觉。在我们的梦中，它完全是代表一种意愿的冲突，是一种否定。根据我们潜意识的目标，暴露是要前

---

① 费伦齐曾经记录了女人们做的许多有趣的裸体梦。这些梦不难追溯到幼儿期的裸露快感，但它们和我在上面讨论的典型梦在很多方面都不一样。

② 由于明显的原因，因此全家人出现在梦中，具有同样的意义。

进；根据审查制度的要求，它则要结束。

我们的典型梦与童话、其他小说和诗歌的关系，既不是偶发，也不是意外。有时，诗人敏锐的洞察力曾经分析辨认出转变过程；在其他方面，诗人则是一种工具，从相反方向追查到底，也就是说，追溯一首诗到梦境当中。一位朋友曾经要我注意G·凯勒尔的《年轻的海因利希》中的下面一段："亲爱的李，我想你永远不会了解到，奥德修斯赤身裸体、浑身泥泞出现在瑙西卡和她的玩伴面前时体验到的那种微妙辛辣的情景！你想知道那是什么意思吗？让我们仔细考虑这件事。如果你远离家乡和亲人、漂泊异乡，如果你历尽沧桑，如果你忧虑伤心，也许悲惨凄凉到了极点，那你某个夜晚就会不可避免地梦见自己快要回到了家乡。你会看到家乡灿烂绚丽，呈现出最可爱的景色。可爱亲切的人们都会来迎接你。于是，你会突然发现自己衣衫褴褛、赤身裸体、满身灰尘。一种难以形容的羞耻感和恐惧感一下子攫住了你。你想设法遮盖自己，想躲藏起来，随后你汗津津地从梦中惊醒。只要人性存在，就会做这种忧心忡忡、风雨颠簸的梦，因此荷马就从最深刻的永恒人性中汲取了这个情境。"

什么是诗人普遍希望在听众心里唤起的最深刻的永恒人性呢？而这些精神生活的激动人心的情绪植根于童年那个阶段，后来就不记得了。现在受到抑制和禁止的童年愿望闯入梦里，躲在游子没有争议、得到许可的愿望后面。正因为如此，瑙西卡传说中具体化的梦才顺理成章地演变成了一种焦虑梦。

我自己匆匆上楼梯，随后又变成像胶水一样粘在楼梯上的梦，同样是一种暴露梦，因为它揭示了这种梦的基本成分。所以，它肯定可以追溯到我童年时的种种体验。而了解这些，才能使我们推断，女佣对我的行为（比如她责备我弄脏了地毯）能在何种程度上帮助她保住在梦中占有的地位。现在，我确实能提供理想的解释。在心理分析中，一个人要学会通过材料的联系，解析时间的接近度；两个没有明显联系，却连续先后出现的思想，属于需要解释的一个整体，就像连写 a 和 b 必须读成 ab 一个音节那样。梦之间的相互关系也完全一样。上楼梯的梦取自一系列梦。我对梦中的其他成员都熟悉，已经对他们做了解析。包含在这个系列中的一个梦一定属于同一的前后关系。现在，这个系列中的其他梦都是以一个保姆的记忆为基础，因为我从吃奶到两岁半曾经托养于她一段时间，而且对她的一种模糊记忆仍保留在我的意识中。根据最近我从母亲那里得到的消息，她又老又丑，但非常聪明周到。根据我从自己的梦推断，她待我并不总是很亲，而是在我不够理解清洁的必要性时，对我说话非常严厉。因为女佣尽力想在这方面对我继续教育，所以她在我的梦中有资格被看成是早年老女人的一种化身。当然，可以假设，尽管她举止严厉，但孩子还是喜欢这个老师。①

（二）亲人死亡梦

另一系列被称为典型梦，其内容都是父母、兄弟、姐妹、儿女等亲人死亡。我们必须马上把这种梦分成两类：一类是做梦者无动于衷；另一类是做梦者为亲人死亡深感悲痛，甚至在睡梦中也通过流泪来表达这种悲痛。

我们也许会忽略第一类梦；它们根本算不上是典型梦。如果分析这种梦，就会发现它们表示的不是包含在其中的东西，而是蓄意掩饰另一种愿望。那个梦见姐姐唯一的儿子躺在棺材上的姨妈的梦（参见第四章）就是这一类。这个梦并不是说她希望自己的小外甥死去。就像我们知道的那样，这仅仅隐藏着想要再见到其他某个亲人的愿望——这是她在另一个外甥的葬礼之后间隔很久见过到的同一个人。这个愿望才是梦的真正内容，根本没有理由伤心，因此梦中也就不感到伤心了。我们在这里看到，梦中感情不属于梦的显意，而是属于梦的隐意，而且情感内容仍然保持不变，要变的是观念内容。

另一种梦则使做梦者想象到亲人死亡，引起悲痛的情感。就像梦的内容告诉我们的那样，这些表示希望梦中那个人可能会死。因为我在这里可以预料到，我所有的读者和所有曾经做过这种梦的人的感情会使他们拒绝我的解释，所以我必须在最广泛的基础上提出自己的证明。

我们曾经引证过一个梦，从中可以看到，在梦中表现得到满足的愿望，并不总是目前的愿望。它们也可能是过去抛弃、隐藏和受到压抑的愿望。不过，仅仅因为它们再现于梦中，我们就必须把它们归为一种继续存在。它们并不像已经死去的那些人在我们所知的死亡观念上失去生命，而是像《奥德赛》中的那些幽灵，一喝到鲜血就在某种程度上苏醒。死孩子躺在盒子里的梦（参看第四章）就包含了一个已经存在了15年的愿望，做梦者当时坦率承认确实是真的。此外——这也许是重要的梦理论的观点——做梦者最早的童年回忆也是这个愿望的基础。当做梦者还是小孩子时——但究竟是什么时候，无法确定——她听说，她的母亲在怀她期间曾经陷入了极度的情绪沮丧之中，脾气暴躁，盼望这孩子会胎死腹中。等到她长大怀孕时，她不过是在学母亲的样子。

如果任何人梦见自己的父母、兄弟或姐妹死去，而且他的梦表现出悲伤

---

① 这个梦的补充解析：因为spuken是鬼魂从事的活动，所以吐（spucken）在楼梯上，使我意译成了espirit d’ escalier（楼梯机智）。Stair-wit意为缺乏巧妙应答（Schlagfertigkeit字面意为“应答如流”），由于缺乏巧妙应答我真该自责。但是，保姆也缺乏应答如流吗？

之情，那么，我绝不会引用这个梦来证明他是盼望他们中的任何人现在就死。梦理论不需要这个来证明，它满足于推论，做梦者曾经希望他们在他童年的某段时间死去。然而，我担心，这个限制不足以平息对我的批评。他们可能会极力否认自己曾经有过这种想法，就像他们极力抗议现在有这种想法一样。所以，我必须在目前证据的基础上，重建一部分潜藏起来的童年心理状态[①]。

让我们首先考虑儿童和他们的兄弟姐妹之间的关系。我不知道，我们为什么预先假定兄弟姐妹一定会相亲相爱，因为成年兄弟姐妹之间存在敌意的例子常常每个人都有体验，因为我们常常能证明这种疏远来自童年或总是存在这个事实。此外，许多成人童年期间兄弟姐妹之间几乎成天势不两立，如今却相互关爱、彼此接济。年长儿童虐待年幼儿童，对他恶语中伤，抢夺他的玩具；年幼儿童敢怒不敢言，对年长儿童既忌妒又害怕，他最早争取自由的冲动和他第一次抗议不公平，就是针对压迫他的人。父母们说，孩子们意见不合，却找不到原因。不难看出，即使行为端正的孩子的性格，也不是我们希望在成人身上寻找的那种性格。儿童完全是以自我为中心；他感到自己强烈需要，不顾一切地去寻求满足，尤其是对自己的竞争者、其他孩子，首先是对他的兄弟姐妹。然而，我们并不因此称他“坏孩子”——我们称他“顽皮”；他对自己的恶劣行为，无论是以我们自己的判断或以法律的眼光，都不负责任。这应该是这样，因为我们可以预期，在我们看作童年的人生的这个阶段，利他主义的冲动与品德将会在这个小利己主义者心中苏醒，用梅涅特的话说就是，一个继发性自我将会覆盖和抑制原发性自我。当然，品德并不在所有方面同时发展。此外，童年时非道德时期的持续时间也因人而异。如果这种品德没有发展，我们就容易谈到退化，但这显然是一种发育不良。如果最初的性格已经被后来的性格发展覆盖，那么，在癔病发作时，至少部分不会被重新覆盖。在所谓的癔病性格与顽童性格之间肯定有明显的相似之处。另一方面，强迫神经衰弱症相当于最初性格蠢蠢欲动时强加的一种超道德观念。

那么，许多人现在热爱自己的兄弟姐妹，会为他们的死去而痛苦，追溯到早年，他们的潜意识中隐藏有残存的敌对愿望，并能在梦中得以实现。然而，观察三四岁以前的小孩子对弟弟妹妹的举止，特别有趣。迄今为止，他都是独生子。现在父母亲告诉他说，鹳鸟已经给他送来了一个新宝宝。小孩子详细端详这个新来的宝宝，然后果断地表达了自己的意见：“鹳鸟最好还是

① 参看《对一个5岁男孩恐惧症的分析》和《论儿童性理论》。

再把他带回去！”[①]

我郑重其事地认为，小孩子能预料因一个小宝宝到来而可能给他带来的不利条件。我有一位亲戚，她现在和比她小 4 岁的妹妹相处很好。当初，她对这个妹妹到来的回答有所保留：“可不管怎样，我不会把我的红帽给她的。”即使那个小孩子等到后来才意识到弟弟妹妹会损害他的幸福，他的敌意也会在这个阶段产生。我知道有一个例子，一个还不到 3 岁的女孩想设法勒死摇篮里的婴儿，因为她怀疑这个婴儿继续存在不会对她有什么好处。儿童在人生这个时期可能有一种非常明显和极其强烈的嫉妒心。还有，小弟弟妹妹也许真的会马上不存在。随后，这个小孩子就会再次把全家人的关爱吸引到自己身上。这时，鹳鸟会送来一个新宝宝。为了像弟弟或妹妹出生前或死亡后那段时间那样开心，这个宠儿希望新来的竞争者可能遭到像早先那个孩子那样的命运，不是很自然吗？[②] 当然，在正常状态下，这个小孩子对弟弟妹妹的这种态度，仅仅是一种年龄差异产生的结果。经过一段时间之后，年龄较大的女孩对无助新生儿的母性本能就会被唤醒。

童年时期对兄弟姐妹的敌对情绪一定远比感觉迟钝的成人观察到的频繁[③]。

对我自己的孩子们来说，因为他们一个紧挨一个，所以我失去了这样观察的良机。由于我的小外甥无可争议地统治了 15 个月之后，他受到了一个到来的小女对手的打搅，因此现在我又要重新找回这个良机。我听说，这个小伙子确实对小妹妹很有骑士风度，又是吻她的手，又是抚摸她。不过，尽管如此，我深信，甚至还不到两岁，他就用新学的语言批评起了这个人，因为毕竟在他看来她是一个多余人。无论什么时候话题转向她，他总要插话，生气地大声喊道：“太少（小）了、太少（小）了！”最近几个月，因为妹妹发育极好，已经长得不能再受到这样轻视，他又找了一个理由，坚持认为她不

---

① 汉斯 3 岁半时，小妹妹出生不久，他在发烧时大声喊道：“可我不想有一个妹妹。”前面提到的注解中分析了他的恐惧症。18 个月后，他在神经官能症发作时，坦率承认自己希望他母亲在给小妹妹洗澡时，把她丢进浴盆淹死。与此同时，汉斯是一个天性善良、充满深情的孩子，不久他就喜欢上了小妹妹，并对她特别保护。

② 童年对死亡的这种体验在家庭中可能很快就会被忘记，但心理分析研究表明，它们对后来的神经官能症效果非常显著。

③ 自从写出上面的文字以来，心理分析文献中就记录了儿童对兄弟姐妹、对父亲或母亲原有的敌视态度的大量观察报告。一位名叫史比特勒的作家，对自己童年时最早感受到的这种典型的幼稚态度，给予了下面特别真挚生动的描述：“此外，现在又有了第二个阿道夫。他们声称那个小东西是我的弟弟，可我不明白他可能会有什么用处，也不明白他们为什么骗我说他是像我一样的人。我一个人已经足够了：我要一个弟弟做什么？他不仅没有用，甚至还是个麻烦。当我缠着祖母时，他也要缠着她。当我坐在童车里被推着转来转去时，他坐在我对面，占了一半空间，所以我们禁不住互相踢了起来。”

应该受到这些多关注。他找各种适当的借口提醒我们："她一颗牙齿也没有。"[①] 我们大家都会记得我另一个姐姐的大女儿。当时她6岁，花了整整半个小时，一一询问每个姑姑和姨妈："露西还不明白那件事，对吧?"露西是她的竞争者，比她小两岁半。

我总是遇到这种含有强烈敌意的兄弟或姐妹死亡的梦。比如，我在女患者身上都曾经遇见过，只碰到一个例外，这很容易可以解析为对这个规则的佐证。有一次坐诊时，我向一位女患者解释事情的这种状态，因为那天讨论的好像和她那些症状有某种关系，让我惊讶的是，她回答说她从来没有做过这种梦。但她做过另一个梦，这个梦好像和这种情况没有关系——她第一次做这个梦是她4岁那年，当时她是最小的孩子，从那以后就反复做这个梦。"许多小孩子——她所有的兄弟姐妹和堂兄弟堂姐妹——都在一块草地上欢蹦乱跳。突然，他们都长了翅膀，飞上了天，不见了踪影。"她不知道这个梦的意义，而我们不难看出，这个梦是所有兄弟姐妹死亡呈现的原始形式，但审查制度的影响并不大。我要斗胆对此补充分析如下：这一大群孩子中有一个死了。在这个例子中，两兄弟的那些孩子是像兄弟姐妹一样一块抚养大的。当时，我们这个还不到4岁的做梦者就问某个聪明的成年人："小孩子死去会变成什么?"回答可能会是："他们会长翅膀，变成天使。"这样解释之后，梦中所有那些兄弟姐妹和堂兄弟堂姐妹现在都像天使一样长了翅膀——这是重要的一点——飞走了。我们的小天使编造者独自留了下来：试想一下，这群人只留下一个！孩子们在草地上欢蹦乱跳，然后从这里飞走，这几乎肯定是指着蝴蝶——这小孩子好像受到了意念联想的影响，这使那些古代人以为灵魂都带有蝴蝶般的翅膀。

也许有些读者现在会反对说，可能小孩子对兄弟姐妹确实有敌意冲动，但幼稚性格怎么会坏到想让对手或比自己强的玩伴死的地步呢？好像所有的恶劣行为只有通过死亡来弥补似的。这样说的那些人忘记了小孩子对"死亡"观念和我们对这个词的观念没有相同之处。小孩子根本不了解腐烂分解、在寒冷坟墓里瑟瑟发抖的种种恐惧，也根本不知道无限虚无的恐怖可怕。一想起这件事，成人就难以忍受，就像来世的所有神话证实的那样。小孩子对死亡恐惧是陌生的，所以他们常常会拿这个可怕的词来开玩笑，威胁另一个小孩子："你要再那样做，就会像弗兰西斯那样死去。"听到这种话，可怜的母亲浑身发抖，大概是无法忘记凡人中有一大半都活不过儿童期。甚至一个

---

① 3岁半的汉斯曾经用同样的话对他的妹妹进行过这样破坏性的批评。他认为，她不会说话，是因为她没有牙齿。

8 岁的孩子从自然历史博物馆参观回来后，可能会对母亲说："妈妈，我确实非常爱你。如果你死了，我要把你制成标本，竖在这房间里，这样我就能时时刻刻见到你了！"小孩子对死的观念和我们的观念截然不同①。

对没有看到过死亡前痛苦景象的小孩子来说，死去和离开、不再打扰还活着的人完全一样。小孩子分不清导致这种不在场的方式到底是距离、疏远还是死亡②。我们通过分析发现，如果在小孩子没有记忆的岁月一个保姆被解雇，如果他的母亲不久后也死去，这两个体验在他的记忆中就会形成一串链接。许多母亲认识到，小孩子不会非常强烈地思念那些不在的人，这让她伤心。当她离开好几个星期后回家时，一问她才知道："那些孩子没有问过一次他们的母亲。"但如果她真的离开去"那个未知的地方，永不再回，"起初那些孩子似乎就会忘记她，只是后来他们才开始想起故去的母亲。

所以，当小孩子希望另一个小孩子不再有自己的动机时，它会以死亡形式表现出来，不会以种种限制来阻止掩盖这种愿望；而且，由死亡愿望梦引起的心理反应证明，不管内容有多大差别，小孩子的愿望毕竟和成人的相关愿望是相同的。

因此，如果把小孩子希望自己的兄弟姐妹死亡解释为幼稚的利己主义（这使他把自己的兄弟姐妹视为对手），那他对自己父母的死亡愿望又作何解释呢？因为他的父母亲给他爱，要什么给他什么，他应该要求这些极端自私自利的理由吗？

对于这个难题的解决，我们可以通过自己知识的指导，绝大多数父（母）死亡的梦都是做梦者梦见同性父（母）死亡，男孩通常梦见父亲之死，女孩通常梦见母亲之死。我认为，这不是经常发生，但绝大多少情况都是这样，所以显然需要以具有一般意义的某种因素进行解释③。一般来说，这就像一种性的偏爱在童年时感觉到的那样，好像男孩把父亲看作情敌、女儿把母亲看作情敌——除去对手，他们才能有利。

---

① 让我惊讶的是，我听说有一个非常聪明的 10 岁男孩，在他父亲暴死后，说："我明白父亲死了，但我无法明白他为什么不回家吃晚饭。"有关这个主题的其他材料可以在冯·休格－赫尔姆斯女医生编的《儿童心理》章节《意象》中找到。

② 一位受过心理分析训练的父亲观察，能够察觉到他非常聪明的 4 岁小女儿当时可以意识到离开和死去的区别。小孩子在吃饭时爱吵闹，而且注意到膳宿公寓的一名女侍者在用恼怒的神情看着她。于是，她对爸爸说："约瑟芬应该去死。"她的爸爸宽慰说："可为什么要她死呢？她离开，不就够了吗？"小孩子回答说："不，那她还会再回来。"对不受束缚的儿童自恋来说，每一种不便都会构成大逆不道，而且，像德拉古法典一样，儿童的感情要求对所有这种犯罪都采取一种永恒的惩罚。

③ 这种情况常常伪装成一种惩罚倾向进行干涉，这就是以一种道德反应形式预示要丧失敬爱的父（母）亲。

在把这种想法斥为荒谬绝伦之前，让读者再想想父母和子女之间的实际关系。我们必须把这种关系中要求的传统行为标准（孝心）和我们日常观察到的事实区别开来。父母和子女之间的关系中经常隐藏着敌意；在许多情况下，这些无法通过审查制度的愿望肯定会出现。首先让我们考虑一下父子之间的关系。我认为，我们赋予十诫禁令的圣洁，使我们对现实的感觉变得迟钝。也许我们几乎不敢让自己去认识，大部分人性都忘记遵守第五诫。在人类社会的最低层和最高层，对父母的孝心常常在其他兴趣面前贬值。从人类社会原始时期流传下来的神话故事和民间故事中的那些朦胧传说，展现给我们的是父亲专权、冷酷无情的悲惨印象。克罗诺斯像野猪吞噬母猪的一窝幼崽一样吞吃自己的子女；宙斯阉割自己的父亲①，取代他作了统治者。在古代家庭中，父亲越专制，作为指定接班人的儿子肯定越采取敌对立场，越迫不及待地想通过父亲死亡，达到至高无上的地位。甚至在我们中产阶级的家庭里，父亲拒绝让儿子自由，拒绝给他获得自由的方法，常常助长父子之间必然固有的敌意的滋长。一个医生常常有理由认为，儿子对失去父亲的悲痛，无法抑制他最终获得自由的满足感。在我们的现代社会中，父亲们常常对陈旧透顶的父权紧抱不放。像易卜生这样把父子间源远流长的冲突写入剧作的作家肯定发挥了作用。母女之间的冲突起因于女儿长大渴望真正的性自由受到母亲监视，同时提醒母亲女儿含苞待放，而她自己则已经到了放弃性要求的时候。

所有这些情况对每个人都显而易见，但对那些把孝心看成是天经地义的人来说，它们无助于我们解释父母死亡的梦。然而，上述讨论已经为我们寻找童年最早期的死亡愿望的来源作好了准备。

就神经官能症而言，分析毫无疑问进一步证实了这种推测。因为分析告诉我们，小孩子的性愿望——如果在他们萌芽状态可以这样称呼的话——很早就觉醒了，女儿最早的感情慷慨给了父亲，而男孩童年最早的愿望则是针对母亲。对男孩来说，父亲变成了可憎的对手；对女孩来说，母亲也成了可憎的对手。在兄弟姐妹的情况中，我们已经证明，孩子们的这种感情是多么容易变成死亡愿望。一般来说，性别选择很快就会在父母亲身上显露出来：父亲溺爱小女儿，母亲袒护儿子，这是一种自然倾向。只要性的魔力没有损害他们的判断力，父母亲在培养子女上都非常严厉。小孩子完全意识到这种偏爱，并对反对他的一方表示反抗。对小孩子来说，在成人身上找到爱不仅仅是一种特殊需要的满足，

---

① 至少在一些神话中有记载。根据其他的记载，只有克罗诺斯阉割了他的父亲乌兰诺斯。关于这个动机的神话意义，可参看奥托·兰克的著作。

也意味着小孩子的意愿在所有其他方面得到了满足。因此，小孩子服从自己的原欲；同时，当他的选择和父母亲的选择相互一致时，就会增强这种促进因素。

这些幼稚倾向的征兆大部分都没有注意到。但是，其中一些在童年早期之后仍可以观察到。我认识的一个8岁女孩，每当有人喊她妈妈离开桌边，她就会趁机接替妈妈说："现在我就是妈妈；卡尔，你想再要一些蔬菜吗？再多拿一些，拿吧……"一个特别聪明活泼、还不到4岁的小女孩，对儿童心理学的这种特性非常明晰，所以她坦白地说："现在妈妈可以走了，然后爸爸必须娶我，我就会成为他的妻子。"这种愿望无论如何也不排除小孩子对妈妈体贴热爱的可能。如果父亲远行，允许小男孩睡在母亲身边，父亲回来后，他不得不回到保姆身边，回到他不喜欢的一个人身边，那么，父亲永远不在家的那种愿望就可能容易产生，这样他就可以继续留在可爱美丽的妈妈身边。父亲死亡显然是获得这种愿望满足的一种手段，因为小孩子从经验中得知，死去的亲人（比如爷爷）总是不在家，他们再也不会回来了。

尽管对小孩子的这些观察很容易和我们提出的解释相合，但对成人神经官能症患者进行心理分析的内科医生其实不会完全相信。神经官能症患者的梦和解释为愿望满足这样一种特性的前提相通。有一天，我发现一位女士神情沮丧、眼泪汪汪。她说："我再也不想见亲戚们了；他们一定对我恨得发抖。"于是，几乎没有任何过渡，她告诉我说，她想起了一个梦，当然她不明白梦的意义。她是4岁时做了这个梦：一只狐狸或猞猁在房顶上走来走去。接着，什么东西掉了下来，要么是她掉了下来。之后，她的母亲被抬出了房子——去世了。做梦者随即痛哭了起来。我告诉她说，这个梦一定表示她童年时想看到母亲死亡的一种愿望。正是因为这个梦，她才认为她的亲戚们对她恨得发抖。我一说完，她又给我提供了解梦的材料。"猞猁眼"是她还很小的时候街上一个男孩给她起的羞辱性绰号。还有，她3岁时，一块砖或瓦落在她母亲的头上，她的母亲流了好多血。

我曾经有机会对一名经历各种不同精神状态的少女作过详尽研究。在开始发病的狂乱状态中，患者对她的母亲表现出一种特别厌恶的态度。只要母亲走近床边，她就对母亲又打又骂，而同时她对比自己大得多的姐姐却充满深情、百依百顺。后来出现了一种神志清醒、却相当冷淡的状态，睡觉时动不动就醒。我就是在这种阶段开始给她治疗，并对她的梦进行分析。这么多的梦经过或多或少的掩饰，都涉及到女孩母亲的死亡。有时她梦见自己参加一位老太太的葬礼，有时她梦见自己和姐姐身穿孝衣坐在桌边。毫无疑问，可以看出这些梦的意义。在渐渐好转期间，又出现了癔病恐惧症，最痛苦的是担心她母亲出什么事儿。无论她当时在什么地方，只要一想到这件事，她就得匆匆赶回家看母亲是否还活着。现在这个例子，加上我其他方面的经验，很有教育意义。这表明了精神机构对同一个令人兴奋的意念以不同方式作出的反应，就像数种文字的译文一样。在紊乱状态中，我认为是其他时候受到压抑的原发性精神动因推翻了继发性精神动因，对母亲的潜意识敌意占了上风，然后找到了身体的表现形式。后来，当患者变得较为平静时，反叛得到了平息，审查作用的控制重新恢复，所以这种敌意只有在梦境才能出现，在梦中实现了母亲死亡的愿望。随后，当正常状态已经得到进一步巩固之后，作为癔病逆反应和防御现象，这又造成了对母亲的过分关心。根据这些因素，癔病少女们常常对母亲过分依赖的原因也不再费解了。

还有一次，我有机会获得了对一个小伙子的潜意识精神生活的深入了解。一种强迫性神经病使他难以生活，无法上街，因为他感到苦恼，害怕自己遇到什么人就想杀。他整天都在设想证据，万一他被指控在城里杀人，就可以证明自己不在犯罪现场。不言而喻，这个人品行端正、很有修养。分析——顺便说一下，这治好了病——表明在这种痛苦不堪的强迫性观念下，这是谋杀他过分严厉的父亲的冲动，让他惊讶的是，这些冲动在他 7 岁那年就在意识中表现了出来。当然，这在他童年最初期就已经开始了。年轻人 31 岁那年，他的父亲因痛苦的疾病而去世后，强迫性的责难就出现了，它以这种恐惧症的形式转移到了一些陌生人身上。任何一个想把自己的父亲从山顶推入深渊的人，都无法相信他不杀和自己关系不近的人。所以，他只好把自己锁在房间里。

根据我已经获得的广泛经验，父母亲在所有后来成为神经官能症患者的童年心理中占有重要地位。对父母亲，爱一方、恨另一方形成了童年早期开始的永久性心理冲动的部分原料，也对后来神经官能症的材料具有这样重要的作用。但是，我相信，神经官能症患者和其他正常人在这方面不会有明显区别——也就是说，我相信这些患者无法创造出完全新颖和独具特色的东西。更有可能的是，通过对正常儿童的附带观察，这得到了进一步证实：在对父母亲爱或恨的态度中，神经官能症患者只是通过夸张，向我们展现了在大多数儿童的心灵中出现的不太显著和强烈的东西。古代传下来的一个传奇事件向我们证实了这个意见，只有通过上面提到的儿童心理同样普遍有效，才可以解释那些古老传说深刻而普遍的有效性。我要谈到的是俄狄浦斯王的传说和索福克勒斯的《俄狄浦斯王》。底比斯国王拉伊俄斯和王后伊俄卡斯达的儿子俄狄浦斯生下来就被抛在了野外，因为神谕告诉他的父亲，这个还没有出生的婴儿将是杀害他的凶手。这个婴儿被人救活后，渐渐成了一位外国国王的公子。直到后来，他因自己出身不明，也去请教神谕，神谕才警告他说，他要避开自己的出生地，因为他命中注定要杀父娶母。在离开自己信以为真的家乡之后，他在路上碰到了拉伊俄斯王。随后，在一次突如其来的争吵中，他打死了这个国王。他来到底比斯，在这里解开了挡住通往城市道路的斯芬克斯之谜。于是，他被感恩的底比斯人推为国王，娶伊俄卡斯达为妻。他在位多年，国泰民安，并和不认识的生母生下了两男二女，直到最后瘟疫爆发，使底比斯人又去请教神谕。索福克勒斯的悲剧就是从这里开始的。那些使者带回神谕说，杀害拉伊俄斯的凶手一被逐出国境，瘟疫就会停止。可是，凶手在哪里呢？

哪里找到这古老罪恶的蛛丝马迹？

模糊难知啊！

这个剧本的情节悲剧只在于揭露秘密，步步推近，巧妙延缓，颇似心理分析工作。俄狄浦斯本人就是杀害拉伊俄斯的凶手，而且他就是被害者和伊俄卡斯达的儿子。俄狄浦斯对自己不知情犯下的恶行感到震惊，弄瞎了双眼，离开了故城。神谕的预言终于得以实现。

《俄狄浦斯王》是一部命运悲剧；悲剧的效果在于神的全能意志和人类遭到灾难威胁的徒然努力之间的冲突。这个悲剧之所以深深打动观众，是因为从本剧中获得了教训，那就是人无能为力，要屈从于上天的意志。因此，现代作家纷纷在自己创作的故事中来表达这种冲突，想达到类似的悲剧效果。但戏迷们对无辜者想防止灾祸或神谕的无效努力无动于衷。这些命运的现代悲剧没有达到自己的效果。

如果《俄狄浦斯王》能使现代读者或戏迷产生和当时希腊人同样的感动力量，唯一可能的解释就是，这部希腊悲剧的效果不在于命运和人类意志之间的冲突，而在于这种冲突展现的材料的某种特质。我们的内心一定有一种声音，随时准备和《俄狄浦斯王》中命运的强制力量产生共鸣，而对《女祖先》或其他命运悲剧作品中虚构的情节，我们却能加以谴责。俄狄浦斯王的故事里确实有一种可以解释这种心声的动机。他的命运之所以感动我们，是因为那可能就是我们自己的命运，是因为神谕在我们出生以前就把那种咒语加在了我们身上。可能我们早就注定把最初的性冲动指向了自己的母亲，而把最初的仇恨和暴力的冲动指向了自己的父亲。我们的梦也使我们相信是这样。俄狄浦斯王杀父娶母无非是一种愿望满足——是我们童年时期愿望的满足。但是，我们比他更幸运的是，因为我们没有成为神经官能症患者，所以我们从童年时起既成功地收回了对母亲的性冲动，也忘记了对父亲的嫉妒。我们童年的这个原始愿望在这个人身上得到了满足，就以所有压抑的力量从他那里退却。当诗人通过探究将俄狄浦斯的罪恶曝光时，他使我们明白了内在的自我，尽管这些冲动受到压抑，但仍然存在。请看合唱开始时的对白：

看，这就是俄狄浦斯，
是他解开了伟大之谜，首先掌权，
所有臣民都称羡他的命运，
看他沉沦在多么可怕的灾难里！

——这段训诫触动了我们和我们的傲气，因为从童年以来，我们就自以为多么聪明、多么强大。像俄狄浦斯一样，我们在生活中对大自然强加给我们的违反道德的那些欲望一无所知，等揭开它们的面纱之后，我们又很不情愿正视我们童年的这些景象。①

在索福克勒斯这部悲剧的正文里，明确无误地指出，俄狄浦斯的传说源自远古的梦材料，内容是因为儿童初次性冲动导致儿童和父母亲的关系出现了痛苦紊乱。伊俄卡斯达安慰俄狄浦斯，尽管他还不知道自己的身份，但想起神谕就心神不安。她指的是经常有人做的一个梦，纵然她认为这不会有什么意义：

因为许多人曾经梦见自己在梦中
成了自己母亲的配偶，但他没有注意
这类事，过着比较安逸的生活。

今天和当时一样，许多人常常梦见和自己的母亲性交，人们谈起这件事时既愤怒又惊讶。完全可以想象，这是悲剧的关键，也是对梦见父亲死亡的补充。俄狄浦斯的寓言神话是对这两种典型梦幻想的反应，就像成人做的这种梦一样经历厌恶的感情，所以这个寓言神话的内容必须包括恐怖和自我惩罚。随

① 心理分析研究发现，再没有比指出潜意识中残存有童年乱伦冲动引起这样痛苦的矛盾、激烈的反对和肆意的批评了。最近，甚至有人不顾一切经验，试图把乱伦仅仅说成是“象征”意义。费伦齐在《意象》（1912年）中根据叔本华的一封信中的一段话，对俄狄浦斯神话作了巧妙的重新解释。《梦的解析》中第一次提到的“俄狄浦斯情结”，是对这一主题的进一步研究，对了解人类历史和宗教与道德的进化有意想不到的意义。参看《图腾与禁忌》。

后，它呈现的形式就是对材料的一种无法辨认的润饰，用来符合神学的意旨[①]。当然，这个题材和其他所有的题材一样，想把神的万能和人类的责任协调一致的企图，肯定会失败。

另一部富有诗意的伟大悲剧莎士比亚的《哈姆雷特》和《俄狄浦斯王》植根于同样的土壤。但是，对相同材料的不同处理，表明了两个相差悬殊的文明时代在精神生活上的整个差异，反映了人类感情生活的压抑随着时间的推移而增长。在《俄狄浦斯王》里，儿童的基本愿望幻想显现出来，并在梦中得以实现；在《哈姆雷特》里，愿望仍受到压抑，正如我们在神经官能症中发现的那些相关事实一样，只有通过由此产生的抑制效应，我们才能看出它的存在。在更近代的戏剧作品中，男主人公的性格可能仍存在变化无常的这个奇特事实，已经证明了和这部悲剧的强烈效果相当一致。这个剧本以哈姆雷特的优柔寡断为基础，完成了指派给他的复仇任务。原剧没有提供这种优柔寡断的原因或动机，也没有提供成功这样做的各种解析企图。按照仍然流行的看法，这是歌德首先提出的一个看法，哈姆雷特代表的是一种人物类型，他们的活性能量因过分的智力活动而麻痹："病恹恹的身体，加上苍白的思考神情。"根据另一种看法，诗人尽力描述了一种优柔寡断、濒于神经衰弱的病态性格。然而，该剧情节向我们表明，哈姆雷特绝不是想以完全无力行动的性格出现。在两个不同的场合，我们看到了哈姆雷特显示的权威：一次是他在突然盛怒之下刺死了躲在挂毯后面的偷听者；另一次是他故意地，甚至狡猾地，以文艺复兴时期一个王子的肆无忌惮，处死了两位蓄意谋害他的朝臣。那么，是什么阻止他去完成父王的归魂吩咐他的工作的呢？这里的解释是这项工作具有特殊的性质。哈姆雷特无法对那个杀掉他父亲、篡夺王位、占有他母亲的人报仇雪恨，因为那个人实现了他自己受到压抑的童年欲望。因此，自责取代了驱使他报仇雪恨的憎恨，良心的不安告诉他，自己并不比他要惩罚的那个杀父娶母的凶手好到哪里去。在这里，我是把保留在男主人公心灵潜意识中的东西转译成了意识。如果什么人想把哈姆雷特称为癔病患者，那么，我不得不承认，这是从我的解析得出的推论。他和奥菲莉娅对话时表现对性的厌恶，完全与这种推论一致——在此后的几年中，这种对性的厌恶与日俱增，占有诗人的灵魂，直到在《雅典的泰门》中得到充分表达。当然，我们在《哈姆雷特》中面对的只是诗人自己的心理状态。而在乔治·布兰迪斯（1896 年）论莎士比亚的著作中，我发现，其中论述该剧是在莎士

① 参看暴露症的梦材料（第五章第四节）

比亚的父亲死后（1601年）马上创作的——也就是说，当时他还在哀悼父亲的逝世。因此，我们完全可以假设，他对父亲的童年感情重又复活。同时，据知，莎士比亚有一个童年夭折的儿子，取名叫哈姆奈特（和哈姆雷特非常相似）。正如哈姆雷特处理儿子与父母亲的关系那样，大约写于同一时期的《麦克白》就是以没有儿女为主题。就像所有神经官能症患者的症状一样，梦本身可以进行多重性解析，甚至需要多重性解析，才能完全理解。所以，在诗人的心中，每一部真正的诗作肯定不只是一种动机，也不只是一种冲动，而且可能不只是一种解析。我在这里只想解析这位富有创意的诗人心灵最深处的冲动。①

关于这种亲友之死的典型梦，我必须从一般的梦理论对它们的意义再多说几句话。这些梦向我们说明了事情的不同寻常的状态，向我们表明，由压抑愿望构成的梦念完全逃过了审查制度，然后原封不动地移向了梦中。这必须在特别状况下才有可能发生。下面两种因素促成了这些梦的产生：第一，我们心里可能藏有某种愿望；我们相信，这种愿望甚至我们做梦也绝不会出现；因此，梦的审查制度对这种怪念头毫无防备，就像梭伦的法律没有预见到有必要设立杀父罪的刑罚一样。第二，在这种特殊情况下，这种未被怀疑的压抑愿望，常常以某种对亲人生命关怀的形式，对当天白天遗留下来的感受作出让步，这种焦虑只能利用相应的愿望进入梦中。但是，这种愿望能把自己掩藏在白天已经唤起的那种关怀的后面。如果有人倾向于认为所有这一切确实是一个简单得多的过程，而且设想，日有所思，就会把对亲友之死的梦移给我们，脱离对梦的一般解释，本来完全可以解决的问题多此一举留了下来。

探索这些梦和焦虑梦之间的关系，是有教育意义的。在我们做的亲人之死的梦里，那种压抑愿望已经避开了审查制度及其产生的变形。那么，梦中伴有的一种不变现象就是感受到的痛苦情绪。同样，焦虑梦只在审查制度全部或部分受到压制时才会产生；而另一方面，如果因肉体来源引起真实的焦虑感，就会促使审查作用大大增强。因此，审查制度执行其本身职责，并实行梦的变形，其目的显而易见。这样做，是为了防止焦虑或其他形式的痛苦

① 后来，欧内斯特·琼斯博士对哈姆雷特分析理解中的这些暗示又进一步展开讨论，他曾经对有关本主题的文献中提出的不同观点进行了反驳，（《哈姆雷特和俄狄浦斯情结的问题》，1911年）兰克已经对哈姆雷特的材料和英雄诞生神话的关系进行了论证。对《麦克白》的进一步分析，可参看我的论文《心理分析工作中遇到的几个人物类型》（《意象》第四卷，1916年）、L·杰克尔斯的《莎士比亚的〈麦克白〉》（《意象》第五卷，1918年）和《以俄狄浦斯情结来解释〈哈姆雷特〉的秘密：动机研究》（《美国心理学杂志》第21卷，1910年）。

影响。

我在前面部分已经谈到过儿童心理的利己主义，现在要强调这一特性，来表明其中的联系，因为梦也已经保留了这种特征，所有的梦都是绝对利己主义，每个梦中都出现心爱的自我，即使是以伪装形式出现。梦中实现的愿望总是这种自我愿望。如果一个梦是为利他主义的兴趣引起，那也不过是骗人的外观。我现在要分析几个似乎和这种主张矛盾的梦例。

第一个梦

一个还不到4岁的男孩叙述了下面这个梦：他梦见了一只装满菜的大碟子，上面放着一大块烤肉。随后，那块烤肉被吃光了，没有切开。他没有看到是谁吃的[①]。

小家伙梦见的这个贪吃的陌生人，他可能是谁呢？当天的经验一定会提供答案。过去这几天，这个小男孩一直按照医生的吩咐只准喝牛奶，但做梦的当天晚上，他总是顽皮，所以家人就罚他不准吃晚饭。他曾经历过一次这样的饥饿治疗，并勇敢承受这种清苦生活。他知道自己吃不到东西，但他就连自己肚子饿也不提了。训练开始产生了效果。甚至通过这个梦得到了论证，它揭示了梦变形的那些起源。毫无疑问，他自己就是梦中对这丰盛佳肴（而且是一顿烤肉）垂涎欲滴的那个人。但是，因为他知道自己不准吃，所以在梦中他不敢像饥饿的孩子那样坐下来吃（参看第三章我的小安娜吃草莓的梦）。这个人仍然是匿名人。

第二个梦

一天夜里，我梦见自己在一个书店柜台上看到其中一本我习惯买的丛书（艺术主题、历史、著名艺术中心等的专著）。这本新集名叫《著名演说家》（或著名演说集），第一卷写有莱契尔博士的名字。

分析时，在我看来，我做梦时，不可能去想德国反对党滔滔不绝的演说家莱契尔博士的名声。事实是这样：几天前，我开始对几位新患者进行心理治疗，不得不每天谈10到12个小时。所以，我自己就是一个滔滔不绝的演说家。

---

① 甚至梦中出现的那些硕大、过量、极端、夸张的东西可能是幼稚的一个特征。小孩子一心只盼望长大，吃的所有东西像成人一样多。小孩子难以满足，根本不懂“足够”这个词的意思，而且贪得无厌地反复索要他中意好吃的东西。只有通过训练，他才能学会节制和顺从。因为我们知道，神经官能症患者也倾向于没有节制。

第三个梦

还有一次，我梦见一位我认识的大学讲师对我说："我的儿子患了近视。"接下来是一段简短对话和回答。梦的第三部分接着出现了我和我的儿子们。就这个梦的隐意而言，父子和M教授不过是用来影射，代表我和自己的长子。稍后，在谈到另一个特点时，我会再研究这个梦。

第四个梦

下面这个梦提供了真正卑鄙、自私自利的感情隐藏在亲切关怀背后的一个例子：我的朋友奥托病恹恹的，面容呈褐色，眼睛凸出。

奥托是我的家庭医生，我对他深为感激，无以表达，因为他几年来关照我的孩子们的健康。他们生病时，他总是手到病除，而且，每次总能找到借口送给他们礼物。做梦当天，他曾经来看望我们，我的妻子注意到他疲惫不堪。当天夜里，我就梦见了他。我的梦认为他患的肯定是巴塞杜氏症的症状。如果你要忽视我解梦的规则，就会把这个梦理解为我关心朋友的健康，这种关心在梦中得以实现。因此，这种不仅和梦是愿望满足的主张相矛盾，而且和梦只表现利己主义冲动的主张相矛盾。但是，那些这样解析我梦的人能说明我为什么担心奥托患巴塞杜氏症吗？因为他的面容和诊断没有任何合理之处。另一方面，我的分析提供了下列材料，把我引向了6年前发生的一件事。我们一小群人（包括R教授）乘车在黑暗中穿过N森林，这里距离我们要待的乡下还有几小时路程。因为司机不是太清醒，所以把我们连人带车翻下了堤岸，幸亏运气好，我们都没有受伤。但是，我们只好在距离最近的客栈过夜。我们的不幸遭遇引起了极大同情。一位明显带有巴塞杜氏症的先生——面部皮肤呈浅褐色，眼睛凸出但没有甲状腺肿——完全听我们支配，问他能为我们做什么。

R教授果断地回答说："不要什么，只借给我一件长睡衣。"于是，我们这位慷慨的朋友回答说："对不起，这我无能为力，"然后就离开了我们。

在继续分析时，我突然想起巴塞杜不仅是一位医生的名字，而且是一位著名教师的名字。（因为我非常清醒，所以对这种事实拿不太准。）我曾经请求朋友奥托，万一我出什么事儿，他就负责我的孩子们的体育，尤其是青春期这段年龄（所以提到了长睡衣）。我在梦中看到奥托患上了上面提到的那位慷慨帮助者的可怕症状。我明显是想说："如果我发生了什么事，他对我的孩子们就像L男爵对我们一样不会做什么事，尽管他和蔼可亲表示愿意。"这个梦的利己主义意味现在应该够清楚了。[①]

但是，这个梦中的愿望满足在哪里可以发现呢？不是在我对朋友奥托（他似乎注定要在我的梦中受到亏待）的报复中，而是在下列情形中：我在梦中把奥托表现为L男爵，所以我同样把自己也当成了另一个人，也就是R教授，因为我曾经有求于奥托，就像R在我描述的事件中有求于L男爵一样。而这就是关键。因为R教授在学术圈外特立独行，就像我所做的那样，所以他到晚年才获得了早就应该得到的头衔。于是，我又一次想当教授！那句"他到晚年"是一种愿望满足，因为这意味着我要活得够长，足以亲自指导自己的儿子们度过青春期。

对感觉轻松飞行或恐惧落下的其他典型梦，我都没有切身体验，所以我对此要说的所有一切都归功于自己的心理分析。从由此得到的资料来看，一定会得出结论，这些梦也是再现了童年形成的一些印象——也就是，这些梦涉及对儿童特别有吸引力的包含急速运动的游戏。从来没有让小孩子伸开双臂飞跑过房间的舅舅在哪里？从来没有逗小孩子在自己膝上摇晃，然后突然伸腿倒下的舅舅在哪里？从来没有把小孩子举过头顶，然后突然假装收手的舅舅在哪里？在这种时刻，小孩子总是高兴得大叫，而且不厌其烦地要求一做再做，尤其是这种游戏含有一点恐怖或晕眩情形的话。在以后的几年中，他们在梦中又重复这种感觉。但是，在梦中，他们省略了控制他们的那些手，所以现在他们自由浮动或坠落。我们知道所有的儿童都喜欢这样摇晃和玩跷跷板的游戏。如果他们在马戏团看到了体操表演，就会再现这种游戏的记忆。[②] 在一些男孩中，癔病发作仅仅是这些动作的再现，这些动作他们都是

---

① 欧内斯特·琼斯博士在美国科学学会演讲，谈到梦中的利己主义时，一位博学的女士反对这种非科学的概括。她认为，演讲者有权对奥地利人的梦发表这样的定论，但没有权利包括美国人的梦。至于她自己，她敢肯定，她所有的梦全都是利他主义的。

然而，为了公正对待这位女士的民族自豪感，可以说，"梦完全是利己主义"的见解一定不要误解。因为所有发生在前意识的一切都可以出现在梦中（表现为内容和隐藏的梦念），所以利他主义的感情也可能出现在梦中。同样，如果对另一个人的挚爱之情或好色之情存在于潜意识里，就可能出现在梦中。所以，上述主张的真实性限于这样的事实：在梦的潜意识刺激里，常常可以发现在清醒状态下似乎已被克服的一些利己主义倾向。

② 心理分析研究已经使我们作出结论：从儿童体操表演的爱好和癔病发作时这些动作的重复出现，我们知道，除了感官愉快，还有另一个因素存在（经常是潜意识）：那就是，看到过人类或动物性交的记忆影像。

极其敏捷完成的。这些动作游戏本身很不鲜明，但常常引起性的感觉[①]。如果用几句话来表达这件事，那就是，儿童时期令人兴奋的游戏都在飞行、坠落、摇晃等的梦中得以再现，只有肉欲的感觉现在变成了焦虑。但是，就像每位母亲知道的那样，小孩子的兴奋游戏常常以争吵和眼泪而结束。

因此，我有充分理由反对我们睡觉时皮肤感觉状态和肺部运动状态等引起飞行梦和坠落梦这种解释。我看到，梦针对的记忆再现了这些感觉，因此它们就是显梦，而不是梦的来源。

然而，毫不否认，我无法对这一系列典型梦进行全部解释。我的材料恰恰使我在这里陷入困境。我必须坚持一般意见：当任何心理动机需要这些典型梦时，所有的皮肤和运动感觉都被唤醒；而不需要它们时，它们就被忽略。与孩提经验的关系，似乎可以从我对精神神经症的分析获得的暗示得到进一步证实。但是，我无法说出，在做梦者的生命历程中，这些感觉记忆可能会附加上其他什么意义。尽管看来都是典型梦，但也许会因人而异。我非常愿意对一些好例子进行仔细分析，来填补这个缺口。对那些飞行、坠落、拔牙等的梦频繁出现，我为什么抱怨缺乏这种材料的人。我必须说明，自从我把注意力转向解梦这个主题以来，我自己从来没有经历过这种梦。然而，我处理过的神经官能症患者的那些梦并不是都可以解析，而且常常无法洞察隐藏的最深层意图。而且，还有一种参与神经官能症发作的精神力量，在其消失期间会再次变得活跃，对抗对最终问题的解析。

（三）考试梦

每个通过学校期末考试后获得升学证书的人，总是抱怨自己一直考试不及格或必须重修某一科目等的焦虑梦。对拿到大学学位的人来说，这种典型梦又被另一种梦代替。这意味着他没有拿到博士学位，他还在梦中对此徒劳地反对说，他已经行业多年了，或者早已是一名大学讲师或一家律师事务所的资深律师，云云。我们在童年时因做坏事受到的惩罚，根深蒂固地留在了记忆之中。这些记忆在我们学生时代两次关键性紧张考试的苦难日子里再次苏醒。同样，神经官能症患者的考试焦虑也因这种幼稚的恐惧而加强。当我们的学生时代结束时，父母亲或老师都不再惩罚我们；以后生活中无情的因果关系负起了进一步教育我们的责任。现在，我们梦到了入学考试或博士学

---

① 一个完全没有神经疾病的年轻同事告诉了我这方面的情况：“我从自己的体验知道，我在荡秋千荡到最高点时，生殖器常常会有一种奇特的感觉。尽管这对我并不是真正的快感，但我必须把这说成是一种肉欲感觉。”我常常听到患者说，他们能够记得在童年爬行时生殖器初次勃起的肉欲感觉。心理分析完全可以确定，第一次性的感觉常常产生于童年时期的混战和扭打。

位考试——谁在这些场合没有过胆怯呢？我们随时都害怕因某种令人不快的结果而受到惩罚，因为我们做了粗心事或错事，因为我们没有像原来那样一丝不苟——总之，我们随时感到责任在肩。

为了对考试梦进一步解释，我得感谢一位曾经对这个主题有研究的同事。在一次科学讨论过程中，他说，根据他的经验，只有考试及格的人才会做考试梦，考试不及格的人从来不做这种梦。我们越来越证明这个事实，就是做梦者第二天要从事一项负责任并有可能丢脸的事情时才会做这种考试的焦虑梦。那么，要求助的必定是过去的某个场合，最终证明巨大的焦虑没有真正的理由，其实已被结果驳倒。这种梦是显梦被清醒状态误解的一个非常显著的例子。那种被看作是对梦抗议的惊呼："可我已是一名医生了"等等，实际上是梦提供的安慰，所以可以表达如下："不要担心明天；想想你在入学考试前的那种焦虑；结果证明什么也没有发生，因为你现在成了一名医生，"等等。但是，梦中焦虑的确源自做梦当天遗留下来的某些经验。

尽管我对自己以及他人有关这方面的梦进行的解析绝非深入彻底，但那些判断标准不无裨益。[①] 比如，我没有通过法医学博士学位的考试，但这件事从来没有在梦中让我焦虑过，而我却常常梦见考试植物学、动物学和化学，我为准备这几门考试心急如焚，却由于命运或主考老师的宽厚仁慈，我逃过了这一关。在对学校考试的梦中，我总是梦见考试历史。当时，这门课我考得非常出色，只是我必须承认，因为我的性情和蔼的教授——我另一个梦中的独眼恩人——没有漏过那个事实。那就是，在交给他试卷时，我在三个问题中的第二个问题上用指甲划了一道，以暗示他对那个问题不要苛求。我有一位患者，他在入学考试前退出，后来补考才通过。但军官考试他没有过关，所以他没有成为一名军官。他告诉我说，他常常梦见前一种考试，但从来没有梦见过后一种考试。

W·斯特克尔是第一位解析入学考试梦的人。他主张，这种梦总涉及到性经验和性成熟。这一点在我的经验中常常得到进一步证实。

---

① 也可参看第六章第一节。

第六章　梦的工作

所有以前想解决梦问题的其他努力，都和保留在记忆中梦的显意直接相关。他们曾经从这种显梦中寻求解析，或者根据这种显意提供的有关梦的结论无须解析。然而，我们要面对一套不同的资料；对我们来说，一种新的心理资料自动插入在显梦和我们研究的结果之间：梦的隐意或仅凭我们的方法获得的梦念。我们从这种隐意而不是梦的显意来解析这个梦。因此，我们面临的是一个新问题，是一项完全新奇的任务——研究和追溯梦的隐意和梦的显意之间的关系，以及后者从前者成长的过程。

梦念和显梦就像两种不同语言描述同一种内容一样；或者说得更清楚些，就是显梦以另一种表达形式将梦念翻译给我们。我们必须通过比较原文和译文，才能了解其合成的象征和规律。我们只要确定梦念，无须进一步麻烦，就可以明白。显梦有如象形文字，其象征必须逐一译成梦念的文字。如果试图按照这些象征的画面价值，而不是按照它们的象征意义，解读它们，肯定会出错。比如，我看到面前有一个画谜——有一座房子，房顶上有一只小船，然后是单独一个字母，接着是一个被漏掉头的人在飞跑，等等。作为批评家，我可能会禁不住认为，这个合成物及其构成元素毫无意义。一只小船放在房顶不合适，无头人不会跑，而且那个人比房子还大。还有，如果整个东西是想代表一幅风景，字母表的单个字母无权在里面，因为只要我不反对整个画面及其组成部分，它们在自然中就不会出现；相反，如果我不怕麻烦用一个代表某种暗示或关系的音节或单词去代替每个图象，就有可能对那个画谜作出正确判断。这样，那些放在一起的单词就不再是毫无意义，而是可能组成最优美、最含蓄的箴言。现在，梦就是这样一种画谜，而我们的前辈们在解梦时却错把画谜当成了艺术作品。因此，它们当然就显得毫无意义，没有价值。

第一节　浓缩作用

在比较显梦和梦念时，研究人员清楚的第一件事就是已经完成了大量浓缩工作。与梦念的广泛和丰富比较，梦则贫乏、琐碎、简明。如果写下来，梦占半页纸，而对梦的分析则需要多达6倍、8倍、12倍的篇幅。这种比率会随不同的梦而发生变化，但根据我的经验，一向是这个规律。通常，我们低估了梦受到的浓缩程度，因为人们相信那些已经披露的梦念就是全部材料，连续性的解析工作会进一步揭示藏在梦里的意念。我们已经发现有必要注意，一个人永远无法确信他已经完全解析一个梦。即使所作的解释似乎令人满意、完美无缺，同一个梦里也总可能出现另一种意思。因此，严格地说，浓缩程度是无法确定的。也许这种主张会引起异议——乍一看，这种异议似乎完全有道理——显梦和梦念之间的不成比例，证明了在梦形成中出现的心理材料经过了大量浓缩的结论是有道理的。因为我们经常有一种感觉，我一直整夜做很多梦，随后就忘记了一大半。所以，我们醒来之后记得的梦似乎只是梦的工作的一个残余片段，只要我们能完全记住这个梦，那肯定会等于梦念范围。在某种程度上，这确实不无道理。如果醒来之后尽力马上记住那个梦，就能非常准确地在脑海中再现，不致从记忆中退去。而随着白天的过去，对梦的记忆会变得越来越残缺不全。另一方面，我们必须认识到，我们认为自己梦见的要比在脑海中再现的多得多，这种印象常常是基于一种错觉。这种错觉的来源，我们以后还会解释。此外，梦工作浓缩作用的假设并不受有可能忘掉一部分梦的影响，因为保留在记忆里的梦的各部分的众多思想可以证明。如果的确没有记住梦的大部分内容，我们就有可能无法探究一系列新的梦念。我们根本没有理由指望，这些被遗忘梦的那部分内容，仅仅和我们从保存的对那些部分的分析中知道的那些思想完全一样。①

就各部分显梦分析时得出的大量意念来看，许多读者心中主要怀疑的会是，随后分析时心灵产生的每种意念是否允许构成梦念的一部分——换句话说，就是假定所有这些念头在睡眠状态中表现活跃，并参与了梦的形成。是不是有些在梦形成时并没有参与的新念头，更有可能在分析过程中产生的呢？对这种反对意见，我只能给予一种有条件的回答。当然，这些各不相同的意念组合确实是在分析时才第一次出现。但可以确信，这种新组合每次只有在各种意念之间已经于梦念中有其他联系时才会发生。可以说，这些新组合是推论，是短路，可能因为存在其他更基础的联系方式而形成。就分析时产生的绝大部分意念组合来看，我们不得不承认，它们在梦形成时就已经活跃起来了，因为如果我们通过一连串这样的意念着手，乍一看，对梦的形成似乎

---

① 可以在许多相关主题作家的作品中找到梦中发生的浓缩作用。杜普里尔在他的《神秘主义哲学》（Philosophie der Mystik）中说，他完全肯定曾经发生过一连串思想的浓缩过程。

不起什么作用的意念，我们会突然产生一种思想，这种思想出现在显梦中，对它的解析不可或缺，但只有通过这一连串的意念才能达到。读者可能在这里会求助于植物学专著的那个梦，这显然是惊人的浓缩程度的结果，纵使我还没有给予彻底分析。

而我们是怎么想象睡眠者做梦前的精神状态的呢？所有的梦念是并列存在、互相追逐，还是好几种联想同时从不同的中心出发，随后会合的呢？我认为，此时没有必要对梦形成时的心理状态形成一种可塑性观念。但是，我们不要忘记我们关心的是潜意识思想，这个过程可能和我们在意识伴随下深思熟虑自我观察大不一样。

然而，梦的形成是以浓缩过程为基础，这是无可辩驳的事实。那么，这个浓缩过程是如何形成的呢？

现在，如果我们认为，在探知的梦念中，只有极小部分以其观念元素表现在梦中，就可以推断，浓缩作用是通过删除来完成，因为梦不是一个忠实译者，也不是对梦念的一点一点投射，而是一种残缺不全的再现。我们马上就会认识到，这种见解很不恰当。但是，暂时让我们把这个作为一个出发点，然后问自己：如果梦念中只有少数元素可以进入显梦，那么，决定选择它们的条件是什么呢？

为了解决这个问题，让我们把注意力转向显梦中想必已经满足我们寻找的这些条件的那些元素。最适合这个研究的材料将是那些在形成时出现特别强烈浓缩作用的梦。我选择第五章引用的植物学专著的那个梦。

第一个梦

显梦：我曾经写过一本有关某科（不确定）植物的专著。这本书摆在我的面前。我正在翻阅一张折叠的彩色插图。这册书里像植物标本集一样，装订有一片干缩的植物标本。

这个梦最显著的元素是植物学专著。这得自做梦当天的那些印象。我的确曾经在一家书店的橱窗看到过一本有关樱草属的专著。显梦里没有提到这个属类；只有专著和植物学的关系留了下来。“植物学专著”马上揭示了它和我曾经写过的论古柯碱的著作的关系；从古柯碱一方面联想到了《纪念文集》，另一方面联想到了眼科专家——我的朋友柯尼斯坦医生，因为他对引进古柯碱用于局部麻醉负有一部分责任。此外，柯尼斯坦医生又使我回想起了我和他在前一天晚上曾经有过的一场中断的谈话，以及同事间有关医疗服务费的各种念头。于是，这场谈话就成了实际的梦刺激。虽然有关樱草属植物的专著也是一次真实事件，但其性质却无关紧要。现在，我明白，梦中的“植物学专著”在当天的两个经验之间原来是一个共同均值，原封不动地来自一种无关紧要的印象，并通过大量联想和具有精神意义的经验联系在了一起。

然而，不仅植物学专著的合成意念，而且它的各个元素“植物学”和“专著”，通过层层联想，逐步深入到扑朔迷离的各种梦念之中。对加特纳（德文 Gärtner 是“园丁”的意思）教授、对他的如花似玉的妻子、对我的一位名叫弗洛拉的患者，以及对我曾经说到忘记购买鲜花故事中的一位女士的回忆，都和植物学有关。加特纳又使我联想起了实验室，以及和柯尼斯坦的谈话，还有这次谈话提到的两位女患者。思绪从那位和鲜花有关的女士发展到了我的妻子最喜欢的那些花，然后又引到了我匆匆看到的那本专著的书名。此外，植物学使我想起了中学时代的一个插曲和一次大学考试。上面提到的谈话中说到的一个新鲜话题——我嗜好的话题——通过被幽默地称为*我最喜爱的鲜花洋蓟*，而与忘记送鲜花的思绪联系了起来。在“洋蓟”背后，一方面使我回想起了意大利，另一方面又使我回忆起了童年第一次和书发生密切关系的情景。因此，“植物学”就成了一个真正的核心。而且，对那个梦来说，是许多联想的会合点。我能证明，提到的那次谈话，确实可以一一找出联系。这时，我们发现自己置身在一个思想工厂，就像《织工的杰作》里那样：

小梭来回跑不停，
飞针走线默无声，
一梭连起千万根。

梦中的专著又涉及到了两个主题：我研究的片面性和我的嗜好的昂贵代价。

从这一初步研究得出的印象是，“植物学”和“专著”这两个元素之所以被吸收进显梦，是因为它们能提供和最多数梦念发生联系的最多要点，所以代表一些*交接点*，许多梦念都在此交会，而且就梦的意义来说，它们具有*多方面的意义*。这种解释依据的事实可用另一种形式表达如下：显梦中的每个元素证明都是*多重性决定*——也就是，它在梦念中出现好几次。

如果我们研究在梦念中出现的和梦有关的其他成分，就会了解得更多。彩色插图（参看第五章的分析）是针对一个新的主题——同事们对我的研究的批评，以及已经在梦中表现出来的一个主题——我的嗜好，此外还有对童年的回忆——我把一本带有彩色插图的本撕成了碎片。干缩的植物标本和我在“中学”时植物标本集的经验有关，而且特别强调了这个记忆。因此，我认识到了显梦和梦念之间关系的性质：不仅梦的那些元素决定梦念出现好几次，而且各个梦念代表梦中的好几种元素。从梦中的一个元素开始，联想途径可以引出许多梦念；从一个梦念也可以引出梦中的好几个元素。因此，在梦形成过程中，并不是一个梦念或一组梦念以简缩手法作为代表来满足显梦，然后下一个梦念以另一种简缩手法作为代表满足显梦（就像从全体居民中选代表一样）。但是，整个梦念受到某种润饰，在这个过程中，那些得到最强大、最彻底支持的元素脱颖而出，因此这种过程大概会像联名投票选举一样。无论什么梦，我一剖析，总会证实这个根本原则——整个梦念都是由梦的各个元素构成，在与梦念的关系中，每个元素似乎都具有多重性决定。

为了证明显梦和梦念的关系，确有必要再举一个例子，这个例子可以看出相互交织的关系特别巧妙。这是我的一位患者的梦，我正在治疗他的幽闭恐怖症。不久，你就会明白，我为什么给这个特别巧妙的梦活动取这个名字：

第二个梦——“一个美梦”

做梦者正和许多人驱车行驶在 X 街上，街上有一家普通旅馆（其实没有）。旅馆的一个房间里正在演戏。他起先是观众，后来成了演员。最后，这群人被告知要更衣，以便回城。一些人被领进了楼下的房间，另一些人被领上了二楼的房间。随后发生了一场争吵。楼上的那些人之所以恼火，是因为楼下那些人还没有更好衣，他们无法下楼。他的哥哥在楼上，他在楼下。他之所以对哥哥生气，是因为他们更衣太仓促。（这部分模糊不清。）此外，他们到达这里时，已经决定好谁在楼上、谁在楼下。随后，他独自上山向城市走去，他步履非常沉重、艰难，无法从原地移动。一位老先生跟他一起同行，生气地谈论起意大利国王。最后，快到山顶时，他走起路来轻松多了。

爬山时经历的艰难是那样清晰，所以醒来后有一段时间，他怀疑那段经历到底是梦还是现实。

从梦的显意判断，这个梦不足称道。我却一反常规，从做梦者认为最清晰的那个部分开始解析。

梦到的，以及在做梦期间可能经历到的艰难——伴有呼吸困难的艰难爬山——是患者几年前确实出现过的一种症状，加上其他一些症状，当时被诊断为肺结核（看上去大概像癔病）。从暴露梦的研究来看，我们已经熟悉了这种梦中运动受抑制的特殊感觉。我们在这里又发现这类材料可用作任何时候来表现任何其他目的。显梦中有关爬山的部分，起初则非常艰难，到了山顶就比较轻松了。我听人叙述时，想起了都德的《萨福》中一段著名而精彩的介绍。说的是一个年轻人抱着他心爱的女人上楼，最初感到她很轻，但他爬得越高，她越重。这个景象是他们的关系进展的象征。都德这样描写，是想告诫年轻人不要对出身微贱、历史可疑的姑娘到处留情。[①] 尽管我知道我的患者最近曾经和一位女演员发生过风流韵事，而且已经告吹，但我几乎不敢指望自己这种解释是正确的。《萨福》中的情形其实和这个梦相反，因为梦中爬山是起初艰难、后来轻松；小说中的象征是起初轻松，后来变成了沉重负担。让我惊讶的是，患者说，我的解释和他前一天晚上看到的一部戏的情节非常吻合。那部戏叫《维也纳巡礼》，描写的是一名少女，最初受人尊敬，后来沦落风尘，和上流社会的男人们勾勾搭搭，从而攀缘而，但最后她又一路下滑。这部戏使他想起了另一部戏《步步高升》。这部戏的广告画描绘的就是一段楼梯。

继续解析：那位和他最近勾搭过的女演员就住在X街。这条街上根本没有小旅馆。然而，为了这位女演员，他在维也纳度过一段时间的夏天，曾经临时住（德语 abgestiegen 有“停留”、“走掉”的意思）在附近的一家小旅馆。离开这家旅馆时，他对出租车司机说：“不管怎么说，我很高兴这里没有臭虫！”（顺便说一下，害怕臭虫是他的恐惧症之一）。于是，出租车司机回答道：“那里怎么可能有人住！那根本算不上旅馆，其实不过是一家客栈！”

“客栈”马上使他想起了一句诗：

> 我近来成了一位
> 顶好店主的客人。

但是，在乌兰德这首诗中，店主是一棵苹果树。现在，他又联想到了另一段诗句：

> 浮士德（和年轻迷人的女人跳舞）：
> 我曾经做过一个美梦，
> 当时我看到一棵苹果树，
> 那里有两只最漂亮的苹果闪闪发光：

---

① 在评价这段文字的意义时，我们可能会想起爬楼梯梦的意义，正如象征主义（第六章第四节）解释的那样。

它们是那样诱惑我，我就爬了上去。

漂亮的苹果：
因为苹果首先长在天堂，
所以你们渴望得到苹果；
我非常高兴地知道，
我的花园里长着这种苹果。①

苹果树和苹果意味着什么是毫无疑问的。那个女演员胸脯高耸、风情万种，曾经让我们这位做梦者神魂颠倒。

从这个分析的前后关系判断，我们完全有理由设想，这个梦和做梦者童年时期的某个印象有关。如果这个说法正确的话，这一定是指做梦者（他现在快30岁了）的奶妈。奶妈的胸部事实上就是小孩子的客栈。奶妈，以及都德的《萨福》，似乎是暗示他最近抛弃的那个情妇。

患者的哥哥也出现在显梦中，他在楼上，做梦者在楼下。这又是一种颠倒，因为据我所知，他的哥哥已经失去了社会地位，我的患者则保留着自己的地位。在叙述显梦时，做梦者避而不说他的哥哥在楼上、他自己在楼下。这将是再清楚不过的表达方式，因为在奥地利，当一个人失去财富和社会地位时，我们会说他在一楼，就像我们说他已经没落一样。现在，梦中的内容颠倒表现的事实一定有某种意义。而这种颠倒一定适用于梦念和显梦之间的另一种关系。有一种迹象表明，这种颠倒是可以理解的。它显然适用于这个梦的结尾，爬山的情形和《萨福》描写的情形刚好相反。现在这种颠倒的意义显而易见：在《萨福》中，那个男人抱着和他有性关系的女人。在梦念中，颠倒了过来，是指一个女人抱着一个男人：因为这只可能发生在童年时期——这又一次涉及到了那个抱着沉甸甸孩子的奶妈。因此，这个梦的最后部分以同样的暗示成功地再现了萨福和那个奶妈。

就像诗人选择《萨福》这个名字是指女性同性恋一样，梦中那些部分人们在楼上、楼下忙活是指做梦者心中对性方面的幻想。这些幻想像受压抑的渴望一样，和他的神经官能症不无关系。解梦本身无法显示，这些是幻想，而不是真实事件的记忆；它只是供给我们一套思想，让我们自己去确定其中的真实价值。在这种情形下，真实和想象的事件乍一看似乎都具有同等价值

① 贝亚德·泰勒（Bayard Taylor）译。

——不仅在这里，而且在比梦更重要的心理结构的创造中也是这样。正如我们已经知道的那样，一大群人象征一种秘密。通过追忆进入童年的那些情景，梦中的哥哥正是后来所有情敌的一个代表。通过一次自身没有意义的经验，愤怒谈论意大利国王的绅士的这个插曲，是指低阶层的人闯入了贵族社会。这就像都德给年轻人的警告，同样也可用于吃奶的小孩子[①]。

在这里引证的两个梦中，我用斜体字显示在梦念里反复出现的其中一种元素，以便更加清楚地看出显梦和梦念的多重关系。然而，因为这些梦还没有分析彻底，所以也许值得考虑详尽分析一个梦，以便证明显梦是多重性决定的。为了这个目的，我要选择爱玛的打针梦（参看第二章）。从这个例子，我们会很容易看出，梦形成中的浓缩工作曾经利用了不止一种方法。

显梦中的主要人物是我的患者爱玛，她在梦中表现的是清醒时的生活特征，所以她首先代表她本人。但当我在窗口给她检查时，她的态度却来自另一个人，因为如梦念所示，我想用这位女士代替我这个患者。因为爱玛有白喉黏膜病，这使我想起了自己对大女儿的忧虑，所以她就过来代表我这个孩子。她们的名字雷同，又隐藏了因中毒致死的那位患者的形象。在梦的进一步发展中，爱玛的人格意义发生了变化，但梦中她的形象没有发生变化：她变成了儿童病公共诊所我们诊察的一名儿童，我的朋友们在那里显示了她们智能的差别。这种变迁明显受到了我的小女儿思想的影响。因为爱玛不愿张嘴，所以她暗指我检查过的另一位女士，同时通过这个联系，也暗指我的妻子。此外，我在她的喉部发现的病变，已经总结出这暗指许多其他的人。

我由“爱玛”联想起的所有这些人，都没有在梦中亲身出现。她们都隐藏在爱玛的梦象背后，因此爱玛成了一个集合意象。可以料想，这具有互相矛盾的特点。爱玛代表了浓缩工作中被抛弃的其他这些人，因为我想起的这些人的事点点滴滴都归到了她的身上。

为了解释梦的浓缩作用，我以另一种方式将两个人以上的真实特征并入一个单一的梦象，构想出了一个合成人。我就是用这种方法在梦中构想了 M 医生。他具有 M 医生的名字，一言一行都像 M 医生，但他的身体特征和疾病却属于另一个人——我的大哥。只有脸色苍白这一特征是双重性决定的，因为这对两人是共通的。在有关我叔叔的梦中，R 医生也是一个合成人。但在

① 有关做梦者奶妈情境的想象性质已经被客观情况确定，那个奶妈其实就是他的母亲。此外，我可以提请注意第五章第二节提过的那个年轻人。他曾经后悔当年没有更好利用自己和奶妈在一起的机会。这可能就是他这个梦的来源。

这里，梦象是用另一种方式构想出来的。我没有把一个人的特征和另一个人的特征合并，从而从各自的记忆图像中删节了某些特征。不过，我采用了高尔顿制作家人肖像的方法——即，我叠合两个图像，这样两人的共同特征便更加突出鲜明，而那些不一致的特征相互抵消，变得模糊不清。在我叔叔的梦中，漂亮胡子在面部格外突出，因为这属于两个人，所以模糊不清。而说到胡子渐渐变灰，则暗指父亲和我自己。

构成集合人与合成人是梦浓缩的主要方法之一。我们马上就会有必要在另一种联系中谈到这一点。

在爱玛的打针梦中出现的痢疾这个观念，同样也有多重性决定作用：一方面是因为它和白喉发音相近，而另一方面是因为它涉及到我送到东方去的那个患者，他的癔病是误诊。

梦中提到的丙基又一次证明是一个浓缩作用的有趣例子。梦念里包含的不是丙基，而是戊基。有人可能认为，在梦形成的过程中，发生了一个简单的移植作用。这的确是事实。但是，从下列补充分析可以看出，这种移植是为浓缩作用服务的：如果我对 propylen 这个德语词细思片刻，我听起来它的发音就像 propylaeum（神殿入口）这个词。而神殿入口不仅在雅典，而且在慕尼黑都可以找到。在做这个梦一年之前，我曾经去慕尼黑探望一位病重的朋友。梦中紧跟丙基标准体的三甲胺，毫无疑问就是他提起的。

像在其他的梦分析中一样，我在这里忽略了一个显著情况，价值各不相同的联想被用来建立思想联系时，好像具有同等价值，而且我不得不认为，梦念中的戊基在显梦中被丙基取代，是作为一种可塑性过程。

一方面，这里是有关我的朋友奥托的一组观念，他不了解我，认为我有错，并送给我有戊基味的利口酒；另一方面，还有一组和前者相反的观念，是有关我的柏林朋友的观念。他确实了解我，总是认为我是对的，我感谢他供给我这么多有价值的性过程化学作用的有关信息。

在奥托组中，特别吸引我注意的因素是由最近情况决定的；戊基属于非常突出的因素，它注定要成为显梦。以威廉为中心的一大组观念确实是由威廉和奥托之间的差异激发，其中那些强调的元素和“奥托”组中已经激起那些元素相互一致。在这整个梦中，我不断把使我感到不快的人转变成我能随心所欲面对、让我高兴的人。我一点一滴地求助那位朋友反对敌人。因此，奥托组中的“戊基”，使我想到了另一组中同属化学领域的回忆；“三甲胺”因受到各方面支持而进入显梦。“戊基”本来也可以毫无改变地进入显梦，但受到了“威廉”组的影响，因为从这个名字涵盖的整个记忆范围来看，可以为“戊基”寻找一个能提供双重性决定的因素。“丙基”与“戊基”密切相关；“威廉”组的慕尼黑与其 propylaeum（神殿入口）结合了起来。这两组观念结合为丙基—神殿入口（propyls - propylaeum）。好像经过妥协，这个中间因素进入了显梦。这里就形成了一个允许多重性决定的共同的中间环节。因此，显而易见，多重性决定作用一定有助于进入显梦。为了形成这个中间环节，要毫不犹豫地把注意力从真正的目标转向某个邻近的联想。

对爱玛打针梦的研究现在已经能使我们洞察到梦形成中浓缩的过程。我们认识到浓缩过程的特点，在显梦中选出那些出现好几次的元素，构成新的联合（合成人、混合影像），然后产生一些共同的中间环节。浓缩作用的目的和采用的方法，待我们考虑梦形成中的所有心理工作过程时，再进行研究。让我们暂时满足于确定这一事实，就是梦的浓缩作用是作为梦念和显梦之间值得注意的一种联系。

梦的浓缩工作以单词和工具为对象时最明显。一般来说，梦中出现的单词常被看作是一些东西，所以组合形式和事物包含的意念一样。这种梦的结果是形成各种滑稽奇异的词。

一

一位同事送来他写的一篇文章。我认为，这篇文章对最近的一次生理学发现评价过高，而且自我表述言过其实。第二天晚上，我梦见了一句明显针对这篇文章的句子：“那的确是一种 norekdal 风格。”我开始分析这个词的形成时有些困难。这个词无疑是对最高级形容词 colossal（巨大的）、pyramidal（顶尖的）的拙劣模仿，但不容易说出它来自何处。最后，这个怪词分成了两个字 Nora 和 Ekdal，分别来自易卜生的两部名剧。先前，我曾经看过报上一篇论易卜生的文章。我在梦中批评的正是文章作者最近的一篇作品。

二

我的一位女患者梦见一个男人，长着漂亮的胡子，闪着奇异的眼神，指着挂在树上的一块指示板，上面写着：uclamparia—wet[①]。

分析：那个男人看上去相当威严，奇异闪烁的眼神马上使她想起罗马附近的圣保罗教堂。她曾经在那里看到过罗马教皇的嵌花式肖像。早年的教皇中有一位长有一只金黄色的眼睛（其实，这是一种视觉幻象，却常常引起导

① 因为原作者的例子无法译出，所以由译者提供。

游的注意）。进一步的联想表明，这个人的整个面相和她自己的牧师（教皇）相似，漂亮胡子的外形使她想到了她的医生（我本人），梦中那个人的身材则使她想起了自己的父亲。所有这些人对她都有一种相同的关系；他们都在引导和指引她人生的道路。进一步分析探究，金黄色的眼睛使她想起了金子——金钱——相当昂贵的心理分析治疗，这让她忧心忡忡。此外，金子使她联想到酒精中毒的金疗法——要是D先生不染上令人反感的酗酒恶习，她就会嫁给他——她并不反对偶尔喝点酒；她自己有时也喝点啤酒和利口酒。这又使她回想起参观圣保罗教堂和周围环境的情景。她想起了她曾经在Tre Fontane（三泉）邻近的寺院里喝该院特拉普僧侣用桉树酿制的利口酒。接着，她又讲了这些僧侣如何通过种植桉树，把这个瘴气肆虐的沼泽地区变成了干燥卫生的地区。因此，uclamparia 自动分解为 eucalyptus（桉树）和 malaria（疟疾），wet（潮湿）这个词则是指该地区以前的湿地自然状态。wet（潮湿）也暗示 dry（干燥）。那个要不是过于酗酒，她就会下嫁的男人实际上就叫 Dry。Dry 这个怪名字源自德语（德语 drei 意为"三"），因此这又暗指三泉。在谈到 Dry 先生的习惯时，她用了非常强烈的措辞："他能喝掉一眼泉水。" Dry 先生开玩笑地说起了自己的习惯："你知道，因为我总是 dry（指他的名字），所以我必须喝。" eucalyptus（桉树）同时也指她的神经官能症，这个疾病起初被诊断为疟疾，因为她的焦虑症发作时，伴随有明显的寒战和颤抖——有人以为是源自疟疾，所以她去了意大利。她从那些僧侣手里买了一些桉树油，而且坚持认为，这对她大有好处。

所以，uclamparia—wet 这个浓缩正是梦和神经官能症的交叉点。

三

在我自己的一个相当冗长混乱的梦里，中心内容显然是一次海上航行，我突然想起下一个港口是 Hearsing，再下一个港口是 Fliess。后者是B市我的一位朋友的名字，我经常去B市旅行。但是，Hearsing 是把维也纳附近的地名合在了一起，这些地名常常以 ing 结尾，比如 Hietzing，Liesing，Moedling（古米提亚语 meae deliciae，意为"我的快乐"；也就是说，"快乐"的德语是 Freude）。英语 hearsay 是指"诽谤"，并和当天发生的无关紧要的梦刺激建立联系——Fliegende Blätter（《飞叶》）刊物上有一首诽谤侏儒 Sagter Hatergesagt（Saidhe Hashesaid）的诗。通过把 Fliess 这个名字和尾音节 ing 合并，我们就得到了 Vlissingen（弗利辛恩），这是一个真实的港口。我的哥哥从英国来看望我们时每次都要经过这个港口。但 Vlissingen 的英文是 Flushing，意为 Blushing（脸红）。这使我想起了我有时治疗的患 Erythrophobia（惧红症）的一些患者，而且使我想起了别赫切烈夫最近出版的有关这个神经官能症的论文，因为这个读物让我感到恼火。①

四

还有一次，我做了一个梦。这个梦由两部分组成。第一部分是我清晰记得的单词 Autodidasker，第二部分是我前几天产生的一个简短无害的显梦的忠实再现。它的大意是，我下次见到 N 教授，一定会告诉他："我上次请教您的那位患者的病情，正如您怀疑的那样，患者患的确实是神经官能症。"因此，Autodidasker 这个新创词不仅要满足这样的要求，而且包含或代表某种被压缩的意思，但这个意思必须和在清醒生活中我再三决定对 N 教授的诊断给予应有的荣耀具有正当关系。

现在，Autordidasker 这个词很容易分离为 Author（德语为 Autor）、Autodidact（自学者；自学成功的人）和 Lasker（拉斯克），Lasker 又和 Lasalle（拉萨尔）这个名字有关联。这第一个词是导致做梦的诱因，这次具有意义。我曾经给妻子带回家一位知名作家写的好几册书，这位作家是我哥哥的朋友。据我所知，这个人（J·J·戴维）和我本人来自同一个地区。一天晚上，她告诉我说，戴维的一本凄惨哀婉的小说（一个被埋没的天才的故事）曾经给她留下了多么深刻的印象。于是，我们的话题就转向了我们在自己的孩子们身上察觉到的天才迹象。我的妻子在刚刚看到的故事的影响下，对我们的孩子们表达了某种担心，我就安慰她说，她害怕的这些危险正好可以通过训练，加以避免。当天夜里，我的思想走得更远，继续想起了妻子对孩子们的担心，并把这件事和其他各种事情交织在了一起。小说作者曾经对我哥哥说的有关婚姻的话题，把我的思想引入了一条小路，这可能在梦中再现。这条路引向了 Breslau（布雷斯劳，波兰西南部城市，现名为弗罗茨瓦夫）。我们非常要好的一位女士结婚后到那里定居。我发现，在布雷斯劳有拉斯克和拉萨尔这

---

① 在清醒生活中，音节的分析与合成——是音节的一种真正的神秘变化——在许多笑话中为我们效力。"获得银子的最便宜方式是什么？你到长有银果胡颓子的一块田地里采摘，然后除去那些浆果，银子仍然保持自然状态。"［译者的例子］第一个阅读和批评这本书的人提出反对意见——其他读者可能也会同意——"做梦者常常显得过于机智。"这话只要适用于做梦者，那就不错；当应用在解梦者身上时，只意味着指责。在清醒的现实中，我根本无法声称自己诙谐；如果我的梦显得诙谐，这不是我个人的过错，而是因为梦构成时所处的特殊心理状况，而且和诙谐与滑稽的理论密切相关。梦之所以变得诙谐，是因为梦念表达的最短、最直接的途径受到隔绝：梦受到了约束。我的读者们可能会确信，我的患者的梦至少和我自己的梦一样非常诙谐，甚至会更诙谐。不过，这种指责驱使我把诙谐技巧和梦的工作进行比较。

个两个例子，可以证实我的担心，惟恐我的儿子们毁在女人们手里。这些例子使我能同时再现两种促使一个男人毁灭的方法[①]。这些思想可以概述为Cherchez la femme（追逐女人）。如果换一种意思，这就会使我想到我的哥哥。他还没有结婚，名叫Alexander（亚历山大）。现在，我看到，我们简称为Alex（亚历克斯）的这个名字，听上去差不多像拉斯克的颠倒音。这个事实一定有助于我的思路经由布雷斯劳绕道而行。

但是，我玩名字和音节的游戏在这里还有另一种意思。它代表我希望哥哥能享受幸福的家庭生活，而且是以下列方式：在艺术生活的小说《全部作品》里，因为其内容和我的梦念有关联，众所周知，作者顺便描述了他本人和幸福的家庭生活，并以Sandoz（桑多兹）的名字出现。在他的名字的变形中，他可能是按照下列方式进行的：Zola（左拉）颠倒过来念（小孩子喜欢倒念名字），就成了Aloz。但是，这仍然不太伪装。所以，他就替换了Al这个音节，Al在Alexander这个名字的词首，通过同一个名字的第三个音节sand，最后形成了Sandoz。我的autodidasker源自类似的一种方法。

我要告诉N教授，我们两人一起看过的那个患者患的正是神经官能症。我这个幻想是以下列方式进入那个梦的：在工作那年结束前不久，我治疗了一位患者。这个患者使我的诊断力遭到了失败。当时以为是一种严重的器质性疾病，可能是脊髓变质恶化，但无法最后证实。将这种病诊断为心理官能症，会使人发生兴趣，而且这会结束我的所有困难。但因为患者极力否认性的病史，所以我只好不承认它是神经官能症。在无所适从时，我求助于我最尊敬（别人也最尊敬）的一位医生。我对他的权威完全甘拜下风。他听了我的种种怀疑，告诉我说，他认为这些怀疑有道理，然后又说："继续观察这个人。这也许就是心理官能症。"我知道他不同意我对心理官能症病源的看法，就没有反驳他，但我没有隐瞒自己的怀疑。几天后，我告诉这位患者，我不知道该怎么给他治疗，建议他另请高明。让我大为惊讶的是，他马上开始请求我原谅他曾经对我撒谎：他感到非常羞愧，终于向我透露了我早就预料到的性病因。我发现，这对诊断心理官能症是否存在很有必要。这让我松了口气，但同时又很丢脸，因为我不得不承认我请教的那位医生诊断得比较准，他并没有被缺乏病史难住。我决定下次见到他时要告诉他，他是对的，我错了。

这就是我在梦中做的事情。但如果我承认自己错了，又能满足哪种愿望

---

① 拉斯克（Lasker）死于越来越严重瘫痪。也就是，死于因接触女人而引起的疾病（梅毒）。拉萨尔（Lasalle）也是一个梅毒患者，他因为自己一直追求的女人决斗而死。

呢？这正是我的愿望；我希望自己的担心是错的——也就是说，我希望在梦念中挪用妻子的那些担心，可也许证明是错的。梦中叙述的事实对错和梦念中真正关心的问题相距并不远。我们有同样的两种抉择，要么由女人引起的器质性或官能性损伤，要么确实是由性生活引起——脊髓梅毒性瘫痪或心理官能症——拉萨尔的毁灭又和后者有间接关系。

在这个结构完整（而且经过分析后相当明晰）的梦里，N 教授出现，不仅是因为这种类推证明自己希望是错的，或者联想到布雷斯劳和我们那位已婚朋友在那里居住，而且是因为我们在会诊后那段小对话：N 医生提出以上建议尽完自己的专业职责后，接着谈论起了个人问题。“你现在有了几个孩子?”“6 个。”他作了一个关切和恭敬的姿势。“男孩、女孩?”“各 3 个，他们是我的骄傲和财富。”“噢，你一定要小心，女孩没有什么问题，但男孩以后的抚养是一个难点。”我回答说，到现在，他们都非常听话。显然，这种对我儿子将来的预想并没有他对我的患者的诊断那样开心，因为他认为那不过是心理官能症。于是，这两件前后连续发生的印象就连在了一起。而当我把心理官能症的故事并入梦中时，就用它代替了抚养主题的对话，这甚至和梦念关系更密切，因为它更接近我的妻子后来表示的那种担忧。因此，我对 N 提出的抚养男孩的难处可能是正确的担心获准进入了显梦，因为它隐藏在但愿我自己是错的这一愿望背后。同样的幻想没有改变，代表了两种互相冲突的选择。

在解析时，考试梦出现了同样的困难。我已经在最典型的梦特征中描述过。做梦者提供的联想材料只能很少地满足解析的需要。要对这类梦更深入了解，必须从大量例子中进行积累。不久前，我确信，像“你已经是一名医生了”等等这样的保证，不仅表达了一种安慰，而且也意味着一种责备。这将会是：“你已经这么老了，活到现在这一大把年纪了，还做这种傻事，要对这种幼稚行为感到内疚。”这种自我批评和安慰的混合体符合考试梦。之后，在最后分析有关傻事和幼稚行为的例子中的责备，应该和受到反复斥责的性行为有关，就不再令人惊讶了。

梦中的语言转化和妄想症中知道的情况非常相似，而且在癔病和强迫性观念中也可以看到。小孩子的语言游戏在某种年龄确实是把词当作目标，甚至创造新的语言和自制的句法，这些都是梦和精神神经官能症中这类事情的共同来源。

对梦中毫无意义的词的构成进行分析，特别适合用来论证梦工作中浓缩的程度。从这里所选的少数几个例子考虑，一定不要得出结论说，这类材料很少观察到或根本都是例外。相反，这很常见，但由于梦的解析依赖心理分析治疗，因此能记录下来写成报告的例子寥寥无几，而且报告的大多数分析只有神经病理学专家才能理解。

当梦中出现明显来自某种思想的言语时，梦中的话来自梦材料中记住的言语则是一条永恒的准则。这些话的措辞要么完全保持不变，要么稍加改变表达出来。梦中的话常常是由回忆起的各种不同言语拼凑而成。尽管措辞保持不变，但意义可能会变得暧昧，要么是措辞也有所不同。梦中的话常常只是暗指与回忆起的言语有关的一件事①。

第二节 移植工作

我们在搜集梦浓缩的例子时，另一种重要性可能不亚于浓缩作用的关系，一定已经自动迫使我们加以注意。我们可能已经注意到，这些作为基本成分在显梦中突出表现的元素，在梦念中根本没有发挥这种相同的作用。作为一种推论，这种说法的逆命题也是正确的。梦念的基本内容显然根本不需要在梦中再现。这个梦好像是*以其他地方为中心*；它的内容安排的元素并不构成梦念的中心点。比如，在植物学专著的梦里，显梦的中心点显然是“植物学”这个元素。在梦念里，我们关心的是同事之间做事时因相互指责而发生的纠纷和冲突。后来关心的是我习惯对自己的业余爱好牺牲太多时间的自责。除了出于对比而与梦念核心有松散的关系外，“植物学”这个元素在梦念核心中没有找到立足之地，因为植物学从来都不是我最喜欢的科目。在我的患者做的萨福梦里，上山下山、上楼下楼构成了中心点。然而，这个梦关心的却是和社会“低”层人发生性关系的危险。因此，只有一种梦念元素好像进入了显梦，而且发生了过度扩张。还有，在我叔叔的梦里，漂亮胡子在显梦里好像是其中的中心点，似乎和我们公认为梦念核心的出人头地的愿望根本风马牛不相及。这些梦自然而然给我们一种移植的印象。在全面对比这些例子时，爱玛的打针梦表明，单独元素可能在梦的形成中像在梦念中一样占有同样的地位。认识到在梦念和显梦之间的这种变化无常的新关系，起先也许会让我们感到惊讶。在正常生活的心理过程中，如果我们发现，一个意念的产生是从许多其他的意念间挑选出来，才在我们的意识中得到特别重视，那

---

① 我最近发现了和这个准则相反的病例。尽管这个年轻男人患有强迫性观念症，但他的智力机能完好、高度发达。他梦中出现的那些话语并不是来自他曾经听到或亲自说过的话，而是和他的强迫性思想没有变形的言语表达有关。这些思想在他的清醒意识中只能以一种变形方式出现。

我们就会常常把这个看成是一种特殊心理价值（某种程度的兴趣）附着在脱颖而出的意念上的一种证明。我们现在发现，梦念中这个单独元素的价值在梦的形成中没有保留下来，要么是没有得到考虑。因为毫无疑问，梦念中的那些元素都具有最高的价值；我们的判断会马上告诉我们。在梦的形成中，那些得到强烈兴趣强调的基本元素可能会被当成次要因素，同时在梦中被其他因素所取代，其他因素在梦念中肯定是次要的。起先在选择各种观念形成梦时，精神强度①似乎没有进行任何说明，而仅仅是它们多重决定性的多寡。我们可能倾向于以为，进入梦里的并不是梦念中重要的观念，而是出现好几次的观念。但是，我们对梦形成的了解并没有因为这个假设而增进多少。首先，我们无法相信，两个具有多重性决定意义和内在价值的动机可能会影响梦的选择，除非朝同一方向。那些在梦念中最重要的意念也可能是那些再现次数最多的意念，因为单独梦念都是从其中心散发出来。不过，梦可能拒绝这些经过特别强调并广泛强化的元素，而把其他只受到广泛强化的元素吸收进显梦。

如果我们进一步探讨显梦的多重性决定而得到另一印象，这种难题也许就可以解决。研究这方面的很多读者也许已经在心中作出了决定，认为发现梦元素的多重性决定意义并不具有重要意义，因为这是不可避免的。在分析时，我们从那些梦元素开始着手，记录下和这些元素发生联系的所有意念。这些元素在用这种方式获得的意念材料中以奇特频率反复出现，还会惊奇吗？尽管我无法承认这种反对意见的正确性，但我现在要说的听上去也颇为相似：从分析揭示出来的那些思想中，许多远离了梦的核心，变得像是为了某一特定目的而制造的人为内插物。它们的目的可能很容易看出来；它们在梦念和显梦之间建立一种联系，这常常是一种牵强联系，而且在很多情况下，如果这些元素在分析时被淘汰，显梦中的那些成分不仅得不到多重性决定，而且它们连足够的决定也得不到。因此，我们不得不作出这样的结论：在梦的选择中占有决定性地位的多重性决定，可能并不总是梦形成的主要因素，而常常是我们至今还不知道的精神力量的次要产物。不过，就那些单独元素要进入显梦来说，这一定非常重要，因为我们可以观察到，在有些情况下，多重性决定并不容易从梦材料着手，要经过某些努力才能得到。

一种精神力量在梦的工作中自行表现，现在变得很有可能：一方面，除去其强度中具有高度精神价值的那些元素；另一方面，通过多重性决定，从

① 一个观念的精神强度或精神价值——因兴趣而加重——当然和感觉强度或概念强度有区别。

具有少量精神价值的元素中创造新的重要价值，新的价值随后会进入显梦。现在，如果这是一种程序法，那么，在梦形成的过程中，那些单独元素之间就发生了精神强度的移情和移植，由此产生了显梦和梦念之间的差异。我们在这里设想为运作的过程，其实是梦工作中最重要的部分；这可以适当地称为梦的移植。梦的移植和梦的浓缩是两个工匠，我们也许会把这种梦的结构主要归因于这两个工匠。

我认为，这将很容易认出自行表现在梦的移植中的精神力量。这种移植的结果是显梦不再和梦念的核心有任何相似之处，而梦只在脑海中重现在潜意识中存在的梦愿望的变形方式。但是，我们已经熟悉梦的变形，我们由此追溯到一种精神动因对另一种动因行使的审查制度。梦的移植则是实现这种变形的主要方法之一。从法律上说，就是生效者得利。我们必须假设，梦的移植是由这种审查制度的影响而产生的灵魂防御。①

在梦的形成中，移植、浓缩和多重性决定这些因素相互作用——哪种是主导因素，哪种是次要因素——所有这一切都留待以后再研究。同时，我们可以指出的是，因为进入梦的那些元素必须满足第二个条件，所以它们必须从审查制度的阻力中退出来。但今后在梦的解析中，我们将把梦的移植看成是一种无可非议的事实。

第三节 梦的表现手段

我们发现，在梦的显意转化为隐意时，除了梦的浓缩和移植在起作用，

---

① 因为我把梦的变形和审查制度看成是我的梦理论的中心点，所以我要在这里引用林克斯(Lynkeus)著的《一个现实主义者的幻想》(维也纳，第二版，1900年)中的一个故事《虽梦犹醒》的结尾部分。我发现自己理论的这个主要特点在这里得以再现：

"是一个人具有从来不做荒谬梦的非凡能力……"

"你这种虽梦犹醒的非凡才能，是以你的美德、你的善心、你的正义和你对真理的爱为基础；正是你天性中的道德清晰感，使我对你的一切都能理解。"

回答是："但如果我真的考虑这件事，我几乎相信所有人都和我一样都绝不会做荒谬梦！一个人梦醒后只要能清晰地回忆出来加以叙述，就绝不是一种谵妄梦，总会具有某种意义。哎呀，不可能是其他方面！因为与其本身相矛盾的内容绝不可能合成一个整体。时空常常被彻底打乱，但根本不会从梦的真正内容中转移，因为两者对梦的基本内容没有任何意义。我们常常在清醒生活中做同样的事情；想想童话故事，想想许许多多富有创造力的大胆幻想，想想只有笨蛋才会说：'那是无稽之谈！因为那不可能。'"

"要是总能像你一样把我的梦解析得那样恰当，该多好！"朋友说。

"那肯定不是一件容易事儿，但只要稍微留点心，做梦者一定总能做到。你问为什么这常常不能做到？就你来说，好像你的梦里隐藏有某种事，某种以特殊而得意的方式表现的不洁之事，在你的本性中有某种难以推测的秘密；而这就是为什么你的梦常常显得没有意义或非常荒谬。但从最深层意义来说，这完全不是那回事，因为一个人不管清醒还是做梦，都还是同一个人。"

这次研究过程中，我们还要碰到两个进一步的条件。这两个条件对于选择哪种材料最终出现在梦中，会产生不容争辩的影响。但首先，即使我们冒着似要中断进一步研究的危险，我还是要初步看一下实行解梦的过程。我不否认，要解释清楚这些过程，并让评论家心服口服的最佳方法，就是用一个梦作为例子，详加解析，就像我对爱玛打针梦例的分析（第二章）一样，然后把我发现的梦念集合起来，从中构建梦的形成过程——也就是说，通过梦的合成来补充梦的分析。我曾经根据自己的指示用好几个梦例这样做过。但是，我在这里不能这样做，因为许多因素（和精神材料有关，有必要加以证实）禁止我这样做，任何思想健全的人都会赞成。在梦的分析中，这些因素没有出现多大困难，因为分析可能不完全，但仍保持其价值，即使它只能稍微深入梦的结构。我看，只有完全合成，才能令人信服。我只能把不为读者所知的这些人的梦进行完全合成。然而，因为只有我的心理官能症患者才能提供给我这种合成方法，所以对梦的这部分描述必须暂时搁下，直到我能对心理官能症患者进行精神解释，足以证明它们和我们这个主题的关系。① 这将在另一本著作中完成。

我从综合他们的梦念构建梦的种种尝试中了解到，通过解析得来的材料，价值有所不同。其中一部分是由那些基本梦念组成。如果没有审查制度，那些梦念会完全取代梦，而且自身足以替换。我们对另一部分，则常常认为无足轻重，也无法评价所有这些思想都曾经参与过梦形成的主张。相反，它们可能在梦与解析之间包括一些意念。这些意念和随后出现的梦的体验有关。这部分不仅包括所有从梦的显意导向隐意的连接途径，而且包括在解析工作期间，我们了解到的这些连接途径具有中介和模拟作用的种种联想。

在此，我们只对那些基本梦念感兴趣。这些基本梦念通常作为可能是最复杂结构的思想和记忆的综合物出现，具有我们清醒生活中知道的思想过程的所有特性。它们常常是从一个中心以上开始的几串思想，但并不是没有接触点。我们发现几乎每一串思想都有其矛盾的对立面，通过对比联想而连接。

这种复杂构造的各个部分相互间自然有多种逻辑关系。它们构成前景、背景、离题、说明、情况、论据和异议。当整个这些梦念处在梦工作的压力下时，这些片段会旋转、碎裂、挤压，有点儿像浮冰，问题就会出现：迄今提供结构框架的那些逻辑关系会变得怎么样？“如果”、“因为”、“仿佛”、

① 从那以来，我已经在《癔病的一个分析片段》（斯特雷奇译，《论文选》第三卷，伦敦贺加斯出版社）中发表了两个完整梦的分析和综合。兰克的分析《一个自我解释的梦》值得一提，那是对一个比较长的梦的最完整解析。

“尽管”、“不是……就是” 和其他所有的连词，在我们的梦中是如何表现的呢？如果没有这些连词，我们就无法理解词组或句子吗？

首先，我们必须回答，梦没有任何方法来表现梦念之间的这些逻辑关系。大多数情况下，梦都会忽视所有这些连词，只对梦念的实质内容进行精心制作。要让梦的解析来恢复梦的工作已经破坏的连贯性。

如果梦缺乏表达这些关系的能力，那么构成梦的精神材料肯定是造成这种缺陷的原因。事实上，和能利用言语的诗歌相比，典型艺术——绘画和雕刻同样受到限制。出于同样的理由，两种造型艺术努力表达一些东西确立的材料，在这里也受到了这种限制。在绘画艺术达成决定好的表达原则协议之前，它曾经尝试弥补这种缺陷。在古代绘画中，那些代表人物的口中都挂着一些小小说明，写着画家在图画中无法表达的言语。

此时，也许有人会反对，对我们的梦无法表达逻辑关系的主张提出置疑。有些梦会发生最复杂的理智作用；可以举出相互矛盾的意见，可以开玩笑，也可以进行比较，就像我们清醒时的思想一样。但是，这里的表面现象又靠不住。如果这些梦的解析继续进行下去，会发现所有这些东西都是梦的材料，而不是梦中智力活动的表现。梦念的内容在我们的梦中通过明显的思想得以重现，但不是梦念之间的相互关系，因为这包含在思想的关系定势中。我要举几个这方面的例子。但是，最容易确定的事实是，出现在梦中并明确指明的这所有言语，都是出现在梦材料记忆中的那些没有改变或稍有更改的言语复制品。这种言语常常是暗示包括在梦念中的某个事件；梦的意义则截然不同。

然而，我不会否认，批判性思想活动并不仅仅是梦念材料的重复，而且是在梦的形成中发挥一种作用。我将在结束这个讨论时，解释这个因素的影响。那时就会清楚，这种思想活动并不是由梦念引起，而是由梦本身引起，在某种意义上说，是在梦完成之后。

所以，我们暂时可以同意，梦念之间的逻辑关系，在梦中并没有获得任何特殊的表现。比如，梦中出现一种矛盾，这要么是针对梦本身的一种矛盾，要么是包含在其中一个梦念里的一种矛盾。梦中的矛盾只能以最间接和中间的方式和梦念之间的矛盾相一致。

但是，就像绘画艺术最终成功地用不同于口中挂着小小说明的方式，至少表达了画中人物想用自己的文字表示的意图——柔情、威胁、警告等——所以，梦也有可能找到了一种方式，通过对梦表现的特殊方式加以适当的修改，说明梦念之间的逻辑关系。通过经验会发现，不同的梦在这方面常常不尽相同，有的梦会完全忽视其材料的逻辑结构，有的梦则会努力把它尽可能全地显示出来。这样做，梦有时会大大背离它详细阐述的本题，有时则相差不远。同样，如果在潜意识中建立了梦念的时间连接，梦也会发生相应的变异（比如在爱玛的打针梦里）。

但是，梦的工作通过什么方法能指出梦的材料中难以表现的这些关系呢？我将努力一一列举。

首先，梦通过把这个材料合成一体，作为一种情境或行动，来叙述梦念所有部分之间无可否认存在的联系。它以同步方式再现种种逻辑关系，颇似雅典派或诗人之山的画家把所有哲学家或诗人都画在一起。他们从来没有在任何大厅或山顶聚集过，尽管从思想来看，他们的确会组成一个团体。

梦详细执行这一表现模式。梦无论什么时候呈现两个关系密切的元素，都可以肯定梦念中相应的部分存在一种特别亲密的联系。这就像我们的书写方法：to 表示这两个字母发一个音节。t 和 o 中间如有空隙就表明，t 是一个词的最后字母，o 是另一个词的第一个字母。因此，梦的合成不是由梦材料的反复无常、毫不相干的元素组成，而是由梦念中有相当密切联系的元素组成。

为了表现这种因果关系，我们的梦使用了两种方法，从本质上说可以简化为一种方法。比较常用的表现法在于以从句作为序梦，以主句作为主梦的形式。比如，梦念大意是这样：“因为这是如此如此，所以这个那个一定会发生。”如果我的解析是对的，次序同样可以颠倒。主句总是和梦中最详尽的部分对应。

有一次，一位女患者提供了一个表现梦的因果关系的极好例子。我将在后面全部写出来。梦由简短的序梦、非常广泛的梦和非常明确的中心三部分组成。我也许可以称之为“花的语言”。序梦是这样的：*她走到厨房里的两个佣人身边，斥责她们用了这么长时间准备“一小口食物”。她还看到厨房里一大堆沉甸甸的厨具都颠倒过来，以便空干，甚至堆成了一摞一摞。两个女佣人去提水，似乎还得爬进一条通向房子或流进院子的河。*

接着是主梦，开始是这样的：*她正从以奇特方式构成的棚架高处爬下来。她很高兴自己的衣服没有被勾住，*等等。序梦和她父母亲的房子有关。厨房里说的那些话可能是她常常听到她母亲说的那些话。那一堆堆厨具源自同一座房子里的一家不起眼的五金商店。这个梦的第二部分包含对她父亲的一种暗示，他总是纠缠那些女佣人，有一次发大水时得了不治之症，因为他们的房子靠近河岸。隐藏在序梦背后的思想是这样的：“因为我出生在这座房子里，处在这样肮脏不快的环境……” 主梦继续了同样的思想，而以一种愿望满足的改变方式呈现出：“我出身高贵。”那么，真正的思想则是：“因为我出生这样卑微，所以我的生命过程就这样了。”

据我所知，把梦分成两个不相等的部分，并不总是意味着这两部分的思想之间存在一种因果关系。好像同样的材料常常以不同观点出现在这两个梦中。当天晚上做的一系列最终以射精而结束的梦的确就是这样，肉体的需要越来越得到明确表现。或者，这两个梦发生于梦材料中两个不同的中心，它们在内容上相互重叠，因此在一个梦表现为中心的主题，在另一梦中则是一种暗示，反之亦然。但是，在许多梦中，分为短暂的序梦和长续梦确实表示这两部分之间存在因果关系。另一个表现因果关系的方法则采用较少的综合材料，把梦中的一个影像（无论是人还是物）变成另一个影像。只有出现梦中的这种转变确实发生眼前，我们才会认真考虑其因果关系，而不是仅仅注意一种东西代替另一种东西。我曾经说过，这两种表现因果关系的方法确实可以简化为同一种方法。在这两种情况下，因果关系是通过前后顺序来表现的，有时是通过梦的前后顺序，有时是通过一种影像直接转变为另一种影像。在大多数梦例中，肯定没有表现出这种因果关系，而是冲淡在梦过程中无法避免的一连串元素之间。

梦无法表现“不是……就是”这种选择。这种选择的两个部分常常插入梦的前后关系中，好像它们都具有平等的权利待在那里。爱玛的打针梦中包含的就是这样一个经典例子。它的隐意显然意味着：我不会为爱玛的持续痛苦负责。责任在于要么她拒绝接受治疗，要么在于她过着不合适的性生活，这我无法改变，要么在于她的痛苦根本不是癔病，而是器质性。然而，这个梦实现了所有这些可能。它们几乎都是相互排斥，而且完全乐意根据梦的愿望加上第四种解决方法。解析完这个梦后，我把“不是……就是”插入到了梦念的前后关系中。

但是，在叙述一个梦时，叙述者倾向于采用不是……就是这种选择方式：“这不是花园，就是客厅”，等等。梦念中其实没有选择，只要“和”——是一个简单的附加。我们使用不是……就是时，通常是描述梦的某个元素中的一种含糊性，却是一种仍可消除的含糊性。在这种情况下，应用原则如下：对选择中的两个部分同等看待，通过“和”来连接。比如，有一次，我的朋友在意大利旅行。我等了好长时间也没有等到他的地址。我梦见自己收到了他给我地址的一份电报。我看到是用蓝色字母印在电报纸上：第一个词模糊不清——也许是 via（经由）

或者是 villa（别墅）；第二个词 Sezerno，

或者是 Casa（房子）。

第二个词使我想起了意大利的人名和我们讨论的词源学，也表达了我对朋友住址保密这一事实的恼怒。但是，在分析后，前三个词的每个词都可能被看成是各自独立，同样有理由作为一串思想的起点。

在父亲葬礼前那天夜里，我梦见了一张印刷的布告、卡片或海报，颇似火车站候车室里贴的那些禁止吸烟的启事。上面要么写着：

请你闭上两只眼睛
或者是
请你闭上一只眼睛

我常常把这种选择以下列形式表现出来：

　　两只
请你闭上　　眼睛。
　　一只

这两种写法各有特殊的意思，在解梦时会引向不同途径。我曾经布置了可能最简单的葬礼，因为我知道父亲对这种事的看法。然而，家里其他成员都不赞成这种清教徒式的简单葬礼。他们认为，我们会在其他参加葬礼的人面前感到羞愧。因此，梦中就出现了其中一句话，要求“闭上一只眼睛”，也就是它要求人们应该给予体谅。我们在这里对“不是……就是”表现的模糊意义一目了然。梦的工作无法为梦念编造一种连贯一致、却模棱两可的措辞。因此，这两串主要思想即使在梦的显意中也互相独立。

在有些梦例中，把梦分成相等的两部分，表达了梦很难表现出这种选择。

梦对这种对立和矛盾的态度非常鲜明。它对这种对立和矛盾毫不理睬。对梦来说，“不”这个词似乎不存在。梦特别喜欢把对立的东西变为一致的东西，或者把它们表现为同一事物。梦同样会随意通过它想达到的对立面，来表现任何元素。因此，不可能一开始就断定，对任何具有对立面的元素来说，包含在梦念中的元素是正面还是反面的意义。[①] 在最近引用的一个梦里，我们已经解析过它的序言部分（“因为我的出身是如此如此”），做梦者从棚架上爬下来，手里握着开花的树枝。因为这个景象使她想起了那个手持百合花茎向圣母玛利亚（她自己的名字叫玛利亚）报喜说耶稣诞生的画像中的天使，也使她想起了圣体节那天那些列队走过的身穿白袍的少女，当时那些街道都装饰着翠绿的大树枝。梦中鲜花盛开的树枝，显然是暗示性的清白。但是，枝条上长满了红花，每一朵看上去都像是山茶花。她走到终点时（梦还在这样继续），那些花已经在纷纷落下；随后，无疑是暗示月经。但是，就是这个树枝，仿佛是由一个天真无邪的少女像百合花茎一样拿着，同时也是暗指茶花女。我们知道，她常常戴着一朵白色山茶花，但月经期间则戴着一朵红色山茶花。同样鲜花盛开的树枝（歌德的磨房的女儿歌集中的《少女之花》）同时象征性的清白和它的反面。此外，同样的梦表现了做梦者对她清白度过一生的快乐，也在好几处（如鲜花的坠落）暗示了相反的联想，也就是说，她为自己违背性的纯洁犯的种种罪过而内疚（那是在她的童年）。在分析梦时，我们可以清楚地辨别这两种联想，自我安慰的那个联想似乎非常肤浅，自我责备的那个联想比较深刻。这两种联想相互对立，它们相似而又相反的元素通过同样的梦的显意表现出来。

梦的形成机制最赞成的逻辑关系只有一种。这种关系就是相似、一致、接近的关系，“恰似”的关系。这种关系和其他不一样，在我们的梦中可以各种不同的方式表现。梦材料中出现的“屏隔”或“恰似”情形是支持梦形成的要点，而梦工作的大部分在于造成了这种新的“屏隔”现象，这都是因为受到审查制度的抵抗不能进入梦中的那些已经存在的梦念。梦工作的浓缩努力促进了相似关系的表现。

相似、一致、共性，一般在梦中都表现为统一，这要么早就存在于梦材料中，要么新创造出来。第一种情形可以称为认同作用，第二种则称为合成作用。认同作用是用在和人有关的梦上，合成作用则用在事物的统一上。而合成作用也由人组成。地点常常被当成人一样对待。

认同作用在于，就梦来说，只有一个和某种共同特征有关的人才能表现在显梦中，第二个人或其他人则似乎受到抑制。在梦中，这种“屏隔”的人进入所有

---

① 从K. 阿贝尔（K. Abel）的《原始词的对偶意义》（1884年，参看我的评论）我得知了这个惊人的事实——这也得到了其他语言学家进一步证实——即最古老的语言和梦的行为非常相似。他们原先只用一个词来描述一系列性质或活动的两个极端（强—弱、老—少、远—近、合—分），然后仅仅稍微更改共同的原始词，便构成了两个对立面的各自名称。阿贝尔论证了古埃及语中存在着非常多的类似对立关系，而在闪族语和印度日耳曼语中同样也可发现明显的痕迹。

的关系和情境中，这些关系和情景源自他屏隔的那些人。然而，对合成作用来说，当几个人组合时，在梦象特征中就已经有了各人的特性，而不是共同特性，因此这些特征结合的结果就出现了一个新统一体、一个合成人。这种合成本身可以不同方式实现。要么梦中人具有他提到的一个人的名字——在这种情况下，我们完全知道，这种方式和清醒生活中的认识完全一样，这个人或那个人正是我们要的人，而外貌特征却属于另一个人；要么，梦象本身实际上是由两个人的外貌特征混合而成。同时，第二个人扮演的角色也可以不在外貌特征上，而是通过我们通常赋予他的姿态、手势、言语或他所处的种种情境表现出来。在这人物塑造的后一种方法中，人物的认同作用与合成作用之间的明显区别开始渐渐消失。但是，也可能会发生这样一个合成人的形成遭到失败的情况。梦中的情境或行动这时会归于其中一个人，而另一个人——通常更重要——则作为一个暂停不用的旁观者。也许做梦者会说："我的母亲也到过那里"（斯特克尔）。因此，显梦的这种元素类似于象形文字手稿中的一个限定词，它不是想表达，而仅仅是来解释另一种象征。

证明两个人结合——即，能使之结合的——共同特征要么可以表现在梦中，要么可以不在梦中。通常，对人的认同作用或合成作用，是为了避免表现这种共同特征。为了不说："甲对我有恶意，乙对我也有恶意，"我就在梦中制造了甲和乙的一个合成人；或者是设想甲在做不同于他的性格而是乙特有的事情。这样获得的梦中人就以某种新的关系出现在梦中。而他象征甲和乙的这个事实，使我解梦时在适当地方插入两人共有的特征——他们对我的敌意。我用这种方法常常达到显梦的一种非同寻常的浓缩作用。如果我能在第二个人身上找到他具有其中相等的某些关系，那我就能省去直接表现属于一个人的那些错综复杂的关系。不难理解，这种通过认同作用表现的方法，可以多么有效地回避审查制度为梦工作设置的这些苛刻条件带来的阻力。违反审查制度的事情也许属于梦材料中某个人的特定意念。我现在要找第二个人，他也和这个引起反对的材料有关，但只是其中一部分。在这一点违反审查制度的联系，现在使我有理由利用各自无关紧要的特征构成一个合成人。这个由认同作用或合成作用产生的人免除审查，现在适合进入显梦。因此，利用梦的浓缩作用，我已经满足了梦的审查制度的那些要求。

当两个人的共同特征表现在梦中时，这常常暗示着去寻找另一个隐藏的共同特征，因为审查制度而无法表现。此时，共同特征移植已经出现，这在某种程度上促进了表现。从梦中合成人都具有无关紧要的共同特征这个情况，我必须推断，梦念中一定还存在一个决非无关紧要的共同特征。

因此，对人的认同作用或合成作用在我们的梦中为不同的目的服务。首先，它代表两个人之间的一种共同特征；其次，它代表一种移植的共同特征；其三，它明确代表了一种仅仅期望的一类共同特征。因为期望两个人具有共同特征的心愿常常和这两人的相互交换一致，所以这种关系也通过认同作用表现在梦中。在爱玛的打针梦中，我希望把一个患者和另一个患者进行交换——也就是说，我希望另一个人像前一个人那样做我的患者。梦处理这个愿望时给了我一个名叫爱玛的人，但她被诊察时所处的位置却是我曾经见过的另一个人所占的位置。在有关我叔叔的梦里，这种交换成了梦的中心。我通过不公地评判和对待自己的同事而以部长自居。

这曾经是我的经验——而且，我毫无例外地发现，每个梦都涉及做梦者自己。梦完全是以自我为中心。[①] 在不是自我，而仅仅是一个陌生人出现在显梦中的情况下，我可以有把握地说，通过认同作用，我的自我隐藏在那个人的背后。这就允许我来补充我的自我。在其他情况下，当我的自我出现在梦中时，所处的情境会告诉我，另一个人依靠认同作用把自己隐藏在自我的背后。因此，在解析时，我一定要把和这个人有关的东西——隐藏的共同特征——转移到我自己身上。还有的梦，本人的自我和其他人一块出现，当认同作用解决后，又会自动出现，成为本人的自我。因此，通过这些认同作用，我必须得和审查制度曾经反对的自我的某些意念相互联系。我也可以在梦中让自我多重表现，要么直接表现，要么依靠和别人的认同作用表现。通过好几次这样的认同作用，非常多的梦材料就可以得到浓缩。[②] 一个人的自我会在同一个梦中若干次或以不同方式出现，这和自我在神志清醒的思想中出现多次，出现于不同地点或不同关系中一样，根本不足为奇。比如，在这个句子中：“当*我*想到*我*曾经是一个多么健康的孩子。”

地点名称的认同作用要比人的情况更容易分析，因为此处没有强大自我的干扰影响。在我有关罗马的一个梦里（参看第五章第二节），我发现自己所在地方的名字叫罗马。然而，我对一个街角有大量德文布告感到吃惊。这后一点是一种愿望满足，马上使我想起了布拉格。愿望本身也许源自我的青年时代。当时，我充满了德国民族主义精神，如今已经相当减弱了。在做这个梦时，我正盼望着会见在布拉格的一位朋友。所以，罗马和布拉格的认同作用通过一种渴望的共同特征加以解释。我宁愿在罗马也不愿在布拉格会见

---

① 参看第五章所作的观察。

② 如果不知道要在梦中出现的哪个人背后去寻找我的自我，我就遵循下列规则：梦中那个具有我睡着时经历情感的人就是隐藏我的自我的人。

我的朋友。为了这次会见，我愿意把布拉格换成罗马。

创造这合成结构的可能性是在梦中常常表现幻想特征的主要因素之一，因为它在显梦中引进了一种从来不能是感官对象的显梦元素。这种创造合成影像的精神过程，显然和在清醒感觉时的想象或描绘恐龙或半人半马怪兽有共同之处。唯一不同的是，在清醒生活的幻想创造中，预期印象是自身的决定因素，梦中合成的影像则是由一种因素——梦念中的共同特征——决定，它不依赖于其形式。梦中合成可以有好多种不同的方法去完成。最朴实的方法莫过于表现一种事物的那些特性。这种表现通过对另一种事物的认识加以补充。一种更精细的技巧将一种物体的特征与另一种物体的特征合成了新的影像，这样巧妙利用了两种物体之间确实存在的任何相似之处。新的产物最终证明也许会荒谬绝伦，也许会是成功的想象，这要依据在构想时采用的材料和机智而定。如果那些浓缩成一个元素的物体太不一致，梦的工作则满足于创造一个具有比较明显核心的合成物，但要附在一些比较模糊的变体上。统一成一个影像的过程在某种程度上没有取得成功。这两种表现互相交叠，引起了那些视觉意象之间相互竞争的某种东西。如果试图在绘画上对完全不同的感性意象形成统一的抽象概念，就会获得相似的表现。

梦自然有大量这样的合成组合；我在已经分析过的梦中曾经举了好几个这样的例子，现在还要引用更多这样的例子。在本章前面以“花的语言”描述我的患者的生命过程中，梦中的自我手里握着开花的枝条，我们已经知道，这同时意味着性的清白和性的罪恶。此外，那些花朵排列的样子使人想起了樱花。逐一来看，这些花是山茶花，而给做梦者的整体印象则是一种珍奇植物。这个合成物元素中的共同特征通过梦念显示出来。开花的枝条由对礼物的各种暗示组成，因为她受到这些礼物的引诱或不得不受到引诱，对送礼者表现出一种和蔼可亲的样子。因此，她童年得到的是樱桃，后来的岁月得到的是山茶花树。那个奇异特征暗示一位到处旅行的博物学家，他试图通过画一朵花来赢得她的青睐。另一个女患者梦见了海滨度假胜地游泳更衣车、乡村室外厕所和我们城市住宅顶楼之间的一个合成建筑。前两个元素的共同点是针对人的裸体和暴露。我们可以从它们和第三种元素的关系中推断出，（她童年时）顶楼同样也是身体暴露的情景。一位男性做梦者梦见了他接受“治疗”的两个地方的合成地点——我的诊所和他最初认识妻子的那些会议室。还有一个女患者在她哥哥答应请她吃一顿鱼子酱后，梦见哥哥的腿上沾满了鱼子酱的黑色颗粒。这两种道德意义上的“感染”元素和她童年患过皮疹（这使她的双腿好像布满了红色斑点，而不是黑色斑点）的回忆，在这里和鱼子酱的颗粒组合成一个新概念——“她从哥哥那里得到东西”的概念。这个梦像其他梦一样，人体的各个部分被当成物体来看待。在费伦齐记录的一个梦里，梦中出现的合成影像由一名医生和一匹马组成，而且这个合成人穿着睡衣。做梦者承认睡衣暗指她小时候看到父亲的一幕情景后，这三个元素的共同特征在分析时就解释清楚了。这三种情况中每一个都是她性好奇的某个对象。她小时候，保姆经常带她去军马场，她在那里有许多机会来满足她还没有受到压抑的好奇心。

我已经说过，梦没有办法表达矛盾、对比、否定的关系。我现在要第一次反驳这种主张。我们已经看到，归属在“相反”名下的一组梦，仅仅是通过认同作用进行表现——也就是，交换、代替能和“对比”联系在一起。对于这一点，我们已经反复举过例子。另一类在梦念中对比观念，也许可以归属到“颠倒的、刚好相反的”名下，以下面明显的方式表现在梦中，几乎可以称为机智。这个“颠倒”并不直接进入显梦，而是在梦材料中表明其存在。由于其他原因，一部分已经形成、与前后关系密切相关的显梦发生了倒置，仿佛是事后发生的。举例说明这个过程比描述这个过程要容易。在“上和下”的美梦里（本章第一节），表现向上的梦是梦念中原型的一种倒置：也就是，这和都德的《萨福》中的情景相反；在梦中，向上爬开始困难，后来容易，而在小说里则是开始容易，后来越来越难。另外，和做梦者哥哥有关的“楼上”和“楼下”在梦中也是颠倒的。这指出了在梦念中材料的两部分之间存在一种颠倒和对比的关系；我们确实发现其中存在这种关系，因为在做梦者幼稚的幻想中，他是由保姆抱着，而在小说中则恰恰相反，是主人公抱着他的心上人。我对歌德抨击M先生的梦（后文将会引用）同样包含这种颠倒。在解析这个梦之前，必须使其恢复原状。在这个梦里，歌德抨击一位年轻人——M先生；梦念中包含的真实情况则是一位名人——我的一位朋友——受到了一个不知名的年轻作者的抨击。在这个梦中，我根据歌德死亡的日期计算时间，实际上是从瘫痪患者出生那年算起。影响梦材料的思想表现为我反对歌德被当成疯子一样对待。梦说：“恰恰相反，如果你不明白这本书，那是你迟钝，而不是作者。”此外，在我看来，所有这些颠倒的梦都隐含着“避开某个人”的轻蔑用语。（参看有关萨福的梦中，做梦者兄弟关系的颠倒）。值得进一步注意的是，那些梦中常常使用颠倒手法。这些梦是由压抑的同性恋冲动引起。

此外，颠倒或转向反面是梦工作使用过程中最喜欢、最通用的表现方法之一。首先，它能表达和梦念某个特定元素有关的愿望满足。“如果这是相反的情况该多好！”是自我对一段不愉快记忆作出反应的最好表达方法。但是，颠倒在审查制度中进行的服务特别有用，因为它对有待表现的材料产生某种程度的变形，这种变形起初仅仅是麻痹我们对梦的理解。因此，如果一个梦执意拒绝显示其意义，那么，对显意中的特定部分大胆进行实验性颠倒，总会得到允许。随后，一切都会变得清晰。

除了内容颠倒，时间颠倒不容忽视，梦变形常见的方法在于把事情的结局或思路的结论放在梦的开始，而把结论的前提或事情的原因附加在梦的结尾。凡是忘记梦变形采用的这个技巧手段的人，都会在解梦问题面前无能为力①。

其实，在许多梦例中，只有根据不同关系将显梦进行多重倒置时，我们才会发现梦的意义。比如，在一个患强迫性神经症的年轻患者的梦里，童年就希望可怕的父亲死亡的记忆藏在下面这些话的背后：他的父亲之所以责骂他，是因为他回家晚了，但心理分析治疗的前后关系和做梦者的印象表明，这句话一定是这样：他生父亲的气。此外，他的父亲总是回家太早（也就是太快）。他宁愿父亲根本不回来，这和他希望父亲死去（参看第五章第四节）是一样的。小时候，在父亲长期不在家时，做梦者为自己对另一个孩子性侵犯而内疚，并受到威胁说：“等你父亲回来再说！”

如果我们试图进一步探索显梦和梦念之间的关系，我们最好把梦作为出发点，然后问自己：梦中表现方法的某些形式特征和梦念有什么关系？在梦里肯定要给我们留下深刻印象的形式特征中，首要的是，各个梦象感觉强度的差异，以及梦中各个不同部分或整个梦相互比较的清晰度的差异。各种梦象的强度差异包括，从倾向认为高于现实的清晰度——尽管没有正当理由，到我们断言梦特征出现的令人恼火的模糊性，因为这和我们在真实物体中偶尔感知的任何模糊度确实无法完全比拟。我们常常把梦中对模糊物体的印象说成是“转瞬即逝”，认为对那些更清晰的梦象感知的时间较长。我们现在必须问自己，显梦中各个部分的清晰度是由梦材料中的什么条件产生的。

在进一步着手之前，有必要处理看似不可避免的某些预期。因为睡眠期间经历的实际感觉可能构成了梦材料的一部分，所以也许有人会这样假设，

① 癔病发作常常采用同样的时间颠倒的方法，以便对观察者隐藏其意义。比如，一个癔病女孩在发作时想表现一点浪漫，她在潜意识中想象这和她在有轨电车里的一次邂逅相遇有关。她正在看书时，一个被她的美足吸引的男人和她说话。于是，她和他同行，接着就发生了一场热烈的恋爱场面。她的发作开始时以身体的扭动来表现这个场面，同时伴随有嘴唇动作和两臂交叠，表示接吻和拥抱。于是，她匆匆跑进隔壁房间，在椅子上坐下，提起裙子，露出一只脚，装作要看书的样子，同时和我说话（回答我）。参看阿尔特米多鲁斯的观察意见：“在解析梦的故事时，必须首先从头到尾，然后再从尾到头加以考虑。”

认为这些感觉或源自这些感觉的梦元素是由一种特殊强度加以强调，或者反过来说，梦中特别鲜明的东西可能追溯到睡觉期间的那种真正感觉。然而，我的经验从来没有进一步证实过这一点。由睡眠时感知的真实印象（神经刺激）派生出的梦中那些元素和基于记忆的其他元素，是通过特殊的清晰性加以区别，这并非事实。在决定梦象的强度上，现实因素不起作用。

此外，可以预见，单一梦象的感觉强度（鲜明度）和梦念中相应元素的精神强度可能成比例。在后者当中，精神强度和精神价值一样；强度最大的元素实际上是最重要的，这构成了梦念的中心点。然而，我们知道，正是这些元素由于审查制度的警戒常常无法进入显梦。尽管如此，也许它们在梦中的最直接派生物可以达到较大强度，但不会因此成为梦表现的中心点。我们一比较梦和梦材料，这种设想也就会消失。这方面的元素强度和那方面的元素强度毫不相干。事实上，梦材料和梦之间发生了一种彻头彻尾的“所有精神价值的重新评估”。我们常常发现在被更有力的意象掩盖的梦中，完全支配梦念的直接派生物仅仅表现为短暂模糊的因素。

梦中元素的强度最终证明是以一种不同方式决定，也就是由相互独立的两个因素决定。不难理解，表达愿望满足的那些元素都是强烈表现的元素。但是，分析告诉我们，梦中那些最鲜明的元素是联想最大的出发点，那些最鲜明的元素同时也是那些决定效果最好的元素。如果我们用下列方式表达这后一种经验性命题，其意义绝不会改变：在梦的形成中，表现强度最大的是需要大量浓缩作用的那些梦元素。所以，我们也许可以期望，可能用一个单一公式来表达这种情形和愿望满足的其他情形。

我必须发出警告，我一直在考虑的那个问题——梦中单一元素的强度大小或清晰度强弱的原因——不能和另一个问题——整个梦或梦各段清晰度的变化混在一起。在前一种情形里，清晰度是模糊度的对立面；在后一种情形里，清晰度是紊乱的对立面。当然，不可否认，在两种尺度中，两种强度升降一致。在我们看来，一段清晰梦常常包含鲜明的元素；相反，一段模糊梦则由不太鲜明的元素组成。但是，清晰度提供的从清晰到模糊或混乱这一尺度问题，远比梦元素鲜明性波动的问题复杂。因为后面将要提到的理由，所以前一个问题不能在这一阶段进一步讨论。在一些独立梦例中，我们不无吃惊地观察到，梦产生的清晰印象或模糊印象和梦的结构没有关系，而是源自梦材料，成为其中的一个因素。比如，我记得一个梦，醒来时，这个梦似乎在我的脑海里完美无缺，条理清晰，结构特别完好，当时我处在似睡非睡的状态，想导入一种新梦——那些梦不受浓缩和变形机制的影响，因此可以说成是"睡眠期间的幻想"。然而，靠近观察，证明这种不同寻常的梦像其他所有梦一样具有同样的结构缺陷和漏洞。因此，我就放弃了"梦的幻想"这个分类的想法。[①] 变为最低项的显梦是我正向一位朋友解释一个长期寻求的艰难两性论；而梦的愿望满足力量是促成这个理论（顺便说一下，它没有传到梦中）显得如此清晰和完美无缺这个事实的原因。所以，我认为，"梦是完整的"这一判断是显梦的一部分，而且确实是最基本的部分。在这里，梦的工作好像伸入了我刚刚清醒时的思想，以对梦的判断方式向我呈现出梦材料的那部分，是在梦中没有成功表现出来的梦材料。有一次，在分析一位女患者的梦时，我遇到了和这个梦完全相似的情况。起初，她完全拒绝叙述一个对分析很有必要的梦，"因为那非常模糊和混乱，"在她反复断言自己的描述不准之后，她终于告诉我说，好像有好几个人——她自己、她的丈夫和她的父亲——出现在了她的梦中。她不知道她的丈夫是否是她的父亲，或者她的父亲到底是谁诸如此类的问题。比较这个梦和分析时产生的联想，毫无疑问证明，这是一个女仆常见的故事。女仆不得不承认她怀上了孩子，却拿不准"孩子的父亲到底是谁"。[②] 所以，这个梦显示的朦胧又是梦刺激材料的一部分。这个材料的一个片段是以梦的形式表现出来。梦的形式或做梦的形式以惊人的频率表现隐藏的内容。

梦的注解，以及看似无害的评论，常常是用来掩饰以最微妙的方式出现在梦中的部分，尽管实际上不自觉露了出来。比如，做梦者说：此处，梦已经被擦掉。而分析则引出了一段童年的回忆。他大便后，在听一个给他擦屁股的人说话。还有一个例子，值得详细记录：一个小伙子做了一个非常清晰的梦，这使他想起了自己仍然记得的童年幻想。他梦见自己在一个季节度假胜地的旅馆里，时间是夜里，他记错了房门号码，走进了一个房间。房间里有一位已过中年的女士和两个女儿正在脱衣就寝。他接着说："随后，梦出现了一些缝隙。少了一些东西。最后，房间里出现一个男人。他想把我撵出去，我就和他搏斗起来。"他对梦明显暗示的童年幻想的内容和意图百思不解。但是，我们最后意识到，他需要的内容在他叙述梦的模糊部分时已经说了出来。那些"缝隙"是那些要就寝的女人们的外阴部："少了某些东西"则是描述女性生殖器的主要特征。年少时，他对想看到女性生殖器官有强烈的好奇心，同时仍坚持幼儿性理论，认为女人具有男性器官。

另一个人对梦的回忆呈现出了一种非常相似的形式。他做的梦是：我和K小

① 我今天都不知道这样做是否有道理。

② 伴随癔病症状、没有月经和极度沮丧是这个患者的主要疾病。

姐一起走进公园餐厅……然后是一个模糊地方，发生了中断……接着，我发现自己在一家妓院的客厅。我在那里看到有两三个女人，其中一个穿着内衣和内裤。

分析：K小姐是他前任老板的女儿。他自己承认，她是妹妹的替身。他很少有机会和她谈话，但他们曾经有过一次谈话，谈话中“我认清了自己的性特征，似乎是要这么说：我是男的，你是女的。”他只到过上面提到的那家餐厅一次。当时，姐夫的妹妹陪着他，那是他完全不感兴趣的一个女孩。还有一次，他陪三位女士走到那家餐厅门口。那三位女士是他的妹妹、表妹和曾经提到的那个女孩。他对这三个人都完全不感兴趣，但她们都是“妹妹辈”。他很少逛妓院，一生大概逛过两三次。

中断——梦中的“中断”，是以“模糊地方”为基础，并告诉我们说，有时，实际上只是很少时候，他被自己童年的好奇心迷住，曾经查看过比他小几岁的妹妹的生殖器。几天后，显示在梦中的不端行为又回到了他有意识的记忆中。

同一晚上发生的所有显梦都属于同一整体；它们分成的好几部分、它们的分组和数字都充满意义，可以被看成是隐藏梦念的几条消息。在解析包含好几种主要部分的梦或同一晚上发生的梦时，我们一定不要忽视这种可能性，那就是这些各不相同、连续发生的梦意味着相同的事情，同时以不同的材料表达同样的冲动。这些同源梦常常首先是最变形、最羞怯，而下一个梦则更大胆、更明显。

就连圣经中约瑟夫（Joseph）解析的法老王做的耳穗和母牛的梦也属于这类。《古犹太史》作者约瑟夫斯（Joseph）报告的比《圣经》上的更详细。叙述完第一个梦之后，法老王说：“看到这个景象后，我从睡梦中醒来。随后，在杂乱无章中，我暗自考虑这个梦象应该是什么意思时，又倒头睡去，接着看到了远比前一个梦惊人的梦，这更使我惊恐不安。”听完法老王对梦的叙述后，约瑟夫说：“啊，国王，这个梦看上去虽然是两种方式，但表示的却是同一件事。”[①]

荣格在《谣言心理学论》中讲到，一个女生隐瞒的色情梦如何未经解析就被她的朋友们心领神会，以及这个梦如何进一步发生变异。对于叙述的其中一个梦，他评论说：“一长串梦象的最后思想正好和该系列中第一个影像尽力表达的内容一样。审查制度通过不断补充象征审查、移植、转化，变成无害东西等，尽可能远地离开这个情结。”施尔纳对梦表现的这种特性非常熟

---

① 约瑟夫斯（Josephus）《古犹太史》第二卷第五章。

悉，在他的《梦的生活》中按照附录中的一条特殊定律，把它和他的器官刺激理论连在一起：“但最后，在源自一定神经刺激物的所有象征性梦的构造中，幻想都遵循这个总规律：梦开始时，只是通过最遥远、最自由的暗示来描绘刺激性的对象。而当快结束、图像刺激耗尽时，刺激物本身就由其适当的器官或其功能赤裸裸地表现出来。因此，梦在描述其器官动机时，就达到了目标……”

奥托·兰克在他的文章《自动显示的梦》中为施尔纳的这条定律提供了贴切的证明。一个女孩向他叙述的这个梦包括同一天夜里的两个梦，中间隔了一段时间，第二个梦以达到性欲高潮而结束。尽管做梦者提供的想法不多，但也能详细解析这个性欲高潮的梦。两个显梦之间的大量联系可以认清，第一个梦以羞怯语言表达了和第二个梦一样的内容。因此，这第二个达到性欲高潮的梦促进了对第一个梦的完整解释。从这个梦例，兰克恰如其分地证明了性欲高潮梦对梦理论的普遍意义。

但是，根据我的经验，人们只是很少能把梦的清晰或混乱分别变成梦材料中的确定或疑问。稍后，我必须得揭示在梦的形成中至今还没有提到的一个因素，梦中的这个定性尺度本质上是依赖它的作用。

在许多梦中，某种情形和环境会持续一段时间，出现中断，这可以用下列话进行描述：“不过，好像同时在另一个地方又发生了这样一件事。”在这些情况下，中断梦的主要行动过一会儿可以再次继续，在梦材料中作为从句自己出现——一个插入的思想。梦念中的条件从句是通过显梦中的同时性来表现（wenn or wann ＝ if or when，while）。

我们现在也许可以问：那个在梦中常常出现，并非常贴近焦虑的抑制运动感觉是什么意思呢？一个人想移动，却无法从原地移动；或者是想取得什么，却遭遇一个又一个障碍。火车正要启动，而一个人却无法赶上。一个人举起一只手想为受到的侮辱报仇，却发现无能为力，等等。我们曾经在暴露梦中遇到过这种感觉，但至今还没有认真尝试去解析它。一个简便却不合格的回答是，睡眠时出现运动麻痹，这通过暗指的那种感觉自己出现。我们也许会问：那么，为什么我们不能持续梦见这种抑制运动呢？我们也许可以合理猜想，这种在睡眠期间随时出现的感觉会为表现的某种目的服务，而且只有梦材料需要这样表现时才会唤起。

“没有能力做事”并不总是以这种感觉出现在梦中，可能只是作为显梦的一部分出现。我认为，其中一个这样的例子特别适合向我们说明这种特性的意义。我要提供一个梦的节录，在梦里我似乎因诚实而被指控。这个地点是私人疗养院和好几个其他地方的混合物。一位男仆出现，传唤我去受审。我知道，在这梦里某些东西不见了，之所以发生审问，是因为我被怀疑盗用了丢失的物品。分析表明，审问有两种意义，包括体格检查的意义。因为我知道自己无罪，而且又担任这家疗养院的顾问，所以我就平静地跟着仆人走。在门口，我们受到了另一位仆人的接待。他指着我说："你带他来的吗？哎呀，他可是一位值得尊敬的人。"于是，我独自走进一个大厅，大厅里有许多机械。这使我想起了带有可怕刑具的地狱。我看到一位同事被捆在一个器具上。尽管他有各种理由对我的出现感兴趣，但他却对我毫不注意。我明白我现在可以走了。这时，我找不到了自己的帽子，而且根本无法走。

梦满足的愿望显然是"我的诚实将得到公认，可以允许走人"这个愿望。因此，梦念中必定有和这个愿望矛盾的各种材料。"我可以走了"这个事实是对我赦免的标志。因此，如果在梦的结尾出现一件事阻止我离开，我们也许就不难推断，那个受到压抑的矛盾材料正在这种特征中显示自己的权威。所以，"我找不到帽子"就意味着："你终究不是一个诚实的人。""梦里的没有能力做事"是表达一种矛盾、一种"否定"，所以我们早期的主张——大意是梦无法表达否定——必须作出相应修改。①

在其他梦中，出现的没有能力做事不仅是一种情境，而且是一种感觉。这种压抑运动感觉是同一矛盾的一种更有力的表达或反意志反对的一种意志。因此，压抑运动感觉代表一种意志的冲突。我们以后将会看到，睡眠期间这种运动麻痹是做梦期间精神程序的基本条件之一。此时，传达给运动神经的一种冲动不是其他，正是意志；而且我们确信，冲动将会在睡眠中受到抑制这个事实，使整个过程特别适合于代表意志和与其对立的"否定"。从我对焦虑的解释，不难理解，为什么抑制意志的感觉那样贴近焦虑，为什么在梦中常常和焦虑连在一起。焦虑是一种原欲冲动，源自潜意识并受到前意识的抑制。② 因此，当梦中的抑制感觉由焦虑相伴时，这个梦一定和某一时间能够引起原欲的意志力有关，一定有性冲动。

至于梦中常常表达的"当然，这只是一个梦"的判断和可能所属的精神

---

① 在全部分析中，通过下列联想，出现了和童年有关的一件事："摩尔人已经完成了自己的义务，摩尔人可以走了。"接着是这样一个滑稽的问题："摩尔人完成自己的义务时几岁了？""一岁，这时他可以走（路）了。"［据说，我生下来时就有好多鬈曲的黑发，所以我年轻的母亲称我为小摩尔人］"我找不到帽子"这个事实是白天经历的一件事，具有各种不同的意义。我们的仆人是一个藏东西的天才，是她把帽子藏了起来。这个梦的结尾也隐藏了对死亡忧郁思想的排斥："我几乎还没有完成自己的义务；我还不能走。"这个梦涉及到了生与死，就像我不久前梦见歌德和瘫痪患者一样。

② 这个理论和更新近的一些观点不一致。

力量，我稍后还要讨论。我暂时仅仅会说，它们是想贬低所梦见东西的重要性。和这个有关的有趣问题，就是梦中有些内容在梦里表现的特征有什么意义——这个梦中梦之谜——已经被 W · 斯特克尔在分析一些令人信服的梦例后解开。这里的意图也是为了贬低梦里梦见事物的价值，剥夺其真实性。从梦中梦醒来后，做梦者继续做梦，这是梦愿望渴望代替被删除的真实性。所以，可以设想，梦见的部分包含真实的代表、真实的回忆；另一方面，延续的梦代表的仅仅是做梦者的愿望。因此，梦中梦包含的某种内容等于希望被称为梦的东西从来没有出现过。换句话说，当一个特殊事件通过梦的工作表现在梦中时，这表示对这个事件真实性的最有力的证实，是对这个事件最有力的肯定。梦的工作利用梦本身作为一种否认方式，从而证实梦是愿望满足这个理论。

第四节　表现力的考虑

迄今为止，我们研究的是我们的梦表现梦念之间关系的方法，但我们常常把探究延伸到梦材料自身为了梦的形成发生改变这样更深的问题。我们现在知道，梦材料被剥离了许多关系后，还要经过压缩，同时各元素强度之间的移植迫使这种材料进行精神的重新评估。我们曾经考虑过的移植作用，表明是将一个特殊意念和另一个通过联想在某种方式上与原物有关的意念进行交换，这些移植促成了浓缩作用，因为以这种方式，一个介于二者之间的元素而不是两个元素就会进入梦境。迄今为止，从来没有提到其他任何的移植作用。但是，我们从分析知道，另一种移植作用不会发生，而且表现为讨论的思想在语言表达上的交换。在这两种情况下，我们是顺着一连串联想处理移植作用，但同样的过程发生在不同的精神领域，移植的结果在其中情况下是一种元素代替了另一种元素，而在另一种情况下一种元素的语言形式交换另一种元素的语言形式。

发生在梦形成中的这第二种移植作用，不仅在理论上具有极大的吸引力，而且特别适合解释梦伪装的极其荒谬的外表。移植作用常常以这样一种方式发生，梦念中的无色抽象表达交换为图画和具体表达。这种置换的长处和目的显而易见。无论什么形象化的东西都可以表现在梦中，并能被引入一种情境。这种情境因抽象表现而面临的困难，就像报纸上的政治社论要插图一样。通过这种交换，不仅可以促进这种表现的可能性，而且可以促进浓缩作用和审查作用得到好处。一旦抽象表达、无法利用的梦念转化为形象化语言，在这种新的表达和其他的梦材料之间，梦的工作所需的那些联系和特性（无论什么时候得不到，它们就会想办法），就更容易提供，因为在每种语言的演变中，具体术语比抽象术语更富于联想。可以想象，梦在形成时进行的大量中间工作，试图使分散的梦念在梦中简化为最简洁、最统一的表达，通过对各种不同思想的适当解释，实现这一方式。表达方式也许通过其他因素加以确定的一个想法，就会对其他思想的表达方式产生分配性和选择性的影响，而且它可能从一开始就这样做了，就像诗人的创作活动一样。如果要写一首押韵两行诗，第二行押韵诗肯定受两个条件的限制：一、它必须表达适当的意义；二、它的表达必须和第一行押韵。最好的诗肯定是那种看不出刻意求韵的痕迹，两种思想因相互感应，自然就选定了语言的表达，随后稍加调整，就会押韵了。

在一些例子中，这种表达方法的改变更加直接地服务梦的浓缩，因为它以模棱两可的字眼表达出不止一种梦念。因此，梦的工作就是以这种方式在整个范围中利用言语机智。文字在梦的形成中所起的作用并不让我们感到惊奇。因为词是许多意念的交接点，好像注定是模棱两可。而心理官能症患者（强迫性观念和恐惧症）利用这些文字提供的浓缩和伪装的机会，就像梦一样急切。[①] 不难看出，梦的变形也从这种表达的移植中得到好处。如果一个意思含糊的词代替两个意思单一的词，确实会发生混乱。如果形象化表现代替我们日常的严肃表达法，我们的理解力将会受到阻碍，尤其是因为梦从来没有告诉我们，它呈现的那些元素是按字面意义解释还是按比喻进行解析。这些元素是直接和梦念有关还是仅仅依靠一些中间插入的语句。一般而言，在解析任何一个梦的元素时，我们怀疑它：

（1）是以否定意义还是以肯定意义接受（对比关系）；

（2）是否当历史来解析（作为回忆）；

（3）是否具有象征意义；

（4）它评出的价值是否以字面意义为基础。

尽管这样反复无常，但我们可以说，梦的工作实现的表现方式——从来不想让人理解——给翻译者造成的困难，并没有那些古代象形文字作家给读者造成的困难大。

---

① 参看《风趣和它与潜意识的关系》。

我已经举过了好几个梦例。这些梦的表现仅仅通过模棱两可的表达连在一起（在爱玛的打针梦中，她的嘴毫不费力地张开；在最后叙述的梦中，我怎么也无法走动，等等。）我现在要在分析中引用一个梦，其中抽象思想的形象化表达发挥较大的作用。不过，这种梦的解析和利用象征法解析的区别，可以说非常鲜明。在梦的象征性解析中，象征法的关键是由解析者任意选择。而在我们的文字伪装的梦里，这些主要线索一般都清楚，而且得自语言的固定模式。如果一个人在适当时刻产生正确观念，就可以全部或部分解释这种梦，不用依赖做梦者做的任何陈述。

我的一位女性朋友做了一个梦：她在剧院里，那里正上演瓦格纳的歌剧，到早上7点45分才结束。剧院正厅前排和乐池摆放着桌子，人们正在那里吃喝。她的表哥和他的年轻妻子刚度完蜜月回来，坐在其中一张桌边；他们旁边是一位贵族成员。据说，年轻的妻子相当公开地把丈夫从蜜月中带回来，就像她把帽子带回来一样。正厅中央有一座高塔，塔顶上有一个平台，平台四周围着铁栏杆。乐队指挥高高地站在台上，带着汉斯·里希特的相貌特征。他汗流浃背，在栏杆后面不停地来回跑动；他正在从这个位置指挥聚在塔座四周的乐队。她和一位女朋友（我认识）坐在包厢里。她的妹妹想从正厅递给她一大块煤，因为她不知道它会这么长，所以她到此时一定非常冷。（好像那些包厢在长时间演奏时需要加热一样。）

尽管这个梦在其他方面很好地描绘了这个情境，但它肯定毫无意义：位于正厅中央的高塔，指挥从上面指挥乐队，尤其是她妹妹向上递给她的那个煤块。我故意不要求对这个梦进行分析。因为我对做梦者的人际关系有些了解，所以我不依赖她就能解析梦里的某些部分。我知道她非常同情一位音乐家，因为他的音乐生涯因为精神错乱而过早地结束。因此，我决定把正厅中的塔当成是一种隐喻。随后出现的是，她希望看到这个人代替汉斯·里希特，高高地站在乐队所有其他成员之上。这座塔必须通过并置，形成复合图像；塔的下层结构象征这个人的伟大，但在顶部的栏杆后面跑来跑去，就像一个囚犯或笼中困兽一样（暗示这个不幸者的名字①），代表他后来的命运。两种思想相遇也许就合成了疯人塔。

既然我们已经发现了这个梦的表现方法，我们就可以用同样的钥匙开启第二种明显荒谬性的意思，开启做梦者的妹妹递给她煤块的意思。“煤”应该是指“秘密之爱”。

---

① 雨果·沃尔夫（Hugo Wolf），Wolf意为“狼”。

没有火，没有煤，烧得那么烈，
就像是秘密之爱，没有人晓得。

她仍然有结婚希望的妹妹递给她煤块时，她和她的朋友都还没有结婚[①]，“因为她不知道它会这么长”。梦中没有说出什么会这么长。如果这是一段逸闻趣事，那我们会说是“演出”。但在梦中，我们把这个句子看成是实际存在，断言它模棱两可，并加上“在她结婚以前”。那么，梦中提到做梦者的表哥和他的妻子坐在正厅，以及后者公开的风流韵事，进一步证实了我们对“秘密之爱”的解析。支配这个梦的是秘密之爱和公开之爱之间、做梦者的热情和年轻妻子的冷酷之间的对比。此外，这里又一次有“身居高位”的人，这个词同样适用于贵族和寄予厚望的音乐家。

在上面的分析中，我们最后发现了第三种因素。它在从梦念转变为显梦中发挥的作用绝不是微不足道：即梦念对梦利用特殊精神材料上表现力的考虑——大部分为视觉意象的表现力。在和基本梦念有关的各种次要思想中，那些具有视觉表象的将受到人们喜欢，而梦的工作则毫不犹豫地将一些难以处理的思想重新改造成另一种新的语言形式，即使这是一种比较罕见的形式，只要这能促成梦的表现，从而终止由压抑性思想造成的精神痛苦，就行了。这把思想内容变成另一种模式的同时，也为浓缩工作服务，并可能建立和另一种本来没有建立的思想的一些联系。这第二种思想也可能为了和这第一种思想在半路会合，早已改变了自己原来的表达方式。

赫伯特·西尔伯勒[②]曾经描述了在梦形成过程中直接观察思想转化为图像的好方法，从而使单独研究梦工作的这一因素成为可能。在处于疲乏和困倦状态时，如果他强迫自己做智力工作，常常发现思想会从他那里溜走，在思想位置出现一个图像，他可以看出这是那个思想的替代品。西尔伯勒不太恰当地把这种替代品说成是“自我象征”。我在这里要引用西尔伯勒论著中的几个例子；而且，由于观察到这种现象的某种特性，我稍后就会谈到这一主题。

例一——我记得我必须得修改一篇文章中不完善的一节。

象征——我看到自己在刨一块木头。

例五——我尽力回想我打算从事的某些形而上学研究的目的。

我仔细考虑，认为这个目的在于寻求存在的基础时，努力争取，以达到

① ［德语 sitzen geblieben 常常适用于没有成功结婚的女人们。——译者注］。
② 布洛伊勒－弗洛伊德（Bleuler-Freud）《年鉴》第一卷，1909 年。

意识或存在水平的更高形式。

象征——我将一把长刀插在一块蛋糕下面，仿佛要切下一片似的。

解析——我放刀的动作表示“努力争取”……下面是对象征主义基础的解释：我常常在餐桌边切蛋糕，分给每个人。我切蛋糕用的是一把弹力长刀，所以需要格外小心。尤其是要把切好的蛋糕干净利落地取出来，会出现一定困难；必须小心翼翼地把刀子插到切好的蛋糕下面（这样缓慢地“努力争取”，是为了探究）。但是，这个图像里还有更多的象征。象征中的蛋糕其实是一种“千层糕”——也就是刀子必须切好几层的一种蛋糕（意识层次和思想层次）。

例九——我失去了一个联想中的线索。我努力想再次找到，但我必须承认，这个联想的出发点已经完全从我这里溜走了。

象征——一部分印版格式，最后几行已经脱落。

由于俏皮话、双关语、引用语、歌曲和谚语在教育者的智力生活中发挥的作用，因此这会和我们发现这种伪装常被用来代表梦念的期望完全一致。一个广泛有效的梦象征只出现在少数材料中，是以带有普遍性的隐喻和言语代替物为基础。然而，这种象征的大部分既通用于心理官能症患者、传说和习俗，也通用于梦。

事实上，如果我们更加密切地探究这个问题，我们一定会认识到，在采用这种代替的过程中，梦的工作并没有任何创新的东西。为了达到这一目的，在这种情况下，其表现也许不受审查制度的干涉，它只顺着在潜意识中标出的那些途径前进，优先转换那些受压抑的材料。这些转换在俏皮话和暗示中也能意识到，并充满心理官能症患者的所有幻想。在这里，我们突然渐渐理解了施尔纳的解梦。我已经在别处为其基本正确性作过辩护。这种对自己身体想象的先入为主之见，绝不是梦所特有，也不仅仅是梦的特征。我那些分析已经向我表明，它常常表现在心理官能症病患的潜意识思想中，而且可以追溯到性的好奇，对少男少女来说，他们的目标是异性、甚至同性的生殖器。但正像施尔纳和沃克尔特正确坚持的那样，房子并不构成象征身体的唯一思想组合，无论是在梦中，还是在心理官能症病患潜意识的幻想中，都是这样。当然，我知道，患者们总是坚持认为建筑物象征身体和生殖器（当然，对性的兴趣远远超过外生殖器的范围）。对这些患者来说，木桩和柱子象征腿（就像《雅歌》中那样），每个门象征身体的开口（“洞”），每条水管象征泌尿系统，等等。但是，属于植物生命和厨房的种种观念也常常被选来隐藏性的意象。[①] 对前一种日常语言，起始于最远古时代的想象比喻的积淀，已经作了丰富的铺垫（上帝的葡萄园、亚伯拉罕的种子和《雅歌》中的少女花园）。性生活的最丑恶和最隐私的细节在思想和梦中明显可以单纯地暗示为厨房活动；如果我们忘记性的象征可以隐藏在最平凡、最不显眼的事情背后，作为最安全的藏身地，我们就完全无法了解癔病的症状。一些神经质的孩子不能见到鲜血和生肉，他们一看到鸡蛋和通心粉就恶心，还有人类天生怕蛇，这却被心理官能症患者极端夸大——所有这一切都有一定的性意义。心理官能症无论在哪里采用这种伪装，都会沿着全人类在早期文明阶段走过的道路行走，我们的惯用语、谚语、迷信和习俗至今都可以这些道路上找到其依稀隐藏的存在证据。

我在这里插入曾经允诺的一位女患者做的“花梦”。我要把性解析的一切用楷体写出来。这个美梦一旦解析，就会对做梦者失去所有的魅力。

（1）序梦：她走到厨房里的两个佣人身边，斥责她们用了这么长时间准备“一小口食物”。她还看见一大堆厨房里沉甸甸的厨具堆成了一摞一摞，都颠倒过来，以便空干。后来补充道：两个女佣人去提水，似乎还得爬进一条通向房子或流进院子的河。[②]

（2）主梦[③]：她从构造奇特的栏杆或篱笆上方的一个高处[④]下来，那是由带小方孔的大方格栏构成。[⑤] 那确实不适合攀爬；她常常担心她找不到放脚的地方，她很高兴自己的衣服没有被挂住，所以她能体面地爬下来[⑥]。她一边爬，手里一边拿着一个大树枝[⑦]，真像是一棵树，上面密密麻麻布满了红花；一个向外伸展的树枝，带有许多小枝。[⑧] 和这个有关的是樱花的观念但它们看起来像是完全盛开的山茶花，当然不是长在树上。当她向下走时，起先她只有一枝，然后突然有了两枝，后来又变回了一枝[⑨]。当她走到地上时，较低的花朵已经开始掉落。因为她已经到达了底部，所以她就看到一个“打杂的短工”——她喜欢这样叫——他正在梳理同样的一棵树，也就是说，他

---

① 大量证明材料可以在爱德华·富克斯（Edward Fuchs）的《插图风俗史》的三卷补充本中找到。

② 为了解析这个序梦，可以把它看作是“偶然”，参看较前部分的本章第三节。

③ 她的生涯。

④ 高贵的出身，和序梦对立的愿望。

⑤ 联合了两个地点的一个合成图象：一个是她父亲的所谓顶楼，她过去经常和弟弟在那里玩要，他后来成了她幻想的对象；另一个则是一个坏叔叔的农场，因为他过去经常戏弄她。

⑥ 这是对她叔叔农场真实回忆的对立愿望，大意是，她睡觉时常常暴露自己的身体。

⑦ 就像是一位在天使报喜节中手持一株百合花的天使。

⑧ 为了解释这个合成图象，参看本章第三节；清白、月经、茶花女。

⑨ 指她的幻想涉及许多人。

正用一片木头从树上刮下一绺一绺的厚发。这些厚发像苔藓一样从树上垂下来。其他人已经砍倒了一个花园里同样的树枝，并把它们抛到了路上，路上到处都是，因此许多人都拿了一些。但是，她问这样做是否正确，她是否也可以拿一个。[①] 花园里站着一个年轻男人（他是一个外国人，她认识）。她走向他，想问他怎样才能把这种树枝移植到她自己的花园里。[②] 他拥抱她，她挣扎着问他在想什么，这样拥抱她是否允许。他说，这没什么错，这是允许的。[③] 于是，他说，他自己愿意和她到另一个花园，以便给她示范怎么种植它们。随后，他对说了一些她听不懂的话："此外，我需要3米（后来，她说：平方米）或3英寻的土地。"好像他是要她回报他的自动自发，好像他有意在她的花园里补偿（偿还）自己，好像他想要逃避某条法律什么的，从中得到一些好处，又不伤害她。她不知道他是否真的给她做什么示范。

因其象征元素提出的上面这个梦，可以说是一种"传记"梦。这种梦常常发生在心理分析中，但此外也许很少发生。[④]

当然，我有大量这种材料，但要在这里再现，会使我们去太深入地考虑心理官能症的各种状况。一切都会指向同样的结论。也就是，我们不必设想，在梦的形成中，精神的任何特殊象征活动都发挥作用。相反，梦利用的是在潜意识思想中已经存在的这种象征作用，因为它们本身具有的表现力和大部分能避开审查制度，所以更有效地满足了梦形成的需要。

第五节　梦的象征表现：进一步的典型梦例

最后这个传记梦的分析表明，我从一开始就认识到了梦里的象征。但只是因为渐渐积累的经验，我才完全认识到象征的范围和重要性；在W·斯特克尔著作的影响下，我想在这里适当说几句话。

这位作家对心理分析的损害也许和他给心理分析带来的好处一样多。他提出了大量新颖的象征性解释，起先谁也不相信，但后来，大多数都得到了进一步证实，人们不得不接受。我这样说决不是小看斯特克尔的贡献，这些象征受到怀疑并不是没有理由，因为他用来解析的那些例子常常不能令人信服。此外，他采用的方法不可接受，在科学上一定也不可靠。斯特克尔通过

---

① 是否允许手淫。

② 树枝很久以来都用来象征男性生殖器，此外也非常明显地暗示做梦者的姓。

③ 这和下面紧接着的话一样，与预防怀孕有关。

④ 一个类似的"传记"梦将在本章第五节《梦的象征表现》中记载。

直觉，依靠他自己对那些象征的直接理解能力，发现象征的意义。但是，这种技术并不是人人都能采用。其有效性也无法评论，所以其结果的可信性便不得而知。这就像一个人在病床边凭嗅觉印象诊断传染病一样，尽管有些临床医生的嗅觉——大多数人的已经退化——确实比其他医生的管用，而且他们的确能凭嗅觉诊断出腹部斑疹伤寒症。

心理分析的进展经验已经使我们发现，患者们对梦象征的这种直接理解达到了惊人的程度。许多这种患者都得过早发性痴呆症，因此有一段时间，人们总怀疑所有对象征有这种理解的做梦者都患有那种病。但这并非事实，仅仅是个人天赋或特质的问题，显然没有病理上的意义。

当一个人已经熟悉梦中广泛采用象征表示性材料时，自然就会问自己，许多这种象征是否像速记中的象征一样具有一种永远固定的意义。有人甚至想尝试利用密码法编一本新梦书。在这一点上，应该注意到，象征并不是梦所特有，而是属于潜意识想象，尤其是属于人们的潜意识想象。这还可以在一个民族的民间传说、神话、传奇、成语和流行俏皮话中找到，而且比梦中的状况更完善。

所以，我们应该超越解梦的范围，以便充分研究象征的意义，讨论和象征概念有关的大部分尚未解决的许多问题。① 我们在这里只限于说，象征表现是一种间接表现方法，但种种迹象警告我们，在我们考虑清楚其显著特征之前，不要把象征表现法和其他间接表现法混为一谈。在许多例子中，象征和它代表的事物共有的特性显而易见。在其他例子中，则是隐而不露。在后面这些情形中，这种象征的选择似乎高深莫测。正是这些情形才能阐明象征关系的最终意义。它们常常指明这具有遗传的性质。如今以象征性相连的事物也许在原始时代是通过概念和语言的同一性连在一起。② 这种象征关系似乎是一种残余，是对以前同一性的暗示。还可以注意到，在许多梦例中，象征的同一性会延伸到语言同一性之外，就像舒伯特（1814 年）曾经主张的

---

① 参看布洛伊勒（Bleuler）和他的苏黎世弟子米德尔（Maeder）、亚伯拉罕（Abraham）等人的著作，以及他们提到的非医学作者［克利帕尔（Kleinpaul）等］的著作。但是，对这一主题说的最贴切的事情可以在兰克和萨克斯的著作《人类心理分析的重要性》找到；还有 E·琼斯的《心理分析象征理论》。

② 这个观念似乎可以在汉斯·斯佩贝尔（Hans Sperber）提出的一种理论中得到特别证实。斯佩贝尔认为，原始的词语都专门表示性方面的事情，后来失去了性的意义，应用于其他事物和活动，因为这些事物和活动可与性方面的事情进行比较。

那样。①

梦采用这种象征来表现伪装的隐念。因此，应用在那里的那些象征确实很多都经常或几乎经常意味着同样一件事。但我们必须牢记精神材料奇特的可塑性。显梦中的象征常常可以不以象征来解析，而是和它固有的意思相一致。在其他时候，做梦者必须处理特殊的记忆材料，也许可以把这个行为准则放进自己的手里，将任何事情都作为一种性象征，尽管这不常用。无论做梦者在什么地方为显梦表现从几种象征中进行选择，他都会赞成那个象征，另外该象征客观上和他的其他思想材料有关。也就是说，除了典型有效的那个，他会采用一种单独动机。

尽管从施尔纳时代以来，更多最近的梦问题研究已经明确证实了梦象征的存在，就连哈夫洛克·埃利斯也承认我们的梦确实充满了各种象征，但必须承认，梦中各种象征的存在不仅促进了梦的解析，而且也使梦的解析变得更难。就显梦中的象征元素来说，和做梦者的自由联想一致的解析技巧常常使我们处于困境。如果再现古代解梦、似乎被斯特克尔复活的那种随意性，则和科学方法相反。因此，那些要被当作显梦中的象征元素，迫使我们采用了一种组合技巧，这一方面依赖做梦者的联想，另一方面通过解梦者对那些象征的理解弥补缺失的部分。为了压制解梦中对随意性的指责，在解释那些象征时必须格外慎重，同时必须仔细研究特别明晰的梦例中的那些象征。作为解梦者，我们的工作仍存在不确定性，一部分是因为我们的知识不完善（不过，这可以逐步提高），一部分是因为那些梦象征本身的某些特征。这些象征常常有多种多样的意思。因此，就像中国字一样，只有上下文，才能提供正确的意思。这种象征的多重意义和承认梦具有多重性解释有关，在同样内容中可以表现出各种不同的愿望冲动和思想构成，常常具有极不相同的特征。

在这些限制和保留之后，我要继续讨论。在大多数情况下，皇帝和皇后（国王和王后）② 其实是代表做梦者的父母亲；做梦者本人则是王子或公主。但是，授予皇帝的高度权威也同样授予伟人。因此，在一些梦中，比如，歌

---

① 比如，一艘在海上航行的船也许会出现在匈牙利做梦者的小便梦中，尽管“to ship（乘船旅行）”这个术语用来表示“to urinate（小便）”对这个语言是陌生的（费伦齐）。在法国和其他浪漫民族的梦中，“room（房间）”用来象征女人，尽管这些民族没有类似于德语 Frauenzimmer（Frau 为“女人”，复数是 Frauen，zimmer 为“房间”，但两个词合成 Frauenzimmer 时，也指“少女”或“少妇”）这样的词语。许多象征和语言本身一样古老，而其他一些象征则被不断杜撰出来（如飞机、齐柏林硬式飞艇）。

② ［在美国，父亲是以“总统”表现在梦中，而更常见的是以“州长”表现在梦中——这个头衔在日常生活中常用来指父（母）亲。——译者注］

德就是以父亲的象征出现（希施曼）。所有细长的物体，如木棍、树干、雨伞（因为可以打开，所以可比作勃起），所有锋利细长的武器，如刀子、匕首和长矛，都代表男性生殖器。一个常见、但并非完全理解的象征是指甲锉（和搓来擦去有关?）。小盒子、衣橱、食橱和烤炉相当于女性器官；还有穴洞、轮船和各种容器也是这样。梦中的房子常常代表女人。对各种不同进出口的描述几乎无法让我们怀疑这种解析[①]。对房间是开着还是锁着的兴趣在这方面是容易理解的。（参看《一个癔病分析片段》中的杜拉之梦。）至于打开房间的那种钥匙，则无需明示。乌兰德在他的《爱伯斯坦伯爵》的歌曲非常得体地采用了“锁和匙”的象征，即使非常露骨。走过一套房间的梦象征妓院或后宫。但是，通过一个绝妙的例子，H·萨克斯已经表明，它也可以用来象征婚姻（对立面）。当做梦者梦见先前的一个房间变成了两个房间，或者梦见房子里的一个熟悉房间分成了两个或相反时，童年性研究的有趣联系就会出现。根据幼儿期泄殖腔理论，童年期间，女性生殖器和肛门（“屁股”）[②] 被认为是一个单一的口子，后来才发现身体的这个区域包含两个不同的穴和口子。陡坡、梯子和楼梯，以及沿着它们走上走下，都是表示性行为的象征。[③] 做梦者爬过光滑墙壁，常常带着极大焦虑感从房子正面下来，相当于直立的人体。也许是在我们的梦中重复爬到父母亲或保姆身上的童年回忆。“光滑”的墙壁是指男人。在焦虑梦中，一个人常常紧紧地抓住房子上的突出物。桌子（无论是遮盖的还是没有遮盖的）和木板也是指女人，也许是依靠对比，因为它们根本没有突出的轮廓。一般来说，根据语言关系，“木头”似乎代表女性物体。“马德拉岛”的名字在葡萄牙语中是“木头”的意思。因为“床和木板”构成了婚姻，所以在梦中后者常常取代前者。就实用

---

① “一个住在公寓的患者梦见他遇到一个女佣，问她的号码是多少。让他吃惊的是，她回答说：14。事实上，他已经和这个女佣私通过，而且常常在他的卧室里要她。可以想象，她害怕女房东怀疑她，在他做梦前那天提议他们应该在一个没有人住的房间里会面。其实，这个房间是14号，而在梦中这个女人也是这个号码。比女人和房子等同更清晰的证据，简直难以想象。”（欧内斯特·琼斯，1914年）。（参看阿尔特米多鲁斯的《梦的象征》：“因此，比如，如果是在家里，卧室就象征妻子。”）

② 参看《性学三论》中的“泄殖腔论”。

③ 我可能要在这里重复在另一个地方曾经说过的话：前段时间，我得知一位不熟悉我们工作的心理学家对我的一位朋友说，我们肯定过高估计了梦中隐秘的性意义。他说，他最常有的梦是爬一段楼梯，这背后肯定没有任何性的东西。我们已经注意到了这个反对意见，将研究目标指向了梦中出现的楼梯、梯子和台阶。我们不久便探知了楼梯（或类似的任何东西）明确代表的是性交。这种比较的基础不难找到；伴着节奏，越来越气喘吁吁，走到顶端，然后飞跳几下又从上面走下来。因此，性交的节奏再现于爬楼梯的动作中。我们不要忘记考虑语言的惯用法。如果没有进一步的补充，这就告诉我们 mounting（攀登）被用作性行为的代称。在法语中，楼梯的梯级被称为 la marche；un vieux marcheur 完全等于德语的 ein alter Steiger（老色鬼）。

来说，性的代表情结置换成了吃的情结。对于衣物，一顶女帽毫无疑问常常可以解析为男性生殖器。在男人的梦中，一个人常常发现领带是阴茎的象征。这不仅仅是因为领带垂在身体前面，具有男人的特征，而且是因为一个人可以随意选择。至于这种象征的原物，大自然则禁止这种自由。梦里利用这种象征的人在领带上非常奢侈，而且收藏一整套。[①] 梦中出现的所有复杂机械和器具很可能代表生殖器——通常是男性生殖器——象征它和人类智慧一样孜孜不倦。所有武器和工具毫无疑问都是作为男性器官的象征，比如犁铧、锤子、枪炮、左轮手枪、匕首、剑等。同样，不难看出，梦中见到的许多风景，尤其是那些包含桥梁或树木繁茂大山的风景，都是用来说明生殖器的。马西诺夫斯基曾经搜集了一组梦，做梦者通过绘画来解释自己的梦，以便描绘梦中出现的那些风景和地方。这些画清楚地说明了梦的显意和隐意之间的区别。稍不注意，它们看上去就像是平面图、地图等，仔细研究，就可以看出它们代表人体、生殖器等。只有考虑之后，才能理解这个梦。[②] 最后，如果发现一些无法理解的新语，可以猜想合成的成分是否具有性的意义。梦中的儿童也常常表示生殖器，因为男人和女人都习惯把他们的性器官爱称为“小男人”、“小女人”、“小东西”。斯特克尔将“小弟弟”恰当地称为阴茎。梦中和小孩子玩耍或打他，常常表示手淫。梦的工作通过秃顶、理发、掉牙和砍头来表示阉割。如果阴茎的常见象征两次或多次出现在梦中，就可以看作是防止阉割的一种保证。梦中出现蜥蜴——它的尾巴如被拽掉，又会再长出来——也具有同样的意义。大多数在神话和民间传说中作为生殖器象征的动物——鱼、蜗牛、猫、鼠——在梦中也起这种作用（因为生殖器有毛），尤其是蛇，它是男性生殖器最重要的象征。小动物和寄生虫是小孩子的替代物，比如不想要的弟弟或妹妹。受到寄生虫感染，常常相当于怀孕。飞艇作为最近的男性生殖器的一种象征值得一提。它之所以被利用，是因为和它的飞行有关，有时也和它的形状有关。斯特克尔曾经举了许多其他象征，通过例子加以说明但还没有充分证实。这位作者的著作，尤其是他的书《梦的语言》包含有解析象征的最丰富的材料，其中一些猜想巧妙经过研究证明是正确的，比如论死亡象征那节。因为作者缺乏批评思考，而且总是以偏概全，使他的

---

① 参看《心理分析公报》第二卷第675页一个19岁的狂躁病患者的图画：一个男人以一条蛇作领带，这条蛇正转向一个女孩。又见《人类学》杂志第六卷第334页中《害羞的男人》的故事：一个女人走进卫生间，和一位来不及穿上衬衣的男人迎面相遇。他非常尴尬，马上用衬衣前面部分遮住喉咙，说：“请原谅，我没有领带。”

② 参看普菲斯特（Pfister）的密码术和画谜论著。

解析可疑，难以适用，在利用他的著作时，必须格外谨慎。因此，我只限定自己提到他的几个例子。

根据斯特克尔的观点，梦中的左和右要从道德意义上去理解。“右边道路总是表示正义之路，左边道路则表示犯罪之路。因此，左可以表示同性恋、乱伦和性变态，而右则表示婚姻、与妓女性交等。其意义总是由做梦者个人的道德观决定。”梦中的亲属通常代表生殖器。在这里，我只能证实儿子、女儿和妹妹具有这种意义——也就是，“小东西”可以采用。另一方面，已经证实的例子允许我们把妹妹看成是乳房的象征，把弟弟看成是较大乳房的象征。斯特克尔解析说，梦见追不上车子是后悔无法赶上年龄的差距。旅客行李是受到压迫的罪恶负担。但旅客行李常常明确无误地证明是自己生殖器的象征。斯特克尔曾经给常常在梦中出现的数字赋予一种固定的象征意义，但这些解析好像不仅没有充分证据，而且也不是完全正确，尽管在个别例子中它们常常被认为好像有道理。不管怎样，我们充分证实，“3”这个数字是男性生殖器的象征。斯特克尔的其中一个结论提到生殖器象征的双重意义。他问：“哪有一个象征（如果想象允许的话）不能同时用在男性器官和女性器官呢?”当然，括号里的从句取消了这个主张的大部分绝对特性，因为想象并不总是允许这个双重意义。尽管如此，我仍认为，根据我的经验，斯特克尔的这种概论需要用更长篇幅进行表达。除了那些象征常常用于男性生殖器和女性生殖器，还有一些象征主要或几乎专门选定一个性别，据我们所知，还有一些象征只具有男性或女性的意义。当然，想象不允许用又长又硬的物体和武器作为女性生殖器的象征，也不允许用中空的物体（衣橱、箱子等）作为男性生殖器的象征。

的确，梦和潜意识幻想采用两性性象征的倾向，揭示了一种古老特性，因为童年时期不知道生殖器的差别，以为两性都有相同的生殖器。如果忘记一些梦中会发生两性普遍颠倒，男性器官表现为女性器官，女性器官表现为男性器官，两性象征的意义也可能会产生误导。比如，这种梦表达女人想变成男人的愿望。

生殖器在梦中也可以由身体的其他部位表现：手或脚表示男性生殖器，嘴、耳朵、甚至眼睛表示女性生殖器的洞口。人体的分泌物——粘液、眼泪、尿、精液等——在梦中可以交替使用。斯特克尔的这个陈述大体正确，但受到了R·里特勒激烈的批评。问题的要旨是，一种无关紧要的分泌物代替了重要的分泌物（如精液）。

这些不完整的暗示也许会有能力刺激其他人去进行更加辛勤的搜集。[①]我在《心理分析引论》中已经尝试对梦的象征进行更加详尽的叙述。

我现在要附加几个利用这种象征的例子。这会表明，如果一个人排除梦的象征，梦的解析是多么不可能进行，而且在许多情况下不得不接受这些解析。同时，我必须明确警告研究者，不要过高估计象征在解梦中的重要性，不要把解梦工作限定为解析象征，也不要忽视利用做梦者联想的技巧。这两个解梦技巧必须互为补充。然而，无论是实践还是理论，后者的作用要保持优先权，要把最后的意义归因于做梦者的意见，而我们对象征的解释则发挥辅助作用。

一、帽子是男性（或男性生殖器）的象征：[②]（摘自一位年轻妇人的梦，她因害怕受到诱惑而患了旷野恐怖症）。

“夏天，我在街上散步，戴着一顶形状奇怪的草帽，草帽中间向上弯曲，两边下垂（说到这里，描述迟疑了一下），就是以这种方式，一边比另一边垂得更低。我兴高采烈，充满自信。而当我走过一群年轻军官时，我暗自想道：你们对我无可奈何。”

因为她无法对那顶帽子产生任何联想，所以我对她说：“这顶帽子其实就是一个男性生殖器，它的中间部分凸起，两边下垂。”她的帽子代表男人，也许会有人感到奇怪，但记住有人常常说：Unter die Haube kommen〔躲在帽子下面〕，意为“结婚”。我有意没有解析两边不对称下垂的细节，尽管肯定正是这种细节决定了解析的关键。我接着说，因此，如果她的丈夫具有这样了不起的生殖器，她就不必害怕那些军官；也就是说，她不希望从他们那里得到任何东西，因为那本来是她的诱惑幻想，这使她不敢没有保护和陪伴出去走动。根据其他材料，我对她的焦虑已经反复作了上述解释。

我这样解析后，做梦者的举止非常值得注意。她收回了对帽子的描述，不承认她曾经说过帽子两边下垂。然而，我确信自己听到的话，所以没有让自己受到她的误导，坚持说她的确说过。她沉默了一会儿，然后鼓起勇气问，她丈夫的睾丸为什么一个比另一个低，是否所有男人都是一样。于是，帽子奇特的细节就得到了解释，她也接受了整个解析。

在患者叙述这个梦前，我早就熟悉帽子的象征了。从其他不太清晰的梦

---

① 尽管施尔纳的梦象征观点和这里详述的观点有种种差别，但我必须仍然坚持认为，施尔纳应该被公认为真正发现梦中象征的人，而且心理分析体验使他的书（1861 年出版）在他死后声名鹊起。

② 摘自《妇女研究补遗》（1911 年）。

例中，我相信我可以设想帽子也能象征女性生殖器。[1]

二、“小东西”象征生殖器。被辗过是性交的一种象征。

（同一个旷野恐惧症患者的另一个梦。）

她的母亲送走了小女儿，所以她只好单独走。随后，她和母亲驱车到火车站，看到小女儿正沿着轨道走，肯定会被火车轧过。她听到骨头破裂的声音。（这时，她体验到一种不舒服的感觉，但没有真正的恐怖感）。接着，她透过车窗向后望去，看会不会看到那些部分。之后，她责备母亲让小东西独自出去。

分析——要在这里对这个梦进行全面解析并非易事。这形成了循环梦的一部分，所以只有和其他梦连在一起才能充分理解，因为要在非常孤立的情形中获得证实象征必需材料并不容易。患者首先发现这次火车之旅要从历史观点来解析，暗示她离开精神病疗养院的一次旅行，因为她肯定爱上了这家疗养院的院长。她的母亲来带她走。她启程之前，这个医生来到火车站，送给她一束鲜花。她感到不安，因为她母亲眼睁睁地看着这件事。因此，在这里，她的母亲是以打乱她恋情的身份出现。这个严厉女人在女儿少女时代确实扮演过这个角色。下一个联想和这个句子有关：“接着，她透过车窗向后望去，看会不会看到那些部分。”在梦的正面中，这自然会使人不得不想起她的小女儿被火车轧过、碾成的那些碎片。然而，这个联想却转向一个截然不同的方向。她回忆说，有一次，她在浴室从后面看到了一丝不挂的父亲；接着，她开始谈起了性的其他差异，并谈到从后面可以看到男人的生殖器，但看不到女人的生殖器。在这方面，她现在主动解析说，“小东西”就是生殖器，她的小东西（她有一个4岁的女儿）就是她自己的生殖器。她指责母亲想要她像没有生殖器那样活着，在梦的开头一句就承认了这个指责：她的母亲送走了小女儿，所以她只好单独走。在她的幻想中，独自穿过大街是指没有男人、没有任何性关系（coire 意为“一起走”），而她不喜欢这样。根据她所有的陈述，她小时候确实因为受到父亲的宠爱而遭到母亲的嫉妒。

对这个梦更深入的解析要依靠同一天夜里的另一个梦。在那个梦里，做梦者把自己看成她的兄弟一样。她是一个男孩子气的女孩，别人总是说她本该是一个男孩。这种对弟弟的认同作用特别清楚地表明，“小东西”表示生殖器。她的母亲用阉割威胁他（她）。这只能理解为对玩弄生殖器的惩罚，

---

① 参看科奇格雷伯（Kirchgraber）的一个相似的例子（《心理分析公报》第三卷第95页，1912年）。斯特克尔发表了一个梦，梦里帽子中央斜插的一根羽毛象征（阳萎的）男人。

所以这种认同作用表明她小时候曾经手淫过，尽管她只保留了弟弟这样做的记忆。根据这第二个梦的陈述，她这个时候一定早就知道男性生殖器，后来却忘记了。此外，第二个梦指向了幼儿期性理论，女孩都源自阉割的男孩。当我告诉她这种幼稚想法后，她马上通过一段趣闻来证实这一点。男孩问女孩："是割掉了吗？"女孩回答说："不，从来都是这样。"

因此，第一个梦里送走"小东西"（生殖器）也和威胁阉割有关。最后，她责怪母亲没有把她生成男孩。

如果我们没有从其他许多原始资料了解的话，"被车轧过"象征性交在这个梦里就不明显。

三、通过建筑物、楼梯和井穴象征生殖器

（一个受到父亲情结抑制的年轻男人的梦）

他和父亲正在一个地方散步，那一定是普拉特，因为可以看见圆形建筑物，前面有一个小门厅，门厅上拴着一只系留气球，气球似乎有点儿软塌塌的。他的父亲问他这都是做什么用的；他对这个问题感到吃惊，但他还是向父亲作了解释。他们走进一个院子，院子里铺着一大张锡片。他的父亲想拽掉一大片，但首先向四周望望，看是否有人在监视。他告诉父亲说，他需要做的是对监工说一声，然后他就可以不费周折想拿多少就拿多少。从这个院子，一段楼梯通向了一个井穴。井穴的墙壁装有软垫，有点儿像皮扶手椅。这个井穴的尽头是一个长平台，然后又是一个新井穴……

分析——从治疗观点来说，这个做梦者属于疗效不佳那类患者；在分析到某一点之前，这种患者毫不抵抗，但从那以后，他们就几乎难以接近。这个梦，他几乎是独立分析的。他说："圆形建筑物就是我的生殖器，前面的系留气球就是我的阴茎，因为我曾经对它的软弱无力焦虑过。"然而，我们必须更加详细地进行解析：圆形建筑物就是臀部，孩子常常联想到生殖器；前面的小建筑物则是阴囊。在梦中，他的父亲问他这都是做什么用的——也就是说，他是问生殖器的用途和排列。显而易见，这种情势应该颠倒过来，他应该是发问者。因为事实上他从来没有这样问过父亲，所以我们必须把这个梦念设想成一种愿望，或者也许可以把它当成是如下条件："如果我为了性启蒙而问爸爸……"我们马上就会在另一个地方看到这种思想的续篇。

铺有锡片的院子的第一部分无法进行象征性解释，但源自他父亲的商业场所。为了慎重起见，我以锡来代替他父亲经营的另一种材料，但对梦中的语言表达没有任何改变。做梦者曾经进入父亲的行业，却非常讨厌主要靠可疑手段盈利。因此，上述梦念的续篇会是这样：“（如果我问他），他就会像对他的顾客那样欺骗我。”对于用来象征商业欺诈的“拽掉”这件事，做梦者给出了第二种解释，也就是代表手淫。我们不仅相当熟悉这种解释（见上文），而且与手淫的秘密状态以相反形式表达（完全可以公开这样做）这个事实非常吻合。因此，这和我们预料完全吻合，手淫行为应该归因于他的父亲，就像梦中第一个情景的问题一样。根据提到的墙壁四周的软垫，他马上把井穴解释为阴道。在阴道里性交的行为被描述为下去而不是通常的上去的方式，和我在别处发现的相互一致。①

细节——在第一个井穴末端有一个长平台，然后又有一个新井穴——他自己像传记一样作了解释。他曾经性交过一段时间，但因为种种抑制而放弃，现在希望借助治疗能够重新开始。然而，这个梦在快结束时，变得模糊不清。而对富有经验的解梦者来说，显然在梦的第二个情景中另一主题的影响已经开始显示权威；这由他父亲的行业、欺诈手段和第一个井穴表现的阴道显示出来，因此可以推断这和他的母亲有关。

四、通过人来象征男性生殖器和通过风景来象征女性生殖器。

（B·达特纳发表的一个来自下层社会的女人的梦，她的丈夫是一名警察。）

……然后有人闯进房里，她急切不安地叫警察。但是，他安静地和两个流浪汉走进了一个教堂，② 教堂有好多台阶可以拾级而上；③ 教堂后面是一座山，④ 山顶有一片密林。⑤ 警察头戴钢盔，甲胄护喉，身披斗篷。⑥ 两个流浪汉静静地和警察一起走，腰部围着袋状的围裙。⑦ 教堂前面有一条路通向山上。这条路各边青草和灌木丛生，越来越茂密，到了山顶，就铺展开来，变成了一大片森林。

五、儿童阉割的梦

（一）“一个3岁5个月大的男孩显然因为父亲从前线归来带来了不便，

① 参看《心理分析公报》第一卷中的评论，并参看本章注解8。

② 或小礼拜堂，等于“阴道”。

③ 性交的象征。

④ 阴阜。

⑤ 阴毛。

⑥ 根据专家的解释，蒙着头、身披斗篷的魔鬼具有阴茎的特征。

⑦ 阴囊的两半。

所以一天早上，他在不安和激动中醒来，总是重复这个问题：为什么爸爸用盘子托着头？昨晚，爸爸用盘子托着头。”

（二）“一个患严重强迫性神经症的学生记得他6岁时反复做下面这个梦：他去理发店理发。随后，一个身材高大、神情严厉的女人走上前来割掉了他的头。他认出这个女人是他的母亲。”

六、一个变更的楼梯梦

我的一个患者因病情严重而节欲，所以他的幻想就集中在他的母亲身上，常常反复梦见母亲陪伴他上楼。有一次，我说适度的手淫也许会比强迫节欲害处小。这次谈话的影响引起了下面这个梦：

他的钢琴老师责备他疏于练琴，没有练习莫斯切尔斯的《练习曲》和克莱蒙提的《高蹈派钢琴练习曲集》。关于这一点，他说 Gradus（由浅入深的钢琴练习曲集）也是一种阶梯，钢琴本身就是阶梯，因为它有音阶（scale）。

也许可以说，任何意念都可以用来表现性的事实和愿望。

七、真实的感觉和重复的表现

一个现年35岁的男人叙述了一个他记得一清二楚的梦，他声称这个梦是他在4岁时做的：那个存放他父亲遗嘱的公证人——他3岁时就失去了父亲——买了两只大梨，给了他一只，另一只放在客厅的窗台上。他醒来时坚信自己梦到的是真事，固执地要求他母亲把第二只梨拿给他；他说，那只梨还躺在窗台上。他母亲对这件事一笑置之。

分析——这个公证人是一位热情快活的老先生。他似乎记得，他确实有时随身带过一些梨。窗台就像他梦见的那样。也许除了他母亲最近告诉他的一个梦，其他方面和这个毫无联系。她有两只鸟卧在她的头上。她不知道它们什么时候会飞走，但它们并没有飞走，其中一只飞到了她的嘴上吮吸。

做梦者无力提供联想，所以尝试用象征代替物进行解析。两只梨子——pommes ou poires——是哺育他的母亲的乳房；窗台是乳房的投影，类似房子梦中的阳台。他醒来后的真实感是有道理的，因为他的母亲哺育他的时间确实要比通常的期限长得多，而且她的乳房还有奶。这个梦可以解释为：“母亲，再给我（露）一下我过去经常吮吸的乳房吧。”“过去”是以吃一只梨来代表；“再”则代表他对另一只的渴望。一种动作在时间上的重复，在梦中习惯通过一个物体数目的倍增来表现。

自然，象征已经在4岁儿童的梦中发挥作用，这是非常引人注目的现象，但这是惯例，而不是例外。可以说，做梦者从一开始就能利用象征了。

下面由一位现年27岁的女士提供的不受影响的记忆可以表明，她早年除了梦生活就利用起了象征。她当时4岁。保姆带她和比她小11个月的弟弟，还有年龄介于二人之间的表妹上厕所，到那里解完手后，才能去散步。作为老大，她坐在抽水马桶上，另两个坐在便壶上。她问表妹：你也有一个钱包吗？沃尔特有一个小香肠，我有一个钱包。表妹回答说：是的，我也有一个钱包。保姆一边听，一边笑，然后向她们的母亲讲了她们的对话，她们母亲的反应严加训斥。

这里也许可以插入一个梦，其绝妙的象征无须做梦者帮助，就可以进行解析。

八、正常人梦中的象征问题①

心理分析的反对者，还有最近的哈夫洛克·埃利斯，② 常常提出的反对理由是，尽管梦的象征也许是神经官能症精神的产物，但对正常人来说无效。而心理分析发现，正常人的精神生活和神经官能症患者的精神生活之间没有任何本质差别，只有量的差距。那些梦的分析表明，压抑情结在健康人和患者身上表现同样的活度，显示出机能和象征的绝对同一性。正常人的自然梦确实比神经官能症患者包含更简单、更明晰和更典型的象征，因为审查制度更严格，所以产生更广泛的梦变形。象征常常杂乱无章、模糊不清，更难解释。下面这个梦适合来说明这个事实。这个梦来自一个非神经官能症的女孩。她是那种相当古板、话语不多的女孩。在和她交谈过程中，我发现她已经订婚，但在结婚过程中有一些阻碍，所以有可能使她的婚礼推迟。她自动叙述了下面这个梦：

*为了庆祝生日，我在桌子中央安排了鲜花。*在回答问题时，她说，在梦里，她似乎是在家里（她当时没有家），有一种“幸福感”。

“通俗”象征使我能独自解释这个梦。这是她想结婚的愿望：桌子和桌子中央的鲜花是她自己和她的生殖器的象征。她表现的是已经完成的未来愿望，因为她已经满脑子想着生孩子，所以她以为婚礼早就举行过了。

---

① 《心理分析公报》（1911年）第二卷第340页中的阿尔弗雷德·罗比切克（Alfred Robitsek）。

② 《梦的世界》（第168页，伦敦，1911年）。

我提醒她注意“桌子中央”是一种不常见的表达方式，她承认这一点。但是，我在这里当然不能更加直接地问她。我小心翼翼，不去向她暗示那些象征的意义，只是问她梦中个别部分在她脑海里产生了什么联想。在分析过程中，她的谨慎明显对解析的兴趣作出了让步，而且因为对话时的严肃语调而表现出了一种坦率的态度。当我问它们是哪种花时，她首先回答说：“昂贵的鲜花，必须为它们付出代价。”然后她补充说它们是铃兰、紫罗兰、石竹花或康乃馨。我理解百合花这个词在这个梦里通俗的意义是作为纯洁的一种象征。她证实了这一点，因为她想到的百合花和纯洁有关。山谷是一种常见的女性梦象征。这两个象征在花的名称中的偶然交叉进入了一种梦的象征，用来强调她童贞的宝贵——昂贵的鲜花，必须为它们付出代价——表达了她期待丈夫会知道如何重视其价值。我们会看到，昂贵的鲜花等在三种不同的鲜花的象征中都有各自不同的意义。

我想，在我看来，通过和法语 viol（强奸）的潜意识关系来解释紫罗兰这个无性词的隐意显然非常大胆。但让我吃惊的是，做梦者联想到的是英文词 violate（强暴）。梦利用 violet 和 violate 这两个词语音上偶然的相似性，以“花的语言”来表达蹂躏处女暴力的想法（另一个词利用花的象征），也可能表达出女孩性受虐的一种倾向。这是一个以词桥为途径通向潜意识的绝妙例子。“必须为它们付出代价”在这里是指要成为妻子和母亲，必须付出生命的代价。

在和石竹花的关联中，她这时称为康乃馨，我则想起了 carnal（肉欲的）。而她联想到的是颜色。她补充说，康乃馨是她的未婚夫经常送给她的花，而且数量很大。谈话结束时，她突然本能地承认说她没有告诉我实话。她联想的词不是颜色（colour），而是化身（incarnation），这正是我期望的那个词。此外，就连“颜色”这个词也不是遥远的联想。它是由康乃馨（肉色）的意义决定的——也就是由情结来决定。这种诚意的缺乏表明，在这一点上的阻力最大，因为象征性在这里最明晰，而且原欲和压抑之间的斗争在和阴茎有关的这个主题上最强烈。梦中未婚夫常常送给她这些花的评论，不仅暗示康乃馨的双重意义，而且进一步暗示阴茎的意义。白天花的礼物的诱因用来表达一种性礼物和回礼。她送出的礼物是童贞，期望得到的回报是丰富的爱情生活。但是，“昂贵的鲜花，必须为它们付出代价”这些话也许含有一种真正的经济意义。因此，梦中鲜花的象征包含处女、男性象征，以及暗示暴力蹂躏处女。值得注意的是，当然，以鲜花作为性象征非常普遍，以鲜花、植物的生殖器象征人的生殖器。也许情人之间送花确实具有这种潜意识的意义。

她在梦中准备的生日也许是指孩子的诞生。她把自己看成是未婚夫，代表他为她准备生产（和她性交）。梦的隐念好像是这样："如果我是他，我不会等，我会不问新娘而奸淫她，我会使用暴力。"其实，强暴这个词指向了这一点。因此，原欲的性虐待成分得到了表露。

在梦的更深层中，这句话我安排等也许具有自体性行为，也就是幼儿期的意义。

她还认识到——可能只有在梦中——自己身体的需要。她把自己看成像一张桌子那样平坦，所以更加强调自己的童贞、中央的可贵（另一次，她称为花的中央部分，就连桌子的水平成分可能也和象征有关。这个梦的浓缩值得注意：什么也不多余，每个词都是一个象征。

后来，她又替我对这个梦作了补充："我用绿色皱纸装饰那些花朵。"她又补充说，这是用来掩饰普通花盆的那种杂色花纸。她还说："为了掩饰凌乱的东西，掩饰看起来不美观的任何东西。那些花中间有一个间隙，有一个小小的间隔。那些纸看上去像是天鹅绒或苔藓。"像我期待的一样，她把端庄和装饰联系了起来。绿色非常显眼，所以她把希望和这种颜色也联系了起来，是对怀孕的另一种联系。在梦的这个部分中，和男人的认同作用并不是主要特色，而是羞耻和坦率的意念自我表白。为了他，她把自己打扮漂亮；她承认自己身体的缺陷。她为此感到羞耻，想要纠正。天鹅绒和苔藓的联想明显是指阴毛。

这个梦表达了女孩在清醒状态中几乎不知道的思想，有关感觉之爱和生殖器之爱的思想。她为"生日作好了准备"，即她有了性交。遭到蹂躏的恐惧，也许还有增加的痛苦快感，都得到了表达。她承认自己身体的缺陷，通过对自己童贞价值的过分估价进行过度补偿。她的羞耻心是新出现的肉欲的借口，目的就是想要一个孩子。就连和情人无关的物质考虑在这里也得到了表达。这个简单梦的感情——幸福感——表明这里强烈的感情情结得到了满足。

我的最后一个例子是——

九、一个化学家的梦

（一个年轻男人一直努力想放弃手淫的习惯，代之以和一个女人性交。）

序言：做梦前那天，他一直指导学生做格氏反应。在这种反应中，镁在碘的催化作用影响下溶解在绝对纯粹的乙醚中。两天前，在同样的反应过程中发生了一次爆炸。爆炸中，一个人烧伤了自己的一只手。

第一个梦：他要制造苯镁溴化物。他特别清晰地看到了仪器，但他自己代替了镁。他现在发现自己处在一个奇特摇曳的姿势。他不断地对自己重复说："这是对的，事情正在运行，我的双脚正开始溶解，膝盖正在变软。"随后，他伸手去摸自己的双脚。这时（他不知道怎么回事），他把双腿伸出了大玻璃瓶，又一次对自己说："这不可能……是的，这样做没错。"这时，他已部分醒来，并对自己重复这个梦，因为他想告诉我。他肯定害怕对这个梦的分析。他在这种半睡状态中非常激动，不断重复说："苯基，苯基。"

第二个梦：他和全家人在……。他 11 点半应该到舍腾托尔，以便去会见一位正在谈论的女士，但他到 11 点半才醒来。他对自己说："现在太晚了。你到达那里时，就 12 点半了。"过了一会儿，他看到全家人围坐在桌边——他的母亲和端着盛汤盖碗的客厅女佣特别清晰。于是，他对自己说："噢，如果我们已经坐下吃饭的话，我肯定不能离开了。"

分析——他确信，即使第一个梦也和他要去约会地点见面的那位女士有关（这个梦是在他约会前那天夜里做的）。他正在指导的那个学生是一个特别令人不快的家伙。化学家曾经对他说："那不对，因为镁还没有受到影响。"那个学生好像漠不关心地回答说："是不对。"他自己一定是那个学生；他对分析就像那个学生对他的合成一样漠不关心。然而，梦中执行操作的他就是我自己。他对结果漠不关心，肯定让我非常不快！

此外，他是用来分析（合成）的材料。问题是让治疗获得成功。梦中的两条腿恢复了前一天晚上的印象。他在舞蹈班上遇到一位他想征服的女士。他让她紧贴着自己，所以她有一次大声叫了起来。当他不再紧贴她的双腿时，他感觉她作出了回应，尽可能有力地贴住他膝盖以上较低位置的两条大腿，正是梦中提到的那个地方。因此，在这种情形下，这个女人就是曲颈瓶里的镁，这终于发挥了作用。他对我来说是女性，就像他对女人来说是男性一样。如果他在那个女人身上取得成功，治疗也就会取得成功。他抚摸自己和他对膝盖的意识与手淫有关，并和他前一天的疲乏相互一致……约会实际上是定在 11 点半。他睡过头和他坚持让性对象留在家里（即手淫）的愿望，和他的反抗相互一致。

谈到他重复 phenyl（苯基）这个名称时，他说他总是喜欢所有这些以 yl 结尾的 radicals（基），因为它们使用起来非常便利，如 benzyl（苯甲基），acetyl（乙酰基）等。然而，那什么也说明不了。而当我提到 Schlemihl[①] 这个根词时，他由衷地笑了起来，然后告诉我说，他夏天看了普雷沃斯特写的一本书，书里有一章是 Les exclus de l' amour（被拒绝的爱情），其中有些话提到了 Schlemilies（笨蛋）。当看到这些贱民的情况时，他对自己说："这就是我的情况。"如果他错过了这个约会，他就成了笨蛋。

梦中的性象征似乎已经通过实验得到了直接的证实。1912 年，K·施罗特尔博士应 H·斯沃博达的邀请，通过暗示使受到深度催眠的人产生梦，这个暗示决定显梦的大部分。如果暗示建议被挑选的研究对象应该梦见正常或不正常的性关系，梦就会执行这些命令，通过利用那些心理分析，让我们熟悉的象征来取代性材料。因此，如果按照这个暗示，做梦者应该梦见和一位女友的同性恋关系，这个朋友会提着一只破旧的旅行包出现在梦中，上面有一个印有文字的标签："女士专用。"据说，做梦者从来没有听说过梦的象征和梦的解析。不幸的是，这个重要研究的价值因为施罗特尔不久之后自杀而降低。他在梦实验中给我们的只是《心理分析公报》上的一个初步报告。

1923 年，G·罗芬斯坦发表过类似的结果。尤其有趣的是，贝特海姆和哈特曼做的那些实验，因为他们没有考虑用催眠术。这些作者向困惑的科尔萨科夫精神病患者讲了一些赤裸裸性内容的故事，然后观察他们复述这个讲过的材料时出现的扭曲现象。[②] 事实表明，那个复述的材料包含了我们解梦熟悉的种种象征（爬楼梯、刺杀和射击是性交的象征，刀子和香烟是阴茎的象征）。爬楼梯象征的出现具有特别重要的价值，因为，正如那些作者公正评述的那样，"有意识曲解的愿望无法实现这种象征。"

只有我们对梦中象征的重要性作出恰当的评价时，才能继续研究前一章中断的典型梦。我觉得应该把这些梦大致分为两类：一、那些确实总是具有同样意义的梦；二、那些虽具有同样或相似的显梦，但肯定会有各种不同解析的梦。在属于第一类的典型梦中，我已经相当详细地讨论了考试梦。

因为它们具有相似的感情特征，所以错过火车的梦应该和考试梦放在一起。此外，对它们的解析证明这种近似值也是对的。针对梦中觉察到的另一种焦虑——死亡恐惧来说，它们是安慰梦。"要离开"是最常见、最容易建立的死亡象征之一。因此，这种梦总是以安慰的口气说："放心吧，你不会死

---

① ［这个希伯来词在说德语国家——甚至非犹太人中——都家喻户晓，表示倒霉笨拙的人。——译者注］

② Über Fehlreaktionen bei der Korsakoffschen paschose，1924 年。

（离开）。”就像考试梦安慰我们说：“不要怕。这次你也不会有什么事儿。”理解这两种梦难就难在焦虑正好和表达安慰连在一起。

在我对患者的分析中，牙齿刺激产生的意义常常让我很长时间不理解，因为，让我大为惊讶的是，它们对解析习惯出现非常强烈的抵抗。但最后，大量证据使我确信，对男人们来说，正是青春期的手淫欲望提供了这些梦的动机力量。我要分析两个这样的梦，其中一个也是飞行梦。两个梦都是由同一个人做的——他是一个年轻男人，具有明显的同性恋倾向，而在生活中这种倾向却受到了抑制。

他从歌剧院正厅前排座位上观看《费德里奥》的演出。他坐在L旁边，这个人和他情趣相投，他想和他做朋友。突然，他呈对角线飞过正厅前排，然后把一只手放进嘴里，拔出两颗牙。

他自己描述这次飞行时，说他就像被抛向了空中。因为上演的歌剧是《费德里奥》，所以他想起了那些歌词：

是他得到了一位迷人的妻子……

但是，即使得到最迷人的妻子，也不是做梦者的愿望。另两句歌词会更贴切：

他在幸运（重大）的一抛中取得了成功
成了朋友的朋友……

因此，这个梦包含这个“幸运（重大）的一抛”，而这不只是愿望的满足，因为它也隐藏了做梦者的痛苦反思，他在力争友谊时常常有“被抛弃”的不幸，还隐藏着恐惧，惟恐这种命运也可能会发生在他和身边一起观赏《费德里奥》演出的那个年轻人身上。随后，这个举止文雅的人承认，有一次遭到一位朋友这样的拒绝后，极度的性渴望使他连续手淫了两次。他对此感到羞愧。

下面是另一个梦：他熟悉的两位大学教授替我为他治疗。其中一位教授对他的阴茎做了点什么：他害怕是一次手术。另一位教授用铁棒顶住他的嘴，所以他掉了一两颗牙齿。他被四条丝巾捆了起来。

这个梦的性意义几乎毫无疑问。丝巾暗指他和自己熟悉的一个同性恋者的认同作用。做梦者从来没有和男人性交过，实际上也从来没有想过和男人性交，他是根据青春期熟悉的手淫方式来想象性行为。

我认为，牙齿刺激典型梦常常发生的变形——比如，另一个人拔去做梦者的牙齿——同样的解释都可以理解。[①] 然而，也许难以理解的是，“牙齿刺激”怎么能具有这种意义。但在这里，我可以提请注意，对性的抑制常常是利用从身体下部向身体上部的移植。癔病中出现的各种应停留在生殖器的情感和意图，可能会在身体中其他没有阻碍的部位体现出来。我们有一个这种移植的例子，在潜意识思想的象征中，生殖器由面孔代替。语言惯用法将臀部和面颊联系起来，[②] 这个事实得到了证实。小阴唇和围绕嘴部的口唇相关。在许多暗示中，鼻子被比作阴茎，而这两个部位分别出现毛发使它们更具有相似性。在这方面，只有一个部分——牙齿——无法有任何可能的类比。但是，正是这种一致性和不一致性的重合，才使牙齿在性抑制的压力下适合表现各种意图。

我无法断言，把牙齿刺激梦解析为手淫梦，是否已经全部搞清楚，[③] 尽管我对其正确性毫不怀疑。我尽我能加以解释，肯定还会剩下解答不了的。但我必须提到口语表达中显示出的另一种关系。在奥地利，手淫行为有一种粗俗的名称——即“拔出来”或“拔下来”。[④] 我说不出这些口语词源自何处，也说不出它们是以什么象征为基础。不过，“牙齿”和两句话中的第一句非常吻合。

根据流行的说法，拔牙梦和掉牙梦都可以解析为亲人死亡。心理分析可以容许有这种意义，最多只能戏谑地暗示已经指出的那种意义。

飞行或翱翔、坠落、游泳等属于第二类典型梦。这些梦意味着什么呢？我们在这里无法作出结论，因为我们将会知道，它们在每个梦例中都不一样，只有它们包含的那些感觉材料总是出自同一来源。

我们必须从心理分析获得的材料中得出结论，这些梦也重复我们童年的印象——也就是，它们和含有运动的那些游戏有关——这些游戏对儿童们特别有吸引力。哪有舅舅从来没有伸展胳膊让孩子坐在上面一块飞一样跑过房

---

① 梦中被另一个人拔去牙齿，通常解析为阉割。我们必须区分牙齿刺激的梦和牙科医生的梦，比如，就像柯里阿特记录的那样（《心理分析公报》第三卷第440页）。

② ［在德语中 Backen = cheeks and Hinterbacken（hindcheeks 字面意思为“后面颊”）= buttocks（臀部）。——译者注］

③ 根据荣格的观点，对女人们来说，牙齿刺激的梦具有分娩梦的意义。E·琼斯对这一点曾经给予了颇有价值的证实。可以发现，这个解析和上面的阐述具有共同点，就是在两种情形（阉割和分娩）中都是让身体的一部分离开整体。

④ 参看第六章第五节的“传记”梦。

间？哪有舅舅从来没有让孩子骑在膝盖上摇来晃去，然后突然伸腿，假装跌倒？哪有舅舅从来没有把孩子举过头顶，然后突然假装收回扶着手？每当这些时刻，孩子们都开心大叫，不停地要求再来一次，尤其是带一点儿害怕和眩晕的时候。多年之后，他们就会在梦中重复这些感觉。但是，他们在梦中省略了扶着他们的手，因此他们就自由地漂浮或坠落。我们知道所有小孩子都喜欢这种摇来晃去的游戏；而当他们看到马戏团的杂技表演时，他们对这种游戏的记忆便又重新复活了。对一些男孩来说，癔病发作仅仅在于这种表演的再现，而且完成得非常娴熟。尽管这种动作的游戏本身天真无邪，但常常引起性的感觉。要用几个词来表达这件事就是：童年的嬉闹游戏在飞行、坠落、眩晕等梦中的重现，而那些愉快感觉现在转化为了焦虑感。但是，像每位母亲知道的那样，孩子们的嬉闹常常以争吵和哭泣而结束。

因此，我有足够理由不接受那种解释，即认为是我们睡眠期间的皮肤触觉、肺部运动知觉等引起了飞行梦和坠落梦。依我看，这些感觉本身是源自梦的记忆再现——所以，它们是显梦，而不是梦来源。①

这个包括运动感觉、特性相似、来源相同的材料现在使用来表现各种各样的梦念。飞行或翱翔的梦（在极大程度上都是欢快的色调）都要求各种不同的解析——对一些做梦者来说，这些解析具有非常特殊的性质；而对其他人来说，则具有典型的性质。我的一位患者常常习惯于梦见自己脚不着地，在大街上空微微翱翔。她个子很矮，而且避免和人类交往而带来各种污染。她的飘浮梦——这让她双脚离地升高，头高耸在空中——满足了她的两个愿望。在其他女性做梦者中，飞行梦有一种渴望“像一只小鸟！”的意义。同样，其他做梦者之所以夜里变成天使，是因为白天没有人称她们为天使。飞行和变成小鸟的思想之间的密切联系使这个问题易于理解，对男性做梦者来说，飞行梦应该常常具有一种粗俗的肉欲意义。② 因此，我们听到这个或那个做梦者总是为自己的飞行能力非常自豪时，不要感到吃惊。

保罗·费登（维也纳）曾经提出了这种迷人的理论：就是许许多多这种飞行梦都是勃起梦，因为这常常占据人类幻想的奇特的勃起现象，显然是作为一种万有引力定律的悬浮体，不能不给人留下深刻印象（参看古人带有翅膀的阴茎）。

值得注意的事实是，一位像穆利·沃尔德这样确实反对任何一种解析的

---

① 因为上下文的需要，所以重复了这个和运动梦有关的段落。参看第五章第四节。

② ［有关德语俚语 vogeln（性交），源自 Vogel（小鸟）。——译者注。］

谨慎实验者，却支持对飞行梦和翱翔梦作出情欲上的解析。[1] 他把这种情欲元素说成是“翱翔梦最重要的动机因素”，而且提到了伴随这种梦的强烈的身体振动感，以及这种梦与勃起和遗精的频繁联系。

坠落梦则常常以焦虑为特征。女人们做这种梦，解析起来没有什么困难，因为她们几乎总是接受这种坠落的象征意义，这是向情欲诱惑屈服的婉转曲折的说法。我们还没有详尽研究坠落梦的幼儿期的来源。几乎所有的孩子都曾经偶尔跌倒，然后被人抱起爱抚。如果他们夜里从床上跌下来，他们就会被保姆抱起来，放进她的被窝。

经常带着极大乐趣梦见游泳、破浪前进等的人，通常都曾经是尿床者。他们此刻在梦中再现他们早已学会放弃的乐趣。我们马上就会从一个或另一个例子中知道，游泳梦容易适合代表什么。

火梦的解析证实了幼儿园禁止孩子“玩火”的规定，以免他们夜里尿床。这些梦也是以童年尿床的回忆为基础。在我的《癔病的一个分析片段》[2] 中，我曾经对和做梦者幼儿期病史有关的玩火梦进行了全面分析和综合，而且表明这种幼儿期材料可以用来表现比较成熟时的冲动。

如果我们以此来理解不同人在梦里经常重现的相同的显梦，就可能列举相当多的“典型”梦。比如，穿过狭窄小巷或若干房间的梦，有关神经质的人上床睡觉前采取防范措施的夜贼梦，被野兽（公牛、马）追赶的梦，或者是被人用刀子、匕首和长矛威胁的梦。后面这两个主题具有焦虑症等患者的显梦特点。对这类材料进行专门研究，会非常值得。代替这一点的是，我要提供两个观察，而它们并不是专门适用于典型梦。

我们越是专心寻找梦的解答，就越容易确认成人大多数梦都和性材料有关，并表达出情欲愿望。只有那些真正分析梦的人——也就是那些从梦的显意洞察梦的隐意的人，才能对这个主题产生看法；而那些满足于仅仅记下梦的显意的人（比如，纳克论性梦的著作）则从来不能。我们马上认识到，这个事实中没有什么可惊奇的，因为它和解梦的原则完全一致。从童年时候起，没有任何其他本能像原欲及其众多成分那样受到那么多抑制；[3] 也没有其他本能会留下那么多、那么强烈的潜意识愿望，现在能在睡眠状态中产生梦。在梦的解析中，我们绝不能忘记这种性情结的重要性，尽管我们肯定不能夸大其辞把它排除在所有其他因素之外。

---

① 《关于梦》第三卷。

② 《论文选》第三卷，阿里克斯（Alix）与詹姆斯·斯特雷奇译，伦敦贺加斯出版社。

③ 参看《性学三论》。

在许多梦中，通过仔细解析，可以断定它们都可以从两性去理解，因为它们无可争辩都可以产生多重性解析，实现同性恋的冲动——也就是，和做梦者正常的性活动相反的冲动。但是，正如斯特克尔[①]和阿德勒[②]主张的那样，所有的梦都可以解析为具有两性性欲。我认为，这似乎是一种不可证实和不大可能的概括，所以我不愿支持；因为首先我不知道如何处理这个明显的事实，就是有许多梦可以满足情欲之外的需求（最广义地理解这个词），比如饥饿梦、口渴梦、舒适梦等。我也认为，其他类似的主张——大意是“每个梦背后都可以发现死亡的阴影”（斯特克尔）或每个梦都显示出“从女性向男性进展的趋势”（阿德勒）——似乎超出了解梦允许的范围。每个梦都需要性的解析这种主张在这一主题文献中受到了不遗余力的抨击，但和我《梦的解析》毫不相干。本书8个版本中都找不到这种主张，而且显然和这本书的其他内容相互矛盾。

我们已经在其他地方声明，一些特别清白、通常都包含情欲的愿望，而且我们可以许多例子来进一步证实这一点。但是，许多看似无关紧要的梦，我们从来没有怀疑它们有这方面的任何独特的倾向，根据分析，却毫无疑问可以追溯到性的愿望冲动，常常具有意外的特性。比如，在解析之前，谁曾经猜想到下面这个梦具有性的愿望？做梦者叙述说：*在两座宏伟宫殿之间稍后一点有一个关着门的小房子。我的妻子领着我，沿着小路走向那座房子，推开门。于是，我飞快轻松地溜进了一个陡斜向上的院子里。*

任何一个具有解梦经验的人肯定会马上想到，深入狭窄空间和打开紧闭的门户都是最常见的性象征，而且会在这个梦中很容易看到，这是企图从背后性交的一种表达方式（在女性两片硕大的臀部之间）。那个狭窄陡峭的通道当然是指阴道。做梦者得到妻子的协助，需要我们解析，就是在现实生活中，只是出于他对妻子的顾虑，他没有进行这种尝试。此外，调查表明，前一天，一位少女曾经进过做梦者的家里，她曾经让他开心，并给他留下了一种印象，那就是她完全不会反对这种接近方式。两个宫殿之间的小房子取自布拉格哈拉钦炮台的回忆，而这又一次指向了那个女孩，因为她就是那个城市里的人。

在和我的患者们交谈时，如果我频繁强调俄狄浦斯梦——和自己的母亲性交的梦，就会得到这个回答：“我想不起来做过这种梦。”然而，之后马上

---

① W·斯特克尔《梦的语言》（1911年）。

② 《医学的进步》第16期（1910年）上的阿尔弗雷德·阿德勒（Alfred Adler）的《生活中和神经官能症中的心理两性体》，后来收为《心理分析公报》的论文。

引起了对另一个梦的回忆，那是一个未被承认、无关紧要、做梦者经常重复的梦。分析证明这又是这样一个内容的梦——也就是另一个俄狄浦斯梦。我可以向读者保证，和做梦者母亲性交的伪装梦，要比同样作用的伪装梦经常得多。①

在有关风景和地点的梦中，总是这样强调，加以确信：“我以前曾经到过这里。”但这种“似曾相识”在梦中具有一种特殊的意义。在这种情况下，这个地点就是做梦者母亲的生殖器；再也没有其他地方可以让人这样确定，他以前曾经到过这里。有一次，我对一位强迫神经症患者提供的梦百思不解。他梦见自己去访问他以前曾经去过两次的一座房子。但是，就是这个患者，很久以前曾经对我说过他 6 岁时发生的一件事。当时，他和母亲同床而睡，而且在她睡着时，他把一根手指插进了她的生殖器。

许多总是充满焦虑的梦，常常含有穿过狭窄空间或久在水中的内容，这些都是基于子宫内生活的幻想，也就是居住在母亲的子宫和分娩行为的幻想。我在这里插入一个年轻男人的梦，他在自己的幻想中利用在子宫里的机会暗中观察到了父母之间的性行为。

他处在一个深井穴里，井穴里有一扇窗户，就像塞默林隧道中的那样。

---

① 我曾经在《心理分析公报》第一期上发表过这样一个伪装的俄狄浦斯典型梦例（参看下文）；另一个带有详细分析的梦例由奥托·兰克发表在同一期刊第四期上。其他以眼睛作为象征的伪装梦，见兰克（《心理分析公报》，1913 年）。同一期杂志中还可以发现埃德尔（Eder）、费伦齐和里德勒（Reitler）的有关眼睛梦和眼睛象征的论文。俄狄浦斯传说和其他地方的瞎眼是用来代替阉割的。顺便说一下，古人并不是不熟悉没有伪装的俄狄浦斯梦的象征解析（参看兰克在《年鉴》第二卷第 534 页中的解析：“因此，尤利乌斯·恺撒和他的母亲性交的梦传给了我们，圆梦学家把这解析为一种吉兆，象征他将拥有大地（大地母亲）。传给塔昆尼人的神谕也同样众所周知，大意是：第一个吻母亲的人将会成为罗马的君主，布鲁特斯（Brutus）把这解释为大地母亲（他吻着大地说，这是万物之母）。参看希罗多德（Herodotus）第六卷第 107 页中希庇亚斯之梦：“但是，前一天夜里希庇亚斯做了下面这个梦之后，就率领那些野蛮人来到了马拉松。希庇亚斯感觉好像正在和他自己的母亲睡觉。他从这个梦得出结论，他要回到雅典，恢复自己的权力，然后在家乡寿终正寝。”这些神话和解析指向一种正确的心理顿悟。我已经发现，那些自以为得到母亲宠爱的人，在生活中显示出那种自信和那种坚定不移的乐观情绪，这似乎常常有一种英雄气概，而且常常会获得真正的成功。

一个伪装的俄狄浦斯典型梦例：

一个男人梦见：他和另一个男人想娶的女人私通。他忧心忡忡，唯恐另一个男人发现这种私情，不再结婚；所以，他对那个男人表现得非常亲热，又是偎依又是亲吻。做梦者的生活和显梦只有一个接触点。他和一位有夫之妇私通；他和她的丈夫相处友好，她丈夫一句模棱两可的话，使他怀疑朋友是否已经注意到了一些蛛丝马迹。然而，事实上还有一个因素，在梦中没有提到，只是为其提供了钥匙。这位丈夫的生命受到了一种器质性疾病的威胁。他的妻子为他可能猝死作好了准备。做梦者有意识想在她的丈夫死后娶这个年轻寡妇。正是通过这种客观情形，做梦者发现自己被转入了俄狄浦斯梦的构象中。他的愿望就是能杀掉这个人，这样他就可以娶这个女人为妻。他的梦以伪善的变形方式表达了这个愿望。它没有表达她已经嫁给另一个男人，而是表达了另一个男人想娶她，这实际上符合他自己的秘密意图，针对那个男人的敌对愿望隐藏在流露的感情下面，这是他对童年和父亲关系的回忆。

通过这个窗户，他首先看到一片空旷的风景，然后在其中构想了一幅画面，画面马上出现，填满了这个空旷的空间。这个画面描绘的是一块正被一个工具深耕的田地；新鲜的空气、辛勤劳作的联想和蓝黑色的泥土，给他留下了一种愉快的印象。随后，他继续构想，看到一本打开的教育论著……让他吃惊的是，其中大量关注（儿童）对性的感觉，这使他想起了我。

下面是一位女患者的漂亮水梦，这在治疗过程中具有特殊的价值。

在她常去的某个湖上的度假胜地，她在一处苍白的月亮倒影水中的地方扑进了黑暗的水中。

这种梦是分娩梦。将记录的显梦颠倒过来，就可以得到对它们的解析；因此，不是“投入水中”，而是可以显示为“从水中出来”——也就是“出生”。[①] 如果想起法语“la lune”（月亮，即底部）的幽默意义，就会想到人出生的位置。苍白的月亮就变成了白色的“底部”，孩子马上会猜出这是他（她）出生的地方。现在患者希望在度假胜地出生，可能是什么意思呢？我向她问这个问题，她毫不犹豫地回答说：“这治疗不就是让我重获新生了吗？”这个梦就成了在这个避暑胜地继续治疗的一种邀请——也就是到那里给她治疗。也许这还包含她自己想做母亲的一种非常害羞的暗示。[②]

我要从E·琼斯写的一篇论文中摘录另一个带有解析的分娩梦。“她站在海岸边，望着一个小男孩正在涉进水里，他好像是她的孩子。他这样走着，直到水淹没了他。她只能看到他的头在水面处上下浮动。随后，这个场面转到了一个旅馆人群拥挤的大厅。她的丈夫离开了她，她和一个陌生人‘进入了谈话’。

“分析中发现这个梦的第二部分意味着她逃离丈夫，要和第三者发生亲密关系。这个第三者显然是指前面一个梦中提到过的某先生的兄弟。梦的第一部分则是一个相当明显的出生幻想。在梦中像在神话中一样，孩子从羊水中分娩经常通过伪装方式表现为孩子进入水中。在许多其他例子中，阿多尼斯、奥西里斯、摩西和巴克斯的出生就是这类众所周知的例证。头在水中上下浮动，马上使患者想起她在唯一怀孕时体验到的胎动感觉。想起男孩进入水中引起了一种幻想，她在其中看到自己把他从水里拉出来，抱进了婴儿室，给他洗，给他穿，然后把他安顿在她的家里。

---

① 至于水中出生的神话意义，可参看兰克的《英雄出生的神话》（1909年）。

② 我学会重视子宫里生活的幻想和潜意识思想的重要性还没有多久。它们包含许多人对被活埋感到非常恐惧的解释，也包含相信死后复生的最深层的潜意识动机，这只是象征出生前对神秘人生未来的预测。此外，分娩行为是焦虑产生的第一次体验，因此也是焦虑情感的来源和原型。

“所以，梦的第二部分表现了有关私奔的想法，这属于潜在隐意的第一部分。梦的第一部分和隐意的第二部分——出生的幻想——相互一致。除了在次序上的这种倒置，更多的倒置发生在梦的各个部分中。在第一部分中，男孩进入水中，然后他的头上下浮动；在潜在的梦念中，首先是发生胎动，然后孩子离开水（双重倒置）。在第二部分中，她的丈夫离开她；在梦念中则是她离开了丈夫。”

亚伯拉罕叙述了另一个分娩梦——是一位接近初产期的年轻女人的梦：一个地下通道直接从她房间地板的一个地方通向水中（产道——羊水）。她提起地板上的活板门，马上钻出一只浑身淡褐色毛发、近似海豹的动物。这只动物变成了做梦者的弟弟；对他来说，她总是具有母亲的象征。

兰克从许多梦例中指出，分娩梦像频尿梦一样利用了同样的象征。在这些梦中，情欲刺激以尿道刺激来表达自己的感情。这些梦的各层意义和童年以来象征意义的变化相互一致。

我们在这里也许可以再回到那个中断的主题（参看第三章）——干扰睡眠的器官刺激在梦形成中所起的作用。在这些影响下形成的梦，不仅相当坦率地显示愿望满足的倾向和方便梦的特征，而且它们也常常显示一种相当明晰的象征，因为一种刺激常常以象征性伪装企图在梦中获得满足，没有结果后就惊醒做梦者。这既适用于遗精梦，也适用于因小便或大便需要而引起的那些梦。遗精梦的奇特性质，不仅使我们直接揭示了某些被公认为典型、却受到激烈争论的性象征的本质，而且使我们确信，许多明显清白的梦境只是一种未加修饰的性景象的象征性前奏。然而，这通常只有在比较少见的遗精梦中才直接呈现，同时常常变成一种焦虑梦，这同样会使做梦者惊醒。

因尿道刺激产生的梦象征意义特别明显，而且总是被人猜到。希波克拉底曾经提出了这个理论，认为如果梦见喷泉和泉水，就预示着膀胱失调（哈夫洛克·埃利斯）。施尔纳研究尿道刺激的多重象征后，承认“有力的尿道刺激总是会变成性领域的刺激及其象征意象……尿道刺激的梦常常同时是性梦的代表。”

我在这里注意到，兰克在他的论文《惊醒梦中的象征层理》中得出结论，认为很可能大量“因尿道刺激产生的梦”实际上是由性刺激引起的，一开始试图从退回幼儿尿道性欲的方式中获得满足。那些情况特别具有启发性，因此产生的尿道刺激导致醒来和排尿。所以，尽管有了这种解脱，但梦仍然继续，并以没有伪装的情欲幻象表达自己的需要。①

肠道刺激的梦以相当类似的方式透露了相关的象征意义，从而证实了黄金和粪便之间的关系，人种心理学也充分证实了这种关系。②“比如，一个因肠疾接受医生治疗的女人，有一次梦见一个藏宝人，在一间看上去像是乡村户外厕所的小木屋附近，埋藏一件财宝。梦的第二部分则显示她为已经拉完的孩子（一个小女孩）擦屁股。

援救梦也和分娩梦相关。女人梦见援救，尤其是从水中援救，等同于分娩；而当做梦者是男人时，这种意义就会发生变更。③

我们上床前感到害怕，有时甚至会干扰我们睡眠的强盗、夜贼和幽灵，都源自同一个童年回忆。他们是夜间访问者，唤醒孩子，以便把尿，免得尿床，或者为了看清孩子睡觉时两手怎么放，掀起他们的被单。在分析其中一些焦虑梦时，我曾经能诱导做梦者准确回想起那个夜间访问者。那些强盗总是做梦者的父亲；那些幽灵更可能是身穿白色睡衣的女性。

第六节　若干实例——梦中的算术和演说

在着手界定支配梦形成的第四个因素的适当地位之前，我要列举自己搜集的几个梦例，一部分是为了阐明我们已经熟悉的三种因素的相互合作，一部分是为了给某些没有获得支持的主张援引证据，或者是为了说出从中得出的必要结论。当然，在前面叙述梦的工作中，很难用梦例来证明我的结论，只有总体考虑梦的解析的前后关系，支持各自独立陈述的梦例，才会有说服力。它们离开自己的前后关系，就会失去价值。另一方面，一个梦的解析，即使是绝不深刻，也会千头万绪，使本来想阐明的讨论线索变得模糊。如果我现在着手把除了和前一章正文有关、没有任何共同点的各种事情混在一起，那么，这种技术上的因素一定会成为我的借口。

---

① “构成幼儿膀胱梦基础的同一象征，‘最近’则以纯粹的性意义出现：水＝尿＝精液＝羊水；船＝‘抽出船上的水’（小便）＝种皮；弄湿＝遗尿＝性交＝怀孕；游泳＝充满的膀胱＝未出生孩子的住所；雨＝小便＝受孕的象征；旅行（启程—下车）＝下床＝性交（蜜月旅行）；小便＝射精”（兰克）。

② 弗洛伊德的《性格和肛门性欲》，《论文选》第二卷；兰克的 *Die Symbolschictung* 等；达特纳的《实习医生》，《心理分析公报》第一卷（1913 年）；里克的《实习医生》，《心理分析公报》第三卷（1915 年）。

③ 对于这种梦，参看《新教徒的自由》（1909 年）中普菲斯特的《有关灵魂和精神康复的心理分析案例》；有关“援救”的象征，参看我的论文《心理分析治疗的未来前景》；还有《论文选》第四卷中《爱情论文献之一：男人中目标选择的一个特殊类型》。还可参看《心理分析公报》第一卷第 331 页（1910 年）兰克的《援救幻想解析》；里克的《援救象征》，同上，第 299 页。

我们要首先考虑几个梦中的非常奇特或不同寻常的表现方式。一位女士做了下面这个梦：一位女仆正站在梯子上，好像是要擦窗户，还带有一只黑猩猩和一只猩猩猫（后来改正为安哥拉猫）。她把这两个动物向做梦者扔过来。黑猩猩偎依着她，而这非常令人厌恶。这个梦以一种非常简单的方法达到了目的，也就是，仅仅利用了词的字面形象，并根据词的字面意思表现出来。"猴子"像通常的动物名一样，是用来骂人的话，梦中情境仅仅意味着"大声谩骂"。我们不久便会看到，在梦的工作中还会有更多同样的梦例采用这种简单技巧。

另一个梦继续以一种非常相似的方式进行：一个女人有一个脑壳显著变形的孩子；做梦者曾经听说这个孩子是因为胎位不正而发生了这种畸形。医生说，通过压缩脑壳可能会好看些，但是，这会损伤大脑。她认为，这是一个男孩，畸形不会造成太大痛苦。这个梦包含了对"童年印象"这个抽象概念的一种造型表现。在治疗过程中，做梦者对这个概念已经渐渐熟悉了。

在下列这个梦例中，梦的工作采取了一种稍微不同的做法。这个梦包含的是在格拉兹附近希尔姆泰克的一次游览的回忆：外面狂风暴雨；一个简陋的旅馆——水正从墙上滴滴答答落下来，那些床都很潮湿。（梦的后面部分不如我表达的那样直接。）这个梦表示的是"过剩"的意思。起初，出现在梦念中的抽象思想被语言的某种滥用搞得模棱两可，也许被"泛滥"或被"流体"和"超流体（的）"所代替，后来又通过许多类似的印象来表现。屋里的水，屋外的水，湿透床单的水——一切都是流体和"超"流体。

在梦中，为了表现的目的，词的拼写远不如发音重要，这不应该让我们感到吃惊，因为我们记得，押韵也行使相似的特权。

语言有大量词汇可以随意支配，这些词使用时原先都有图像和具体的意义，但现在使用时都是以无色和抽象的方式，在某些其他情况下，曾经让梦表达思想变得毫不费力。梦必须做的只是回复这些词的完全意义，或者稍微追溯一下它们意思的变化。比如，一个男人梦见他的朋友正挣扎着从一个非常艰难的地方出来，向他大声求救。分析表明，那个艰难的地方是一个洞，做梦者对他的朋友象征性地使用了这些词："小心，否则你就要进洞了。"①另一个做梦者爬上一座山，从那里可以看到非常辽阔的风景。他把自己看成了弟弟，他的弟弟正在编辑一篇有关远东的评论。

在《绿衣亨利》中的一个梦里，一匹精神饱满的马正在一块最漂亮的燕

① ［译者举例，因为作者的例子无法翻译。］

麦田里四处奔腾，每一粒燕麦都是“一个甜杏仁、一颗葡萄干和一枚新便士，包裹在红丝绸里，用一根猪鬃捆着。”诗人（或做梦者）马上解释了这个梦的意思，因为马感到自己痒得很舒适，就大声叫道：“那些燕麦正在刺着我。”（“我精神饱满”）。

根据亨森的理论，在古代挪威人的传奇中，梦中大量使用俗语和诙谐词句；发现梦里几乎都是双重意义或词语游戏。

要搜集这些表现方式并根据那些原则对它们分类是一件非常特殊的任务。有些表现方式可以说非常机智。它们给人留下的印象就是，如果做梦者自己没有成功解释，谁也猜不到它们是什么意思。

一．一个男人梦见有人问他某人的名字，他却想不起来。他自己解释说，这意味着“我不应该梦见它”。

二．一位女患者叙述了一个梦，她梦见所有有关的人都非常高大。她补充说：“这意味着它一定和我童年的一件事有关，因为当时所有成年人在我看来都特别高大。”她自己并没有出现在梦中。

童年也可以换位，用不同方式在其他梦中表达——把时间转化为空间。一个人看人和看景仿佛是在很远处，在漫漫长路的尽头，或者像是反拿小型双眼望远镜看戏一样。

三．一个男人在清醒生活中喜欢用抽象和模糊词句，但头脑清醒，有一次梦见他到达火车站时，火车刚要进站。但是，后来却是站台移向火车，火车静止不动。这是真实事态的一次荒唐的倒置。这个细节只不过又是一个暗示，大意是，梦中的另一件事一定是颠倒的。同一个梦的分析，使患者回想起了一些图画书，里面绘着一些头倒立用手走路的男人。

四．同一个做梦者有一次叙述了一个短梦。这个梦几乎使人想起了猜字画迷的技巧。他的叔叔在一辆汽车上给了他一个吻。他马上又对这个解析进行了补充。我永远也不会想到：这是指手淫。在清醒状态中，这可能是当成笑话说的。

五．在除夕晚宴上，东道主发表了迎新年讲话。他的一个当律师的女婿不喜欢认真对待老人，尤其是在讲话过程中，老人这样表达说：“当我打开旧年总账，看着它的账面时，发现资产那面应有尽有，感谢上帝，债务那面一无所有；所有你们这些孩子都是一笔巨大的资产，你们谁也不是债务。”听到这话，年轻律师想起了 X——他妻子的弟弟，他是一个骗子，习惯说谎，最近才从一场官司纠缠中脱身。那天夜里，在一个梦中，他又一次看到了新年庆祝晚会，并听到了那场讲话，或者更准确地说，看到了那场讲话。老人没有讲话，而是打开了总账，并在标明“资产”的那面，从其他名字中看到了自己的名字，但在标明“债务”的那面却有他姐夫的名字X。然而，“债务（Liability）”一词变成了“说谎能力（Lie－Ability）”，他把这看成是X的主要特征。[1]

六．一个做梦者给另一个人治疗骨折。分析表明骨折象征破裂的婚姻誓约等。

七．在显梦中，一天的时间常常代表做梦者童年的某个时期。比如，凌晨5点15分对做梦者意味着5岁3个月的年龄；弟弟出生就是在他那个年龄。

八．梦中表达年龄还有这样一种方法：一个女人和两个小女孩正在一起散步；两个小女孩的年龄相差15个月。做梦者想不起来任何熟人的家庭和这个有关。她自己解析为这两个孩子都代表她本人。这个梦使她想起了她童年时的两个创伤性事件：一件发生在她3岁半，另一件发生在4岁9个月。

九．如果接受心理分析治疗的人经常梦见治疗，被迫在梦中表达因治疗引起的种种思想和期望，那不足为奇。选择治疗的意象一般是旅行，通常是坐汽车，因为这是一种现代化的复杂交通工具。这时，汽车的速度给患者提供讽刺幽默的自由机会。如果作为清醒思想一个元素的潜意识要在梦中表现，它会被隐藏的地点恰如其分地代替，在其他时候，当和分析治疗无关时，这些地点则代表女性的身体或子宫。梦中下面常常指生殖器；相反，上面则指脸、嘴或乳房。梦的工作通常用野兽来象征热情的冲动。做梦者害怕的那些冲动既有自己的也有别人的。因此，只要稍一置换，野兽就变成了体验这些激情的人。这一点和用猛兽、狗、野马等来作为令人畏惧的父亲图腾表象相去不远。我们可以说，野兽适合代表自我害怕、压抑作用反对的原欲。即使神经官能症本身，病态人格也常常和做梦者分离开来，并作为独立人表现在梦中。

有人可能会说，为了达到梦念的表达，梦的工作会利用一切手段，不管这些手段是否得到现实批评的允许，从而使自己受到了所有对梦的解析仅仅道听途说者的怀疑和嘲笑。但是，这些人从来没有实践过。斯特克尔的书《梦的语言》中这样的例子特别丰富，但我避免从这部著作中引用例证，因为作者缺乏关键的判断，而且他随心所欲的手法也会使没有偏见的观察者感到可疑。

---

① 布里尔在他的《心理分析的基本概念》中所作的转述。

十．摘自V·陶斯克的《梦对颜色与衣物的利用》一文（《国际心理分析公报》第二卷，1914年）：

（一）A梦见他从前的家庭女教师穿着一件富有黑色光泽的衣服，紧贴着臀部。那是指他断言这个女人非常淫荡。

（二）C梦见一个女孩在去某地的路上，沐浴在白光之中，穿着一件白衬衣。做梦者开始在这条路上和一个叫白小姐的女孩发生暧昧关系。

十一．在用法语进行的一个分析中，我必须解析我以一头大象出现的一个梦。我自然要问为什么我会表现为那种形象，做梦者回答是："你在欺骗我[Vous me trompez，trompe = trunk（象鼻）]。"

梦的工作常常会强迫利用一些非常疏远的关系，成功地表现很难控制的材料，比如一些专有名称。在我的一个梦中，老布律克曾经给我派了一项任务。我作了准备，并从中找出了看上去像是弄皱的锡纸。（我在后文还会再提到这个梦。）相关的联想是Stanniol［由锡（stannum）这个词衍变而来］，找到这个并不容易。现在我才知道自己想到的名字是Stannius，这是我青少年时期非常崇敬的、研究鱼类神经系统解剖的一位作者的名字。我的老师派我做的第一项科学工作确实和一种鱼——鳃鳗幼体——的神经系统有关。显然，这个名字无法用在画谜中。

在这里，我不能不记下一个带有奇特内容的梦，因为作为儿童梦也值得注意，而且通过分析容易解释。一位女士告诉我说："我记得，我小时候反复梦见上帝头上戴着一顶圆锥形纸帽。家人常常让我在吃饭时戴上那种帽子，这样我就无法去看其他孩子的盘子，也看不见他们得到多少任何值得注意的盘菜。因为我曾经听说过上帝无所不知，所以这个梦就意味着我无所不知，尽管我被迫戴着那种帽子。"

可以表明，通过梦中出现的那些数字和计算，梦的工作存在及其不拘形式处理其材料（梦念）的方式很有启发性。随便说一下，迷信常常认为，梦中的数字具有一种特殊的意义。所以，我要举几个自己搜集的这种例子。

一．摘自一位女士结束治疗前不久做的梦：

她想为某些东西付账。她的女儿从她的钱包取出3弗罗林65克鲁斯。但是，她的母亲说："你在做什么？它只值21克鲁斯。"这个梦的片段无需进一步解释，就可以理解，因为我知道做梦者的情况。这位女士是一个外国人，她让女儿在维也纳上学，只要她的女儿留在城里，她就能继续接受我的治疗。再过3星期，她的女儿这一学年就结束了，她的治疗到时候也要停止。做梦前的那天，校长问她是否能决定让孩子再上一年。于是，她显然想到，这样的话她就能再继续治疗一年。那么，这就是这个梦所指的意思，因为一年等于365天。该学年和治疗结束还剩下3星期，等于21天（尽管治疗达不到这么多固定时间）。这些梦念中指时间期限的数字，在梦中指的是所给的钱的价值，同时具有一种更深的意义，因为“时间就是金钱”。365克鲁斯肯定是3弗罗林65克鲁斯。梦中出现的金额那么小，显然是一种愿望满足。这个愿望已经减少了治疗费用和一年学费。

二．在另一个梦中，那些数字甚至涉及到了更复杂的关系。

一位已经结婚几年的年轻女士听说一位和她几乎同龄的熟人埃莉斯·L刚刚订婚。于是，她就梦见：她和丈夫一起坐在剧院里，正厅前排座位的一边空无一人。她的丈夫告诉她说，埃莉斯·L和她的未婚夫也想到剧院来，但他们只能买到位置不好的座位；3张票1弗罗林50克鲁斯，所以他们当然不能买那些票。她想他们损失不了多少。

这1弗罗林50克鲁斯的来源是什么呢？其实，是前一天发生的一件无关紧要的事儿。做梦者的嫂子收到了丈夫赠送的150弗罗林作为礼物，就买了一些珠宝匆匆花掉了。让我们值得注意的是，这150弗罗林是1弗罗林50克鲁斯的100倍。但是，和剧院座位有关的3又从何而来的呢？这个唯一的联系就是，未婚夫比她本人小3个月。当我们探知正厅前排座位的一边空无一人的意义后，这个梦就迎刃而解了。这个特征就是没有伪装地暗示一件小事。这件小事给了她的丈夫逗弄她的一个好借口。她那个星期决定去剧院。她已经提前几天就挂念着买票，而且不得不支付了订票费。他们到达剧院时，发现剧院的一边几乎都是空的。因此，她确实不必要这样匆忙。

我现在要用这个梦来代替那些梦念：“结婚那么早确实没有意义。我根本不必要这样匆忙。从埃莉斯·L的例子，我明白我完全会得到一位丈夫——而且会好100倍——只要我等待（和她的嫂子匆忙相对），我的钱（嫁妆）就能买三个这样的男人！”我们注意到，这个梦中的数字与前面提到的那个梦相比，意思和关系的改变程度要大得多。在这种情况下，这个梦的转换和变形活动会更大——这一点我们可以解析为，这些梦念获得表现之前，必须克服一种非同寻常的灵魂中的阻力。而且我们不能忽视这个梦包含的一种荒谬元素，也就是两个人可望得到三个座位。如果我说显梦的这种荒唐细节是想表达梦念最受强调的成分：“结婚这样早没有意义，”那就会说明梦中荒唐事解析的问题。因此，出现在相互比较的两个人（年龄上相差3个月）之间相当次要关系中的数字 3，通过这个梦，巧妙地提出了必需的荒谬念头。实际的 150 弗罗林减少为 1 弗罗林 50 克鲁斯，则符合做梦者压抑思想中对丈夫的轻视。

三. 另一个例子显示，梦中的计算能力可以说是声名狼藉。

一个男人梦见：他正坐在 B 家（B 家是他以前熟悉的一户人家），说："你们不让我娶埃米是胡闹。"随后，他问那个女孩："你多大了？"答："我生于 1882 年。""啊，那你 28 岁了。"

因为这个梦做于 1898 年，所以这显然是错误的算法。如果不能有其他方面的解释，那么，做梦者计算的无能可以和全身瘫痪的人相比了。我的患者是那种看到女人就禁不住梦牵魂绕的男人。几个月来，排在他后面到我的诊室治疗的是一位年轻女士。他常常打听这位女士的情况，然后跟她见面，迫不及待地想给她留下一个好印象。他估计这位女士有 28 岁。这就足以解释他表面计算的结果。但是，1882 年正是他结婚的那一年。他忍不住要和他在我的诊所见到的两个女人交谈——这是两个都绝不年轻的女仆，她们轮流给他开门——而当他发现她们都不很敏感时，他就对自己说，她们也许把他当成是不苟言笑的老年人了。

记住这些例子和后面要提到的类似性质的梦例，我们就可以说，梦的工作根本不会计算，无论答案是否正确。这只是以总数的方式把梦念中出现的数字排在一起，这可以暗示不能容许用其他方法表达的材料。因此，它是把数字当作材料来表达目的，就像处理所有其他观念和仅为语言意象的名称与讲话一样。

因为梦的工作无法创作新的讲话。无论有多少合理或荒唐的讲话和答案可能出现在梦中，分析向我们表明，梦就是从梦念中摘录真正说过或听过的讲话片段，并以最随意的方式加以处理。梦不仅把它们从前后关系中撕裂开来，搞得支离破碎，同时接受其中一部分，排斥另一部分，而且常常以一种新颖方式把它们组合在一起，因此一个看来前后连贯的讲话，经过分析，会分解成三四个部分。在这些词语的新的应用中，梦常常忽视它们在梦念中的意义，并从中汲取一种全新的意义。[1] 如果更加仔细地查看，梦中讲话更加独特、更加简洁的成分就可以从其他连接材料中区别开来，而且可能起补充作用，就像我们在看书时补充一些遗漏的字母或音节一样。因此，梦中讲话具有角砾岩结构，各种不同种类的大块岩石通过凝固粘合剂固定在一起。

严格来说，这种描述只适用于那些带有几分感觉性质并被描述为言谈的梦中讲话。做梦者似乎不认为是听到或说出的其他言论（在梦中没有伴随的听觉或运动感觉），仅仅是出现在我们清醒生活中的种种思想，会毫不改变地进入我们的许多梦中。我们的阅读材料似乎也为各种梦的无关紧要的讲话材料提供一种丰富而不易追溯的来源。但是，任何在梦中显然作为言语呈现的东西，都可以和做梦者曾经说过或听过的实际讲话有关。

在为了其他目的分析梦的过程中，我们已经发现了这种梦中言谈出处的例子。因此，在“良性市场梦”（第五章第一节）中，*那再也买不到了*这句话适合于把我和那个屠夫等同起来，而另一句话的片段*我不认识那东西，我不买*正好完成了使这个梦变得清白的任务。前一天，厨师提出无理要求，做梦者对她置之不理，而是回答说：*我不知道，你要规矩点*。随后，她把听起来无关紧要的言谈的前半部加入了梦中，以便暗示后半部，这正好符合潜藏在梦下列幻想，但这也可能会把它泄露出来。

这里是许多会导致同样结论的其中一个例子：

一个大院子正在烧着一具具尸体。做梦者说：“我要走，我无法忍受这种景象。”（不是一个清晰的讲话。）随后，他遇见屠夫的两个男孩，便问道：“喂，这味道好吗？”其中一个回答说：“不，不好。”好像是人肉。

这个梦的良性诱因如下：做梦者和妻子吃过晚饭后，去拜访一位邻居，这个邻居可敬，却不受人欢迎。这位好客的老太太正坐下来吃晚饭，并且非要（男人们开玩笑时用一个含有性意义的合成词来代替这个词）让他品尝不可。他婉言谢绝，说他没有任何胃口。她则说“你就吃吧，你肯定能吃下”诸如此类的话。因此，做梦者不得不尝了一口，并对他品尝的东西称赞道：

---

[1] 荣格、马西诺斯基（Marcinowski）和其他作者曾经发表了其他数字梦的分析。这种梦经常包括非常复杂的运算，做梦者仍然以惊人的自信运算了出来。也可参看欧内斯特·琼斯的《有关潜意识的数字治疗》（《心理分析公报》第二卷第 241 页，1912 年）。

神经官能症以同样方式进行表现。我认识一位患者——她不由自主却又不情愿听到（幻听）一些歌曲或歌曲片段，因为她无法明白它们对她的精神生活的意义。她肯定不是一个偏执狂。分析表明，她允许自己在某种程度上误用这些歌词。“噢，你这有福的人！噢，你这快乐的人！”这是一首圣诞颂歌的第一行，但她没有接着唱“圣诞节节期”这个词，而是把它改成了一首婚礼歌曲等。同样的变形机制，如果没有幻觉，仅仅通过联想，就可以运行。

“味道不错！”当他又和妻子单独在一起时，他又抱怨邻居强人所难，他品尝的食物味道也不好。“我无法忍受这种景象，”在梦中也不是以真实言谈出现，而是和请他吃东西的老太太的外貌有关的一种思想。这种说法可以解释为他根本不想看她。

对另一个梦的分析更有启发性。我要在这个阶段引用，因为有一个非常明确的言谈构成了梦的核心，但要到评价梦中感情时才给予解释。我非常逼真地梦见：我夜里到布律克的实验室去，听到轻轻的敲门声，我给（已故的）弗利契（Fleischl）教授打开门。他和一群陌生人一起走了进来。说了几句话后，他就在自己的桌边坐下来。接着又做了一个梦：7月，我的朋友Fl.悄无声息地来到了维也纳。我在街上遇见他，他正和我（死去的）朋友P交谈。我和他们一块去某个地方。他们面对面在一张看似小桌子的地方坐下来，我面对他们坐在桌子狭窄的那端。Fl.提起了他的姐姐，说：“她不到45分钟就死了。”然后说了一句“那是极限”。因为P不明白他的意思，所以Fl.转向我，问我曾经告诉过P多少有关他的事。这时，我深受一些奇异的感情影响，尽力告诉Fl.说，P（可能无法理解，因为他）已经死了。但是，注意到这个错误时，我说：“Non vixit（已经死了）”。随后，我密切注视着P。在我的凝视下，他变得苍白、模糊，眼睛变成了暗蓝色——最后，他逐渐暗淡。我对这一点非常高兴；我现在明白厄恩斯特·弗利契也只是一个幽灵、一个归魂（revenant）。我发现，只要有人希望这种人存在，他就很可能存在；只要另一个人希望他消失，他就又可能会消失。

这个非常漂亮的梦混合了许多显梦的神秘特征——因为我注意到自己的错误，说成了Non vixit（已经死了）而不是Non vivit（未曾活到），梦自身所做的批评，死去的人（梦本身认为他们已经死去）无拘无束的交往，我的结论的荒唐，以及它给予我的极端满足——“我要献出自己的一生”来详细说明这个问题的全部解决办法。但是，在现实中，我无法做到我在梦里做的事儿，即为了我的雄心牺牲这样亲密的朋友。如果我试图掩饰那些事实，我非常熟悉的梦的真正意思就会遭到损坏。所以，我必须满足在这里和在后面阶段选择梦的几个元素，加以解析。

梦的中心是我用目光让P消失的那个情景。他的眼睛变得奇怪，呈神秘的蓝色，随后他就逐渐消失了。毫无疑问，这个情景是模仿了我实际经历过的一个场景。我曾经是生理研究所的示范员，早上就要上班。布律克听说我在学生实验室迟到了好几次。所以，一天早上，他在开门时到达那里，并等着我。他对我说的话简短中肯，但他说的话并不要紧。让我不安的是他的蓝眼睛的可怕凝视；在那种凝视面前，我无地自容，就像P在梦中那样，因为P在梦中和我交换了角色，这让我如释重负。任何人都忘不了这位大师的眼睛，即使到了老年，仍然非常漂亮，所以任何看到他发怒的人都不难想象当时那个年轻违背者的情绪。

但是，过了好一阵子，我都无法解释我在梦中掠过的Non vixit的原因。最后，我才想起，之所以这两个字在梦中那样清晰，并不是因为听到或说过，而是因为看到。于是，我马上就知道了它们来自哪里。下列优美的文字刻在维也纳霍夫堡皇宫约瑟夫皇帝雕像的底座上：

为了祖国的利益，
他活得不长，却全心全意。①

我引出这个碑文，正好符合梦念中的一连串敌意思想，这意味着："那个家伙对这件事无话可说，他确实没有活着。"我现在回想起来，我做这个梦，是弗利契的纪念碑在大学回廊揭幕几天之后。当时，我又一次看到了布律克的纪念碑，一定是（在潜意识中）为我那位才华横溢的朋友P感到遗憾，因为他一生献身科学，却不能在这些回廊中设立纪念碑，所以我就在梦中为他设立了这个纪念碑。约瑟夫又是我朋友的洗礼名。②

根据解梦规则，我仍没有理由用回忆中随意支配的凯瑟·约瑟夫纪念碑上的non vixit，来取代我需要的non vivit。梦念中的一些其他元素一定促成了这种可能性。现在，一些事引起了我的注意，那就是梦境中和我的朋友P有关的两串思想汇合在一起，一种是敌意的，另一种是深情的——前者明显，后者隐蔽，两者都以non vixit这样的词语表现出来。我的朋友P有功于科学，我给他树碑；他心怀恶毒愿望（表现在梦的结尾），我就让他消失。我在这里造了一个带有特殊韵律的句子，我这样做，一定是受了某种现有的模型影响。但是，我在哪里能找到一个相似的对句呢？就是对同一个人两种对立反应之间的一种相似的平行，两者既完全合理却又互不影响。然而，只有一段文字给读者留下深刻印象——莎士比亚的《尤利乌斯·恺撒》中布鲁特斯有

---

① 碑文其实是这样的：
Saluti publicae vixit
non diu sed totus.
我把patriae（祖国）代替publicae（公众）的错误动机，威特尔斯可能猜对了。

② 作为多重性决定的一个例子：我迟到的借口是，夜里工作到很晚后，第二天早上我必须走过从凯瑟-约瑟夫大街到瓦林柯大街这段长路。

一段自我辩护的讲话："恺撒爱我，所以我为他哭泣；他幸运，所以我对此高兴；他勇敢，所以我尊敬他。但是，他野心勃勃，所以我杀了他。"我们这里不是像梦念中一样有相同的语言结构和相同的思想对比吗？因此，我在梦中扮演着布鲁特斯的角色。我要是能在梦念中找到另一个平行的关系来证实这一点该多好！我想这个关系可能是："7月，我的朋友Fl. 到维也纳来。"这个细节实际上不是真的。据我所知，我的朋友从来没有7月到过维也纳。但是，7月（July）是以尤利乌斯·恺撒（Julius Caesar）命名的，因此这很可能对我要扮演布鲁特斯[①]这个角色的中介思想提供了必要的暗示。

奇怪的是，我确实曾经扮演过布鲁特斯这个角色。我14岁那年，对儿童观众上演了席勒诗剧中布鲁特斯和凯撒之间的一场戏：比我大一岁的侄儿协助我演出，他从英国来看望我们；所以他也是一个归魂，因为我在他身上看到了我童年的玩伴。到我3岁结束时，我们已经形影不离了。我们彼此相爱，也互相打架；像我已经暗示的那样，这种童年关系已经决定了我以后和同龄人交往的所有感情。从那时起，我的侄子约翰就有了许多化身。这些化身已经复活了他的性格的一个又一个方面，但他的性格在我的潜意识中却根深蒂固。他有时一定虐待过我，而我一定勇敢地反对过这个暴君，因为若干年后，他们告诉我说，当我的父亲——他的祖父——责问我："你为什么打约翰？"时，我常常用一句简短的话为自己辩护："我打他，是因为他打我。"一定是童年的这个景象使我把non vivit变成了non vixit，因为在童年后期的语言中，wichsen是打击的意思。梦的工作并不鄙视利用这种联想。其实，我对朋友P的敌意毫无理由——他比我强得多，所以可能是我童年玩伴的一个新版本。这肯定可以追溯到我们童年时我和约翰的复杂关系。像我曾经说过的那样，我以后还会再提到这个梦。

第七节　荒谬梦——梦中的理智行动

迄今，在我们解梦时，我们常常在显梦中碰到过荒谬元素，所以我们再也不能推迟对它的起因和意义的研究。我们肯定记得，那些否认梦有价值的人已经把梦的荒谬性作为一个主要论调，认为梦仅仅是一种削弱的局部心灵活动的没有意义的产物。

我将从几个梦例开始，其中显梦的荒谬性只是表面现象。更彻底地研究

---

① 同样，Caesar（恺撒）= Kaiser（德国皇帝）。

梦之后，这种荒谬性就会消失。这些是和做梦者故去父亲有关的梦——起先以为是意外巧合。

第一个梦

这是6年前一位丧父的患者做的梦：

他的父亲遇到了一次可怕的车祸。他正乘坐夜间快车旅行，火车突然出轨，座位被撞扁，他的头挤在了中间。做梦者看到他躺在床上，左眉上有一道垂直伤口。做梦者对他的父亲遭遇车祸感到吃惊（因为他已经死了，做梦者在叙述这个梦时补充说）。他父亲的眼睛非常清澈。

根据梦批评的普遍标准，这个显梦解释如下：起先，当做梦者在描述他父亲遇到的车祸时，他已经忘记父亲已经死去多年了。在梦的过程中，这个记忆觉醒，因此，即使他在睡梦中，也对这个梦感到吃惊。然而，分析告诉我们，寻求这种解释多此一举。做梦者曾经委托一位雕塑家给他的父亲塑半身像，并在做梦前两天仔细检查了那尊半身像。在他看来，这就是他认为的遭难（这个德语词意为“出错”或“发生意外”）。雕塑家从来没有见过他的父亲，所以只好根据照片来雕刻。做梦前那天，儿子派一位老家奴去画室，看是否也对那尊大理石半身像有一些意见——也就是看太阳穴之间是否太窄。下面是曾经促成梦形成的记忆材料：每当生意上有烦恼或家里有难事，做梦者的父亲都习惯用两手挤压两边的太阳穴，好像他的头长得太大，他必须把它压小一样。4岁那年，做梦者亲眼看到一把手枪意外走火，所以他父亲的眼睛都变黑了（他的眼睛非常清澈）。当他的父亲沉思或沮丧时，额头上会有一道深深的皱纹，梦中显示就是这个地方。梦中一道伤口取代这个皱纹又指向了梦的第二个诱因。做梦者曾经为他的小女儿拍了一张照片；底片从他手里掉了下来。而当他拾起来时，底片上露出了一道裂纹，这道裂纹像一条垂直的皱纹横过孩子的额头，一直延伸到了眉毛。他禁不住认为，这是一个迷信的预兆，因为他的母亲去世前那天，她的照片底片也曾经裂开过。

因此，这个梦的荒谬性仅仅是没有区别半身像或照片和真人在语言表达上粗心的结果。我们都习惯这样评论：“难道你不认为这完全是你的父亲吗?”当然，这个梦中出现的荒谬性很容易避免。根据一个梦例，就可以形成一种意见，有人禁不住会说，这种荒谬性的外表可以接受，甚至渴望得到。

第二个梦

这是我自己做的另一个同类的梦（1896年，我失去了父亲）：

父亲去世后，曾经在马札尔人的政治生活中扮演了一种角色，并使他们在政治上团结一致。这时，我模糊地看到一张小照片：许多人好像是在德国国会大厦；一个男人正站在一两张椅子上，其他人都围在他的四周。我记得，他临终时躺在床上的样子非常像加里波第。我很高兴这个诺言真正变成了现实。

这确实够荒唐的。这个梦是在因议会阻碍而使匈牙利人处于无政府状态时做的，后来柯罗曼·泽尔拯救他们，才度过了危机。梦中看到的这种小照片的细节情境对这个元素的解释不无意义。我们的梦念常常以和实物大小一样的视觉图像表现出来。然而，我梦中的图像却是奥地利历史书中一个木刻插图的复制品，描绘的是普雷斯堡议会中的玛丽亚·特蕾西亚——我们誓死效忠国王[1]中的著名一幕。像玛丽亚·特蕾西亚一样，在我的梦中，父亲周围都是群众，但他是站在一两张椅子（Stühlen）上，因此就像是首席法官（Stuhlrichter）一样。（他把他们团结在了一起；这里的中间媒介是“我们不需要任何法官”这种措辞。）父亲临终时，我们站在他的床四周，确实注意到他非常像加里波第。他死后体温上升，脸颊越来越红……我们不由得接着想到：“在他身后，在虚幻的（光辉）中，存在着征服我们所有人的东西——共同命运。”

我们思想的提升为我们必须对付这种共同命运作好了准备。死后体温升高符合显梦中“他去世后”这句话。在生命的最后几个星期，他最痛苦难忍的是肠道完全停止了活动（阻塞）。各种失礼的思想都和这一点有关。我的一位同事还在上中学时就失去了父亲。我对这件事深为感动，就和他成了朋友——有一次，他不无嘲笑地对我讲了他的一个亲戚的不幸经历。她的父亲死在了大街上，被抬回了家里；脱下尸体的衣服时，好像他是临死时或死后才大便（Stuhlentleerung）。他的女儿对这个情况非常伤心，因为这个难看的细节必然会破坏她对父亲的记忆。我们现在已经触及到了体现在这个梦中的愿望。一个人死后要在子女们面前保持伟大纯洁：谁不希望这样呢？是什么造成了这个梦的荒谬的呢？荒谬的出现仅仅是由于这个事实，那就是忠实呈现在梦中的是一个完全许可的形象比喻，因为我们习惯忽略可能存在于其成分之间的荒谬性。我们在这里几乎又一次不能否认荒谬性的出现是渴望得到、有意而为。

---

① 我已经忘记是哪位作者谈到的一个梦。这个梦里的人非常小，梦的来源是做梦者白天曾经仔细看过的雅克·卡洛特（Jacques Callot）的一幅版画。这些版画都有许许多多非常小的人物；其中有一套和三十年战争的恐怖情景有关。

死去的人常常会出现在我们的梦里，像活人一样发挥作用，和我们发生联系，引起过分惊讶，产生一些奇怪的解释，这显然证明我们对梦产生了误解。不过，这些梦的解释近在眼前。我们常常会对自己说："如果我的父亲还活着，他会对这件事会说什么呢?"除了出现在一种明确的情境中，梦无法表达如果。比如，一个年轻人从祖父那里得到了一大笔遗产，梦见老人还活着，要求孙子作出解释，并训斥他花钱如流水。我们更清楚地认识到了这个人已经死去，就会把对这个梦的异议看成是一种安慰的想法，认为死者不必了解真相，也不必了解对这件事是否满意，因为他对这件事不再有发言权。

在已故亲人的梦中发现的另一种荒谬形式，就是无法表达藐视和嘲弄。它适合表达极端的否认，就是希望表示做梦者想都不敢想的压抑思想。只有我们记住梦无法区分欲望和现实，这种梦似乎才能解释。比如，一个男人细心照顾病危的父亲，父亲死后，他深感悲伤。过了一段时间后，他做了下面这个没有意义的梦：他的父亲又活了过来，像往常一样和他说话，但（这是值得注意的事情）他已经死了，尽管他不知道这一点。如果我们在"他已经死了"后面插入由于做梦者的愿望，如果我们在"他不知道"后面加上做梦者怀有这种愿望，那么，这个梦就可以理解了。在照顾父亲时，儿子常常希望他死去；也就是说，他确实曾经有过那种怜悯的想法，认为如果死亡最终可以结束他的痛苦，那将是一件好事。他在哀悼父亲时，甚至这个富有同情的愿望变成了一种潜意识的责备，好像这确实有助于缩短患者的生命。做梦者幼儿期反抗父亲的感情的觉醒，才有可能在梦中表现这种责备。正是因为梦的怂恿和白天思想的极端对立，才使这个梦呈现出如此荒谬的形式。①

一般来说，梦见做梦者喜爱的死者是解梦者面临的难题，总是得不到满意解决。这个理由可能是支配做梦者和死者之间关系特别强烈的矛盾情感。在这种梦中，死者起初被当成活人是相当常见的。随后好像会突然死去。而在梦的续集中又会活过来。这会造成一种混乱的效果。我终于猜想到这种生死交替是想表现做梦者的冷淡。（"对我来说，无论他是死是活都一样。"）当然，这种冷淡不是真实的，而是愿望；其目的是帮助做梦者否认他非常强烈、常常矛盾的情感态度，从而变成他的矛盾情感在梦中的表现。对其他和死者有关的梦来说，下列原则常常可以作为一种指南：如果在梦中，不提醒做梦者说，死者已死，他就会把自己看成死者；他会梦见自己死亡。在梦中，如果做梦者突然领会或惊讶（"可他已经死去好久了!"），就是对这种认同的一

① 参看《论心理活动的两个原则》。

种抗议，否决做梦者死去的意思。但是，我要承认，我认为梦的解析远远没有引出这种梦的所有秘密。

第三个梦

在目前将引证的例子中，我可以察觉到梦的工作处在故意制造荒谬的活动中，梦的材料中根本没有这种荒谬的诱因。这是摘自我要去度假前遇见图恩伯爵后做的梦。“我坐上出租车，吩咐出租车司机送我去火车站。‘当然，我不能坐车和你在铁道上跑。’出租车司机责备我，好像我把他弄得疲倦不堪似的，我说。同时，仿佛我已经和他一起完成了通常坐火车进行的旅程。”在这个毫无章法、没有意义的故事中，分析给出了下列解释：白天，我曾经租了一辆出租车送我到多恩巴赫的一条偏僻街道去。然而，出租车司机不认路，只是信马由缰地跑着，就像这种可敬的人做的那样，直到我发觉，给他指路，同时还挖苦了他几句。从这个出租车司机，我又联想到了后文我要遇到的贵族。现在，我只想说，贵族给我们这些中产阶级平民深刻的印象是，他们喜欢坐在出租车司机座上。图恩伯爵不就是开着奥地利国家的汽车吗？然而，梦中的下一句话则指我的弟弟，因此我也把他当成了出租车司机。这一年，我拒绝和他一起去意大利（“当然，我不能坐车和你在铁道上跑”），这种拒绝是对他经常诉苦的一种惩罚，因为在这次旅行中，他常常埋怨我催促他从一个地方匆匆赶到另一个地方，一天里让他看到了许多美丽的事物，把他累得筋疲力尽（这在梦中没有改变）。那天傍晚，我的弟弟陪我去火车站。但车还没有到达都市线西站，他就跳下车，以便乘上开往伯克斯多夫的火车。我对他建议说，他可以和我多待一会儿，因为他乘都市线到不了伯克斯多夫，而要乘西线才能到。这就是我在梦中坐出租车走了一段通常火车完成的旅程。然而，这刚好和现实发生的事相反。我告诉弟弟的是：“你可以和我一起乘西线走完你乘都市线要走的那段距离。”所以，我在梦里以“出租车”来代替“都市线”，混淆了整件事，但确实有助于把出租车司机和我的弟弟连在一起。于是，通过解析，我从这个梦中引出了一些几乎解不开的没有意义的话，而且几乎和我梦中前面说的话形成了矛盾（“当然，我不能坐车和你在铁道上跑”）。但是，因为我没有任何借口以出租车和都市线相对，所以，我一定是故意在梦中产生了这整个难解的故事。

但是，出于什么目的呢？我们现在要了解梦中的荒谬性表示什么意思，以及承认或制造这种荒谬性的动机。上述梦的谜底是这样解开的：在梦中，我需要一种荒谬性和费解的东西，与 fahren（乘车、驾车）这个词发生联系，因为在梦念中我有某种需要表达的意见。一个晚上，在一位风趣好客的女士（她在同一个梦的另一场景以女管家的身份出现）家里，我听到了两个我无法解开的谜。因为参加宴会的其他人都知道这两个谜，所以我试了几次都没有解开谜底，就有点儿滑稽可笑。它们是依靠 nachkommen（遵命——子孙）和 vorfahren（开车——祖先）的两个双关语。我想它们是这样的：

“主人吩咐
车夫遵守；
人人都有，
安息坟墓。”
(*Vorfahren*)

一个让人糊涂的细节是两个谜语的前半部分都完全相同：

“主人吩咐，
车夫遵守；
非人人有，
安息坟墓。”
(*Nachkommen*)

我看到图恩伯爵庄重地驱车上前，陷入了费加罗那样的心境。在这种心境中，有人发现这种贵族绅士们的唯一优点就是他们不怕费事生下来（变成后裔）。这两个谜语就变成了梦工作的中介思想。因为贵族可以很容易由马车夫代替，又因为曾经一度把马车夫称为 Herr Schwäger（姐/妹夫），所以浓缩工作就能以同样的表现方法把我的弟弟引入其中。但是，这背后工作的梦念是这样：为自己的祖先而骄傲没有意义；我宁愿自己成为祖先。正是因为“没有意义”这个看法，所以我们才在梦中有了荒谬的念头。现在，梦中这个模糊部分的最后之谜迎刃而解——也就是说，我以前曾经和这个司机驱车一起走过。

因此，如果梦念中出现“那没有意义”这种看法来作为内容的其中一个元素，那么梦就会变得荒谬。一般来说，如果做梦者的潜意识思想里出现批评和嘲笑的动机，梦就会变得荒谬。因此，荒谬是梦工作表现矛盾的一种方法；另一种方法则是把梦念和显梦之间的材料关系加以颠倒；还有一种方法就是利用运动神经抑制的感觉。但是，梦的荒谬性并不是被解释为简单的

"不"。它是意在重现梦念的倾向，表达大笑或嘲笑，同时和矛盾相结合。只有出于这个目的，梦的工作才会产生荒谬之事。它在这里又一次将一部分隐意转变成了一种显意形式。①

事实上，我们已经列举了一个具有这种意义的令人信服的荒谬梦例。这个梦（没有分析就加以解析）是瓦格纳歌剧演出，一直演到了早晨7点45分，梦中乐队是从一座塔上指挥等等（参看本章第四节），显然是在说：这是一个疯狂世界，这是一个疯狂社会。应有所得的人无法得到，毫不关心的人反而得到。这样，做梦者就把她的命运和她表妹的命运进行比较。给我们提供的第一个梦中荒谬性例子，和死去的父亲相关，绝不是巧合。造成荒谬梦的那些条件在这里都以一种典型方式聚合在一起。父亲的权威很早就引起孩子的批评。而他提出的严格要求曾经导致孩子自卫，非常密切地注意父亲的每一个弱点。但是，我们思想里对父亲品格的拳拳孝心（尤其是在他去世后），强化了审查制度，这个制度使这种批评的表达无法成为意识。

第四个梦

这里是一位已故父亲的另一个荒谬梦：

我接到了家乡市议会寄来的有关1851年住院费用的一封信。这是我突然发病的结果。对这件事，我感到可笑，因为首先，1851年我还没有出生，其次，可能和这封信有关的我的父亲已经逝世了。我到隔壁房间去看正躺在床上的父亲，然后告诉了他这件事。让我吃惊的是，他记得，1851年，有一次，他喝醉了酒，被关了起来。当时，他正为T公司工作。"那你过去也常常喝酒吗？"我问。"你不久之后就结婚了吗？"我估计我出生于1856年。在我看来，那好像是紧随其后的一年。

根据前面的解释，我们要阐明这种坚决主张，因为这个梦用这种主张展现其荒谬性，确切表明梦念中存在特别痛苦和非常强烈的争论。因此，当我们认识到这个梦里公开进行争论，而且我的父亲又是大家的笑柄时，更让人惊讶。这种坦率态度似乎和我们设想的审查制度控制梦工作相矛盾。我们的解释是，我的父亲在这里只是一个插入人物，争论其实是和另一个人进行的。

---

①　在这里，梦的工作模仿它看成是荒谬思想，因为它造成了一些和它相关的荒谬事。当海涅想嘲笑巴伐利亚国王的蹩脚诗时，也是这样做的。他甚至使用了更蹩脚的诗：

路德维格先生诗吟唱得妙，
只要他一吟唱，阿波罗
就向他哀求道：
"停下吧，不然我就要发疯了！"

这个人只是以一种暗示出现在梦中。尽管梦通常表达对某些人的反抗，做梦者的父亲藏在背后，这里却刚好相反：父亲充当稻草人来代表另一个人，因此这个梦敢于公开牵涉到通常被视为神圣的人，因为现在明确认识到他其实不是意指的对象。通过考虑这个梦的诱因，我们认识到了事情的这种状况。我有一位年长的同事，他的判断力被认为是确实可靠。他听说我的一位患者已经接受我的心理分析治疗 5 年之久，不以为然，表示惊讶。听说之后，我就做了这个梦。这个梦的引导句以一种明显伪装的方式暗示。这位同事曾经有一段时间接管我父亲无法再履行的职责（费用单、住院费）；而当我们的友好关系开始每况愈下时，我就陷入了父子之间发生误解时的那种感情冲突之中（由于父亲扮演的角色和他早期发挥的作用）。梦念现在强烈怨恨对我进展不快的指责。这个指责从我对这个患者的治疗延伸到了其他事物上。我的同事知道有谁能治得更快吗？他不知道这种病情无法治愈，要持续一生吗？四五年和一生相比又算得了什么呢？尤其是在治疗期间，生活对患者来说轻松了许多。

在这个梦中，荒谬印象主要是因为把梦念中不同部分的句子不经任何转换连在了一起。因此，我到隔壁房间去看他这个句子等等，脱离了前面的话涉及的主题，并忠实地重现了我告诉父亲说我要订婚的种种情况。因此，这个梦是在尽力提醒我老人当时表现出的高尚无私，并将这一点和另一个新介绍的人的行为形成了对比。我现在认识到，这个梦允许取消我的父亲，因为在梦念中，大家都公认他的种种优点，所以他被推举为其他人的榜样。审查制度的本质在于，可以允许对被禁止的事物说谎，而不是说实话。下一句话——大意是，我的父亲记起，他有一次喝醉，结果被关了起来——实际上和我的父亲不再有任何关系。他选的人正是伟大的梅涅特。我曾经以非常崇敬的心情追随他的步伐；他对我的态度好了一小段时期之后，变成了公开的敌视。这个梦使我想起了他自己的陈述，他年轻时曾经一度养成了用氯仿使自己陶醉的习惯，结果他不得不进一家疗养院。这还使我想起了他去世前不久发生的一件事。我曾经就男性癔病和他发生过一次激烈的文字论战，他否认自己存在癔病。当我在他病危期间去看望并询问他感觉如何时，他详细描述了自己的病情，然后这样总结说："你知道，我一向都是男性癔病最贴切的一个例子。"因此，让我满意、又让我惊讶的是，他承认他曾经很长时间非常固执地否认这件事。但是，我在这个梦境中能用父亲代替梅涅特这个事实，不是由两个人之间发现的任何相似性来解释，而是由梦念中一个条件句短暂、却非常充分的表达来解释。如果这个梦念充分扩展，就可以这样理解："当然，如果我属于第二代，如果我是教授或枢密顾问的儿子，我就会进展得更快。”我在梦中把父亲变成了教授和枢密顾问。梦中最明显、最讨厌的荒谬性在于1851年这个日期的处理。在我看来，这和1856年没有任何区别，就像5年的差别没有任何意义一样。但是，这正是梦念需要表达的。四五年——正好是我得到开始时提到的那位同事支持的时间。不过，这也是我娶未婚妻之前让她等待的时间。巧合的是，这正是梦念迫切寻求的，这还是我让最年老的患者等待完全治愈的时间。“5年算什么?”梦念问。“对我来说，那根本不算时间，不值得考虑。我前面还有足够时间。就像你不相信那最后成为现实一样，这件事我也会完成。”此外，除了考虑表示世纪的数字，51这个数字是由另一种方式决定，而且具有相反的意义，因为它在梦中出现好几次。这对男人似乎是一个特别危险的年龄。我曾经见到一些同事在这个年龄突然死去。在这些人中，有一位去世前几天，才被任命为他一直等了很久的教授职务。

第五个梦

下面是另一个玩弄数字的荒谬梦：

我的一位熟人M先生曾经在一篇文章里受到抨击。抨击者正是歌德。我们都认为过分猛烈。M先生肯定被打垮了。他在一次宴会上诉苦。不过，这种个人体验并不影响他对歌德的尊敬。我想设法稍微阐明时间的关系，因为在我看来它们似乎不可能。歌德死于1832年。因为他对M的抨击肯定要比那个时间早，所以M当时非常年轻。我看他当时他很可能才18岁。但我不清楚现在是什么年代，所以整个计算变得非常模糊。顺便说一下，这次抨击包含在歌德的名篇《论自然》中。

我们马上就会找到证明这个梦胡言乱语的方法。M先生是我在一次宴会上认识的。最近，他请我给他全身瘫痪的弟弟诊察一下。这个推测是正确的；这次诊疗让人痛苦的是患者通过暗示小时候的恶作剧来揭发他的哥哥，尽管我们的谈话没有给他任何这样做的机会。我曾经请他告诉我他出生的年份，然后反复让他做几道小计算题，以证明他记忆力的弱点在什么地方——顺便说一下，测试表明他做得相当不错。现在，我可以看出，我在梦中的表现就像是一个瘫痪患者（我不清楚现在是什么年代）。梦的其他材料摘自另一个最近的来源。一本医学期刊的编辑是我的朋友，他在报纸上对我的柏林朋友Fl. 最近出版的一本书发表了一篇非常不利的“决定性”评论，该评论家非常年轻，完全没有能力发表这个看法。我认为我有权进行干涉，就要求编辑解释。尽管他对采用这篇评论非常遗憾但他不会答应进行任何纠正。于是，我就和这家期刊断绝了关系。而在断交信中，我表示希望，我们的私人关系不会因这件事受到影响。这个梦的第三个来源是一位女患者提供的叙述——当时，这个叙述在我的记忆中非常清晰——她患精神病的弟弟陷入了狂喊“自然、自然”的状态。那些护理医生认为，狂喊源自他看了歌德的那篇妙文，而且表明，他在研究自然哲学时操劳过度。相反，我却想到了性意义——即使我们文化水平较低的人使用“自然”这个词也是这样。后来，这个不幸的人切断自己的生殖器这个事实，似乎表明我并没有大错。这个患者当时发生狂乱时的年龄是 18 岁。

此外，我要补充说，那位受到非常严重批评的朋友（另一位评论家的意见是“有人会自问是作者还是自己疯狂”）的那本书，论述了生命的种种时间状态，提到了歌德一生的持续时间从生物学观点的意义上是数字的倍数。因此，不难看出，我在梦中把自己放在了朋友的位置。（我是想稍微阐明时间的关系。）但是，我的表现却像一个局部麻痹病患者，而且梦喜爱荒谬性。这意味着，梦念讽刺说：“自然，他是傻瓜，是疯子，你们是懂得较多的聪明人。不过，也许恰好相反？”现在，相反情况大量表现在我的梦中。因为歌德曾经抨击那个年轻人，所以这是荒谬事。而今天，一个年轻人却完全有可能抨击流芳百世的歌德；比如，我计算歌德去世的年代，却计算了局部瘫痪患者出生的年代。

但是，我曾经进一步希望说明，任何梦都是由利己主义动机产生的。因此，我必须说明，在这个梦中，我把朋友的原因变成了我自己的原因，并把我自己放在了他的位置。我在清醒生活中的批判力并不能让我这样做。现在，这个 18 岁患者的故事，以及对他喊“自然”的不同解释，暗示我反对大多数医生的意见，认为精神神经病具有性的病原。我也许会对自己说：“你会遇到和你的朋友一样的批评；事实上，你已经在某种程度上这样做了。”所以，我现在可以把梦念中的“他”用“我们”来代替：“是的，你们是对的；我们俩都是傻瓜。”梦中，又以提到歌德无与伦比的美妙短文来清楚表明 mea res agitur（我正在考虑中），因为我中学毕业时对自己的前途仍然举棋不定。正是对这篇妙文的一次广受欢迎的演讲，才使我研究起了自然科学。

第六个梦

我必须说明，另一个自我没有出现的梦仍然是自私自利的。在第五章第四节中，我谈到了一个短梦。在这个梦中，M 教授说：“我的儿子是近视……”我叙述说，这只是一个序梦，发生在另一个我扮演角色的梦之前。这里是前面省略的那个主梦。这刺激我们去解释它的荒谬和费解的构词。

因为罗马发生了一些事，必须让孩子们逃离，他们做到了这一点。随后，梦境出现在了一扇大门前。那是古老风格的双扇大门（我做梦时认出那是锡耶纳的罗马之门）。我正坐在一眼井边，非常沮丧，几乎流出了眼泪。一个女人——护士或修女——领出来两个男孩，把他们交给他们的父亲，但不是我本人。大男孩显然是我的长子，但我看不清另一个男孩的脸。那个女人要他们和她吻别。她有一只非常大的红鼻子。男孩拒绝吻她，而是伸手挥别，对她说：“Auf Geseres。”然后又对向我们俩（或其中一个）说：“Auf Ungeseres。”我知道这是表示一种偏爱。

这个梦是以我在剧院看过的一部名叫《新犹太人区》的戏剧产生的一团乱糟糟的思想为基础。犹太人的问题：对孩子们前途的担忧，因为我们不能给他们一个祖国；培养他们，让他们可以享有公民特权的担忧——所有这些特征，都不难在伴随的梦念中辨认出来。

“在巴比伦的河边，我们坐下来哭泣。”锡耶纳和罗马一样以美丽的泉水而出名。在梦中，我必须得从我知道的地名中找到罗马（参看第五章第二节）的替代名。靠近锡耶纳的罗马之门，我们看到有一座灯火辉煌的大建筑物，我们得知那是 Manicomio（疯人院）。在做这个梦之前不久，我曾经听到一位和我信同样宗教的人被迫辞去了他在一家州立疯人院努力取得的职位。

“Auf Geseres”这种话引起了我们的兴趣，因为我们可以从梦中延续的情境期待“Auf Wiedresehen（再会）”，以及它毫无意义的对语“Auf Ungeseres”（Un 是一个前缀，意为“不”）。

根据从希伯来学者那里得来的信息，Geseres 是一个真正的希伯来词，源自动词 goiser，最好可以翻译成“注定受苦、命定灾难”。从它在犹太行话中的用法来看，我们认为它是“痛哭和哀悼”的意思。Ungeseres 则是我自己新造的一个词语，也是第一个引起我注意的词语，但我暂时还不明白它的意思。梦的结尾处小小的意见——Ungeseres 表明优于 geseres——打开了联想之门，同时也明白了它的意思。这种关系在鱼子酱的例子中同样有效。无盐鱼子酱[①]要比有盐鱼子酱的价值高。“将军鱼子酱”——“贵族的酷爱”。这里隐藏着对我的一名家庭成员玩笑似的暗示，因为她比我年轻，所以我希望她将来会关照我的孩子们。这也和我家里的另一名成员——我们可敬的保姆——

---

① ［注意 Ceseres 和 Ungeseres 与德语词 gesalzen（有盐的）和 ungelsalzen（无盐的）相似；也与 gesauert（发酵的）和 ungesaurert（未发酵的）相似。——译者注］

的事实一致，梦中的护士（或修女）显然是指她。但是，在 salted—unsalted（有盐和无盐）和 Geseres—Ungeseres 之间缺乏一种连接。这可以从 gesauert 和 ungesauert（发酵和未发酵）中找到。在逃离埃及时，以色列的子民们没有时间让他们的生面团发酵。为了纪念这个事件，他们至今在逾越节都要吃不发酵的面包。在分析这一部分时，我也能在这里发现突然产生的联想。我记得复活节的最后几天，我和那位来自柏林的朋友在陌生的布雷斯劳市的大街上散步。一个小女孩向我问去某条街怎么走，我不得不告诉她说我不知道，随后，我对朋友说："我希望这孩子今后选择指路人时眼光更敏锐。"不久以后，一个门牌引起了我的注意："希律（Herod）医生，诊疗时间……"我对自己说："我希望这位同行不要碰巧是小儿科医生。"同时，我的朋友一直在详述左右对称的生物学意义，而且以这句话开始："如果我们像独眼巨人一样只有一个眼睛长在额头中间……"这使我们想起了序梦中教授说的那句话："我的儿子是近视……"现在我已经知道 Geseres 的主要来源了。多年以前，M 教授的这个儿子（如今是一位特立独行的思想家）仍坐在学校的凳子上念书时，眼睛出了毛病，医生诊断认为是焦虑所致。他表示，只要它局限在一只眼睛上，就不要紧，但如果感染到另一只眼睛，就会非常严重。那只眼睛的疾病减退了，没有留下任何副作用。然而，不久以后，同样的症状居然又出现在了另一只眼睛上。男孩的母亲吓坏了，马上把医生请到了远在乡下的家里。但是，医生现在却有不同的看法（站在了另一边）。"你说这是哪种 Geseres（厄运）呢?"他不耐烦地问那位母亲。"如果一边好了，另一边也就会好的。"后来果真如此。

现在要谈一下这个与我和家庭之间的关系。最初上学时，M 教授的儿子坐的学校凳子已经成了我长子的财产。那是男孩的母亲送给他的。在梦中，我借他的嘴说出了"告别话"。我们现在不难猜出可能和这个转让有关的其中一个愿望。这只学校凳子的构造，是想让孩子预防近视和单侧视力。因此，梦中出现了近视眼（还有其后的独眼巨人），然后讨论了*左右*对称。对单侧视力的担心具有双重意义；它可能不仅指身体的一侧性，也指智力发展的一侧性。梦中带有一切疯狂的情景，好像不正是和这种焦虑相矛盾吗? 那个男孩一方面已经说过了再见，另一方面又大声说正好相反的话，好像是要建立一种平衡。他好像是依照双边对称在行动!

所以，在似乎最荒唐的地方，梦常常具有最深刻的意义。从古到今，那些有话要说、说出来又怕对自己有危险的人，都乐意装成小丑的样子。如果对禁忌话能一笑置之，而且认为他不喜欢的话显然都是荒唐之言，那就更能宽容了。梦在现实生活中的行为，就像戏中的王子被迫装疯卖傻一样。因此，我们可以用哈姆雷特对自己说的话来谈论梦，用费解的玩笑来代替实际的事实："我只是疯狂的西北风；当风向南吹时，我知道什么是鹰，什么是手锯"（第二幕第二场）。[①]

因此，我已经解决了梦中的荒谬性问题，也就是，梦念永远都不会荒谬，至少健全人的梦不会那样——当梦念包含必须要表达的批评、奚落和嘲笑时，梦的工作才会产生荒谬梦，以及带有个别荒谬元素的梦。我下面要关注的就是，说明梦的工作通过列举过的三个因素，以及还要提到的第四个因素的相互合作加以详述——说明它只是来解释那些梦念，同时评述规定的四种条件，说明"是具有全部智力才能还是只有部分智力才能的心理参与梦工作的问题"这个陈述是错误的，无法对付实际的事态。但是，许多梦里会出现作出判断、提出批评和表示赞扬，对梦中某种个别元素感到惊讶，试图解释，进行辩论，这样我必须通过一些经过挑选的例证，来回答这些事件引起的各种异议。

我的回答如下：*所有在梦中呈现为批评能力的表面功能，都不能看作是梦工作的智力成绩，而是属于梦念的材料，而且它们作为一个完整结构，已经从这些材料进入了梦的显意之中*。我甚至还可以比这更进一步阐述！我甚至可以说，醒来之后对一个还记得的梦所作的判断，以及这个梦再现引起的那些感情，主要属于梦的隐意，而且必须符合梦的解析。

1

我已经举出了一个突出的例子。一位女患者不想叙述她的梦，因为它过于模糊。她在梦中看到一个人，却不知道那是她的丈夫还是她的父亲。随后，出现了第二个梦的片段，梦中出现一个垃圾桶，接下来的回忆和这个垃圾桶有关。作为主妇，有一次，她当着一位经常出入她家的年轻男性亲戚的面戏称，她下面要做的就是搞一个新垃圾桶。第二天，她就有了一个新垃圾桶，但里面插满了铃兰。梦的这一部分适合表现这句话："不是长在我自己的肥料上。"[②] 如果我们完成这个分析，就会在梦念中发现青少年时期听到的一个故事产生的后果。也就是，一个女孩生下了一个孩子，却不清楚谁是孩子的父

① 这个梦为普遍正确的学说提供了一个好例子：同一天夜里的梦，即使在记忆中是分离的，也源自同样的梦念材料。此外，我这个要把孩子们救出罗马城的梦境，因为和我童年发生的一件事有关，发生了变形。意思是，我嫉妒有些亲戚，因为几年前他们就有机会把自己的子女送到国外去。

② [这个德语说法相当于我们的口头禅："我对此没有责任"、"那不是我的事"或"那不是我自己努力的结果"。——译者注]

亲。梦的表达在这里部分重叠进入了清醒的思想中，并允许在清醒状态中形成对整个梦的判断，来表现梦念的其中一个元素。

2

一个类似的梦例：我的一位患者做了一个让他感到有趣的梦，因为醒来后他马上对自己说："我一定要把那个告诉医生。"分析表明，这个梦最明显地暗示了治疗期间他已经开始的一件风流韵事。他曾经决定什么也不告诉我。①

3

这是我亲身体验的第三个梦例：

我和P经过一个有许多房屋和花园的附近地区，到医院去。于是，我知道我已经梦见过这个地方好几次了。我对路不是很熟。P给我领了一条路，转过一个拐角处，就到了一个饭店（在室内）。我在这里打听唐尼夫人。我听说她和三个小孩子住在房子后面的一间小屋里。我向那里走去，路上遇见一位模糊的人影和我的两个小女孩在一起。和她们待了一会儿后，我就带她们一起走。我责备妻子把她们留在了那里。

醒来时，我意识到有一种极大的满足，其动机好像是我从分析中了解到"我曾经梦见过这个地方"是什么意思。② 但是，梦的分析并没有告诉我这个梦的有关情况。它只是向我表明，满足属于梦的隐意，而不是对梦的一种判断。我的满足是通过婚姻我已经有了子女。P的人生道路和我的人生道路平行了一段时间；他现在已经在社会地位和财力上超过了我，但他婚后仍没有孩子。对于梦的意义，经过全面分析，梦中的两件事可以给予证明。前一天，我在报上看到了唐娜·阿——伊夫人的讣告（我在梦中变成了唐尼），她死于分娩。妻子告诉我说，为死者接生的就是为我们最小的两个孩子接生的那位接生员。唐娜这个名字之所以引起我的注意，是因为我最近在一本英文小说里第一次看到它。梦的第二个诱因可能是做梦的日期；这是在我大儿子生日前的那天夜里，他似乎具有诗人的天赋。

4

从父亲去世后在马札尔人中扮演一种政治角色的梦中醒来后，我也留有同样的满足。这种满足是由伴随这个梦的最后一句"我记得，他临终时躺在

---

① 心理分析治疗期间，出现在梦中、已包含在梦里的指令或决心"我一定要把那个告诉医生"，常常强烈拒绝承认这个梦，而且随后常常忘记这个梦。

② 最近几卷的《哲学评论》（梦中的记忆错误）对这一主题曾经进行了广泛讨论。

床上的样子非常像加里波第。我很高兴这个诺言真正变成了现实……”产生的感情的持续状态。(梦的后续部分已经忘了。) 我现在能从分析中填补这个空白。这是指我的第二个儿子。我给他取了一个历史名人的洗礼名，这个名人在我少年期间强烈地吸引着我，尤其是我在英国停留期间。如果下一个是儿子，那在达到使用这个名字的意图之前，我必须得等待一年时间。所以，他一生下来，我就带着极大的满足用这个名字来欢迎他。不难看出，父亲思想中受压抑的自大欲望是如何传给了自己的孩子们。一个人可能会认为，在生活的历程中，有必要时，这就是这种欲望压抑得以实现的方法之一。小家伙之所以赢得在这个梦的背景中出现的权利，是因为同样的事件发生在了他的身上——弄脏了自己的衣服（无论是小孩子还是奄奄一息的人都完全可以原谅）。与这个比较，Stuhlrichter（首席法官）这个暗示和梦中的愿望一样：站在孩子们面前，伟大而洁净。

5

如果我现在必须寻找留在梦中的判断或发表意见的例子，而不是继续进入或转向我们清醒的思想，如果我摘录为了其他目的引用的梦例，我的任务就会大大方便。歌德抨击 M 先生的梦例似乎包含许多判断行为。我想设法稍微阐明一下时间关系，因为它们好像对我来说不太可能。难道这不像是针对歌德对我熟悉的一个年轻人进行文字抨击的荒谬思想的一种批评？“似乎在我看来，他才 18 岁。”这句话听起来颇似一种计算的结果，尽管是一个愚蠢的结果。“我不清楚现在是什么年代”这句话将是梦中含糊或疑惑的例子。

但是，我从分析知道，这些似乎第一次在梦中执行的判断行为容许有不同的意义。根据这个意义，它们对解梦不可缺少，同时所有的荒谬都可以避免。由于“我不清楚现在是什么年代”这句话，我把自己放在了朋友的位置，他确实想阐明生命的时间关系。于是，这句话就失去了反对前面那些句子荒谬性的判断意义。插入的“在我看来似乎不大可能”那句话则属于下面“在我看来似乎可能”这句话的范畴。我回答那位告诉她弟弟病情的女士时差不多用了同样这些话，也就是，他呼喊“自然，自然”，“在我看来似乎不可能”和歌德有关。我认为，这更可能具有你们熟悉的性意义。在这个例子中，确实表达了一种判断，不是梦中，而是在现实中，而且曾经被梦念记起，并加以利用。显梦利用这种判断，就像利用梦念的任何其他片段一样。

尽管梦中判断对 18 这个数字的联系没有意义，却仍然保留有来自真实判断的痕迹。最后，“我不清楚现在是什么年代”这句话只是为了把我和这个瘫痪患者等同起来。给他检查时，确立了这一特殊事实。

对梦中这些判断的明显行为的解释，将使我们清楚地记起上面提到的解析规则。这个规则告诉我们必须无视梦中确立的一致性，把各组成部分之间的这种一致性看成是一种非本质的现象。每个梦的元素必须分别理解，追溯它的来源。这个梦是一个混合物。为了解析，这个混合物必须分解成各个元素。另一方面，我们意识到，我们的梦中有一种自我表现的精神力量，建立这种明显的一致性，也就是，通过梦的工作获得的材料进行润饰。我们在这里具有那种精神力量的表现形式，将马上把这种表现形式看成是在梦形成中协作的第四种因素。

6

让我们现在寻找曾经引用过的梦，作为判断行为的其他例子。在市议会寄来信的荒谬梦中，我问了这个问题："你不久以后就结婚了吗？"我算了一下，自己出生于1856年，在我看来好像是紧随其后。这肯定是采取一种推论形式。1851年，我的父亲得病后不久就结婚了。我是长子，出生于1856年。所以，这是对的。我们知道这个推论其实是愿望满足的伪造。而主导梦念的句子是这样的：四五年根本不算时间——不必计算在内。但这一连串推理的每个部分，无论是内容还是形式，都可以其他方式从梦念中加以解释。正是我的同事打抱不平说那位治疗时间太长的患者，想治疗完就马上结婚。在这个梦中，我和父亲谈话的方式，使我想起了一种考试或盘问，然后又使我想起了一位大学教授。他习惯搜集选修他课程的学生的全部个人材料：你出生在什么时候？1856年。父亲？于是，学生就以拉丁文形式说出父亲的洗礼名。我们学生都认为，这位教授从学生父亲的洗礼名推断出来，而学生的洗礼名却总是推断不出来。因此，梦中的推论只是以一小片材料出现在梦念中，来重复那个推论。从这个推论，我们了解到了新的东西。如果一个推论出现在显梦中，那它肯定来自梦念。但是，包含在这些梦念中的可以是一段回忆的材料，也可以作为一系列梦念的逻辑连接。总之，梦中的推论都代表梦念中的推论。①

我们完全可以从这一点继续对这个梦进行分析。这位教授的询问使我想起了大学生的文献索引（我那个时代是用拉丁文刊印的）。此外，我还想起了自己的研究课程。通常来说，攻读医学的5年对我来说太短了。我满不在乎地又工作了几年；熟人们都把我看成是游手好闲的人，怀疑我是否能及格。

① 这些结果在某些方面修正了我前面有关逻辑关系表现形式的陈述，描述了梦工作的一般程序，但忽略了更精密、更细致的操作。

随后，我突然决定参加考试。尽管延期，但我还是全都及格了。这是对梦念的新的证实。我用这些梦念挑战似的面对批评我的人：“即使你们因为我不紧不慢而不相信我，我也会得出结论。事情常常都是这样发生的。”

在绪论部分，这个梦包含好几个我们几乎无法否定、具有争论性质的句子。而且这个争论毫不荒谬；它完全可能在我的清醒思想中发生。在我的梦中，我取笑从市议会寄来的那封信，因为首先1851年我还没有出生，其次和这件事可能有关的我的父亲已经去世。这两点叙述不仅本身都完全正确，而且即使我接到这样一封信，它们也正是我应该采用的论点。我们从前面的分析知道，这个梦源自深深的痛苦和嘲讽的梦念。如果我们也可以假定审查制度的动机非常强在大，我们就会明白，梦念都有各种机会对无理要求进行完美驳斥，这与包含在梦念的模式一致。但分析表明，在这种情况下，梦的工作不能进行自由模仿，但为了达到目的，必须采用得自梦念的材料。这就像代数方程式，除了数字，还有加号、减号、幂号、根号，又像不懂的人抄写这个方程式时，象征和数字一起抄，然后混到一块一样。这两个论点可以追溯到下列材料：想到许多假设都是以心理官能症的心理学解释为基础。而人们初次知道时，总会怀疑和嘲笑，我就感到痛苦。比如，我必须坚持认为，人生第二年的印象，甚至第一年的印象，会在后来得神经病的患者的感情生活上留下一种永久的痕迹，这些印象——尽管受到记忆的极大扭曲和夸张——可能会构成癔病症状最早、最深刻的基础。当我在适当时刻向患者们解释这一点时，他们常常拙劣模仿我的解释，说他们会主动寻找他们还没出生时的记忆。我对父亲在女患者最早期性冲动中扮演的未被怀疑的角色的揭露，有充分理由可以同样看待。（参看第五章第四节中的讨论。）不过，我有理由确信这两个学说都是对的。为了证实这一点，我想起了几个例子，父亲在孩子很小的时候就去世了，从其他方面无法解释的后来的事件，证明孩子潜意识中保留有这个很早就去世的死者的记忆。我知道，我这两个主张是以正确性将会受到抨击的推论为基础。正是通过梦的工作，利用我害怕发生争议的那些推论材料，得出无可争辩的结论，这才是愿望满足的做法。

7

在迄今仅提到过一次的一个梦中，我对突然出现的问题感到惊讶，一开始就清晰地表现了出来。

老布律克一定给我派了一些什么任务；足以奇怪的是，这和我自己身体下部——骨盆和两腿——的解剖有关。我以前好像在解剖室见过它们，但没有感觉到我的身体缺少这些部分，而且没有丝毫恐惧。路易丝·N站在我的身边，帮助我工作。骨盆里的东西已经取出来了。现在上部和下部都可以看到，二者混合在一起。也可以看到一些硕大的肉红色突起（甚至在梦里也使我想起了痔疮）。还有一些盖在上面，必须仔细，才能摘掉。看起来像是揉皱的锡纸。[①] 随后，我又一次有了双腿，穿过了城市，但因为疲倦，我就坐了出租车。让我惊讶的是，出租车驶进了一座房子的前门。前门打开，车开进了一条走廊。到走廊尽头时，转了一个弯，终于又来到了户外。[②] 最后，我和一位替我拿东西的阿尔卑斯山向导走过不断变化的风景。出于体谅我两腿疲倦，他还背过我一段路。地面湿软，我们靠边行走。人们像印第安人或吉普赛人一样坐在地上，其中还有一个女孩。此前，我沿着打滑的路面向前走时，一直对我解剖之后还能走得这么好感到惊讶。最后，我们来到一个小木屋，其中一端有一扇敞开的窗户。到了这里，向导把我放下来，然后把两块现成的厚木板架在窗台上，以便跨越必须从窗户穿过的那个深坑。这时，我真的越来越对自己的两条腿感到惊慌。我们没有像预料的那样穿过去，我看到两个成年男人躺在固定在木屋墙壁上的木凳上。他们身边好像还有两个正在睡觉的小孩子。仿佛不是厚木板，而是两个小孩子，想让这次穿越成为可能。我在思想恐惧中惊醒。

凡是对梦浓缩的广泛特性有适当印象的人都不难想象，如果要对这个梦进行详尽分析，一定会占用许多篇幅。幸运的是，为了前后关系，我要把这个梦作为其中一个惊讶的例子，在“真够奇怪”这个插句出现。让我们考虑一下这个梦的诱因。那位在梦中帮助我工作的路易丝·N女士曾经探望过我。她说：“借给我点东西看看。”我就把莱德·哈格德写的《她》借给了她。我尽力解释说：“这是一本奇怪的书，但充满了隐意。永恒的女性，我们感情的永存——”她打断我的话说：“我已经知道那本书。难道你没有自己的东西吗?”“没有，我自己的不朽著作还没有写出来。”“那么，你什么时候出版你所谓的《最新的启示》，你曾经答应过我们都能看懂。”她不无讽刺地问。我现在认识到她是别人的代言人，所以我沉默不语。我想到，即使我要出版自己论梦的著作，也要付出努力，因为我在著作中必须公开许多发自内心的特性。（“你知道的最好事情，不能告诉那些男孩。”）因此，梦里要我解剖自己的身体就是对自己梦中传达的信息进行自我分析。老布吕克在这里恰如其分地找到了一席之地。在我进行科学研究的最初几年，我恰好忽视了发表某个发现，直到他坚持强迫我发表为止。但是，和路易丝·N谈话引起的进一步

---

① Stanniol 暗指 Stannius 著的鱼类神经系统一书。参看第六章第六节。

② 其他房客的婴儿车都放在我住的那座公寓的走廊上；但它好几个其他方面也是过度决定。

联想过于深入，无法意识到。它们都分散到了因提起莱德·哈格德的《她》而附带唤起的材料里去。“真够奇怪”这个评语适用于这本书，也适用于同一作者的《世界之心》。而且，梦中的许多元素都源自这两本幻想冒险故事。做梦者被背过的泥地，必须通过厚木板才能穿过的深坑，都来自《她》；印第安人、女孩和木屋则来自《世界之心》。在这两本小说中，领路人都是女人，而且都是叙述危险的漫游；《她》描述的是一条通向未被发现地区的冒险旅行，那是一个几乎人迹罕至的地方。根据我对这个梦记录的笔记发现，我双腿的疲倦的确是那些天的感受。也许疲倦的情绪等于这种疲乏和这个疑惑的问题：“我的两条腿还能让我走多远?”在《她》中，这部冒险故事的结尾是：女主人公不仅没有为她自己和别人赢得永生，而且死在了神秘的地火中。某种相关的焦虑无疑发生在梦念中。“木屋”肯定也暗示着棺材——也就是坟墓。但是，在利用愿望满足表现所有思想中最不想要的这种思想时，梦的工作已经完成了它的杰作。我曾经进过一次坟墓，但那是奥维多附近的伊特鲁里亚人的一座空坟——一个狭窄的穴室，靠墙有两个石凳，上面躺着两个成年人的骷髅。除了石头换成了木头，梦中的木屋内部完全像这座坟墓。这个梦似乎是说：“如果你一定要住在坟墓中的话，那就住在伊特鲁里亚人的这座坟墓里吧。”通过这次插入，就把最伤心的期待变成了真心渴望的事情。不幸的是，正如我们将要了解到的那样，梦只能把伴随感情的观念变成它的反面，但往往改变不了感情本身。因此，即使我的孩子们可能获得他们的父亲得不到的东西，成功表现这种观念，我仍在“思想恐惧”中惊醒。这是这本奇异冒险故事的一个新暗喻，其中一个人的同一性可以代代相传，长达两千年。

8

在另一个梦的前后关系中，也有类似表达对梦中体验惊讶的方式。然而，这和这样一个引人注意、牵强附会、近乎理智的解释尝试有关。即使它不具有其他两个有趣的特征，只要是出于这个原因，我就必须对整个梦进行分析。7月18日夜里，我正乘南线旅行，睡梦中，我听到有人大声喊道：“霍尔松（Hollthurn）到了，停车10分钟。”我马上想到了海参纲动物（Holothurian），想到了自然历史博物馆——这是勇敢人徒劳抵抗统治他们的暴君的地方。是的，奥地利的反改革运动！就像是斯蒂里亚或蒂罗尔的一个地方。此时，我隐约看到了一个小博物馆，里面保存有这些人的遗物或遗骨。我想离开火车但又不愿这样做。月台上有携带水果的女人；她们蹲在地上，举起篮子，那个姿势就像邀请似的。我不愿这样做，是拿不准我们是否还有时间，但我们在这里仍然静止不动。我突然进了另一节车厢，里面的皮制品和座位都非常狭窄，所以人的脊柱要直接贴住靠背。[1] 我对此感到吃惊，但我在睡着时也许已经换过了车厢。这里有好几个人，其中包括一对英国兄妹；墙上的一个架子上清晰地摆着一排书。我看到是马克斯韦尔著的《国富论》和《物质与运动》。这些是包有褐色布纹纸的厚书。那个男人向他的妹妹问席勒的一本书，看她是否已经忘记。这些书似乎有时属于我，有时又属于他们。这时，我想加入他们的谈话，以便进一步证实或支持正在说的事情。我醒来时浑身是汗，因为所有的窗户都关着。火车在马尔堡（Marburg）停车。

在记下这个梦时，我又想起了我的记忆曾经想遗忘的其中一部分。我（用英语）告诉兄妹俩有关某本书的情况："这是从……"但是，我又自己纠正说："这是由……"那个人对她的妹妹说："他说的对。"

这个梦从一个车站的名称开始，这好像差不多唤醒了我。我用霍尔松替换了马尔堡这个名字。我第一次或许是第二次听到大声叫喊"马尔堡"这个事实，可以从梦中提到的席勒得到证明。他出生在马尔堡，尽管不是斯蒂里亚的马尔堡。[2] 这次旅行，虽然我坐的是头等车厢，但情况很不如意。火车里人满为患。我在自己那个车厢碰到了一对男女。他们好像非常出色，却没有良好教养，或者认为他们对我的闯入不值得掩饰自己的不快。我的礼貌问候没有得到回应，尽管他们（背向火车头）并肩坐在那里，但我眼前那个女人赶紧用自己的伞抢先占住了她对面那个靠窗的座位。门立刻就关了上去。随后，他们直截了当地交换了开窗的意见。也许是他们很快就看出了我渴望呼吸新鲜空气。这是一个炎热的夜晚，车厢两边关闭，空气几乎令人窒息。旅行的经验使我相信，这种轻率傲慢的行为表明，他们是只买半票或完全免费的人。车长走来，我出示了自己高价买的票。那位女士态度傲慢、近乎威胁地大声叫道："我的丈夫有通行证。"她气势不凡，面露不满，离美女迟暮之年已经不远了。那个男人根本没有机会说一句话，坐在那里一动不动。我想设法睡觉。在梦中，我对令人不快的两个旅伴进行了可怕的报复。谁也不会怀疑在梦前半部分支离破裂的片段后面隐藏什么无礼和侮辱。当这个需要已经满足后，第二个愿望——调换车厢——就会让人感知到。这个梦常常改变

---

① 就连我自己都不理解这个描述是什么意思，但我遵循再现梦的原则，用那些话把出现在脑海里的东西写下来。措辞本身就是梦表现的一部分。

② 席勒并不是出生在任何一个马尔堡，而是出生在马尔巴赫（Marbach），每一个德国小学生都知道，我本人也知道。这又是一处为了取代故意弄虚作假而犯的错误，我已经尽力在《日常生活的精神病理学》中作过解释。

景象，而且丝毫不反对这种变化。如果我马上从记忆中找出更和蔼可亲的人来代替这两个旅伴，好像也就根本不会让人惊奇。但是，这个梦例中有些东西反对改变情景，并发现有必要加以解释。我怎么会突然进入另一个车厢呢？我确实不记得曾经调换了车厢。所以，只有一种解释。我一定在睡觉时离开了那个车厢——这是一件罕见的事情。然而，神经病理学家熟悉这种例子。我们知道某些人会在一种朦胧状态乘火车旅行，不会露出任何反常情况，直到某个旅程，才清醒过来，并对记忆中的这段空白感到吃惊。因此，还在梦中时，我就宣布自己这种病例是这样一类自动漫游症患者（automatisnme ambulatoire）。

分析允许有另一种解释。解释的企图不是我的本意，而是摘自我的一位心理官能症患者的记录。如果我把这种解释归为梦的工作的话，结果就会让我非常吃惊。我已经在另一章中说过一个修养高尚、心地善良的男人，他在父亲去世后不久就开始指责自己具有谋杀的倾向。为了防止这些倾向，他不得不采取各种预防措施，为此他感到非常苦恼。这是一个带有完全顿悟的强迫性观念性思想的严重病例。首先，他穿过大街时感到痛苦，因为他需要对他遇到的所有人作出解释，所以他感到困惑。他必须知道他们在什么地方消失。如果其中一位突然逃脱他追随的视线，他就会感到忧伤，认为他也许已经干掉了那个人。在这个强迫性思想的背后，在其他事情中，还隐藏着一种该隐（亚当与夏娃的长子，杀其弟亚伯，见《圣经·创世纪》）幻想（Cain-fantasy），因为“所有的人都是兄弟”。因为不可能完成这项工作，所以他不再散步，整天把自己关在房间里。但是，外界发生的谋杀案的报道通过报纸不断传到他的房间，良心折磨着他。他怀疑自己也许就是警方正在寻找的那个杀人犯。他几个星期没有离开房子，确实让他暂时免除了这些指控，直到有一天，他突然想到自己有可能在一种潜意识状态下离开过房子，因此有可能杀了人而一无所知。从那时起，他就锁住前门，并把钥匙交给老管家，即使他索要，也严禁她把钥匙交到他手里。

那么，这就是我企图解释自己也许会在潜意识状态下转换车厢的由来。梦念材料已经现成地进入了梦中，而且明显想把我看成和我的患者一样。我对这个患者的回忆是由自然联想唤起的。几周前，我最后一次夜间旅行就是他陪伴的。他已经痊愈了，随后我们一起去乡下看他那些请我去的亲戚。我们占了一个车厢；整个晚上都让车窗敞开，而且只要我醒着，我们都谈得兴致勃勃。我知道他的病根是他童年对父亲的敌意冲动，这和性有关。我把自己看成和他一样，是想对自己进行类似的坦白。梦中的第二个情景确实分解成了一种放纵的幻想，大意是，我的两个年长的旅伴对我非常无礼，是因为我的出现使他们无法像打算好的那样在夜里相互亲吻和拥抱。然而，这个幻想可以追溯到我的童年。当时，也许受性好奇心的驱使，我闯进了父母亲的卧室，结果被父亲断然赶了出来。

我想，再增加这种例子已无必要，尽管它们都会进一步证实我们从那些已经引证的材料中了解到的东西：即梦中的判断行为只不过是梦念中原始判断行为的重复。大多数情况下，这是一种不合适的重复，插入了不相称的前后关系中。然而，就像我们最后这个例子一样，它有时运用得非常巧妙，这在梦中几乎可以给人进行独立心智活动的印象。此时，我们可以把注意力转向那种精神活动，尽管它在梦的形成中似乎并不总是相互协作，却能将不同来源的各个梦元素融合成一个完美无缺、富有意义的整体。不过，我们认为有必要，首先考虑出现在梦中的感情表达，并将这些感情和梦念分析发现的那些感情加以比较。

第八节　梦中的感情

斯特里克的机敏观察使我们注意到，梦中的感情表达不容轻视，因为我们醒来之后常常忘记显梦。“如果我在梦中害怕强盗，当然那些强盗都是想象的，但害怕他们却是真的。”如果我在梦中感到开心，情况也是一样。我们的感觉证明，梦中体验的一种感情绝不亚于清醒生活中体验到的感情强度。梦迫切要求通过其感情内容，而不是观念内容，来作为我们真实精神体验的一部分。在清醒状态中，我们不能把它包括在内，因为如果没有观念内容上的联系，我们不知道如何对感情进行精神上的评价。如果感情和观念的性质或强度不相配合，我们清醒时刻的判断就会变得混乱。

梦中的观念内容并不一定产生我们清醒思想中盼望的那种感情结果，因为它的必然结果总是让人惊讶。斯顿培尔曾经宣称，梦中的意念被剥夺了精神价值。但是，梦中也不乏相反的例子。其实，感情的强烈表现在一个内容中出现时，这个内容似乎提供不了任何诱因。在梦中，我也许会处在一个可怕、危险或反感的境地，但我根本不感到恐惧或厌恶。相反，我有时对一些无害东西感到恐惧，有时却对一些幼稚事情感到高兴。

如果我们从梦的显意进入梦的隐意，这个不解之谜就可能会比任何其他梦问题消失得更突然、更彻底。因此，我们不必再解释，因为它将不复存在。分析告诉我们，观念内容已经发生了移植和替换，而那些感情则保持不变。

所以，通过梦的变形，已经发生改变的观念内容和保持完整的感情不再吻合，不足为奇；而通过分析把正确内容放回原处，也不足为奇。[①]

在受到抵抗的审查制度影响的精神情结中，那些感情是坚定的构成要素。只有这个要素，才能指导我们加以正确完善。这种情势在心理官能症中要比梦中展现得更清晰。此时，感情至少在质的方面始终是适当的。当然，其强度可能会因为神经症注意力的移植而增加。当癔病患者因对一件小事害怕而惊奇，或者当强迫症患者因对纯属子虚乌有的痛苦自责而惊讶时，他们都会出错，把观念内容——琐碎小事、纯属子虚乌有——看成是本质的东西，而且他们自卫也是徒然，因为他们把这种观念内容当成了他们思想工作的起点。然而，心理分析可以让他们走上正路，认识到感情本来正当，却要寻找属于它、但已受到替换作用抑制的观念。我们需要假定的一切就是，感情释放和观念内容并不构成我们常常认为的不可分割的有机统一，但这两个部分可以连为一体，所以分析后会使它们分离。梦的解析表明，事实的确如此。

首先，我要举一个梦例，其中应该迫使感情释放的观念内容却明显缺乏感情。我在分析中对此进行了解释。

第一个梦

做梦者在沙漠中看到三头狮子，其中一头正在大笑，而她并不害怕它们。不过，后来她一定是从它们身边逃开了，因为她正在尽力爬一棵树。但是，她发现她那个做法国老师的表姐已经爬上了那棵树，等等。

通过分析，得出下列材料：梦中无关紧要的诱因是做梦者英语练习中的一个句子："狮子最伟大的装饰品就是它的鬃毛。"她的父亲过去常常留着络腮胡子，围在他的脸上就像鬃毛一样。她的英文老师名叫里昂（Lyons）小姐。一位熟人把洛伊（Loewe，德语为"狮子"的意思）的民歌集寄给了她。那么，这就是梦中三头狮子的来历；她为什么要害怕它们呢？她曾经看过一篇故事，故事叙述的是一个煽动同伴们造反的黑人因大猎犬追赶而爬上一棵树自救。随后，出现了她眉飞色舞回忆的片段，比如《飞叶》中有下列捕捉

① 如果没有大错的话，我能从（20个月大的）孙子那里列举第一个梦，这个梦表明，梦的工作已经成功地把材料转化成了一种愿望满足，而属于这个梦的感情即使在睡眠状态也保持不变。在父亲返回前线之前的那天夜里，孩子一边嚎啕大哭，一边大声呼喊："爸爸，爸爸——宝贝！"这可能意味着：让爸爸和宝贝还在一起吧；而哭泣则是正式获知即将动身。孩子这时完全能表达分离的概念。"Fort"（＝away，"离开"的意思，是用一个特别强调的、拉长的"噢"音代替）是他学到的第一个词；而且在做这第一个梦前的好几个月，他已经用所有的玩具玩起了"离开"的游戏。这个游戏又追溯到了他早先允许母亲离开的征服自我的情景。

狮子的说明："取一片沙漠，把它放在筛子上筛；那些狮子就会留下来。"还有一则非常有趣、但不很得体的轶事：有人问一位官员，他为什么不再努把力赢得上司的青睐。他回答说，他一直在努力巴结，但他的顶头上司已经在上面了。得知做梦当天这位女士曾经接受过丈夫上司的访问，整个梦就可以理解了。他对她很有礼貌，而且吻了她的手。尽管他是一个"大名人"，在她那个国家的首都扮演"社会名流"的角色，但她一点也不怕他。所以，这头狮子就像《仲夏夜之梦》中的狮子一样，原来是一位志同道合者。所有梦见狮子而不害怕的人都是这样。

第二个梦

作为第二个例子，我要引用一位女孩梦见她姐姐的小儿子死去，躺在棺材里。但要补充的是，她一点也不感到痛苦和伤心。我们通过分析可以知道她为什么无动于衷。这个梦不过是掩饰她想再次见到她爱的男人的愿望；感情必须和愿望（而不是和伪装）相协调。因此，没有任何原因悲伤。

在许多梦中，感情至少和观念内容保持联系，因为观念内容已经取代了真正属于它的内容。在其他梦中，情结的分离更进了一步。感情和属于它的意念完全分离，而在梦的其他地方出现，与梦元素的新布局相吻合。我们已经看到同样的事情会发生在梦中的判断行为上。如果一个重要推论发生在梦念中，梦中也会有一个。但是，梦中的推论可能移植到完全不同的材料上。这种移植常常是根据对立的原则才能实现。

我要通过下面这个梦例来阐明后者这种可能。这是我曾经进行的最详尽的分析。

第三个梦

靠近海边的一座城堡。后来，它不直接坐落在海岸上，而是坐落在一条通向大海的狭窄运河上。城堡司令官是P先生。我和他一起站在有三个窗户的大客厅里，窗户前面是一道墙的突起物，就像堡垒的防卫墙似的。我属于驻地部队，也许是一位志愿海军军官。我们害怕敌人军舰到来，因为我们正处在战争状态。P先生想离开城堡。他指示我，如果我们担心的事要来，就必须做什么。他生病的妻子和孩子们都在这危机四伏的城堡里。轰炸一开始，大厅就要撤空。他呼吸粗重，想设法逃脱。我拦住他，问他万一需要，我如何给他送信。他又说了几句话，随后马上就倒地身亡。我的问题可能给他增加了不必要负担。他死后，没有给我留下更深的印象，我考虑那位寡妇是否要留在城堡里，我是否要把他的死讯报告更高的司令官，我作为第二长官是否要接管城堡。此时，我站在窗边，仔细察看过往的那些船只。它们都是一些货船，疾驶过黑暗的水面，好几艘船竖有几道烟囱，另几艘建有凸出的甲板（这些甲板很像序梦中的那些火车站，这个序梦没有叙述过）。随后，我的弟弟站在我的身边；我们俩望着窗外的运河。看到一艘船时，我们惊慌失措，大声叫道："军舰来了！"然而，最后证明它们仅仅是我已经看到的那些船在返航。这时来了一艘小船，被滑稽地截短，到船中部就终止了。可以看到甲板上有一些杯状或小盒状的奇怪东西。我们齐声喊道："那是早餐船！"

船的飞快移动、水的深蓝色、烟囱冒出的褐色烟雾——所有这一切都混合在一起，产生了一种紧张、阴沉的印象。

梦中的地点是我几次到亚得里亚海沿岸（米兰梅尔、杜伊诺、威尼斯、阿奎莱亚）旅行汇编来的。做梦前的几个星期，我和弟弟到亚得里亚海沿岸进行的短暂愉快的复活节旅行，我仍然记忆犹新。这个梦也暗示美国和西班牙之间的海战，以及由此引发的我对美国亲戚命运的担忧。梦中有两个地方出现了感情表现形式。一个地方是应有感情，却没有发生，特别突出的是，城堡司令官之死没有给我留下任何印象。另一个地方是，当我看到那些军舰时，胆战心惊，然后在睡梦中体验到了所有的恐惧感。在这个结构完善的梦中，感情的分布非常巧妙，避免了所有明显的矛盾。我对司令官之死没有任何理由要胆战心惊，而作为城堡指挥官，看到那艘军舰，我感到惊慌，倒是应该的。现在分析表明，P 先生只不过是我自己的一个替代品（在梦中，我则是他的替代品）。我就是那个猝死的城堡司令官。梦念和我早死后的家庭未来有关。这是梦念中唯一让我不快的思想。看到军舰就恐慌，一定是从梦念转移到了这个不快的思想。相反，分析表明，源自军舰的那些梦念却充满了最愉快的回忆。做梦前一年在威尼斯，一个美丽迷人的白天，我们站在位于希尔奥冯尼河岸上的房间的窗前，眺望着蓝色的泻湖，只见湖上的船只比平常多。我们盼望英国船只到来，准备隆重接待。突然，我的妻子像孩子似的快乐地喊道："英国军舰来了！"在梦中，我对同样的话心惊胆战。我们又一次看到，梦中的言语来自现实生活中的言语。我马上就要说明，这个言语中的"英国"元素也没有错过梦的工作。因此，在这里，在梦念和显梦之间，我把欢乐变成了恐惧。我只需要指出，通过这种转换，我表达出了一部分显梦的隐意。然而，这个例子也说明了梦的工作能随意把感情诱因和梦念中的联系分离，并插入到显梦中它选择的任何其他地方。

我要借这个机会，在这里顺便更加详细地分析一下"早餐船"。它在梦中的出现，使曾经保持合理的情境得出了荒谬结论。如果我更加仔细地观察这个梦中物体，我对它事后呈黑色这个事实印象深刻。而且因为在最宽船梁处截断，所以截断那端和伊特鲁里亚各座城市博物馆里曾经引起我们兴趣的一个物体极为相似。这个物体是一个长方形双柄黑陶盘盂，上面立着咖啡杯或茶杯一样的东西，非常像我们现代早餐桌上的餐具。经过询问后，我们得知这是一位伊特鲁里亚女士的梳妆用具，还带有一些放胭脂和香粉的小盒子；我们相互开玩笑说，把这样一件东西带回家给太太倒是一个不错的主意。因此，梦中物体表示"黑色女服（toilette = dress，意为'女服'）"或服丧，而且直接指死亡。梦中物体的另一端，使我们想起了葬船（德语 Nachen 源自希腊语词根，这是一位语言学朋友告诉我的），古代把尸体放在船上，然后葬入海中。这和梦中船只返航联系了起来。

坐在得救的船上，老人静静地驶回了海港。

这是轮船失事后的返航（德语 Schiff-bruck = 英语 ship-breaking，意为"船断裂"），早餐船看上去好像在船中部折断。但是，"早餐船"这个名字来自哪里呢？这是源自我们在军舰前曾经漏掉的"英国"。早餐（breakfast）意为打破禁食（breaking of the fast）。打破（breaking）又一次和船难（Schiff-bruch）有了关联，而禁食（fast）则和黑色（服丧）有了联系。

但是，只有早餐船这个名字是在梦中新造的。确实存在过这种事，而使我想起了上次旅行时发生的最快乐的一件事。因为我们不相信阿奎莱亚的伙食，所以就从格里齐亚随身带了一些食物，并买了一瓶上好的伊斯特拉葡萄酒。而当这艘小邮轮慢慢地驶过代勒密运河（canale delle Mee），进入空阔的泻湖，开向格拉多时，我们在甲板上兴高采烈地吃起了早餐——就我们两个乘客。我们的早餐很少吃得这样有滋有味。因此，这就是"早餐船"。而正是在这最快乐的生之喜悦（joie de vivre）的记忆背后，这个梦隐藏着对神秘未知未来最悲伤的想法。

感情和引起感情释放的那些思想分离是梦形成中出现的最鲜明的事情，但在它们从梦念转为显梦的过程中，这既不是唯一也不是最基本的变化。如果将梦念中的感情和梦中的感情相比较，有一件事马上就可以看出来：只要梦中出现有感情，梦念中就也可以发现。然而，反过来却不对。一般来说，梦在感情上没有由此产生的精神材料丰富。当我再现那些梦念时，我看到最强烈的精神冲动一直在不断努力想出风头，通常和强烈反对它们的其他冲动发生冲突。现在，如果再回头看这个梦，我常常会发现它没有色彩，完全没有任何强烈的情调。梦的工作常常不仅把内容，而且把我的思想情调降低到冷淡程度。我可以说，梦的工作已经达到了抑制感情的目的。比如，那个植物学专著的梦。它和我热情要求随心所欲自由行动相符，以只适合我的方式安排自己的生活。由此产生的这个梦，听上去平淡无奇。我曾经写了一本专著。这本书放在我的面前，有一些彩图插页，每一册都发现有枯干的植物标本。这就像废弃战场的安宁，没有留下任何战乱的痕迹。

而事情最后也许会截然不同；栩栩如生的感情表达可能会进入梦中。但我们首先要先考虑这个无可争辩的事实：许多梦似乎平淡无奇，而没有深情，绝不可能深入梦念之中。

对梦工作期间这种感情压抑，我在这里无法给予圆满的理论解释。这需要对感情理论和压抑机能进行非常仔细的调查研究。我在这里只能提到两点建议。因为其他原因，我不得不把感情发泄设想为一种针对身体内部的离心程序，类似于运动和分泌神经分布程序。就像在睡眠状态中一样，向外界的运动冲动传导似乎中止，睡眠期间潜意识思想唤起的离心感情也许会变得更加困难。在这种情况下，梦念过程中出现的感情冲动本身可能就很弱，所以那些进入梦中的感情也绝不会强。根据这种思想，感情的压抑绝不会是梦工作的结果，而是睡眠状态的结果。这也许是真的，但不可能全是真的。我们必须记住，所有比较复杂的梦已经表明，都是各种冲突的精神力量之间相互妥协的结果。一方面，构成愿望的思想必须对抗审查制度的对立；另一方面，我们常常看到，即使在潜意识的思想中，每一个联想都可以用到其对立面。因为所有这些联想都可以引起情感，所以，一般地说，如果我们把感情压抑看成是抑制的结果——也就是，感情压抑是各种相反力量相互制止，审查制度对这些冲动进行压抑，那我们几乎不会误入歧途。因此，感情压抑是梦的审查制度的第二结果，就像梦的变形是第一结果一样。

我将在这里插入一个梦例，其中显梦的冷淡情调可以通过梦念的对抗作用加以解释。我必须叙述下面这个短梦。看到这个短梦，每个读者都会反感。

第四个梦

一片高地，上面好像有一个露天厕所。一个很长的长凳，长凳顶端有一条宽宽的缝隙。它的后缘覆盖着一小堆一小堆厚厚的粪便，形状大小和新鲜度各不相同。长凳后面是一个灌木丛。我在长凳上小便。一道长长的尿流把所有东西都冲洗得一干二净。那一片片粪堆容易冲掉，落入空隙。不过，好像顶端还有什么东西留了下来。

为什么我在这个梦中体验不到任何反感呢?

因为分析显示，在形成中，这个梦最愉快和最满意的思想曾经相互协作。在分析这个梦时，我马上想起了大力士赫拉克勒斯清洗的奥吉亚斯王的牛棚。我就是这个大力士。高地和灌木丛属于奥西湖，我的孩子们眼下正待在那里。我已经发现心理官能症的幼儿期病因，从而使自己的孩子们避免得病。那个长凳（当然那个缝隙除外）和一位有情有义的女患者送给我的一件家具完全一样。这使我想起了我的患者们是多么尊敬我。就连人粪的陈列也可以有一种令人满意的解释。无论这多么让我反感，它都是意大利美丽土地的一件礼物，因为每个人都知道，那里小城市里的厕所设施没有其他样子。尿流把所有一切都冲净，无疑是暗指伟大。格利佛就是这样扑灭了小人国的大火；当然，他因此引起了小人国皇后的不快。大师拉伯雷笔下的超人高康大也是用这种方式对巴黎人进行了报复。他跨骑在巴黎圣母院上，把自己的尿流撒向这座城市。我正是昨天上床睡觉前翻看了加尼尔为拉伯雷的著作画的插图。而且，足以奇怪的是，这里还有一个证据证明我就是那个超人！巴黎圣母院的平台是我在巴黎最喜欢的幽僻地方。每个空闲的下午，我过去常常爬上大教堂的那些塔，在妖魔怪兽饰物之间爬来爬去。尿流使所有的粪便消失得那样快，使我想起了这句格言：它吹垮了它们。我将来有一天要把这句话作为癔病疗法一章的标题。

现在要说一下这个梦的感情诱因。那是一个炎夏午后。傍晚时分，我作了癔病和性欲倒错之间关系的演讲。我不得不说的一切让我非常不快，而且好像毫无价值。我百无聊赖，对自己的艰难工作毫无乐趣，渴望摆脱对人类龌龊之事的这种唠叨，首先去看自己的孩子们，然后去重游意大利的美景。我怀着这种心情，从演讲室走到一家咖啡馆，露天要了一点食物和饮料，因为我没有任何胃口。但是，一位听众和我同行。我喝咖啡、吃面包卷时，他请求允许和我坐在一起，开始对我说起了奉承话。他告诉我说，他从我这里学到了许多东西，现在以不同的眼光看待所有的一切。我已经净化了奥吉亚斯王牛棚似的错误与偏见，这阻碍了心理官能症理论——简而言之，他说，我是一个非常伟大的人。我当时的心情和他的赞歌格格不入。我和自己的反感作斗争，提前回家，以便摆脱他。我在入睡前翻看拉伯雷的书，并看了 C·F·迈耶的名为《一个男孩的悲哀》的短篇小说。

这个梦源自这个材料，迈耶的小说提供了童年情景的回忆。[①] 白天的烦恼和厌恶情绪持续进入梦中，因为它可以允许为显梦提供几乎所有的材料。但是，夜间有力的、甚至极端的、自我肯定的对立情绪醒来，驱散了先前的情绪。梦必须采取这样一种形式，在同一材料中提供自惭形秽和夜郎自大的感情。这种妥协构成导致了一种意思含混的显梦。但由于这种相反情绪的相互抑制，也导致了一种冷淡情调。

根据愿望满足理论，如果没有这个对立（其实压抑）却具有欢快情调的联想添加到厌恶的思想中，这个梦就不可能产生。因为痛苦的事情无意在梦中表现，我们白天思想的痛苦元素只有同时能够掩饰一种愿望满足，才能进入我们的梦中。

除了接纳感情或把它们化为乌有，梦的工作还能用另一种方法处理梦念中的感情，那就是能把它们变为它们的对立面。我们熟悉解梦规则，为了解析，梦中的每个元素都可能代表其本身和对立面。我们从来不能事先知道要安置哪一个，只有前后关系，才能决定这一点。显然，一般人都会怀疑这种情势。梦书在解析时常常根据反面原则进行。这之所以能把事情转为对立面，是因为在我们的思想中一件事的观念常常和其对立面的观念相关。像所有其他移植一样，这也为审查制度的目的服务，但它常常是愿望满足工作，因为愿望满足不过是用受欢迎的事情来代替不受欢迎的事情。就像具体意象在我们的梦中可以转化为它们的对立面一样，梦念的感情也是如此。这种感情的倒置可能常常由梦的审查制度完成。甚至在社会生活中，感情的压抑和颠倒也是有用的，因为通过梦的审查制度熟悉的类比显示出来，尤其是伪装的行为。如果我正和一个我必须表示尊重、同时又想称为敌人的人谈话，我掩饰自己的感情流露，可以说要比缓和表达思想的言语更重要。如果我对说话时用的是谦恭话语，而表情或姿态却是仇恨和蔑视，那我给他产生的印象和我对他进行彻头彻尾的鄙视没有什么两样。所以，首先，审查制度命令我要压抑自己的感情。如果我是一名伪装艺术大师，我就能虚伪地展示相反的感情——那就是我想生气时面带微笑，想毁灭一个人时假装情意绵绵。

我们曾经举过梦的审查制度中感情这样倒置的一个极好的例子。在我对叔叔的胡子梦中，我对朋友 R 怀有深情，而梦念却责骂他是傻瓜。从这个感情倒置的例子，我们第一次证明了审查制度的存在。即使在这里，也不必要假设梦的工作创造了这种完全新颖的相反感情。这种感情常常潜伏在梦念材

---

① 参看有关图恩伯爵梦的最后一幕。

料中，而且只是利用防卫动机的精神力量进行强化，直到它能在梦形成中占据优势。在我叔叔的梦中，那个充满深情的相反感情也许来自幼儿时期（梦的续篇会有暗示），因为我童年最早期经历的特殊性质，叔叔与侄儿的关系已经成为我所有的友谊和仇恨的来源（参看第六章第六节的分析）。

费伦齐曾经记录了这样一个感情颠倒的极好梦例。[①]

一位老先生夜里被妻子唤醒，她非常害怕，因为他在睡眠中无法控制地放声大笑。随后，这个人就叙述了他做的下面这个梦：我躺在床上，我认识的一位先生走了进来。我想打开灯，却打不开。我尝试了一遍又一遍，但都无济于事。于是，我的妻子钻出被窝来帮助我，但她也无法打开。因为她穿着长睡衣在那位先生面前不好意思，所以最后也放弃了，回到了床上。所有这一切都非常可笑，我忍不住大笑起来。我的妻子说："你在笑什么？你在笑什么？"但是，我还是一直大笑，直到醒来。第二天，那个人非常沮丧，而且感到头痛。他想："因为笑得太多了，所以把我给笑醒了。"

分析认为，这个梦似乎并不可笑。在梦的隐念中，进入房间的那位"熟悉的先生"是代表"伟大的未知"的死亡意象，这是前一天在他脑海中唤起的意象。这位患动脉硬化症的老先生完全有理由在做梦前那天想到死亡。无法控制的大笑则代替了他必须死亡而想到的哭泣和哽咽。他无法再打开的是生命之灯。这种悲哀的思想也许和无法性交有关。不久之前，他曾经尝试过，尽管妻子穿着长睡衣协助他，也无济于事。他知道自己已经在走下坡路了。梦的工作知道如何把阳痿和死亡的悲哀思想变成滑稽的景象，把哽咽变成大笑。

有一类梦具有特别要求，被称为"伪善梦"，而且是对愿望满足理论的严峻考验。当M·希尔费丁女医生把罗塞格记录的一个梦交由维也纳心理分析学会讨论时，才引起了我的注意。我在这里转载如下：

罗塞格在《解雇》第六卷中写了如下这个故事：

我通常享有健康的睡眠，但许多夜晚我却睡不着觉；除了作为学生和文人的朴素生活，我多年来无法挣脱一个真正的裁缝生活的影子，就像我无法脱离的幽灵一样。

---

① 《心理分析公报》第四卷，1916年。

我白天并不会常常或非常强烈地想到过去。一个脱离世俗外衣、想惊天动地的人，还有其他事情要考虑。我还是一个快乐的年轻人时，几乎没有去想过自己晚上做的梦。只是在养成思想的习惯后，或者是在内心的世俗气稍微开始抬头后，我才突然想到，只要我做梦，总是一个裁缝雇工。我以那种身份已经在师傅的店里工作了好长时间，从来没有拿过工资。我坐在他身边缝纫熨烫时，完全意识到自己不再属于那里。作为一名市民，我还有很多其他的事情要做。但是，我总是在度假或到乡下去。于是，我坐在师傅身边帮助他。我对此常常感到很不舒服，后悔浪费时间，因为我本可以用这些时间做更好更有用的事情。如果测量和裁剪不太准，我就得忍受师傅的责骂。从来没有提到工资问题。因为我常常弯腰坐在黑暗的缝纫店，所以我决定通知他我要悄悄离开。有一次，我确实那样做了，但师傅毫不理会我。于是，我又坐在他的身边，缝了起来。

在这些疲倦的时刻之后，我醒来时是多么开心！于是，我决定，如果这种打扰梦再次出现，我要狠狠地甩开它，大声说道："这不过是一种错觉，我正躺在床上，想要睡觉。"……而第二天夜里，我会又一次坐在裁缝店里。

于是，这个梦持续了好几年，具有可怕的规律性。有一次，我和师傅在阿尔贝霍夫家（我开始学徒时寄住的农夫家）工作，刚好师傅对我的工作特别不满意。"我想知道你的思想到底到哪里去了？"他大声叫道，然后脸色阴沉地看着我。我想要做的最明智的事情就是起来对师傅解释，我和他一起工作只是一种偏爱，然后扬长而去。但是，我没有这样做。当师傅又雇佣一个学徒，并命令我为他腾出空位时，我甚至言听计从，挪到了角落，然后继续缝纫起来。同一天，又雇佣了一个学徒工，这是一个心地狭隘的家伙。他是波希米亚人，19年前曾经为我们工作过，后来在从酒吧回家的路上掉进了湖里。当他想设法坐下来时，已经没有空位了。我用探询的目光看着师傅，他对我说："你对裁缝根本没有天分。你可以走了。从今以后，你就是路人了。"我当时非常害怕，一下子惊醒过来。

灰蒙蒙的晨曦，透过没挂窗帘的窗户，照进了我熟悉的家。艺术著作围绕着我；雅致大方的书柜中摆着永恒的荷马、伟大的但丁、无与伦比的莎士比亚、光芒四射的歌德——他们都是光辉灿烂、流芳百世。隔壁房间传来孩子们嘹亮可爱的声音。他们醒来，正在对他们的母亲说话。我感到自己又重新找到了那种田园诗般甜蜜、平静、诗意的精神生活。这是我常常深深意识到沉思的人生快乐。然而，我苦恼的是，我没有向师傅辞职，而是被他解雇了。

这对我来说好像是多么不同寻常：自从那天夜里师傅把我“看成路人”后，我就享受到了宁静的睡眠，不再梦见当裁缝的那些日子，现在成了遥远的过去：那种不露锋芒的朴素生活确实令人愉快，但仍在我后来的人生岁月中投下了一道长长的阴影。

在早年当过裁缝雇工的诗人的这一系列梦中，很难认出愿望满足在起支配作用。所有愉快的事情都发生在他清醒的生活中。那个梦好像拖曳着久已忘记的不快生活的幽灵般的阴影。我自己做的类似性质的梦能使我对这种梦作一些解释。我还是年轻医生时，曾经在化学研究所工作好长时间，但在那种要求极高的科学中一事无成。所以，在清醒状态中，我从来没有想到这种没有结果、其实有些丢脸的学生时代。另一方面，我常常做一个梦，大意是，我正在实验室工作，进行分析、实验，等等；这些梦像考试梦一样令人不快，而且它们从来都是模糊不清。在分析其中一个梦时，我注意到了“分析”这个词，它给了我了解这些梦的钥匙。从那以来，我就变成了一名“分析家”。我常常进行分析，这种分析（当然是心理分析）受到了极大赞扬。现在，我明白，我在清醒生活中对这些分析感到自豪，并吹嘘自己的成就时，夜间做的那些梦就会提醒我其他那些不成功的分析。所以，我对那些分析根本没有理由自豪。它们是暴发户的惩罚梦，就像那个成为著名诗人的裁缝雇工的梦一样。但是，在和暴发户的自豪感发生冲突时，一个梦怎么可能听从自我批评的吩咐，并将其内容当成一种合理的警告，而不是一种禁止的愿望满足呢？我曾经暗示过，这个问题的解答呈现许多困难。我们也许可以推断，这个梦的基础首先包括一种野心勃勃的自大幻想。但是，在替代时，只有抑制和自贬到达了显梦。我们必须记住，精神生活中有性受虐的种种倾向，这也许造成了这样一种倒置。我不反对把这些梦命名为惩罚梦，以和愿望满足梦区分开来。我看迄今提出的梦理论并没有什么局限性，仅仅是对“相反情况汇聚似乎奇怪”这种观点的口头让步。但对这类单独梦的更彻底的研究，使我们认出了另一个元素。在实验室梦的一个模糊的次要部分中，我正处在专业生涯最悲观、最不成功的年龄。我还没有任何职位，而且不知道要怎么养活自己。这时，我突然发现有好几个女人可供自己选择结婚！因此，我又年轻了起来，更重要的是，她也年轻了起来——这个女人曾经和我共度了所有艰难的岁月。这样，不断折磨垂暮之人内心的其中一个愿望被揭示为这个梦的潜意识诱因。这种心灵上虚荣与自我批评之间激烈进行的冲突，确实已经决定了显梦。但只有向往年轻的更深的愿望才可能成为梦。即使在清醒时刻，我们也会常常对自己说："确实，今天事情对你都很顺；以前你曾经生活很苦。但是，过去那些日子生活毕竟是甜蜜的，当时你还非常年轻。"①

另一类我常常亲自体验、并认为是虚伪的显梦，就是和一些久已断交的人重归于好。分析常常发现，总有原因促使我和以前这些朋友彻底断交，并把他们看成是陌生人和敌人。而这个梦却选择描述相反的关系。

在考虑小说家或诗人记录的这些梦时，我们常常可以设想，他已经从这个记录中排除了那些他认为正在干扰或无关紧要的细节。因此，如果我们准确再现显梦，他这些梦就能让我们很容易解决问题。

O·兰克曾经提醒我注意，格林童话中勇敢的小裁缝或一下打死7个就具有非常类似的暴发户的梦。一天夜里，那个成为英雄、娶了国王女儿的裁缝躺在公主（他的妻子）身边，梦见了他过去的手艺。第二天夜里，公主起了疑心，就把武士安排在他们能够听到做梦者说梦话的地方，然后将他逮捕。但是，小裁缝得到了警告，所以就能纠正自己的梦。

梦念中的感情经过删除、缩减和倒置这些复杂过程，终于变成了梦中的感情，这些过程可以很好地在完全分析的梦的适当合成中保存下来。我要在这里讨论几个梦中感情显示的例子，我想它们最后会在引用的一些例子中证明这一点。

第五个梦

在老布律克分派我的奇怪任务（解剖我自己的骨盆）的梦中，我意识到在这个梦中没有感到应有的恐惧。这是一种多重意义的愿望满足。解剖意味着我似乎通过出版这本论梦书进行的自我分析。其实，我发现这样做非常痛苦，所以我将完成的手稿推迟了一年多付印。此刻产生了一种愿望，认为我也许可以不理这种反感情绪。因此，我在梦中丝毫不感到恐惧（德语 Grauen 也是"变灰"的意思）。我也很想避免另一种意义的 Grauen，因为我的头发已经长得相当灰白。我的头发的灰色警告我不能再耽搁了。我们知道，在这个梦的结尾，这种思想获得了如下说明："我必须让子女们没有我的帮助到达艰难旅程的目的地。"

在两个马上将满足之情转移到醒后时刻的梦例中，之所以在第一个梦例中促成这种满足，是因为我期望自己现在要弄清楚"我曾经梦见这个'这句话是什么意思，实际上这是指我的第一个孩子的诞生。之所以在第二个梦例

① 从那时起，心理分析已经把人格分为自我和超我（《群体心理学和对自我的分析》，詹姆斯·斯特雷奇译，伦敦国际心理分析出版社），所以在这些惩罚梦中不难看出超我的愿望满足。

中促成这种满足，是因为我深信“曾经预兆的一切”现在就要变成现实。这种满足就是第二个孩子降生时我感到的那种满足。这里在梦念中起支配作用的同样感情已经留在了梦中。但是，其过程在任何梦中都不会像这个那样简单。如果更进一步细查这两个分析，就会看到这个没有服从审查制度的满足得到了另一来源的强化。这另一来源一定害怕审查制度，如果它的感情没有通过源自容许的来源，以容易承认的类似满足之情进行自我掩饰，可谓悄悄地潜入梦中，肯定会引起反对意见。不幸的是，我无法在真实梦中说明这一点，但另一种情境的例子会让人理解我的意思。我要叙述下列梦例：假如我身边有一个我非常憎恨的人，他要是发生什么不幸事，我就会有一种想欢欣鼓舞的强烈冲动。但是，我性格中的道德不会向这种冲动让步。我不敢表达这种阴险的愿望。每当他遭遇不该发生的事情，我就会抑制自己的满足之情，并强迫自己去思想，表达歉意。每个人都会在某个时候处于这种状态。但是，现在那个可恨的人做了一件违法之事，会咎由自取、罪有应得。这时，我会对他得到正义惩罚无拘无束地表达自己的满足之情。我要表达一种意见，这种意见和其他不偏不倚的人的意见不谋而合。但是，我观察到自己的满足证明要比别人的更强烈，因为它已经得到了另一来源（我的憎恨）的强化，至今内心审查制度阻止提供那种感情，但情况一变，它就不再阻止那样做了。当格格不入的人或不受欢迎的少数人因犯罪而内疚时，这种情况在社交生活中常常发生。他们受到的惩罚常常和他们的罪过不相称，而是他们的罪过和恶意相称。这种恶意至今还没有发挥作用。那些惩罚他们的人毫无疑问待人不公，但因为他们满足于长期的压抑得到了释放，所以没有意识到这一点。在这种情况下，感情的质量合理，但其程度却不合理。在第一点上已经得到满足的自我批评，对第二点却非常容易忘记细察。一旦你打开那些门，更多的人会进来，这要比你原来想放进来的人多。

神经官能症性格的一个显著特征——也就是，其中可以引起感情的种种原因会产生质上正当、数上过量的结果——在心理学解释的许可范围内可以作出这样的解释。但是，这种感情过度来自潜意识和至今受到压抑的感情来源。这些感情来源能够和真正的原因建立一种联想关系，对感情释放来说，感情的没有异议、得到许可的来源会打开那条渴望的道路。因此，我们注意到，相互压制的关系并不一定被看作是受抑制的精神制度和抑制的精神制度之间获得的唯一关系。两种制度通过相互合作和强化产生一种病理上的结果，同样值得注意。这些精神机制的提示将有助于我们理解梦中感情的表达。一种在梦中出现、肯定在梦念中也不难找到适当地位的满足，不一定能通过这种证明得到完全解释。如果它不能通过第一个梦来源的存在将满足感情从压抑中释放出来，并强化从另一来源出现的满足，通常就有必要在梦念中寻找另一来源，因为审查制度的压力依靠这个来源。在这个压力下，这个来源产生的效果不是满足，而是相反。因此，出现在梦中的感情似乎是由好几个支流汇合而成，而且梦念材料受到多重性决定。在梦的工作中，能够提供同样感情的种种来源联合起来，以便产生这一情感。[①]

通过分析 non vixit（已经死了）构成中心点的绝妙梦例，我们对这些复杂关系有了一些了解（参看第六章第六节）。在这个梦中，各种性质的感情表达浓缩在显梦中的两点上。第一，我用了两个词消灭了自己敌对的朋友。敌对和痛苦的冲动（在梦本身中，我们用了“被一些奇异感情征服”这个说法）相互重叠在这一点。第二，在梦结束时，我非常高兴，而且非常愿意相信，我在清醒时看作是荒谬的一种可能性，也就是说，存在仅仅用一个愿望就能消灭的归魂。

我还没有提到这个梦的诱因。这是一个重要的诱因，并使我们深入了解这个梦的意思。我曾经从柏林的一位朋友（我曾经称为 Fl.）那里得知他准备动手术的消息，而且他住在维也纳的几位亲戚会告诉我有关他的病情。手术后得到的前几个消息并不很可靠，这使我忧心忡忡。我很想亲自去他那里，但当时我也身患一种痛苦的疾病，每动一下都痛苦不堪。我现在从梦念中了解到我是为这位好朋友的生命担忧。我知道他唯一的妹妹在一场非常短暂的疾病后就夭折了。我从来都不认识他的妹妹。（在梦中，Fl. 给我讲了他妹妹的有关情况，然后说：“她不到 45 分钟就死了。”）我一定想象到了他自己的体质也强不了多少。所以，尽管我身体有病，但如果听到更坏的消息，我马上就会去看他，要是我到得太晚，就会因此永远责备自己。[②]“我要到得太晚”这种责备已经成为这个梦的中心点，但恐惧被表现为这样一种情景。我学生时代尊敬的老师布律克因为同一件事，用蓝眼睛可怕地看着我加以责备。使这种情景发生变化的原因马上就会清楚：梦无法像我体验的那样再现那种情景。当然，它把蓝眼睛留给了另一个人，但让我扮演了消灭者的角色，显然这是愿望满足工作的一种倒置。我对朋友生命的关心、我对没有去看他的自责、我的羞愧（他曾经悄无声息地到维也纳来看我），我为自己有病找借口的欲望——所有这一切，都逐渐形成了一种感情风暴。我在睡梦中显然可

---

① 我曾经用类似的格外有力的快乐效果来解释具有倾向性的诙谐。

② 正是潜意识梦念的这个想象断然要求 non vivit（未曾活到）代替 non vixit（已经死了）。“你来得太晚了，他不在人世了。”我曾经在第六章第六节提到过梦中显意情境是指 non vivit（未曾活到）这个事实。

以感受到，而且它在梦念的那个区域翻腾不已。

但是，梦的诱因中还有一件具有截然不同效果的事情。动完手术后的前几天，由于不利的消息，我也接到了命令，因此不对任何人说起整个事。这件事之所以伤害我的感情，是因为它显示了对我的判断力的不必要的怀疑。当然，我知道这种要求不是来自我的朋友，而是由于报信人的笨拙和过分胆怯。而这种隐藏的责备让我感到怏怏不快，因为它并不是毫无道理。我们知道，只有“含有实质”的责备才会有伤害的力量。几年前，我比现在年轻时，认识了两个曾经是朋友的人，他们以友谊来表示对我的敬意。而我却多此一举，把另一个人谈论他们的话告诉了其中一个人。这件事当然和我的朋友弗利斯的那些事毫无关系，但我永远忘不了我当时不得不听的那些责备。我在两个朋友之间制造了麻烦，其中一个是弗利契（Fleischl）教授，另一个的洗礼名是约瑟夫——这也是出现在这个梦中的我的朋友和对手P的洗礼名。

在梦中，这个元素悄悄地指责我不能守口如瓶。Fl. 的问题也是我曾经告诉过P多少有关他的事。但是，正是原来那个记忆的干涉，才把现在到达太晚的责备调换到了我在布律克的实验室工作的时期。而且通过把梦中消灭情景的第二个人换成约瑟夫，我才能使这个情景不仅代表第一个责备“我到得太晚”，而且代表更加强烈压抑的另一个责备，大意是，我不能保守秘密。这个梦中的浓缩工作和移植工作，以及产生的动机，现在昭然若揭。

我此时对告诫不要泄密的恼火本来微乎其微，却从我内心深处得到了强化，然后膨胀起来，形成了一股仇恨的洪流，冲向了我实际上珍爱的那些人。提供这种强化的来源可以在我的童年找到。我曾经说过，我对同龄人的亲切友情和势不两立可以追溯到童年时我和比我大一岁的侄子的关系。他总是占上风，所以我早就学会了如何自卫。我们生活在一起，形影不离，相亲相爱，但有时——像长辈们证实的那样——我们也相互吵嘴指责。在某种意义上，我所有的朋友都是这个最初人物的化身，他们都是归魂。我的侄子本人又出现在了我的少年时代，那时我们就像恺撒和布鲁图（古罗马的政治家和将军，图谋暗杀恺撒）一样。一位密友和一个仇敌总是对我的感情生活不可缺少；我总是能重新创造他们，我童年的理想常常密切建议集朋友和敌人于同一个人身上。当然，无法像我童年早期那样同时发生，也无法不断交替；当然，这不会是同时发生，也不是经常转换的（和我童年的情况不同）。

当这些联想存在时，一种感情的最近诱因如何可以追溯到幼儿时期的诱因，并代替它作为感情的原因，我现在不会考虑。这项研究完全属于潜意识思想的心理学体系或心理官能症的心理学解释。为了梦的解析，我们可以假设，童年的回忆会自动呈现，要么是由或多或少带有下列内容的幻想创造出来：我们这两个孩子因为某件东西而吵架——到底是什么东西我们搞不清楚，尽管记忆或记忆错觉中有一个非常明确的东西呈现在眼前——各自都说他先到那里，所以有权先得到它。我们相互打了起来；谁有力量谁就有权；而且，根据梦中的种种迹象，我一定已经知道自己错了（自己注意到了错误）。但这次我是强者，并占领了战场；战败者赶忙跑到我的父亲（他的祖父）那里告我的状。于是，我就用从父亲那里听来的话为自己辩护："我打他，是因为他打我。"因此，这个记忆，或者更有可能是幻想，在我分析过程中，强行引起我的注意——没有进一步的证据，我自己不知道怎么做——变成了梦念的中间项。它搜集梦念中占优势的那些感情冲动，就像泉水的凹处聚集流入的水一样。从这点来看，梦念是顺着下列通道流动的："你活该，你必须为我让路。你为什么想设法推开我？我不需要你。我马上就会找到别人玩的。"等等。随后，那些通道打开；这些思想经过这些通道又流回了梦中的表象。因为这种"让人让开（ote-toi que je m'y mette）"的态度，我曾经不得不责备过我死去的朋友约瑟夫。他在布吕克实验室的晋升队伍中紧挨着我，但那里的晋升非常缓慢。布律克的两个助手都没有从职位上移动过，所以年轻人就变得不耐烦了。我这位朋友知道自己的日子屈指可数，和上司又毫无亲密的关系，所以有时就随心所欲地表示自己的急躁情绪。因为这位上司是一个病重的人，想看到他免职，可能有令人不快的间接解析。当然，早在几年前，我自己甚至更加强烈地珍爱同样的愿望——获得一个已经空缺的职位。只要有等级和晋升，就会为贪婪愿望的压抑打开道路。莎士比亚笔下的哈尔王子即使在生病父亲的床边，也禁不住想看看皇冠是不是合适。但是，我们不难理解，这个梦造成的这个轻率的愿望不是对我，而是对我的朋友。①

"他有野心，所以我杀了他。"因为他等不及别人为他让路，那个人自己就已经让路了。我参加大学另一个人的纪念碑揭幕典礼后马上产生了这些思想。因此，我梦中感到的部分满足，可以这样解析：这是一个公正的惩罚；你是罪有应得。

在这位朋友的葬礼上，一个年轻人说了下面这句似乎不合时宜的话："传教士刚才说的话，就像是失去这个人，世界就不复存在似的。"这是一个人心中真诚的反抗，他的悲痛因夸大之词而受到了打扰。但这个讲话和

---

① 显然，约瑟夫这个名字在我的梦中扮演一个非常重要的角色（参看我叔叔的梦）。我特别容易把自我藏在具有这个名字的人的背后，因为约瑟夫是《圣经》上解梦者的名字。

这些梦念有关："其实谁也不是不可替代。我已经护送多少人进了坟墓！但是，我还活着；我已经活过了他们所有的人；我独占这个领域。"此刻，我害怕，如果我去看我的朋友，发现他已经不在人世，这样的想法只会进一步发展，就是我很高兴又一次活过了某个人，死去的是他，而不是我。我是这个领域的主人，就像我曾经在童年设想的情景中那样。"我是这个领域的主人"这种源自童年的满足，包含了梦中出现的主要感情。我很高兴自己活过了别人；我用丈夫对妻子说话的天真的利己主义来表达这种情感："如果我们其中一人死去，我就搬到巴黎去。"我的期望是把必然发生之事看成我不是将要死去的那个。

不可否认，解析和报告自己的梦需要有极大的自制力。一个人和所有高尚的人生活在一起，他可能就是唯一的坏人。因此，一个人要这些归魂活多久就会活多久，而且可以根据自己的愿望把它消灭。我发现这是完全可以理解的。正因为这样，所以我的朋友约瑟夫才受到了惩罚。而归魂是我童年朋友的一连串化身；我也对一次又一次为自己代替这个人感到满足。毫无疑问，我发现我会马上为这个快要失去的朋友找到一个替代者。没有人不可代替。

但是，审查制度这段时间一直在做什么呢？它为什么不对以这种无情的自私为特征的一连串思想提出最强烈的反对，并把内在的满足变为极度的不快呢？我想，那是因为在同样的人身上，其他无法反对的一连串念头也得到了满足，而且用它们的感情掩盖了受抑制的童年感情。在纪念碑揭幕典礼上，我在另一个思想层中对自己说："我已经失去了许多珍贵的朋友，有些是去世了，有些是友情渐渐淡了。替身已经自动出现。我已经获得了一位比其他人可能更重要的朋友。因为我这个年龄不容易建立新的友情，所以我现在要一直保持下去，不是很好吗？"我为失去的朋友找到了这个替身的满足心情，可以不受干扰地进入梦中，但源自童年的恶意满足的敌对情绪也悄悄地进入了梦中。毫无疑问，童年感情有助于加强如今的合理感情，但童年的仇恨也得以再现。

但除此以外，梦中明显暗示着另一串可能引起满足的联想。此前一段时间，在等待了好久之后，我的朋友生了一个小女儿。我知道他是如何为早年夭折的妹妹伤心的，所以就给他写信说，他可以将他对妹妹的爱转移到这个孩子身上。这个小女孩最终会使他忘记他无法弥补的损失。

因此，这个联想又和梦的隐意的中介思想发生联系。这一联想途径以截然相反的方向延伸："没有人是无法取代的。看到了吧，这只不过是归魂。我们失去的所有那一切都回来了。”现在梦念的那些矛盾成分之间的联想又因为偶然情况更加密切，那就是我朋友小女儿和我小时候的女伴具有相同的名字。这个女伴正好和我同龄，而且是我最早的朋友和对手的妹妹。我听到“宝琳”这个名字，心里感到满足。为了暗示这种巧合，我在梦中以另一个约瑟夫代替这个约瑟夫，而且发现不可能隐瞒 Fleischl 和 Fl. 开头字母之间的相似性。联想又从这一点跑到了我自己孩子的取名上。我坚持认为，那些名字不应根据时尚来选，而应以纪念我们珍视的那些人而定。那些孩子的名字会使他们成为归魂。总之，生儿育女难道不是所有人通向永恒的唯一道路吗？

关于梦的感情，从另一个观点考虑，我只补充几点意见。在睡眠者的心灵中，一种感情倾向（我们称为情绪）可以看作是支配元素，也可能在梦中引起相应的情绪。这种情绪可能是白天的体验和思想的结果，也可能源自肉体。无论哪一种情况，它都会伴有相应的联想。无论这种梦念的思想内容应决定感情倾向，还是具有肉体基础的情绪倾向唤醒了梦念的思想内容，对梦的形成作用来说，都没有什么区别。梦的形成总是仅仅受愿望满足的影响，而且可能只是将其精神能量提供给这种愿望。这种实际存在的情绪和睡眠期间实际出现的情感，会得到同样的待遇（参看第五章第三节），它可以被忽视，也可以愿望满足的意思重新解析。睡眠期间的痛苦情绪会成为梦的原动力，因为它们会唤醒梦必须实现的充满活力的那些愿望。情绪附着的材料得到详细说明，直到能用来表达愿望满足。梦念中的痛苦情绪越强烈，越占优势，那些受到最强烈压抑的愿望冲动就越乘机加以表现，因为难受之情实际已经存在，否则它们必须产生，所以它们发现，必须确保在梦中表现的这项工作的较难部分已经完成。随着这些意见，我们又一次涉及到了焦虑梦这个问题。最后证明这将是梦活动的边缘例子。

第九节　润饰作用

我们终于将注意力转到了参与梦形成的第四个因素。

如果我们继续用曾经制定的那些方法研究显梦——即仔细检查明显事件梦念中的来源，就会遇到一些只能用全新的假设进行解释的元素。我记得一些例子，做梦者在梦中露出惊讶、生气或反抗，而且是由显梦本身的一部分引起。我曾经通过适当的例子表明，梦中大部分这些批评性冲动并不是针对显梦，证明是梦念的一部分，用来达到一定的目的。然而，有些这种批评却无法得出如此结论：它们和梦念的关系无法在梦材料中找到。比如，常常在梦中听到“毕竟这只是一个梦”这句话有什么意义呢？这是梦中一个真实的批评，就像我在清醒时可能做的那样。这常常只是醒来的前奏。更常见的是，此前有一种痛苦的感觉。当证实这是在做梦时，心情就平静了下来。梦中产生“毕竟这只是一个梦”这种思想，和奥芬巴赫的同名滑稽歌剧，借美丽的海伦之口说出的话，具有同样的目的。它试图极力贬低刚刚经历到事件的重要性，并试图迁就接下来发生的事情。它的目的是让某一个精神机构入睡，因为这个精神机构在特定时刻有各种理由自动醒来，禁止梦或剧中一幕的延续。但是，这会更方便继续睡觉，并容忍这个梦，“因为这毕竟只是一个梦”。我想，只有在从未真正入睡的审查制度发觉不经意间让梦产生时，“毕竟只是一个梦”这个贬低的批评才会在梦中出现。要抑制这个梦为时已晚，所以精神机构就用这句话来应付进入梦中的焦虑或痛苦感情。这是精神审查制度方面 esprit d’ escalier（马后炮）的一种表达方式。

在这个例子中，我们有无可争辩的事实证明，梦中包含的一切并非都来自梦念，一种和清醒思想无法区分的精神功能也可能对显梦作出贡献。问题是，这只是在例外情况下才发生，还是除了发挥审查作用，这种精神机构只在梦的形成中发挥恒久不变的作用吗？

我们必须毫不犹豫地赞成后一种观点。勿庸置疑，迄今为止，我们认识到，审查机构只是在限制和删节显梦中产生的影响，它同样对插入和扩大显梦负有责任。这些插入的内容常常不难识辨。介绍它们常常犹豫不决，在前面加上“好像”。它们本身也不是特别有活力，常常插入两点之间，其目的可能是连接显梦的两部分，或者是让梦的两部分产生连续性。它们和梦念的真正材料相比，更没有能力附在记忆中。如果忘记这个梦，它们最先忘记。我们常常抱怨说，尽管我们曾经做过许多梦，但大部分都已经忘记了，只记得其中一些片段。我非常怀疑，正是这些连接的思想立刻离开所致。在一次彻底分析中，这些插入的内容常常表明，梦念中找不到材料的影子。但是，在仔细调查之后，我必须把这种例子看成是比较少见的一种；在大多数情况下，这些插入的思想可以追溯到梦念中的材料。这个材料无论是凭借自身的优点还是通过多重性决定，都无法在梦中占有一席之地。在我们目前正在考虑的梦形成中，只有在最特殊的情况下，这种精神功能才会进行原创；只要有可能，它总能利用在梦念中发现的恰当材料。

辨别梦工作的这一部分并揭示出来是其特性。这种功能表现的方式，和诗人恶意认为的哲学家的方式一样：它会用碎片封住梦结构的缺口。它努力的结果是梦失去了荒谬和不连贯的表征，而且接近一种可以理解的经验模式。但是，它的努力并不总是取得全面成功。因此，表面看来，梦的出现仿佛合乎逻辑、完全无误。它们开始于一种可能的情形。这些梦已经受到和清醒思想相似的一种精神功能的最细致详细的润饰。它们似乎具有一种意义，但这种意义和梦的真正意义大相径庭。如果我们分析它们，就会相信润饰作用已经随心所欲地处理了梦材料，而且尽可能少地保留其中的适当关系。可以说，这些梦还没有等到醒来解析，就已被解析过一次。在其他梦中，这种偏向性的润饰只在某一点上取得了成功。到了这一点上，连贯性好像占据了优势，但接着，这个梦就变得毫无意义或杂乱无章。不过，也许在梦结束之前，可能又一次表现出合理性。还有一些梦，润饰已经完全失败。我们发现自己面对一堆毫无意义、支离破碎的内容爱莫能助。

我不想否认这个第四种形成梦的力量——我们马上就会熟悉。事实上，在其他联系中，它是四个产生梦的因素中我们唯一熟悉的一个——我也不想否认这第四个因素有能力创造性地对我们的梦作出新的贡献。但是，它的影响和其他因素的影响一样，肯定也是主要利用梦念中已经形成的精神材料，进行优先选择。现在有一个例子，其中似乎可以为构建梦的正面省去很多工作，也就是，这样的结构已经存在于梦念的材料中，只等使用了。我习惯把自己脑海里的这些梦念的元素称为“幻想”。如果我马上指出这和清醒生活中的白日梦相似，也许就会避免误解。[①] 精神病医生对这个元素在我们的精神生活中扮演的角色还没有充分认识和揭示。但是似乎在我看来，M·本尼狄克特已经产生了大有希望的开端。然而，白日梦的意义还没有逃过诗人们准确无误的洞察。我们都熟悉阿方斯·都德在他的《富豪》中给我们描述的其中一个小人物的白日梦。对心理官能症的研究揭示了这个惊人的事实，也就是这些幻想或白日梦是癔病症状的直接前身——至少是其中的一大部分。因为癔病症状依靠的并不是真实的记忆，而是依靠建立在记忆基础上的幻想。神志清醒的白天幻想常常出现，使我们了解了这些构成。但是，在注意到其中一些幻想的同时，还有大量潜意识幻想。它们必定因为受压抑材料的内容和来源而继续保持潜意识状态。更加彻底调查这些白天幻想的特征表明，这些构成物有充分理由得到我们赋予夜间思想产物（梦）同样的名称。它们和夜间的梦具有一些共同的本质性质。事实上，对白日梦的研究也许确实可以为了解夜间梦提供最佳的捷径。

---

① *Rêve, petit roman* = 白日梦（daydream），故事（story）。

像梦一样，它们都是愿望满足；像梦一样，它们主要是基于童年体验留下的印象；像梦一样，它们在创造中从审查制度中得到某种程度的宽容。如果我们追溯其构成，就会知道在形成中发挥作用的愿望动机如何利用构建的材料，混在一起，重新排列，然后形成一个新的整体。它们和童年记忆的关系，酷似许多罗马巴罗克风格宫殿和古代废墟的关系，因为废墟的铺石和圆柱为这些现代风格建筑物提供了材料。

在润饰我们认为属于形成梦的第四个因素的显梦中，我们又一次发现，那个在创造白日梦时不受其他影响、可以自行显露的同样活动。如果不进一步行动，我们就可以说，我们谈论的这第四个因素根据自行提供的材料试图构成像白日梦一样的东西。但如果梦念背景中已经构成了这种白日梦，那么，梦工作的这个因素就会比较喜欢占有它，并设法把它纳入显梦。有些梦只是在重复白天的幻想，也许是继续保持潜意识状态。比如，男孩梦见他和特洛伊战争的英雄们一起坐着战车。在我的“Autodidasker”梦中，梦的第二部分至少是我和N教授交往的白天幻想的忠实重现——这个幻想本身是无害的。这个令人激动的幻想只形成了梦的一部分，或者只有一部分进入显梦的事实，是因为梦产生时必须满足各种复杂的条件。总的来说，幻想会像潜在材料的其他所有元素一样对待。但是，在梦中，它常常仍然被看作是一个整体。在我那些梦中，常常有一些部分比其他部分更突出，产生一种不同的印象。在我看来，它们似乎处在一种变化状态，更加连贯，同时比梦的其他部分更加短暂。我知道这些都是进入梦背景的潜意识幻想，但我从来没有成功地记下这种幻想。除此以外，这些幻想和梦念的其他组成成分一样，会混在一起，受到浓缩，互相重叠，等等。但是，我们发现了——从它们构成显梦或至少一成不变地构成梦的正面，到只是以其中一个元素或通过遥远的暗示呈现在显梦中截然相反的例子——所有这些过渡阶段。梦念中这些幻想的命运，显然是由它们所能提供的那些有利因素，以符合审查制度的要求和浓缩作用的压力决定。

在选择解梦的例子中，我尽可能避免引用那些潜意识幻想起重要作用的梦，因为介绍这种精神元素需要对潜意识思想心理学进行详尽讨论。但是，即使在这种关联中，我也无法完全避开这种幻想，因为它常常完全进入这个梦中，而且更常见的是，通过这个梦，让我们隐约意识到。我可以再举一个梦，这个梦好像是由两个截然不同、相互对立、同时又各自重叠的幻想组成，其中第一个浮于表面，而第二个似乎是对第一个的解析。①

梦——这是我唯一没有仔细记录的梦，大意如下：做梦者——一个年轻未婚的男人——正坐在他特别喜欢的小酒馆里，酒馆看上去很好。好几个人过来叫他，其中一个人要逮捕他。他对同桌的伙伴说："我去去就来，待会儿付账。"但他们大声叫喊着嘲笑说："这我们都知道。每个人都是这样说。"其中一个客人在他背后喊道："又走了一个。"随后，他被带到一个小地方。他在那里发现有一个女人怀里抱着一个小孩子。其中一个护送他的人说："这是缪勒先生。"一个专员或行政官员什么的正在一边翻阅一堆罚单或文件，一边反复说着"缪勒，缪勒，缪勒"。最后，这位专员问他一个问题，他回答说"是的"。之后，他看了一眼那个女人，注意到她长出了一大把胡子。

这两个组成部分在这里很容易分开。表面的是那个逮捕幻想；这好像是由梦工作新创造的。但是，在它背后可以看到婚姻的幻想；另一方面，这种材料曾经得到梦工作的稍微修饰。而且这两个幻想可以具有的共同特点显得特别清晰，就像高尔顿的合成照片。目前是单身汉的那个年轻人要回来和同桌人吃饭的承诺，他那些有了多次经验变得聪明的酒友们的怀疑，他们在他背后叫喊"又走了一个（结婚）"——这些都是容易适合另一种解析的特征，就像对那个行政官员的肯定回答一样。翻阅一大堆文件并重复同一个名字符合婚礼的一个次要，但容易识辨的特征——宣读祝贺电报，电报到达的时间间隔长短不一，而且肯定都是发给同样的名字。这个梦中新娘亲自出现表明，结婚的幻想甚至胜过了审查梦的逮捕幻想。我从得到的信息可以解释这个新娘最后长胡子这个事实——我根本没有机会进行分析。在做梦前一天，做梦者和一位朋友穿过大街，他的朋友和他一样对婚姻怀有敌意。他要朋友注意一位正向他们走来的黑发美女。他的朋友说："是的，只要这些女人随着年龄增长不像她们的父亲那样长胡子就好。"

当然，即使在这个梦中，也不乏梦的变形深入工作的成分。因此，"我待会儿付账"这句话可能是指担心岳父对嫁妆问题的表现。显然，各种疑虑都使做梦者无法愉快地忘情于结婚的幻想中。其中一个疑虑是害怕他会因为结婚而失去自由，所以在梦中自动体现为逮捕情景的转变实例。

---

① 我在《癔病的一个分析片段》（《论文选》第三卷）中曾经分析过这种梦的一个绝好例子。这个梦具有若干幻想重叠的成分。在主要分析自己的梦时，我低估了这些幻想对梦形成的重要性，因为我的梦很少基于白日梦，而是常常基于种种讨论和心理冲突。对其他人来说，常常更容易证明夜间梦和白日梦之间的完全相似性。对癔病患者来说，梦常常可以代替癔病症状的发作，因此白日幻想显然是这两种精神构成物的第一步。

如果再次回到梦的工作喜欢利用现成幻想，而不喜欢从梦念材料中首创一个幻想的论点，我们也许就能解决有关梦的最有趣的一个问题。我曾经叙述过毛利梦：他被一小块木板击中后颈，从长梦中醒来——这是法国大革命时期的一个完整的传奇故事。因为这个梦是以连贯方式产生的，完全符合惊醒刺激的解释，睡眠者无法预见刺激的发生，所以似乎只可能有一种假设——整个详尽的梦肯定是在木板落在颈椎和击中后醒来之间这个短暂时间间隔里构成和呈现的。我们不敢认为清醒状态的思想活动会这样迅速，因此我们必须承认，梦的工作有特权以惊人的加速度给出梦的结果。

对这个迅速流行的结论，更多近来的作者（勒洛林、埃格尔和其他人）都提出了强烈的反对意见。其中一些人怀疑记录毛利梦的正确性，有些人试图证明，清醒生活中我们思想活动的快速程度绝不亚于我们可以毫不保留认为的梦中思想活动。这个讨论引起的一些基本问题，我认为近期根本解决不了。但是，我必须承认，（比如埃格尔）对毛利的断头台梦的反对意见并不能让我心服口服。我建议这个梦应作如下解释：毛利梦也许代表多年来以完整状态保存在他记忆中的一种幻想，这个幻想在他意识到刺激弄醒他的时刻被唤醒——我喜欢说被暗示，难道这完全不可能吗？那么，在非常短暂的时间里构成这么详细的长梦，任由做梦者支配的全部难点就不复存在了。这个故事已经编好了。如果木板在他清醒时刻击中毛利的脖子，也许他会来得及这样想："哎呀，这就像在断头台上被砍头一样。"但是，因为他是在睡觉时被木板击中，所以梦的工作就马上利用这击中的刺激构成了一种愿望满足，就像它这样想（这完全是比喻的说法）："这是实现我在这段时间读书时形成愿望幻想的一个大好机会。"在我看来，年轻人在令人激动的印象影响下往往构成这种梦的传奇故事是不容置疑的。在那个恐怖时代，无论是贵族男女还是民族精英，尤其是一位法国人和研究人类文明史的学者，谁不对大难临头仍能才思敏捷、举止优雅、视死如归的描述心醉神迷呢？作为一个年轻人，想象自己吻着一位女士的手就此告别，然后无所畏惧地步向断头台，是多么诱人！或许野心是这个幻想的主要动机——把自己放在有权有势的人的位置上的野心，因为这些人完全凭非凡才智和雄辩口才就统治了当时人心惶惶的城市，他们以自己的坚定信仰使成千上万的人送命，为欧州变革铺平了道路，同时他们自己的脑袋也无保障，终有一天会落在断头台的刀下，或许扮演的是吉伦特党人或英雄丹东的角色。保存在这个梦的记忆中的细节"众多人群相伴"似乎表明，毛利的幻想正是这样一种野心。

但是，这个早就准备的幻想也不必在睡梦中体验。可以说，"触发一下"

足矣。我的意思是这样：如果弹几个音符，并有人像《唐璜》（Don Juan）里那样说："这来自莫扎特的《费加罗的婚礼》（The Marriage of Figaro），"许多记忆就会突然在我的脑海中涌现出来。过一会儿，我就无法把它们召回到意识之中。其中的词句就像是一个切入点，从这个切入点一个完善的整体同时进入了兴奋状态。潜意识思想可能也一样。通过这惊醒的刺激，精神的静止状态兴奋起来，从而进入了整个断头台的幻想。然而，这个幻想并不是在梦中一一呈现，而是仅仅出现在睡眠者醒来后的记忆中。醒来之后，睡眠者详细记得这个幻想。它作为整体转移到了梦中。同时，他无法证实自己确实记得一些梦见的事情。同样的解释——即通过惊醒的刺激使现成幻想作为整体唤起——可以应用到其他适应于惊醒刺激的梦中——比如，应用到在炸弹爆炸前拿破仑做的一场战斗梦。在贾斯廷·托波沃尔斯卡（Justine Tobowolska）为梦中明显持续时间的论文搜集的梦中，[①] 我认为，最确凿的是麦卡里奥（Macario，1857 年）叙述的剧作家卡西米尔·邦佐（Casimir Bonjour）做的梦。一天傍晚，邦佐想去观看自己创作剧本的第一次演出，但他太累了。所以，帷幕刚拉起，他就在后台的椅子里打起了瞌睡。他在睡梦中看完了全剧的五幕，并观察到了各幕上演时观众们的各种情绪表现。演出结束时，让他大为满意的是，他听到观众们一边热烈鼓掌，一边叫喊他的名字。他突然醒来，简直不相信自己的眼睛和耳朵；演出还没有演完第一场的前几句话。他睡着的时间不可能超过两分钟。至于那个梦，我们可以大胆断言，做梦者看完五幕戏和观察观众对各场戏的态度，并不需要在做梦者睡着时生产新的东西；它可能是已经完成的幻想工作的再现。托波沃尔斯卡和其他作者都强调观念加速流动的梦都具有共同的特征：也就是，它们好像特别连贯，根本不像其他梦，做梦者对它们的记忆只是概要，而不是细节。但是，这些正是梦工作触发现成幻想必然出现的特征——当然，这些作者没有得出这个结论。我不想断言，所有因惊醒刺激的梦都容许这种解释，或者梦中观念加速流动的问题都完全以这种方式解决。

在这里，我们不得不考虑显梦的这种润饰作用和梦工作的其他因素之间的关系。难道梦的程序不可以像下面这样吗？梦的形成元素、浓缩时的努力、逃避审查制度的必要性，以及对梦精神手段表现力的考虑，首先从梦的材料中创造临时的显梦，然后加以修饰，直到尽可能满足第二个动因的要求。不，这几乎是不可能的。我们宁愿假定，这个动因的要求从一开始就构成了梦必

---

① 《正常睡眠中的时间幻觉研究》第 53 页，1900 年。

须满足的其中一个条件。这个条件和浓缩作用、对立的审查制度和表现力的条件一样，同时以诱导和选择的方式影响梦念中的全部大量材料。但是，在形成梦必需的四个条件中，最后认出的这个动因的要求似乎对梦具有最小的束缚力。下列动机使我们认为，担任梦念这个所谓润饰作用的精神功能，和我们清醒思想的工作很可能是相同的：我们清醒（前意识）的思想对任何特定认知材料的表现，正如我们考虑对待显梦的功能的表现一样。我们的清醒思想在这种材料中创造秩序，建立关系，并使它服从可以理解的条理性要求，是非常自然的。其实，我们在这方面做得有点儿过分。魔术师就会利用我们这种理智习惯来愚弄我们。在努力以一种明白易懂的方式合并那些自动呈现的感觉印象中，我们常常犯最奇特的错误，甚至歪曲我们面前材料的真实性。这个事实的证据都非常熟悉，我们不必在这里进一步考虑。我们之所以忽略印刷错误，是因为我们认为那些文字正确。据说，法国一本畅销杂志的编辑打赌说，他可以一篇长文的每个句子中印上“之前”或“之后”，任何读者都不会注意到。最后，他赌赢了。几年前，我在一份报纸上看到一个虚假联想的可笑例子。一个无政府主义者扔的一颗炸弹在法国议院爆炸。杜普伊勇敢地说“La Séance continue（会议继续进行）”，从而平息了引起的恐慌。有人请旁听席上的那些来宾证实他们对这一暴行的印象。其中两个是外省的。一个说，演讲一结束后，他就听到了爆炸声，但他以为是每个发言人说完后鸣炮是议会的惯例。另一个人显然已经听了好几个人演讲，他也持同样的看法，而不同的是，他认为鸣炮是对特别成功演讲的一种谢意。

因此，精神机构以同样的要求对待显梦，要求它必须明白易懂，服从第一种解析，而这样做会产生完全的误解。这正是我们的正常思想。在解析中，原则是对每一种梦例，我们对有可疑来源的梦，都不理会它表面的连贯性。所以，无论那些元素是混乱还是清晰，都要顺着同样的途径回到梦材料。

同时，我们注意到，前面提到（参看第六章第三节）的梦中的质量等级——从混乱到清晰——基本上都是独立的。在我们看来，润饰作用能够发挥作用的梦的那些部分是清晰的；没有发挥效力的那些部分则是混乱的。因为梦中那些混乱部分常常是那些不够鲜明的，所以我们可以断定，梦的润饰工作也能对各个梦结构的可变强度作出贡献。

如果我寻找这个梦最终形式的对照物——它会在正常思想的协助下自动显露出来，我能想起的莫过于扉页上那些长久以来博读者一笑的神秘题词。为了对比，某个句子常常用方言，而且它的意义能多粗鄙就多粗鄙，读者却认为是一句拉丁文题词。为了这个目的，那些词的字母被从音节组合中分离出来，然后重新排列。各处就会出现真正的拉丁词，我们推测还有的地方那些字母因侵蚀而毁灭或遗漏，使我们在了解某些隔离、没有意义的字母的重要性时上当。如果我们不想上当，就必须放弃寻找题词，必须注意那些字母所处的状态，然后将它们合并成我们的母语，不要理会它们的排列。

润饰作用是梦工作的要素，论述梦的大多数作者已经观察到，并对它的重要性作出了正确评价。哈夫洛克·埃利斯对它的性能进行了有趣的描述："事实上，我们甚至可以想象睡眠中的意识对自己说：'我们主人的清醒意识来了，它非常重视理智和逻辑等等。快！在它进来占领之前，把东西收拾好，按顺序排列——任何顺序都行。'"①

狄拉克罗伊斯在他的Sur la structure logique du rêve（《论梦的逻辑结构》）中非常清楚地谈到了这种工作方式和清醒思想的同一性："这个解析功能并不是梦所特有，我们清醒时刻对感觉进行的逻辑协调也一样。"

J·萨利持有同样的意见，托波沃尔斯卡的意见也一样："精神对这些不连贯的幻觉进行的努力，和白天对感觉进行的协调一样。它以想象的环节把所有支离破碎的意象连接起来，并填补了它们之间的巨大空隙。"

有些作者主张，这种排序和解析活动甚至在梦中就开始了，而且持续到清醒状态。因此，包尔汉说："我常常认为，梦也许会有某种程度的变形或重新造形……睡眠中开始倾向于系统化的想象，醒来之后才能完成。因此，思想速度因清醒时想象的改进明显增加。"

勒鲁瓦和托波沃尔斯卡说："反过来说，梦中的解析和协调不仅借助梦中的材料，而且需要清醒生活中的材料……"

所以，梦形成的这个公认因素不可避免地得到了过高评价，认为产生梦的整个过程都是因为这个因素。戈布洛特猜想，这种创造性工作应该是在醒来时刻完成的。而福考尔特则更加确信，认为清醒时刻的思想有能力从睡梦中出现的思想创造梦。

对于这个观念，勒鲁瓦和托波沃尔斯卡作了如下陈述："有人认为，清醒时刻可以确定梦的范围，（这些作者）给予清醒思想一种功能，将呈现在睡眠中的影象构成梦。"

对于润饰作用的这种评估，我要对梦的工作进一步论述，因为H·西尔伯勒通过敏锐观察已经指出。西尔伯勒在疲倦和瞌睡状态中强迫自己完成理智工作，却发现自己把思想转变成了意象的活动过程。润饰的思想突然消失，

---

① 《梦的世界》第10～11页，伦敦，1911年。

取而代之的是出现了一种图像来代替这种（通常是抽象的）思想。在这些实验中，出现这种可以看作是梦元素的意象，代表的并不是那种等待润饰的思想：也就是，和这项工作有关的疲倦本身、困难和苦恼。换句话说就是，代表的是主观状态和这个人正在努力的功能方式，而不是他努力的目标。西尔伯勒把这种经常在他身上发生的事件称为“功能现象”，而不是他预期的“物质现象”。

比如，一天下午，我躺在沙发上，非常困倦，却强迫自己思考一个哲学问题。我尽力想比较康德和叔本华对时间的看法。我昏昏欲睡，无法成功地抓住两人的思路，而这将是进行比较的必要条件。经过好几次徒劳努力之后，我又一次用全部毅力为自己构想康德的推论，以便把它应用到叔本华对这个问题的陈述上。于是，我把注意力转向后者。但当我又返回康德时，却发现他又一次逃开了我。所以，我努力想把他找回来，却无济于事。现在，这种想重新发现迷失在我脑海中的康德文献的无效努力，突然以一种有形的可塑方式自己出现在我闭合的眼睛前面，仿佛在梦象中一样：我向一个脾气暴躁的秘书索要信息。他伏在办公桌上，不允许我的紧急问题打扰他；他半直起身体，向我露出了愤怒拒绝的神情。①

还有一些是有关睡眠和清醒之间波动的例子：

例二——情况：醒来时的早晨。我处在某种程度的睡眠状态（睡意朦胧状态），回想先前做的一个梦，想重复接着做完，感到自己越来越接近清醒状态，却又想停留在这睡意朦胧的状态……

梦境：我用一只脚跨过一条小溪，但我又马上收回了脚，决定留在这一边。②

例六——情况和例四一样（他想在床上多躺一会儿，而又不睡过头）。我想多睡一会儿……

梦境：我正在和某个人道别，并同意不久后和他（她）再见。

我现在要总结一下有关梦工作的这个长篇讨论。我们面临这样一个问题，就是在梦形成中，精神是毫无顾虑地充分发挥了全部能力，还是在行动中发挥了受限制的其中一小部分。我们的研究使我们否定了对这个问题的陈述，因为它完全不切实际。但如果这个问题迫使我们回答的话，我们就必须赞同这两个表面对立、互相排斥的观念。梦形成中的精神活动可以自动分解为两种成就：梦念的产生和梦念向显梦的转变。那些梦念是完全准确的，而且形

---

① 《年鉴》第一卷，第514页。

② 《年鉴》第三卷，第625页。

成时使用了我们所有的精神能量。它们属于那些没有变成意识的思想——经过某种变换，我们也可以产生有意识的思想。毫无疑问，梦念中有许多值得了解，也有许多神秘之处。但是，这些问题和我们的梦没有特别关系。所以，不能放在梦的问题下进行处理。① 另一方面，我们具有把潜意识思想变为显梦的过程，这是梦生活独有的特征。现在，这种特殊的梦工作和清醒思想的模式的分歧远比我们想象的多，即使在梦形成时对精神活动进行最低的评估，也是这样。和清醒思想相比，它不仅仅是更粗心、更错误、更健忘、更不全；就质量来说，它和清醒思想完全不同，所以无法进行比较。它根本不思想、不计算、不判断，而是把自己限定在转变的工作上。我们对其产生结果必须满足的那些情况，可能进行了详尽描述。梦这个结果，最主要的是要逃避审查制度。为了这个目的，梦的工作就利用了精神强度的移植作用，甚至对一切精神价值进行了转换。思想必须完全或主要再现于视觉和听觉的记忆痕迹材料中，这就要求梦的工作在进行新的移植时考虑表现力。（也许）是要产生比夜间梦念更大的强度，因而就由梦念的那些成分构成广泛的浓缩作用，以达到这个目的。我们几乎不用去注意思想之间的逻辑关系。它们最终在梦的形式特征中找到了一个伪装的表现形式。梦念感情经历的改变比它们的观念内容要少。它们通常会受到压抑。它们保存时，脱离了那些观念，和同样性质的感情合在一起。只有梦工作的一部分——在不同程度上受到部分清醒意识思想影响的修正材料，才在一定程度上和其他作者尽力用来构成梦的全部观点的吻合。

---

① 从前，我发现很难让读者们习惯梦的显意和梦的隐念之间的区别。他们一次又一次地从留在记忆中的没有解析的梦里提出争论和异议，忽视了解析梦的必要性。但现在，当那些分析家至少接受用通过解析发现的意义代替显梦时，其中许多人又内疚地犯了一个顽固坚持的错误。他们在这个隐意中寻找梦的要素，因而忽略了梦的隐念和梦工作之间的区别。从根本上来说，梦只不过是我们思想的一种特殊形式，可能由睡眠状态的种种情况产生。正是梦工作产生了这种形式，而且只有它才是做梦的要素——这是对梦特殊性的唯一说明。我这样说，是为了纠正读者对梦具有“预测倾向”的错误判断。梦不过是想解决我们精神生活面临的问题，这和我们在有意识的清醒生活中想做的一样。我接着只说一点，这个工作也可以在前意识中进行。这个事实，我们已经熟悉了。

第七章　梦过程的心理学

在别人对我讲的一些梦中，有一个梦在这里特别值得我们注意。这是一位女患者告诉我的，她曾经在一次有关梦的讲演中听人叙述过。它的来源我不知道。这个梦显然给这位女士留下了深刻印象，因为她尽可能模仿这个梦，也就是在她自己的梦中重复这个梦的那些元素。这种转移方式是为了表达她对梦某一点的赞同。

这个特殊梦例的初步情况如下：一位父亲日夜守在孩子的病床边。孩子死后，他到隔壁的一个房间休息，但让门半开着，以便他能从自己的房间望着另一个房间，因为他孩子的遗体躺在那里，四周环绕着高高的蜡烛。他安排一位老人看守，坐在遗体边，低声祷告。睡了几小时后，这位父亲梦见他的孩子站在他的床边，紧紧抓住他的手臂，大声责怪道："父亲，难道你没有看见我正在燃烧吗?"这位父亲醒来，注意到隔壁房间传来一道亮光。他冲进那个房间，发现那位老人已经倒头睡去。一枝倒下的蜡烛烧着了床单和他可爱儿子遗体的一只手臂。

这个感人的梦意思非常简单，我的患者报告说，那个讲演者的解释也没错。通过敞开的房门照射在睡眠者眼上的那道亮光，给他留下了印象。这种印象在他清醒时也会得到：也就是，一枝蜡烛在遗体旁边倒下引起了大火。很可能，他在沉入梦乡时，还在担忧那个年迈者是否胜任看守的任务。

我们对这个解析没有什么异议，只能补充一点，显梦一定是多重性决定，他梦中孩子说的话一定在还活着时说过，而且和他父亲的一些重要事件有关。也许"我正在燃烧"这句抱怨和孩子死时发的高烧有关，而"父亲，难道你看不见?"则和我们不知道的某个其他感情事件有关。

现在，当我们最终认识到这个梦具有意义，而且可以和精神事件的背景融为一体时，可能会觉得奇怪，一个梦怎么会在这种急需马上醒来的情况下发生。于是，我们会注意到这个梦甚至也不无愿望满足。死去的孩子在梦中表现得就像是活着一样；他亲自警告自己的父亲；他来到父亲的床前，紧紧抓住他的手臂，也许就像在记忆中孩子做过的那样。梦中，他的前一部分话由此而来。为了这个愿望满足，这位父亲多睡了一会儿。他之所以喜欢做梦而不喜欢醒后反思，是因为梦能表明他的孩子还活着。如果这位父亲先醒过来，再得出结论，跑进隔壁房间，他就会由此缩短孩子这一刻的生命。

毫无疑问，这个短梦的特征让我们特别感兴趣。迄今为止，我们主要是想尽力弄清梦包含的隐意在哪里，如何才能发现，以及梦的工作是用什么方法隐藏的。换句话说，我们迄今最大的兴趣集中在解析的问题上。然而，现在我们遇到了一个容易解释的梦，而且这个梦的意义没有伪装。不过，我们注意到这个梦保留了基本特征。这个特征将梦和清醒思想明显区别开来，而且这种区别需要进行解释。只有解决完所有解析的问题后，我们才会感觉到我们对梦心理学了解得是多么不全面。

但是，在我们将注意力转向这条研究的新路之前，让我们停下来回顾一下，看看我们一路走来是否忽略了一些重要东西，因为我们必须明白，我们走过的路程是轻松舒适的部分。迄今为止，如果我没有出错的话，我们走过的所有道路都是通向光明、通向解释和通向彻悟。但是，从我们试图更深入了解做梦的精神过程那个时刻起，所有的道路都陷入了黑暗。我们不可能把这个梦解释为一种精神过程，因为要解释就意味着追溯已知的东西，而我们现在还没有任何心理学知识可以作为梦心理研究这种解释的基础。相反，我们将不得不提出许多新的假说，这只是对心灵组织结构及其内部发挥作用的自由活动的推测。我们必须小心，不要偏离最简单的逻辑结构太远，否则其价值就会受到怀疑。而即使我们的推论没有错误，并认识到各种逻辑的可能性。但是，由于我们对基础材料的初步陈述可能不全面，因此我们仍处在得出完全错误结果的危险之中。即使对梦或任何其他的单独活动进行最仔细的研究，我们也无法对精神机构的结构和功能得出任何结论。或者，无论如何，我们无法证实自己的结论。为了做到这一点，我们必须对整个一系列心理活动比较研究，和那些证明确实始终如一的这些现象进行仔细对照。因此，根据梦过程分析得出的心理假设，我们必须在某种程度上原地踏步，直到它们可以和其他研究的那些结果联合起来。这些研究是从另一起点试图深入到同一问题的核心。

第一节　梦的遗忘

因此，我建议，我们首先要把注意力转到一个主题上，因为这个主题使我们现在忽略一种反对意见，有逐渐削弱我们努力解梦的基础的危险。不少人反对说，我们对想要解析的梦其实并不了解，或者更准确地说，我们无法保证自己是否知道它真正发生过。

首先，我们对这个梦的记忆和解析方法被我们不忠实的记忆搞得残缺不全，因为我们的记忆好像特别难以保留梦，而且漏掉的正是显梦最重要的部分。当我们设法全神贯注考虑那些梦时，我们常常有理由抱怨说，我们做的梦要比记住的多。不幸的是，我们只知道这一个片段，而且我们甚至对这个片段的记忆也很不确定。此外，一切都证明，我们的记忆再现梦时既不全又不真，以一种歪曲的方式出现。一方面，我们可能怀疑我们梦见的东西是否真的像我们记忆中那样支离破碎。另一方面，我们可能怀疑一个梦是否像我们叙述的那样前后一致；在试图再现梦时，我们是否曾经用一些任选的新材料填补那些真实存在或因健忘出现的空隙；我们是否修饰、完善和修正过这个梦，以致无法对它的真正内容作出任何结论。的确，有一位作者（斯皮塔）[①] 推测说，所有的条理性和连贯性其实都是在试图回忆时事先加进去的。因此，我们着手确定的事物价值有被完全忽略的危险。

迄今为止，在所有梦的解析中，我们总是忽略这些警告。相反，我们其实已经发现，正是显梦的那些最小、最无意义和最不确定的成分引起了种种解析，而不是那些明显确定包含在梦中的成分。在爱玛的打针梦中，我们看到："我马上把 M 医生叫进来。"所以，我们推测，如果它没有特殊的起源，即使这个小小的补遗也不会进入梦中。这样，我们就想到了那个不幸患者的事。我马上把比我年长的同时叫到他的床边。在这个认为 51 和 56 之间的区别无足轻重看似荒谬梦中，51 这个数字反复提到。我们没有把这看成是一件顺理成章或无足轻重的事儿，而是由此推出这个梦的隐意中的第二条思路，这个思路通向 51 这个数字。随后，我们顺着这条线索得出了那些担心，认为 51 岁是生命期限。这和梦中不惜夸耀的一条重要思路形成了最鲜明的对比。在我发现的那个"Non vixit（已经死了）"的梦中，我起先忽略了插入的一个无关紧要的句子："因为 P 不了解他，所以 Fl. 问我"，等等。因为解析当时陷入了停顿，所以我就回到这几句话。我通过这些句子找到了通向那个童年幻想的路。这个幻想作为中间点出现在了梦念中。这是通过诗人的韵文产生的：

Selten habt ihr mich verstanden,

---

① 福考尔特（Foucault）和坦纳里（Tannery）表达了类似的观点。

Selten auch verstand ich Euch,
Nur wenn wir im Kot uns fanden
So verstanden wir uns gleich!
(你很少了解过我，
我也很少了解你。
而我们陷入泥潭时，
我们立马肝胆相照!)

每个分析都会提供事实证据，表明梦中最微不足道的那些特征对解析都必不可少，而且也表明，如果我们推迟对它们调查，就会延误任务的圆满完成。在梦的解析中，我们对在梦中发现的文字表达的每个微妙之处都一视同仁。事实上，无论我们面对的是毫无意义的还是表达不足的措辞——好像我们无法把这个梦转化为正确译本，我们都尊重这些表达的缺陷。简而言之，其他作者认为是匆匆编造以免混乱的随意创作，我们都奉若圣典。这种矛盾需要加以解释。

尽管对其他作者没有什么不公平，但这个解释对我们有利。从我们新获得的对梦来源的观点，所有矛盾都可以完全化解。我们在试图再现梦时，确实变形过。我们又一次发现其中就有正常思维动因产生的所谓润饰作用，而且常常误解。但是，这种变形本身只是梦念经常受到梦审查制度润饰的一部分。其他作家在这里已经怀疑或注意到了其工作明显的梦变形。而对我们来说，这并不太重要，因为我们知道，另一个更为广泛、不易理解的变形工作，已经从隐藏的梦念中选出了梦。这些作者的唯一错误在于，相信通过回忆和语言表达，在梦中产生的改变是随意的，没有能力进一步解释，因此容易把我们对这个梦的认识引入歧途。他们低估了精神对梦的决定作用。这里没有什么随意的东西。可以表明，在所有的梦例中，如果梦的元素不能被第一条思路决定，另一条思路马上就会取而代之。比如，我希望非常随意地想起一个数字。而这是不可能的。尽管我想起的数字可能和我暂时的意图相去甚远，但肯定明确经过了我的思考。[1] 梦在修改时由清醒思想进行的更改，梦受到的校正更改，也同样不是任意而为。它们和取代的内容之间保持一种联想关系，并为我们指出了通向这个内容的途径。这个内容本身也许是另一个内容的代替品。

---

① 参看《日常生活的精神病理学》。

在分析患者们的这些梦时，我运用下面这个主张进行检验，从未失败过。如果一个梦的第一次报告很难理解，我就要求做梦者再说一遍。他这样做时很少用同样的文字。但是，他改变表达方式的那些段落正好使我明白了梦伪装的弱点，它们就像齐格飞衣服上的绣记对哈根代表的意义一样。这些可能就是分析的起点。我要求患者重述，就是告诫他，我想特别尽力来解析这个梦。为了顺从抵抗的驱使，他马上用一种更不切题的表达代替一种靠不住的表达，保护梦伪装的那些弱点。于是，他引起了我对他抛弃的那些表达的注意。从做梦者努力避免对这个梦解析，我也可以推断出编织梦的衣服的那种担心。

然而，我曾经提到过的那些作者，认为我们在判断梦的关系时要非常强调怀疑的重要性，这并没有什么正当理由，因为这种怀疑没有理智上的根据。尽管我们的记忆无法提供任何保证，但我们不得不信任它的陈述，这些陈述远比客观理由频繁。对梦的准确再现或对梦的个别材料的怀疑，只是梦审查制度的又一产物，也就是梦念进入意识出现的阻力。这种阻力还没有因为已经产生的移植和取代而自动耗尽，所以它仍以一种怀疑方式附在允许出现的材料上。我们会更容易认出这种怀疑，因为它小心翼翼，从来不去攻击梦中那些加强的元素，只是攻击那些微弱模糊的元素。但是，我们已经知道，在梦念和梦之间，所有精神价值已经发生了价值转换。变形只有在贬低精神价值后才能产生。它常常以这种方法表现自己，有时也满足于这种现状。如果显梦的一个模糊的元素又被怀疑，我们顺着这个指示，也许能在这个元素中认出其中一个违禁梦念的直接派生物。这就像古代某个共和国经历一场大革命或文艺复兴后的那种情况。曾经掌握实权的高贵家庭现在被放逐；新贵们担任了所有高位；只有比较贫穷、无权无势的公民或落败政党比较疏远的追随者，才容许住在城里。即便如此，后者也享受不到充分的公民权。他们会受到怀疑监视。我们的情况的则是疑虑，而不是猜疑。所以，我必须坚持，在分析一个梦时，一定要使自己摆脱可靠性标准的一切尺度。如果这个或那个元素有任何可能在梦中出现，就应该看作是绝对的必然。在追溯那些梦元素时，我们必须拒绝考虑表面的东西，否则分析就会停滞不前。如果无视分析这个人的有关元素具有精神效果，那么，这个元素背后那些不想要的有关观念就不会进入他的脑海。这个结果其实并不是不证自明；“我拿不准梦中是否包含这个或那个，但我产生了下面这些想法”这个说法是合情合理的。但是从来没有人这样说过。怀疑正是分析中的干扰因素，使它成了精神阻力的一种派生物和工具。心理分析的猜疑有正当理由。其中一个规则是：凡是干扰分析工作进程的都是一种抗拒。[①]

除非我们试图通过精神审查制度的力量加以解释，否则梦的遗忘仍然难以理解。在许多例子中，做梦者感到夜间梦见许多东西，只留其中一少部分，可能还有一层意思：它也许意味着梦的工作以一种可以感知的方式持续了一夜，却只留下了一个短梦。然而，一个梦在醒时被逐渐忘记绝不是不可能。尽管费尽心机想记起，但常常记不起来。然而，我认为，就像常常过高估计这种遗忘程度一样，我们同样也过高估计了梦中空隙对我们理解梦的限制程度。我们常常能通过分析重新恢复忘掉的所有显梦。不管怎样，在许多例子中，我们可能从一个剩余的片段中发现的当然不是梦（这毕竟不重要），而是整个梦念。这要求在分析时付出更大的注意力和自制力，仅此而已。但是，这表明梦的遗忘并不缺乏敌视的意图。[②]

通过对遗忘初级阶段的研究分析，我们可以获得令人信服的证据，就是梦的遗忘具有倾向性，为抵抗的目的服务。[③] 在解析中间，一个遗漏的梦的片段常常突然出现，这被说成是先前的遗忘。从遗忘中费力取得的这一部分梦总是最重要的部分。它处在通向解释梦的最短路途上，因此也面临最大的阻力。在这本论著包含的那些梦例中，我有一次就不得不在事后插入显梦的

---

① “凡是干扰分析工作进程的都是一种抗拒”这种不容置疑的说法可能容易引起误解。当然，它不过是作为一种技术规则，是对分析者的一种警告。无可否认，在分析期间，也可能会发生一些让被分析者意想不到的事件。患者的父亲可能死于其他方式，而不是被患者谋杀；一场战争爆发也可以中断这个分析。尽管以上陈述明显夸大，但其中仍不乏有用的新东西。即使这个干扰事件真实，和患者无关，干扰影响的程度也常常只以他而定；抗拒本身清楚表明，他会利用这一时机对这类干扰准备接受或过分夸大。

② 我将引用我的《心理分析导论》中的一个梦，说明怀疑和不确定在梦中的意义，以及显梦同时收缩为一个单独元素。尽管对这个梦的分析延缓了一小段时间，但还是取得了成功。

一位喜欢怀疑的女患者做了一个相当长的梦。在梦中，有些人给她讲了我的论诙谐的书，并高度赞扬。随后便是“水道”之事，“水道”这个字或者和这个字有关的字也许在另一本书里出现过……她不知道，这相当模糊。

你肯定会认为“水道”这个元素会抵制分析，因为它非常模糊。你设想这种困难是对的。但它之所以不难，是因为它模糊。模糊是解析困难的原因。做梦者无法对“水道”进行任何联想。我肯定也无法提出任何建议。过了一小段时间——更准确地说，第二天——她陈述说，她想起的某件事也许和“水道”有关。事实上，那是她听某人反复说过的一个俏皮话。在往来于多佛和加来之间的汽船上，一位知名作家和一个英国人攀谈。这个英国人在说到某个关系时引用了 *Du sublime au ridicule il n' y a qu' un pas*（高尚和荒谬之间只一步之差）这句格言。这位作家反驳说：*Qui, le pas de Calais*，他想以此暗示他认为法国高尚升华、英国荒谬。但是，Pas de Calais 是一个水道——英吉利海峡。我认为这个联想和梦有关吗？我当然认为有关；它确实为这个费解的梦元素提供了解答。你能怀疑这个俏皮话在梦发生前已经作为“水道”这个元素的潜意识思想存在吗？你能设想这是后来杜撰的一种联想吗？这个联想证明了隐藏在她过分赞美背后的怀疑，而且这种抗拒肯定是她在发现一种联想时的迟疑和相关梦元素不确定性的共同原因。注意这个梦元素和这个梦例中潜意识的关系。它像是这个潜意识的一个片段，似乎是对它的暗示。因为隔离，所以它变得相当费解。

③ 关于遗忘的一般目的，参看《日常生活的精神病理学》。

一个片段。那是一个旅行梦，梦见对两个不友好的旅行者进行报复。我几乎完全没有对这个梦进行解析，因为其中部分内容令人讨厌。那个省略的部分是这样的："我提到席勒的一本书时说：'这是从……'但是，当我意识到自己的错误时，便纠正说：'这是由……'于是，那个人对他的妹妹说：'是的，他说的对。'"①

尽管梦中的自我纠正对某些作者来说好像非常奇妙，其实不必考虑，但我要从自己的记忆中举一个梦中发生用词错误的典型例子。19 岁时，我第一次访问英国，在爱尔兰海岸上度过了一天。自然而然，我以拣起落潮后留在海滩上的海生动物自得其乐。当我正在仔细观察一只海星——梦就是从 Hollthurn-Holothurian（海参类）开始的，突然一个漂亮的小女孩来到我身边问道："这是海星吗？是活的吗？"我回答说："是的，它是活的。"但我马上就对自己的错误感到羞愧，就正确地复述了这个句子。由于我当时犯了一个语法错误，因此这个梦就替换了德国人常犯的另一个错误。Das Buch ist von Schiller 不应译成"这本书是来自"，而应译成"这本书是由"。梦的工作之所以实现这种替换，是因为 from 这个词和德语形容词 fromm（虔诚的）词尾辅音相同，使显著的浓缩作用成为可能。这样，我们听到梦工作的意图及其不择手段的选择后，就不再感到吃惊了。但是，这个无害的海岸记忆和我的梦有什么关系呢？它通过一个非常天真的例子说明了我把这个词——表示语法上的性别或男女性别（他）的词——用错了地方。这肯定是解释这个梦的其中一把钥匙。那些听说过《物质与运动》（莫里哀在幻想病中：事情顺利吗？肠子的蠕动）书名出处的人，轻而易举都能补充那些缺少的部分。

此外，我最后通过亲眼目睹的事实还能证明，在很大程度上，梦的遗忘是因为抵抗的作用。一位患者告诉我说，他曾经做过一个梦，但那个梦转眼就消失了，没有留下任何痕迹，好像什么也没有发生似的。我们就开始了分析工作。我遇到一个阻力，就向患者解释，鼓励他，催促他，帮助他顺从某种不愉快的思想。我这样做几乎失败时，他突然大声叫道："我现在能想起自己梦见什么了！"就是那天在解析工作中干扰他的同样阻力使他忘了这个梦。通过克服这个阻力，我又让这个梦回到他的记忆中。

同样，在达到分析工作的某个阶段之后，患者也许会想起三四天或更多

① 尽管应用外语时这种纠正在梦中屡见不鲜，但它们通常由外国人纠正。在学习英语时，莫里有一次梦见他用下列话"I called for you yesterday（我昨天邀请过你）"告诉某个人说，他前一天曾经拜访过他。对方恰当地回答说："你是说：I called on you yesterday.（我昨天拜访过你。）"

天前一直忘记的梦。①

心理分析经验已经给我们提供了另一个证据，说明梦的遗忘是根据阻力，绝不像其他作者认为的那样，是根据清醒状态和睡眠状态的两个互不相容的性质。我和其他分析者，以及正在接受治疗的患者，都常常发现，我们被一个梦从睡眠中惊醒后，像我们说的那样，会马上运用自己的所有心理本领开始解析这个梦。在这种情况下，我常常充分理解这个梦才会休息；而我醒来之后，又把解析结果和显梦本身忘得一干二净，尽管我意识到自己做过这个梦并对它做了解析。理智能力不仅没有把这个梦成功地保留在记忆里，反而常常把梦和解析结果一起忘掉。但是，这并不像其他作者试图解释的梦遗忘那样，在这个解析工作和清醒思想之间没有那道精神鸿沟。莫顿·普林斯反对我对梦遗忘的解释，理由是这只是解离精神状态产生记忆缺失的一种特殊情况，而我对这种特殊记忆缺失的解释又无法应用到其他种类的记忆缺失上。所以，即使为了眼前的目的，我的解释也毫无价值。他提醒读者，在对这些解离状态的所有描述中，他从来没有尝试发现这些现象下列一种动力学解释，因为如果这样做，他肯定就会发现，压抑（以及由此产生的阻力）不仅是这些分裂的原因，而且是精神内容遗忘的原因。

在准备这本书初稿时，我通过所能做的一个实验证明，梦的记忆能力完全可以和其他精神行为相媲美。我曾经记录了大量自己的梦，由于某种原因，我无法解析，或者是做梦的那个时候，只能很不完全地加以解析。为了获得材料证明我的主张，一两年后，我尝试解析了其中一些梦。在这次尝试中，我总是取得成功。的确，我可以说，过了这么长时间之后，这些梦比最近出现的梦更容易解析。这个事实可能这样解释，就是我已经克服了做梦时干扰我的许多内在阻力。在后来的这些解析中，我把以前的梦念和现在的结果进行比较，现在的梦念常常更丰富，而且我总是发现，以前的梦念在现在的梦念中毫无改变。然而，我很快就不再吃惊了，因为细想之后，我发现自己早就习惯解析患者偶尔向我叙述的早年梦，那就像前一天夜里的梦一样；同样的方法，取得了同样的成功。在论焦虑梦这一部分中，我将举两个延迟解析的类似例子。我第一次做这种实验时合理地推想，梦在这方面只是像心理官能症的症状，因为当我通过心理分析治疗精神神经症患者——比如癔病患者，我不得不让患者向我解释他前来就医的疾病的现有症状，而且还要解释早已消失的初期症状，同时我发现，从前的问题比今天更紧急的问题更容易解决。

---

① 欧内斯特·琼斯描述了常常发生的一种类似的梦；在对一个梦分析期间，常常会想起同一天夜里做的另一个梦，此前它不仅被忘记，甚至没有被察觉过。

早在1895年发表的《癔病研究》[①] 中，我就能对一位年过40岁的女患者15岁时第一次癔病发作的情况进行解释了。[②]

我现在要对解析梦讲几句不太系统的话，因为有的读者想通过分析自己的梦来证实我的主张，这也许可以作为他的向导。

不要认为解析自己的梦是一件简单轻松的事儿。即使观察自己的内心现象和其他平常没有注意的感觉，纵然这组观察没有遭到任何精神动机的反对，也需要锻炼。要把握那些“不想得到的观念”更是难上加难。在分析工作期间，试图这样做的人必须满足这部论著提出的各种要求，而且在遵循这些特定规则时，必须尽力制止一切批评、一切先入之见和一切情感上或理智上的偏见。他必须时刻牢记克劳德·伯纳德对生理学实验室实验者的训导：“Travailler comme une bete”——也就是，他必须像野兽那样忍耐，并对工作的结果漠然处之。如果他愿意遵循这个忠告，他就会发现工作不再困难。梦的解析并不总是一蹴而就。在进行一连串联想之后，你常常会发现自己筋疲力尽、无能为力，梦不会再告诉你当天的任何东西。这时，最好暂停下来，第二天再接着工作。那时，显梦的另一部分会引起你的注意，这样你会进入梦念的一个新层面。也许可以把这个称为梦的“分级”解析。

在解析梦时，最难的是让初学者认识到这个事实，就是他对巧妙连贯的梦进行了全面解析，并对显梦的所有元素都详细了解后，他的任务并没有完成。除此以外，同一个梦可能还有另一种解析；也就是，一种多重性解析逃过了他的注意。的确，要形成丰富潜意识思想力争在我们的脑海中表现的观念并不容易，或者要相信梦的工作可以一种暧昧灵巧的方式同时表达几种意义，可以说，就像童话故事中小裁缝一下打死7只苍蝇一样。读者会经常责备作者多此一举展示灵活性，但凡是有过解梦亲身体验的人知道的都要比做的多。

另一方面，我无法接受H·西尔伯勒首先提出的观点：就是每个梦（甚或许多梦和某类梦）都要求有两种不同的解析，而且两者之间应该具有一种固定关系。其中一个，西尔伯勒称为心理分析解析，赋予梦你喜欢的任何意义，但总体上是一种幼儿的性意义。他把更重要的解析称为神秘解析，表明梦的工作运用的材料是更严肃、常常更深刻的思想。西尔伯勒引用了他在这

---

① A·A·布里尔翻译，纽约神经病与精神病期刊出版公司。

② 童年早年做过的梦有时会感觉非常清新地留在记忆中达几十年，这对了解做梦者的发育和心理官能症几乎总是至关重要。对这种梦的分析会使医生避免错误和不确定性，因为这甚至可能使他在理论上产生混淆。

两个方面分析过的许多梦例，却没有证明这个主张。我必须反对这个观点，理由是它和事实相反。大多数梦不需要多重性解析，尤其是不需要神秘解析。西尔伯勒的理论和近几年的理论成果一样显然受到了一种倾向的影响，都是企图遮盖梦形成的基本情况，并转移我们对本能根源的注意。在许多例子中，我都能证实西尔伯勒的说法。但在这些例子中，分析向我表明，梦的工作要面临把清醒生活的一系列高度抽象的思想转化为梦的任务，因为这些思想无法直接表现。通过利用另一个和抽象思想关系不牢、常常具有寓意的思想材料，梦的工作试图完成这个任务，从而减少表现的困难。源自这种方式的梦，做梦者会马上给出抽象的解析，但对代替材料的正确解析，只有通过熟悉的技巧才能得到。

是否每个梦都能解析这个问题？答案是否定的。我们不要忘记，在解析工作中，我们会受到造成梦变形的精神力量的反对。我们能否通过自己的智力兴趣、自制能力、心理知识和解梦经验克服内心阻力，要视反对力量的相对强度而定。这样，我们总能取得一些进展，至少我们足以相信梦具有意义，而且通常都足以明白它的某些意义。常常出现第二个梦能使我们证实，并继续对第一个梦进行假定的解析。持续几周或几个月做的整个一系列梦也许会有一个共同的基础，所以应该解析为一种连续性。在彼此相连的两个梦中，我们经常观察到，第一个梦的中心点在第二个梦中只处在外缘，反之亦然。因此，即使在对它们的解析中，两个梦也是互为补充。在解析工作中，我已经通过一些例子作过说明，同一天夜里做的不同的梦总是作为一个整体对待。

在解析最好的那些梦中，我们也常常不得不留下一段晦涩部分，因为在解析期间，我们观察到，这是一团无法解开的梦念，而且它们也不能对显梦有任何新的贡献。所以，这是梦的重点，它从这一点伸向未知，我们解析期间遇到的梦念一般没有止境，而是伸向四面八方，进入我们像网一样错综复杂的智力世界。梦的愿望正是源自这个结构的某个比较密集的部分，就像源自菌丝体的蘑菇一样。

现在，让我们回到梦遗忘的那些事实上。当然，迄今为止，我们还没有从那些事实得出任何重要的结论。我们的清醒生活表明了一种明确无误的意图，就是忘记夜间做的梦，要么是睡醒后马上整个忘掉，要么是白天渐渐忘掉；我们认识到遗忘这个过程中的主要原因是对梦的精神阻力，它在夜里已经竭尽全力反对过这个梦，这样问题就出现了：面对这种阻力，是什么让梦的形成变成可能的呢？让我们考虑一下这个最鲜明的情况，就是清醒生活在这个情况中拒绝这个梦，就像从来没有发生过一样。如果考虑到精神力量的作用，我们就不得不断言，如果阻力在夜里像白天一样占上风，这个梦就绝不会产生。因此，我们推断，夜间阻力会失去部分力量。我们知道，它之所以没有被中止，是因为我们已经证明它参与了梦的形成——即变形工作。因此，我们必须考虑到，夜间阻力只是减弱的可能性，而梦的形成之所以成为可能，就是因为阻力的这种减弱。我们不难明白，阻力在清醒时会恢复全部力量，马上拒绝它虚弱时被迫允许的一切。描述心理学告诉我们，梦形成的主要决定因素是心灵的睡眠状态。我们现在可以添加下列解释：睡眠状态通过降低内心的审查作用，使梦的形成成为可能。

我们肯定想把这一点看成是从梦遗忘那些事实得出的唯一可能的结论，并从这个结论进一步推断，睡眠状态和清醒状态中发挥作用的不相上下的能量。但我们要在此先暂停一下。当我们稍微深入地研究梦心理学时，就会发现梦形成的起源可以从不同角度考虑。喜欢预防梦念进入意识的阻力也许可以回避，力量不减。有利于梦的形成似乎还有阻力的减弱和回避这两种因素，可以同时通过睡眠状态成为可能。但是，我们要在此暂停一下，待会儿再继续这个主题。

我们现在必须考虑另一系列反对我们解梦程序的意见。我们抛弃所有那些平时支配我们反思的指导观念，把注意力转向梦中的某个元素，记下和这个元素有关的潜意识思想。随后，我们再进行显梦的第二个组成部分，如法炮制。而且，不管那些思想走哪个方向，我们都让自己随着它们发展，从一个主题漫游到另一个主题。同时，我们满怀自信希望，最终不用干涉，就可以得到梦源起的那些梦念。批评者对此可能提出如下反对意见：如果我们从梦中某个单独元素出发到达某个地方，就不足为奇。每个观念都能和某件事发生联系。唯一值得惊奇的是，我们会成功地发现这些漫无目的的任意思想。这可能是自我欺骗。研究者会顺着一个元素的那串联想前行，直到发现那串联想中断，于是又开始顺着第二个元素前行。因此，原来无拘无束的联想现在自然会变得越来越窄。因为他在脑海里仍然有原先的联想，所以在分析第二个梦念时，更容易想到和第一个联想一样的联想。随后，他认为自己已经找到了代表两个梦元素之间连接点的思想。因为他允许自己尽可能自由联想，排除了发生在正常思维中从一种观念到另一种观念转化的唯一情况，所以最后不难为自己从一系列“中介思想”中编造出他称为梦念的东西。这些梦念毫无保证，因为除此以外一无所知，所以他认为这些是梦的精神同等物。但是，这一切纯粹是任意程序，是一种看似巧妙的偶然性的利用。凡是自寻麻烦的人，都能以这种方式为任何梦作出渴望得到的任何解析。

如果真有人对我们提出这些反对意见，我们就可以进行辩护，提到我们对梦的解析产生的印象，我们在追随那些单独观念时出现的和其他梦元素的惊人联系。如果我们追随的不是先前建立的精神联系，我们对梦的解析就不可能达到这样完美的地步。我们还可以指出，解梦程序和解除癔病症状遵循的程序完全相同。这个方法的正确性可以从那些症状的浮现和消失中得到证实——即本书的解析得到了那些插入例证的进一步证实。但是，我们毫无理由避开这个问题——即我们追随一串漫无目的任意徘徊的思想如何能达到一个事先存在的目标，因为我们确实无法解决这个问题，但能完全摆脱它。

因为在梦的解析中，我们放弃反思，让那些无意思想显露出来，放任自己随着漫无目的的思想游动，这的确不对。可以表明，我们能够排除的只是我们知道的指导观念，中止这些之后，那些未知的指导观念——或者我们不正确说的话就是，潜意识——马上就会施加影响，从此决定那些无意观念的流程。没有指导观念的思想无法通过给我们自己的精神生活施加影响得到保证；我也不知道精神混乱的任何状态会自行建立这样一种思想模式。① 那些精神病医生过早地放弃了他们对精神结构可靠性的信心。我知道，在癔病和妄想狂领域中，与梦的形成和解释一样，漫无目的、缺乏指导观念的思想是无法产生的。也许这在内原精神疾病中根本不会出现。而且，根据劳里特的巧妙假设，甚至处在混乱精神状态观察到的谵妄也具有意义。我们之所以不理解，只是因为漏掉了一些环节。无论我什么时候有机会观察这种状态，也会有同样的看法。谵妄是审查制度不再努力掩饰自己影响的结果；它不是去支持修正那些不再讨厌的思想，而是不顾一切地删除它反对的一切，因此使剩余思想支离破碎。这种审查制度就像俄国边境上的审查机构一样。这个审

① 直到最近，我才注意到爱德华·冯·哈特曼（Eduard von Hartmann）对这个重要的心理学观点持相同看法：在讨论潜意识在艺术创作中的作用时，哈特曼清晰地阐明了由潜意识指导观念支配的观念联想法则，但他没有认识到这个法则的范围。他要证明的问题是“每个感觉观念的结合，在不全属于偶然，而是指向一个明确目标时，需要有来自潜意识的帮助。”任何特殊思想联想中的意识兴趣，是刺激潜意识无数可能的观念去发现符合指导观念的某一观念。“正是潜意识对符合利益的那些目的进行了适当选择，所以这也适用于抽象思维中的那些联想（感觉表现、艺术结合与插科打诨）。”因此，在纯粹联想心理学的意义上，对一个激发和被激发的观念联想进行限制，是站不住脚的。这种限制“只有在人类生活中人不仅不受任何意识目的的限制，而且不受任何潜意识兴趣、任何短暂情绪的支配与合作的状态下，才会证明是合理的。但是，这种状态几乎是不可能的，因为一个人让自己的一连串思想表面上完全出现，或者使自己完全陷入无意的幻想梦境，但是，仍然总会有其他主导兴趣、支配感情和情绪出现，而且这些总会对观念联想施加一种影响。”在半意识的梦中，总是只有和（潜意识）短暂出现的主要兴趣一致的这种观念。因此，强调感情和情绪对自由思想系列的影响，即使从哈特曼的心理学观点来看，心理分析的方法程序也是完全正确的。杜普里尔从我们突然想起的一个久思不得的名字这一事实推断，这是发生了一种潜意识的、但仍有目的的思维，后来它的结果出现在了意识中。

查机构只允许那些涂去某些段落的外国期刊落入他们要保护的读者手中。

在一些破坏器质性脑病病例中，可能会出现跟随任何系列联想的游动观念。然而，在心理官能症中，这种联想可以始终解释为审查制度对一系列由隐藏的指导观念推到前台的思想的影响。[①] 如果那些出现的观念（或意象）是通过所谓的表面联想连接，就可以看作是不受指导观念影响的自由联想的一种明确无误的标志——也就是，通过类似音、用词含糊和没有意义联系的时间巧合；换句话说，它们由所有那些联想连接，我们允许自己利用诙谐和拼字游戏加以联想。这种突出标志仍然有效，和种种联想发生联系。这些联想将我们从显梦的那些元素引向那些中介思想，又从这些中介思想引向那些梦念本身。在许多梦的分析中，我们发现了这种令人惊讶的例子。在这些例子中，联系不是过于松散，诙谐也无伤大雅，可以充当从一个思想到另一个思想过渡的桥梁。但是，对这种令人惊讶的宽容，不难找到正确的理解。无论何时一个精神元素通过一种讨厌的表面联想和另一个元素产生联系，两者之间还存在一种更深刻的正确联系，而这种联系又受到审查制度的阻力。

表面联想占据优势的正确理解是审查制度的压力，而不是指导观念的抑制。无论何时审查制度封锁正常的联系通道，表面联想都会取代更深层的联想。这就像一个山区因洪水泛滥而主要交通中断，使宽阔的公路难以通行，于是只好依靠其他时候只有猎人使用的陡峭不便的小道来维持交通。

我们在这里可以区别两种情况，而它们实质上是一种情况。第一种情况是，审查制度只针对两个思想之间的连接。这两个思想彼此分开，就会避开它的反对。随后，这两个思想会相继进入意识层；它们的连接仍然隐藏。但是，取而代之的是两者之间出现的、我们不会想到的一种表面联系。它通常是和另一角度的观念情结联系，而不是源自那种受到压抑、却是本质的联系。或者是第二种情况，两个思想因其内容而屈从于审查制度。因此，这两个思想不是以正确的形式，而是以修正的代替形式出现；两个代替的思想通过一种表面联想，被这样选来表现它们代替的那些思想之间存在的实质关系。因此，产生了移置作用，从重要正常的联想转向了明显荒谬的表现联想。

因为我们知道这些移植，所以我们毫不犹豫地依赖出现在解梦过程中的

---

① 通过对早发性痴呆症的种种分析，荣格鲜明地证实了这个说法。（参看《早发痴呆症的心理状态》，A·A·布里尔翻译，专著丛书，纽约神经病和精神病期刊出版公司）。

那些表面联想。①

对神经官能症患者的心理分析充分运用了这两个原则：由于放弃了意识的指导观念，因此对观念流动的控制被转移到了隐藏的指导观念；而表面联想只是一种对受到抑制的更深层联想的移植和替代。心理分析的确使这两个原则成了其技巧的基石。当我要求患者摒除一切顾虑，把脑海中的所有东西都向我报告时，我深信他一定不会遗漏治疗的指导观念，而且我有理由推断，即使他报告的东西看似相当单纯随意，也和他的病态有某种关系。患者还有一个绝不怀疑的指导观念就是我自己的人格。对这两个解释的充分评价和详细证明，属于心理分析治疗方法的描述领域。可以说，我们在这里已经达到了其中一个接合点，故意丢开了解梦的话题。②

在提出的所有反对意见中，只有一个证明是合理的，仍然需要对付：我们不应该把解析工作的所有联想都归为夜间梦的工作。通过清醒状态的解析，我们实际上正在打开一条从梦元素通向梦念的途径。梦的工作遵循的是相反方向。这些途径在相反方向上根本不可能是相通的。相反，似乎在白天，我们通过新的思想联系，就像下矿井一样，时而碰到那些中介思想，又时而碰到那些梦念。我们可以看到，白天新近的思想材料如何强行进入解析系列，入夜后出现的额外阻力如何使它又进一步迂回。但从心理学意义上说，我们白天形成的思想枝节，只要能帮助我们发现正在寻找的梦念是哪一个，其数量和形式就无关紧要。

第二节　回归现象

既然我们已经反驳了那些提出的反对意见，或者至少已经显示了我们的防御武器，就一定不能再拖延开始我们准备已久的心理学研究。让我们总结一下最近研究的主要结果：梦是一种意义丰富的精神行为；它的动机力量总是一个恳求满足的愿望；之所以不承认梦是一种愿望，以及梦具有的许多特征和荒谬性，是因为在梦形成期间精神审查制度的影响；除了回避审查制度的必要性，下列因素也在梦形成中扮演了一种角色：一、浓缩精神材料的需

---

① 同样的因素自然对暴露在显梦中的表面联想的情况有效，比如第四章莫里（Maury）报告的那些梦（pélerinage—pelletier—pelle，kilometer—kilograms—gilolo，Lobelia—Lopez—Lotto）。我从自己对神经官能症患者的工作中知道，哪种回忆容易以这种方式表现。大多数人对青春期着迷好奇时，是通过翻阅百科全书，来满足他们对性神秘解释的需要。

② 上面那些陈述写出来时似乎很不可能，但一直被荣格和他的学生在《单词研究》（*Diagnostiche Assoziationsstudien*）中实验证实和应用。

要；二、重视感觉意象表现的可能性；三、重视梦构造有一个合理清晰的外表（尽管并不经常）。这些主张每一个都通向心理学假说和设想。因此，我们现在必须研究愿望动机和四种条件的互反关系，以及这些条件的共有关系。梦必须插入精神生活的背景中。

在这一章的开头部分，我们引用了某个梦，是为了能提醒我们那些问题还没有解决。这个梦（燃烧的孩子）的解析毫不困难，尽管从分析的意义来看，还没有给予完全的解析。我们曾经问过自己，为什么必须是这位父亲要梦见而不是醒来，而且我们认识到表现那个孩子活着的愿望是做梦的一个动机。在更进一步讨论之后，我们将会发现，这个梦中还有另一个愿望在起作用。然而，我们暂时可以说，为了愿望的满足，睡眠时的思想程序被转化成了一个梦。

如果删去这个愿望满足，那么区别两种精神事件就只有一个特征了。梦念会是这样："我看到一道微光从停放孩子遗体的房间传来。也许是一枝蜡烛倒了下来，所以孩子燃烧起来！"这个梦原封不动地再现了这个思考的结果，只是以一种实际存在的情形来表现，就像清醒状态的体验一样可以通过感官感觉。然而，这就是梦最普通、最显明的心理特征；一种思想，通常希望得到的思想，在梦中客观化，表现为一种情景，或者像我们亲身体验过一样。

但是，我们现在要如何解释梦工作的这个特征，或者更恰当地说，我们将如何让它与那些精神程序发生关系呢？

如果更仔细观察，显而易见，梦的显意具有两个几乎互相独立的特征。一是思想表现为一种身临其境的情景，省略了"也许"；二是思想变为视觉意象和言语。

那些梦念之所以转变，是因为期望变成了现在时态，在这个特殊的梦中也许并不十分显著。这可能是因为这个梦中的愿望满足扮演了确实次要的特殊角色。让我们看另一个梦例，其中梦的愿望没有脱离睡眠中清醒思想的延续，比如爱玛的打针梦。这里，获得表现的梦念符合条件从句："要是奥托能为爱玛的疾病受到责备，该多好！"梦抑制这个条件从句，并以一般现在时代替："是的，奥托要为爱玛的疾病受到责备。"那么，这个就是没有变形的梦强加给梦念的第一种转化。但我们不要在梦的这第一个特点上拖延时间。我们可以除掉它，来谈意识幻想（白日梦），因为它是以相似方式对待观念内容。当都德笔下的乔耶西先生固失业而在巴黎街头流浪时，他的女儿却相信他有工作，正坐在办公室里。他梦见一些可以帮助他获得推荐和工作的情形，用的是现在时态。那么，这个梦和白日梦一样用的是同样的方式和同样的权利。现在时是表达愿望满足的时态。

梦和白日梦的唯一区别在于它的第二个特性，即观念内容并非思想，而是转化成了视觉意象。我们不但信任这个意象，而且相信自己体验过。然而，让我们补充一点，并不是所有的梦都显示把各种观念转化成视觉意象。有些梦只包含一些思想，但我们不能因此否定它们是具有实质性的梦。我的“有关N教授白日幻想 Autodidasker 的梦”就具有这个特征。它包含的感觉元素几乎还没有我白天想的内容多。此外，每个长梦都包含有一些元素。这些元素没有转化成视觉元素，它们仅仅是想到或知道，就像我们在清醒状态经常想到或知道那样。我们必须在这里细想，这种从观念到视觉意象的转化，不仅出现在梦中，而且出现在幻觉和幻影中。这种幻觉和幻影可以自然地出现在健康人身上，或者出现在心理官能症患者的症状中。简而言之，我们在这里研究的关系绝不是唯一的关系。然而，这个梦的特征只要出现，似乎仍是最值得注意的特征。因此，没有它，我们无法想到梦的生活。而要了解它，则需要非常详尽的讨论。

在有关这个主题文献发现的所有梦理论的观察意见中，我想强调其中一个特别值得一提的说法。著名的G·T·H·费克纳在一篇有关梦特性的讨论中推测说[①]，梦中的活动景象和清醒的心理作用不一样。任何其他假说都无法使我们理解梦生活的这种特殊性。

因此，摆在我们面前的是精神位置的观念。我们将完全忽略精神机构也是我们已知的解剖学标本形式的事实，并将小心避免以任何解剖的意义确定精神位置的诱惑。我们将仍站在心理学的立场，而且只是建议考虑，把作为精神活动的工具想象成复式显微镜、照相机或其他仪器。那么，精神位置就相当于这种仪器中意象初步阶段形成的地方。众所周知，在显微镜和望远镜中也存在这种理想位置或平面。这些理想地方并不位于仪器的有形部分。我认为，不必为这种类似比喻的不完美道歉。这些比喻只是用来帮助我们，通过分解精神性能，将各自性能归于仪器的各自成分，努力理解精神性能的复杂因素。据我所知，还没有人尝试用这种解剖方法去探讨精神工具的意义。我认为这种尝试毫无损害。我想，只要我们保持冷静，不弄错建筑构架，就应该放任自己的假设。因为第一次处理任何未知的主题，我们都需要一些辅助观念的帮助，所以我们更喜欢最粗糙、最切实的假设，而不喜欢所有其他假设。

---

① 《心理生理学》第二部。

因此，我们把精神机构设想成一个复式仪器，将它的那些组成部分称为*动因*，或者为了明白起见，称为*系统*，然后将预见这些系统也许可以保持一种相互持续的空间关系，酷似望远镜里不同的透镜系统连续排列。严格地说，没有必要假定一种精神系统的实际空间排列。如果建立一个明确序列，就会满足我们的用途。因此，在某些精神事件中，亢奋以明确的时间秩序经过这个系统。在其他程序中，这个秩序可能就不一样。这种可能性是存在的。为了简洁起见，我们今后把这种机构的那些组成部分称为“ψ 系统”。

给我们留下深刻印象的第一件事是由 ψ 系统组成的机构具有方向性。我们所有的精神活动都源自（内在或外在的）刺激，止于神经分布。因此，我们赋予这个机构一个感觉端和一个运动端。我们在感觉端发现一个接受知觉的系统，又在运动端发现一个打开运动性闸口的系统。精神过程通常由感觉端流向运动端。因此，精神机构的总图解如下图一所示。但是，这仅仅是顺应我们很久以来就熟悉的那种需求：精神机构必须具有反射结构那样的构造。反射行为仍是每种精神活动的模式。

我们现在有理由在感觉端引入第一次分化。我们谈到的那些知觉在我们的精神机构中留下一条迹线。我们可以把这条迹线称为记忆痕迹。和这个记忆痕迹有关的功能，我们称为记忆。如果我们严格坚持自己的决定，把精神程序和系统相连，

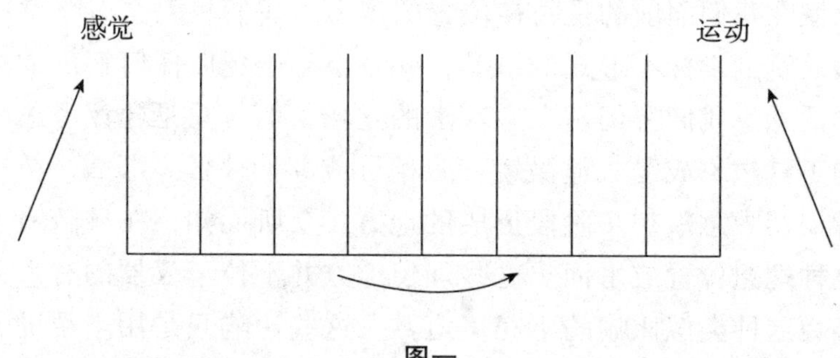

图一

那么，记忆痕迹只能使那些系统的元素产生持久变化。但就像在其他地方已经指出的那样，当同一系统既要如实保持元素中的变化，又要继续保持新鲜度接受新变化，就会出现明显的困难。因此，依照指示我们努力的原则，我们将把这两个功能归属于两个不同系统。我们假定这个机构的最初系统接受感觉刺激，但什么也没有保留——即没有任何记忆。而在它背后有第二个系统，这个系统把第一个系统的短暂亢奋转化为持久的痕迹。下面是我们的精神机构图：

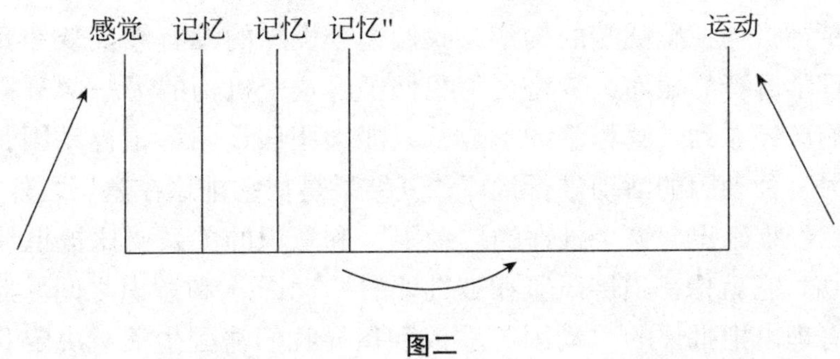

图二

我们知道，在那些遵照感觉系统的感觉中，我们永久保留的既有内容本身，又有其他东西。我们的感觉证明，记忆也是互相联系的。如果记忆最初同时发生，尤其是这样。我们把这称为联想的事实。现在很明显，如果感觉系统完全没有记忆，它肯定就无法保存联想的痕迹。如果前一个连接残余对新的感觉产生影响，各自的感觉元素肯定就会在机能中受到阻碍。因此，我们必须假定记忆系统是联想的基础。那么，联想的事实就在于这一点——因为阻力减弱和途径平坦，所以兴奋从记忆元素传给了第二个，而不是第三个记忆元素。

进一步研究之后，我们发现有必要假设，不是有一个，而是有很多这种记忆系统。从感觉元素传导的同一兴奋就会留下各种永久性痕迹。其中第一种记忆系统无论如何会通过同时发生包含联想的永久性痕迹，而在距离较远的那些记忆系统中，同一兴奋材料会根据合并的其他形式排列，因此相似关系等也许可以由这些后来的系统表现。当然，要尝试把这种系统的精神意义用文字表达会浪费时间。它的特征将根据它和记忆原料元素的亲密关系而定——（如果我们想提示一个更全面的理论的话），根据给这些元素带来的传导阻力的等级而定。

我在这里想插入一个一般性意见，也许会有重要启示。由于感觉系统没有保存变化的能力，因此没有记忆为意识提供感觉性质的各种复杂性。另一方面，我们的记忆本身属于潜意识；印象最深的那些记忆也不例外。尽管它们可以成为意识，但毫无疑问，它们是在潜意识状态开展活动。事实上，我们称为性格的东西是基于我们印象的记忆痕迹，而且正是对我们影响最强烈的那些印象，因为我们早年的那些印象几乎不会变为意识。但是，当记忆又变成意识时，和那些感觉相比，它们显示不出任何感觉性质，或者是显示出非常微小的感觉性质。如果现在可以证实意识记忆和性质在ψ系统中互相排斥，我们就很有希望深入了解神经元兴奋的涌集倾向。①

对于精神机构在感觉端的构成，我们迄今设想的没有涉及梦和我们从中得到的心理学解释。然而，梦将会为我们了解这个机构的另一部分提供证据来源。我们已经看到，解释梦的形成，只能大胆假设两种精神动因，其中一种动因对另一种动因的活动进行批评，其结果是把它排除在意识之外。

我们已经推断出，这个批评的“动因”和意识的关系要比被批评的“动因”更密切。它就像一道屏风竖在被批评的“动因”和意识之间。此外，我们还发现有理由把批评的“动因”看成和指导我们清醒生活、决定我们自主意识活动的“动因”一样。依照我们的设想，如果我们现在用系统来取代这些“动因”，批评系统就会因此移动到运动端。我们现在把这两个系统引入我们的图表，给出名称，表示它们和意识的关系。

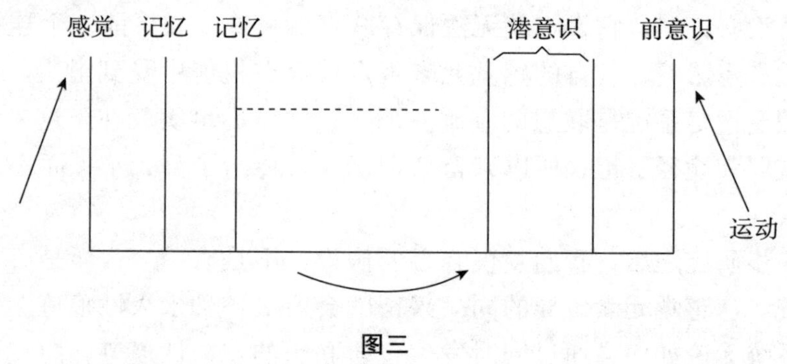

图三

运动端的最后一个系统，我们称为前意识（Pcs），表示这个系统中的兴奋程序能不受阻碍到达意识，如果其他条件能够满足，比如达到一定强度，我们就必须引起注意的那个功能的某种分配等。这个系统同时也是自主运动的关键。位于它后面的系统，我们称为潜意识（Ucs），因为它除了经过前意识，无法到达意识，而且通过前意识时，兴奋程序必须顺应某些变化。②

那么，我们把梦形成的推动力放在哪一个系统呢？为了简单起见，让我们在这个系统中说Ucs。在随后的讨论中，我们确实会发现这并不全对；梦的形成必须和属于前意识系统的梦念发生联系。但是，当我们最终涉及梦的愿望时，我们将会在其他地方发现梦的动机力量是由潜意识提供的。由于这

① 自从开始这方面写作以来，我就认为，意识确实出现在记忆痕迹的位置。［参看 Notiz über den Wünderblock, 1925 年］

② 这个线形图表的进一步详尽细节必须重视这个假设，就是前意识（Pcs）后面的系统代表我们必须把意识（Cs）归于这个系统，因此感觉（P）等于意识（Cs）。

个因素，因此我们将把潜意识系统设想为梦形成的起点。这个梦兴奋像所有其他思想结构一样，现在会力争进入前意识，从此到达意识。

经验告诉我们，这条通过前意识到达意识的途径，白天因审查制度阻挡而对梦念封闭。夜里，它们才获准进入意识。这就出现了问题：是以什么方式，是因为什么变化？如果夜间因看守潜意识和前意识之间边界的阻力减弱，梦念可能进入的话，我们当时做的梦应该是观念性材料，而不应该显示当时让我们感兴趣的幻觉性质。

潜意识和前意识这两个系统之间审查作用的减弱，只能向我们解释“Autodidasker”这样的梦，而不能解释像燃烧的孩子那样的梦，正如我们要记住的那样，我们把这看成是我们目前研究中开始时的一个问题。

引起幻觉的梦中发生的情况，我们只能说，兴奋是顺着倒退方向，不是传向机构的运动端，而是传向感觉端，最终到达感觉系统。如果我们把精神程序从潜意识进入清醒状态称为循序渐进，那我们就可以把梦说成是具有回归的性质。①

因此，这个回归特征确实是梦程序最重要的心理学特征之一。但我们不要忘记，这不仅仅是梦具有的特征。有意回忆和我们正常思维的其他组成过程，也同样需要精神机构中从构思过程的某种复杂行为到支撑记忆痕迹原料的逆向运动。但是，在清醒状态时，这种回归作用不会超出记忆意象；它没有能力使感觉意象产生幻觉重现。为什么在梦中不是这样呢？在说到梦的浓缩作用时，我们无法避免这个假设，就是附着那些观念的强度可以通过梦的工作完全从一个转移到另一个。也许就是这个正常精神程序的修正，使感觉系统的精神投入②以和思维相反的方向达到完全鲜明的感觉。

我希望，在讨论目前的重要性时，我们没有欺骗自己。我们不过是在给一个费解现象命名。如果梦中的观念变化退回到它原先起源的视觉意象，我们把它称为回归。但是，即使这一步，也需要正当理由。如果它不能给我们带来新意，为什么要这样定义呢？所以，我相信回归这个词对我们有用，因为它把我们熟悉的一个事实和赋予说明的精神机构图解连在了一起。在这一点上，我们第一次从我们所作的这个图解上得到了好处。因为在这个图解的

---

① 回归元素的第一个迹象已经在阿伯特·马格纳斯（Albertus Magnus）的著作中见过。他认为，imaginatio 根据它保留的感觉目标构成梦。其程序是清醒状态运行的相反方向。霍布斯（Hobbes）写道（《利维坦》第二章，1651 年）：“总之，我们的梦是我们想象的反面。我们清醒时，运动始于一端，做梦时则始于另一端（哈夫洛克·埃利斯引证，第 112 页）。

② ［来自希腊词 Kathekho（占有），用在这里代替作者的术语 Besetzung，表示注入或精力投入。——译者注］

帮助下，不用进一步思考，就会察觉到梦形成的另一个特征。如果我们把这个梦看成是驾驶精神机构的回归过程，我们马上就能对以经验证明的这个事实作出解释，就是梦念的所有思想关系要么消失在梦的工作中，要么难以表达。根据我们的图解，这些思想关系并不包括在第一个记忆系统中，而是包括在后来的那些系统中。因此，*在回归到感觉意象时，它们肯定会失去表达力。在回归中，梦念结构分解为它的原材料。*

然而，是什么变化使这个白天不可能的回归现象成为可能的呢？让我们在这里满足于一种假说。显然肯定有各个系统精神投入的变化，引起这些系统更容易到达或更难到达兴奋过程。但是，在任何这种机构中，兴奋过程产生同样的结果可能不止一种变化。我们自然想到的是睡觉状态和机构感觉端引起的许多精神投入的变化。白天，有一股连续不断的兴奋从感觉端的 ψ 系统流向运动端；这股兴奋流夜里停止，无法再阻挡反方向兴奋流的流动。根据一些作者的理论，和外界隔绝似乎应该能解释梦的心理特征。然而，在解释梦的回归时，我们必须考虑那些出现在其他病态的清醒状态下的回归现象。在回归的这些其他形式中，刚才所给的解释完全用不上。尽管感觉流循序渐进没有间断，但还是出现了回归现象。

其实，我常常把癔病和妄想狂的那些幻觉，以及精神正常人的那些幻影，解释为相应的回归，也就是思想转化意象，而且常常主张，只有和被压抑或处在潜意识中的记忆密切相关时，这种思想才产生这种转化。比如，我将引用一个最年轻的癔病患者的例子。他是一个 12 岁的男孩，因为受到“红眼绿脸”的惊吓无法入睡。这种现象的来源是一个男孩受到压抑的从前有意识的记忆。4 年前，他经常见到这个男孩。这个男孩主动提供了许多值得警告的坏习惯的例子——包括手淫，他现在正为此而自责。当时，他的母亲注意到这个粗野孩子淡绿色的面孔，红眼睛（即红眼圈）。因此，他的可怕幻影只是确定了他对母亲说的另一次话的回忆，大意是，这种孩子会精神错乱，在学校里学不到任何东西，而且注定会夭折。我这个小患者预言的一部分成了现实。他在学校毫无进步。而且，从他的无意联想看来，他非常惧怕剩下的预言。然而，经过短暂的成功治疗之后，他又能入睡了，忧虑也消失了，并以优异成绩结束了那个学年。

我也许还可以在这里补充对一个幻影的解析，这是一位 40 岁的癔病女患者给我叙述的她正常健康时发生的。一天早上，她睁开眼睛，看到她的弟弟在房间里，尽管她知道他被关在一家精神病院。她的小儿子睡在她的旁边。她怕孩子看到舅舅受惊发生痉挛，就用被单蒙住他的脸。随后，那个幻影就消失不见了。这个幻影是她童年记忆的修订版。尽管这个记忆有意识，但和她脑海中的所有潜意识材料密切相关。她的保姆曾经告诉她说，她早逝的母亲（我的患者当时才 18 个月）患有癫痫或癔病痉挛。这要追溯到她的弟弟（患者的舅舅）头蒙一张床单装神弄鬼出现在她面前引起的惊吓。这个幻影和回想包含有相同的元素，也就是，弟弟的出现、床单、惊吓及其后果。然而，这些元素被安排在一个新背景之中，并被转移到了别人身上。这个幻影的明显动机和它取代的思想是她的焦虑，惟恐她极像舅舅的小儿子会得到后者的下场。

这里引用的两个例子并不完全和睡眠状态无关，也许对我想要它们证明的事来说，以它们为例子并不合适。因此，我要谈一下自己对一位患有幻觉性妄想狂的女患者[①]的分析，以及我对心理官能症心理学研究迄今尚未发表的结果，以便强调，在回归思想转化的这些例子中，我们不容忽视受到抑制的记忆的影响，也不容忽视仍处在潜意识中的记忆的影响，因为这通常具有童年的特性。这种记忆好像把和它有关并被审查制度禁止表现的思想引入了回归作用中——也就是，引入表现的那种形式中，记忆本身从精神方面来说就存在于其中。我可以在这里补充一点，作为我对癔病研究的一个结果，如果我们让童年时期的感觉（无论它们是记忆还是幻想）成功地恢复意识，它们就会作为幻觉出现，只有把它们说出来，这种特征才会消失。我们还知道，即使是对记忆不是视觉的一些人，最早期的童年记忆直到人生晚期也仍然栩栩如生。

如果我们现在牢记童年经验或以此为基础的幻想在梦念中发挥的作用，然后回忆这些经验碎片在显梦中重复出现的次数，甚至梦的愿望如何常常源自它们，那我们就不能否认，在梦中，思想也转变为视觉意象，可能是这些力争复活的视觉记忆，对和意识分离、努力表现的思想产生吸引力的结果。我们继续这种概念，就可以进一步把这个梦说成是转移到最近的材料得以修正的童年情景的代替品。童年情景不能强迫自己复活，所以必须满足于成为一个梦。

这里提到的童年情景（或它们幻想的复制品）在一定程度上成为显梦模式的意义，使施尔纳和他的弟子们关于刺激内源的假说变得多此一举。施尔纳设想，当梦表现特别鲜明或视觉元素特别丰富时，就会出现一种“视觉刺激”状态——视觉器官内部兴奋状态。我们对这个假说不必提出反对意见，

---

① 《癔病和其他精神神经病文选》第 165 页，A·A·布里尔译，神经病和精神病期刊出版公司专题系列。

也许可以满足于假定这样一种兴奋状态仅仅用于视觉器官的精神感觉系统。然而，我们会坚持认为，这种兴奋状态是从前某个实际视觉刺激记忆的复活。我无法从自己的经验中举出一个好例子，来说明童年记忆的这种影响。我想，我自己梦中的感觉元素全然没有别人的多。但在我近几年最美丽、最鲜明的梦中，我可以轻而易举地将幻觉般清晰的显梦追溯到最近印象中的视觉性质。在第六章第八节，我提到一个梦，我在梦中看到的深蓝色的海水、轮船上烟囱冒出的褐色烟尘，以及深褐色和红色的建筑物，都在我的脑海中留下了深刻持久的印象。如果这个梦有来源的话，就必须追溯到视觉刺激，但又是什么让我的视觉器官产生这种刺激状态的呢？这是一个将自身和一系列以前的印象结合的近期印象。我梦见的颜色，首先是做梦前那天，我的孩子们用玩具木块垒起、让我赞美的华丽建筑的颜色。那些大木块上是深红色，小木块上是蓝色和褐色。和这些有联系的还有我上次在意大利旅行时留下的色彩印象：伊桑佐和环礁湖的美丽蓝色，阿尔卑斯山的褐色。梦中见到的漂亮颜色不过是记忆中见到的那些颜色的复制品。

让我们概述一下我们已经了解到这个梦的特征：梦把观念内容转化为视觉意象的力量。我们也许没有利用已知的心理学规律来解释梦工作的这个特征，但我们已经把它挑出来，指向未知的种种关系，并赋予它回归特征这个名称。无论这种回归现象在什么地方出现，我们都把它看成是反对思想以正常途径进入意识的阻力作用，也看成是鲜明记忆对思想产生同步吸引的结果。[①] 白天源源不断从感觉器官流出的进行流的中止，也许有利于梦中的回归作用，因为在其他形式的回归作用中，通过其他回归动因的加强，肯定会对辅助因素有某种补偿。我们也必须牢记，回归作用的病态情形就像在梦中一样，能量转换过程肯定和出现在正常精神生活的回归作用不同，因为它使感觉系统可能产生完全幻觉的精神投入。我们在分析梦的工作时描述的“表现力”，可能和梦念引起的视觉记忆情景的选择性吸引有关。

至于回归作用，我们可以进一步观察，它在心理官能症症状形成的理论中发挥的重要作用，绝不亚于它在梦理论中发挥的重要作用。因此，我们可以区分三种回归作用：（1）局部性回归作用，已经详述过 ψ 系统图解的意义；（2）时间性回归作用，是指回归到较老的精神构成；（3）形式回归作用，此时原始的表达方式和表现方法代替通常的方式。然而，这三种回归方

---

① 我们应该在压抑理论的叙述中说明，思想之所以产生压抑，是因为影响思想的两种因素的相互作用。一方（意识的审查作用）推动思想，另一方（潜意识）拉动思想，活像一个人被搀扶到大金字塔顶。（参看论文《论压抑》）

式基本上是一个，而且在大多数情况下它们相互一致，因为在时间上较老的，在形式上也很原始，而且在精神地形学上更接近感觉端。

如果不说明已经反复强加给我们的印象，我们就无法中止梦中回归这个主题。在我们更深入研究心理官能症后，这个印象会得到加强，重新回到我们这里：也就是，梦大体上是回归到做梦者最早期关系的一种行为，是做梦者童年的复活，是当时占据优势的那些冲动和当时有效表达方式的复活。在个人这个童年的背后，我们可望洞察到系统发育的童年，洞察到人类的进化，个人发展只是对受生命偶然情况影响的一次删节的重复。我们开始猜想弗雷德里希·尼采说得对。他说，梦中“存留着一种原始人性，我们无法再通过一条直路到达。”我们可望从梦的分析中去了解人类的古老遗风，了解人类固有的精神行为。好像梦和心理官能症为我们保存的精神古迹比我们猜想的多，因此在那些尽力想重建人类起源的最早和最暗阶段的科学中，心理分析也许可以得到很高的地位。

很可能，我们会发现对梦心理学评价的第一部分并不特别满意。然而，我们必须以这种思想来安慰自己：毕竟，我们不得不挺进黑暗。如果没有完全迷失方向，我们肯定就会从另一个起点近乎准确地到达同一个地方，那时我们也许能更好地找到自己的方向。

第三节 愿望满足

（上面引述的）燃烧孩子的梦，为我们提供了一个可喜的机会，来察觉面对愿望满足理论遇到的那些困难。如果梦仅仅是愿望满足，那肯定会让我们所有人都感到吃惊，而且不仅仅是因为焦虑梦提供的相反情况。一旦我们最初的分析给我们启迪，表明我们梦的背后隐藏有意义和精神价值，我们几乎就不可能料到这种意义竟有如此单一的性质。根据亚里斯多德正确而简短的定义：梦是思惟在睡眠中的继续。既然白天我们的思想会进行这么多精神行为——判断、推论、否定、期待、意向等，为什么它们夜里被迫把自己仅仅限制为愿望的产生呢？相反，难道不是有许多梦呈现完全不同的精神行为吗？比如忧虑。难道那个父亲异常清晰地做的燃烧孩子的梦不就是这样一个梦吗？这位父亲睡觉时火光照射在他的眼睑上，他由此得出了这样忧虑的结论：一枝蜡烛已经翻倒，可能正在燃烧孩子的遗体；他通过现在时来体现一种明显的情形，将这个结论转化为一个梦。愿望满足在这个梦发挥什么作用呢？我们怎么可能认不出从清醒状态延续而来或新的感觉印象唤起的思想占据的优势呢？

所有这些考虑因素都是合情合理的，并使我们不得不更加密切地研究愿望满足在梦中扮演的角色，以及清醒思想延续入梦的意义。

正是愿望满足使我们把所有的梦都分成了两类。我们已经发现有些梦明显是愿望满足，另一些梦中的愿望满足不易觉察，而且常常通过各种可能的方法去隐藏。在这后一类梦中，我们认识到是审查作用的影响。那些不加掩饰的愿望梦主要在孩子身上可以发现；简短、明显的愿望梦似乎（我故意强调这词）也发生在成人的身上。

我们现在可能要问，梦中实现的愿望在各种情况下源自何处？但是，我们将这个“根源”和什么对比或什么变化联系呢？我想，这正是有意识的日常生活和只有夜里才能感觉得到的潜意识精神活动之间的对比。因此，我对愿望的起源发现了三种可能性。首先，它也许在白天兴奋过，而且因为外部情况仍然无法满足，因此就给夜里留下一个被承认没有满足的愿望；其次，它也许已经在白天出现，只是遭到了拒绝，所以就给夜里留下一个没有满足却受到压抑的愿望；其三，也许和日常生活毫无关系，但可能属于那些来自我们内心受到压抑的材料、只有夜里才觉醒的愿望。如果我们转向精神机构图解，我们就能把第一种愿望定位在前意识系统。我们可以假定第二种愿望从前意识系统被逼回到潜意识系统，只要可能，它就能单独留在那里。至于第三种愿望冲动，我们相信它完全没有能力离开潜意识系统。现在，这些不同起源的愿望对梦具有相同的价值，对激发梦具有相同的力量吗？

如果以回答这个问题为目的纵观我们支配的那些梦，我们马上就会感到要加上梦愿望的第四种起源——夜间出现的实际愿望冲动（比如，口渴刺激和性欲）。那么，在我们看来，梦愿望的起源并不影响它激发梦的能力。我想起了那个孩子因白天中断而做的继续游湖的梦，以及本章引用的其他儿童的梦。我把它们解释为白天没有满足但也没有受到压抑的一种愿望。那些白天受到压抑、梦中显示权威的愿望比比皆是。我要提一个非常简单的这类梦例。有一位颇好嘲笑别人的女士，比她年轻的一位朋友刚刚订婚，一些熟人白天问她是否认识她朋友的未婚夫、她认为他怎么样。她回答的都是赞扬话，对自己的看法只字不提，尽管她想说实话，也就是，他是一个普通人——这种人可以见上一打（Dutzendmensch）。当天夜里，她就梦见有人问她同样的问题。她用客套话回答说：“如果以后订购，提一下查询号就够了。”最后，经过分析无数例子，我们得知，所有梦中发生变形的愿望都源自潜意识，而且白天无法觉察到。因此，初看起来，在梦的形成中，似乎一切愿望都具有同等价值和同等力量。

尽管我在这里无法证明事实并非如此，但我强烈认为梦愿望有比较严格的限定。儿童梦毫无疑问向我们证明，白天没有满足的愿望可能促成一个梦。但是，我们不能忘记，这毕竟是一个孩子的愿望；那是童年特有力量的愿望冲动。我非常怀疑成人白天没有满足的愿望是否足以产生一个梦。我宁愿认为，当我们学会通过理智来控制自己的本能生活时，我们越来越放弃那些对童年来说非常自然、却不利形成或保存的强烈愿望。在这一点上，确实可能有个别变异；有些人会比别人更久地保留这种童年式的精神程序，就像我们在原来鲜明的视觉想象力逐渐衰微中发现这种差异一样。然而，一般来说，我认为，白天没有满足的愿望在成人身上不足以产生梦。我乐意承认，源自意识的愿望冲动有助于促成梦，但可能仅此而已。如果前意识愿望得不到另一个来源的强化，梦就不会出现。

那个来源就是潜意识。我相信，意识的愿望，只有在成功地唤起类似的潜意识愿望，并从中得到强化后，才能有效地激发梦的产生。从心理官能症的心理分析得到的暗示来看，我相信，这些潜意识愿望始终非常活跃。只要它们发现机会，就会和来自意识的愿望结成联盟，并将自己较大的强度转移到后者较弱的强度上。① 因此，好像只有意识愿望在梦中得以实现。但梦的形态中的细微特征，会使我们看出来自潜意识的强大同盟的痕迹。我们这些不断活跃、似乎永生的潜意识愿望，使我想起了传说中的泰坦人。远古以来，胜利诸神推倒大山，把他们埋在了下面。尽管这样，他们仍不时地抽搐有力的四肢，让大地震颤。我们从心理官能症的心理学研究中得知，这些存在压抑的梦都源自童年时期。因此，让我取消先前表达的梦愿望源自何处无关紧要的观点，然后用另一个观点来代替，即梦中呈现的愿望一定是童年时期的一种愿望。它在成人身上源自潜意识，而在儿童身上，因为前意识和潜意识之间至今还没有划分和审查制度，或者只是在形成过程中，所以它是一种来自清醒状态没有满足、未受压抑的愿望。尽管我知道这个观念无法得到普遍证实，但我坚持认为它经常能得到证明，甚至我们不会怀疑，所以它一般不会遭到反驳。

---

① 它们和确实属于潜意识的所有其他精神行为（也即和专属于潜意识系统的精神行为），都具有这种不灭的特征。这些途径已经被永远打开；它们绝不会废止不用。只要潜意识兴奋的精力重新倾注进来，它们就会常常传导释放兴奋过程。比方说，它们就像《奥德赛》的底层世界灭绝的幽灵，只要喝血，就会焕发新生。那些依靠前意识系统的过程在另一种意义上可以毁灭。神经官能症的精神治疗就是以这种区别为基础。

因此，在梦的形成中，来自意识清醒生活的愿望冲动必须降到次要地位。我承认，除了睡眠期间提供和显梦相关的实际感觉材料，它们不能发挥任何作用。如果我现在考虑白天清醒生活留下的、并非愿望的其他那些精神刺激，我将仅仅是在坚持这条思路为我制定的路线。我们可以通过决定去睡觉，成功地暂时停止我们清醒思想的精力投入。能做到这一点的人睡眠都很好，据说拿破仑一世就是这种类型的榜样。但是，我们并非总是成功或完全做到这一点。一些悬而未决的问题、令人烦恼的焦虑、终生难忘的印象，即使在睡眠期间，也在继续我们的思想活动，同时保持我们称为前意识系统的精神过程。这些在睡眠中持续的思想冲动可以分为以下几类：

1. 那些由于某种偶然的原因白天没有完成的思想冲动。

2. 那些因为我们智力欠缺还没有完成的思想冲动——即没有解决的问题。

3. 那些白天受到阻挡和压抑的思想冲动。这一点要通过强有力的第四类加强：

4. 那些在白天通过前意识作用引起我们潜意识中的思想冲动；最后我们也许可以加上第五条，包括——

5. 那些无关紧要、因此没有处理的白天印象。

我们不必低估这些由白天清醒生活残留下来引入睡梦中的精神强度，尤其是那些源自悬而未决问题的精神强度。这些兴奋夜间肯定继续力争表现，而且我们也可以同样肯定地认为，睡眠状态不可能使前意识中的兴奋过程以通常方式继续，并终止成为意识。只要我们能以平常方式意识到自己的精神过程，哪怕是在夜里，就没有完全入睡。我无法说睡眠状态会在前意识系统中产生什么变化，[①] 但毫无疑问，睡眠的心理特征主要是到正好出现在这个系统中的精神投入中去寻找。此外，这个系统支配着睡眠时瘫痪的运动途径。另一方面，除了潜意识系统条件中的继发性变化，我在梦的心理状态中找不到任何东西来保证睡眠产生任何变化的假设。因此，对前意识中的夜间兴奋来说，只有源自潜意识产生的愿望兴奋；前意识的兴奋必须从潜意识中得到强化，而且必须顺潜意识兴奋的迂回路而行。但前意识的白天残余和梦是什么关系呢？毫无疑问，它们大量进入梦中。即使在夜间，它们也想利用显梦

① 我曾经在自己的论文《对梦理论的超心理学补遗》（《论文选》第四卷第 137 页）中，尽力深入了解睡眠状态和幻觉条件的关系。

把自己强加于意识。的确，它们有时甚至支配显梦，并迫使它继续白天的工作。这些白天的残余像一些愿望残余一样，肯定还有其他性质。不过，这很有启发性，而且对愿望满足理论来说，看它们必须符合什么条件才能进入梦中，具有决定性的重大意义。

让我们选一个上文引用过的梦。比如，我的朋友奥托看上去像有甲状腺突出症状那个梦（第五章第四节）。白天奥托的脸色让我有些担心，这种忧虑就像和他有关的其他所有事情一样，让我大受感染。我可能会设想这种担心随我一起入睡。我也许会下决心发现他出了什么毛病。当天夜里，我的担心在我记录的这个梦中得到了表达。它的内容不仅没有意义，而且没有显示任何愿望满足。但是，我开始寻找白天感到焦虑的这种不当表达的来源，而且分析透露了一种联系。我把朋友奥托看成是L男爵，把自己看成是R教授。我对被迫选择这个来代替白天的思想，只有一种解释。我一定总是准备在潜意识中把自己看成是R教授，因为这意味着实现了童年时一个永久愿望——即自大愿望。对朋友排斥的观念，清醒状态时肯定不被接受，就趁机溜进了梦中，而白天的忧虑同样通过一种替代品在显梦中找到了某种表达方式。白天的思想本身不是一种愿望，而是一种忧虑，不得不设法寻找一种和童年某个愿望有关的联系。这个愿望现在受到压抑，处于潜意识之中。因此，这使它经过适当乔装打扮，进入意识。这种忧虑越占优势，它所能建立的联系就越勉强。在忧虑内容和愿望内容之间，不需要有任何联系。我们这个例子中也没有一种联系。

梦念提供给梦和愿望满足刚好相反的材料（如正当忧虑、痛苦反省和苦恼认识），在处理这个问题时，问明梦如何表现，也许是恰当的。许多可能的结果可作如下分类：（1）梦的工作以相反的观念成功地取代所有的痛苦观念，压制属于它们的痛苦，因此就产生了一个地道的满足梦、一种明显的愿望满足。对这一点，再没有什么可说的了。（2）这些痛苦观念进入显梦，或多或少得到了修正，但还是可以辨认出来。就是这类梦使人对梦愿望理论产生了怀疑，因此要求进一步研究。这种带有痛苦内容的梦，要么可能感到无关紧要，要么可能表达包含在其中的那些观念证实的整个痛苦感情，要么甚至可能发展到焦虑而醒来。

因此，分析表明，即使这些痛苦的梦也是愿望满足。尽管一个受压抑的潜意识愿望满足让做梦者的自我只能感到痛苦，但还是利用白天痛苦残留下来的持续精神投入提供的机会，支援它们，使它们得以入梦。但是，在（1）情形中，潜意识愿望和意识愿望相互一致。在（2）情形中，意识和潜意识

——受到压抑的材料和自我——之间的不和却暴露了出来。这就像童话故事中仙女提供给那对夫妇三个愿望实现的情境一样（参看第七章）。这种压抑愿望实现后带来的极大满足，也许会中和依附于白天残留的那些痛苦感情。因此，梦的情调是漠不关心，尽管它一方面是愿望满足，另一方面是恐惧的满足。或许睡眠者的自我在梦形成中发挥了更广泛的作用，对压抑愿望完成的满足产生强烈不满，甚至会通过焦虑感终止梦。因此，根据我们的理论，不难认出，痛苦梦和焦虑梦就像愿望满足一样，是直截了当的满足梦。

痛苦梦可能也是“惩罚梦”。必须承认，对这些梦的认识，在某种意义上会给梦的理论增加新意。这些梦得以满足的又是一种潜意识愿望——做梦者因一种被压抑、被禁止的愿望冲动而应受惩罚的愿望。因此，这些梦符合这里规定的要求：梦形成背后的动机力量必须由属于潜意识的某个愿望提供。但是，出色的心理剖析使我们认识到这个梦和其他愿望梦之间的区别。在（2）类梦中，形成梦的潜意识愿望属于受压抑的材料。在惩罚梦中，它同样是一种潜意识愿望，但我们一定不能把它归为受压抑的材料，而是归为“自我”。

因此，惩罚梦表明了自我在梦的形成中参与更为广泛的可能性。如果我们以“自我”和“受压抑”的对比来代替“意识”和“潜意识”的对比，梦形成的机制当然会在各个方面更一目了然。然而，如果不考虑精神神经病的发病情况，就无法做到这一点，因此本书做不到。我在这里只需要说，惩罚梦的发生并不总是受白天痛苦残留存在的控制。其实，它们最容易在相反情况下发生，白天残留的思想具有令人满足的性质，但表达的是违法满足。所以，在这些思想中，除了相反情况，什么也进入不了显梦，就像（1）类梦中的情况一样。因此，这就是惩罚梦的基本特征：在梦中，梦形成的愿望不是源自受压抑材料的潜意识愿望（源自潜意识系统），而是与之作对的惩罚性愿望，这是一个属于自我的愿望，即便它是潜意识（即前意识）。[①]

我要通过自己的梦来阐明前面说过的意见，首先我要设法说明梦的工作如何处理白天残留的痛苦期待：

模糊的开始。我对妻子说，我要告诉她一个消息，这是一件非常特殊的事儿。她变得非常害怕，而且不想听到这件事。我向她保证说，这是一件让她大喜的事儿。于是，我就开始向她讲述我们儿子的军官团寄来了一笔钱（5000克朗）……有关荣誉嘉奖的事儿……分配……同时，我和她走进一个

① 在这里，我们可以考虑超我的观念，这个观念以后通过心理分析会得到验证。

像储藏室一样的起居室，去取一些东西。突然，我看到儿子出现。他没有穿制服，而是穿着紧身运动服（像一只海豹?)，戴着一顶小帽子。他爬上橱柜一边的篮子，想把什么东西放在橱柜上。我对他说话，他没有回答。在我看来，他的脸或前额缠着绷带。他往嘴里放东西，并推了进去。他的头发也露出了灰色的闪光。我想：他能这么疲惫吗？他也有了假牙吗？我还未能来得及再对他说话，就醒了，没有忧虑，但心突突跳。我的钟表指向凌晨2点30分。

因为又一次不可能给予详尽分析，所以我只限于强调一些要点。白天的痛苦期待引起了这个梦；我们又一个多星期没有接到在前线打仗的儿子的消息了。不难看出，显梦表达的是深信他不是阵亡，就是受伤。梦开始时，我们可以观察到，梦积极努力，以相反的东西来代替那些痛苦思想。我不得不说一些非常愉快的事情：寄钱、荣誉嘉奖和分配。（这笔钱源自我行医时的一个令人满意的事件，因此它是在设法让这个梦完全脱离它的主题。）但是，这次努力失败了。男孩的母亲预感到了可怕的事情，就不想听。那些伪装过于薄弱，所以受压抑的材料到处可见。如果我的儿子阵亡，他的战友们就会将他的遗物送回；我将不得不把他留下的东西分给他的兄弟姐妹和其他人。荣誉嘉奖通常颁发给“英勇阵亡”的军官。因此，这个梦力争直接表达起先想否认的事实，同时愿望满足的倾向也通过变形呈现出来。（梦中地点的变化无疑可以理解为西尔伯勒认为的门槛象征作用）。我们确实不知道是什么给了它动机力量。但是，我的儿子（在战场上）不是以“倒下来”，而是以“爬起来”出现。事实上，他是一个大胆的爬山运动员。他没有穿制服，而是穿运动服；也就是，现在担心的致命地方，是他有一次滑雪发生意外摔倒在地、大腿骨折的地方。但他穿着的样子使他看上去像一只海豹。这让我马上想起了一个年轻人——我们滑稽可笑的小外孙；他的灰头发使我想起了小外孙的父亲——我们的女婿，因为他在战争中日子难过。这意味着什么呢？不过，还是让我们忘记这一点：地点、餐具室、他想拿东西（梦中，是在上面放东西）的橱柜，都明确无误地暗示，我自己两三岁发生的一个意外事件。我爬上餐具室的脚凳，想拿橱柜或桌子上的一些好东西。脚凳翻倒，凳沿磕在了我的下颌后部。我很可能磕掉了所有的牙齿。这时，出现一个警告：你活该——就像是针对勇敢士兵的一种敌意冲动。更深层的分析使我发觉，隐藏的冲动将能在儿子的可怕不幸中找到满足。老年人相信他在实际生活中已经完全遏制了对年轻人的这种嫉妒。毫无疑问，正是这种痛苦担心的强度，为这种压抑愿望满足寻求缓和，以免这种不幸真的发生。

我现在能够清晰地详细说明潜意识愿望对梦意味着什么。我会承认，有整整一类梦刺激主要或甚至完全源自白天的残留。我们再回到有关我的朋友奥托的梦。我相信，如果白天对朋友健康的担忧没有持续下去的话，即使我渴望最后成为临时教授，我也会安然入睡。但是，只有这种忧虑不会产生梦。梦需要的动机力量必须由愿望提供。找到这样一个愿望，作为梦的动机力量，就是我关心的事儿。打个比方说，很可能白天的思想在梦中扮演企业家的角色。但是，像我们所说的那样，企业家有想法、非要赚钱不可，但没有资本，则无能为力。他需要一位资本家愿意支付费用。这个为梦付出精神消费的资本家无可争辩总是源自潜意识的一种愿望，无论清醒思想是什么性质。

在其他情况中，资本家本身就是企业家。其实，这好像是比较常见的情况。一个潜意识愿望受到白天活动的刺激，就产生了梦。而梦的过程为在这里用作例证的经济关系的所有其他可能性提供了相似之处。因此，企业家本身也许会贡献一点资本，要么几个企业家也许会寻求一个资本家援助，要么几个资本家可能联手提供企业家所需的资金。所以，既有受到不止一个梦愿望支持的梦，还有许多类似的变化，这也许不难想象，而且对我们也没有进一步的兴趣。我们对梦愿望的讨论仍然欠缺，只能等以后完成了。

这里采用的那些类比中的第三种比较元素，就是梦中能自由处理按份额分配数量的定额元素，可能仍然需要更密切地运用对梦的结构的解释。如第六章第二节所示，我们能在大多数梦中找到提供特殊感觉强度的中心点。这个中心点通常就是愿望满足的直接表现，因为如果我们颠倒梦工作的移置作用，就会发现，梦念中那些元素的精神强度会被显梦中那些元素的感觉强度替换。愿望满足邻近地区的那些元素通常和它的意义毫无关系，只不过是和愿望相反的痛苦思想的衍生物。但是，由于它们和通常人工建立的中心元素有关，因此得到了极大的强度，才能出现在梦中。这样，愿望满足的表现能量自行扩散在相关的一定范围，所有元素（甚至包括那些本身没有资源的元素）都被激起，得以表现。在一些包含若干动力愿望的梦中，我们可以轻而易举地隔离和界定个别愿望满足的范围，然后我们就会发现，梦中的那些间隙通常具有边界地带的性质。

尽管上述讨论已经限定了白天残留对梦的重要意义，但它们仍然值得进一步注意。它们在梦的形成中一定是必要的成分，因为经验揭示了这个令人惊讶的事实，就是每个梦在内容上都和最近的清醒印象（通常是那种最无关紧要的印象）有关。迄今为止，我们还搞不清楚这种附加内容对梦的构成有什么必要性（第五章第一节）。这种必要性只有在我们牢记潜意识愿望扮演的角色，并在心理官能症患者的心理状态中寻找进一步的材料后，才能明白。于是，我们得知潜意识观念同样不可能进入前意识，因此它只能通过和已经属于前意识的无害观念建立联系，把自身强度转移给前意识，并通过前意识，使自己得以屏隔。这就是转移的实情。它可以解释心理官能症患者精神生活中许多令人惊讶的事件。这种转移可能从没有改变的前意识离开那个观念，尽管后者会因此获得一种不当强度，要么可能把源自转移观念内容的某种修改强加于这一点。我希望读者会原谅我对日常生活进行比较，但我还是禁不住要说，这种受压抑观念的情境就像在奥地利的美国牙医的情境一样。如果他不能得到一位正式任职的医生给他作招牌进行法律“保护”，他就不可能行医。此外，和这种牙医结成这种联盟的正好不是那些最忙的医生，所以在精神生活中，为受压抑的观念选中进行保护的，也不是在前意识中已经吸引足够注意、处于活跃状态的前意识观念或意识观念。潜意识更喜欢和前意识的那些印象与观念连在一起，它们要么微不足道，还没有受到重视，要么（受到排斥）干脆不被注意。这是联想理论的一条著名见解，得到了所有经验的进一步证实；那就是，如果一些观念在某个方向已经建立了一种非常密切的联系，就会对所有类型的新联系采取否定态度。我甚至曾经一度以这个原则为基础建立一种癔病性麻痹理论。

如果我们假定通过对神经官能症的分析，发现对那些受压抑观念同样需要转移，并在梦中感受到，我们马上就能解释梦的两个难题：即每个梦的分析都揭示了最近印象的交织关系，而且这种最近的元素常常具有最无关紧要的特征。我们也许可以补充我们已经在其他地方得知的东西。这些无关紧要的最近元素代替最古老的梦念元素进入显梦，因为它们根本不怕抵抗的审查作用。尽管这种摆脱审查作用的现象只能解释为优先选择出现的这些微不足道的元素，但最近的元素不断出现，指出转移作用存在的必要性。这两组印象都满足了被压抑观念对仍未受联想影响的材料的要求。那些联想无关紧要，没有提供广泛联想的机会。这些元素都是最近的，因为它们没有足够时间形成这种联想。

因此，我们看到我们现在可以在其中包含这些无关紧要印象的白天残留，不但在梦的形成中从潜意识借来某些东西（即自由支配被压抑愿望的动机力量），而且提供给潜意识不可缺少的东西——即转移作用必需的附件。如果我们想更加深入地探讨精神过程，我们就应该必须更加清晰地了解前意识和潜意识之间兴奋的运动，其实对心理官能症的研究就可以推动我们这样做。但是，梦在这方面恰好对我们毫无帮助。

对白天的残留，我还要再说一点。毫无疑问，真正打扰我们睡眠的正是这些白天的残留，而不是我们的梦；相反，这些梦努力去保卫我们的睡眠。不过，我们要等以后再讨论这一点。

迄今为止，我们已经讨论了梦的愿望，追溯到了潜意识的范围，分析了它和白天残留的关系。这些残留要么可能是愿望，要么可能是其他种类的精神冲动，要么仅仅是最近的印象。因此，我们解释了各种各样清醒精神活动在梦形成中所能发挥的重要作用。甚至还可能以我们的一连串思想为基础，来解释那些极端的例子。在这些例子中，梦会继续白天的活动，给清醒生活中尚未解决的问题带来满意的结果。我们只是缺乏一个适当例子来分析，以便揭开童年或受压抑愿望的来源。这些愿望的选择已经得到了前意识活动努力的成功强化。但是，我们都没有进一步回答这个问题：为什么潜意识在睡眠中只能为愿望满足提供动机力量？这个问题的答案必须阐明愿望状态的精神性质：这个问题在精神机构观念的帮助下一定会给予解答。

我们不怀疑这个精神机构也经过长时间的演化过程，才达到目前的完美地步。让我们努力恢复它较早阶段存在的能力。从一些以其他方式证实的假说来看，我们知道，精神机构起先尽可能使自己避免刺激，因此它的早期结构采用反射机构排列。这使它马上通过运动途径释放从外面到达的任何感觉刺激。但是，这种简单的功能受到了生命迫切需要的干扰。这种精神机构正是因为推动力才进一步发展。生命的迫切需要首先面对的是表现为重大身体需要的形式。内在需求引起的兴奋在运动中寻找出路，我们可以把它描述为“内部变化”或“情感表达”。一个饥饿的孩子会无助地哭喊挣扎。但是，情况仍未改变，因为源自内部需要的兴奋并不具有瞬间冲击的特征，而是具有连续的压力。只有以某种方式（对孩子来说需要外来帮助）获得满足的体验，才能发生，因为这种体验会终止内部的刺激。这种体验的基本要素是某种知觉（在我们的例子中是指食物）的出现，这种知觉的记忆意象自此以后和源自需要的兴奋记忆痕迹产生联系。由于这种确立的联系，这种需要下次出现时，就会产生一种精神冲动。这种精神冲动试图复活从前知觉的记忆意象，并再次唤起从前知觉本身，也就是，它确实试图重新建立第一次满足的情境。这样一种冲动，我们称为愿望。感觉重现构成了愿望满足。通过需要突然产生的刺激，对知觉进行充分的精神投入，是愿望满足的最短途径。我们也许可以假定一种精神机构的原始状态，其中的确经历了这条途径，即愿望最终以幻觉而结束。因此，这第一种精神活动的目标是对知觉的认同，重现和需要的满足联系的那种知觉。

实际的痛苦经验一定使这种原始精神活动变成更适当的继发性活动。这种通过机构内在回归作用捷径建立的知觉认同，不会因为来自外部的同样知觉进行精神投入而产生另一方面的相同结果。满足没有出现，需要就会继续。为了使内在精神投入等同于外在精神投入，前者将不得不持续不变，就像实际发生在幻觉精神病和饥饿幻想中的情况一样，它们在维持拥有渴望的对象上耗尽了自己的能力。为了更适当地应用这种精神能量，它有必要延缓完全的回归，以免进程超出记忆意象，从而能寻求其他途径，最终从外在世界的一侧引导渴望认同的产生。[①] 这种抑制作用，以及随后产生的兴奋转向，变成了控制随意运动的第二类系统任务，即第一次为了事先回忆的目的而利用运动的一个系统。但是，所有这复杂的精神活动（从记忆意象到外在世界产生的知觉认同），不过是有必要通过经验达到愿望满足的一条迂回路。[②] 其实，思想不过是幻觉愿望的一种替代品。如果梦被称为愿望满足，这就会成为一种不证自明的东西，因为只有愿望才能推动我们的精神机构活动。

顺着回归捷径满足愿望梦，不过是因此为我们保存精神机构运行主要方式的一个样本，因为它不合适，已被舍弃。当我们的精神生活仍然年轻、不能胜任时，曾经一度在清醒状态占上风的东西，似乎被驱逐到了我们的夜间生活中，就像我们仍可以在托儿所里发现那些被大人抛弃的原始武器弓和箭一样。做梦是已被取代的儿童精神生活的一个片段。通常在清醒状态受到压抑的精神机构的那些运作方式，会重新出现在精神病中，从而表明它们没有能力满足我们在外在世界中的需要。[③]

显然，潜意识的愿望冲动甚至努力在白天发生作用，而转移作用的事实和精神病一样告诉我们，它们尽力通过前意识系统进入意识、控制运动。因此，在梦迫使我们假定的潜意识和前意识之间的审查作用中，我们必须认可和尊敬我们精神健康的守护者。但是，难道不是这个守护者夜里粗心大意放松警惕，允许潜意识受压抑的冲动得以表现，从而使幻觉回归过程再次成为可能吗？我想不是，因为当这个关键的守护者去休息时——我们证实他的睡眠并不很深——他也会小心翼翼地关闭运动大门。无论来自通常受抑制的潜意识冲动可能在台上多么忙碌，都无需干涉它们。它们之所以无害，是因为

① 换句话说：人们认为有必要推广“现实检验”。

② 勒洛林（Le Lorrain）公正地极力称赞梦的愿望满足：“既不会带来严重的疲惫，也不会被迫求助于那种漫长顽强的挣扎，耗尽一些追求的快乐。”

③ 我已经在其他地方进一步详细阐述了这一连串思想，区分了快乐原则和现实原则这两个原则。《关于精神机能中两个原则的系统陈述》（《论文选》第四卷第13页）。

它们无法启动只能发挥作用于外在世界产生变化的运动机构。睡眠会保证必须严加防守的要塞的安全。如果能量移植不是由于严厉的审查作用夜间能量减弱，而是由于后者的病态减弱或潜意识兴奋的病态加强产生，同时前意识得到精神投入、运动大门敞开，情况就不是那么无害了。于是，守护者被压倒，潜意识兴奋压制前意识，从前意识中支配我们的言语和行动，或者加强幻觉回归作用，从而通过知觉吸引造成的精神能量分布，指导一种并不为它们设计的精神机构。我们把这种状态称为精神病。

我们发现自己现在处在继续构建心理骨架的最有利位置。我们插入潜意识和前意识这两个系统后就离开了。然而，我们仍然有理由进一步考虑梦中作为唯一精神动机力量的愿望。我们已经接受了这种解释，那就是，梦之所以在每种情况下都是一种愿望满足，是因为它是潜意识系统的一种功能，除了愿望满足，它没有其他目标，而且除了愿望冲动，没有其他支配力量。现在，如果我们想继续再坚持一会儿，维护我们的权利，从解梦的那些事实逐步展开这种意义深远的心理推测，我们就肯定有责任证明，这种推测会把梦插入也能包括其他精神结构的关系中。如果存在潜意识系统（或者为了我们讨论存在足以类似的东西），梦就不可能只是唯一的表现。尽管每个梦都可能是一种愿望满足，但除了梦，肯定还有其他变态的愿望满足形式。事实上，所有心理官能症症状的理论都归结为一种主张：*它们也必须被看成是潜意识的愿望满足*。[①] 对精神病医生来说，我们的解释仅仅是让梦成为一系列最重要成员中的第一个，对梦的理解意味着对精神病学问题的纯心理学方面的解释。[②] 但是，在这组愿望满足的其他成员（比如癔病症状）中，我知道有一个基本特征，我到现在都没有在梦中发现。因此，我从这本论著经常提到的研究中知道，癔病症状的形成需要我们精神生活中的两道潮流会合。这种症状不只是一种实现的潜意识愿望的表达；前意识中也一定表现出这同一症状满足的另一种愿望，因此这个症状至少有双重决定因素，分别源自相互冲突的系统。就像在梦中一样，对进一步的多重性决定没有限制。据我所知，不是源自潜意识的决定因素，总是反对潜意识愿望的感应思想系列，比如自我惩罚。所以，我可以说，通常情况下，一种癔病症状只发生在两个相反的愿

---

① 更准确地表达就是：一部分症状符合潜意识愿望满足，另一部分则符合与之相对的后效应构成。

② 休林斯·杰克逊（Hughlings Jackson）本人曾经表达如下："找到有关梦的一切，你就会找到有关精神错乱的一切。"

望满足在不同的精神系统中具有各自的来源时，才能在一种单一的表达中会合。[①] 例子在这里对我们的帮助不会很大，因为只有对涉及的复杂情况进行全面揭示，才能令人信服。我之所以会满足于这个简单明了的主张，并引述一个例子，不是因为它会证明什么，而是为了简单明了。一位女患者的癔病性呕吐一方面是满足她从青春期开始就有的潜意识幻想——即她可能会不断怀孕、生产一大群孩子的愿望。后来又补充了她可能会有很多孩子父亲的愿望。针对这个极端愿望，又产生了一个有力的防御性反应。但是，因为呕吐，患者可能会失去美好的身材和容貌，不再会受到男人的青睐。这种症状也和惩罚性思想倾向一致，这样两方面都能承认，所以它就能变成现实。这和帕提亚皇后对罗马三执政官之一克拉苏斯乐意采用的愿望满足方法一样。她相信他出征是出于对黄金的贪婪，就下令把熔化的黄金倒进他的尸体的喉咙。"这下你得到自己渴望得到的东西了吧!"

我们现在知道梦仅仅是表达潜意识愿望满足，显然占优势的前意识系统在强迫愿望发生某些变形后，才允许这种满足。此外，我们事实上常常不能找到一个和梦愿望相反的一连串思想，因为这个愿望和它的对抗者一样在梦中才能实现。我们只有偶尔在梦的分析中才会发现一些反应物的迹象，比如在我叔叔的梦中，我对朋友 R 的感情（参看第四章）。但是，这里失去的部分可以从前意识的另一个地方找到。一旦占优势的系统退入睡眠愿望，并通过在其权力范围内的精神机构中产生精神投入变化实现这个愿望，梦就能通过各种变形，表达来自潜意识愿望。因此，在整个睡眠期间，一直坚持这个愿望。[②]

现在，这个属于前意识方面对睡眠的持久稳固愿望，通常对梦的形成有一种推动作用。让我们回想一下那位父亲的梦。他通过死人房间传来的微光推断，他的孩子的遗体可能着火。我们已经说明，导致这位父亲在梦中得出这个结论的决定性精神力量，不是被微光惊醒，而是瞬间延长他在梦中见到孩子生命的愿望。其他源自压抑部分的愿望也许已经逃离了我们的注意，因为我们无法分析这个梦。但是，作为这个梦中动机力量的第二个来源，我们可以加上那位父亲睡眠的欲望，因为像这个孩子的生命一样，父亲的睡眠因这个梦而延长了片刻。这个潜在的动机是："让梦继续，否则我必须醒来。"

---

① 参看我最近在《癔病幻想和它们与两性体的关系》一文中关于癔病症状起源的表述，《论文选》第二卷第 51 页。这构成了癔病和精神神经病论文选英文版的第五章。

② 这个观念借自利厄宝（Liebault）的睡眠理论，是他复活了现代催眠研究（Du Sommeil provoqué 等，巴黎，1889 年）。

所有其他梦像这个梦一样，睡眠愿望支持了潜意识的愿望。在第三章中，我们引用了明显是方便梦的梦例。但事实上，所有的梦都可以要求这个名称。这种继续睡眠的愿望功效最容易在那些惊醒梦中认出来。它们非常详细地阐述外部感官刺激，所以它和睡眠的继续进行相互一致。它们把刺激编进梦里，以便剥夺它提醒外部世界的一切可能的权利。而继续睡眠的愿望一定也在所有其他梦中发挥作用，尽管它只能从内部打扰睡眠的状态。当梦变得太糟时，前意识在很多情况下都会暗示意识说："不要担心，继续睡吧，这只是一个梦。"这是以相当普通的方式来描述我们占优势的精神活动对做梦的态度，即使这种思想还没有说出来。我必须得出这样的结论：在我们的整个睡眠过程中，我们确信自己在做梦，就像我们确信自己在睡觉一样。我们有必要漠视这个反对意见：我们的意识从来不知道自己在睡觉，而且只有在特殊情况下，当审查制度好像受到突然袭击时，我们才知道自己在做梦。相反，有些人夜里非常清楚地知道自己正在睡觉和做梦，因此他们显然具有用意识指导梦生活的能力。比如，这种做梦者不满意梦发生的改变，不用醒来，就会中断梦，然后重新开始，以便让梦沿着不同路线继续进行，就像一位流行作家应观众要求给他的剧作一个比较愉快的结尾一样。或者在另一种情况下，当梦把他置于一种性兴奋状态时，他会在梦中想："我不想继续做这个梦，以免遗精使自己筋疲力尽；我宁愿留作一次真实情境。"

（瓦西德引用的）赫维侯爵宣称，他已经获得了能随心所欲加速梦的进程、改变梦的方向的能力。似乎在他身上，睡眠愿望将一个地方让给了另一个地方——前意识愿望，观察自己的梦并从中获得快乐的愿望。睡眠和这种愿望相互一致，因为某种附带条件可以解析为醒来的情形（奶妈的睡眠）。我们也知道，对所有人来说，如果对梦感兴趣，就会大大增加醒后所能记得的梦的数量。

关于梦指导的其他观察意见，费伦齐说："梦接受碰巧瞬间占据我们精神生活的思想，并从各个方面详细阐述。如果一个特定梦象对愿望满足有危险，就会把它删除，并尝试一种新的解答，直到它最后成功地产生一种愿望满足，妥协地满足精神生活的两个动因。"

第四节　梦中惊醒—梦的功能—焦虑梦

既然我们知道整个晚上前意识都朝向睡眠愿望，我们就能适当理解梦的过程。但是，让我们首先概述一下我们已经了解的这个过程的情况。我们已经看到，白天的残留是从心灵的清醒活动中遗留下来的，不可能从中撤回所有的精神投入。要么是其中一个潜意识愿望通过白天的清醒活动被激发起来，要么是两种情况碰巧相遇；我们已经讨论过各种各样的可能性。潜意识愿望和白天残留联系起来，并对白天的残留产生转移作用，这要么已经出现在白天，要么只是在睡眠状态建立。一种愿望转移到最近的材料上，或者是最近压抑的愿望通过潜意识的强化得以复活。这个愿望现在沿着思想程序的正常途径，通过前意识（它确实通过其中一个组成元素属于前意识）尽力到达意识。然而，它还是面临仍然存在的审查制度，而且马上就会受到它的影响。它现在采取了变形，因为它已经为转移到最近材料上铺平了道路。迄今为止，它走在了成为强迫性观念、妄想或类似东西的路上，即正在变成转移作用强化、并因审查作用在表达上出现变形的一种思想。但是，它的进一步发展现在受到了前意识睡眠状态的阻挠。这个系统可能通过减少兴奋来保卫自己，以免受到侵害。因此，梦的程序就走上了回归路线。这种路线因为睡眠状态的特殊性正好打开。它之所以沿着回归路线前进，是因为受到了记忆群吸引力的影响。记忆群只是一部分以视觉精神投入形式存在，没有转化为继发系统中的那些符号。在回归路上，梦程序获得了表现力。后文还要讨论压缩问题。此时，梦程序已经完成了它迂回路线的第二部分。第一部分从潜意识的情景或幻想前进到前意识，第二部分则从审查制度的边界努力回到感觉系统。但是，当梦程序变成知觉内容时，可以说已经躲开了审查制度和睡眠状态在前意识中设置的障碍。它成功地将注意力转向自己，并受到了意识的注意。因为意识对我们来说意味着是了解精神性质的感觉器官，在清醒生活中可以从两个来源得到兴奋：一是来自整个机构周边——知觉系统的兴奋；二是来自快乐和痛苦产生的兴奋——这种兴奋是精神机构内能量转换产生的唯一精神性质。Ψ 系统中的所有其他程序，甚至前意识中的那些程序，都完全没有任何精神性质，不是意识的对象，因为它们既不为知觉提供快乐，也不提供痛苦。我们不得不假定，这种快乐和痛苦释放自动调节精神投入的进程。但是，为了使调节工作更细致进行，它随后有必要使观念流动更不受痛苦动机的影响。要实现这一点，前意识系统本身需要具有一些能吸引意识的性质，而且很可能是通过前意识程序和具有自身性质的言语符号记忆系统接收。通过这个系统的那些性质，本来只是感觉器官的意识现在也变成了我们思想程序感觉器官的一部分。目前好像有两种感觉面：一种是指向知觉，另一种则指向前意识的思想程序。

我必须假定，睡眠使指向前意识的意识感觉面远没有指向知觉系统的感觉面容易兴奋。这种放弃夜间思想程序的兴趣肯定是一个适当程序。思想不再发生什么；前意识想要睡眠。而一旦梦变成知觉，它就能通过现在获得的那些性质刺激意识。这种感觉兴奋其实是在行使它的功能，指引前意识内一部分可以利用的精神投入能量去注意形成兴奋的原因。因此，我们必须承认，每个梦总有一种唤醒作用，使前意识中静止的一部分能量产生活动。在这种能量的影响下，梦现在经历了我们称为润饰作用的过程。这种作用以连贯性和理解性为目的。这意味着这种能量对待梦就像其他任何知觉内容一样。只要材料允许，它至少会受到同样预期观念的影响。只要梦程序的第三部分具有任何方向性，这就会又一次具有前进性。

为了避免误解，对梦程序的时间特征说几句话不会有错。显然，在毛利令人困惑的断头台梦暗示的一个非常有趣的讨论中，戈布洛特想设法证明，梦不过是占据睡眠和清醒之间的过渡时期。醒来的过程需要时间，梦就是在这期间发生的。我们猜想，梦的最后景象非常鲜明，迫使做梦者醒来。事实上，它之所以非常鲜明，只是因为它出现时，做梦者已经快要醒来了。“梦是刚刚开始的觉醒。”

杜加斯曾经指出，为了普及自己的理论，戈布洛特不得不忽略了大量事实。也有一些是我们没有清醒时发生的梦，比如，有许多梦是我们梦见自己做梦。根据我们对梦工作的了解，我们绝不能承认，它仅仅延续醒来的那段时间。相反，我们必须考虑梦工作的第一部分可能在白天就已经开始了，当时我们仍然处在前意识的控制下。梦工作的第二阶段——审查制度进行的改变，潜意识情景产生的吸引和知觉的渗透——可能延续整个夜晚。因此，当我们感觉整晚都一直在做梦，但说不清自己梦见的是什么时，我们也许总是对的。然而，我认为，在变成意识之前，梦程序不一定是沿着我们描述的时间顺序；首先是转移的梦愿望，然后是因为审查制度而发生的变形过程，再就是改变为回归的方向，等等。为了描述，我们不得不建立这样的顺序。然而，事实上，这可能是同时探索这种和那种途径的问题，也是兴奋来回变动的问题，直到最后，因为它已经达到了最适当的集合，所以特殊的某一分组仍留存下来。某些个人经验甚至使我相信，梦的工作需要超过一天一夜的时间才能产生结果。如果是这样，梦的构造表现得如此巧妙，我们就不会对它的性质莫名其妙了。我认为，甚至把梦的理解性看作知觉事件，也许在梦吸引意识的注意之前就施加了影响。然而，从这一点开始，梦的程序就开始加速，因为从此以后梦受到了和任何其他知觉一样的对待。这就像烟火，需要几个小时准备，然后突然马上放出火焰。

通过梦的工作，梦的程序现在要么已经获得足够的强度吸引意识，唤醒前意识（完全不受睡眠的时间和深度控制），要么是它的强度不够，所以它必须等待准备，直到醒来前，注意力才马上变得更加活跃，与之半路相会。大多数梦都和比较低的精神强度一起活动，因为它们要等待醒来的过程。因此，这可以解释这个事实，如果我们突然从沉睡中醒来，我们通常都感知到梦见的东西。在这里，像在自动醒来中一样，我们第一眼注意到的是梦工作创造的知觉内容，然后才注意到外部世界提供的知觉内容。

但是，那些梦具有较大的理论兴趣，能在我们睡眠中把我们弄醒。我们也许会牢记在所有其他情况下能够证明的意义，并会问自己，为什么梦（潜意识的愿望）会获得力量打扰我们的睡眠——即前意识愿望满足。这种解释也许可以在我们仍不明白的某些能量关系中发现。如果这样做，我们也许就会发现；如果夜里像白天一样严加控制潜意识，给梦自由并予以某种公允的注意，相对来说则是一种能量的节省。经验表明，即使一夜打断我们几次睡眠，做梦也仍然和睡眠互相一致。我们醒来一会儿，然后又马上倒头睡去。这就像我们在睡眠中赶走一只苍蝇一样，我们特别觉醒。当再次入睡时，我们就排除了干扰原因。奶妈睡眠等的熟悉的例子表明，睡眠愿望满足和在一个特定方向上维持某种程度的注意力是完全一致的。但是，我们必须在这里注意到一个基于对潜意识过程更多了解而产生的反对意见。我们曾经把潜意识愿望说成是永远活跃，同时又声称它们在白天没有足够力量使人察觉。但是，当睡眠状态伴随发生，潜意识愿望显示力量形成梦，并随之唤醒前意识时，为什么梦被觉察后这种力量又消失了呢？难道梦不更有可能会继续重现，就像烦扰的苍蝇被赶走后乐于一次又一次地飞回来吗？我们有什么理由主张梦排除了睡眠的打扰呢？

潜意识愿望总是活跃，这千真万确。它们代表那些总是行得通的途径，只要一定量的兴奋利用它们就行了。确实，不可毁灭是潜意识程序的一个显著特征。潜意识里没有任何东西能达到终点，也没有任何东西过时或被遗忘。在研究心理官能症（尤其是癔病）时，这一点给我们留下了非常显著的印象。导致疾病发作的潜意识思想途径，只要有足够的兴奋积聚，就可能马上再次通过。30 年前受到的羞辱，在进入潜意识的情感来源后，所有这 30 年来的感受就像最近的一次体验一样，只要一触及这记忆，它就会复活，并因兴奋而自身表现出精神投入，在发作中获得运动释放。这正是心理治疗必须干涉的地方，它的工作就是确保潜意识程序得到处理和遗忘。的确，那些记忆的淡忘和那些不再新近的印象具有的微弱感情，我们往往认为是理所当然，并把它解释为时间对我们的精神记忆痕迹产生的初期影响。事实上，这是艰苦工作带来的继发性变化。正是前意识完成了这项工作；而精神治疗所能遵循的唯一途径，就是把潜意识置于前意识的控制之下。

因此，对任何一个单独的潜意识兴奋程序都可能有两种结果。它要么留给自己处理，这样最终在某个地方突破，并在运动中获得兴奋释放；要么是它受到前意识的影响，通过这种影响，它的兴奋不是被释放，而是受到束缚。出现在梦程序中的正是这后一种情况。来自前意识的精神投入一旦达到感知的地步，就会和梦会合，因为通过意识兴奋吸引到那里，束缚梦的潜意识兴奋，使它无法干扰睡眠。当做梦者醒来一会儿时，他真的会赶走有可能干扰他睡眠的苍蝇。我们现在也许会开始猜想，这的确是比较方便和经济的方法，让潜意识愿望自行其事，打开回归之路，以便它可能形成梦，然后通过前意识工作的一点力量，束缚和处理这个梦，不必在整个睡眠期间控制潜意识。我们确实可以预期，即使梦原来不是一个有目的的程序，它也会在精神生活各种力量的相互作用上取得某种特定功能。我们现在看一下这个功能是什么。梦把原来自由的潜意识兴奋带回到了前意识的控制之下。所以，它释放了潜意识的兴奋，充当了后者的安全阀，同时通过微量的清醒活动，保证前意识的睡眠。因此，像其他精神构造一样，梦呈现出一种妥协，同时通过满足两者的愿望，服务两个系统，使它们互相一致。提一下罗伯特的“排除理论”，就会说明我们必须同意作者的主要论点——梦功能的确定性，尽管在综合预想和对梦程序的判断上，我们和他不一样。[①]

上述至少两个愿望互相一致的限定说法，暗示梦的功能有时也会有失败的情况。首先，梦的程序被确认为潜意识的一种愿望满足。但是，如果这个努力尝试的愿望满足极度地扰乱前意识，后者就不能保持休息状态，梦就破坏了这种妥协，而且无法进行第二部分任务。梦就会马上中断，被完全的清

---

① 这是我们能够归因于梦的唯一功能吗？我不知道其他功能。A·米德尔确实曾经尽力主张，梦还有其他“继发性”功能。他从公正的观察开始，认为许多梦包含解决冲突的企图，后来的确实现了这些企图。它们这样就像是清醒活动的预演。因此，他把做梦和动物与孩子之间的游戏相提并论，看成是天生本能的一种训练，同时又是后来严肃活动的一种准备，因此提出了梦具有游戏功能。稍早于米德尔，阿尔弗雷德·阿德勒同样强调梦具有“事先想好”的功能。（我 1905 年发表的一个分析包含可以看成是意向表达的一个梦，因为它夜复一夜重复出现，直到实现为止）。

但是，只要一思考，我们就一定会明白，根本不需要把梦的这种继发性功能放在任何梦的解析中去重视。事先想好、进行分解、草拟也许以后能在清醒生活中实现的尝试性解答——这些和其他许多性能都是心灵中潜意识和前意识的功能。它们可以作为“白天残留”持续进入睡眠状态，然后和一个潜意识愿望结合，形成一个梦（第七章第三节）。因此，梦中“事先想好”的功能更像是前意识清醒思想的一种功能。我们可以通过对梦和其他现象的分析揭示这个结果。在梦和显意很久以来混在一起后，我们现在必须预防，以免混淆梦和隐藏的梦念。

醒所代替。但是，即使在这种情况下，如果梦现在是以睡眠的干扰者（尽管在其他时候是守护者）出现，这其实也不是梦的过错。也不必让我们对其主张有目的的特征产生这种偏见。这不是有机体中唯一的例子，因为其中通常有用的一种计策，情况一发生改变，就会变得不合时宜，形成干扰；那么，这种干扰至少具有一种显示变化、调动有机体调节手段的新用途。当然，我现在想的是焦虑梦。为了避免我是在设法逃避和愿望满足理论相矛盾的这个证据，只要我碰到它，至少要对焦虑梦的解释作一些说明。

产生焦虑的精神程序可能是一种愿望满足，这对我们来说早已不再是任何矛盾。我们可以通过这个事实来解释这件事，就是愿望属于一个系统（潜意识），而另一个系统（前意识）则拒绝和压抑它。[①] 即使是在完美的精神健康中，前意识对潜意识的征服也不彻底。这种抑制程度可以表明我们精神常态的程度。心理官能症的症状向我们显示这两个系统相互冲突；这些症状是这场冲突中产生妥协的结果，而且它们暂时终止了这种冲突。一方面，它们为潜意识提供了释放兴奋的出口——它们是作为一种突破口；另一方面，它在某种程度上会给前意识支配潜意识的可能性。比如，考虑癔病恐惧症或广场恐惧症的意义具有启发性。据说，神经官能症患者无法单独穿过大街，我们应该把这正确地称为“症状”。如果强迫某个人去做他认为无法做到的事情，来消除这种症状，将会产生焦虑症，就像大街上的焦虑症常常是形成广场恐惧症的诱因一样。因此，我们认识到，这种症状之所以形成，是为了防止突发焦虑。恐惧症就像一座边境堡垒一样竖在焦虑面前。

如果我们不去研究那些感情在这些程序中扮演的角色，就无法进一步详述这个主题。只是我们在这方面还无法做得完善。所以，我们要确认这个命

---

① “尽管第二个因素更重要、更深入得多，但同样会被一般人忽视。愿望满足肯定会带来某种愉快，但我们还是要接着问：‘给谁带来？’当然是给有这个愿望的人。但我们知道，做梦者对自己愿望的态度非常特殊：他拒绝它们，审查它们；简而言之，他根本不愿意拥有它们。因此，对它们的满足不能给他带来愉快，而是恰恰相反。这里的经验表明，尽管这种“相反”还需要解释，但表现为焦虑的形式。就做梦者的愿望来说，他就像两个各不相同的人通过某件共有的重要事情紧密连在一起。我对这件事不愿详述，而是要提醒你一个著名的童话故事，因为你在这个童话故事中会看到这些重复的关系。一位好心的仙女答应满足一对贫穷夫妇的前三个愿望。他们都非常高兴，下定决心要仔细选择这三个愿望。但是，那个女人受到隔壁小屋飘来的烤香肠的香味诱惑，就想要两根这样的香肠。哟，你瞧！两根香肠到了眼前。于是，第一个愿望就得到了满足。那个男人随即发起了火，怨恨之中希望那些香肠挂在妻子的鼻尖上。这个愿望也最终通过，那些香肠挂在那个位置无法移动。所以，第二个愿望得到了满足。但这是那个男人的愿望。这个愿望满足对那个女人极为不快。剩下的故事，你知道：因为他们毕竟是夫妻，所以第三个愿望必须是香肠要从那个女人的鼻尖上掉下来。我们也许在其他背景中多次利用这个童话，但在这里只需要用来说明这个事实，就是一个人的愿望满足可能对另一个人极为不快，除非两人同时获得满足！”（《心理分析导论》，第 182 ~ 183 页，伦敦，1929 年）

题，感情对潜意识压抑之所以成为必要，主要是因为，如果让潜意识中的观念活动自行其事，它就会产生一种本来具有愉快性质的感情，但压抑过程发生之后，就具有了痛苦的性质。压抑的目的和结果就是要阻止这种痛苦的发展。这种压抑之所以延伸到潜意识的观念内容，是因为痛苦的释放可能源自这种观念内容。我们在这里以一个相当明确的假说为基础，来讨论感情发展的性质。这被看作是一种运动功能或分泌功能，它的神经分布的关键则可以在潜意识观念中找到。通过前意识的控制，这些观念似乎受到了扼杀，无法发出产生感情的冲动。因此，如果来自前意识的精神投入停止，就会出现危险。这个事实在于，潜意识兴奋会释放出一种感情，因为压抑这种感情以前曾经发生过，所以只能感到痛苦和焦虑。

如果让这个梦程序自行其事，这种危险性就会释放。那些使它得以实现的条件是：一是压抑早就会出现，二是压抑愿望冲动能变得足够强大。因此，它们完全不在梦形成的心理结构之内。如果不是因为我们的论题有一个因素（即夜间潜意识的释放）和焦虑产生的主题有关，我就可能不再讨论焦虑梦，从而避免和它有关的所有模糊问题。

我已经反复说过，焦虑梦的理论属于心理官能症心理学。我可以进一步补充，梦中的焦虑是一个焦虑问题，而不是一个梦问题。只要说明神经官能症心理和梦过程主题的接触点，我们就没有什么可做的了。我能做的还剩下一件事。因为我曾经宣称心理官能症的焦虑有性的来源，所以我可以分析一些焦虑梦，以便证明梦念中的性材料。

我有充分理由不去引用心理官能症患者提供的、我可以任意使用的大量例子，我更喜欢举一些儿童的焦虑梦。

我本人已经几十年没有做过真正的焦虑梦了，但我确实还记得七八岁时做的一个梦，30多年后才进行解析。这个梦非常鲜明，让我梦见了敬爱的母亲。她带着特别安详的入睡表情，由两个（或三个）长着鸟嘴的人抬进房间，把她放在了床上。我醒来时，又哭又叫，打扰了父母亲的睡眠。那些衣着奇特、个子非常高大、长着鸟嘴的人像来自我曾经看到过的菲利普逊圣经上的插图。我想，它们代表的是埃及坟墓浮雕上的雀鹰头神像。然而，得出的分析又使我想起了一个门房的男孩。他过去经常和我们这些孩子在房前的一块草地上玩耍。我也许要补充一下，他的名字叫菲利普。我当时好像是第一次从这个男孩那里听到表示性交（sexual intercourse）的粗话，有教养的人则用拉丁词交媾（coitus）来代替，但这个梦选用鸟头足够明白地说明了这一点。[①] 我从精于世故的老师的表情一定猜出了这个词的性意义。我母亲梦中的表情则来自祖父去世前几天处于昏迷状态时我看到他打鼾的表情。因此，对梦中润饰作用的解析一定是我的母亲快要死了，坟墓浮雕也和这相符。我带着这种焦虑醒来，直到叫醒父母亲，才算平静下来。我记得，看到母亲时，我突然平静下来，好像我需要她当时没有死去的保证。但是，对这个梦的继发性解析，在逐步展开的焦虑的影响下已经完成。我并不是因为梦见母亲快要死去才处在焦虑状态。我以这种方式来解析前意识润饰中的这个梦，是因为我已经受到了焦虑的影响。然而，焦虑可以通过压抑追溯到隐晦却明显是性的渴望，因为它在梦的视觉内容中得到了适当表达。

一个曾经重病过一年的27岁男人，11岁和13岁之间反复做带有强烈焦虑的梦，大意是：一个手持斧头的男人在追他；他想要逃走，却像瘫痪了一样，无法从原地移动。这可以当作是一个非常熟悉的焦虑梦的典型好例子，不用怀疑有性的意味。在分析时，做梦者首先想到了他的叔叔告诉他的一个故事（按时间顺序排列，晚于这个梦），也就是他的叔叔夜里在街上受到了一个模样可疑的人的袭击。于是，他从这个联想得出结论，他在做梦时也许听到了一件类似的事情。关于斧头，他则想起了人生这段时间他劈柴时曾经砍伤了一只手。这马上使他想起了他和弟弟的关系。他过去常常虐待弟弟，把他打倒在地。他尤其记得有一次他用靴子把弟弟的头打出了血。他的母亲说："我怕有一天会他杀了他。"因此，当他好像还在想着这个暴力主题时，9岁时的一个记忆突然浮现出来。他的父母亲很晚才回来上床睡觉，这时他在装睡。他不久便听到了喘息声和让他感到神秘的其他声音，他还能猜出父母亲在床上的姿势。他的进一步的思想证明，他已经把父母亲之间的这种关系和他自己与弟弟之间的关系进行了类比。他把父母亲之间正在发生的事情归到了"暴力行为和搏斗"的概念之下。他常常在母亲的床上注意到血迹这个事实，进一步证实了这种观念。

我可以说，成人的性交似乎让看到的儿童感到奇怪担忧并引起焦虑，这是日常经验确定的一个事实。我已经解释了这种焦虑，原因是我们这里具有的性兴奋，小孩子还无法理解，而且因为父母有牵涉，也许还会遭到排斥，所以转化成了焦虑。在人生更早的阶段中，孩子对异性父母的性冲动还没有受到压抑，但我们已经看到（第五章第四节），可以自由表达自己的思想。

---

① ［"鸟"这个词的德语是Vogel，这个词给出了vögeln粗俗表达的来源，表示性交。——译者注］

对儿童身上经常发生伴有幻觉的那些夜惊，我将毫不犹豫地给予同样的解释。这些也只能是因为误解而遭到拒绝的性冲动。如果记录下来，也许会显示暂时的周期性，因为性原欲既可以由意外刺激的印象，也可以由自动周期性发展程序而增强。

充分证明这种解释，我还缺乏必需的观察材料。[①] 另一方面，无论从肉体方面还是从精神方面，儿科医生似乎都缺乏单独理解整个系列现象的观点。如果受到医学神话的蒙蔽，就可能会忽略对这些例子的理解。为了通过可笑的例子来说明这多么接近，我要引用德巴克尔论夜惊的一篇论文中的一个例子（1881 年）。

一个 13 岁的男孩身体虚弱，开始焦虑多梦，睡眠不安，几乎每星期都被伴有幻觉的严重焦虑症打断一次。他对这些梦的记忆重视非常清晰。因此，他能够叙说那个魔鬼曾经对他大声喊道："我们现在抓到你啦！我们现在抓到你啦！"随后就有一种沥青和硫磺的气味，而且火烧到了他的皮肤。他从这个梦中惊恐地醒来。起先，他无法大声呼喊。接着，他恢复声音时，他清楚地听到自己说："不，不，不是我。我什么都没有做过。"或者是："请别这样！我再也不那样做了！"有时他说："阿尔伯特从来没有那样做过！"后来，他回避脱衣服，"因为火只有在他不穿衣服时才烧向他。"他做这种威胁健康的恶梦时，被送到了乡下，在那里经过了 18 个月之后，恢复了健康。15 岁那年，有一天，他承认说："*尽管我不敢承认，但我一直有针刺感，而且我那个部位特别兴奋*，[②] 使我神经非常紧张，甚至常常想从宿舍窗户跳出去。"

这当然不难猜测：(1) 这个男孩从前曾经手淫过，他可能否认过，并害怕因为自己的恶习受到严惩（他的坦白是：我再也不那样做了；阿尔伯特从来没有那样做过。)；(2) 在青春期的步步进逼下，这种手淫的诱惑通过生殖器的搔痒再次唤醒；(3) 然而，现在他的内心产生了一种压抑的努力，尽管他抑制原欲把它转化成了焦虑，而这种焦虑现在又使他想起了原来威胁自己的那些惩罚。

另一方面，让我们看看作者得出的是什么结论：

1. 这个观察可以清楚地看出，青春期的影响可能使一个身体虚弱的男孩变得极度虚弱，而且这可能导致*一种非常显著的脑贫血症*。[③]

---

① 从此以后，心理分析文献已经提供了大量这种材料。

② 我自己对 parties（部位）进行了强调，尽管没有这个词，意思也够清楚的。

③ 斜体字是我加的。

2. 这种脑贫血症会产生性格变化，导致恶魔狂幻觉，以及非常剧烈的夜间、也许还有白天的焦虑状态。

3. 这个男孩的魔鬼狂妄想和自责，可以追溯到他小时候受到的宗教教育的影响。

4. 所有这些症状在长住乡下、锻炼身体和青春期结束体力恢复后就消失了。

5. 这个男孩大脑发育的先期影响，也许可以归因于遗传和他父亲从前的梅毒。

接下来得出的最后结论是：“我们把这个病例归为因虚弱引起的无热性谵妄，病因是大脑局部贫血。”

第五节　原发过程和继发过程——压抑

在尝试更深入地了解梦过程的心理状态时，我承担了一项艰难任务，因为我的解释能力的确难以胜任。要连续描述再现如此复杂一个系统的同时性，但又要使各个部分摆脱所有设想呈现出来，完全超出了我的能力范围。我现在必须弥补这个事实，就是在阐明梦的心理状态时，我无法遵循自己观点的历史性发展。我对梦的理解路线是根据以前对心理官能症心理学研究决定，不应该在这里提到，尽管我常常不得不这样做。我想反向工作，从梦开始，然后建立和心理官能症心理学的连接。我意识到这会给读者带来种种困难，但我又毫无办法避免。

因为我不满意这种事态，所以乐意仔细研究另一个观点，这似乎会提高我研究成果的价值。就像在绪论部分表明的那样，我发现自己面临一个论题，那些著述这个论题的作者都针锋相对莫衷一是。在处理梦问题的过程中，我们对这些矛盾的观点大多数都留有余地。我们只需断然反对其中表达的两种观点：一. 梦是一种没有意义的过程；二. 梦是一种肉体过程。除了这两点，我们都能在一整套复杂的事实中为所有相互矛盾的意见找到事实依据，而且能够表明各自表达的观点真实正确。通过发现梦的隐念，已经广泛证实了“我们的梦是继续清醒生活的冲动和兴趣”这一观点。这些梦关注的好像是让我们感到重要和影响极大的事情。梦从来不关心琐碎小事。但是，我们也接受相反观点——梦收集白天残留的无关紧要的事情，而且它在某种程度上自行退出清醒活动之后，才能利用白天出现的任何重要影响。我们已经发现，这对显梦是有效的，它通过变形，以变化方式来表达梦念。我们曾经说过，因为联想机制的特性，梦的程序比较容易得到最近或无关紧要的材料，这还没有处在清醒精神活动的限制之下。因为审查制度，所以它将重要的、却又遭反对的材料的精神强度转到了无足轻重的材料上。梦具有的记忆增强性质和处理童年时期材料的能力，已经成为我们学说的重要基础。在我们的梦理论中，我们已经把源自童年时期的愿望归因于梦形成不可缺少的动机力量。当然，我们并不怀疑睡眠期间外来感官刺激具有的意义，实验已经证实了这一点。但是，我们曾经把这个材料放在和梦愿望相同的关系中，作为我们清醒活动留下的思想残余。我们不必怀疑“梦对客观感觉刺激的解析和幻觉一样”这个事实。但是，我们已经为这种解析提供了动机，其他作者对这个动机仍然模糊不清。解析以这种方式进行，所以感知对象并没有打扰睡眠，同时还被用来达到愿望满足。尽管我们不把睡眠期间感觉器官兴奋的主观状态看成是梦的一种特殊来源（这好像得到了特鲁布尔·拉德的证实），但我们能够通过梦背后活动的记忆回归性复活来解释这种兴奋状态。至于那些内部器官的感觉，常常作为解释梦的主要论点，这些也在我们的观念中占有一席之地，尽管确实价值不大。这种感觉——坠落、翱翔或被抑制的感觉——代表的是一种随时备好的材料，梦的工作常常只要需要，都能用来表达梦念。

梦的程序飞快，转瞬即逝。如果把它看成是预先构成的显梦意识的知觉，我们相信是正确的。但是，我们已经发现，梦程序的先前部分可能是沿着缓慢波动的路线行进。至于把极其丰富显梦压缩进最短暂时间内这个不解之谜，我们能够作出的解释是，梦利用精神生活的现成构造。我们发现，一些梦确实会发生变形，并被记忆弄得支离破碎，但这个事实不会出现任何困难，因为它只是梦工作一开始就在进行的变形过程显露的最后一部分。在“心灵生活夜里是入睡还是像白天一样同样利用所有能力”这个似乎无法协调的激烈争议中，我们能够得出结论，认为双方都对，但都不全对。在那些梦念中，我们发现了一个高度复杂的理智活动几乎和精神机构的所有资源一起工作的证据。然而，无法否认，这些梦念都源自白天，而且绝对有必要假定精神生活有一种睡眠状态。因此，即使是部分睡眠学说也有其价值，但我们已经发现睡眠状态的特征不在于连接精神系统的解体，而在于白天支配的精神系统采用的特殊态度——睡眠愿望的态度。从我们的观点来看，来自外部世界的变位保留着它的意义。尽管不是唯一起作用的因素，但它有助于促成梦表现的回归进程。放弃对思想流的自动引导无可厚非。而精神生活不会因此变得没有目标，因为我们已经看到，放弃自动指导思想之后，非自动思想就会负责。另一方面，我们不仅认识到梦中松散的关联，而且还能意想不到地使这种关系的范围达到更远的地区。然而，我们发现这仅仅是另一种的强迫替代，是一种具有意义的正确联想。的确，我们也曾经把这个梦称为荒谬，但一些梦例已经向我们表明，梦表面上荒谬，却又是多么明智。对赋予梦的那些功能，我们能够全部接受。梦就像解除心灵的安全阀，正如罗伯特所说，各种有害材料在梦中表现出来，就变得无害了。这不仅和我们自己梦中的双重愿望满足理论完全吻合，而且我们对这个措辞要比罗伯特本人更了解。“心灵在梦中能自由发挥其能力”，是我们的理论“前意识活动和梦互不干扰”的翻版。“梦中精神生活回到胚胎的观点”和哈夫洛克·埃利斯说梦“是一个充满大量感情和缺憾思想的古老世界”，似乎让我们感到高兴，因为他们事先说出了我们要解释的话。我们主张这些白天受到压抑的原始活动方式在梦的形成中发挥了作用。我们完全可以支持萨利说的话：“我们的梦恢复了我们早先连续发展的人格、我们对事物的古老方式，以及很久以前支配我们的冲动和反应方式。”而且，我们和德拉格一样，认为受到压抑的材料变成了梦的主要动机。

我们完全理解施尔纳所说的梦幻想作用，以及他本人的解析，但我们似乎不得不把它们转到问题的另一方面。不是梦创造了幻想，而是潜意识幻想活动在梦念形成中发挥了主要作用。我们仍要感谢施尔纳指引我们知道了梦念的来源，但他认为属于梦工作的几乎所有事情都可以归于白天的潜意识活动。这个活动既可以促成梦，也可以引起神经官能症状。我们必须把梦的工作和这个活动分开，看成是截然不同、受到极为严密控制的事情。最后，我们绝没有理由断绝梦和精神障碍之间的关系，而是在新的立场上奠定一个更加牢固的基础。

我们理论的新特点结合在一起，就像一个高级统一体，所以我们发现其他作者的各式各样、相互矛盾的结论都适合我们的结构；其中许多给予了不同的转机，只有少数几个遭到了完全拒绝。但我们自己的结构还没有完成。因为除了我们进入梦心理学的黑暗处遇到的许多模糊问题，我们现在似乎又尴尬地面临一个新的矛盾。一方面，我们认为梦念源自完全正常的精神活动，但另一方面我们又在梦念中发现许多完全反常的精神程序。这些程序也延伸到了显梦，而且我们在梦的解析中予以再现。我们称为“梦的工作”的所有一切，似乎和我们认为正确恰当的思想程序大相径庭，从而使面前提到的那些作者作出的最严格判断，认为梦的精神功能是低水平，似乎一定证据充足。

在这里，也许只有更进一步研究，才能给予解释，并使我们走上正道。

让我重新注意导致梦形成的其中一个构象。

我们已经了解到，梦常常取代许多源自我们日常生活的思想，而且完全符合逻辑性。因此，我们不能怀疑这些思想源自我们的正常精神生活。我们在思想过程中重视的所有品质和所能表现的高度复杂的性能，都会在梦念中重新出现。然而，无需假设这种思想行为表现在睡眠期间。这种假设会严重混淆我们迄今坚持的睡眠精神状态的概念。相反，这些思想也许就完全源自白天，也许刚开始刺激时没有引起我们意识的注意，而且睡眠开始时，它们已经完成。如果我们从这种事态得出什么结论的话，那只能证明最复杂的精神作用可能不需要意识协作——这是我们不得不从每一位接受心理分析治疗的癔病患者或强迫性思想症患者中了解到的一个事实。当然，这些梦念本身不是没有能力进入意识。如果我们白天没有意识到它们，这可能是由于各种不同的原因。这种成为意识的行为要依靠一种明确的精神功能——注意力，才能具备。这似乎只有在具备一定数量时才能发挥作用，而且可以通过其他目的从当前的思路中转移开来。下面还有一种方法可以抑制这种思路进入意识：从我们的意识反映，我们知道，在集中注意力时，我们遵循一条特定的路线。但如果这个路线把我们引向一个无法抵挡批评的观念，我们就会突然中断，让注意力的精力倾注停下来。现在，好像这样开始和遗弃的一连串思想可能会继续发展，我们不会再去注意，除非它在某一点上达到特别高的强度，才会引起注意。因此，最初的意识因我们的判断遭到拒绝，依据是对直接思想行为过程错误或无用，这可能是思想过程直到入睡才被意识注意的原因。

现在让我们扼要重述一下：我们把这种一连串思想称为前意识系列，而且我们认为完全正确，而且认为它要么仅仅是被忽视的思想系列，要么是被中断和抑制。让我们再用简单的字眼叙述我们对思想活动产生的看法。我们相信，我们称为“精力倾注能量”的一定数量的兴奋会从一个目的性观念移植到这个指导观念选择的联想途径上。“被忽视”一系列思想没有接受这种精力倾注，所以这种精力倾注被从“受到压抑”或“拒绝”的一连串思想中收回。因此，这两种情况都得靠自己的兴奋。通过某种目的进行精力倾注的一连串思想，在某些条件下能够吸引意识的注意力，然后通过意识的媒介作用，就会接受过度精力倾注。我们将不得不马上阐明我们对意识的性质和功能的设想。

因此，前意识中引起的一连串思想要么可能自动消失，要么可能持续下去。我们认为前一种可能性是这样的：它通过源自其中的所有联想途径扩散能量，使整个一系列思想处在一种兴奋状态。这种兴奋状态持续一阵子，然后消退。通过这种寻求释放的兴奋状态，转变为静止的精力倾注。如果出现这第一种可能，这个过程对梦形成没有进一步的意义。但是，其他指导观念潜伏在我们的前意识中。它们源自我们的潜意识和总是活动的愿望。这些也许会控制因此自行发展的思想领域的兴奋，在它和潜意识愿望之间建立一种联系，并将潜意识愿望中固有的能量转移过去。所以，尽管这种强化无法到达意识，但这种受到忽视和抑制的一连串思想能够保持自我。因此，我们可以说，迄今一系列前意识思想已经被拉进了潜意识中。

导致梦形成的还有下面一些构象：前意识思想系列可能一开始就和潜意识愿望相连，因此可能遭到主导目的精力倾注的拒绝；一个潜意识愿望可能因为其他原因（也许是肉体原因）变得活跃；而且主动尝试转移到前意识没有进行精力倾注的精神残留。这三种情况都有同样的结果：前潜识中建立有一连串思想，曾经被前意识精力倾注抛弃，但从潜意识愿望中获得了精力倾注。

从此以后，这一连串思想就进行了一系列变形，我们无法再把它们看成是正常的精神程序，并产生了一个让我们莫名其妙的结果——一种精神病理构造。让我们现在对这些构造进行强调和归纳：

1. 每个单独观念的强度都可以全部释放，从一个传给另一个，因此那些单独观念形成时都赋予了极大强度。通过这个过程的反复出现，整个思想系列的强度可能会最终集中在一个观念元素上。这是我们研究梦的工作时熟悉的压缩或浓缩的事实。浓缩作用要对梦产生的奇怪印象负主要责任，因为我们在正常精神生活中不知道有相类似的东西可以到达意识。我们在正常精神生活中也会获得一些观念；这些观念像波节点或像整个一连串思想的最终结果一样具有极大的精神意义，但这种价值对我们的内部知觉来说并不是由任何确实明显的特性表达出来。其中表现出来的东西绝不会更加强烈。在浓缩过程中，整套精神的相互联系都变成了观念内容的强化。这种情况就像我写一本书时用斜体字或粗体字印刷来表达对理解原文有突出价值的文字一样。在演讲时，我应该用强调语气故意响亮地说出同一个词。第一个比喻马上指向了梦的工作提供的其中一个例子（爱玛打针梦中的三甲胺这个词）。艺术史家们要我们注意这个事实，就是历史上已知的那些最古老的雕塑都遵循一个类似的原则：以雕塑的大小来象征人物的地位。雕塑的国王是他的侍从或被击败的敌人两三倍高。但是，罗马时代的艺术品利用更微妙的方式来达到同样的目的。皇帝雕像放置在中央，直立，全身，而且对这个雕像的模型做得特别小心；他的敌人畏缩在他的脚下。而他似乎在矮人群中不再是一个巨人。即使在我们这个时代，下级对上级鞠躬时，就是仿效这种古老的表现原则。

梦中浓缩作用行进的方向，一方面受到梦念中真正的前意识关系的指令，另一方面又受到潜意识中视觉记忆吸引力的指示。浓缩作用的结果产生了进入知觉系统所需的那些强度。

2. 通过强度的自由转移，在浓缩作用的帮助下，形成了一些中介思想——类似妥协（参看那些众多的例子）。这也是我们正常思想活动中从未听说过的事情，因为在正常思想中最重要的是选择和保留正确概念材料。另一方面，在我们尽力用语言表达前意识思想时，合成构造和妥协结构出现的频率特别高；这些被看成是“口误”。

3. 那些互相转移强度的观念联系非常松散，而且我们的严肃思维对这种联想形式不屑一顾，只用于诙谐妙语上，尤其是一些类似音和双关语联想与其他所有联想价值相等。

4. 互相矛盾的思想并不设法互相排除，而是继续相依存在，常常联合形成浓缩物，就像矛盾根本没有存在过似的；要么它们达成妥协，我们对这种妥协从来不会原谅自己的思想，但我们又常常在行动中认可这种妥协。

这些就是先前合理形成的梦念在梦的工作过程中表现出的最显著的异常过程。作为这些程序的主要特征，我们也许会看到，最重要的就是让精力倾注能量能够流动，可以释放。这些精力倾注依附的精神元素的内在意义和内容会成为次要事情。我们也许可以假定，浓缩作用和妥协结构只有在回归作用的帮助下才能实现，这时就出现了思想转变为意象的机会。但是，对这种梦的分析——更明白地说，还有合成，比如“和N教授对话的Autodidasker梦”——揭示了移植过程与浓缩过程像其他梦一样。

因此，我们无法避免这样的结论：两种本来不同的精神程序参与了梦的形成。一种形成完全正确适当、相当于正常思维结果的梦念；另一种则以极其惊异、似乎错误的方式处理这些思想。我们已经在第六章中把后一种程序分离为梦工作本身。对这种精神程序的来源，我们现在能说什么呢？

如果我们没有深入了解过心理官能症的心理状态（尤其是癔病的心理状态），就不可能在这里回答这个问题。然而，我们从这一点得知，同样“错误的”精神程序和没有列举的其他精神程序，控制着癔病症状的产生。在癔病中，我们起先也发现一系列完全正确适当的思想，相当于我们的意识思想。然而，我们无法知道这种思想是以这种形式存在，只能在后来加以再现。如果它们强行进入知觉，我们就会从形成症状的分析中发现，这些正常思想已经受到了反常处理，而且依靠浓缩作用和妥协结构，通过掩盖矛盾的种种表面联系，最终沿着回归途径，转变成那种症状。因为梦工作的那些特征和心理官能症症状中产生的精神活动的那些特征完全一致，所以我们觉得把癔病研究得出的结论转到梦上是合情合理的。

我们从癔病理论中借用这个主张，就是一个正常思路只有在一个源自童年生活并处在压抑状态的潜意识愿望转移到这个思想上时，才会发生这种反常精神修饰。根据这个主张，我们曾经建立的梦理论是基于这种假设，促成梦的愿望总是源自潜意识，我们自己已经承认，即使这个假设无法驳倒，也无法得到广泛证实。但是，为了使我们能够说明多次使用压抑这个术语的含义，我们不得不进一步去探讨自己的心理学构架。

我们已经详细阐述了原始精神机构的假设，其活动调节是努力避免兴奋的堆积，并尽可能使自己不受兴奋影响。因此，它是模仿反射机构图案构造的。这种运动性首先作为身体内部变化的途径，是随意支配释放的渠道。随后，我们讨论满足体验的精神后果，能在这一点上提出第二个设想——兴奋的堆积（依据的过程在这里和我们无关），就像感受痛苦一样，并使机构发生作用，以便再次达到一种满足状态，其中减少兴奋，让人感到愉快。机构中这股源自痛苦、力争快乐的兴奋流，我们称为愿望。我们曾经说过，只有愿望才能使这个机构处于兴奋状态，机构中任何兴奋的路线都是由愉快和痛苦的感觉自动调节。愿望的初次出现有充分理由可以表现为满足记忆的幻觉精神投入。但如果这种幻觉不能维持到能量耗尽的地步，就无法停止这种需求，从而无法因满足而得到愉快。

因此，我们需要第二种活动——我们的术语叫第二个系统活动。它不会允许记忆的精力倾注闯进知觉，从此束缚那些精神力量，而会把来自需求刺激的兴奋引向一条迂回路。它会依靠自主运动，最终这样改变外部世界，从而可能达到对满足对象的真正知觉。迄今为止，我们已经详细阐述了精神机构图解；这两个系统就是我们在完全发展的机构中所谓的潜意识和前意识的萌芽。

为了依靠运动性适当改变外部世界，需要在记忆系统中堆积大量体验，以及由不同指导观念在记忆材料中引起多种形式的巩固关系。我们现在要进一步继续这个假设。这第二个系统的活动在许多方向摸索，试探性地发出和收回精力倾注，一方面需要完全控制所有记忆材料，但另一方面，如果它沿着各个思想途径送出大量的精力倾注，这些精力倾注就会漫无目的地流走，造成不必要的能量消耗，从而减少改变外部世界需要的数量。所以，考虑到特定的目的，我假定，这第二个系统成功地使大部分能量投入保持在一种静止状态，只把一小部分用于转移作用。这些程序的机制，我还不完全清楚；凡是希望认真了解这些观念的人，必须亲自寻找物理学的类比，并找到某种方法，描述神经元兴奋时伴随的运动序列。我在这里只是坚持这个观念，第一个ψ系统的活动目的在于兴奋能量的自由流出，第二个系统则通过由此产生的精力倾注，抑制这种流出口，转变为静止的精力倾注，也许会提高潜能。因此，我假定，第二个系统控制下任何兴奋采取的途径，肯定和第一个系统控制下获得的那些兴奋的机械状况截然不同。第二个系统完全试验性思想活动后，它就会解除抑制和兴奋控制允许它们流走，产生运动。

如果我们考虑第二系统对释放抑制和痛苦原则调节程序之间的关系，马上就会出现一个有趣的思路。现在让我们找出满足这种主要体验的相对物——恐惧的客观体验。让我们假设一个知觉刺激作用于原始机构，而且是痛苦兴奋的来源。因此，接着就会有失调的运动表现，直到其中一个动作从知觉、同时也从痛苦退出机构。知觉再次出现时，这种动作表现又会马上出现（也许是一种逃跑动作），直至知觉再次消失。但是，在这种情况下，没有任何倾向会通过幻觉或其他方式再次对痛苦来源知觉进行精力倾注。相反，只要它被唤起，就会在主要机构中出现立刻从这种痛苦记忆意象中再次走开的一种倾向，因为兴奋过多流入知觉肯定会引起（或者更精确地说，开始引起）痛苦。这种记忆上的走开仅仅是以前从知觉逃开的一种重复，也得到了这个事实的帮助，回忆不像知觉，没有足够的本领唤起意识，从而吸引新鲜的精力倾注。这种不费力气从曾经痛苦的任何记忆的精神程序有规律走开的动作，为我们提供了精神压抑的原型和第一个例子。我们都知道，这种从痛苦事情中走开的行为——鸵鸟策略，即使在成人正常的精神生活中，也仍然可以见到。

因此，根据痛苦原则，第一个ψ系统无法将任何不快的事情引入思想关系中。这个系统除了愿望，什么都不能做。如果这保持不变，第二个系统的思想活动就会受到阻碍，因为它需要自由处理经验储存的所有记忆。不过，现在有两条途径开通：要么第二个系统的工作完全摆脱痛苦原则，继续自行其道，毫不理会特定记忆附带的痛苦；要么设法以这样一种方式对痛苦记忆进行精力倾注，以免痛苦释放。我们可以否决第一种可能性，因为痛苦原则在第二个系统也是调节兴奋过程。所以，我们要重新依靠第二种可能性，即这个系统以这样一种方式对记忆进行精力倾注，以便抑制任何兴奋从中流出。因此，和运动神经分布相比，也会抑制痛苦发展需要的流出。这样，从两个不同起点出发，即从痛苦原则和神经分布最少消耗原则考虑，我们都可以得出这个假设，通过第二个系统的精力倾注同时对兴奋释放进行抑制。然而，让我们紧紧抓住这个事实（因为这是了解压抑理论的关键）：*只有在第二个系统对源自一个观念的任何痛苦加以抑制时，才能对这个观念进行精力倾注。*凡是退出这种抑制的观念也无法接近第二个系统，根据痛苦原则，马上会被放弃。然而，这种痛苦抑制不需要彻底；它必须有一个开始，因为这会向第二个系统显示这个记忆的性质，而且也显示思想程序寻找的目的可能缺乏适切性。

我现在要把只有第一系统容忍的精神程序称为*原发程序*；我把在第二系统抑制作用下产生的程序称为*继发程序*。我还能指出另一个理由，说明第二个系统因为什么目的不得不纠正原发过程。原发过程力争兴奋释放，以便用这样堆积的兴奋量建立一种知觉同一性。继发过程已经抛弃了这个意图，并采用了思想同一性作为目标。所有思想都只是从满足记忆（被当成是一种有目的观念）到相同记忆的同样精力倾注的一条迂回路。这要通过运动体验的途径才能再次到达。思想必须关心自身和观念之间的联系途径，不让自己被这些观念的强度引入歧途。但是，显然观念的浓缩作用和中介结构或妥协结构是达到针对的同一性的障碍；通过一种观念代替另一种观念，它们就离开了引自第一个观念的途径。所以，这种程序在我们的继发性思维中都要小心避免。此外，不难看出，尽管痛苦原则在其他时候为思想程序提供了一些最重要的线索，但在追求思想同一性的道路上也可能设置了困难。因此，思维程序倾向一定总是要脱离痛苦原则独有的规则，并通过思想作用把感情的发展限制到最小限度，它作为信号仍起作用。机能中这种提炼要通过在意识帮助下产生的新的过度精神投入，才能完成。但是，我们意识到，即使在正常精神生活中，这种提炼也很少成功，而且我们的思维总是因为痛苦原则的干涉容易发生错误。

然而，这在我们精神机构的功能性效能中并不是缺口，它能使思想表现继发性思想活动的结果成为原发性精神程序力量。通过这个规则，我们现在可以描述梦中和癔病症状中产生的那些作用。这种不足源自我们发展中的两种因素的聚合。一个完全属于精神机构，对两个系统的关系发挥决定性的影响；另一个则呈波动性运动，并将器质性动机力量引入精神生活。这两个因素都源自童年生活，而且都是从童年开始我们的精神和肉体有机体产生变化的沉淀物。

当我把精神机构中的其中一个精神程序称为原发过程时，我不仅仅是在考虑它的状态和功能，还考虑到实际涉及的时间关系。据我们所知，只拥有原发过程的精神机构并不存在，而且在那种程度上是一种理论虚构。但这至少是一种事实：原发程序一开始就存在于精神机构中，继发过程只是在生命过程中逐渐成形，同时抑制和覆盖原发过程，也许只有到壮年时才能完全控制它们。因为继发过程姗姗来迟，所以由潜意识愿望冲动组成的我们的存在本质，前意识仍无法领会或抑制；前意识发挥的作用，永远限制在为源自潜意识的愿望冲动指出最适当的途径。这些潜意识愿望对前意识后来的一切精神倾向都是一种压力。这些倾向必须服从这种压力，尽管它们也许可以努力转移，并引向更高的目标。由于这种迟缓，因此前意识的精力倾注事实上仍然无法进入记忆材料的大部分区域。

目前，在这些源自童年生活、无法毁灭、无力抑制的愿望冲动中，有些愿望满足和我们继发性思维的那些有目的观念最终产生了矛盾。这些愿望满足不再产生愉快的感情，而是产生痛苦的感情。*而且正是感情的这种转变构成了我们所谓的“压抑”的本质。*构成压抑的问题在于它以什么方式、通过什么动机力量能发生这种转变。对这个问题，我们在这里只需要一带而过。只要注意到感情的这种转变是在发展过程中产生（只需要想一下童年生活中本来不存在的厌恶感），并和继发系统的活动有关，就足够了。潜意识愿望引起感情释放的那些记忆从来没有到过前意识，因此这种释放无法受到抑制。正是由于产生这种感情，这些观念即使通过前意识思想也无法接近，它们已经把那些愿望的能量转移给了和它们有关的前意识思想。相反，痛苦原则却发挥作用，使前意识离开这些发生转移的思想。这些思想被抛弃，受到了“抑制”，一开始就退出前意识的大量童年记忆，会变成压抑的初步条件。

在最有利的情况中，只要精力倾注一退出前意识中的那些转移思想，痛苦的产生就会终止。这种结果表明，痛苦原则的干涉是适当的。然而，如果被压抑的潜意识愿望接受一种器质性强化，情况就会不同，因为它能把这种强化置于那些转移思想，而且通过这种强化，它能使这些思想凭借自身的兴奋突围，即使前意识的精力倾注已经离开它们。随后会产生防御性斗争，因为前意识会加强压抑思想的对立面（反精力倾注），而最后的结果是那些转移思想（潜意识愿望的载体）会以某种妥协方式突破症状组织。但是，从那时起，这些压抑思想得到了潜意识愿望冲动的强大精力倾注，而又被前意识精力倾注抛弃，它们就会屈从于原发精神程序，目标只是运动释放。或者，如果道路畅通的话，目标就是让渴望得到的知觉同一性幻觉再现。我们从经验已经发现，我们描述的那些“错误”程序只能发生在一些处于压抑状态的思想中。我们现在又能领会那些事实全局的另一面。那些“错误”程序就是精神机构中的原发程序。每当一些观念被前意识精力倾注抛弃，放任自流，能够渐渐充满源自潜意识、力争释放、不受抑制的能量，就会出现。还有进一步的事实证明，那些被说成“错误”的程序，其实并不是我们正常程序的歪曲或思维缺陷，而是摆脱抑制时精神机构的活动方式。因此，我们看到，前意识兴奋传送到运动的过程也是根据同样的程序，而且在前意识思想和文字的连接中，我们也许不难发现会出现同样的移植和混淆（我们把这归因于疏忽）。最后，抑制程序的这些原发方式，需要增加工作的证据，才能在这个事实中发现：如果我们让这些思想方式达到意识，就会产生一种滑稽效果，也就是通过笑声释放过剩能量。

心理官能症理论确定无疑地主张，只有来自童年生活的才是性愿望冲动，因为它们在童年发展期间曾经受到压抑，在发展后期能够复活（当然，无论是作为源自最初的双性发展而来的性体质，还是我们性生活中的不利影响），所以它们会为所有心理官能症症状形成提供动机力量。只有通过引入这些性力量，才能填补压抑理论中仍然明显存在的缺口。在这里，我对性和童年因素的假设是否对梦理论同样有效，暂且不论。我之所以不会圆满完成梦理论，是因为在假定梦愿望总是源自潜意识时，我已经超出了可以论证的范围。①我也不想进一步探究在梦形成和癔病症状形成中精神力量作用之间的差异性质，因为这里对需要比较的一两件事缺乏更充分的必要了解。但还有一点我认为非常重要，而且我会马上承认，正是因为这一点，我才开始对这两个精神系统、它们的工作方式和压抑的事实着手所有的讨论。至关重要的不是，

---

① ［这里和别处一样，在处理这个主题时有一些缺口，我之所以故意留这些缺口，是因为要填补这些缺口，一方面需要非常努力，另一方面我将不得不依靠和梦无关的材料。比如，我避免陈述“抑制”这个词和“压抑”这个词之间是否有不同的意义。然而，毫无疑问，显然后者比前者更强调对潜意识的关系。我还没有探究那个明显出现的问题，就是为什么那些梦念放弃走向意识的前进途径、选择回归途径时，还要屈从审查制度发生变形。此外，还有许多类似的省略。最重要的是，我曾经力争为进一步分析梦的工作引起的这些问题，并为指出和这些问题有关的其他题目提供线索。然而，总是难以决定我追寻的这条解释路线应在何处中断。我没有详尽论述过心理性生活在梦中发挥的作用，并避免解析明显性内容的梦，是由于一个特殊的原因——这也许是读者料想不到的原因。对我的观点和神经病理学说而言，把性生活看成医生和科学研究者都不会关心的可耻之事，是完全背道而驰的。在我看来，出于道德义愤，促使达尔狄斯的阿尔特米多鲁斯的《梦的象征》的译者不让读者了解该书包含的论性梦一章，不过是荒谬可笑之举。对我来说，决定我的程序的不过是因为我了解到，在对性梦的解释中，我肯定会深入到性变态和双性这些还没有解释的问题，因此我把这个材料留到别处论述。

我是否已经大致正确地考虑过争论中的那些心理关系，是否这样困难的一件事可能容易出现错误和存在缺陷。无论我们的观点对精神审查制度或显梦的正确和反常的润饰可能发生如何变化，这种程序在梦形成中肯定仍然能起作用，而且在癔病症状形成中，它们在本质上和那些观察到的程序最近似。现在，梦不是一种病态现象；它既不预示我们任何精神平衡的干扰，也不留下我们的效率或能力的任何弱化。有人认为不能从我自己的梦和神经官能症患者的梦中得出健康人的梦的结论，这个反对意见也许不值一驳。那么，如果我们从特定现象的性质推断它们的动机力量的性质，就会发现，心理官能症患者运用的精神机制并不是由存在于精神生活的一种病态干扰新创的，而是早已存在于我们精神机构的正常结构之中。这两个精神系统、两者之间的边界审查制度、一个活动对另一个活动的抑制和覆盖、两者和意识的关系——或者无论什么可以代替这些概念，对那些实际关系进行更公正的解析——所有这些都属于我们精神工具的正常结构，而且梦向我们指出了其中一条通向了解这个结构的途径。如果我们希望满足于把完全确定最低限度的东西加入我们的知识，我们就会说，梦提供证据，说明压抑材料继续存在于正常人中，仍具有精神活动。梦是这种压抑材料的其中一种表现。从理论上说，所有的梦都是这样。而且，在切实的体验中，至少可以在大多数梦中找到，这恰好极其清晰地显示梦生活的比较显著的特征。因为矛盾态度的相互中和，压抑的精神材料在清醒状态中无法表达，并和内部知觉切断了联系，夜间在妥协结构的影响下，找到了闯入意识的方法。

Flectere si nequeo superos, Acheronta movebo.
（如果无法影响上帝，我就要搅动地狱。）

无论如何，梦的解析是了解我们精神生活中潜意识元素的皇家大道。

通过梦的分析，我们对一些机构中这最绝妙、最神秘的构造活动有了一些了解。的确，这只是带我们走了一小步，但它给了我们一个开端。这个开端从其他构造（严格地说，是病态构造）的角度出发，使我们能够进一步深入我们对这个机构的分解。因为疾病——至少是被正确地称为功能性疾病——不一定预示这种机构的瓦解或机构内部产生新的分裂：通过力量作用元素的强化和弱化，它可以从动力学角度进行解释，因此其中许多活动在正常机能中被掩盖了起来。也许在别处可以证明，这个机构如何由两种动因合成的事实，也容许对机构正常机能有一种明确表达，这对单独一个系统则是不可能的。[①]

第六节　潜意识和意识——现实

如果更加仔细地留心，我们就可能会观察到，前一章研究的心理因素需要我们假定，精神机构运动端不是存在两个系统，而是兴奋采取的两种程序或路线。但是，这不会干扰我们，因为当我们认为自己可以通过更接近于未知现实的事情代替它们时，我们必须随时准备放弃辅助的观念。让我们现在尽力纠正某些观念，因为只要我们用最粗略、最明显的意义把两个系统看成是精神机构内的两个位置，这些观念就可能会呈现出一种被人误解的形式——就"压抑"和"突破"来说，这是曾经留下一种沉淀物的观念。因此，当我们说一种潜意识思想力争转化为前意识，以便随后突破进入意识时，我们并不是说，必须像意译一样在一个新地方形成第二种思想，原本则继续在旁边存在；同样，当说到突破进入意识时，我们切实希望将任何改变地方的观念从这个概念中分离。当我们说前意识思想受到压抑，随后被潜意识吸收时，我们可能受到了这些意象的诱惑。这些意象借用争夺地盘的观念，使我们容易设想，一种排列在一个精神地盘真的遭到破坏，另一个地盘的新排列就会取而代之。我们要用似乎更切合真正事态的描述来代替这些比拟；我们可以说，某个能量要么转移到某种排列，要么从某种排列退出，因此这个精神结构要么处在特定动因的控制之下，要么从中退出。在这里，我们再次用一种动态的表现方式来代替地形学的表现方式。我们认为，作为运动元素的不是精神构造，而是它的神经分布。[②]

然而，我认为，继续利用这两个系统的解说性观念既方便又合理。我们要避免滥用这种表现方式，记住一般不要把观念、思想和精神构造看成是位于神经系统的器质性元素，而可以说成是位于它们之间，各种阻力和联想通道形成了与它们相应的关联。一切能够成为内在知觉对象的东西都是虚像，就像光线通过望远镜产生的图像一样。但是，我们有理由把本身不具有精神实体、永远无法到达我们的精神知觉系统，看成类似于望远镜投射图像的透

---

① 梦并不是可以让我们在心理学中发现精神病理学基础的唯一现象。在还没有完成的一系列短篇论文中，我试图从日常生活对许多精神现象进行解析，来支持同样的概念。（这些论文和其他有关"遗忘"、"口误"等的论文现在已经发表在《日常生活的精神病理学》一书中。）

② 当前意识的基本特征和文字观念的残留发生联系时，这个观念需要润饰和修改。（《潜意识》，《论文选》第四卷第98页）。

镜那种东西。如果我们继续这种比较，就可以说，这两种系统之间的审查制度相当于光线进入新的介质时产生的折射。

迄今为止，我们已经自作主张地发展了自己的心理学。现在到了回头看现代心理学中盛行的那些学说、研究这些学说和我们的理论之间的关系的时候了。按照利普斯有说服力的叙述，[①] 心理学中的潜意识问题和心理学的问题相比，算不上是心理学上的问题。只要心理学讨论这个问题时通过文字说明“精神”是“意识”，潜意识的精神事件是一种明显的矛盾，医生对反常精神状态的观察就绝不可能作出任何心理学评价。医生和哲学家只有互相承认“潜意识精神程序”是“整个确定事实适当合理的表达”，才能相会在一起。医生对“意识是精神不可缺少的特征”这个主张，不得不耸耸肩，加以拒绝。如果他对这些哲学家的话仍然怀足够的敬意，他也许就会设想，他和他们研究的不是同一回事，从事的也不是同一科学。因为对一个心理官能症患者精神生活单独明智的观察，对一个梦的一次单独分析，肯定会使他坚定不移地确信，那些无疑能称为精神过程的最复杂、最准确的思想活动，可以在不引起意识的情况下发生。[②] 的确，医生只有在这些潜意识程序对能进行交流或观察的意识产生某种影响之后，才能了解它们。但是，对意识这种影响也许显示了一个和潜意识程序截然不同的精神特征，因此内在知觉可能无法辨别相互的替代物。医生本人必须保留权利，通过推论过程，从意识对潜意识精神程序的影响，深入了解。他这样就会了解到，这种对意识的影响只是潜意识程序的一个遥远的精神产物，后者不仅没有变成意识，而且它的出现和运作都无法使意识察觉到它的存在。

反对高估意识特性，是真正深入了解精神事件过程不可缺少的开端。正如利普斯曾经说过的那样，潜意识必须被看成是精神生活的普遍基础。潜意识是较大范围，其中包括意识这个较小范围；每一个有意识的东西都具有一个初步的潜意识阶段，而潜意识则能停留在这个阶段，但需要被认为具有完全的精神功能。潜意识是真正的精神现实；对于它的内在性质，就像我们对外部世界一样不了解。而且，它通过意识材料和我们交往，就像通过感觉器

---

① 《心理学中的潜意识术语》(*Der Begriff des Unbewussten in der Psychologie*)。1897 年在慕尼黑第三届国际心理学大会上发表的演讲。

② 我很高兴能指出有一位作者从研究梦中得出了意识和潜意识之间关系的同样结论。

杜普里尔说：“心灵是什么的问题，明确需要对意识和心灵是否完全相同进行初步研究。但是，对这个初步问题，梦的回答是否定的，这表明心灵这个概念超出了意识的范围，就像一颗星星的引力超出它的照明范围一样。”

“意识概念和心灵概念范围大小不一，这是一个无法得到充分强调的事实。”

官了解外部世界一样，都不完美。

当意识生活和梦生活之间原来的对立面被抛弃，潜意识精神归到适当位置时，我们会克服一系列梦问题，尽管这些梦问题曾经常常引起论述这个主题的早期作家们的注意。因此，其中许多在梦中成功呈现，让人惊奇的活动现在不再被归因于做梦，而被归因于白天还在活动的潜意识思维。正如施尔纳所说，如果梦装模作样过分强调身体的象征性表现，我们知道，这是某些潜意识幻想的作用，这也许受性冲动的影响，不仅表现在梦中，而且表现在癔病恐惧症和其他症状中。如果梦中继续并完成白天已经开始的精神活动，甚至产生具有价值的新观念，我们需要做的只是从中剥去梦的伪装，因为这个伪装是梦工作的结果，也是心灵深处隐秘力量协助的标志（参看塔梯尼奏鸣曲梦中的魔鬼）。同样的智力成就和白天产生的所有这样的结果一样，都属于同样的精神力量。我们也许过分倾向于高估理智和艺术产物的意识特征。更准确地说，根据某些高产作家（比如歌德和赫尔姆霍茨）的叙述，我们得知，他们创作的最基本、最新颖的部分是以灵感形式出现在脑海中，并以一种几乎完成的状态自动呈现在意识中。在其他情况下，如果需要所有精神力量的共同努力，意识参与活动也就毫不奇怪。但是，只要意识参加，意识活动就向我们隐瞒所有其他活动，这是滥用特权。

似乎不值得把梦的历史意义作为一个独立题目讨论。比如，一位领导会在一个梦驱使下去做一项大胆事业，结果这项事业的成功改变了历史。只有在这个梦被看成是一种神秘力量，并和其他更熟悉的精神力量形成对照时，才会出现新的问题。只要我们把梦看成是白天遭遇阻力的一些冲动的表达方式，夜里它们就能从心灵深处的兴奋来源中得到强化，这个问题就会消失。[①] 但是，古人对梦的极大推崇是基于一种正确的心理先知。这是对人类灵魂中无法控制和摧毁的元素，对提供梦愿望和在潜意识中再次发现魔力的一种尊崇。

我在我们的潜意识中使用这种措辞并不是没有目的，因为我们这种叫法既不同于那些哲学家的潜意识，也不同于利普斯的潜意识，他们使用这个术语时仅仅意味着是意识的对立面。他们唇枪舌剑争论的意见就是，不仅存在意识精神程序，而且存在潜意识精神程序。利普斯阐明了这个更加详尽的学说，就是一切精神的东西都是以潜意识存在，而其中有些也以意识存在。而我们援引这些梦和癔病症状形成的现象并不是要证明这个学说。毫无疑问，

---

① 参看亚历山大大帝在围攻蒂尔城时做的梦（第二章注解4）。

仅仅对正常生活的观察就足以证实它的正确性。从精神病理学构造、其实是从这一类型的第一部分，从梦的分析中，我们了解到了这个新颖事实：潜意识（因此所有的一切均为精神），是以两个单独系统的一种功能出现，即使正常精神生活也是这样出现。所以，存在两种潜意识，至今还没有被心理学家们区别开来。从心理学意义来说，它们都是潜意识。但是，从我们的观点来看，第一个我们称为潜意识，同样无法进入意识；第二个我们称为前意识，因为其兴奋遵循某些惯例，能够到达意识。它们再次经历审查制度之前也许不会到达意识，但可以不顾潜意识。为了到达意识，那些兴奋必须经过一个无法变更的系列——一连串动因，通过审查制度，可以看出这些动因产生的变化，这个事实使我们能以空间的类比来描述它们。我们描述过这两个系统的相互关系以及和意识的关系，显示了前意识系统像潜意识系统和意识之间的一道屏风。前意识系统不仅挡住了意识的通道，而且控制自动运动的通道，并有权支配运动精力倾注能量的传播，其中一部分是我们熟悉的注意力。①

我们也必须避开超意识和下意识之间的区别。它们的区别在最近的精神神经病文献中备受青睐，因为这种区别好像正好强调精神和意识之间的等同性。

曾经一度那样全能、遮盖其他所有一切的意识现象，在我们对事情的表达中，现在还剩下什么作用呢？正是精神性质感觉器官的作用。根据我们努力图解的基本概念，我们只能把意识知觉看成一种特殊系统的固有功能，因此 Cs 这个缩写体非常有趣。我们认为，这个系统在机械特征上和知觉系统相似，各种特性能够引起兴奋，却无法保留变化的痕迹：即完全没有记忆。精神机构以知觉系统的感觉器官指向外部世界，对意识的感觉器官来说，其本身就是外部世界，它的目的论在合理性上依靠的就是这种关系。我们在这里又一次面对似乎支配精神机构结构的动因连续原则。兴奋材料从两个方向流到意识感觉器官：第一个来自感觉系统，它的兴奋受质量调节，也许在获得意识知觉之前，要经过新的润饰。第二个来自精神机构自身内部，一旦经过某些变化后，它们进入意识，其定量程序便被感知为一系列质的快乐和痛苦。

因此，那些明白准确和高度复杂的思想结构，即使不经过意识也可能产生的哲学家，发现很难把任何功能归因于意识。在他们看来，它似乎是完整精神程序的一种多余的反映。我们的意识系统和知觉系统的类比使我们摆脱了这个尴尬局面。我们看到，知觉通过我们感觉器官的结果，把一种注意力

---

① 参看我在《精神研究学会文献汇编》第 26 卷中的评论。我在其中区分了潜意识这个含糊词的描述性、动态性和系统性的含义。

的精力倾注引向感觉兴奋自身即将的途径；知觉系统质的兴奋在精神机构内调节释放，以满足运动量。我们可以主张意识系统上面的感觉器官也具有同样的功能。通过感知一些新性质，它对运动精力倾注量的指导和适当分配提供了一种新的贡献。依靠对快乐和痛苦的感知，它会影响精神机构内的精力倾注进程，否则它在潜意识上会通过量的移植发生作用。痛苦原则很可能首先自动调节精力倾注的那些移植作用，但意识很可能对这些性质进行更微妙的第二种调节，甚至可以反对第一种，并完善机构功能，把它放在和原先计划相反的位置，同时引导痛苦进行精力倾注和润饰。我们从神经心理学得知，精神机构功能的重要部分归因于感觉器官质兴奋进行的这些调节。原发痛苦原则的自动规则，以及功能限制，因感觉调节而中断，这些调节本身也是自动作用。我们发现，尽管压抑原先有效，但最后却缺乏抑制和精神控制，造成了损害，比知觉更容易影响记忆，因为记忆无法从精神感觉器官的兴奋中得到额外的精力倾注。一方面，一个要被排除的思想不可能变为意识，因为它受到了压抑；另一方面，这种思想受到压抑，只是因为其他一些理由已经退出了意识知觉。我们在治疗中可以利用这些线索，以便解除一些已经完成的压抑。

意识感觉器官通过对运动数量调节影响产生的过度精力倾注的价值，可以在目的论的背景中展示出来，明显产生了一系列新的性质，从而带来了一种新的调节。这个调节构成了人类高于动物的显著优点。因为思想程序本身不具有任何性质，除了伴有快乐和痛苦的兴奋：我们知道，它们可能会打扰思想，所以必须加以限制。对人类来说，为了赋予它们性质，它们会和言语记忆发生联系，言语记忆剩余的性质则足以吸引意识的注意，依次赋予思想一种新的运动精力倾注。

只有通过对癔病思想程序的分析，才能明白意识问题的多面性。于是，我们得到这样一种印象：前意识精力倾注到意识精力倾注的过渡，类似于潜意识和前意识之间的过渡，都存在一种审查制度。这个审查制度也只有在达到一定限量时才开始行动，因此不是很强的思想构造就会逃脱。所有可能来自意识的阻止和在某些限制下强行进入意识的例子，都包括在精神神经症现象范围之内；一切都指向审查制度和意识之间的密切双重关系。我要用记录的两个这样的事件来结束所考虑的这些心理学因素。

几年前会诊时，患者是一个模样聪慧的女孩，天真朴素，举止自然，衣着奇怪，因为女人对衣着通常考虑周到，但她的一只长统袜下垂，衬衫上的两颗纽扣也没有扣上。她抱怨说一条腿疼。我没有要求她做，她却露出了小腿。然而，她主要的牢骚如下：她体内有一种感觉，好像什么东西戳了进去。这个东西来回移动，不停地摇晃她。这有时让她浑身僵硬。听到这话，参加会诊的一位同事望着我：他显然明白她的疾病。在我们俩看来，这好像非常奇特，这对于患者的母亲却无关紧要，尽管她自己肯定常常处于她的孩子描述的情境中。至于那个女孩，她根本不知道自己说的话的含义，否则她绝不会允许这话从自己嘴里说出来。在这里，审查制度成功地受到了蒙蔽，所以在一段天真诉说的掩饰下，一种幻想获准进入了意识，否则它就会留在前意识中。

还有一个例子：我开始给一个14岁男孩进行心理分析治疗，他患有挛缩性抽搐、癔病性呕吐、头痛等。我向他保证说，他闭上眼睛后，会看到一些景象或产生一些想法，然后他要把这些东西告诉我。他通过描述一些景象来回答我的问题。他来见我前得到的最后印象在他的记忆中栩栩如生地再现。他当时一直在和叔叔下西洋跳棋，现在看到棋盘摆在面前。他对几种有利或不利的阵势、对几种不安全的走法进行评论。随后，他看见棋盘上放有一把匕首——那是他父亲的东西，但他的幻想把匕首摆在了棋盘上。接着是一把镰刀，然后是一把大镰刀摆在了棋盘上。最后，他看到了一位老农夫在远处他家房前割草的图像。几天后，我才发现这一系列图像的意义。不快的家境使那个男孩躁动不安。这是一个严厉暴躁的父亲的例子。这位父亲和男孩的母亲生活得不幸福，而且他的教育方法由种种威胁组成。他和温柔娇弱的妻子离了婚，另娶他人。有一天，他带回家一个年轻女人，作了男孩的新妈。几天后，这个14岁的男孩就生了病。这是他对父亲压抑的愤怒，这种愤怒将这些意象变成了一些可以理解的暗示。这个材料是由一个神话回忆提供的。镰刀是宙斯阉割他父亲用的东西；大镰刀和农夫的意象代表克罗诺斯，这个残暴的老人吞吃了自己的孩子们，因此宙斯就以这样不孝的方式对他进行报复。父亲的结婚给了男孩一个报复的机会，因为他玩弄生殖器，他曾经听到父亲说过种种责备和威胁（棋盘；禁止的走法；可以用来杀人的匕首）。这里有长期压抑的记忆及其潜意识的衍生物，它们假借没有意义的图像，通过给它们打开的迂回途径，悄悄进入了意识。

如果有人问我梦研究的理论价值是什么，我就应该回答，它增加了心理学知识，也增加了我们由此对心理官能症的了解。即使我们目前的知识状况，也有可能成功地治好精神神经病。所以，如果彻底了解精神机构的结构和功能，其中的重要性谁又能预见呢？但也许有人会问，了解心灵和发现个人隐藏的性格特点，这项研究具有什么实际价值呢？难道梦中显示的潜意识冲动在精神生活中没有真实力量的价值吗？我们能轻视压抑愿望的伦理意义吗？因为就像它们现在产生梦一样，将来有一天也许会产生其他东西。

我觉得自己回答不好这些问题。我没有深入研究过这方面的梦问题。然而，不管怎么说，我都认为，罗马皇帝因为一名臣民梦见自己杀了皇帝就下令处死他，这是错误的。他应该首先尽力发现那个人的梦的意义，十有八九梦的意义不是表面的意思。即使一个不同内容的梦确实含有这种背叛的意义，也仍会好好想起柏拉图这句话——善良的人满足于梦见坏人在实际生活中干的事情。所以，我认为，梦应该无罪。这些潜意识愿望是否会变成现实，我难以说清。当然，一切短暂和中介的思想都不能看作现实。如果我们看到的是潜意识最真实的终极表现形式，我们仍然应该牢牢记住，精神的现实是存在的一种特殊形式，不能和物质的现实混为一谈。因此，人们似乎没有必要拒绝为梦中的不道德行为负责。正确评价精神机构的功能方式以深入了解意识和潜意识之间的关系，我们梦生活中和幻想生活中所有令人不快的伦理内容大部分就会消失。

“我们回到意识中寻找曾经告诉我们的当前（现实）的有关情况时，如果发现在进行分析的放大镜下见过的庞然大物原来是一只微不足道的纤毛虫，我们不要吃惊。”（H·萨克斯）

根据一个人的行为和思想意识表现足以达到判断人的所有实际目的。行动首先应该放在第一位，因为许多进入意识的冲动还没有付诸行动，就受到了精神生活真正力量的压制。其实，这些冲动在进行时之所以常常不会遇到任何阻碍，是因为潜意识肯定它们以后会遇到阻力。不管怎样，如果我们对自己的美德赖以自豪生存的这片精耕细作的土地有所了解，就会大有启发。因为人类性格的复杂性，动机力量移向四面八方，所以像我们的古老道德观哲学提出的那样，很少适应简单的两者择一取舍法。

那么，对我们了解未来，梦的价值是什么呢？这当然不容讨论。我们愿意用“对我们了解过去”来代替“对我们了解未来”这句话。因为在各种意义上，梦都源自过去。梦展现未来的古老信念，确实并非毫无道理。通过表现愿望满足，梦无疑会把我们引向未来。但是，做梦者把这个梦当成现在的这个未来，已经被牢不可破的愿望塑造成了貌似过去的样子。

译名对照表

（按在各章中出现的先后顺序排列）

亚伯拉罕·阿登·布里尔（Abraham Arden Brill）

G·斯坦利·霍尔（G. Stanley Hall）

约翰·拉伯克（John Lubbock）

赫伯特·斯宾塞（Herbert Spencer）

希波克拉底（Hippocrates）

弗雷德里希·威廉·约瑟夫·冯·谢林（Friedrich Wilhelm Joseph von Schelling）

阿纳托尔·法郎士（Anatole France）

W·詹森（W. Jensen）

《格拉狄瓦》（Gradiva）

达尔狄斯（Daldis）

阿尔特米多鲁斯（Artemidoros）

甘珀茨（Gompertz）

芬克狄特（Tfinkdjit）

美索不达米亚阿拉伯人（Mesopotamian Arabs）

阿尔弗雷德·罗比泽克（Alfred Robitsek）

雨果·温克勒（Hugo Winckler）

萨堤罗斯（Aristandros）

斯顿夫（Stumpf）

韦安特（Weygandt）

《以赛亚书》（Isaiah）

冯·休格-赫尔姆斯（von Hug-Hellmuth）

普特南（Putnam）

拉尔特（Raalte）

施皮尔雷因（Spielrein）

陶斯克（Tausk）

比安契里（Banchieri）

布斯曼（Busemann）

道格利安（Doglia）

威根姆（Wigam）
奥托·诺登斯科伊德（Otto Nordenskjold）
费伦齐（Ferenczi）
施尔纳（Scherner）
杜普里尔（Du Prel）
俄狄浦斯（Oedipus）
德雷福斯（Dreyfus）
哈夫洛克·埃利斯（Havelock Ellis）
德尔贝夫（Delboeuf）
帕拉斯（Pallas）
让·保罗·里克特（Jean Paul Richter）
哈斯多尼巴（Hasdrubal）
瓦休（Wachau）
爱默斯多夫（Emmersdorf）
费肖夫（Fischof）
F·威特尔斯（F. Wittels）
欧丁（Odin）
奥斯卡·潘尼查（Oscar Panizza）
盖尼米得（Ganymede）
贝亚德·泰勒（Bayard Taylor）
拉斯克（Lasker）
拉萨尔（Lasalle）
林克斯（Lynkeus）
K·阿贝尔（K. Abel）
约瑟夫斯（Josephus）
雨果·沃尔夫（Hugo Wolf）
布洛伊勒-弗洛伊德（Bleuler-Freud）
爱德华·富克斯（Edward Fuchs）
米德尔（Maeder）
亚伯拉罕（Abraham）
克利帕尔（Kleinpaul）
汉斯·斯佩贝尔（Hans Sperber）
普菲斯特（Pfister）

科奇格雷伯（Kirchgraber）
阿尔弗雷德·罗比切克（Alfred Robitsek）
阿尔弗雷德·阿德勒（Alfred Adler）
埃德尔（Eder）
里德勒（Reitler）
布鲁特斯（Brutus）
希罗多德希（Herodotus）
马西罗夫斯基（Marcinowski）
雅克·卡洛特（Jacques Callot）
马尔巴赫（Marbach）
席勒（Schiller）
贾斯廷·托波沃尔斯卡（Justine Tobowolska）
麦卡里奥（Macario）
卡西米尔·邦佐（Casimir Bonjour）
福考尔特（Foucault）
坦纳里（Tannery）
爱德华·冯·哈特曼（Eduard von Hartmann）
莫里（Maury）
阿伯特·马格纳斯（Albertus Magnus）
霍布斯（Hobbes）
勒洛林（Le Lorrain）
休林斯·杰克逊（Hughlings Jackson）
利厄宝（Liebault）
杜加斯（Dugas）
戈布洛特（Goblot）

THE INTERPRETATION OF DREAMS

梦的解析

[奥] 西格蒙德・弗洛伊德 著
[美] 亚伯拉罕・阿登・布里尔 译

天津社会科学院出版社

FOREWORD

In 1909, G. Stanley Hall invited me to Clark University, in Worcester, to give the first lectures on psychoanalysis. In the same year, Dr Brill published the first of his translations of my writings, which were soon followed by further ones. If psychoanalysis now plays a role in American intellectual life, or if it does so in the future, a large part of this result will have to be attributed to this and other activities of Dr Brill's.

His first translation of *The Interpretation of Dreams* appeared in 1913. Since then, much has taken place in the world, and much has been changed in our views about the neuroses. This book, with the new contribution to psychology which surprised the world when it was published (1900), remains essentially unaltered. It contains, even according to my present-day judgment, the most valuable of all the discoveries it has been my good fortune to make. Insight such as this falls to one's lot but once in a lifetime.

FREUD

Vienna

March 15, 1931

CONTENTS

CHAPTER ONE

The Scientific Literature of Dream-Problems (up to 1900)

In the following pages, I shall demonstrate that there is a psychological technique which makes it possible to interpret dreams, and that on the application of this technique, every dream will reveal itself as a psychological structure, full of significance, and one which may be assigned to a specific place in the psychic activities of the waking state. Further, I shall endeavour to elucidate the processes which underlie the strangeness and obscurity of dreams, and to deduce from these processes the nature of the psychic forces whose conflict or co-operation is responsible for our dreams. This done, my investigation will terminate, as it will have reached the point where the problem of the dream merges into more comprehensive problems, and to solve these, we must have recourse to material of a different kind.

I shall begin by giving a short account of the views of earlier writers on this subject and of the status of the dream-problem in contemporary science; since in the course of this treatise, I shall not often have occasion to refer to either. In spite of thousands of years of endeavour, little progress has been made in the scientific understanding of dreams. This fact has been so universally acknowledged by previous writers on the subject that it seems hardly necessary to quote individual opinions. The reader will find, in many stimulating observations, and plenty of interesting material relating to our subject, but little or nothing that concerns the true nature of the dream, or that solves definitely any of its enigmas. The educated layman, of course, knows even less of the matter.

The conception of the dream that was held in prehistoric ages by primitive peoples, and the influence which it may have exerted on the formation of their conceptions of the universe, and of the soul, is a theme of such great interest that it is only with reluctance that I refrain from dealing with it in these pages. I will refer the reader to the well-known works of Sir John Lubbock (Lord Avebury), Herbert Spencer, E. B. Tylor and other writers; I will only add that we shall not realise the importance of these problems and speculations until we have completed the task of dream interpretation that lies before us.

A reminiscence of the concept of the dream that was held in primitive times seems to underlie the evaluation of the dream which was current among the peoples of classical antiquity.[1] They took it for granted that dreams were related to the world of the supernatural beings in whom they believed, and that they brought inspirations from the gods and demons. Moreover, it appeared to them that dreams must serve a special purpose in respect of the dreamer; that, as a rule, they predicted the future. The extraordinary variations in the content of dreams, and in the impressions which they produced on the dreamer, made it, of course, very difficult to formulate a coherent conception of them, and necessitated manifold differentiations and group-formations, according to their value and reliability. The valuation of dreams by the individual philosophers of antiquity naturally depended on the importance which they were prepared to attribute to manticism in general.

In the two works of Aristotle in which there is mention of dreams, they are already regarded as constituting a problem of psychology. We are told that the dream is not god-sent, that it is not of divine but of daimonic origin. For nature is really daimonic, not divine; that is to say, the dream is not a supernatural revelation, but is subject to the laws of the human spirit, which has, of course, a kinship with the divine. The dream is defined as the psychic activity of the sleeper, inasmuch as he is asleep. Aristotle was acquainted with some of the characteristics of the dream-life; for example, he knew that a dream converts the slight sensations perceived in sleep into intense sensations (`one imagines that one is walking through fire, and feels hot, if this or that part of the body becomes only quite slightly warm'), which led him to conclude that dreams might easily betray to the physician the first indications of an incipient physical change which escaped observation during the day.[2]

As has been said, those writers of antiquity who preceded Aristotle did not regard the dream as a product of the dreaming psyche, but as an inspiration of divine origin, and in ancient times, the two opposing tendencies which we shall find throughout the ages in respect of the evaluation of the dream-life, were already perceptible. The ancients distinguished between the true and valuable dreams which were sent to the dreamer as warnings, or to foretell future events, and the vain, fraudulent and empty dreams, whose object was to misguide him or lead him to destruction.

The pre-scientific conception of the dream which obtained among the ancients was, of course, in perfect keeping with their general conception of the universe, which was accustomed to project as an external reality that which possessed reality only in the life of the psyche. Further, it accounted for the main impression made upon the waking life by the morning memory of the dream; for in this memory the dream, as compared with the rest of the psychic content, seems to be something alien, coming, as it were, from another world. It would be an error to suppose that the theory of the supernatural origin of dreams lacks followers even in our own times; for quite apart from pietistic and mystical writers -- who cling, as they are perfectly justified in doing, to the remnants of the once predominant realm of the supernatural until these remnants have been swept away by scientific explanation -- we not infrequently find that quite intelligent persons, who in other respects are averse to anything of a romantic nature, go so far as to base their religious belief in the existence and co-operation of superhuman spiritual powers on the inexplicable nature of the phenomena of dreams (Haffner). The validity ascribed to the dream life by certain schools of philosophy -- for example, by the school of Schelling -- is a distinct reminiscence of the undisputed belief in the divinity of dreams which prevailed in antiquity; and for some thinkers, the mantic or prophetic power of dreams is still a subject of debate. This is due to the fact that the explanations attempted by psychology are too inadequate to cope with the accumulated material, however strongly the scientific thinker may feel that such superstitious doctrines should be repudiated.

To write a history of our scientific knowledge of the dream problem is extremely difficult, because, valuable though this knowledge may be in certain respects, no real progress in a definite direction is as yet discernible. No real foundation of verified results has hitherto been established on which future investigators might continue to build. Every new author approaches the same problems afresh, and from the very beginning. If I were to enumerate such authors in chronological order, giving a survey of the opinions which each has held concerning the problems of the dream, I should be quite unable to draw a clear and complete picture of the present state of our knowledge on the subject. I have therefore preferred to base my method of treatment on themes rather than on authors, and in attempting the solution of each problem of the dream, I shall cite the material found in the literature of the subject.

But as I have not succeeded in mastering the whole of this literature -- for it is widely dispersed and interwoven with the literature of other subjects -- I must ask my readers to rest content with my survey as it stands, provided that no fundamental fact or important point of view has been overlooked.

In a supplement to a later German edition, the author adds:

I shall have to justify myself for not extending my summary of the literature of dream problems to cover the period between first appearance of this book and the publication of the second edition. This justification may not seem very satisfactory to the reader; none the less, to me it was decisive. The motives which induced me to summarise the treatment of dreams in the literature of the subject have been exhausted by the foregoing introduction; to have continued this would have cost me a great deal of effort and would not have been particularly useful or instructive. For the interval in question -- a period of nine years -- has yielded nothing new or valuable as regards the conception of dreams, either in actual material or in novel points of view. In most of the literature which has appeared since the publication of my own work, the latter has not been mentioned or discussed; it has, of course, received the least attention from the so-called `research workers on dreams', who have thus afforded a brilliant example of the aversion to learning anything new so characteristic of the scientist. `*Les savants ne sont pas curieux*', said the scoffer, Anatole France. If there were such a thing in science as the right of revenge, I, in my turn, should be justified in ignoring the literature which has appeared since the publication of this book. The few reviews which have appeared in the scientific journals are so full of misconceptions and lack of comprehension that my only possible answer to my critics would be a request that they should read this book over again -- or perhaps merely that they should read it!

And in a supplement to the fourth German edition which appeared in 1914, a year after I published the first English translation of this work, he writes:

Since then, the state of affairs has certainly undergone a change; my contribution to the `interpretation of dreams' is no longer ignored in the literature of the subject. But the new situation makes it even more impossible to continue the foregoing summary. *The Interpretation of Dreams* has evoked a whole series of new contentions and problems, which have been expounded by the authors in the most varied fashions. But I cannot discuss these works until I have developed the theories to which their authors have referred. Whatever has appeared to me as valuable in this recent literature, I have accordingly reviewed in the course of the following exposition.

[1] The following remarks are based on Büchsenschütz's careful essay, *Traum und Traumdeutung im Altertum* (Berlin, 1868).

[2] The relationship between dreams and disease is discussed by Hippocrates in a chapter of his famous work.

CHAPTER TWO

The Method of Dream Interpretation

THE ANALYSIS OF A SPECIMEN DREAM

The epigraph on the title-page of this volume[1] indicates the tradition to which I prefer to ally myself in my conception of the dream. I am proposing to show that dreams are capable of interpretation; and any contributions to the solution of the problem which have already been discussed will emerge only as possible by-products in the accomplishment of my special task. On the hypothesis that dreams are susceptible of interpretation, I at once find myself in disagreement with the prevailing doctrine of dreams -- in fact, with all the theories of dreams, excepting only that of Scherner, for `to interpret a dream', is to specify its `meaning', to replace it by something which takes its position in the concatenation of our psychic activities as a link of definite importance and value. But, as we have seen, the scientific theories of the dream leave no room for a problem of dream-interpretation; since, in the first place, according to these theories, dreaming is not a psychic activity at all, but a somatic process which makes itself known to the psychic apparatus by means of symbols. Lay opinion has always been opposed to these theories. It asserts its privilege of proceeding illogically, and although it admits that dreams are incomprehensible and absurd, it cannot summon up the courage to deny that dreams have any significance. Led by a dim intuition, it seems rather to assume that dreams have a meaning, albeit a hidden one; that they are intended as a substitute for some other thought-process, and that we have only to disclose this substitute correctly in order to discover the hidden meaning of the dream.

The unscientific world, therefore, has always endeavoured to `interpret' dreams, and by applying one or the other of two essentially different methods. The first of these methods envisages the dream-content as a whole, and seeks to replace it by another content, which is intelligible and in certain respects analogous. This is symbolic dream-interpretation; and of course it goes to pieces at the very outset in the case of those dreams which are not only unintelligible but confused. The construction which the biblical Joseph placed upon the dream of Pharaoh furnishes an example of this method. The seven fat kine, after which came seven lean ones that devoured the former, were a symbolic substitute for seven years of famine in the land of Egypt, which according to the prediction were to consume all the surplus that seven fruitful years had produced. Most of the artificial dreams contrived by the poets[1] are intended for some such symbolic interpretation, for they reproduce the thought conceived by the poet in a guise not unlike the disguise which we are wont to find in our dreams.

The idea that the dream concerns itself chiefly with the future, whose form it surmises in advance -- a relic of the prophetic significance with which dreams were once invested -- now becomes the motive for translating into the future the meaning of the dream which has been found by means of symbolic interpretation.

A demonstration of the manner in which one arrives at such a symbolic interpretation cannot, of course, be given. Success remains a matter of ingenious conjecture, of direct intuition, and for this reason dream-interpretation has naturally been elevated into an art which seems to depend upon extraordinary gifts.[2] The second of the two popular methods of dream-interpretation entirely abandons such claims. It might be described as the `cipher method', since it treats the dream as a kind of secret code in which every sign is translated into another sign of known meaning, according to an established key. For example, I have dreamt of a letter, and also of a funeral or the like; I consult a `dream-book', and I find that `letter' is to be translated by `vexation' and `funeral' by `engagement'. It now remains to establish a connection, which I am again to assume as pertaining to the future, by means of the rigmarole which I have deciphered. An interesting variant of this cipher procedure, a variant in which its character of purely mechanical transference is to a certain extent corrected, is presented in the work on dream-interpretation by Artemidoros of Daldis.[3] Here not only the dream-content, but also the personality and social position of the dreamer are taken into consideration, so that the same dream-content has a significance for the rich man, the married man, or the orator, which is different from that which applies to the poor man, the bachelor, or, let us say, the merchant. The essential point, then, in this procedure is that the work of interpretation is not applied to the entirety of the dream, but to each portion of the dream-content severally, as though the dream were a conglomerate in which each fragment calls for special treatment. Incoherent and confused dreams are certainly those that have been responsible for the invention of the cipher method.[4]

The worthlessness of both these popular methods of interpretation does not admit of discussion. As regards the scientific treatment of the subject, the symbolic method is limited in its application, and is not susceptible of a general exposition, In the cipher method everything depends upon whether the `key', the dream-book, is reliable, and for that all guarantees are lacking. So that one might be tempted to grant the contention of the philosophers and psychiatrists, and to dismiss the problem of dream-interpretation as altogether fanciful.[5]

I have, however, come to think differently. I have been forced to perceive that here, once more, we have one of those not infrequent cases where an ancient and stubbornly retained popular belief seems to have come nearer to the truth of the matter than the opinion of modern science. I must insist that the dream actually does possess a meaning, and that a scientific method of dream-interpretation is possible. I arrived at my knowledge of this method in the following manner.

For years I have been occupied with the resolution of certain psychopathological structures -- hysterical phobias, obsessional ideas, and the like -- with therapeutic intentions. I have been so occupied, in fact, ever since I heard the significant statement of Joseph Breuer, to the effect that in these structures, regarded as morbid symptoms, solution and treatment go hand in hand.[6] Where it has been possible to trace a pathological idea back to those elements in the psychic life of the patient to which it owed its origin, this idea has crumbled away, and the patient has been relieved of it. In view of the failure of our other therapeutic efforts, and in the face of the mysterious character of these pathological conditions, it seemed to me tempting, in spite of all the difficulties, to follow the method initiated by Breuer until a complete elucidation of the subject had been achieved. I shall have occasion elsewhere to give a detailed account of the form which the technique of this procedure has finally assumed, and of the results of my efforts. In the course of these psychoanalytic studies, I happened upon the question of dream-interpretation. My patients, after I had pledged them to inform me of all the ideas and thoughts which occurred to them in connection with a given theme, related their dreams, and thus taught me that a dream may be interpolated in the psychic concatenation, which may be followed backwards from a pathological idea into a patient's memory. The next step was to treat the dream itself as a symptom, and to apply to it the method of interpretation which had been worked out for such symptoms.

For this a certain psychic preparation on the part of the patient is necessary. A twofold effort is made, to stimulate his attentiveness in respect of his psychic perceptions, and to eliminate the critical spirit in which he is ordinarily in the habit of viewing such thoughts as come to the surface. For the purpose of self-observation with concentrated attention it is advantageous that the patient should take up a restful position and close his eyes; he must be explicitly instructed to renounce all criticism of the thought formations which he may perceive. He must also be told that the success of the psychoanalysis depends upon his noting and communicating everything that passes through his mind, and that he must not allow himself to suppress one idea because it seems to him unimportant or irrelevant to the subject, or another because it seems nonsensical. He must preserve an absolute impartiality in respect to his ideas; for if he is unsuccessful in finding the desired solution of the dream, the obsessional idea, or the like, it will be because he permits himself to be critical of them.

I have noticed in the course of my psychoanalytical work that the psychological state of a man in an attitude of reflection is entirely different from that of a man who is observing his psychic processes. In reflection there is a greater play of psychic activity than in the most attentive self-observation; this is shown even by the tense attitude and the wrinkled brow of the man in a state of reflection, as opposed to the mimic tranquillity of the man observing himself. In both cases there must be concentrated attention, but the reflective man makes use of his critical faculties, with the result that he rejects some of the thoughts which rise into consciousness after he has become aware of them, and abruptly interrupts others, so that he does not follow the lines of thought which they would otherwise open up for him; while in respect of yet other thoughts he is able to behave in such a manner that they do not become conscious at all -- that is to say, they are suppressed before they are perceived. In self-observation, on the other hand, he has but one task -- that of suppressing criticism; if he succeeds in doing this, an unlimited number of thoughts enter his consciousness which would otherwise have eluded his grasp. With the aid of the material thus obtained -- material which is new to the self-observer -- it is possible to achieve the interpretation of pathological ideas, and also that of dream-formations. As will be seen, the point is to induce a psychic state which is in some degree analogous, as regards the distribution of psychic energy (mobile attention), to the state of the mind before falling asleep -- and also, of course, to the hypnotic state. On falling asleep the `undesired ideas' emerge, owing to the slackening of a certain arbitrary (and, of course, also critical) action, which is allowed to influence the trend of our ideas; we are accustomed to speak of fatigue as the reason of this slackening; the merging undesired ideas are changed into visual and auditory images. In the condition which it utilised for the analysis of dreams and pathological ideas, this activity is purposely and deliberately renounced, and the psychic energy thus saved (or some part of it) is employed in attentively tracking the undesired thoughts which now come to the surface -- thoughts which retain their identity as ideas (in which the condition differs from the state of falling asleep). *`Undesired ideas' are thus changed into `desired' ones*.

There are many people who do not seem to find it easy to adopt the required attitude toward the apparently `freely rising' ideas, and to renounce the criticism which is otherwise applied to them. The `undesired ideas' habitually evoke the most violent resistance, which seeks to prevent them from coming to the surface. But if we may credit our great poet-philosopher Friedrich Schiller, the essential condition of poetical creation includes a very similar attitude. In a certain passage in his correspondence with Körner (for the tracing of which we are indebted to Otto Rank), Schiller replies in the following words to a friend who complains of his lack of creative power: `The reason for your complaint lies, it seems to me, in the constraint which your intellect imposes upon your imagination. Here I will make an observation, and illustrate it by an allegory. Apparently it is not good -- and indeed it hinders the creative work of the mind -- if the intellect examines too closely the ideas already pouring in, as it were, at the gates. Regarded in isolation, an idea may be quite insignificant, and venturesome in the extreme, but it may acquire importance from an idea which follows it; perhaps, in a certain collocation with other ideas, which may seem equally absurd, it may be capable of furnishing a very serviceable link. The intellect cannot judge all these ideas unless it can retain them until it has considered them in connection with these other ideas. In the case of a creative mind, it seems to me, the intellect has withdrawn its watchers from the gates, and the ideas rush in pell-mell, and only then does it review and inspect the multitude. You worthy critics, or whatever you may call yourselves, are ashamed or afraid of the momentary and passing madness which is found in all real creators, the longer or shorter duration of which distinguishes the thinking artist from the dreamer. Hence your complaints of unfruitfulness, for you reject too soon and discriminate too severely' (letter of December 1, 1788).

And yet, such a withdrawal of the watchers from the gates of the intellect, as Schiller puts it, such a translation into the condition of uncritical self-observation, is by no means difficult.

Most of my patients accomplish it after my first instructions. I myself can do so very completely, if I assist the process by writing down the ideas that flash through my mind. The quantum of psychic energy by which the critical activity is thus reduced, and by which the intensity of self-observation may be increased, varies considerably according to the subject-matter upon which the attention is to be fixed.

The first step in the application of this procedure teaches us that one cannot make the dream as a whole the object of one's attention, but only the individual components of its content. If I ask a patient who is as yet unpractised: `What occurs to you in connection with this dream?' he is unable, as a rule, to fix upon anything in his psychic field of vision. I must first dissect the dream for him; then, in connection with each fragment, he gives me a number of ideas which may be described as the `thoughts behind' this part of the dream. In this first and important condition, then, the method of dream-interpretation which I employ diverges from the popular, historical and legendary method of interpretation by symbolism and approaches more nearly to the second or `cipher method'. Like this, it is an interpretation in detail, not *en masse*; like this, it conceives the dream, from the outset, as something built up, as a conglomerate of psychic formations.

In the course of my psychoanalysis of neurotics I have already subjected perhaps more than a thousand dreams to interpretation, but I do not wish to use this material now as an introduction to the theory and technique of dream-interpretation. For quite apart from the fact that I should lay myself open to the objection that these are the dreams of neuropaths, so that the conclusions drawn from them would not apply to the dreams of healthy persons, there is another reason that impels me to reject them. The theme to which these dreams point is, of course, always the history of the malady that is responsible for the neurosis. Hence every dream would require a very long introduction, and an investigation of the nature and etiological conditions of the psychoneuroses, matters which are in themselves novel and exceedingly strange, and which would therefore distract attention from the dream-problem proper. My purpose is rather to prepare the way, by the solution of the dream-problem, for the solution of the more difficult problems of the psychology of the neuroses. But if I eliminate the dreams of neurotics, which constitute my principal material, I cannot be too fastidious in my treatment of the rest. Only those dreams are left which have been incidentally related to me by healthy persons of my acquaintance, or which I find given as examples in the literature of dream-life. Unfortunately, in all these dreams I am deprived of the analysis without which I cannot find the meaning of the dream. My mode of procedure is, of course, less easy than that of the popular cipher method, which translates the given dream-content by reference to an established key; I, on the contrary, hold that the same dream-content may conceal a different meaning in the case of different persons, or in different connections. I must, therefore, resort to my own dreams as a source of abundant and convenient material, furnished by a person who is more or less normal, and containing references to many incidents of everyday life. I shall certainly be confronted with doubts as to the trustworthiness of these `self-analyses', and it will be said that arbitrariness is by no means excluded in such analyses. In my own judgment, conditions are more likely to be favourable in self-observation than in the observation of others; in any case, it is permissible to investigate how much can be accomplished in the matter of dream-interpretation by means of self-analysis. There are other difficulties which must be overcome in my own inner self. One has a comprehensible aversion to exposing so many intimate details of one's own psychic life, and one does not feel secure against the misinterpretations of strangers. But one must be able to transcend such considerations. `*Tout psychologiste*,' writes Delboeuf, `*est obligé de faire l'aveu même de ses faiblesses s'il croit par là jeter du jour sur quelque problème obscur*.' And I may assume for the reader that his initial interest in the indiscretions which I must commit will very soon give way to an exclusive engrossment in the psychological problems elucidated by them.[7]

I shall therefore select one of my own dreams for the purpose of elucidating my method of interpretation. Every such dream necessitates a preliminary statement; so that I must now beg the reader to make my interests his own for a time, and to become absorbed, with me, in the most trifling details of my life; for an interest in the hidden significance of dreams imperatively demands just such a transference.

Preliminary Statement -- In the summer of 1895 I had treated psycho-analytically a young lady who was an intimate friend of mine and of my family. It will be understood that such complicated relations may excite manifold feelings in the physician, and especially the psychotherapist. The personal interest of the physician is greater, but his authority less. If he fails, his friendship with the patient's relatives is in danger of being undermined. In this case, however, the treatment ended in partial success; the patient was cured of her hysterical anxiety, but not of all her somatic symptoms. At that time I was not yet quite sure of the criteria which denote the final cure of an hysterical case, and I expected her to accept a solution which did not seem acceptable to her. In the midst of this disagreement we discontinued the treatment for the summer holidays. One day a younger colleague, one of my most intimate friends, who had visited the patient -- Irma -- and her family in their country residence, called upon me. I asked him how Irma was, and received the reply: `She is better, but not quite well.' I realise that these words of my friend Otto's, or the tone of voice in which they were spoken, annoyed me. I thought I heard a reproach in the words, perhaps to the effect that I had promised the patient too much, and -- rightly or wrongly -- I attributed Otto's apparent `taking sides' against me to the influence of the patient's relatives, who, I assumed, had never approved of my treatment. This disagreeable impression, however, did not become clear to me, nor did I speak of it. That same evening I wrote the clinical history of Irma's case, in order to give it, as though to justify myself, to Dr M., a mutual friend, who was at that time the leading personality in our circle. During the night (or rather in the early morning) I had the following dream, which I recorded immediately after waking:[8]

Dream of July 23-24, 1895

A great hall -- a number of guests, whom we are receiving -- among them Irma, whom I immediately take aside, as though to answer her letter, and to reproach her for not yet accepting the `solution'. I say to her: `If you still have pains, it is really only your own fault.' -- She answers: `If you only knew what pains I have now in the throat, stomach, and abdomen -- I am choked by them.' I am startled, and look at her. She looks pale and puffy. I think that after all I must be overlooking some organic affection. I take her to the window and look into her throat. She offers some resistance to this, like a women who has a set of false teeth. I think, surely, she doesn't need them. -- The mouth then opens wide, end I find a large white spot on the right, and elsewhere I see extensive greyish-white scabs adhering to curiously curled formations, which are evidently shaped like the turbinal bones of the nose. -- I quickly call Dr M., who repeats the examination and confirms it. . . . Dr M. looks quite unlike his usual self; he is very pale, he limps, and his chin is clean-shaven. . . . Now my friend Otto, too, is standing beside her, and my friend Leopold percusses her covered chest, and says: `She has a dullness below, on the left,' and also calls attention to an infiltrated portion of skin on the left shoulder (which I can* *feel, in spite of the dress). . . . M. says: `There's no doubt that it's an infection, but it doesn't matter; dysentery will follow and the poison will be eliminated.'. . . . We know, too, precisely how the infection originated. My friend Otto, not long ago, gave her, when she was feeling unwell, an injection of a preparation of propyl . . . propyls . . . propionic acid . . . trimethylamin (the formula of which I see before me, printed in heavy type). . . . One doesn't give such injections so rashly. . . . Probably, too, the syringe was not clean.

This dream has an advantage over many others. It is at once obvious to what events of the preceding day it is related, and of what subject it treats. The preliminary statement explains these matters. The news of Irma's health which I had received from Otto, and the clinical history, which I was writing late into the night, had occupied my psychic activities even during sleep. Nevertheless, no one who had read the preliminary report, and had knowledge of the content of the dream, could guess what the dream signified. Nor do I myself know. I am puzzled by the morbid symptoms of which Irma complains in the dream, for they are not the symptoms for which I treated her. I smile at the nonsensical idea of an injection of propionic acid, and at Dr M.'s attempt at consolation. Towards the end the dream seems more obscure and quicker in tempo than at the beginning. In order to learn the significance of all these details I resolve to undertake an exhaustive analysis.

ANALYSIS

The hall -- a number of guests, whom we are receiving. We were living that summer at *Bellevue*, an isolated house on one of the hills adjoining the Kahlenberg. This house was originally built as a place of entertainment, and therefore has unusually lofty, hall-like rooms. The dream was dreamed in *Bellevue*, a few days before my wife's birthday. During the day my wife had mentioned that she expected several friends, and among them Irma, to come to us as guests for her birthday. My dream, then, anticipates this situation: It is my wife's birthday, and we are receiving a number of people, among them Irma, as guests in the large hall of *Bellevue*.

I reproach Irma for not having accepted the `solution', I say, `If you still have pains, it is really your own fault.' I might even have said this while awake; I may have actually said it. At that time I was of the opinion recognised (later to be incorrect) that my task was limited to informing patients of the hidden meaning of their symptoms. Whether they then accepted or did not accept the solution upon which success depended -- for that I was not responsible. I am grateful to this error, which, fortunately, has now been overcome, since it made life easier for me at a time when, with all my unavoidable ignorance, I was expected to effect successful cures. But I note that in the speech which I make to Irma in the dream I am above all anxious that I shall not be blamed for the pains which she still suffers. If it is Irma's own fault, it cannot be mine. Should the purpose of the dream be looked for in this quarter?

Irma's complaints -- pains in the neck, abdomen, and stomach; she is choked by them. Pains in the stomach belonged to the symptom-complex of my patient, but they were not very prominent; she complained rather of qualms and a feeling of nausea. Pains in the neck and abdomen and constriction of the throat played hardly any part in her case. I wonder why I have decided upon this choice of symptoms in the dream; for the moment I cannot discover the reason.

She looks pale and puffy. My patient had always a rosy complexion. I suspect that here another person is being substituted for her.

I am startled at the idea that I may have overlooked some organic affection. This, as the reader will readily believe, is a constant fear with the specialist who sees neurotics almost exclusively, and who is accustomed to ascribe to hysteria so many manifestations which other physicians treat as organic. On the other hand, I am haunted by a faint doubt -- I do not know whence it comes -- whether my alarm is altogether honest. If Irma's pains are indeed of organic origin, it is not my duty to cure them. My treatment, of course, removes only hysterical pains. It seems to me, in fact, that I wish to find an error in the diagnosis; for then I could not be reproached with failure to effect a cure.

I take her to the window in order to look into her throat. She resists a little, like a woman who has false teeth. I think to myself, she does not need them. I had never had occasion to inspect Irma's oral cavity. The incident in the dream reminds me of an examination, made some time before, of a governess who at first produced an impression of youthful beauty, but who, upon opening her mouth, took certain measures to conceal her denture. Other memories of medical examinations, and of petty secrets revealed by them, to the embarrassment of both physician and patient, associate themselves with this case. -- `She surely does not need them', is perhaps in the first place a compliment to Irma: but I suspect yet another meaning. In a careful analysis one is able to feel whether or not the *arrière-pensées* which are to be expected have all been exhausted. The way in which Irma stands at the window suddenly reminds me of another experience. Irma has an intimate woman friend of whom I think very highly. One evening, on paying her a visit, I found her at the window in the position reproduced in the dream, and her physician, the same Dr M., declared that she had a diphtheritic membrane. The person of Dr M. and the membrane return, indeed, in the course of the dream. Now it occurs to me that during the past few months I have had every reason to suppose that this lady too is hysterical. Yes, Irma herself betrayed the fact to me. But what do I know of her condition? Only the one thing, that like Irma in the dream she suffers from hysterical choking. Thus, in the dream I have replaced my patient by her friend. Now I remember that I have often played with the supposition that this lady, too, might ask me to relieve her of her symptoms. But even at the time I thought it improbable since she is extremely reserved. She *resists*, as the dream shows. Another explanation might be that *she does not need it*; in fact, until now she has shown herself strong enough to master her condition without outside help. Now only a few features remain, which I can assign neither to Irma nor to her friend; pale, puffy, false teeth. The false teeth led me to the governess; I now feel inclined to be satisfied with bad teeth. Here another person, to whom these features may allude, occurs to me. She is not my patient, and I do not wish her to be my patient, for I have noticed that she is not at her ease with me, and I do not consider her a docile patient. She is generally pale, and once, when she had not felt particularly well, she was puffy.'[2] I have thus compared my patient Irma with two others, who would likewise resist treatment.

What is the meaning of the fact that I have exchanged her for her friend in the dream? Perhaps that I wish to exchange her; either her friend arouses in me stronger sympathies, or I have a higher regard for her intelligence. For I consider Irma foolish because she does not accept my solution. The other woman would be more sensible, and would thus be more likely to yield. *The mouth then opens readily*; she would tell more than Irma.[10]

What I see in the throat: a white spot and scabby turbinal bones. The white spot recalls diphtheria, and thus Irma's friend, but it also recalls the grave illness of my eldest daughter two years earlier, and all the anxiety of that unhappy time. The scab on the turbinal bones reminds me of my anxiety concerning my own health. At that time I frequently used cocaine in order to suppress distressing swellings in the nose, and I had heard a few days previously that a lady patient who did likewise had contracted an extensive necrosis of the nasal mucous membrane. In 1885 it was I who had recommended the use of cocaine, and I had been gravely reproached in consequence. A dear friend, who had died before the date of this dream, had hastened his end by the misuse of this remedy.

I quickly call Dr M., who repeats the examination. This would simply correspond to the position which M. occupied among us. But the word `quickly' is striking enough to demand a special examination. It reminds me of a sad medical experience. By continually prescribing a drug (sulphonal), which at that time was still considered harmless, I was once responsible for a condition of acute poisoning in the case of a woman patient, and hastily turned for assistance to my older and more experienced colleague. The fact that I really had this case in mind is confirmed by a subsidiary circumstance. The patient, who succumbed to the toxic effects of the drug, bore the same name as my eldest daughter. I had never thought of this until now; but now it seems to me almost like a retribution of fate -- as though the substitution of persons had to be continued in another sense; this Matilda for that Matilda; an eye for an eye, a tooth for a tooth. It is as though I were seeking every opportunity to reproach myself for a lack of medical conscientiousness.

Dr M. is pale; his chin is shaven, and he limps. Of this so much is correct, that his unhealthy appearance often arouses the concern of his friends. The other two characteristics must belong to another person. An elder brother living abroad occurs to me, for he, too, shaves his chin, and if I remember him rightly, the M. of the dream bears on the whole a certain resemblance to him. And some days previously the news arrived that he was limping on account of an arthritic affection of the hip. There must be some reason why I fuse the two persons into one in my dream.

I remember that, in fact, I was on bad terms with both of them for similar reasons. Both had rejected a certain proposal which I had recently made them.

My friend Otto is now standing next to the patient, and my friend Leopold examines her and calls attention to a dullness low down on the left side. My friend Leopold also is a physician, and a relative of Otto's. Since the two practise the same speciality, fate has made them competitors, so that they are constantly being compared with one another. Both of them assisted me for years, while I was still directing a public clinic for neurotic children. There, scenes like that reproduced in my dream had often taken place. While I would be discussing the diagnosis of a case with Otto, Leopold would examine the child anew and make an unexpected contribution towards our decision. There was a difference of character between the two men like that between Inspector Brasig and his friend Karl. Otto was remarkably prompt and alert; Leopold was slow and thoughtful, but thorough. If I contrast Otto and the cautious Leopold in the dream I do so, apparently, in order to extol Leopold. The comparison is like that made above between the disobedient patient Irma and her friend, who was believed to be more sensible. I now become aware of one of the tracks along which the association of ideas in the dream proceeds: from the sick child to the children's clinic. Concerning the dullness low on the left side, I have the impression that it corresponds with a certain case of which all the details were similar, a case in which Leopold impressed me by his thoroughness. I thought vaguely, too, of something like a metastatic affection, but it might also be a reference to the patient whom I should have liked to have in Irma's place. For this lady, as far as I can gather, exhibited symptoms which imitated tuberculosis.

An infiltrated portion of skin on the left shoulder. I know at once that this is my own rheumatism of the shoulder, which I always feel if I lie awake long at night. The very phrasing of the dream sounds ambiguous: `Something which I can feel, as he does, in spite of the dress.' `Feel on my own body' is intended. Further, it occurs to me how unusual the phrase `infiltrated portion of skin' sounds. We are accustomed to the phrase `an infiltration of the upper posterior left'; this would refer to the lungs, and thus, once more, to tuberculosis.

In spite of the dress. This, to be sure, is only an interpolation. At the clinic the children were, of course, examined undressed; here we have some contrast to the manner in which adult female patients have to be examined. The story used to be told of an eminent physician that he always examined his patients through their clothes. The rest is obscure to me; I have, frankly, no inclination to follow the matter further.

Dr M. says: `It's an infection, but it doesn't matter; dysentery will follow, and the poison will be eliminated.' This, at first, seems to me ridiculous; nevertheless, like everything else, it must be carefully analysed; more closely observed it seems after all to have a sort of meaning. What I had found in the patient was a local diphtheritis. I remember the discussion about diphtheritis and diphtheria at the time of my daughter's illness. Diphtheria is the general infection which proceeds from local diphtheritis. Leopold demonstrates the existence of such a general infection by the dullness, which also suggests a metastatic focus. I believe, however, that just this kind of metastasis does not occur in the case of diphtheria. It reminds me rather of pyaemia.

It doesn't matter is a consolation. I believe it fits in as follows: The last part of the dream has yielded a content to the effect that the patient's sufferings are the result of a serious organic affection. I begin to suspect that by this I am only trying to shift the blame from myself. Psychic treatment cannot be held responsible for the continued presence of a diphtheritic affection. Now, indeed, I am distressed by the thought of having invented such a serious illness for Irma, for the sole purpose of exculpating myself. It seems so cruel. Accordingly, I need the assurance that the outcome will be benign, and it seems to me that I made a good choice when I put the words that consoled me into the mouth of Dr M. But here I am placing myself in a position of superiority to the dream; a fact which needs explanation.

But why is this consolation so nonsensical?

Dysentery. Some sort of far-fetched theoretical notion that the toxins of disease might be eliminated through the intestines. Am I thereby trying to make fun of Dr M.'s remarkable store of farfetched explanations, his habit of conceiving curious pathological relations? Dysentery suggests something else. A few months ago I had in my care a young man who was suffering from remarkable intestinal troubles; a case which had been treated by other colleagues as one of `anaemia with malnutrition'. I realised that it was a case of hysteria; I was unwilling to use my psychotherapy on him, and sent him off on a sea-voyage. Now a few days previously I had received a despairing letter from him; he wrote from Egypt, saying that he had had a fresh attack, which the doctor had declared to be dysentery. I suspect that the diagnosis is merely an error on the part of an ignorant colleague, who is allowing himself to be fooled by the hysteria; yet I cannot help reproaching myself for putting the invalid in a position where he might contract some organic affection of the bowels in addition to his hysteria. Furthermore, dysentery sounds not unlike diphtheria, a word which does not occur in the dream.

Yes, it must be the case that with the consoling prognosis, `Dysentery will develop, etc.', I am making fun of Dr M., for I recollect that years ago he once jestingly told a very similar story of a colleague. He had been called in to consult with him in the case of a woman who was very seriously ill, and he felt obliged to confront his colleague, who seemed very hopeful, with the fact that he found albumen in the patient's urine. His colleague, however, did not allow this to worry him, but answered calmly: `*That does not matter*, my dear sir; the albumen will soon be excreted!' Thus I can no longer doubt that this part of the dream expresses derision for those of my colleagues who are ignorant of hysteria. And, as though in confirmation, the thought enters my mind: `Does Dr M. know that the appearances in Irma's friend, his patient, which gave him reason to fear tuberculosis, are likewise due to hysteria? Has he recognised this hysteria, or has he allowed himself to be fooled?'

But what can be my motive in treating this friend so badly? That is simple enough: Dr M. agrees with my solution as little as does Irma herself. Thus, in this dream I have already revenged myself on two persons: on Irma in the words, `If you still have pains, it is your own fault,' and on Dr M. in the wording of the nonsensical consolation which has been put into his mouth.

We know precisely how the infection originated. This precise knowledge in the dream is remarkable. Only a moment before this we did not yet know of the infection, since it was first demonstrated by Leopold.

My friend Otto gave her an injection not long ago, when she was feeling unwell. Otto had actually related during his short visit to Irma's family that he had been called in to a neighbouring hotel in order to give an injection to someone who had been suddenly taken ill. Injections remind me once more of the unfortunate friend who poisoned himself with cocaine. I had recommended the remedy for internal use only during the withdrawal of morphia; but he immediately gave himself injections of cocaine.

With a preparation of propyl . . . propyls . . . propionic acid. How on earth did this occur to me? On the evening of the day after I had written the clinical history and dreamed about the case, my wife opened a bottle of liqueur labelled `Ananas',[11] which was a present from our friend, Otto. He had, as a matter of fact, a habit of making presents on every possible occasion; I hope he will some day be cured of this by a wife.[12] This liqueur smelt so strongly of fusel oil that I refused to drink it. My wife suggested: `We will give the bottle to the servants,' and I, more prudent, objected, with the philanthropic remark: `They shan't be poisoned either.' The smell of fusel oil (amyl . . .) has now apparently awakened my memory of the whole series: propyl, methyl, etc., which furnished the preparation of propyl mentioned in the dream. Here, indeed, I have effected a substitution: I dreamt of propyl after smelling amyl; but substitutions of this kind are perhaps permissible, especially in organic chemistry.

Trimethylamin. In the dream I see the chemical formula of this substance -- which at all events is evidence of a great effort on the part of my memory -- and the formula is even printed in heavy type, as though to distinguish it from the context as something of particular importance. And where does trimethylamin, thus forced on my attention, lead me? To a conversation with another friend, who for years has been familiar with all my germinating ideas, and I with his. At that time he had just informed me of certain ideas concerning a sexual chemistry, and had mentioned, among others, that he thought he had found in trimethylamin one of the products of sexual metabolism. This substance thus leads me to sexuality, the factor to which I attribute the greatest significance in respect of the origin of these nervous affections which I am trying to cure. My patient Irma is a young widow; if I am required to excuse my failure to cure her, I shall perhaps do best to refer to this condition, which her admirers would be glad to terminate. But in what a singular fashion such a dream is fitted together! The friend who in my dream becomes my patient in Irma's place is likewise a young widow.

I surmise why it is that the formula of trimethylamin is so insistent in the dream. So many important things are centred about this one word: trimethylamin is an allusion, not merely to the all-important factor of sexuality, but also to a friend whose sympathy I remember with satisfaction whenever I feel isolated in my opinions. And this friend, who plays such a large part in my life: will he not appear yet again in the concatenation of ideas peculiar to this dream? Of course; he has a special knowledge of the results of affections of the nose and the sinuses, and has revealed to science several highly remarkable relations between the turbinal bones and the female sexual organs. (The three curly formations in Irma's throat.) I got him to examine Irma, in order to determine whether her gastric pains were of nasal origin. But he himself suffers from suppurative rhinitis, which gives me concern, and to this perhaps there is an allusion in pyaemia, which hovers before me in the metastasis of the dream.

One doesn't give such injections so rashly. Here the reproach of rashness is hurled directly at my friend Otto. I believe I had some such thought in the afternoon, when he seemed to indicate, by word and look, that he had taken sides against me. It was, perhaps: `How easily he is influenced; how irresponsibly he pronounces judgment.' Further, the above sentence points once more to my deceased friend, who so irresponsibly resorted to cocaine injections. As I have said, I had not intended that injections of the drug should be taken. I note that in reproaching Otto I once more touch upon the story of the unfortunate Matilda, which was the pretext for the same reproach against me. Here, obviously, I am collecting examples of my conscientiousness, and also of the reverse.

Probably too the syringe was not clean. Another reproach directed at Otto, but originating elsewhere. On the previous day I happened to meet the son of an old lady of eighty-two, to whom I am obliged to give two injections of morphia daily. At present she is in the country, and I have heard that she is suffering from phlebitis. I immediately thought that this might be a case of infiltration caused by a dirty syringe. It is my pride that in two years I have not given her a single infiltration; I am always careful, of course, to see that the syringe is perfectly clean. For I am conscientious. From the phlebitis I return to my wife, who once suffered from thrombosis during a period of pregnancy, and now three related situations come to the surface in my memory, involving my wife, Irma, and the dead Matilda, whose identity has apparently justified my putting these three persons in one another's places.

I have now completed the interpretation of the dream.[13] In the course of this interpretation I have taken great pains to avoid all those notions which must have been suggested by a comparison of the dream-content with the dream-thoughts hidden behind this content. Meanwhile the `meaning' of the dream has dawned upon me. I have noted an intention which is realised through the dream, and which must have been my motive in dreaming. The dream fulfils several wishes, which were awakened within me by the events of the previous evening (Otto's news, and the writing of the clinical history). For the result of the dream is, that it is not I who am to blame for the pain which Irma is still suffering, but that Otto is to blame for it. Now Otto has annoyed me by his remark about Irma's imperfect cure; the dream avenges me upon him, in that it turns the reproach upon himself. The dream acquits me of responsibility for Irma's condition, as it refers this condition to other causes (which do, indeed, furnish quite a number of explanations). The dream represents a certain state of affairs, such as I might wish to exist; *the content of the dream is thus the fulfilment of a wish; its motive is a wish*.

This much is apparent at first sight. But many other details of the dream become intelligible when regarded from the standpoint of wish-fulfilment. I take my revenge on Otto, not merely for too readily taking sides against me, in that I accuse him of careless medical treatment (the injection), but I revenge myself also for the bad liqueur which smells of fusel oil, and I find an expression in the dream which unites both these reproaches: the injection of a preparation of propyl. Still I am not satisfied, but continue to avenge myself by comparing him with his more reliable colleague. Thereby I seem to say: `I like him better than you.' But Otto is not the only person who must be made to feel the weight of my anger. I take my revenge on the disobedient patient, by exchanging her for a more sensible and more docile one. Nor do I pass over Dr M.'s contradiction; for I express, in an obvious allusion, my opinion of him: namely, that his attitude in this case is that of an ignoramus (`Dysentery will develop, etc.'). Indeed, it seems as though I were appealing from him to someone better informed (my friend, who told me about trimethylamin), just as I have turned from Irma to her friend, and from Otto to Leopold. It is as though I were to say: Rid me of these three persons, replace them by three others of my own choice, and I shall be rid of the reproaches which I am not willing to admit that I deserve! In my dream the unreasonableness of these reproaches is demonstrated for me in the most elaborate manner. Irma's pains are not attributable to me, since she herself is to blame for them, in that she refuses to accept my solution. They do not concern me, for being as they are of an organic nature, they cannot possibly be cured by psychic treatment. -- Irma's sufferings are satisfactorily explained by her widowhood (trimethylamin!); a state which I cannot alter. -- Irma's illness has been caused by an incautious injection administered by Otto, an injection of an unsuitable drug, such as I should never have administered. -- Irma's complaint is the result of an injection made with an unclean syringe, like the phlebitis of my old lady patient, whereas my injections have never caused any ill effects. I am aware that these explanations of Irma's illness, which unite in acquitting me, do not agree with one another; that they even exclude one another. The whole plea -- for this dream is nothing else -- recalls vividly the defence offered by a man who was accused by his neighbour of having returned a kettle in a damaged condition. In the first place, he said, he had returned the kettle undamaged; in the second place it already had holes in it when he borrowed it; and in the third place, he had never borrowed it at all. A complicated defence, but so much the better; if only one of these three lines of defence is recognised as valid, the man must be acquitted.

Still other themes play a part in the dream, and their relation to my non-responsibility for Irma's illness is not so apparent: my daughter's illness, and that of a patient with the same name; the harmfulness of cocaine; the affection of my patient, who was travelling in Egypt; concern about the health of my wife; my brother, and Dr M.; my own physical troubles, and anxiety concerning my absent friend, who is suffering from suppurative rhinitis. But if I keep all these things in view, they combine into a single train of thought, which might be labelled: concern for the health of myself and others; professional conscientiousness. I recall a vaguely disagreeable feeling when Otto gave me the news of Irma's condition. Lastly, I am inclined, after the event, to find an expression of this fleeting sensation in the train of thoughts which forms part of the dream. It is as though Otto had said to me: `You do not take your medical duties seriously enough; you are not conscientious; you do not perform what you promise.' Thereupon this train of thought placed itself at my service, in order that I might give proof of my extreme conscientiousness, of my intimate concern about the health of my relatives, friends and patients. Curiously enough, there are also some painful memories in this material, which confirm the blame attached to Otto rather than my own exculpation. The material is apparently impartial, but the connection between this broader material, on which the dream is based, and the more limited theme from which emerges the wish to be innocent of Irma's illness, is, nevertheless, unmistakable.

I do not wish to assert that I have entirely revealed the meaning of the dream, or that my interpretation is flawless.

I could still spend much time upon it; I could draw further explanations from it, and discuss further problems which it seems to propound. I can even perceive the points from which further mental associations might be traced; but such considerations as are always involved in every dream of one's own prevent me from interpreting it farther. Those who are over-ready to condemn such reserve should make the experiment of trying to be more straightforward. For the present I am content with the one fresh discovery which has just been made: If the method of dream-interpretation here indicated is followed, it will be found that dreams do really possess a meaning, and are by no means the expression of a disintegrated cerebral activity, as the writers on the subject would have us believe. *When the work of interpretation has been completed the dream can be recognised as a wish-fulfilment*.

[*] [Virgil, *Aeneid* VII, 312]

[1] In a novel *Gradiva*, by the poet W. Jensen, I chanced to discover several fictitious dreams, which were perfectly correct in their construction, and could be interpreted as though they had not been invented, but had been dreamt by actual persons. The poet declared, upon my inquiry, that he was unacquainted with my theory of dreams. I have made use of this agreement between my investigations and the creations of the poet as a proof of the correctness of my method of dream-analysis (*Der Wahn und die Träume in W. Jensen's Gradiva*, vol. i of the *Schriften zur angewandten Seelenkunde*, 1906, edited by myself, *Ges. Schriften*, vol. ix).

[2] Aristotle expressed himself in this connection by saying that the best interpreter of dreams is he who can best grasp similarities. For dream-pictures, like pictures in water, are disfigured by the motion (of the water), so that he hits the target best who is able to recognise the true picture in the distorted one (Büchsenschütz, p. 65).

[3] Artemidoros of Daldis, born probably in the beginning of the second century of our calendar, has furnished us with the most complete and careful elaboration of dream-interpretation as it existed in the Graeco-Roman world. As Gompertz has emphasised, he ascribed great importance to the consideration that dreams ought to be interpreted on the basis of observation and experience, and he drew a definite line between his own art and other methods, which he considered fraudulent. The principle of his art of interpretation is, according to Gompertz, identical with that of magic: i.e. the principle of association. The thing dreamed meant what it recalled to the memory -- to the memory, of course, of the dream-interpreter! This fact -- that the dream may remind the interpreter of various things, and every interpreter of different things -- leads, of course, to uncontrollable arbitrariness and uncertainty. The technique which I am about to describe differs from that of the ancients in one essential point, namely, in that it imposes upon the dreamer

himself the work of interpretation. Instead of taking into account whatever may occur to the dream-interpreter, it considers only what occurs to the dreamer in connection with the dream-element concerned. According to the recent records of the missionary Tfinkdjit (*Anthropos*, 1913), it would seem that the modern dream-interpreters of the Orient likewise attribute much importance to the co-operation of the dreamer. Of the dream-interpreters among the Mesopotamian Arabs this writer relates as follows: `*Pour interpreter exactement un songe les oniromanciens les plus habiles s'informent de ceux qui les consultent de toutes les circonstances qu'ils regardent nécessaires pour la bonne explication . . . En un mot, nos oniromanciens ne laissent aucune circonstance leur échapper et ne donnent l'interprétation désiré avant d'avoir parfaitement saisi et reçu toutes les interrogations désirables.*' Among these questions one always finds demands for precise information in respect to near relatives (parents, wife, children) as well as the following formula: *habistine in hac nocte copulam conjugalem ante vel post somnium?* -- `*L'idée dominante dans l'interprétation des songes consiste à expliquer le rêve par son opposé.*'

[4] Dr Alfred Robitsek calls my attention to the fact that Oriental dream-books, of which ours are pitiful plagiarisms, commonly undertake the interpretation of dream-elements in accordance with the assonance and similarity of words. Since these relationships must be lost by translation into our language, the incomprehensibility of the equivalents in our popular `dream-books' is hereby explained. Information as to the extraordinary significance of puns and the play upon words in the old Oriental cultures may be found in the writings of Hugo Winckler. The finest example of a dream-interpretation which has come down to us from antiquity is based on a play upon words. Artemidoros relates the following (p. 225): `But it seems to me that Aristandros gave a most happy interpretation to Alexander of Macedon. When the latter held Tyros encompassed and in a state of siege, and was angry and depressed over the great waste of time, he dreamed that he saw a Satyr dancing on his shield. It happened that Aristandros was in the neighbourhood of Tyros, and in the escort of the king, who was waging war on the Syrians. By dividing the word Satyros into σα and τυρος, he induced the king to become more aggressive in the siege. And thus Alexander became master of the city.' (ΣαΤυρος = thine is Tyros.) The dream, indeed, is so intimately connected with verbal expression that Ferenczi justly remarks that every tongue has its own dream-language. A dream is, as a rule, not to be translated into other languages.

[5] After the completion of my manuscript, a paper by Stumpf came to my notice which agrees with my work in attempting to prove that the dream is full of meaning and capable of interpretation. But the interpretation is undertaken by means of an allegorising symbolism, and there is no guarantee that the procedure is generally applicable.

[6] *Selected Papers on Hysteria and other Psychoneuroses*. Monograph series, *Journ. of Nervous and Mental Diseases*.

[7] However, I will not omit to mention, in qualification of the above statement, that I have practically never reported a complete interpretation of a dream of my own. And I was probably right not to trust too far to the reader's discretion.

[8] This is the first dream which I subjected to an exhaustive interpretation.

[9] The complaint of pains in the abdomen, as yet unexplained, may also be referred to this third person. It is my own wife, of course, who is in question; the abdominal pains remind me of one of the occasions on which her shyness became evident to me. I must admit that I do not treat Irma and my wife very gallantly in this dream, but let it be said, in my defence, that I am measuring both of them against the ideal of the courageous and docile female patient.

[10] I suspect that the interpretation of this portion has not been carried far enough to follow every hidden meaning. If I were to continue the comparison of the three women, I should go far afield. Every dream has at least one point at which it is unfathomable; a central point, as it were, connecting it with the unknown.

[11] `Ananas', moreover, has a remarkable assonance with the family name of my patient Irma.

[12] In this the dream did not turn out to be prophetic. But in another sense it proved correct, for the `unsolved' stomach pains, for which I did not want to be blamed, were the forerunners of a serious illness, due to gallstones.

[13] Even if I have not, as might be expected, accounted for everything that occurred to me in connection with the work of interpretation.

CHAPTER THREE

The Dream as a Wish-Fulfilment

When, after passing through a narrow defile, one suddenly reaches a height beyond which the ways part and a rich prospect lies outspread in different directions, it is well to stop for a moment and consider whither one shall turn next. We are in somewhat the same position after we have mastered this first interpretation of a dream. We find ourselves standing in the light of a sudden discovery. The dream is not comparable to the irregular sounds of a musical instrument, which, instead of being played by the hand of a musician, is struck by some external force; the dream is not meaningless, not absurd, does not presuppose that one part of our store of ideas is dormant while another part begins to awake. It is a perfectly valid psychic phenomenon, actually a wish-fulfilment; it may be enrolled in the continuity of the intelligible psychic activities of the waking state; it is built up by a highly complicated intellectual activity. But at the very moment when we are about to rejoice in this discovery a host of problems besets us. If the dream, as this theory defines it, represents a fulfilled wish, what is the cause of the striking and unfamiliar manner in which this fulfilment is expressed? What transformation has occurred in our dream-thoughts before the manifest dream, as we remember it on waking, shapes itself out of them? How has this transformation taken place? Whence comes the material that is worked up into the dream? What causes many of the peculiarities which are to be observed in our dream-thoughts; for example, how is it that they are able to contradict one another? (see the analogy of the kettle, p. 32). Is the dream capable of teaching us something new concerning our internal psychic processes, and can its content correct opinions which we have held during the day? I suggest that for the present all these problems be laid aside, and that a single path be pursued. We have found that the dream represents a wish as fulfilled. Our next purpose should be to ascertain whether this is a general characteristic of dreams, or whether it is only the accidental content of the particular dream ('the dream about Irma's injection') with which we have begun our analysis; for even if we conclude that every dream has a meaning and psychic value, we must nevertheless allow for the possibility that this meaning may not be the same in every dream. The first dream which we have considered was the fulfilment of a wish; another may turn out to be the realisation of an apprehension; a third may have a reflection as its content; a fourth may simply reproduce a reminiscence. Are there, then, dreams other than wish-dreams; or are there none but wish-dreams?

It is easy to show that the wish-fulfilment in dreams is often undisguised and easy to recognise, so that one may wonder why the language of dreams has not long since been understood. There is, for example, a dream which I can evoke as often as I please, experimentally, as it were. If, in the evening, I eat anchovies, olives, or other strongly salted foods, I am thirsty at night, and therefore I wake. The waking, however, is preceded by a dream, which has always the same content, namely, that I am drinking. I am drinking long draughts of water; it tastes as delicious as only a cool drink can taste when one's throat is parched; and then I wake, and find that I have an actual desire to drink. The cause of this dream is thirst, which I perceive when I wake. From this sensation arises the wish to drink, and the dream shows me this wish as fulfilled. It thereby serves a function, the nature of which I soon surmise. I sleep well, and am not accustomed to being waked by a bodily need. If I succeed in appeasing my thirst by means of the dream that I am drinking, I need not wake up in order to satisfy that thirst. It is thus a *dream of convenience*. The dream takes the place of action, as elsewhere in life. Unfortunately, the need of water to quench the thirst cannot be satisfied by a dream, as can my thirst for revenge upon Otto and Dr M., but the intention is the same. Not long ago I had the same dream in a somewhat modified form. On this occasion I felt thirsty before going to bed, and emptied the glass of water which stood on the little chest beside my bed. Some hours later, during the night, my thirst returned, with the consequent discomfort. In order to obtain water, I should have had to get up and fetch the glass which stood on my wife's bed-table. I thus quite appropriately dreamt that my wife was giving me a drink from a vase; this vase was an Etruscan cinerary urn, which I had brought home from Italy, and had since given away. But the water in it tasted so salt (apparently on account of the ashes) that I was forced to wake. It may be observed how conveniently the dream is capable of arranging matters. Since the fulfilment of a wish is its only purpose, it may be perfectly egoistic. Love of comfort is really not compatible with consideration for others. The introduction of the cinerary urn is probably once again the fulfilment of a wish; I regret that I no longer possess this vase; it, like the glass of water at my wife's side, is inaccessible to me. The cinerary urn is appropriate also in connection with the sensation of an increasingly salty taste, which I know will compel me to wake.[1]

Such convenience-dreams came very frequently to me in my youth. Accustomed as I had always been to working until late at night, early waking was always a matter of difficulty. I used then to dream that I was out of bed and standing at the washstand. After a while I could no longer shut out the knowledge that I was not yet up; but in the meantime I had continued to sleep. The same sort of lethargy-dream was dreamed by a young colleague of mine, who appears to share my propensity for sleep. With him it assumed a particularly amusing form. The landlady with whom he was lodging in the neighbourhood of the hospital had strict orders to wake him every morning at a given hour, but she found it by no means easy to carry out his orders. One morning sleep was especially sweet to him. The woman called into his room: `Herr Pepi, get up; you've got to go to the hospital.' Whereupon the sleeper dreamt of a room in the hospital, of a bed in which he was lying, and of a chart pinned over his head, which read as follows: `Pepi M., medical student, 22 years of age.' He told himself in the dream: `If I am already at the hospital, I don't have to go there,' turned over, and slept on. He had thus frankly admitted to himself his motive for dreaming.

Here is yet another dream of which the stimulus was active during sleep: One of my women patients, who had been obliged to undergo an unsuccessful operation on the jaw, was instructed by her physicians to wear by day and night a cooling apparatus on the affected cheek; but she was in the habit of throwing it off as soon as she had fallen asleep. One day I was asked to reprove her for doing so; she had again thrown the apparatus on the floor. The patient defended herself as follows: `This time I really couldn't help it; it was the result of a dream which I had during the night. In the dream I was in a box at the opera, and was taking a lively interest in the performance. But Herr

Karl Meyer was lying in the sanatorium and complaining pitifully on account of pains in his jaw. I said to myself, ``Since I haven't the pains, I don't need the apparatus either''; that's why I threw it away.' The dream of this poor sufferer reminds me of an expression which comes to our lips when we are in a disagreeable situation: `Well, I can imagine more amusing things!' The dream presents these `more amusing things!' Herr Karl Meyer, to whom the dreamer attributed her pains, was the most casual acquaintance of whom she could think.

It is quite as simple a matter to discover the wish-fulfilment in several other dreams which I have collected from healthy persons. A friend who was acquainted with my theory of dreams, and had explained it to his wife, said to me one day: `My wife asked me to tell you that she dreamt yesterday that she was having her menses. You will know what that means.' Of course I know: if the young wife dreams that she is having her menses, the menses have stopped. I can well imagine that she would have liked to enjoy her freedom a little longer, before the discomforts of maternity began. It was a clever way of giving notice of her first pregnancy. Another friend writes that his wife had dreamt not long ago that she noticed milk-stains on the front of her blouse. This also is an indication of pregnancy, but not of the first one; the young mother hoped she would have more nourishment for the second child than she had for the first.

A young woman who for weeks had been cut off from all society because she was nursing a child who was suffering from an infectious disease dreamt, after the child had recovered, of a company of people in which Alphonse Daudet, Paul Bourget, Marcel Prévost and others were present; they were all very pleasant to her and amused her enormously. In her dream these different authors had the features which their portraits give them. M. Prévost, with whose portrait she is not familiar, looked like the man who had disinfected the sickroom the day before, the first outsider to enter it for a long time. Obviously the dream is to be translated thus: `It is about time now for something more entertaining than this eternal nursing.'

Perhaps this collection will suffice to prove that frequently, and under the most complex conditions, dreams may be noted which can be understood only as wish-fulfilments, and which present their content without concealment. In most cases these are short and simple dreams, and they stand in pleasant contrast to the confused and overloaded dream-compositions which have almost exclusively attracted the attention of the writers on the subject. But it will repay us if we give some time to the examination of these simple dreams. The simplest dreams of all are, I suppose, to be expected in the case of children whose psychic activities are certainly less complicated than those of adults.

Child psychology, in my opinion, is destined to render the same services to the psychology of adults as a study of the structure or development of the lower animals renders to the investigation of the structure of the higher orders of animals. Hitherto but few deliberate efforts have been made to make use of the psychology of the child for such a purpose.

The dreams of little children are often simple fulfilments of wishes, and for this reason are, as compared with the dreams of adults, by no means interesting. They present no problem to be solved, but they are invaluable as affording proof that the dream, in its inmost essence, is the fulfilment of a wish. I have been able to collect several examples of such dreams from the material furnished by my own children.

For two dreams, one that of a daughter of mine, at that time eight and a half years of age, and the other that of a boy of five and a quarter, I am indebted to an excursion to Hallstatt, in the summer of 1896. I must first explain that we were living that summer on a hill near Aussee, from which, when the weather was fine, we enjoyed a splendid view of the Dachstein. With a telescope we could easily distinguish the Simony hut. The children often tried to see it through the telescope -- I do not know with what success. Before the excursion I had told the children that Hallstatt lay at the foot of the Dachstein. They looked forward to the outing with the greatest delight. From Hallstatt we entered the valley of Eschern, which enchanted the children with its constantly changing scenery. One of them, however, the boy of five, gradually became discontented. As often as a mountain came into view, he would ask: `Is that the Dachstein?' whereupon I had to reply: `No, only a foothill.' After this question had been repeated several times he fell quite silent, and did not wish to accompany us up the steps leading to the waterfall. I thought he was tired. But the next morning he came to me, perfectly happy, and said: `Last night I dreamt that we went to the Simony hut.' I understood him now; he had expected, when I spoke of the Dachstein, that on our excursion to Hallstatt he would climb the mountain, and would see at close quarters the hut which had been so often mentioned when the telescope was used. When he learned that he was expected to content himself with foothills and a waterfall he was disappointed, and became discontented. But the dream compensated him for all this. I tried to learn some details of the dream; they were scanty. `You go up steps for six hours,' as he had been told.

On this excursion the girl of eight and a half had likewise cherished wishes which had to be satisfied by a dream. We had taken with us to Hallstatt our neighbour's twelve-year-old boy; quite a polished little gentleman, who, it seemed to me, had already won the little woman's sympathies. Next morning she related the following dream: `Just think, I dreamt that Emil was one of the family, that he said ``papa'' and ``mamma'' to you, and slept at our house, in the big room, like one of the boys. Then mamma came into the room and threw a handful of big bars of chocolate, wrapped in blue and green paper, under our beds.' The girl's brothers, who evidently had not inherited an understanding of dream-interpretation, declared, just as the writers we have quoted would have done: `That dream is nonsense.' The girl defended at least one part of the dream, and from the standpoint of the theory of the neuroses it is interesting to learn which part it was that she defended: `That Emil was one of the family was nonsense, but that part about the bars of chocolate wasn't.' It was just this latter part that was obscure to me, until my wife furnished the explanation. On the way home from the railway-station the children had stopped in front of a slot-machine, and had wanted exactly such bars of chocolate, wrapped in paper with a metallic lustre, such as the machine, in their experience, provided. But the mother thought, and rightly so, that the day had brought them enough wish-fulfilments, and therefore left this wish to be satisfied in the dream. This little scene had escaped me. That portion of the dream which had been condemned by my daughter I understood without any difficulty. I myself had heard the well-behaved little guest enjoining the children, as they were walking ahead of us, to wait until `papa' or `mamma' had come up. For the little girl the dream turned this temporary relationship into a permanent adoption. Her affection could not as yet conceive of any other way of enjoying her friend's company permanently than the adoption pictured in her dream, which was suggested by her brothers. Why the bars of chocolate were thrown under the bed could not, of course, be explained without questioning the child.

From a friend I have learned of a dream very much like that of my little boy. It was dreamed by a little girl of eight. Her father, accompanied by several children, had started on a walk to Dornbach, with the intention of visiting the Rohrer hut, but had turned back, as it was growing late, promising the children to take them some other time. On the way back they passed a signpost which pointed to the Hameau. The children now asked him to take them to the Hameau, but once more, and for the same reason, they had to be content with the promise that they should go there some other day. Next morning the little girl went to her father and told him, with a satisfied air: `Papa, I dreamed last night that you were with us at the Rohrer hut, and on the Hameau.' Thus, in the dream her impatience had anticipated the fulfilment of the promise made by her father.

Another dream, with which the picturesque beauty of the Aussee inspired my daughter, at that time three and a quarter years of age, is equally straightforward. The little girl had crossed the lake for the first time, and the trip had passed too quickly for her. She did not want to leave the boat at the landing, and cried bitterly. The next morning she told us: `Last night I was sailing on the lake.' Let us hope that the duration of this dream-voyage was more satisfactory to her.

My eldest boy, at that time eight years of age, was already dreaming of the realisation of his fancies. He had ridden in a chariot with Achilles, with Diomedes as charioteer. On the previous day he had shown a lively interest in a book on the myths of Greece which had been given to his elder sister.

If it can be admitted that the talking of children in their sleep belongs to the sphere of dreams, I can relate the following as one of the earliest dreams in my collection: My youngest daughter, at that time nineteen months old, vomited one morning, and was therefore kept without food all day. During the night she was heard to call excitedly in her sleep: `Anna F(r)eud, st'awbewy, wild st'awbewy, om'lette, pap!' She used her name in this way in order to express the act of appropriation; the menu presumably included everything that would seem to her a desirable meal; the fact that two varieties of strawberry appeared in it was a demonstration against the sanitary regulations of the household, and was based on the circumstance, which she had by no means overlooked, that the nurse had ascribed her indisposition to an over-plentiful consumption of strawberries; so in her dream she avenged herself for this opinion which met with her disapproval.[2]

When we call childhood happy because it does not yet know sexual desire, we must not forget what a fruitful source of disappointment and renunciation, and therefore of dreamstimulation, the other great vital impulse may be for the child.[3] Here is a second example. My nephew, twenty-two months of age, had been instructed to congratulate me on my birthday, and to give me a present of a small basket of cherries, which at that time of the year were scarce, being hardly in season. He seemed to find the task a difficult one, for he repeated again and again: `Cherries in it', and could not be induced to let the little basket go out of his hands. But he knew how to indemnify himself. He had, until then, been in the habit of telling his mother every morning that he had dreamt of the white soldier, an officer of the guard in a white cloak, whom he had once admired in the street. On the day after the sacrifice on my birthday he woke up joyfully with the announcement, which could have referred only to a dream: `He[r] man eaten all the cherries!'[4]

What animals dream of I do not know. A proverb for which I am indebted to one of my pupils professes to tell us, for it asks the question: `What does the goose dream of?' and answers: `Of maize.'[5] The whole theory that the dream is the fulfilment of a wish is contained in these two sentences.[6]

We now perceive that we should have reached our theory of the hidden meaning of dreams by the shortest route had we merely consulted the vernacular. Proverbial wisdom, it is true, often speaks contemptuously enough of dreams -- it apparently seeks to justify the scientists when it says that `dreams are bubbles'; but in colloquial language the dream is predominantly the gracious fulfiller of wishes. `I should never have imagined that in my wildest dreams', we exclaim in delight if we find that the reality surpasses our expectations.

[1] The facts relating to dreams of thirst were known also to Weygandt, who speaks of them as follows: `It is just this sensation of thirst which is registered most accurately of all; it always causes a representation of quenching the thirst. The manner in which the dream represents the act of quenching the thirst is manifold, and is specified in accordance with some recent recollection. A universal phenomenon noticeable here is the fact that the representation of quenching the thirst is immediately followed by disappointment in the inefficacy of the imagined refreshment.' But he overlooks the universal character of the reaction of the dream to the stimulus. If other persons who are troubled by thirst at night awake without dreaming beforehand, this does not constitute an objection to my experiment, but characterises them as persons who sleep less soundly. cf. here *Isaiah xxix*, 8: `It shall even be as when an hungry man dreameth, and, behold, he eateth; but he awaketh, and his soul is empty: or as when a thirsty man dreameth, and, behold he drinketh; but he awaketh, and, behold he is faint. . . .'

[2] The dream afterwards accomplished the same purpose in the case of the child's grandmother, who is older than the child by about seventy years. After she had been forced to go hungry for a day on account of the restlessness of her floating kidney, she dreamed, being apparently translated into the happy years of her girlhood, that she had

been `asked out', invited to lunch and dinner, and had at each meal been served with the most delicious titbits.

[3] A more searching investigation into the psychic life of the child teaches us, of course, that sexual motives, in infantile forms, play a very considerable part, which has been too long overlooked, in the psychic activity of the child. This permits us to doubt to some extent the happiness of the child, as imagined later by adults. cf. *Three Contributions to the Theory of Sex*.

[4] It should be mentioned that young children often have more complex and obscure dreams, while, on the other hand, adults, in certain circumstances, often have dreams of a simple and infantile character. How rich in unsuspected content the dreams of children no more than four or five years of age may be is shown by the examples in my *Analyse der Phobie eines fünfjährigen Knaben (Jahrbuch von Blealer-Freud*, vol. i, 1909), and Jung's `Experiences Concerning the Psychic Life of the Child', translated by Brill, *American Journal of Psychology*, April, 1910. For analytically interpreted dreams of children, see also von Hug-Hellmuth, Putnam, Raalte, Spielrein and Tausk; others by Banchieri, Busemann, Doglia, and especially Wigam, who emphasises the wish-fulfilling tendency of such dreams. On the other hand, it seems that dreams of an infantile type reappear with especial frequency in adults who are transferred into the midst of unfamiliar conditions. Thus Otto Nordenskjöld, in his book, *Antarctic* (1904, vol. i, p. 336), writes as follows of the crew who spent the winter with him: `Very characteristic of the trend of our inmost thoughts were our dreams, which were never more vivid and more numerous. Even those of our comrades with whom dreaming was formerly exceptional had long stories to tell in the morning, when we exchanged our experiences in the world of fantasy. They all had reference to that outside world which was now so far removed from us, but they often fitted into our immediate circumstances. An especially characteristic dream was that in which one of our comrades believed himself back at school, where the task was assigned to him of skinning miniature seals, which were manufactured especially for purposes of instruction. Eating and drinking constituted the pivot around which most of our dreams revolved. One of us, who was especially fond of going to big dinner-parties, was delighted if he could report in the morning ``that he had had a three-course dinner''. Another dreamed of tobacco, whole mountains of tobacco; yet another dreamed of a ship approaching on the open sea under full sail. Still another dream deserves to be mentioned: The postman brought the post and gave a long explanation of why it was so long delayed; he had delivered it at the wrong address, and only with great trouble was he able to get it back. To be sure, we were often occupied in our sleep with still more impossible things, but the lack of fantasy in almost all the dreams which I myself dreamed, or heard others relate, was quite striking. It would certainly have been of great psychological interest if all these dreams could have been recorded. But one can readily understand how we longed for sleep. That alone could afford us everything that we all most ardently desired.' I will continue by a quotation from Du Prel (p. 231): `Mungo Park, nearly dying of thirst on one of his African expeditions, dreamed constantly of the well-watered valleys and meadows of his home. Similarly Trenck, tortured by hunger in the fortress of Magdeburg, saw himself surrounded by copious meals. And George Back,

a member of Franklin's first expedition, when he was on the point of death by starvation, dreamed continually and invariably of plenteous meals.'

[5] A Hungarian proverb cited by Ferenczi states more explicitly that `the pig dreams of acorns, the goose of maize.' A Jewish proverb asks: `Of what does the hen dream?' -- `Of millet' (*Sammlung jüd. Sprichw. u. Redensarten*, edit. by Bernstein, 2nd ed., p. 116).

[6] I am far from wishing to assert that no previous writer has ever thought of tracing a dream to a wish. (cf. the first passages of the next chapter.) Those interested in the subject will find that even in antiquity the physician Herophilos, who lived under the First Ptolemy, distinguished between three kinds of dreams: dreams sent by the gods; natural dreams -- those which come about whenever the soul creates for itself an image of that which is beneficial to it, and will come to pass; and mixed dreams -- those which originate spontaneously from the juxtaposition of images, when we see that which we desire. From the examples collected by Scherner, J. Stärcke cites a dream which was described by the author himself as a wish-fulfilment (p. 239). Scherner says: `The fantasy immediately fulfils the dreamer's wish, simply because this existed vividly in the mind.' This dream belongs to the `emotional dreams'. Akin to it are dreams due to `masculine and feminine erotic longing', and to `irritable moods'. As will readily be seen, Scherner does not ascribe to the wish any further significance for the dream than to any other psychic condition of the waking state; least of all does he insist on the connection between the wish and the essential nature of the dream.

CHAPTER FOUR

Distortion in Dreams

If I now declare that wish-fulfilment is the meaning of *every* dream, so that there cannot be any dreams other than wish-dreams, I know beforehand that I shall meet with the most emphatic contradiction. My critics will object: `The fact that there are dreams which are to be understood as fulfilments of wishes is not new, but has long since been recognised by such writers as Radestock, Volkelt, Purkinje, Griesinger and others.[1] That there *can* be no other dreams than those of wish-fulfilments is yet one more unjustified generalisation; which, fortunately, can be easily refuted. Dreams which present the most painful content, and not the least trace of wish-fulfilment, occur frequently enough. The pessimistic philosopher, Eduard von Hartmann, is perhaps most completely opposed to the theory of wish-fulfilment. In his *Philosophy of the Unconscious*, Part II (Stereotyped German edition, s. 344), he says: ``As regards the dream, with it all the troubles of waking life pass over into the sleeping state; all save the one thing which may in some degree reconcile the cultured person with life -- scientific and artistic enjoyment.. . ." But even less pessimistic observers have emphasised the fact that in our dreams pain and disgust are more frequent than pleasure (Scholz, p. 33; Volkelt, p. 80, *et al.*). Two ladies, Sarah Weed and Florence Hallam, have even worked out, on the basis of their dreams, a numerical value for the preponderance of distress and discomfort in dreams. They find that 58 per cent of dreams are disagreeable, and only 28.6 per cent positively pleasant. Besides those dreams that convey into our sleep the many painful emotions of life, there are also anxiety-dreams, in which this most terrible of all the painful emotions torments us until we wake. Now it is precisely by these anxiety-dreams that children are so often haunted (cf. Debacker on *Pavor nocturnus*); and yet it was in children that you found the wish-fulfilment dream in its most obvious form.'

The anxiety-dream does really seem to preclude a generalisation of the thesis deduced from the examples given in the last chapter, that dreams are wish-fulfilments, and even to condemn it as an absurdity.

Nevertheless, it is not difficult to parry these apparently invincible objections. It is merely necessary to observe that our doctrine is not based upon the estimates of the obvious dream-content, but relates to the thought-content, which, in the course of interpretation, is found to lie behind the dream. Let us compare and contrast the *manifest* and the *latent dream-content*. It is true that there are dreams the manifest content of which is of the most painful nature. But has anyone ever tried to interpret these dreams -- to discover their latent thought-content? If not, the two objections to our doctrine are no longer valid; for there is always the possibility that even our painful and terrifying dreams may, upon interpretation, prove to be wish-fulfilments.[2]

In scientific research it is often advantageous, if the solution of one problem presents difficulties, to add to it a second problem; just as it is easier to crack two nuts together instead of separately. Thus, we are confronted not only with the problem: How can painful and terrifying dreams be the fulfilments of wishes? but we may add to this a second problem which arises from the foregoing discussion of the general problem of the dream: Why do not the dreams that show an indifferent content, and yet turn out to be wish-fulfilments, reveal their meaning without disguise? Take the exhaustively treated dream of Irma's injection: it is by no means of a painful character, and it may be recognised, upon interpretation, as a striking wish-fulfilment. But why is an interpretation necessary at all? Why does not the dream say directly what it means? As a matter of fact, the dream of Irma's injection does not at first produce the impression that it represents a wish of the dreamer's as fulfilled. The reader will not have received this impression, and even I myself was not aware of the fact until I had undertaken the analysis. If we call this peculiarity of dreams -- namely, that they need elucidation -- the phenomenon of distortion in dreams, a second question then arises: What is the origin of this distortion in dreams?

If one's first thoughts on this subject were consulted several possible solutions might suggest themselves: for example, that during sleep one is incapable of finding an adequate expression for one's dream-thoughts. The analysis of certain dreams, however, compels us to offer another explanation. I shall demonstrate this by means of a second dream of my own, which again involves numerous indiscretions, but which compensates for this personal sacrifice by affording a thorough elucidation of the problem.

Preliminary Statement -- In the spring of 1897 I learnt that two professors of our university had proposed me for the title of *Professor extraordinarius* (assistant professor). The news came as a surprise to me, and pleased me considerably as an expression of appreciation on the part of two eminent men which could not be explained by personal interest. But I told myself immediately that I must not expect anything to come of their proposal. For some years past the Ministry had disregarded such proposals, and several colleagues of mine, who were my seniors, and at least my equals in desert, had been waiting in vain all this time for the appointment. I had no reason to suppose that I should fare any better. I resolved, therefore, to resign myself to disappointment. I am not, so far as I know, ambitious, and I was following my profession with gratifying success even without the recommendation of a professorial title. Whether I considered the grapes to be sweet or sour did not matter, since they undoubtedly hung too high for me.

One evening a friend of mine called to see me; one of those colleagues whose fate I had regarded as a warning. As he had long been a candidate for promotion to the professorate (which in our society makes the doctor a demigod to his patients), and as he was less resigned than I, he was accustomed from time to time to remind the authorities of his claims in the hope of advancing his interests. It was after one of these visits that he called on me. He said that this time he had driven the exalted gentleman into a corner, and had asked him frankly whether considerations of religious denomination were not really responsible for the postponement of his appointment. The answer was: His Excellency had to admit that in the present state of public opinion he was not in a position, etc. `Now at least I know where I stand', my friend concluded his narrative, which told me nothing new, but which was calculated to confirm me in my resignation. For the same denominational considerations would apply to my own case.

On the morning after my friend's visit I had the following dream, which was notable also on account of its form. It consisted of two thoughts and two images, so that a thought and an image emerged alternately. But here I shall record only the first half of the dream, since the second half has no relation to the purpose for which I cite the dream.

I. *My friend R. is my uncle -- I have a great affection for him.*

II. *I see before me his face, somewhat altered. It seems to be elongated; a yellow beard, which surrounds it, is seen with peculiar distinctness.*

Then follow the other two portions of the dream, again a thought and an image, which I omit.

The interpretation of this dream was arrived at in the following manner:

When I recollected the dream in the course of the morning, I laughed outright and said, `The dream is nonsense'. But I could not get it out of my mind, and I was pursued by it all day, until at least, in the evening, I reproached myself in these words: `If in the course of a dream-interpretation one of your patients could find nothing better to say than ``That is nonsense", you would reprove him, and you would suspect that behind the dream there was hidden some disagreeable affair, the exposure of which he wanted to spare himself. Apply the same thing to your own case; your opinion that the dream is nonsense probably signifies merely an inner resistance to its interpretation. Don't let yourself be put off.' I then proceeded with the interpretation.

R. is my uncle. What can that mean? I had only one uncle, my uncle Joseph.[3] His story, to be sure, was a sad one. Once, more than thirty years ago, hoping to make money, he allowed himself to be involved in transactions of a kind which the law punishes severely, and paid the penalty. My father, whose hair turned grey with grief within a few days, used always to say that uncle Joseph had never been a bad man, but, after all, he was a simpleton. If, then, my friend R. is my uncle Joseph, that is equivalent to saying: R. is a simpleton. Hardly credible, and very disagreeable! But there is the face that I saw in the dream, with its elongated features and its yellow beard. My uncle actually had such a face -- long, and framed in a handsome yellow beard. My friend R. was extremely swarthy, but when black-haired people begin to grow grey they pay for the glory of their youth. Their black beards undergo an unpleasant change of colour, hair by hair; first they turn a reddish brown, then a yellowish brown, and then definitely grey. My friend R.'s beard is now in this stage; so, for that matter, is my own, a fact which I note with regret. The face that I see in my dream is at once that of my friend R. and that of my uncle. It is like one of those composite photographs of Galton's; in order to emphasise family resemblances Galton had several faces photographed on the same plate. No doubt is now possible; it is really my opinion that my friend R. is a simpleton -- like my uncle Joseph.

I have still no idea for what purpose I have worked out this relationship. It is certainly one to which I must unreservedly object. Yet it is not very profound, for my uncle was a criminal, and my friend R. is not, except in so far as he was once fined for knocking down an apprentice with his bicycle. Can I be thinking of this offence? That would make the comparison ridiculous. Here I recollect another conversation, which I had some days ago with another colleague, N.; as a matter of fact, on the same subject. I met N. in the street; he, too, has been nominated for a professorship, and having heard that I had been similarly honoured he congratulated me. I refused his congratulations, saying: `You are the last man to jest about the matter, for you know from your own experience what the nomination is worth.' Thereupon he said, though probably not in earnest: `You can't be sure of that. There is a special objection in my case. Don't you know that a woman once brought a criminal accusation against me? I need hardly assure you that the matter was put right. It was a mean attempt at blackmail, and it was all I could do to save the plaintiff from punishment. But it may be that the affair is remembered against me at the Ministry. You, on the other hand, are above reproach.' Here, then, I have the criminal, and at the same time the interpretation and tendency of my dream. My uncle Joseph represents both of my colleagues who have not been appointed to the professorship -- the one as a simpleton, the other as a criminal. Now, too, I know for what purpose I need this representation. If denominational considerations are a determining factor in the postponement of my two friends' appointment, then my own appointment is likewise in jeopardy. But if I can refer the rejection of my two friends' to other causes, which do not apply to my own case, my hopes are unaffected. This is the procedure followed by my dream: it makes the one friend, R., a simpleton, and the other, N., a criminal. But since I am neither one nor the other, there is nothing in common between us. I have a right to enjoy my appointment to the title of professor, and have avoided the distressing application to my own case of the information which the official gave to my friend R.

I must pursue the interpretation of this dream still farther; for I have a feeling that it is not yet satisfactorily elucidated. I still feel disquieted by the ease with which I have degraded two respected colleagues in order to clear my own way to the professorship. My dissatisfaction with this procedure has, of course, been mitigated since I have learned to estimate the testimony of dreams at its true value. I should contradict anyone who suggested that I really considered R. a simpleton, or that I did not believe N.'s account of the blackmailing incident. And of course I do not believe that Irma has been made seriously ill by an injection of a preparation of propyl administered by Otto. Here, as before, what the dream expresses is only my *wish that things might be so*. The statement in which my wish is realised sounds less absurd in the second dream than in the first; it is here made with a skilful use of actual points of support in establishing something like a plausible slander, one of which one could say `that there is something in it'. For at that time my friend R. had to contend with the adverse vote of a university professor of his own department, and my friend N. had himself, all unsuspectingly, provided me with material for the calumny. Nevertheless, I repeat, it still seems to me that the dream requires further elucidation.

I remember now that the dream contained yet another portion which has hitherto been ignored by the interpretation. After it occurred to me that my friend R. was my uncle, I felt in the dream a great affection for him. To whom is this feeling directed? For my uncle Joseph, of course, I have never had any feelings of affection. R. has for many years been a dearly loved friend, but if I were to go to him and express my affection for him in terms approaching the degree of affection which I felt in the dream, he would undoubtedly be surprised. My affection, if it was for him, seems false and exaggerated, as does my judgment of his intellectual qualities, which I expressed by merging his personality in that of my uncle; but exaggerated in the opposite direction. Now, however, a new state of affairs dawns upon me.

The affection in the dream does not belong to the latent content, to the thoughts behind the dream; it stands in opposition to this content; it is calculated to conceal the knowledge conveyed by the interpretation. Probably this is precisely its function. I remember with what reluctance I undertook the interpretation, how long I tried to postpone it, and how I declared the dream to be sheer nonsense. I know from my psychoanalytic practice how such a condemnation is to be interpreted. It has no informative value, but merely expresses an affect. If my little daughter does not like an apple which is offered her, she asserts that the apple is bitter, without even tasting it. If my patients behave thus, I know that we are dealing with an idea which they are trying to *repress*. The same thing applies to my dream. I do not want to interpret it because there is something in the interpretation to which I object. After the interpretation of the dream is completed, I discover what it was to which I objected; it was the assertion that R. is a simpleton. I can refer the affection which I feel for R. not to the latent dream-thoughts, but rather to this unwillingness of mine. If my dream, as compared with its latent content, is disguised at this point, and actually misrepresents things by producing their opposites, then the manifest affection in the dream serves the purpose of the misrepresentation; in other words, the distortion is here shown to be intentional -- it is a means of *disguise*. My dream-thoughts of R. are derogatory, and so that I may not become aware of this the very opposite of defamation -- a tender affection for him -- enters into the dream.

This discovery may prove to be generally valid. As the examples in Chapter Three have demonstrated, there are, of course, dreams which are undisguised wish-fulfilments. Wherever a wish-fulfilment is unrecognisable and disguised there must be present a tendency to defend oneself against this wish, and in consequence of this defence the wish is unable to express itself save in a distorted form. I will try to find a parallel in social life to this occurrence in the inner psychic life. Where in social life can a similar misrepresentation be found? Only where two persons are concerned, one of whom possesses a certain power while the other has to act with a certain consideration on account of this power. The second person will then distort his psychic actions; or, as we say, he will *mask* himself. The politeness which I practise every day is largely a disguise of this kind; if I interpret my dreams for the benefit of my readers, I am forced to make misrepresentations of this kind. The poet even complains of the necessity of such misrepresentation: *Das Beste, was du wissen kannst, darfst du den Buben doch nicht sagen*; `The best that thou canst know thou mayst not tell to boys.'

The political writer who has unpleasant truths to tell to those in power finds himself in a like position. If he tells everything without reserve, the Government will suppress them --

retrospectively in the case of a verbal expression of opinion, preventively if they are to be published in the press. The writer stands in fear of the censorship; he therefore moderates and disguises the expression of his opinions. He finds himself compelled, in accordance with the sensibilities of the censor, either to refrain altogether from certain forms of attack, or to express himself in allusions instead of by direct assertions; or he must conceal his objectionable statement in an apparently innocent disguise. He may, for instance, tell of a contretemps between two Chinese mandarins, while he really has in mind the officials of his own country. The stricter the domination of the censorship, the more thorough becomes the disguise, and, often enough, the more ingenious the means employed to put the reader on the track of the actual meaning.

The detailed correspondence between the phenomena of censorship and the phenomena of dream-distortion justifies us in presupposing similar conditions for both. We should then assume that in every human being there exist, as the primary cause of dream formation, two psychic forces (tendencies or systems), one of which forms the wish expressed by the dream, while the other exercises a censorship over this dream-wish, thereby enforcing on it a distortion. The question is, what is the nature of the authority of this second agency by virtue of which it is able to exercise its censorship? If we remember that the latent dream-thoughts are not conscious before analysis, but that the manifest dream-content emerging from them is consciously remembered, it is not a farfetched assumption that admittance to the consciousness is the prerogative of the second agency. Nothing can reach the consciousness from the first system which has not previously passed the second instance; and the second instance lets nothing pass without exercising its rights, and forcing such modifications as are pleasing to itself upon the candidates for admission to consciousness. Here we arrive at a very definite conception of the `essence' of consciousness; for us the state of becoming conscious is a special psychic act, different from and independent of the process of becoming fixed or represented, and consciousness appears to us as a sensory organ which perceives a content proceeding from another source. It may be shown that psychopathology simply cannot dispense with these fundamental assumptions. But we shall reserve for another time a more exhaustive examination of the subject.

If I bear in mind the notion of the two psychic instances and their relation to the consciousness, I find in the sphere of politics a perfectly appropriate analogy to the extraordinary affection which I feel for my friend R., who is so disparaged in the dream-interpretation. I refer to the political life of a State in which the ruler, jealous of his rights, and an active public opinion are in mutual conflict. The people, protesting against the actions of an unpopular official, demand his dismissal. The autocrat, on the other hand, in order to show his contempt for the popular will, may then deliberately confer upon the official some exceptional distinction which otherwise would not have been conferred. Similarly, my second instance, controlling the access to my consciousness, distinguishes my friend R. with a rush of extraordinary affection, because the wish-tendencies of the first system, in view of a particular interest on which they are just then intent, would like to disparage him as a simpleton.[4]

We may now perhaps begin to suspect that dream-interpretation is capable of yielding information concerning the structure of our psychic apparatus which we have hitherto vainly expected from philosophy. We shall not, however, follow up this trail, but shall return to our original problem as soon as we have elucidated the problem of dream-distortion. The question arose, how dreams with a disagreeable content can be analysed as wish-fulfilments. We see now that this is possible where a dream-distortion has occurred, when the disagreeable content serves only to disguise the thing wished for. With regard to our assumptions respecting the two psychic instances, we can now also say that disagreeable dreams contain, as a matter of fact, something which is disagreeable to the second instance, but which at the same time fulfils a wish of the first instance. They are wish-dreams in so far as every dream emanates from the first instance, while the second instance behaves towards the dream only in a defensive, not in a constructive manner.[5] Were we to limit ourselves to a consideration of what the second instance contributes to the dream we should never understand the dream, and all the problems which the writers on the subject have discovered in the dream would have to remain unsolved.

That the dream actually has a secret meaning, which proves to be a wish-fulfilment, must be proved afresh in every case by analysis. I will therefore select a few dreams which have painful contents, and endeavour to analyse them. Some of them are dreams of hysterical subjects, which therefore call for a long preliminary statement, and in some passages an examination of the psychic processes occurring in hysteria. This, though it will complicate the presentation, is unavoidable.

When I treat a psychoneurotic patient analytically, his dreams regularly, as I have said, become a theme of our conversations. I must therefore give him all the psychological explanations with whose aid I myself have succeeded in understanding his symptoms. And here I encounter unsparing criticism, which is perhaps no less shrewd than that which I have to expect from my colleagues. With perfect uniformity my patients contradict the doctrine that dreams are the fulfilments of wishes. Here are several examples of the sort of dream-material which is adduced in refutation of my theory.

`You are always saying that a dream is a wish fulfilled,' begins an intelligent lady patient. `Now I shall tell you a dream in which the content is quite the opposite, in which a wish of mine is not fulfilled. How do you reconcile that with your theory? The dream was as follows: *I want to give a supper, but I have nothing available except some smoked salmon. I think I will go shopping, but I remember that it is Sunday afternoon, when all the shops are closed. I then try to ring up a few caterers, but the telephone is out of order. Accordingly I have to renounce my desire to give a supper.*'

I reply, of course, that only the analysis can decide the meaning of this dream, although I admit that at first sight it seems sensible and coherent and looks like the opposite of a wish-fulfilment. `But what occurrence gave rise to this dream?' I ask. `You know that the stimulus of a dream always lies among the experiences of the preceding day.'

Analysis -- The patient's husband, an honest and capable meat salesman, had told her the day before that he was growing too fat, and that he meant to undergo treatment for obesity. He would rise early, take physical exercise, keep to a strict diet, and above all accept no more invitations to supper. -- She proceeds jestingly to relate how her husband, at a *table d'hôte*, had made the acquaintance of an artist, who insisted upon painting his portrait, because he, the painter, had never seen such an expressive head. But her husband had answered in his downright fashion, that while he was much obliged, he would rather not be painted; and he was quite convinced that a bit of a pretty young girl's posterior would please the artist better than his whole face.[6] -- She is very much in love with her husband, and teases him a good deal. She has asked him not to give her any caviar. What can that mean?

As a matter of fact, she had wanted for a long time to eat a caviar sandwich every morning, but had grudged the expense. Of course she could get the caviar from her husband at once if she asked for it. But she has, on the contrary, begged him not to give her any caviar, so that she might tease him about it a little longer.

(To me this explanation seems thin. Unconfessed motives are wont to conceal themselves behind just such unsatisfying explanations. We are reminded of the subjects hypnotised by Bernheim, who carried out a post-hypnotic order, and who, on being questioned as to their motives, instead of answering `I do not know why I did that', had to invent a reason that was obviously inadequate. There is probably something similar to this in the case of my patient's caviar. I see that in waking life she is compelled to invent an unfulfilled wish. Her dream also shows her the non-fulfilment of her wish. But why does she need an unfulfilled wish?)

The ideas elicited so far are insufficient for the interpretation of the dream. I press for more. After a short pause, which corresponds to the overcoming of a resistance, she reports that the day before she had paid a visit to a friend of whom she is really jealous because her husband is always praising this lady so highly. Fortunately this friend is very thin and lanky, and her husband likes full figures. Now of what did this thin friend speak? Of course, of her wish to become rather plumper. She also asked my patient: `When are you going to invite us again? You always have such good food.'

Now the meaning of the dream is clear. I am able to tell the patient: `It is just as though you had thought at the moment of her asking you that: ``Of course, I'm to invite you so that you can eat at my house and get fat and become still more pleasing to my husband! I would rather give no more suppers!" The dream then tells you that you cannot give a supper, thereby fulfilling your wish not to contribute anything to the rounding out of your friend's figure. Your husband's resolution to accept no more invitations to supper in order that he may grow thin teaches you that one grows fat on food eaten at other people's tables.' Nothing is lacking now but some sort of coincidence which will confirm the solution. The smoked salmon in the dream has not yet been traced. -- `How did you come to think of salmon in your dream?' -- `Smoked salmon is my friend's favourite dish,' she replied. It happens that I know the lady, and am able to affirm that she grudges herself salmon just as my patient grudges herself caviar.

This dream admits of yet another and more exact interpretation -- one which is actually necessitated only by a subsidiary circumstance. The two interpretations do not contradict one another, but rather dovetail into one another, and furnish an excellent example of the usual ambiguity of dreams, as of all other psychopathological formations. We have heard that at the time of her dream of a denied wish the patient was impelled to deny herself a real wish (the wish to eat caviar sandwiches). Her friend, too, had expressed a wish, namely, to get fatter, and it would not surprise us if our patient had dreamt that this wish of her friend's -- the wish to increase in weight -- was not to be fulfilled. Instead of this, however, she dreamt that one of her own wishes was not fulfilled. The dream becomes capable of a new interpretation if in the dream she does not mean herself, but her friend, if she has put herself in the place of her friend, or, as we may say, has *identified* herself with her friend.

I think she has actually done this, and as a sign of this identification she has created for herself in real life an unfulfilled wish. But what is the meaning of this hysterical identification? To elucidate this a more exhaustive exposition is necessary. Identification is a highly important motive in the mechanism of hysterical symptoms; by this means patients are enabled to express in their symptoms not merely their own experiences, but the experiences of quite a number of other persons; they can suffer, as it were, for a whole mass of people, and fill all the parts of a drama with their own personalities. It will here be objected that this is the well-known hysterical imitation, the ability of hysterical subjects to imitate all the symptoms which impress them when they occur in others, as though pity were aroused to the point of reproduction. This, however, only indicates the path which the psychic process follows in hysterical imitation. But the path itself and the psychic act which follows this path are two different matters. The act itself is slightly more complicated than we are prone to believe the imitation of the hysterical to be; it corresponds to an unconscious end-process, as an example will show. The physician who has, in the same ward with other patients, a female patient suffering from a particular kind of twitching, is not surprised if one morning he learns that this peculiar hysterical affection has found imitators. He merely tells himself: The others have seen her, and have imitated her; this is psychic infection. -- Yes, but psychic infection occurs somewhat in the following manner: As a rule, patients know more about one another than the physician knows about any one of them, and they are concerned about one another when the doctor's visit is over. One of them has an attack today: at once it is known to the rest that a letter from home, a recrudescence of lovesickness, or the like, is the cause. Their sympathy is aroused, and although it does not emerge into consciousness they form the following conclusion: `If it is possible to suffer such an attack from such a cause, I too may suffer this sort of an attack, for I have the same occasion for it.' If this were a conclusion capable of becoming conscious, it would perhaps express itself in *dread* of suffering a like attack; but it is formed in another psychic region, and consequently ends in the realisation of the dreaded symptoms. Thus identification is not mere imitation, but an assimilation based upon the same etiological claim, it expresses a `just like', and refers to some common condition which has remained in the unconscious.

In hysteria identification is most frequently employed to express a sexual community. The hysterical woman identifies herself by her symptoms most readily -- though not exclusively -- with persons with whom she had had sexual relations, or who have had sexual intercourse with the same persons as herself. Language takes cognisance of this tendency: two lovers are said to be `one'. In hysterical fantasy, as well as in dreams, identification may ensue if one simply thinks of sexual relations; they need not necessarily become actual. The patient is merely following the rules of the hysterical processes of thought when she expresses her jealousy of her friend (which, for that matter, she herself admits to be unjustified) by putting herself in her friend's place in her dream, and identifying herself with her by fabricating a symptom (the denied wish). One might further elucidate the process by saying: In the dream she puts herself in the place of her friend, because her friend has taken her own place in relation to her husband, and because she would like to take her friend's place in her husband's esteem.[7]

The contradiction of my theory of dreams on the part of another female patient, the most intelligent of all my dreamers, was solved in a simpler fashion, though still in accordance with the principle that the non-fulfilment of one wish signified the fulfilment of another. I had one day explained to her that a dream is a wish-fulfilment. On the following day she related a dream to the effect that she was travelling with her mother-in-law to the place in which they were both to spend the summer. Now I knew that she had violently protested against spending the summer in the neighbourhood of her mother-in-law. I also knew that she had fortunately been able to avoid doing so, since she had recently succeeded in renting a house in a place quite remote from that to which her mother-in-law was going. And now the dream reversed this desired solution. Was not this a flat contradiction of my theory of wish-fulfilment? One had only to draw the inferences from this dream in order to arrive at its interpretation. According to this dream, I was wrong; *but it was her wish that I should be wrong, and this wish the dream showed her as fulfilled*. But the wish that I should be wrong, which was fulfilled in the theme of the country house, referred in reality to another and more serious matter. At that time I had inferred, from the material furnished by her analysis, that something of significance in respect to her illness must have occurred at a certain time in her life. She had denied this, because it was not present in her memory. We soon came to see that I was right. Thus her wish that I should prove to be wrong, which was transformed into the dream that she was going into the country with her mother-in-law, corresponded with the justifiable wish that those things which were then only suspected had never occurred.

Without an analysis, and merely by means of an assumption, I took the liberty of interpreting a little incident in the life of a friend, who had been my companion through eight classes at school. He once heard a lecture of mine, delivered to a small audience, on the novel idea that dreams are wish-fulfilments. He went home, dreamt *that he had lost all his lawsuits* -- he was a lawyer -- and then complained to me about it. I took refuge in the evasion: `One can't win all one's cases'; but I thought to myself: `If, for eight years, I sat as *primus* on the first bench, while he moved up and down somewhere in the middle of the class, may he not naturally have had the wish, ever since his boyhood, that I too might for once make a fool of myself?'

Yet another dream of a more gloomy character was offered me by a female patient in contradiction of my theory of the wish-dream. This patient, a young girl, began as follows: `You remember that my sister has now only one boy, Charles. She lost the elder one, Otto, while I was still living with her. Otto was my favourite; it was I who really brought him up. I like the other little fellow, too, but, of course, not nearly so much as his dead brother. Now I dreamt last night that I *saw Charles lying dead before me. He was lying in his little coffin, his hands folded, there were candles all about; and, in short, it was just as it was at the time of little Otto's death, which gave me such a shock*. Now tell me, what does this mean? You know me -- am I really so bad as to wish that my sister should lose the only child she has left? Or does the dream mean that I wish that Charles had died rather than Otto, whom I liked so much better?'

I assured her that this latter interpretation was impossible. After some reflection, I was able to give her the interpretation of the dream, which she subsequently confirmed. I was able to do so because the whole previous history of the dreamer was known to me.

Having become an orphan at an early age, the girl had been brought up in the home of a much older sister, and had met, among the friends and visitors who frequented the house, a man who made a lasting impression upon her affections. It looked for a time as though these barely explicit relations would end in marriage, but this happy culmination was frustrated by the sister, whose motives were never completely explained. After the rupture the man whom my patient loved avoided the house; she herself attained her independence some time after the death of little Otto, to whom, meanwhile, her affections had turned. But she did not succeed in freeing herself from the dependence due to her affection for her sister's friend. Her pride bade her avoid him, but she found it impossible to transfer her love to the other suitors who successively presented themselves. Whenever the man she loved, who was a member of the literary profession, announced a lecture anywhere, she was certain to be found among the audience; and she seized every other opportunity of seeing him unobserved. I remembered that on the previous day she had told me that the Professor was going to a certain concert, and that she too was going, in order to enjoy the sight of him. This was on the day before the dream; and the concert was to be given on the day on which she told me the dream. I could now easily see the correct interpretation, and I asked her whether she could think of any particular event which had occurred after Otto's death. She replied immediately: `Of course; the Professor returned then, after a long absence, and I saw him once more beside little Otto's coffin.' It was just as I had expected. I interpreted the dream as follows: `If now the other boy were to die, the same thing would happen again. You would spend the day with your sister; the Professor would certainly come to offer his condolences, and you would see him once more under the same circumstances as before. The dream signifies nothing more than this wish of yours to see him again -- a wish against which you are fighting inwardly. I know that you have the ticket for today's concert in your bag. Your dream is a dream of impatience; it has anticipated by several hours the meeting which is to take place today.'

In order to disguise her wish she had obviously selected a situation in which wishes of the sort are commonly suppressed -- a situation so sorrowful that love is not even thought of. And yet it is entirely possible that even in the actual situation beside the coffin of the elder, more dearly loved boy, she had not been able to suppress her tender affection for the visitor whom she had missed for so long.

A different explanation was found in the case of a similar dream of another patient, who in earlier life had been distinguished for her quick wit and her cheerful disposition, and who still displayed these qualities, at all events in the free associations which occurred to her during treatment. In the course of a longer dream, it seemed to this lady that she saw her fifteen year-old daughter lying dead before her in a box. She was strongly inclined to use this dream-image as an objection to the theory of wish-fulfilment, although she herself suspected that the detail of the box must lead to a different conception of the dream.[8] For in the course of the analysis it occurred to her that on the previous evening the conversation of the people in whose company she found herself had turned on the English word `box', and upon the numerous translations of it into German such as *Schachtel* (box), *Loge* (box at the theatre), *Kasten* (chest), *Ohrfeige* (box on the ear), etc. From other components of the same dream it was now possible to add the fact that the lady had guessed at the relationship between the English word `box' and the German *Büchse*, and had then been haunted by the recollection that *Büchse*, is used in vulgar parlance to denote the female genitals. It was therefore possible, treating her knowledge of topographical anatomy with a certain indulgence, to assume that the child in the box signified a child in the mother's womb. At this stage of the explanation she no longer denied that the picture in the dream actually corresponded with a wish of hers. Like so many other young women, she was by no means happy on finding that she was pregnant, and she had confessed to me more than once the wish that her child might die before its birth; in a fit of anger, following a violent scene with her husband, she had even struck her abdomen with her fists, in order to injure the child within. The dead child was, therefore, really the fulfilment of a wish, but a wish which had been put aside for fifteen years, and it is not surprising that the fulfilment of the wish was no longer recognised after so long an interval. For there had been many changes in the meantime.

The group of dreams (having as content the death of beloved relatives) to which belong the last two mentioned will be considered again under the head of `Typical Dreams'. I shall then be able to show by new examples that in spite of their undesirable content all these dreams must be interpreted as wish-fulfilments. For the following dream, which again was told me in order to deter me from a hasty generalisation of my theory, I am indebted, not to a patient, but to an intelligent jurist of my acquaintance. `*I dream*,' my informant tells me, `*that I am walking in front of my house with a lady on my arm. Here a closed carriage is waiting; a man steps up to me, shows me his authorisation as a police officer, and requests me to follow him. I ask only for time in which to arrange my affairs*.' The jurist then asks me: `Can you possibly suppose that it is my wish to be arrested?' -- `Of course not,' I have to admit. `Do you happen to know upon what charge you were arrested?' -- `Yes; I believe for infanticide.' -- `Infanticide? But you know that only a mother can commit this crime upon her new-born child?' -- `That is true.'[9] -- `And under what circumstances did you dream this? What happened on the evening before?' -- `I would rather not tell you -- it is a delicate matter.' -- `But I need it, otherwise we must forgo the interpretation of the dream.' -- `Well, then, I will tell you. I spent the night, not at home, but in the house of a lady who means a great deal to me. When we awoke in the morning, something again passed between us. Then I went to sleep again, and dreamt what I have told you.' -- `The woman is married?' -- `Yes.' -- `And you do not wish her to conceive?' -- `No; that might betray us.' -- `Then you do not practice normal coitus?' -- `I take the precaution to withdraw before ejaculation.' -- `Am I to assume that you took this precaution several times during the night, and that in the morning you were not quite sure whether you had succeeded?' -- `That might be so.' -- `Then your dream is the fulfilment of a wish. By the dream you are assured that you have not begotten a child, or, what amounts to the same thing, that you have killed the child. I can easily demonstrate the connecting-links. Do you remember, a few days ago we were talking about the troubles of matrimony, and about the inconsistency of permitting coitus so long as no impregnation takes place, while at the same time any preventive act committed after the ovum and the semen meet and a foetus is formed is punished as a crime? In this connection we recalled the medieval controversy about the moment of time at which the soul actually enters into the foetus, since the concept of murder becomes admissible only from that point onwards. Of course, too, you know the gruesome poem by Lenau, which puts infanticide and birth-control on the same plane.' -- `Strangely enough, I happened, as though by chance, to think of Lenau this morning.' -- `Another echo of your dream. And now I shall show you yet another incidental wish-fulfilment in your dream. You walk up to your house with the lady on your arm. So you take her home, instead of spending the night at her house, as you did in reality. The fact that the wish-fulfilment, which is the essence of the dream, disguises itself in such an unpleasant form, has perhaps more than one explanation. From my essay on the etiology of anxiety neurosis, you will see that I note *coitus interruptus* as one of the factors responsible for the development of neurotic fear. It would be consistent with this if, after repeated coitus of this kind, you were left in an uncomfortable frame of mind, which now becomes an element of the composition of your dream. You even make use of this uncomfortable state of mind to conceal the wish-fulfilment. At the same time, the mention of infanticide has not yet been explained. Why does this crime, which is peculiar to females, occur to you?' -- `I will confess to you that I was involved in such an affair years ago. I was responsible for the fact that a girl tried to protect herself from the consequences of a liaison with me by procuring an abortion. I had nothing to do with the carrying out of her plan, but for a long time I was naturally worried in case the affair might be discovered.' -- `I understand. This recollection furnished a second reason why the supposition that you had performed *coitus interruptus* clumsily must have been painful to you.'

A young physician, who heard this dream related in my lecture-room, must have felt that it fitted him, for he hastened to imitate it by a dream of his own, applying its mode of thinking to another theme. On the previous day he had furnished a statement of his income; a quite straightforward statement, because he had little to state. He dreamt that an acquaintance of his came from a meeting of the tax commission and informed him that all the other statements had passed unquestioned, but that his own had aroused general suspicion, with the result that he would be punished with a heavy fine. This dream is a poorly disguised fulfilment of the wish to be known as a physician with a large income. It also calls to mind the story of the young girl who was advised against accepting her suitor because he was a man of quick temper, who would assuredly beat her after their marriage. Her answer was: `I wish he *would* strike me!' Her wish to be married was so intense that she had taken into consideration the discomforts predicted for this marriage; she had even raised them to the plane of a wish.

If I group together the very frequent dreams of this sort, which seem flatly to contradict my theory, in that they embody the denial of a wish or some occurrence obviously undesired, under the head of `counter-wish-dreams', I find that they may all be referred to two principles, one of which has not yet been mentioned, though it plays a large part in waking as well as dream-life. One of the motives inspiring these dreams is the wish that I should appear in the wrong. These dreams occur regularly in the course of treatment whenever the patient is in a state of resistance; indeed, I can with a great deal of certainty count on evoking such a dream once I have explained to the patient my theory that the dream is a wish-fulfilment.[10] Indeed, I have reason to expect that many of my readers will have such dreams, merely to fulfil the wish that I may prove to be wrong. The last dream which I shall recount from among those occurring in the course of treatment once more demonstrates this very thing. A young girl who had struggled hard to continue my treatment, against the will of her relatives and the authorities whom they had consulted, dreamt the following dream: *At home she is forbidden to come to me any more. She then reminds me of the promise I made to treat her for nothing if necessary, and I tell her: `I can show no consideration in money matters*.'

It is not at all easy in this case to demonstrate the fulfilment of a wish, but in all cases of this kind there is a second problem, the solution of which helps also to solve the first. Where does she get the words which she puts into my mouth? Of course, I have never told her anything of the kind; but one of her brothers, the one who has the greatest influence over her, has been kind enough to make this remark about me. It is then the purpose of the dream to show that her brother is right; and she does not try to justify this brother merely in the dream; it is her purpose in life and the motive of her illness.

A dream which at first sight presents peculiar difficulties for the theory of wish-fulfilment was dreamed by a physician (Aug. Stärcke) and interpreted by him: `*I have and see on the last phalange of my left forefinger a primary syphilitic affection*.'

One may perhaps be inclined to refrain from analysing this dream, since it seems clear and coherent, except for its unwished-for content. However, if one takes the trouble to make an analysis, one learns that `primary affection' reduces itself to `*prima affectio*' (first love), and that the repulsive sore, in the words of Stärke, proves to be `the representative of wish-fulfilments charged with intense emotion.'[11]

The other motive for counter-wish-dreams is so clear that there is a danger of overlooking it, as happened in my own case for a long time. In the sexual constitution of many persons there is a masochistic component, which has arisen through the conversion of the aggressive, sadistic component into its opposite. Such people are called `ideal' masochists if they seek pleasure not in the bodily pain which may be inflicted upon them, but in humiliation and psychic chastisement. It is obvious that such persons may have counter-wish-dreams and disagreeable dreams, yet these are for them nothing more than wish-fulfilments, which satisfy their masochistic inclinations. Here is such a dream: A young man, who in earlier youth greatly tormented his elder brother, toward whom he was homosexually inclined, but who has since undergone a complete change of character, has the following dream, which consists of three parts: (1) *He is `teased' by his brother*. (2)

Two adults are caressing each other with homosexual intentions. (3) *His brother has sold the business, the management of which the young man had reserved for his own future*. From this last dream he awakens with the most unpleasant feelings; and yet it is a masochistic wish-dream, which might be translated: It would serve me right if my brother were to make that sale against my interests. It would be my punishment for all the torments he has suffered at my hands.

I hope that the examples given above will suffice -- until some further objection appears -- to make it seem credible that even dreams with a painful content are to be analysed as wish-fulfilments.[12] Nor should it be considered a mere matter of chance that in the course of interpretation one always happens upon subjects about which one does not like to speak or think. The disagreeable sensation which such dreams arouse is of course precisely identical with the antipathy which would, and usually does, restrain us from treating or discussing such subjects -- an antipathy which must be overcome by all of us if we find ourselves obliged to attack the problem of such dreams. But this disagreeable feeling which recurs in our dreams does not preclude the existence of a wish; everyone has wishes which he would not like to confess to others, which he does not care to admit even to himself. On the other hand, we feel justified in connecting the unpleasant character of all these dreams with the fact of dream-distortion, and in concluding that these dreams are distorted, and that their wish-fulfilment is disguised beyond recognition, precisely because there is a strong revulsion against -- a will to repress -- the subject-matter of the dream, or the wish created by it. Dream-distortion, then, proves in reality to be an act of the censorship. We shall have included everything which the analysis of disagreeable dreams has brought to light if we reword our formula thus: *The dream is the (disguised) fulfilment of a (suppressed, repressed) wish.*[13]

Now there still remain to be considered, as a particular suborder of dreams with painful content, the anxiety-dreams, the inclusion of which among the wish-dreams will be still less acceptable to the uninitiated. But I can here deal very cursorily with the problem of anxiety-dreams; what they have to reveal is not a new aspect of the dream-problem; here the problem is that of understanding neurotic anxiety in general. The anxiety which we experience in dreams is only apparently explained by the dream-content. If we subject that content to analysis, we become aware that the dream-anxiety is no more justified by the dream-content than the anxiety in a phobia is justified by the idea to which the phobia is attached. For example, it is true that it is possible to fall out of a window, and that a certain care should be exercised when one is at a window, but it is not obvious why the anxiety in the corresponding phobia is so great, and why it torments its victims more than its cause would warrant. The same explanation which applies to the phobia applies also to the anxiety-dream. In either case the anxiety is only *fastened on to* the idea which accompanies it, and is really derived from another source.

On account of this intimate relation of dream-anxiety to neurotic anxiety, the discussion of the former obliges me to refer to the latter. In a little essay on *Anxiety Neurosis*,[14] written in 1895, I maintain that neurotic anxiety has its origin in the sexual life, and corresponds to a libido which has been deflected from its object and has found no employment. The accuracy of this formula has since then been demonstrated with ever-increasing certainty. From it we may deduce the doctrine that anxiety-dreams are dreams of sexual content, and that the libido appertaining to this content has been transformed into anxiety. Later on I shall have an opportunity of confirming this assertion by the analysis of several dreams of neurotics. In my further attempts to arrive at a theory of dreams I shall again have occasion to revert to the conditions of anxiety-dreams and their compatibility with the theory of wish-fulfilment.

[1] Already Plotinus, the neo-Platonist, said: `When desire bestirs itself, then comes fantasy, and presents to us, as it were, the object of desire' (Du Prel, p. 276).

[2] It is quite incredible with what obstinacy readers and critics have excluded this consideration and disregarded the fundamental differentiation between the manifest and the latent dream-content. Nothing in the literature of the subject approaches so closely to my own conception of dreams as a passage in J. Sully's essay: *Dreams as a Revelation* (and it is not because I do not think it valuable that I allude to it here for the first time). `*It would seem then, after all, that dreams are not the utter nonsense they have been said to be by such authorities as Chaucer, Shakespeare, and Milton. The chaotic aggregations of our night-fancy have a significance and communicate new knowledge. Like some letter in cipher, the dream-inscription when scrutinised closely loses its first look of balderdash and takes on the aspect of a serious, intelligible message. Or, to vary the figure slightly, we may say that, like some pamphlets the dream discloses beneath its worthless surface-characters traces of an old and precious communication*' (p. 364).

[3] It is astonishing to see how my memory here restricts itself -- in the waking state! -- for the purposes of analysis. I have known five of my uncles and I loved and honoured one of them. But at the moment when I overcame my resistance to the interpretation of the dream, I said to myself: `I have only one uncle, the one who is intended in the dream.'

[4] Such hypocritical dreams are not rare, either with me or with others. While I have been working at a certain scientific problem I have been visited for several nights, at quite short intervals, by a somewhat confusing dream which has as its content a reconciliation with a friend dropped long ago. After three or four attempts I finally succeeded in grasping the meaning of this dream. It was in the nature of an encouragement to give up the remnant of consideration still surviving for the person in question, to make myself quite free from him, but it hypocritically disguised itself in its antithesis. I have recorded a `hypocritical Oedipus dream' in which the hostile feelings and death-wishes of the dream-thoughts were replaced by manifest tenderness (`Typisches Beispiel eines verkappten Oedipusträumes,' *Zentralblatt für Psychoanalyse*, Bd. I, Heft 1-11, 1910). Another class of hypocritical dreams will be recorded in another place (see Chap. vi, *The Dream-Work*).

[5] Later on we shall become acquainted with cases in which, on the contrary, the dream expresses a wish of this second instance.

[6] To sit for the painter. Goethe: `And if he has no backside, How can the nobleman sit?'

[7] I myself regret the inclusion of such passages from the psychopathology of hysteria, which, because of their fragmentary presentation, and because they are torn out of their context, cannot prove to be very illuminating. If these passages are capable of throwing any light upon the intimate relations between dreams and the psychoneuroses, they have served the intention with which I have included them.

[8] As in the dream of the deferred supper and the smoked salmon.

[9] It often happens that a dream is told incompletely, and that a recollection of the omitted portions appears only in the course of the analysis. These portions, when subsequently fitted in, invariably furnish the key to the interpretation. cf. Chapter Seven, on forgetting in dreams.

[10] Similar `counter-wish-dreams' have been repeatedly reported to me within the last few years, by those who attend my lectures, as their reaction to their first encounter with the `wish-theory of dreams.'

[11] *Zentralblatt für Psychoanalyse*, Jahrg. II, 1911-12.

[12] I will here observe that we have not yet disposed of this theme; we shall discuss it again later.

[13] A great contemporary poet, who, I am told, will hear nothing of psychoanalysis and dream-interpretation, has nevertheless derived from his own experience an almost identical formula for the nature of the dream: `Unauthorised emergence of suppressed yearnings under false features and names' (C. Spitteler, *Meine frühesten Erlebnisee*, in *Süddeutsche Monatshefte*, October, 1913). I will here anticipate by citing the amplification and modification of this fundamental formula propounded by Otto Rank: `On the basis of and with the aid of repressed infantile-sexual material, dreams regularly represent as fulfilled current, and as a rule also erotic, wishes in a disguised and symbolic form' (*Ein Traum, der sich selbst deutet*). Nowhere have I said that I have accepted this formula of Rank's. The shorter version contained in the text seems to me sufficient. But the fact that I merely mentioned Rank's modification was enough to expose psychoanalysis to the oftrepeated reproach that it asserts that *all dreams have a sexual content*. If one understands this sentence as it is intended to be understood, it only proves how little conscientiousness our critics are wont to display, and how ready our opponents are to overlook statements if they do not accord with their aggressive inclinations. Only a few pages back I mentioned the manifold wish-fulfilment of children's dreams (to make an excursion on land or water, to make up for an omitted meal, etc.). Elsewhere I have mentioned dreams excited by thirst and the desire to evacuate, and mere comfort- or convenience-dreams. Even Rank does not make an absolute assertion. He says `as a rule also erotic wishes,' and this can be completely confirmed in the case of most dreams of adults. The matter has, however, a different aspect if we employ the word `sexual' in the sense of `Eros', as the word is understood by psychoanalysts. But the interesting problem of whether all dreams are not produced by `libidinal' motives (in opposition to `destructive' ones) has hardly been considered by our opponents.

[14] *Selected Papers on Hysteria and other Psychoneuroses*, p. 133, translated by A. A. Brill, *Journal of Nervous and Mental Diseases*, Monograph Series.

CHAPTER FIVE

The Material and Sources of Dreams

Having realised, as a result of analysing the dream of Irma's injection, that the dream was the fulfilment of a wish, we were immediately interested to ascertain whether we had thereby discovered a general characteristic of dreams, and for the time being we put aside every other scientific problem which may have suggested itself in the course of the interpretation. Now that we have reached the goal on this one path, we may turn back and select a new point of departure for exploring dream-problems, even though we may for a time lose sight of the theme of wish-fulfilment, which has still to be further considered.

Now that we are able, by applying our process of interpretation, to detect a *latent* dream-content whose significance far surpasses that of the *manifest* dream-content, we are naturally impelled to return to the individual dream-problems, in order to see whether the riddles and contradictions which seemed to elude us when we had only the manifest content to work upon may not now be satisfactorily solved.

The opinions of previous writers on the relation of dreams to waking life, and the origin of the material of dreams, have not been given here. We may recall however three peculiarities of the memory in dreams, which have often been noted, but never explained:

1. That the dream clearly prefers the impressions of the last few days (Robert, Strümpell, Hildebrandt; also Weed-Hallam);
2. That it makes a selection in accordance with principles other than those governing our waking memory, in that it recalls not essential and important, but subordinate and disregarded things;
3. That it has at its disposal the earliest impressions of our childhood, and brings to light details from this period of life, which, again, seem trivial to us, and which in waking life were believed to have been long since forgotten.[1]

These peculiarities in the dream's choice of material have, of course, been observed by previous writers in the manifest dream-content.

[1] It is evident that Robert's idea -- that the dream is intended to rid our memory of the useless impressions which it has received during the day -- is no longer tenable if indifferent memories of our childhood appear in our dreams with some degree of frequency. We should be obliged to conclude that our dreams generally perform their prescribed task very inadequately.

A -- RECENT AND INDIFFERENT IMPRESSIONS IN THE DREAM

If I now consult my own experience with regard to the origin of the elements appearing in the dream-content, I must in the first place express the opinion that in every dream we may find some reference to the experiences of the *preceding day*. Whatever dream I turn to, whether my own or someone else's, this experience is always confirmed. Knowing this, I may perhaps begin the work of interpretation by looking for the experience of the preceding day which has stimulated the dream; in many cases this is indeed the quickest way. With the two dreams which I subjected to a close analysis in the last chapter (the dreams of Irma`s injection, and of the uncle with the yellow beard) the reference to the preceding day is so evident that it needs no further elucidation. But in order to show how constantly this reference may be demonstrated, I shall examine a portion of my own dream-chronicle. I shall relate only so much of the dreams as is necessary for the detection of the dream-source in question.

1. *I pay a call at a house to which I gain admittance only with difficulty, etc., and meanwhile I am keeping a woman waiting for me.*
Source: A conversation during the evening with a female relative to the effect that she would have to wait for a remittance for which she had asked, until. . . etc.

2. *I have written a monograph on a species (uncertain) of plant*.
Source: In the morning I had seen in a bookseller's window *a monograph* on the genus Cyclamen.

3. *I see two women in the street, mother and daughter, the latter being a patient*.
Source: A female patient who is under treatment had told me in the evening what difficulties her *mother* puts in the way of her continuing the treatment.

4. *At S. and R.'s bookshop I subscribe to a periodical which costs 20 florins annually*.
Source: During the day my wife has reminded me that I still owe her *20 florins* of her weekly allowance.

5. *I receive a communication from the Social Democratic Committee, in which I am addressed as a member*.
Source: I have received simultaneous *communications* from the Liberal Committee on Elections and from the president of the Humanitarian Society, of which latter I am actually a member.

6. *A man on a steep rock rising from the sea, in the manner of Böcklin*.
Source: Dreyfus on Devil's Island; also news from my relatives in *England*, etc.

The question might be raised, whether a dream invariably refers to the events of the preceding day only, or whether the reference may be extended to include impressions from a longer period of time in the immediate past. This question is probably not of the first importance, but I am inclined to decide in favour of the exclusive priority of the day before the dream (the dream-day). Whenever I thought I had found a case where an impression two or three days old was the source of the dream, I was able to convince myself after careful investigation that this impression had been remembered the day before; that is, that a demonstrable reproduction on the day before had been interpolated between the day of the event and the time of the dream: and further, I was able to point to the recent occasion which might have given rise to the recollection of the older impression. On the other hand, I was unable to convince myself that a regular interval of biological significance (H. Swoboda gives the first interval of this kind as eighteen hours) elapses between the dream-exciting daytime impression and its recurrence in the dream.

I believe, therefore, that for every dream a dream-stimulus may be found among those experiences `on which one has not yet slept.'

Havelock Ellis, who has likewise given attention to this problem, states that he has not been able to find any such periodicity of reproduction in his dreams, although he has looked for it. He relates a dream in which he found himself in Spain; he wanted to travel to a place called *Daraus, Varaus*, or *Zaraus*. On awaking he was unable to recall any such place-names, and thought no more of the matter. A few months later he actually found the name Zaraus; it was that of a railway-station between San Sebastian and Bilbao, through which he had passed in the train eight months (250 days) before the date of the dream.

Thus the impressions of the immediate past (with the exception of the day before the night of the dream) stands in the same relation to the dream-content as those of periods indefinitely remote. The dream may select its material from any period of life, provided only that a chain of thought leads back from the experiences of the day of the dream (the `recent' impressions) of that earlier period.

But why this preference for recent impressions? We shall arrive at some conjectures on this point if we subject one of the dreams already mentioned to a more precise analysis. I select the

Dream of the Botanical Monograph

I have written a monograph on a certain plant. The book lies before me; I am just turning over a folded coloured plate. A dried specimen of the plant, as though from a herbarium, is bound up with every copy.

Analysis -- In the morning I saw in a bookseller's window a volume entitled *The Genus Cyclamen*, apparently a monograph on this plant.

The cyclamen is my wife's favourite flower. I reproach myself for remembering so seldom to bring her flowers, as she would like me to do. In connection with the theme of giving her flowers, I am reminded of a story which I recently told some friends of mine in proof of my assertion that we often forget in obedience to a purpose of the unconscious, and that forgetfulness always enables us to form a deduction about the secret disposition of the forgetful person. A young woman who has been accustomed to receive a bouquet of flowers from her husband on her birthday misses this token of affection on one of her birthdays, and bursts into tears. The husband comes in, and cannot understand why she is crying until she tells him: `Today is my birthday.' He claps his hand to his forehead, and exclaims: `Oh, forgive me, I had completely forgotten it!' and proposes to go out immediately in order to get her flowers. But she refuses to be consoled, for she sees in her husband's forgetfulness a proof that she no longer plays the same part in his thoughts as she formerly did. This Frau L. met my wife two days ago, told her that she was feeling well, and asked after me. Some years ago she was a patient of mine.

Supplementary facts: I did once actually write something like a monograph on a plant, namely, an essay on the coca plant, which attracted the attention of K. Koller to the anaesthetic properties of cocaine. I had hinted that the alkaloid might be employed as an anaesthetic, but I was not thorough enough to pursue the matter farther. It occurs to me, too, that on the morning of the day following the dream (for the interpretation of which I did not find time until the evening) I had thought of cocaine in a kind of day-dream. If I were ever afflicted with glaucoma, I would go to Berlin, and there undergo an operation, incognito, in the house of my Berlin friend, at the hands of a surgeon whom he would recommend. The surgeon, who would not know the name of his patient, would boast, as usual, how easy these operations had become since the introduction of cocaine; and I should not betray the fact that I myself had a share in this discovery. With this fantasy were connected thoughts of how awkward it really is for a physician to claim the professional services of a colleague. I should be able to pay the Berlin eye specialist, who did not know me, like anyone else. Only after recalling this day-dream do I realise that there is concealed behind it the memory of a definite event. Shortly after Koller's discovery, my father contracted glaucoma; he was operated on by my friend Dr Königstein, the eye specialist. Dr Koller was in charge of the cocaine anaesthetisation, and he made the remark that on this occasion all the three persons who had been responsible for the introduction of cocaine had been brought together.

My thoughts now pass on to the time when I was last reminded of the history of cocaine. This was a few days earlier, when I received a *Festschrift*, a publication in which grateful pupils had commemorated the jubilee of their teacher and laboratory director. Among the titles to fame of persons connected with the laboratory I found a note to the effect that the discovery of the anaesthetic properties of cocaine had been due to K. Koller. Now I suddenly become aware that the dream is connected with an experience of the previous evening. I had just accompanied Dr Königstein to his home, and had entered into a discussion of a subject which excites me greatly whenever it is mentioned. While I was talking with him in the entrance-hall Professor Gärtner and his young wife came up. I could not refrain from congratulating them both upon their *blooming* appearance. Now Professor Gärtner is one of the authors of the *Festschrift of* which I have just spoken, and he may well have reminded me of it. And Frau L., of whose birthday disappointment I spoke a little way back, had been mentioned, though of course in another connection, in my conversation with Dr Königstein.

I shall now try to elucidate the other determinants of the dream-content. A *dried specimen* of the plant accompanies the monograph, as though it were a *herbarium*. And herbarium reminds me of the `gymnasium'. The director of our `gymnasium' once called the pupils of the upper classes together, in order that they might examine and clean the `gymnasium' herbarium. Small insects had been found -- *book-worms*. The director seemed to have little confidence in my ability to assist, for he entrusted me with only a few of the pages. I know to this day that there were crucifers on them. My interest in botany was never very great. At my preliminary examination in botany I was required to identify a crucifer, and failed to recognise it; had not my theoretical knowledge come to my aid, I should have fared badly indeed. Crucifers suggest composites. The artichoke is really a composite, and in actual fact one which I might call my *favourite flower*. My wife, more thoughtful than I, often brings this favourite flower of mine home from the market.

I see the monograph which I have written lying before me. Here again there is an association. My friend wrote to me yesterday from Berlin: `I am thinking a great deal about your dream-book. I see it lying before me, completed, and I turn the pages.' How I envied him this power of vision! If only I could see it lying before me, already completed!

The folded coloured plate. When I was a medical student I suffered a sort of craze for studying monographs exclusively. In spite of my limited means, I subscribed to a number of the medical periodicals, whose *coloured plates* afforded me much delight. I was rather proud of this inclination to thoroughness. When I subsequently began to publish books myself, I had to draw the plates for my own treatises, and I remember one of them turned out so badly that a well-meaning colleague ridiculed me for it. With this is associated, I do not exactly know how, a very early memory of my childhood. My father, by way of a jest, once gave my elder sister and myself a book containing *coloured plates* (the book was a narrative of a journey through Persia) in order that we might destroy it. From an educational point of view this was hardly to be commended. I was at the time five years old, and my sister less than three, and the picture of us two children blissfully tearing the book to pieces (I should add, like an *artichoke*, leaf by leaf), is almost the only one from this period of my life which has remained vivid in my memory. When I afterwards became a student, I developed a conspicuous fondness for collecting and possessing books (an analogy to the inclination for studying from monographs, a hobby alluded to in my dream-thoughts, in connection with cyclamen and artichoke). I became a *book-worm* (cf. *herbarium*). Ever since I have been engaged in introspection I have always traced this earliest passion of my life to this impression of my childhood: or rather, I have recognised in this childish scene a `screen or concealing memory' for my subsequent bibliophilia.[1] And of course I learned at an early age that our passions often become our misfortunes. When I was seventeen, I ran up a very considerable account at the bookseller's, with no means with which to settle it, and my father would hardly accept it as an excuse that my passion was at least a respectable one. But the mention of this experience of my youth brings me back to my conversation with my friend Dr Königstein on the evening preceding the dream; for one of the themes of this conversation was the same old reproach -- that I am much too absorbed in my *hobbies*.

For reasons which are not relevant here I shall not continue the interpretation of this dream, but will merely indicate the path which leads to it. In the course of the interpretation I was reminded of my conversation with Dr Königstein, and, indeed, of more than one portion of it. When I consider the subjects touched upon in this conversation, the meaning of the dream immediately becomes clear to me. All the trains of thought which have been started -- my own inclinations, and those of my wife, the cocaine, the awkwardness of securing medical treatment from one's own colleagues, my preference for monographical studies, and my neglect of certain subjects, such as botany -- all these are continued in and lead up to one branch or another of this widely-ramified conversation. The dream once more assumes the character of a justification, of a plea for my rights (like the dream of Irma's injection, the first to be analysed); it even continues the theme which that dream introduced, and discusses it in association with the new subject-matter which has been added in the interval between the two dreams. Even the dream's apparently indifferent form of expression at once acquires a meaning. Now it means: `I am indeed the man who has written that valuable and successful treatise (on cocaine)', just as previously I declared in self-justification: `I am after all a thorough and industrious student'; and in both instances I find the meaning: `I can allow myself this.' But I may dispense with the further interpretation of the dream, because my only purpose in recording it was to examine the relation of the dream-content to the experience of the previous day which arouses it. As long as I know only the manifest content of this dream, only one relation to any impression of the day is obvious; but after I have completed the interpretation, a second source of the dream becomes apparent in another experience of the same day. The first of these impressions to which the dream refers is an indifferent one, a subordinate circumstance. I see a book in a shop window whose title holds me for a moment, but whose contents would hardly interest me. The second experience was of great psychic value; I talked earnestly with my friend, the eye specialist, for about an hour; I made allusions in this conversation which must have ruffled the feelings of both of us, and which in me awakened memories in connection with which I was aware of a great variety of inner stimuli. Further, this conversation was broken off unfinished, because some acquaintances joined us. What, now, is the relation of these two impressions of the day to one another, and to the dream which followed during the night?

In the manifest dream-content I find merely an allusion to the indifferent impression, and I am thus able to reaffirm that the dream prefers to take up into its content experiences of a nonessential character. In the dream-interpretation, on the contrary, everything converges upon the important and justifiably disturbing event. If I judge the sense of the dream in the only correct way, according to the latent content which is brought to light in the analysis, I find that I have unwittingly lighted upon a new and important discovery. I see that the puzzling theory that the dream deals only with the worthless odds and ends of the day's experiences has no justification; I am also compelled to contradict the assertion that the psychic life of the waking state is not continued in the dream, and that hence, the dream wastes our psychic energy on trivial material. The very opposite is true; what has claimed our attention during the day dominates our dream-thoughts also, and we take pains to dream only in connection with such matters as have given us food for thought during the day.

Perhaps the most immediate explanation of the fact that I dream of the indifferent impression of the day, while the impression which has with good reason excited me causes me to dream, is that here again we are dealing with the phenomenon of dream-distortion, which we have referred to as a psychic force playing the part of a censorship. The recollection of the monograph on the genus cyclamen is utilised as though it were an *allusion* to the conversation with my friend, just as the mention of my patient's friend in the dream of the deferred supper is represented by the allusion `smoked salmon'. The only question is, by what intermediate links can the impression of the monograph come to assume the relation of allusion to the conversation with the eye specialist, since such a relation is not at first perceptible? In the example of the deferred supper the relation is evident at the outset; `smoked salmon', as the favourite dish of the patient's friend, belongs to the circle of ideas which the friend's personality would naturally evoke in the mind of the dreamer. In our new example we are dealing with two entirely separate impressions, which at first glance seem to have nothing in common, except indeed that they occur on the same day. The monograph attracts my attention in the morning: in the evening I take part in the conversation. The answer furnished by the analysis is as follows: Such relations between the two impressions as do not exist from the first are established subsequently between the idea-content of the one impression and the idea-content of the other. I have already picked out the intermediate links emphasised in the course of writing the analysis. Only under some outside influence, perhaps the recollection of the flowers missed by Frau L., would the idea of the monograph on the cyclamen have attached itself to the idea that the cyclamen is my wife's favourite flower. I do not believe that these inconspicuous thoughts would have sufficed to evoke a dream.

> There needs no ghost, my lord, come from the grave
> To tell us this,

as we read in *Hamlet*. But behold! in the analysis I am reminded that the name of the man who interrupted our conversation was *Gärtner* (gardener), and that I thought his wife looked *blooming*; indeed, now I even remember that one of my female patients, who bears the pretty name of *Flora*, was for a time the main subject of our conversation. It must have happened that by means of these intermediate links from the sphere of botanical ideas the association was effected between the two events of the day, the indifferent one and the stimulating one. Other relations were then established, that of cocaine for example, which can with perfect appropriateness form a link between the person of Dr Königstein and the botanical monograph which I have written, and thus secure the fusion of the two circles of ideas, so that now a portion of the first experience may be used as an allusion to the second.

I am prepared to find this explanation attacked as either arbitrary or artificial. What would have happened if Professor Gärtner and his blooming wife had not appeared, and if the patient who was under discussion had been called, not Flora, but Anna? And yet the answer is not hard to find. If these thought-relations had not been available, others would probably have been selected. It is easy to establish relations of this sort, as the jocular questions and conundrums with which we amuse ourselves suffice to show. The range of wit is unlimited. To go a step farther: if no sufficiently fertile associations between the two impressions of the day could have been established, the dream would simply have followed a different course; another of the indifferent impressions of the day, such as come to us in multitudes and are forgotten, would have taken the place of the monograph in the dream, would have formed an association with the content of the conversation, and would have represented this in the dream. Since it was the impression of the monograph and no other that was fated to perform this function, this impression was probably that most suitable for the purpose. One need not, like Lessing's *Hänschen Schlau*, be astonished that `only the rich people of the world possess the most money.'

Still, the psychological process by which, according to our exposition, the indifferent experience substitutes itself for the psychologically important one seems to us odd and open to question. In a later chapter we shall undertake the task of making the peculiarities of this seemingly incorrect operation more intelligible. Here we are concerned only with the result of this process, which we were compelled to accept by constantly recurring experiences in the analysis of dreams. In this process it is as though, in the course of the intermediate steps, a *displacement* occurs -- let us say, of the psychic accent -- until ideas of feeble potential, by taking over the charge from ideas which have a stronger initial potential, reach a degree of intensity which enables them to force their way into consciousness. Such displacements do not in the least surprise us when it is a question of the transference of affective magnitudes or of motor activities. That the lonely spinster transfers her affection to animals, that the bachelor becomes a passionate collector, that the soldier defends a scrap of coloured cloth -- his flag -- with his life-blood, that in a love-affair a clasp of the hands a moment longer than usual evokes a sensation of bliss, or that in *Othello* a lost handkerchief causes an outburst of rage -- all these are examples of psychic displacements which to us seem incontestable. But if, by the same means, and in accordance with the same fundamental principles, a decision is made as to what is to reach our consciousness and what is to be withheld from it -- that is to say, what we are to think -- this gives us the impression of morbidity, and if it occurs in waking life we call it an error of thought. We may here anticipate the result of a discussion which will be undertaken later, namely, that the psychic process which we have recognised in dream-displacement proves to be not a morbidly deranged process, but one merely differing from the normal, one of a more *primary* nature.

Thus we interpret the fact that the dream-content takes up remnants of trivial experiences as a manifestation of *dream-distortion* (by displacement), and we thereupon remember that we have recognised this dream-distortion as the work of a censorship operating between the two psychic instances. We may therefore expect that dream-analysis will constantly show us the real and psychically significant source of the dream in the events of the day, the memory of which has transferred its accentuation to some indifferent memory. This conception is in complete opposition to Robert's theory, which consequently has no further value for us. The fact which Robert was trying to explain simply does not exist; its assumption is based on a misunderstanding, on a failure to substitute the real meaning of the dream for its apparent meaning. A further objection to Robert's doctrine is as follows: If the task of the dream were really to rid our memory, by means of a special psychic activity, of the `slag' of the day's recollections, our sleep would perforce be more troubled, engaged in more strenuous work, than we can suppose it to be, judging by our waking thoughts. For the number of the indifferent impressions of the day against which we should have to protect our memory is obviously immeasurably large; the whole night would not be long enough to dispose of them all. It is far more probable that the forgetting of the indifferent impressions takes place without any active interference on the part of our psychic powers.

Still, something cautions us against taking leave of Robert`s theory without further consideration. We have left unexplained the fact that one of the indifferent impressions of the day -- indeed, even of the previous day -- constantly makes a contribution to the dream-content. The relations between this impression and the real source of the dream in the unconscious do not always exist from the outset; as we have seen, they are established subsequently, while the dream is actually at work, as though to serve the purpose of the intended displacement. Something, therefore, must necessitate the opening up of connections in the direction of the recent but indifferent impression; this impression must possess some quality that gives it a special fitness. Otherwise it would be just as easy for the dream-thoughts to shift their accentuation to some inessential component of their own sphere of ideas.

Experiences such as the following show us the way to an explanation: If the day has brought us two or more experiences which are worthy to evoke a dream, the dream will blend the allusion of both into a single whole: it obeys *a compulsion to make them into a single whole*. For example: One summer afternoon I entered a railway carriage in which I found two acquaintances of mine who were unknown to one another. One of them was an influential colleague, the other a member of a distinguished family which I had been attending in my professional capacity. I introduced the two gentlemen to each other; but during the long journey they conversed with each other through me, so that I had to discuss this or that topic now with one, now with the other. I asked my colleague to recommend a mutual acquaintance who had just begun to practise as a physician. He replied that he was convinced of the young man's ability, but that his undistinguished appearance would make it difficult for him to obtain patients in the upper ranks of society. To this I rejoined: `That is precisely why he needs recommendation.' A little later, turning to my other fellow-traveller, I inquired after the health of his aunt -- the mother of one of my patients -- who was at this time prostrated by a serious illness. On the night following this journey I dreamt that the young friend whom I had asked one of my companions to recommend was in a fashionable drawing-room, and with all the bearing of a man of the world was making -- before a distinguished company, in which I recognised all the rich and aristocratic persons of my acquaintance -- a funeral oration over the old lady (who in my dream had already died) who was the aunt of my second fellow traveller. (I confess frankly that I had not been on good terms with this lady.) Thus my dream had once more found the connection between the two impressions of the day, and by means of the two had constructed a unified situation.

In view of many similar experiences I am persuaded to advance the proposition that a dream works under a kind of compulsion which forces it to combine into a unified whole all the sources of dream-stimulation which are offered to it.[2] In a subsequent chapter (on the function of dreams) we shall consider this impulse of combination as part of the process of condensation, another primary psychic process.

I shall now consider the question whether the dream-exciting source to which our analysis leads us must always be a recent (and significant) event, or whether a subjective experience -- that is to say, the recollection of a psychologically significant event, a train of thought -- may assuem the role of a dream-stimulus. The very definite answer, derived from numerous analyses, is as follows: The stimulus of the dream may be a subjective transaction, which has been made recent, as it were, by the mental activity of the day.

And this is perhaps the best time to summarise in schematic form the different conditions under which the dream-sources are operative.

The source of a dream may be:

a. A recent and psychologically significant event which is directly represented in the dream.[3]
b. Several recent and significant events, which are combined by the dream into a single whole.[4]
c. One or more recent and significant events, which are represented in the dream-content by allusion to a contemporary but indifferent event.[5]
d. A subjectively significant experience (recollection, train of thought), which is *constantly* represented in the dream by allusion to a recent but indifferent impression.[6]

As may be seen, in dream-interpretation the condition is always fulfilled that one component of the dream-content repeats a recent impression of the day of the dream. The component which is destined to be represented in the dream may either belong to the same circle of ideas as the dream-stimulus itself (as an essential or even an inessential element of the same), or it may originate in the neighbourhood of an indifferent impression, which has been brought by more or less abundant associations into relation with the sphere of the dream-stimulus. The apparent multiplicity of these conditions results merely from the *alternative*, that a *displacement has or has not occurred*, and it may here be noted that this alternative enables us to explain the contrasts of the dream quite as readily as the medical theory of the dream explains the series of states from the partial to the complete waking of the brain cells.

In considering this series of sources we note further that the psychologically significant but not recent element (a train of thought, a recollection) may be replaced for the purposes of dream-formation by a recent but psychologically indifferent element, provided the two following conditions are fulfilled: (1) the dream-content preserves a connection with things recently experienced; (2) the dream-stimulus is still a psychologically significant event. In one single case (a) both these conditions are fulfilled by the same impression. If we now consider that these same indifferent impressions, which are utilised for the dream as long as they are recent, lose this qualification as soon as they are a day (or at most several days) older, we are obliged to assume that the very freshness of an impression gives it a certain psychological value for dream-formation, somewhat equivalent to the value of emotionally accentuated memories or trains of thought. Later on, in the light of certain psychological considerations, we shall be able to divine the explanation of this importance of *recent* impressions in dream-formation.[7]

Incidentally our attention is here called to the fact that at night, and unnoticed by our consciousness, important changes may occur in the material comprised by our ideas and memories. The injunction that before making a final decision in any matter one should sleep on it for a night is obviously fully justified. But at this point we find that we have passed from the psychology of dreaming to the psychology of sleep, a step which there will often be occasion to take.

At this point there arises an objection which threatens to invalidate the conclusions at which we have just arrived. If indifferent impressions can find their way into the dream only so long as they are of recent origin, how does it happen that in the dream-content we find elements also from earlier periods of our lives, which at the time when they were still recent possessed, as Strümpell puts it, no psychic value, and which, therefore, ought to have been forgotten long ago; elements, that is, which are neither fresh nor psychologically significant?

This objection can be disposed of completely if we have recourse to the results of the psychoanalysis of neurotics. The solution is as follows: The process of shifting and rearrangement which replaces material of psychic significance by material which is indifferent (whether one is dreaming or thinking) has already taken place in these earlier periods of life, and has since become fixed in the memory. Those elements which were originally indifferent are in fact no longer so, since they have acquired the value of psychologically significant material. That which has actually remained indifferent can never be reproduced in the dream.

From the foregoing exposition the reader may rightly conclude that I assert that there are no indifferent dream-stimuli, and therefore no guileless dreams. This I absolutely and unconditionally believe to be the case, apart from the dreams of children, and perhaps the brief dream-reactions to nocturnal sensations. Apart from these exceptions, whatever one dreams is either plainly recognisable as being psychically significant, or it is distorted and can be judged correctly only after complete interpretation, when it proves after all to be of psychic significance. The dream never concerns itself with trifles; we do not allow sleep to be disturbed by trivialities.[8] Dreams which are apparently guileless turn out to be the reverse of innocent if one takes the trouble to interpret them; if I may be permitted the expression, they all show `the mark of the beast'. Since this is another point on which I may expect contradiction, and since I am glad of an opportunity to show dream-distortion at work, I shall here subject to analysis a number of `guileless dreams' from my collection.

Dream 1

An intelligent and refined young woman, who in real life is distinctly reserved, one of those people of whom one says that `still waters run deep', relates the following dream: *`I dreamt that I arrived at the market too late, and could get nothing from either the butcher or the greengrocer woman.'* Surely a guileless dream, but as it has not the appearance of a real dream I induce her to relate it in detail. Her report then runs as follows: *She goes to the market with her cook, who carries the basket. The butcher tells her, after she has asked him for something: `That is no longer to be obtained,' and wants to give her something else, with the remark: `That is good, too.' She refuses, and goes to the greengrocer woman. The latter tries to sell her a peculiar vegetable, which is bound up in bundles, and is black in colour. She says: `I don't know that, I won't take it.'*

The connection of the dream with the preceding day is simple enough. She had really gone to the market too late, and had been unable to buy anything. *The meat-shop was already closed*, comes into one's mind as a description of the experience. But wait, is not that a very vulgar phrase which -- or rather, the opposite of which -- denotes a certain neglect with regard to a man's clothing?[9] The dreamer has not used these words; she has perhaps avoided them; but let us look for the interpretation of the details contained in the dream.

When in a dream something has the character of a spoken utterance -- that is, when it is said or heard, not merely thought -- and the distinction can usually be made with certainty -- then it originates in the utterances of waking life, which have, of course, been treated as raw material, dismembered, and slightly altered, and above all removed from their context.[10] In the work of interpretation we may take such utterances as our starting point. Where, then, does the butcher's statement, *That is no longer to be obtained*, come from? From myself; I had explained to her some days previously `that the oldest experiences of childhood are *no longer to be obtained* as such, but will be replaced in the analysis by ``transferences" and dreams.' Thus, I am the butcher; and she refuses to accept these transferences to the present of old ways of thinking and feeling. Where does her dream utterance, *I don't know that, I won't take it*, come from? For the purposes of the analysis this has to be dissected. `I don't know that, she herself had said to her cook, with whom she had a dispute on the previous day, but she had then added: *Behave yourself decently*. Here a displacement is palpable; of the two sentences which she spoke to her cook, she included the insignificant one in her dream; but the suppressed sentence, `Behave yourself decently!' alone fits in with the rest of the dream-content. One might use the words to a man who was making indecent overtures, and had neglected `to close his meat-shop'. That we have really hit upon the trail of the interpretation is proved by its agreement with the allusions made by the incident with the greengrocer woman. A vegetable which is sold tied up in bundles (a longish vegetable, as she subsequently adds), and is also black; what can this be but a dream-combination of asparagus and black radish? I need not interpret asparagus to the initiated; and the other vegetable, too (think of the exclamation: `Blacky, save yourself!'), seems to me to point to the sexual theme at which we guessed in the beginning, when we wanted to replace the story of the dream by `the meat-shop is closed'. We are not here concerned with the full meaning of the dream; so much is certain, that it is full of meaning and by no means guileless.[11]

Dream 2

Another guileless dream of the same patient, which in some respects is a pendant to the above. *Her husband asks her: `Oughtn't we to have the piano tuned?' She replies: `It's not worth while, the hammers would have to be rebuffed as well.'* Again we have the reproduction of an actual event of the preceding day. Her husband had asked her such a question, and she had answered it in such words. But what is the meaning of her dreaming it? She says of the piano that it is a *disgusting* old box which has a bad tone; it *belonged* to her husband before they were married,[12] etc., but the key to the true solution lies in the phrase: *It isn't worth while*. This has its origin in a call paid yesterday to a woman friend. She was asked to take off her coat, but declined, saying: `Thanks, it isn't worth while, I must go in a moment.' At this point I recall that yesterday, during the analysis, she suddenly took hold of her coat, of which a button had come undone. It was as though she meant to say: `Please don't look in, it isn't worth while.' Thus *box* becomes *chest*, and the interpretation of the dream leads to the years when she was growing out of her childhood, when she began to be dissatisfied with her figure. It leads us back, indeed, to earlier periods, if we take into consideration the *disgusting* and the *bad tone*, and remember how often in allusions and in dreams the two small hemispheres of the female body take the place -- as a substitute and an antithesis -- of the large ones.

Dream 3

I will interrupt the analysis of this dreamer in order to insert a short, innocent dream which was dreamed by a young man. He *dreamt that he was putting on his winter overcoat again; this was terrible*. The occasion for this dream is apparently the sudden advent of cold weather. On more careful examination we note that the two brief fragments of the dream do not fit together very well, for what could be terrible about wearing a thick or heavy coat in cold weather? Unfortunately for the innocency of this dream, the first association, under analysis, yields the recollection that yesterday a lady had confidentially confessed to him that her last child owed its existence to the splitting of a condom. He now reconstructs his thoughts in accordance with this suggestion: A thin condom is dangerous, a thick one is bad. The condom is a `pullover' (überzieher = literally pullover), for it is pulled over something: and überzieher is the German term for a light overcoat. An experience like that related by the lady would indeed be `terrible' for an unmarried man.

We will now return to our other innocent dreamer.

Dream 4

She puts a candle into a candlestick; but the candle is broken, so that it does not stand up. The girls at school say she is clumsy; but she replies that it is not her fault.

Here, too, there is an actual occasion for the dream; the day before she had actually put a candle into a candlestick; but this one was not broken. An obvious symbolism has here been employed. The candle is an object which excites the female genitals; its being broken, so that it does not stand upright, signifies impotence on the man's part (*it is not her fault*). But does this young woman, carefully brought up, and a stranger to all obscenity, know of such an application of the candle? By chance she is able to tell how she came by this information. While paddling a canoe on the Rhine, a boat passed her which contained some students, who were singing rapturously, or rather yelling: `When the Queen of Sweden, behind closed shutters, with the candles of Apollo . . .'

She does not hear or else understand the last word. Her husband was asked to give her the required explanation. These verses are then replaced in the dream-content by the innocent recollection of a task which she once performed *clumsily* at her boarding-school, because of the *closed shutters*. The connection between the theme of masturbation and that of impotence is clear enough. `Apollo' in the latent dream-content connects this dream with an earlier one in which the virgin Pallas figured. All this is obviously not innocent.

Dream 5

Lest it may seem too easy a matter to draw conclusions from dreams concerning the dreamer's real circumstances, I add another dream originating with the same person, which once more appears innocent. *`I dreamt of doing something,' she relates, `which I actually did during the day, that is to say, I filled a little trunk so full of books that I had difficulty in closing it. My dream was just like the actual occurrence*.' Here the dreamer herself emphasises the correspondence between the dream and the reality. All such criticisms of the dream, and comments on the dream, although they have found a place in the waking thoughts, properly belong to the latent dream-content, as further examples will confirm. We are told, then, that what the dream relates has actually occurred during the day. It would take us too far afield to show how we arrive at the idea of making use of the English language to help us in the interpretation of this dream. Suffice it to say that it is again a question of a little box (cf. p. 62, the dream of the dead child in the box) which has been filled so full that nothing can go into it.

In all these `innocent' dreams the sexual factor as the motive of the censorship is very prominent. But this is a subject of primary significance, which we must consider later.

[1] cf. *The Psychopathology of Everyday Life.*

[2] The tendency of the dream at work to blend everything present of interest into a single transaction has already been noticed by several authors, for instance, by Delage and Delboeuf.

[3] The dream of Irma's injection; the dream of the friend who is my uncle.

[4] The dream of the funeral oration delivered by the young physician.

[5] The dream of the botanical monograph.

[6] The dreams of my patients during analysis are mostly of this kind.

[7] cf. Chapter Seven on *Transference*.

[8] Havelock Ellis, a kindly critic of *The Interpretation of Dreams*, writes in *The World of Dreams* (p. 169): `From this point on, not many of us will be able to follow F.' But Mr Ellis has not undertaken any analyses of dreams, and will not believe how unjustifiable it is to judge them by the manifest dream-content.

[9] Its meaning is: `Your fly is undone.' (TRANS.)

[10] cf. what is said of speech in dreams in the chapter on *The Dream-Work*. Only one of the writers on the subject -- Delboeuf -- seems to have recognised the origin of the speeches heard in dreams, he compares them with *cliches*.

[11] For the curious, I may remark that behind the dream there is hidden a fantasy of indecent, sexually provoking conduct on my part, and of repulsion on the part of the lady. If this interpretation should seem preposterous, I would remind the reader of the numerous cases in which physicians have been made the object of such charges by hysterical women, with whom the same fantasy has not appeared in a distorted form as a dream, but has become undisguisedly conscious and delusional. -- With this dream the patient began her psychoanalytical treatment. It was only later that I learned that with this dream she repeated the initial trauma in which her neurosis originated, and since then I have noticed the same behaviour in other persons who in their childhood were victims of sexual attacks, and now, as it were, wish in their dreams for them to be repeated.

[12] A substitute by the opposite, as will be clear after analysis.

B -- INFANTILE EXPERIENCES AS THE SOURCE OF DREAMS

As the third of the peculiarities of the dream-content, we have adduced the fact, in agreement with all other writers on the subject (excepting Robert), that impressions from our childhood may appear in dreams, which do not seem to be at the disposal of the waking memory. It is, of course, difficult to decide how seldom or how frequently this occurs, because after waking the origin of the respective elements of the dream is not recognised. The proof that we are dealing with impressions of our childhood must thus be adduced objectively, and only in rare instances do the conditions favour such proof. The story is told by A. Maury, as being particularly conclusive, of a man who decides to visit his birthplace after an absence of twenty years. On the night before his departure he dreams that he is in a totally unfamiliar locality, and that he there meets a strange man with whom he holds a conversation. Subsequently, upon his return home, he is able to convince himself that this strange locality really exists in the vicinity of his home, and the strange man in the dream turns out to be a friend of his dead father's, who is living in the town. This is, of course, a conclusive proof that in his childhood he had seen both the man and the locality. The dream, moreover, is to be interpreted as a dream of impatience, like the dream of the girl who carries in her pocket her ticket for a concert, the dream of the child whose father had promised him an excursion to the Hameau (p. 40), and so forth. The motives which reproduce just these impressions of childhood for the dreamer cannot, of course, be discovered without analysis.

One of my colleagues, who attended my lectures, and who boasted that his dreams were very rarely subject to distortion, told me that he had sometime previously seen, in a dream, *his former tutor in bed with his nurse*, who had remained in the household until his eleventh year. The actual location of this scene was realised even in the dream. As he was greatly interested, he related the dream to his elder brother, who laughingly confirmed its reality. The brother said that he remembered the affair very distinctly, for he was six years old at the time. The lovers were in the habit of making him, the elder boy, drunk with beer whenever circumstances were favourable to their nocturnal intercourse. The younger child, our dreamer, at that time three years of age, slept in the same room as the nurse, but was not regarded as an obstacle.

In yet another case it may be definitely established, without the aid of dream-interpretation, that the dream contains elements from childhood -- namely, if the dream is a so-called *perennial* dream, one which, being first dreamt in childhood, recurs again and again in adult years. I may add a few examples of this sort to those already known, although I have no personal knowledge of perennial dreams. A physician, in his thirties, tells me that a yellow lion, concerning which he is able to give the precisest information, has often appeared in his dream-life, from his earliest childhood up to the present day. This lion, known to him from his dreams, was one day discovered *in natura*, as a long-forgotten china animal. The young man then learned from his mother that the lion had been his favourite toy in early childhood, a fact which he himself could no longer remember.

If we now turn from the manifest dream-content to the dream-thoughts which are revealed only on analysis, the experiences of childhood may be found to recur even in dreams whose content would not have led us to suspect anything of the sort. I owe a particularly delightful and instructive example of such a dream to my esteemed colleague of the `yellow lion'. After reading Nansen's account of his polar expedition, he dreamt that he was giving the intrepid explorer electrical treatment on an ice-floe for the sciatica of which the latter complained! During the analysis of this dream he remembered an incident of his childhood, without which the dream would be wholly unintelligible. When he was three or four years of age he was one day listening attentively to the conversation of his elders; they were talking of exploration, and he presently asked his father whether exploration was a bad illness. He had apparently confounded *Reissen* (journey, trips) with *Reissen* (gripes, tearing pains), and the derision of his brothers and sisters prevented his ever forgetting the humiliating experience.

We have a precisely similar case when, in the analysis of the dream of the monograph on the genus cyclamen, I stumble upon a memory, retained from childhood, to the effect that when I was five years old my father allowed me to destroy a book embellished with coloured plates. It will perhaps be doubted whether this recollection really entered into the composition of the dream-content, and it may be suggested that the connection was established subsequently by the analysis. But the abundance and intricacy of the associative connections vouch for the truth of my explanation: cyclamen-favourite flower-favourite dish-artichoke; to pick to pieces like an artichoke, leaf by leaf (a phrase which at that time one heard daily, *àa propos* of the dividing up of the Chinese empire); herbarium-bookworm, whose favourite food is books. I can further assure the reader that the ultimate meaning of the dream, which I have not given here, is most intimately connected with the content of the scene of childish destruction.

In another series of dreams we learn from analysis that the very wish which has given rise to the dream, and whose fulfilment the dream proves to be, has itself originated in childhood, so that one is astonished to find that *the child with all his impulses survives in the dream*.

I shall now continue the interpretation of a dream which has already proved instructive: I refer to the dream in which my friend R. is my uncle. We have carried its interpretation far enough for the wish-motive -- the wish to be appointed professor -- to assert itself palpably; and we have explained the affection felt for my friend R. in the dream as the outcome of opposition to, and defiance of, the two colleagues who appear in the dream-thoughts. The dream was my own; I may, therefore, continue the analysis by stating that I did not feel quite satisfied with the solution arrived at. I knew that my opinion of these colleagues, who were so badly treated in my dream-thoughts, would have been expressed in very different language in my waking life; the intensity of the wish that I might not share their fate as regards the appointment seemed to me too slight fully to account for the discrepancy between my dream-opinion and my waking opinion. If the desire to be addressed by another title were really so intense it would be proof of a morbid ambition, which I do not think I cherish, and which I believe I was far from entertaining. I do not know how others who think they know me would judge me; perhaps I really was ambitious; but if I was, my ambition has long since been transferred to objects other than the rank and title of *Professor extraordinarius*.

Whence, then, the ambition which the dream has ascribed to me? Here I am reminded of a story which I heard often in my childhood, that at my birth an old peasant woman had prophesied to my happy mother (whose first-born I was) that she had brought a great man into the world. Such prophecies must be made very frequently; there are so many happy and expectant mothers, and so many old peasant women, and other old women who, since their mundane powers have deserted them, turn their eyes toward the future; and the prophetess is not likely to suffer for her prophecies. Is it possible that my thirst for greatness has originated from this source? But here I recollect an impression from the later years of my childhood, which might serve even better as an explanation. One evening, at a restaurant on the Prater, where my parents were accustomed to take me when I was eleven or twelve years of age, we noticed a man who was going from table to table and, for a small sum, improvising verses upon any subject that was given him. I was sent to bring the poet to our table, and he showed his gratitude. Before asking for a subject he threw off a few rhymes about myself, and told us that if he could trust his inspiration I should probably one day become a `minister'. I can still distinctly remember the impression produced by this second prophecy. It was in the days of the `bourgeois Ministry' my father had recently brought home the portraits of the bourgeois university graduates, Herbst, Giskra, Unger, Berger and others, and we illuminated the house in their honour. There were even Jews among them; so that every diligent Jewish schoolboy carried a ministerial portfolio in his satchel. The impression of that time must be responsible for the fact that until shortly before I went to the university I wanted to study jurisprudence, and changed my mind only at the last moment. A medical man has no chance of becoming a minister. And now for my dream: It is only now that I begin to see that it translates me from the sombre present to the hopeful days of the bourgeois Ministry, and completely fulfils what was then my youthful ambition. In treating my two estimable and learned colleagues, merely because they are Jews, so badly, one as though he were a simpleton, and the other as though he were a criminal, I am acting as though I were the Minister; I have put myself in his place. What a revenge I take upon his Excellency! He refuses to appoint me *Professor extraordinarius*, and so in my dream I put myself in his place.

In another case I note the fact that although the wish that excites the dream is a contemporary wish it is nevertheless greatly reinforced by memories of childhood. I refer to a series of dreams which are based on the longing to go to Rome. For a long time to come I shall probably have to satisfy this longing by means of dreams, since at the season of the year when I should be able to travel Rome is to be avoided for reasons of health.[1] Thus I once dreamt that I saw the Tiber and the bridge of Sant' Angelo from the window of a railway carriage; presently the train started, and I realised that I had never entered the city at all. The view that appeared in the dream was modelled after a well-known engraving which I had casually noticed the day before in the drawing-room of one of my patients. In another dream someone took me up a hill and showed me Rome half shrouded in mist, and so distant that I was astonished at the distinctness of the view. The content of this dream is too rich to be fully reported here. The motive, `to see the promised land afar', is here easily recognisable. The city which I thus saw in the midst is Lübeck; the original of the hill is the Gleichenberg. In a third dream I am at last in Rome. To my disappointment the scenery is anything but urban: it consists of *a little stream of black water, on one side of which are black rocks, while on the other are meadows with large white flowers. I notice a certain Herr Zucker (with whom I am superficially acquainted), and resolve to ask him to show me the way into the city.* It is obvious that I am trying in vain to see in my dream a city which I have never seen in my waking life. If I resolve the landscape into its elements, the white flowers point to Ravenna, which is known to me, and which once, for a time, replaced Rome as the capital of Italy. In the marshes around Ravenna we had found the most beautiful water-lilies in the midst of black pools of water; the dream makes them grow in the meadows, like the narcissi of our own Aussee, because we found it so troublesome to cull them from the water. The black rock so close to the water vividly recalls the valley of the Tepl at Karlsbad. `Karlsbad' now enables me to account for the peculiar circumstance that I ask Herr Zucker to show me the way. In the material of which the dream is woven I am able to recognise two of those amusing Jewish anecdotes which conceal such profound and, at times, such bitter worldly wisdom, and which we are so fond of quoting in our letters and conversation. One is the story of the `constitution'; it tells how a poor Jew sneaks onto the Karlsbad express without a ticket; how he is detected, and is treated more and more harshly by the conductor at each succeeding call for tickets; and how, when a friend whom he meets at one of the stations during his miserable journey asks him where he is going, he answers: `To Karlsbad -- if my constitution holds out.' Associated in memory with this is another story about a Jew who is ignorant of French, and who has express instructions to ask in Paris for the Rue Richelieu. Paris was for many years the goal of my own longing, and I regarded the satisfaction with which I first set foot on the pavements of Paris as a warrant that I should attain to the fulfilment of other wishes also. Moreover, asking the way is a direct allusion to Rome, for, as we know, `all roads lead to Rome'. And further, the name Zucker (sugar) again points to Karlsbad, whither we send persons afflicted with the *constitutional* disease, diabetes (*Zuckerkrankheit*, sugar-disease). The occasion for this dream was the proposal of my Berlin friend that we should meet in Prague at Easter. A further association with sugar and diabetes might be found in the matters which I had to discuss with him.

A fourth dream, occurring shortly after the last-mentioned, brings me back to Rome. I see a street corner before me, and am astonished that so many German placards should be posted there. On the previous day, when writing to my friend, I had told him, with truly prophetic vision, that Prague would probably not be a comfortable place for German travellers. The dream, therefore, expressed simultaneously the wish to meet him in Rome instead of in the Bohemian capital, and the desire, which probably originated during my student days, that the German language might be accorded more tolerance in Prague. As a matter of fact, I must have understood the Czech language in the first years of my childhood, for I was born in a small village in Moravia, amidst a Slav population. A Czech nursery rhyme, which I heard in my seventeenth year, became, without effort on my part, so imprinted upon my memory that I can repeat it to this day, although I have no idea of its meaning. Thus in these dreams also there is no lack of manifold relations to the impressions of my early childhood.

During my last Italian journey, which took me past Lake Trasimenus, I at length discovered, after I had seen the Tiber, and had reluctantly turned back some fifty miles from Rome, what a reinforcement my longing for the Eternal City had received from the impressions of my childhood. I had just conceived a plan of travelling to Naples via Rome the following year when this sentence, which I must have read in one of our German classics, occurred to me:[2] `It is a question which of the two paced to and fro in his room the more impatiently after he had conceived the plan of going to Rome -- Assistant Headmaster Winckelmann or the great General Hannibal.' I myself had walked in Hannibal's footsteps; like him I was destined never to see Rome, and he too had gone to Campania when all were expecting him in Rome. Hannibal, with whom I had achieved this point of similarity, had been my favourite hero during my years at the `gymnasium'; like so many boys of my age, I bestowed my sympathies in the Punic war not on the Romans, but on the Carthaginians. Moreover, when I finally came to realise the consequences of belonging to an alien race, and was forced by the anti-Semitic feeling among my classmates to take a definite stand, the figure of the Semitic commander assumed still greater proportions in my imagination. Hannibal and Rome symbolised, in my youthful eyes, the struggle between the tenacity of the Jews and the organisation of the Catholic Church. The significance for our emotional life which the anti-Semitic movement has since assumed helped to fix the thoughts and impressions of those earlier days. Thus the desire to go to Rome has in my dream-life become the mask and symbol for a number of warmly cherished wises, for whose realisation one had to work with the tenacity and single-mindedness of the Punic general, though their fulfilment at times seemed as remote as Hannibal's lifelong wish to enter Rome.

And now, for the first time, I happened upon the youthful experience which even today still expresses its power in all these emotions and dreams. I might have been ten or twelve years old when my father began to take me with him on his walks, and in his conversation to reveal his views on the things of this world. Thus it was that he once told me the following incident, in order to show me that I had been born into happier times than he: `When I was a young man, I was walking one Saturday along the street in the village where you were born; I was well-dressed, with a new fur cap on my head. Up comes a Christian, who knocks my cap into the mud, and shouts, ``Jew, get off the pavement!" ' -- `And what did you do?' -- `I went into the street and picked up the cap,' he calmly replied. That did not seem heroic on the part of the big, strong man who was leading me, a little fellow, by the hand. I contrasted this situation, which did not please me, with another, more in harmony with my sentiments -- the scene in which Hannibal's father, Hamilcar Barcas, made his son swear before the household altar to take vengeance on the Romans.[3] Ever since then Hannibal has had a place in my fantasies.

I think I can trace my enthusiasm for the Carthaginian general still further back into my childhood, so that it is probably only an instance of an already established emotional relation being transferred to a new vehicle. One of the first books which fell into my childish hands after I learned to read was Thiers' *Consulate and Empire*. I remember that I pasted on the flat backs of my wooden soldiers little labels bearing the names of the Imperial marshals, and that at that time Masséna (as a Jew, Menasse) was already my avowed favourite.[4] This preference is doubtless also to be explained by the fact of my having been born a hundred years later, on the same date. Napoleon himself is associated with Hannibal through the crossing of the Alps. And perhaps the development of this martial ideal may be traced yet farther back, to the first three years of my childhood, to wishes which my alternately friendly and hostile relations with a boy a year older than myself must have evoked in the weaker of the two playmates.

The deeper we go into the analysis of dreams, the more often are we put on to the track of childish experiences which play the part of dream-sources in the latent dream-content.

We have learned that dreams very rarely reproduce memories in such a manner as to constitute, unchanged and unabridged, the sole manifest dream-content. Nevertheless, a few authentic examples which show such reproduction have been recorded, and I can add a few new ones, which once more refer to scenes of childhood. In the case of one of my patients a dream once gave a barely distorted reproduction of a sexual incident, which was immediately recognised as an accurate recollection. The memory of it had never been completely lost in the waking life, but it had been greatly obscured, and it was revivified by the previous work of analysis. The dreamer had at the age of twelve visited a bedridden schoolmate, who had exposed himself, probably only by a chance movement in bed. At the sight of the boy's genitals he was seized by a kind of compulsion, exposed himself, and took hold of the member of the other boy who, however, looked at him in surprise and indignation, whereupon he became embarrassed and let it go. A dream repeated this scene twenty-three years later, with all the details of the accompanying emotions, changing it, however, in this respect, that the dreamer played the passive instead of the active role, while the person of the schoolmate was replaced by a contemporary.

As a rule, of course, a scene from childhood is represented in the manifest dream-content only by an illusion, and must be disentangled from the dream by interpretation. The citation of examples of this kind cannot be very convincing, because any guarantee that they are really experiences of childhood is lacking; if they belong to an earlier period of life, they are no longer recognised by our memory. The conclusion that such childish experiences recur at all in dreams is justified in psychoanalytic work by a great number of factors, which in their combined results appear to be sufficiently reliable. But when, for the purposes of dream-interpretation, such references to childish experiences are torn out of their context, they may not perhaps seem very impressive, especially where I do not even give all the material upon which the interpretation is based. However, I shall not let this deter me from giving a few examples.

Dream 1

With one of my female patients all dreams have the character of `hurry'; she is hurrying so as to be in time, so as not to miss her train, and so on. In one dream *she has to visit a girl friend; her mother had told her to ride and not walk; she runs, however, and keeps on calling*. The material that emerged in the analysis allowed one to recognise a memory of childish romping, and, especially for one dream, went back to the popular childish game of rapidly repeating the words of a sentence as though it was all one word. All these harmless jokes with little friends were remembered because they replaced other less harmless ones.[5]

Dream 2

The following dream was dreamed by another female patient: *She is in a large room in which there are all sorts of machines; it is rather like what she would imagine an orthopaedic institute to be. She hears that I am pressed for time, and that she must undergo treatment along with five others. But she resists, and is unwilling to lie down on the bed -- or whatever it is -- which is intended for her. She stands in a corner, and waits for me to say `It is not true.' The others, meanwhile, laugh at her, saying it is all foolishness on her part. At the same time, it is as though she were called upon to make a number of little squares*.

The first part of the content of this dream is an allusion to the treatment and to the transference[6] to myself. The second contains an allusion to a scene of childhood; the two portions are connected by the mention of the bed. The orthopaedic institute is an allusion to one of my talks, in which I compared the treatment, with regard to its duration and its nature, to an orthopaedic treatment. At the beginning of the treatment I had to tell her that *for the present I had little time to give her*, but that later on I would devote a whole hour to her daily. This aroused in her the old sensitiveness, which is a leading characteristic of children who are destined to become hysterical. Their desire for love is insatiable. My patient was the youngest of six brothers and sisters (hence, *with five others*), and as such her father's favourite, but in spite of this she seems to have felt that her beloved father devoted far too little time and attention to her. Her waiting for me to say `It is not true' was derived as follows: A little tailor's apprentice had brought her a dress, and she had given him the money for it. Then she asked her husband whether she would have to pay the money again if the boy were to lose it. To tease her, her husband answered `Yes' (the *teasing* in the dream), and she asked again and again, and *waited for him to say `It is not true*.' The thought of the latent dream-content may now be construed as follows: Will she have to pay me double the amount when I devote twice as much time to her? -- a thought which is stingy or *filthy* (the uncleanliness of childhood is often replaced in dreams by greed for money; the word `filthy' here supplies the bridge). If all the passage referring to her waiting until I say `It is not true' is intended in the dream as a circumlocution for the word `dirty', *the standing-in-the-corner and not lying-down-on-the-bed* are in keeping with this world, as component parts of a scene of her childhood in which she had soiled her bed, in punishment for which *she was put into the corner*, with a warning that papa would not love her any more, whereupon her brothers and sisters laughed at her, etc. The little squares refer to her young niece, who showed her the arithmetical trick of writing figures in nine squares (I think) in such a way that on being added together in any direction they make fifteen.

Dream 3

Here is a man's dream: *He sees two boys tussling with each other; they are cooper's boys, as he concludes from the tools which are lying about; one of the boys has thrown the other down; the prostrate boy is wearing earrings with blue stones. He runs towards the assailant with lifted cane, in order to chastise him. The boy takes refuge behind a woman, as though she were his mother, who is standing against a wooden fence. She is the wife of a day-labourer, and she turns her back to the man who is dreaming. Finally she turns about and stares at him with a horrible look, so that he runs away in terror; the red flesh of the lower lid seems to stand out from her eyes.*

This dream has made abundant use of trivial occurrences from the previous day, in the course of which he actually saw two boys in the street, one of whom threw the other down. When he walked up to them in order to settle the quarrel, both of them took to their heels. Cooper's boys -- this is explained only by a subsequent dream, in the analysis of which he used the proverbial expression: `*To knock the bottom out of the barrel*.' Ear-rings with blue stones, according to his observation, are worn chiefly by *prostitutes*. This suggests a familiar doggerel rhyme about two boys: `The other boy was called Marie': that is, he was a girl. The woman standing by the fence: after the scene with the two boys he went for a walk along the bank of the Danube and, taking advantage of being alone, urinated *against a wooden fence*. A little farther on a respectably dressed, elderly lady smiled at him very pleasantly, and wanted to hand him her card with her address.

Since, in the dream, the woman stood as he had stood while urinating, there is an allusion to a woman urinating, and this explains the `horrible look' and the prominence of the red flesh, which can only refer to the genitals gaping in a squatting posture; seen in childhood, they had appeared in later recollection as `*proud flesh*', as a `*wound*'. The dream unites two occasions upon which, as a little boy, the dreamer was enabled to see the genitals of little girls, once by throwing the little girl down, and once while the child was *urinating*; and, as is shown by another association, he had retained in his memory the punishment administered or threatened by his father on account of these manifestations of sexual curiosity.

Dream 4

A great mass of childish memories, which have been hastily combined into a fantasy, may be found behind the following dream of an elderly lady: *She goes out in a hurry to do some shopping. On the Graben*[7] *she sinks to her knees as though she had broken down. A number of people collect around her, especially cab-drivers, but no one helps her to get up. She makes many vain attempts; finally she must have succeeded, for she is put into a cab which is to take her home. A large, heavily laden basket (something like a market-basket) is thrown after her through the window.*

This is the woman who is always harassed in her dreams, just as she used to be harassed when a child. The first situation of the dream is apparently taken from the sight of a fallen horse, just as `broken down' points to horse-racing. In her youth she was a rider; still earlier she was probably also a *horse*. With the idea of falling down is connected her first childish reminiscence of the seventeen-year-old son of the hall porter, who had an epileptic seizure in the street and was brought home in a cab. Of this, of course, she had only heard, but the idea of epileptic fits, of *falling down*, acquired a great influence over her fantasies, and later on influenced the form of her own hysterical attacks. When a person of the female sex dreams of falling, this almost always has a sexual significance; she becomes a `*fallen woman*', and, for the purpose of the dream under consideration, this interpretation is probably the least doubtful, for she falls in the Graben, the street in Vienna which is known as the concourse of prostitutes. The *market-basket* admits of more than one interpretation; in the sense of refusal (German, *Korb* = basket = snub, refusal) it reminds her of the many snubs which she at first administered to her suitors and which, she thinks, she herself received later. This agrees with the detail: *no one will help her up*, which she herself interprets as `being disdained'. Further, the *market-basket* recalls fantasies which have already appeared in the course of analysis, in which she imagines that she has married far beneath her station and now goes to the market as a market-woman. Lastly, the market-basket might be interpreted as the mark of a *servant*. This suggests further memories of her childhood -- of a *cook* who was discharged because she stole; she, too, *sank to her knees* and begged for mercy. The dreamer was at that time twelve years of age. Then emerges a recollection of a chambermaid, who was dismissed because she had an affair with the coachman of the household, who, incidentally, married her afterwards. This recollection, therefore, gives us a clue to the cab-drivers in the dream (who, in opposition to the reality, do not stand by the fallen woman). But there still remains to be explained the throwing of the basket; in particular, why is it thrown *through the window*? This reminds her of the forwarding of luggage by rail, to the custom of *Fensterln*[8] in the country, and to trivial impressions of a summer resort, of a gentleman who threw some blue plums into the window of a lady's room, and of her little sister, who was frightened because an idiot who was passing looked in at the window. And now, from behind all this emerges an obscure recollection from her tenth year of a nurse in the country to whom one of the menservants made love (and whose conduct the child may have noticed), and who was `sent packing', `thrown out', together with her lover (in the dream we have the expression `thrown into'); an incident which we have been approaching by several other paths. The luggage or box of a servant is disparagingly described in Vienna as `seven plums'. `Pack up your seven plums and get out!'

My collection, of course, contains a plethora of such patients' dreams, the analysis of which leads back to impressions of childhood, often dating back to the first three years of life, which are remembered obscurely, or not at all. But it is a questionable proceeding to draw conclusions from these and apply them to dreams in general, for they are mostly dreams of neurotic, and especially hysterical, persons; and the part played in these dreams by childish scenes might be conditioned by the nature of the neurosis, and not by the nature of dreams in general. In the interpretation of my own dreams, however, which is assuredly not undertaken on account of grave symptoms of illness, it happens just as frequently that in the latent dream-content I am unexpectedly confronted with a scene of my childhood, and that a whole series of my dreams will suddenly converge upon the paths proceeding from a single childish experience. I have already given examples of this, and I shall give yet more in different connections. Perhaps I cannot close this chapter more fittingly than by citing several dreams of my own, in which recent events and long-forgotten experiences of my childhood appear together as dream-sources.

I. After I have been travelling, and have gone to bed hungry and tired, the prime necessities of life begin to assert their claims in sleep, and I dream as follows: *I go into a kitchen in order to ask for some pudding. There three women are standing, one of whom is the hostess; she is rolling something in her hands, as though she were making dumplings. She replies that I must wait until she has finished* (not distinctly as a speech). *I become impatient, and go away affronted. I want to put on an overcoat; but the first I try on is too long. I take it off, and am somewhat astonished to find that it is trimmed with fur. A second coat has a long strip of cloth with a Turkish design sewn into it. A stranger with a long face and a short, pointed beard comes up and prevents me from putting it on, declaring that it belongs to him. I now show him that it is covered all over with Turkish embroideries. He asks: `How do the Turkish (drawings, strips of cloth . . .) concern you?' But we soon become quite friendly.*

In the analysis of this dream I remember, quite unexpectedly, the first novel which I ever read, or rather, which I began to read from the end of the first volume, when I was perhaps thirteen years of age. I have never learned the name of the novel, or that of its author, but the end remains vividly in my memory. The hero becomes insane, and continually calls out the names of the three women who have brought the greatest happiness and the greatest misfortune into his life. Pélagie is one of these names. I still do not know what to make of this recollection during the analysis. Together with the three women there now emerge the three Parcae, who spin the fates of men, and I know that one of the three women, the hostess in the dream, is the mother who gives life and who, moreover, as in my own case, gives the child its first nourishment. Love and hunger meet at the mother's breast. A young man -- so runs an anecdote -- who became a great admirer of womanly beauty, once observed, when the conversation turned upon the handsome wet-nurse who had suckled him as a child, that he was sorry that he had not taken better advantage of his opportunities. I am in the habit of using the anecdote to elucidate the factor of retrospective tendencies in the mechanism of the psychoneuroses. -- One of the Parcae, then, is rubbing the palms of her hands together, as though she were making dumplings. A strange occupation for one of the Fates, and urgently in need of explanation! This explanation is furnished by another and earlier memory of my childhood. When I was six years old, and receiving my first lessons from my mother, I was expected to believe that we are made of dust, and must, therefore, return to dust. But this did not please me, and I questioned the doctrine. Thereupon my mother rubbed the palms of her hands together -- just as in making dumplings, except that there was no dough between them -- and showed me the blackish scales of epidermis which were thus rubbed off, as a proof that it is of dust that we are made. Great was my astonishment at this demonstration *ad oculos*, and I acquiesced in the idea which I was later to hear expressed in the words: `Thou owest nature a death.'[2] Thus the women to whom I go in the kitchen, as I so often did in my childhood when I was hungry and my mother, sitting by the fire, admonished me to wait until lunch was ready, are really the Parcae. And now for the dumplings! At least one of my teachers at the University -- the very one to whom I am indebted for my *histological* knowledge (epidermis) -- would be reminded by the name *Knödl* (*Knödl* means dumpling), of a person whom he had to prosecute for *plagiarising* his writings. Committing a plagiarism, taking anything one can lay hands on, even though it belongs to another, obviously leads to the second part of the dream, in which I am treated like the *overcoat thief* who for some time plied his trade in the lecture-halls. I have written the word *plagiarism* -- without definite intention -- because it occurred to me, and now I see that it must belong to the latent dream-content and that it will serve as a bridge between the different parts of the manifest dream-content. The chain of associations -- *Pélagie--plagiarism--plagiostomi*[10] *(sharks)--fish-bladder* -- connects the old novel with the affair of Knödl and the overcoats (German: *Überzieher* = pullover, overcoat or condom), which obviously refer to an appliance appertaining to the technique of sex. This, it is true, is a very forced and irrational connection, but it is nevertheless one which I could not have established in waking life if it had not already been established by the dream-work. Indeed, as though nothing were sacred to this impulse to enforce associations, the beloved name, *Brücke* (bridge of words, see above), now serves to remind me of the very institute in which I spent my happiest hours as a student, wanting for nothing. `So will you at the *breasts* of Wisdom every day more pleasure find'), in the most complete contrast to the desires which plague me (German: *plagen*) while I dream. And finally, there emerges the recollection of another dear teacher, whose name once more sounds like something edible (*Fleischl* -- *Fleisch* = meat -- like *Knödl* = dumplings), and of a pathetic scene in which the scales of epidermis play a part (mother--hostess), and mental derangement (the novel), and a remedy from the Latin pharmacopeia (*Küche* = kitchen) which numbs the sensation of *hunger*, namely, cocaine.

In this manner I could follow the intricate trains of thought still farther, and could fully elucidate that part of the dream which is lacking in the analysis; but I must refrain, because the personal sacrifice which this would involve is too great. I shall take up only one of the threads, which will serve to lead us directly to one of the dream-thoughts that lie at the bottom of the medley. The stranger with the long face and pointed beard, who wants to prevent me from putting on the overcoat, has the features of a tradesman of Spalato, of whom my wife bought a great deal of *Turkish* cloth. His name was *Popovic*, a suspicious name, which even gave the humorist Stettenheim a pretext for a suggestive remark: `He told me his name, and blushingly shook my hand.'[11] For the rest, I find the same misuse of names as above in the case of *Pélagie, Knödl, Brücke, Fleischl*. No one will deny that such playing with names is a childish trick; if I indulge in it the practice amounts to an act of retribution, for my own name has often enough been the subject of such feeble attempts at wit. Goethe once remarked how sensitive a man is in respect to his name, which he feels that he fills even as he fills his skin; Herder having written the following lines on his name:

Der du von Göttern abstammst, von Gothen oder vom Kote
So seid ihr Götterbilder auch zu Staub .

Thou who art born of the gods, of the Goths,
or of the mud.

Thus are thy god-like images even dust.

I realise that this digression on the misuse of names was intended merely to justify this complaint. But here let us stop . . . The purchase at Spalato reminds me of another purchase at Cattaro, where I was too cautious, and missed the opportunity of making an excellent bargain. (Missing an opportunity at the breast of the wet-nurse; see above.) One of the dream-thoughts occasioned by the sensation of hunger really amounts to this: We should let nothing escape; we should take what we can get, even if we do a little wrong; we should never let an opportunity go by; life is so short, and death inevitable. Because this is meant even sexually, and because desire is unwilling to check itself before the thought of doing wrong, this philosophy of *carpe diem* has reason to fear the censorship, and must conceal itself behind a dream. And so all sorts of counter-thoughts find expression, with recollections of the time when *spiritual nourishment* alone was sufficient for the dreamer, with hindrances of every kind and even threats of disgusting sexual punishments.

II. A second dream requires a longer preliminary statement:

I had driven to the Western Station in order to start on a holiday trip to the Aussee, but I went on to the platform in time for the Ischl train, which leaves earlier. There I saw Count Thun, who was again going to see the Emperor at Ischl. In spite of the rain he arrived in an open carriage, came straight through the entrance-gate for the local trains, and with a curt gesture and not a word of explanation he waved back the gatekeeper, who did not know him and wanted to take his ticket. After he had left in the Ischl train, I was asked to leave the platform and return to the waiting-room; but after some difficulty I obtained permission to remain. I passed the time noting how many people bribed the officials to secure a compartment; I fully intended to make a complaint -- that is, to demand the same privilege. Meanwhile I sang something to myself, which I afterwards recognised as the aria from *The Marriage of Figaro*:

If my lord Count would tread a measure, tread a measure,
Let him but say his pleasure,
And I will play the tune.

(Possibly another person would not have recognised the tune.)

The whole evening I was in a high-spirited, pugnacious mood: I chaffed the waiter and the cab-driver, I hope without hurting their feelings; and now all kinds of bold and revolutionary thought came into my mind, such as would fit themselves to the words of Figaro, and to memories of Beaumarchais' comedy, of which I had seen a performance at the *Comédie Française*. The speech about the great men who have taken the trouble to be born; the seigneurial right which Count Almaviva wishes to exercise with regard to Susanne; the jokes which our malicious Opposition journalists make on the name of Count Thun (German, *thun* = do); calling him Graf Nichtsthun, Count Do-Nothing. I really do not envy him; he now has a difficult audience with the Emperor before him, and it is I who am the real Count Do-Nothing, for I am going off for a holiday. I make all sorts of amusing plans for the vacation. Now a gentleman arrives whom I know as a Government representative at the medical examinations, and who has won the flattering nickname of `the Governmental bedfellow' (literally, `by-sleeper') by his activities in this capacity. By insisting on his official status he secured half a first-class compartment, and I heard one guard say to another: `Where are we going to put the gentleman with the first-class half-compartment?' A pretty sort of favouritism! I am paying for a whole first-class compartment. I did actually get a whole compartment to myself, but not in a through carriage, so there was no lavatory at my disposal during the night. My complaints to the guard were fruitless; I revenged myself by suggesting that at least a hole be made in the floor of this compartment, to serve the possible needs of passengers. At a quarter to three in the morning I wake, with an urgent desire to urinate, from the following dream:

A crowd, a students' meeting . . . A certain Count (Thun or Taaffe) is making a speech. Being asked to say something about the Germans, he declares, with a contemptuous gesture, that their favourite flower is coltsfoot, and he then puts into his buttonhole something like a torn leaf, really the crumpled skeleton of a leaf. I jump up, and I jump up,[12] *but I am surprised at my implied attitude*. Then, more indistinctly: *It seems as though this were the vestibule (Aula); the exits are thronged, and one must escape. I make my way through a suite of handsomely appointed rooms, evidently ministerial apartments; with furniture of a colour between brown and violet, and at last I come to a corridor in which a housekeeper, a fat, elderly woman, is seated. I try to avoid speaking to her, but she apparently thinks I have a right to pass this way, because she asks whether she shall accompany me with the lamp. I indicate with a gesture, or tell her, that she is to remain standing on the stairs, and it seems to me that I am very clever, for after all I am evading detection. Now I am downstairs, and I find a narrow, steeply rising path, which I follow.*

Again indistinctly: *It is as though my second task were to get away from the city, just as my first was to get out of the building. I am riding in a one-horse cab, and I tell the driver to take me to a railway station. `I can't drive with you on the railway line itself,' I say, when he reproaches me as though I had tired him out. Here it seems as though I had already made a journey in his cab which is usually made by rail. The stations are crowded; I am wondering whether to go to Krems or to Znaim, but I reflect that the Court will be there, and I decide in favour of Graz or some such place. Now I am seated in the railway carriage, which is rather like a tram, and I have in my buttonhole a peculiar long braided thing, on which are violet-brown violets of stiff material, which makes a great impression on people*. Here the scene breaks off.

I am once more in front of the railway station, but I am in the company of an elderly gentleman. I think out a scheme for remaining unrecognised, but I see this plan already being carried out. Thinking and experiencing are here, as it were, the same thing. He pretends to be blind, at least in one eye, and I hold before him a male glass urinal (which we have to buy in the city, or have bought). I am thus a sick-nurse, and have to give him the urinal because he is blind. If the conductor sees us in this position, he must pass us by without drawing attention to us. At the same time the position of the elderly man, and his urinating organ, is plastically perceived. Then I wake with a desire to urinate.

The whole dream seems a sort of fantasy, which takes the dreamer back to the year of revolution, 1848, the memory of which had been revived by the jubilee of 1898, as well as by a little excursion to Wachau, on which I visited *Emmersdorf*, the refuge of the student leader Fischof,[13] to whom several features of the manifest dream-content might refer. The association of ideas then leads me to England, to the house of my brother, who used in jest to twit his wife with the title of Tennyson's poem *Fifty Years Ago*, whereupon the children were used to correct him: *Fifteen Years Ago*. This fantasy, however, which attaches itself to the thoughts evoked by the sight of Count Thun, is, like the facade of an Italian church, without organic connection with the structure behind it, but unlike such a facade it is full of gaps, and confused, and in many places portions of the interior break through. The first situation of the dream is made up of a number of scenes, into which I am able to dissect it. The arrogant attitude of the Count in the dream is copied from a scene at my school which occurred in my fifteenth year. We had hatched a conspiracy against an unpopular and ignorant teacher; the leading spirit in this conspiracy was a schoolmate who since that time seems to have taken Henry VIII of England as his model. It fell to me to carry out the *coup d'état*, and a discussion of the importance of the Danube (German, *Donau*) to Austria (Wachau!) was the occasion of an open revolt. One of our fellow-conspirators was our only aristocratic schoolmate -- he was called `the giraffe' on account of his conspicuous height -- and while he was being reprimanded by the tyrant of the school, the professor of the *German* language, he stood just as the Count stood in the dream. The explanation of the *favourite* flower, and the putting into a buttonhole of something that must have been a flower (which recalls the orchids which I had given that day to a friend, and also a rose of Jericho) prominently recalls the incident in Shakespeare's historical play which opens the civil wars of the *Red* and the *White* Roses; the mention of Henry VIII has paved the way to this reminiscence. Now it is not very far from roses to red and white carnations. (Meanwhile two little rhymes, the one German, the other Spanish, insinuate themselves into the analysis: *Rosen, Tulpen, Nelken, alle Blumen welken*, and *Isabelita, no llores, que se marchitan las flores*. The Spanish line occurs in *Figaro*.) Here in Vienna white carnations have become the badge of the *anti-Semites*, red ones of the *Social Democrats*. Behind this is the recollection of an anti-Semitic challenge during a railway journey in beautiful Saxony (Anglo-Saxon). The third scene contributing to the formation of the first situation in the dream dates from my early student days. There was a debate in a *German* students' club about the relation of philosophy to the general sciences. Being a green youth, full of materialistic doctrines, I thrust myself forward in order to defend an extremely one-sided position. Thereupon a sagacious older fellow-student, who has since then shown his capacity for leading men and organising the masses, and who, moreover, bears a name belonging to the animal kingdom, rose and gave us a thorough dressing-down; he too, he said, had herded swine in his youth, and had then returned repentant to his father's house. I *jumped up* (as in the dream), became *piggishly rude*, and retorted that since I knew he had herded *swine*, I *was not surprised* at the tone of his discourse. (In the dream I am *surprised* at my German Nationalistic feelings.) There was a great commotion, and an almost general demand that I should retract my words, but I stood my ground. The insulted student was too sensible to take the advice which was offered him, that he should send me a *challenge*, and let the matter drop.

The remaining elements of this scene of the dream are of more remote origin. What does it mean that the Count should make a scornful reference to coltsfoot? Here I must question my train of associations. Coltsfoot (German: *Huflattich*), *Lattice* (lettuce), *Salathund* (the dog that grudges others what he cannot eat himself). Here plenty of opprobrious epithets may be discerned: *Gir-affe* (German: *Affe* = monkey, ape), *pig, sow, dog*; I might even arrive, by way of the name, at *donkey*, and thereby pour contempt upon an academic professor. Furthermore, I translate coltsfoot (*Huflattich*) -- I do not know whether I do so correctly -- by *pisseen-lit*. I get this idea from Zola's *Germinal*, in which some children are told to bring some dandelion salad with them. The dog -- *chien* -- has a name sounding not unlike the verb for the major function (*chien*, as *pisser* stands for the minor one). Now we shall soon have the indecent in all its three physical categories, for in the same *Germinal*, which deals with the future revolution, there is a description of a very peculiar contest, which relates to the production of the gaseous excretions known as *flatus*.[14] And now I cannot but observe how the way to this *flatus* has been prepared a long while since, beginning with the *flowers*, and proceeding to the Spanish rhyme of *Isabelita*, to *Ferdinand* and *Isabella*, and, by way of Henry VIII, to English history at the time of the Armada, after the victorious termination of which the English struck a medal with the inscription: *Flavit et dissipati sunt*, for the storm had scattered the Spanish fleet.[15] I had thought of using this phrase, half jestingly, as the title of a chapter on `Therapy', if I should ever succeed in giving a detailed account of my conception and treatment of hysteria.

I cannot give so detailed an interpretation of the second scene of the dream, out of sheer regard for the censorship. For at this point I put myself in the place of a certain eminent gentleman of the revolutionary period, who had an adventure with an eagle (German: *Adler*) and who is said to have suffered from incontinence of the bowels, *incontinentia alvi*, etc.; and here I believe that I *should not be justified* in passing the censorship, even though it was an *aulic* councillor (*aula, consiliarius aulicus*) who told me the greater part of this history. The suite of rooms in the dream is suggested by his Excellency's private saloon carriage, into which I was able to glance; but it means, as it so often does in dreams, a woman (*Frauenzimmer*: German *Zimmer* -- room, is appended to *Frauen* -- woman, in order to imply a slight contempt).[16] The personality of the housekeeper is an ungrateful allusion to a witty old lady, which ill repays her for the good times and the many good stories which I have enjoyed in her house. The incident of the lamp goes back to *Grillparzer*, who notes a charming experience of a similar nature, of which he afterwards made use in *Hero and Leander* (the *waves* of the *sea* and of love -- the Armada and the *storm*).

I must forego a detailed analysis of the two remaining portions of the dream; I shall single out only those elements which lead me back to the two scenes of my childhood for the sake of which alone I have selected the dream. The reader will rightly assume that it is sexual material which necessitates the suppression; but he may not be content with this explanation. There are many things of which one makes no secret to oneself, but which must be treated as secrets in addressing others, and here we are concerned not with the reasons which induce me to conceal the solution, but with the motive of the inner censorship which conceals the real content of the dream even from myself. Concerning this, I will confess that the analysis reveals these three portions of the dream as impertinent boasting, the exuberance of an absurd megalomania, long ago suppressed in my waking life, which, however, dares to show itself, with individual ramifications, even in the manifest dream-content (*it seems to me that I am a cunning fellow*), making the high-spirited mood of the evening before the dream perfectly intelligible. Boasting of every kind, indeed; thus, the mention of Graz points to the phrase: `What price Graz?' which one is wont to use when one feels unusually wealthy. Readers who recall Master Rabelais's inimitable description of the life and deeds of Gargantua and his son Pantagruel will be able to enrol even the suggested content of the first portion of the dream among the boasts to which I have alluded. But the following belongs to the two scenes of childhood of which I have spoken: I had bought a *new* trunk for this journey, the colour of which, a *brownish violet*, appears in the dream several times (violet-brown violets of a stiff cloth, on an object which is known as a `girl-catcher' -- the furniture in the ministerial chambers). Children, we know, believe that one *attracts people's attention with anything new*. Now I have been told of the following incident of my childhood; my recollection of the occurrence itself has been replaced by my recollection of the story. I am told that at the age of two I still used occasionally to wet my bed, and that when I was reproved for doing so I *consoled* my father by promising to buy him a beautiful *new red* bed in N. (the nearest large town). Hence, the interpolation in the dream, that we *had bought the urinal in the city or had to buy it*; one must keep one's promises. (One should note, moreover, the association of the male urinal and the woman's trunk, *box*.) All the megalomania of the child is contained in this promise. The significance of dreams of urinary difficulties in the case of children has already been considered in the interpretation of an earlier dream (cf. the dream on p.73 ff.). The psychoanalysis of neurotics has taught us to recognise the intimate connection between wetting the bed and the character trait of ambition.

Then, when I was seven or eight years of age another domestic incident occurred which I remember very well. One evening, before going to bed, I had disregarded the dictates of discretion, and had satisfied my needs in my parents' bedroom, and in their presence. Reprimanding me for this delinquency, my father remarked: `That boy will never amount to anything.' This must have been a terrible affront to my ambition, for allusions to this scene recur again and again in my dreams, and are constantly coupled with enumerations of my accomplishments and successes, as though I wanted to say: `You see, I have amounted to something after all.' This childish scene furnishes the elements for the last image of the dream, in which the roles are interchanged, of course for the purpose of revenge. The elderly man, obviously my father, for the blindness in one eye signifies his one-sided glaucoma,[17] is now urinating before me as I once urinated before him. By means of the glaucoma I remind my father of cocaine, which stood him in good stead during his operation, as though I had thereby fulfilled my promise. Besides, I make sport of him; since he is blind, I must hold the *glass* in front of him, and I delight in allusions to my knowledge of the theory of hysteria, of which I am proud.[18]

If the two childish scenes of urination are, according to my theory, closely associated with the desire for greatness, their resuscitation on the journey to the Aussee was further favoured by the accidental circumstance that my compartment had no lavatory, and that I must be prepared to postpone relief during the journey, as actually happened in the morning when I woke with the sensation of a bodily need. I suppose one might be inclined to credit this sensation with being the actual stimulus of the dream; I should, however, prefer a different explanation, namely, that the dream-thoughts first gave rise to the desire to urinate. It is quite unusual for me to be disturbed in sleep by any physical need, least of all at the time when I woke on this occasion -- a quarter to four in the morning. I would forestall a further objection by remarking that I have hardly ever felt a desire to urinate after waking early on other journeys made under more comfortable circumstances. However, I can leave this point undecided without weakening my argument.

Further, since experience in dream-analysis has drawn my attention to the fact that even from dreams the interpretation of which seems at first sight complete, because the dream-sources and the wish-stimuli are easily demonstrable, important trains of thought proceed which reach back into the earliest years of childhood, I had to ask myself whether this characteristic does not even constitute an essential condition of dreaming. If it were permissible to generalise this notion, I should say that every dream is connected through its manifest content with recent experiences, while through its latent content it is connected with the most remote experiences; and I can actually show in the analysis of hysteria that these remote experiences have in a very real sense remained recent right up to the present. But I still find it very difficult to prove this conjecture; I shall have to return to the probable role in dream-formation of the earliest experiences of our childhood in another connection (Chapter Seven).

Of the three peculiarities of the dream-memory considered above, one -- the preference for the unimportant in the dream-content -- has been satisfactorily explained by tracing it back to dream-distortion. We have succeeded in establishing the existence of the other two peculiarities -- the preferential selection of recent and also of infantile material -- but we have found it impossible to derive them from the motives of the dream. Let us keep in mind these two characteristics, which we still have to explain or evaluate; a place will have to be found for them elsewhere, either in the discussion of the psychology of the sleeping state or in the consideration of the structure of the psychic apparatus -- which we shall undertake later after we have seen that by means of dream-interpretation we are able to glance as through an inspection-hole into the interior of this apparatus.

But here and now I will emphasise another result of the last few dream-analyses. The dream often appears to have several meanings; not only may several wish-fulfilments be combined in it, as our examples show, but one meaning or one wish-fulfilment may conceal another, until in the lowest stratum one comes upon the fulfilment of a wish from the earliest period of childhood; and here again it may be questioned whether the word `often' at the beginning of this sentence may not more correctly be replaced by `constantly'.[19]

[1] I long ago learned that the fulfilment of such wishes only called for a little courage, and I then became a zealous pilgrim to Rome.

[2] The writer in whose works I found this passage was probably Jean Paul Richter.

[3] In the first edition of this book I gave here the name `Hasdrubal', an amazing error, which I explained in my *Psychopathology of Everyday Life.*

[4] The Jewish descent of the Marshal is somewhat doubtful.

[5] [In the original this paragraph contains many plays on the word *Hetz* (hurry chase, scurry, game, etc.) -- TRANS.]

[6] [This word is here used in the psychoanalytical sense. -- TRANS.]

[7] [a street in Vienna -- TRANS.]

[8] [*Fensterln* is the custom, now falling into disuse, found in rural districts of the German Schwarzwald, of lovers who woo their sweethearts at their bedroom windows, to which they ascend by means of a ladder, enjoying such intimacy that the relation practically amounts to a trial marriage. The reputation of the young woman never suffers on account of *Fensterln* unless she becomes intimate with too many suitors. -- TRANS.]

[9] Both the affects pertaining to these childish scenes -- astonishment and resignation to the inevitable -- appeared in a dream of slightly earlier date, which first reminded me of this incident of my childhood.

[10] I do not bring in the plagiostomi arbitrarily; they recall a painful incident of disgrace before the same teacher.

[11] *Popo* = backside, in German nursery language.

[12] This repetition has crept into the text of the dream, apparently through absent-mindedness, and I have left it because analysis shows that it has a meaning.

[13] This is an error and not a slip, for I learned later that the Emmersdorf in Wachau is not identical with the refuge of the revolutionist Fischof, a place of the same name.

[14] Not in *Germinal*, but in *La Terre* -- a mistake of which I became aware only in the analysis. -- Here I would call attention to the identity of letters in *Huflattich* and *Flatus*.

[15] An unsolicited biographer, Dr F. Wittels, reproaches me for having omitted the name of Jehovah from the above motto. The English medal contains the name of the Deity, in Hebrew letters, on the background of a cloud, and placed in such a manner that one may equally well regard it as part of the picture or as part of the inscription.

[16] [translator's note]

[17] Another interpretation: He is one-eyed like Odin, the father of the gods -- Odin's consolation. The consolation in the childish scene: I will buy him a new bed.

[18] Here is some more material for interpretation: Holding the urine-glass recalls the story of a peasant (illiterate) at the optician's, who tried on now one pair of spectacles, now another, but was still unable to read. -- (Peasant-catcher-girl-catcher in the preceding

portion of the dream.) -- The peasants' treatment of the feeble-minded father in Zola's *La Terre*. -- The tragic atonement, that in his last days my father soiled his bed like a child; hence, I am his nurse in the dream. -- `Thinking and experiencing are here, as it were, identical'; this recalls a highly revolutionary closet drama by Oscar Panizza, in which God, the Father, is ignominiously treated as a palsied greybeard. With Him will and deed are one, and in the book he has to be restrained by His archangel, a sort of Ganymede, from scolding and swearing, because His curses would immediately be fulfilled. -- Making plans is a reproach against my father, dating from a later period in the development of the critical faculty, much as the whole rebellious content of the dream, which commits *lèse majesté* and scorns authority, may be traced to a revolt against my father. The sovereign is called the father of his country (*Landesvater*), and the father is the first and oldest, and for the child the only authority, from whose absolutism the other social authorities have evolved in the course of the history of human civilisation (in so far as `mother-right' does not necessitate a qualification of this doctrine). -- The words which occurred to me in the dream, `thinking and experiencing are the same thing,' refer to the explanation of hysterical symptoms with which the male urinal (glass) is also associated. -- I need not explain the principle of *Gschnas* to a Viennese; it consists in constructing objects of rare and costly appearance out of trivial, and preferably comical and worthless material -- for example, making suits of armour out of kitchen utensils, wisps of straw and *Salzstangeln* (long rolls), as our artists are fond of doing at their jolly parties. I had learned that hysterical subjects do the same thing; besides what really happens to them, they unconsciously conceive for themselves horrible or extravagantly fantastic incidents, which they build up out of the most harmless and commonplace material of actual experience. The symptoms attach themselves primarily to these fantasies, not to the memory of real events, whether serious or trivial. This explanation had helped me to overcome many difficulties, and afforded me much pleasure. I was able to allude to it by means of the dream-element `male urine-glass', because I had been told that at the last *Gschnas* evening a position-chalice of Lucretia Borgia's had been exhibited, the chief constituent of which had consisted of a glass urinal for men, such as is used in hospitals.

[19] The stratification of the meanings of dreams is one of the most delicate but also one of the most fruitful problems of dream-interpretation. Whoever forgets the possibility of such stratification is likely to go astray and to make untenable assertions concerning the nature of dreams. But hitherto this subject has been only too imperfectly investigated. So far, a fairly orderly stratification of symbols in dreams due to urinary stimulus has been subjected to a thorough evaluation only by Otto Rank.

C -- THE SOMATIC SOURCES OF DREAMS

If we attempt to interest a cultured layman in the problems of dreams, and if, with this end in view, we ask him what he believes to be the source of dreams, we shall generally find that he feels quite sure he knows at least this part of the solution. He thinks immediately of the influence exercised on the formation of dreams by a disturbed or impeded digestion (`Dreams come from the stomach'), an accidental position of the body, a trifling occurrence during sleep. He does not seem to suspect that even after all these factors have been duly considered something still remains to be explained.

In the introductory chapter[1] we examined at length the opinion of scientific writers on the role of somatic stimuli in the formation of dreams, so that here we need only recall the results of this inquiry. We have seen that three kinds of somatic stimuli will be distinguished: the objective sensory stimuli which proceed from external objects, the inner states of excitation of the sensory organs, having only a subjective reality, and the bodily stimuli arising within the body; and we have also noticed that the writers on dreams are inclined to thrust into the background any psychic sources of dreams which may operate simultaneously with the somatic stimuli, or to exclude them altogether. In testing the claims made on behalf of these somatic stimuli we have learned that the significance of the objective excitation of the sensory organs -- whether accidental stimuli operating during sleep, or such as cannot be excluded from the dormant relation of these dream-images and ideas to the internal bodily stimuli -- has been observed and confirmed by experiment; that the part played by the subjective sensory stimuli appears to be demonstrated by the recurrence of hypnagogic sensory images in dreams; and that, although the broadly accepted relation of these dream-images and ideas to the internal bodily stimuli cannot be exhaustively demonstrated, it is at all events confirmed by the well-known influence which an excited state of the digestive, urinary and sexual organs exercises upon the content of our dreams.

`Nerve stimulus' and `bodily stimulus' would thus be the anatomical sources of dreams; that is, according to many writers, the sole and exclusive sources of dreams.

But we have already considered a number of doubtful points, which seem to question not so much the correctness of the somatic theory as its adequacy.

However confident the representatives of this theory may be of its factual basis -- especially in respect of the accidental and external nerve-stimuli, which may without difficulty be recognised in the dream-content -- nevertheless they have all come near to admitting that the rich content of ideas found in dreams cannot be derived from the external nerve-stimuli alone. In this connection Miss Mary Whiton Calkins tested her own dreams, and those of a second person, for a period of six weeks, and found that the element of external sensory perception was demonstrable in only 13.2 per cent and 6.7 per cent of these dreams respectively. Only two dreams in the whole collection could be referred to organic sensations. These statistics confirm what a cursory survey of our own experience would already have led us to suspect.

A distinction has often been made between `nerve-stimulus dreams' which have already been thoroughly investigated, and other forms of dreams. Spitta, for example, divided dreams into nerve-stimulus dreams and association-dreams. But it was obvious that this solution remained unsatisfactory unless the link between the somatic sources of dreams and their ideational content could be indicated.

In addition to the first objection, that of the insufficient frequency of the external sources of stimulus, a second objection presents itself, namely, the inadequacy of the explanations of dreams afforded by this category of dream-sources. There are two things which the representatives of this theory have failed to explain: firstly, why the true nature of the external stimulus is not recognised in the dream, but is constantly mistaken for something else; and secondly, why the result of the reaction of the perceiving mind to this misconceived stimulus should be so indeterminate and variable. We have seen that Strümpell, in answer to these questions, asserts that the mind, since it turns away from the outer world during sleep, is not in a position to give the correct interpretation of the objective sensory stimulus, but is forced to construct illusions on the basis of the indefinite stimulation arriving from many directions. In his own words (*Die Natur und Entstehung der Träume*, p. 108):

> When by an external or internal nerve-stimulus during sleep a feeling, or a complex of feelings, or any sort of psychic process arises in the mind, and is perceived by the mind, this process calls up from the mind perceptual images belonging to the sphere of the waking experiences, that is to say, earlier perceptions, either unembellished, or with the psychic values appertaining to them. It collects about itself, as it were, a greater or lesser number of such images, from which the impression resulting from the nerve-stimulus receives its psychic value. In this connection it is commonly said, as in ordinary language we say of the waking procedure, that the mind *interprets* in sleep the impressions of nervous stimuli. The result of this interpretation is the so-called *nerve-stimulus dream* -- that is, a dream the components of which are conditioned by the fact that a nerve-stimulus produces its psychical effect in the life of the mind in accordance with the laws of reproduction.

In all essential points identical with this doctrine is Wundt's statement that the concepts of dreams proceed, at all events for the most part, from sensory stimuli, and especially from the stimuli of general sensation, and are therefore mostly fantastic illusions -- probably only to a small extent pure memory-conceptions raised to the condition of hallucinations. To illustrate the relation between dream-content and dream-stimuli which follows from this theory, Strümpell makes use of an excellent simile. It is `as though the ten fingers of a person ignorant of music were to stray over the keyboard of an instrument.' The implication is that the dream is not a psychic phenomenon, originating from psychic motives, but the result of a physiological stimulus, which expresses itself in psychic symptomatology because the apparatus affected by the stimulus is not capable of any other mode of expression. Upon a similar assumption is based the explanation of obsessions which Meynert attempted in his famous simile of the dial on which individual figures are most deeply embossed.

Popular though this theory of the somatic dream-stimuli has become, and seductive though it may seem, it is none the less easy to detect its weak point. Every somatic dream-stimulus which provokes the psychic apparatus in sleep to interpretation by the formation of illusions may evoke an incalculable number of such attempts at interpretation. It may consequently be represented in the dream-content by an extraordinary number of different concepts.[2] But the theory of Strümpell and Wundt cannot point to any sort of motive which controls the relation between the external stimulus and the dream-concept chosen to interpret it, and therefore it cannot explain the `peculiar choice' which the stimuli `often enough make in the course of their productive activity' (Lipps, *Grundtatsachen des Seelenlebens*, p. 170). Other objections may be raised against the fundamental assumption behind the theory of illusions -- the assumption that during sleep the mind is not in a condition to recognise the real nature of the objective sensory stimuli. The old physiologist Burdach shows us that the mind is quite capable even during sleep of a correct interpretation of the sensory impressions which reach it, and of reacting in accordance with this correct interpretation, inasmuch as he demonstrates that certain sensory impressions which seem important to the individual may be excepted from the general neglect of the sleeping mind (as in the example of nurse and child), and that one is more surely awakened by one's own name than by an indifferent auditory impression; all of which presupposes, of course, that the mind discriminates between sensations, even in sleep. Burdach infers from these observations that we must not assume that the mind is incapable of interpreting sensory stimuli in the sleeping state, but rather *that it is not sufficiently interested in them*. The arguments which Burdach employed in 1830 reappear unchanged in the works of Lipps (in the year 1883), where they are employed for the purpose of attacking the theory of somatic stimuli. According to these arguments the mind seems to be like the sleeper in the anecdote, who, on being asked; `Are you asleep?' answers `No', and on being again addressed with the words: `Then lend me ten florins', takes refuge in the excuse: `I am asleep.'

The inadequacy of the theory of somatic dream-stimuli may be further demonstrated in another way. Observation shows that external stimuli do not oblige me to dream, even though these stimuli appear in the dream-content as soon as I begin to dream -- supposing that I do dream. In response to a touch- or pressure-stimulus experienced while I am asleep, a variety of reactions are at my disposal. I may overlook it, and find on waking that my leg has become uncovered, or that I have been lying on an arm; indeed, pathology offers me a host of examples of powerfully exciting sensory and motor stimuli of different kinds which remain ineffective during sleep. I may perceive the sensation during sleep, and through my sleep, as it were, as constantly happens in the case of pain stimuli, but without weaving the pain into the texture of a dream. And thirdly, I may wake up in response to the stimulus, simply in order to avoid it. Still another, fourth, reaction is possible: namely, that the nerve-stimulus may cause me to dream; but the other possible reactions occur quite as frequently as the reaction of dream-formation.

This, however, would not be the case if *the incentive to dreaming did not lie outside the somatic dream-sources*.

Appreciating the importance of the above-mentioned lacunae in the explanation of dreams by somatic stimuli, other writers -- Scherner, for example, and, following him, the philosopher Volkelt -- endeavoured to determine more precisely the nature of the psychic activities which cause the many-coloured images of our dreams to proceed from the somatic stimuli, and in so doing they approached the problem of the essential nature of dreams as a problem of psychology, and regarded dreaming as a psychic activity. Scherner not only gave a poetical, vivid and glowing description of the psychic peculiarities which unfold themselves in the course of dream-formation, but he also believed that he had hit upon the principle of the method the mind employs in dealing with the stimuli which are offered to it. The dream, according to Scherner, in the free activity of the fantasy, which has been released from the shackles imposed upon it during the day, strives to represent symbolically the nature of the organ from which the stimulus proceeds. Thus there exists a sort of dream-book, a guide to the interpretation of dreams, by means of which bodily sensations, the conditions of the organs, and states of stimulation, may be inferred from the dream-images. `Thus the image of a cat expressed extreme ill-temper, the image of pale, smooth pastry the nudity of the body. The human body as a whole is pictured by the fantasy of the dream as a house, and the individual organs of the body as parts of the house. In ``toothache-dreams" a vaulted vestibule corresponds to the mouth, and a staircase to the descent from the pharynx to the oesophagus; in the ``headache-dream" a ceiling covered with disgusting toad-like spiders is chosen to denote the upper part of the head.' `Many different symbols are employed by our dreams for the same organ: thus the breathing lung finds its symbol in a roaring stove, filled with flames, the heart in empty boxes and baskets, and the bladder in round, bag-shaped or merely hollow objects. It is of particular significance that at the close of the dream the stimulating organ or its function is often represented without disguise, and usually on the dreamer`s own body. Thus the ``toothache-dream" commonly ends by the dreamer drawing a tooth out of his mouth.' It cannot be said that this theory of dream-interpretation has found much favour with other writers. It seems, above all, extravagant; and so Scherner`s readers have hesitated to give it even the small amount of credit to which it is, in my opinion, entitled. As will be seen, it tends to a revival of dream-interpretation by means of *symbolism*, a method employed by the ancients; only the province from which the interpretation is to be derived is restricted to the human body. The lack of a scientifically comprehensible technique of interpretation must seriously limit the applicability of Scherner's theory. Arbitrariness in the interpretation of dreams would appear to be by no means excluded, especially since in this case also a stimulus may be expressed in the dream-content by several representative symbols; thus even Scherner's follower Volkelt was unable to confirm the representation of the body as a house. Another objection is that here again the dream-activity is regarded as a useless and aimless activity of the mind, since, according to this theory, the mind is content with merely forming fantasies around the stimulus with which it is dealing, without even remotely attempting to abolish the stimulus.

Scherner's theory of the symbolisation of bodily stimuli by the dream is seriously damaged by yet another objection. These bodily stimuli are present at all times, and it is generally assumed that the mind is more accessible to them during sleep than in the waking state. It is therefore impossible to understand why the mind does not dream continuously all night long, and why it does not dream every night about all the organs. If one attempts to evade this objection by positing the condition that special excitations must proceed from the eye, the ear, the teeth, the bowels, etc., in order to arouse the dream-activity, one is confronted with the difficulty of proving that this increase of stimulation is objective; and proof is possible only in a very few cases. If the dream of flying is a symbolisation of the upward and downward motion of the pulmonary lobes, either this dream, as has already been remarked by Strümpell, should be dreamt much oftener, or it should be possible to show that respiration is more active during this dream. Yet a third alternative is possible -- and it is the most probable of all -- namely, that now and again special motives are operative to direct the attention to the visceral sensations which are constantly present. But this would take us far beyond the scope of Scherner's theory.

The value of Scherner's and Volkelt's disquisitions resides in their calling our attention to a number of characteristics of the dream-content which are in need of explanation, and which seem to promise fresh discoveries. It is quite true that symbolisations of the bodily organs and functions do occur in dreams: for example, that water in a dream often signifies a desire to urinate, that the male genital organ may be represented by an upright staff, or a pillar, etc. With dreams which exhibit a very animated field of vision and brilliant colours, in contrast to the dimness of other dreams, the interpretation that they are `dreams due to visual stimulation' can hardly be dismissed, nor can we dispute the participation of illusion-formation in dreams which contain noise and a medley of voices. A dream like that of Scherner's, that two rows of fair handsome boys stood facing one another on a bridge, attacking one another, and then resuming their positions, until finally the dreamer himself sat down on a bridge and drew a long tooth from his jaw; or a similar dream of Volkelt's, in which two rows of drawers played a part, and which again ended in the extraction of a tooth; dream-formations of this kind, of which both writers relate a great number, forbid our dismissing Scherner's theory as an idle invention without seeking the kernel of truth which may be contained in it. We are therefore confronted with the task of finding a different explanation of the supposed symbolisation of the alleged dental stimulus.

Throughout our consideration of the theory of the somatic sources of dreams, I have refrained from urging the argument which arises from our analyses of dreams. If by a procedure which has not been followed by other writers in their investigation of dreams we can prove that the dream possesses intrinsic value as psychic action, that a wish supplies the motive of its formation, and that the experiences of the previous day furnish the most obvious material of its content, any other theory of dreams which neglects such an important method of investigation -- and accordingly makes the dream appear a useless and enigmatical psychic reaction to somatic stimuli -- may be dismissed without special criticism. For in this case there would have to be -- and this is highly improbable -- two entirely different kinds of dreams, of which only one kind has come under our observation, while the other kind alone has been observed by the earlier investigators. It only remains now to find a place in our theory of dreams for the facts on which the current doctrine of somatic dream-stimuli is based.

We have already taken the first step in this direction in advancing the thesis that the dream-work is under a compulsion to elaborate into a unified whole all the dream-stimuli which are simultaneously present (p. 83). We have seen that when two or more experiences capable of making an impression on the mind have been left over from the previous day, the wishes that result from them are united into one dream; similarly, that the impressions possessing psychic value and the indifferent experiences of the previous day unite in the dream-material, provided that connecting ideas between the two can be established. Thus the dream appears to be a reaction to everything which is simultaneously present as actual in the sleeping mind. As far as we have hitherto analysed the dream-material, we have discovered it to be a collection of psychic remnants and memory-traces, which we were obliged to credit (on account of the preference shown for recent and for infantile material) with a character of psychological actuality, though the nature of this actuality was not at the time determinable. We shall now have little difficulty in predicting what will happen when to these actualities of the memory fresh material in the form of sensations is added during sleep. These stimuli, again, are of importance to the dream because they are actual; they are united with the other psychic actualities to provide the material for dream-formation. To express it in other words, the stimuli which occur during sleep are elaborated into a wish-fulfilment, of which the other components are the psychic remnants of daily experience with which we are already familiar. This combination, however, is not inevitable; we have seen that more than one kind of behaviour toward the physical stimuli received during sleep is possible. Where this combination is effected, a conceptual material for the dream-content has been found which will represent both kinds of dream-sources, the somatic as well as the psychic.

The nature of the dream is not altered when somatic material is added to the psychic dream-sources; it still remains a wish-fulfilment, no matter how its expression is determined by the actual material available.

I should like to find room here for a number of peculiarities which are able to modify the significance of external stimuli for the dream. I imagine that a co-operation of individual, physiological and accidental factors, which depend on the circumstances of the moment, determines how one will behave in individual cases of more intensive objective stimulation during sleep; habitual or accidental profundity of sleep, in conjunction with the intensity of the stimulus, will in one case make it possible so to suppress the stimulus that it will not disturb the sleeper, while in another case it will force the sleeper to wake, or will assist the attempt to subdue the stimulus by weaving it into the texture of the dream. In accordance with the multiplicity of these constellations, external objective stimuli will be expressed more rarely or more frequently in the case of one person than in that of another. In my own case, since I am an excellent sleeper, and obstinately refuse to allow myself to be disturbed during sleep on any pretext whatever, this intrusion of external causes of excitation into my dreams is very rare, whereas psychic motives apparently cause me to dream very easily. Indeed, I have noted only a single dream in which an objective, painful source of stimulation is demonstrable, and it will be highly instructive to see what effect the external stimulus had in this particular dream.

I am riding a grey horse, at first timidly and awkwardly, as though I were merely carried along. Then I meet a colleague, P., also on horseback, and dressed in rough frieze; he is sitting erect in the saddle; he calls my attention to something (probably to the fact that I have a very bad seat). Now I begin to feel more and more at ease on the back of my highly intelligent horse; I sit more comfortably, and I find that I am quite at home up here. My saddle is a sort of pad, which completely fills the space between the neck and the rump of the horse. I ride between two vans, and just manage to clear them. After riding up the street for some distance, I turn round and wish to dismount, at first in front of a little open chapel which is built facing onto the street. Then I do really dismount in front of a chapel which stands near the first one; the hotel is in the same street; I might let the horse go there by itself, but I prefer to lead it thither. It seems as though I should be ashamed to arrive there on horseback. In front of the hotel there stands a page-boy, who shows me a note of mine which has been found, and ridicules me on account of it. On the note is written, doubly underlined, `Eat nothing', and then a second sentence (indistinct): something like `Do not work'; at the same time a hazy idea that I am in a strange city, in which I do not work.

It will not at once be apparent that this dream originated under the influence, or rather under the compulsion, of a pain-stimulus. The day before, however, I had suffered from boils, which made every movement a torture, and at last a boil had grown to the size of an apple at the root of the scrotum, and had caused me the most intolerable pains at every step; a feverish lassitude, lack of appetite, and the hard work which I had nevertheless done during the day, had conspired with the pain to upset me. I was not altogether in a condition to discharge my duties as a physician, but in view of the nature and the location of the malady, it was possible to imagine something else for which I was most of all unfit, namely riding. Now it is this very activity of riding into which I am plunged by the dream; it is the most energetic denial of the pain which imagination could conceive. As a matter of fact, I cannot ride; I do not dream of doing so; I never sat on a horse but once and then without a saddle -- and I did not like it. But in this dream I ride as though I had no boil on the perineum; or rather, *I ride, just because I want to have none*. To judge from the description, my saddle is the poultice which has enabled me to fall asleep. Probably, being thus comforted, I did not feel anything of my pain during the first few hours of my sleep. Then the painful sensations made themselves felt, and tried to wake me; whereupon the dream came and said to me, soothingly: `Go on sleeping, you are not going to wake! You have no boil, for you are riding on horseback, and with a boil just there no one could ride!' And the dream was successful; the pain was stifled, and I went on sleeping.

But the dream was not satisfied with `suggesting away' the boil by tenaciously holding fast to an idea incompatible with the malady (thus behaving like the hallucinatory insanity of a mother who has lost her child, or of a merchant who has lost his fortune). In addition, the details of the sensation denied and of the image used to suppress it serve the dream also as a means to connect other material actually present in the mind with the situation in the dream, and to give this material representation. I am riding on a *grey* horse -- the colour of the horse exactly corresponds with the *pepper-and-salt* suit in which I last saw my colleague P. in the country. I have been warned that highly seasoned food is the cause of boils, and in any case it is preferable as an etiological explanation to *sugar*, which might be thought of in connection with furunculosis. My friend P. likes to `*ride the high horse*' with me ever since he took my place in the treatment of a female patient, in whose case I had performed great feats (*Kunststücke*: in the dream I sit the horse at first sideways, like a trick-rider, *Kunstreiter*), but who really, like the horse in the story of the Sunday equestrian, led me wherever she wished. Thus the horse comes to be a symbolic representation of a lady patient (in the dream it is *highly intelligent*). `*I feel quite at home*' refers to the position which I occupied in the patient's household until I was replaced by my colleague P. `I thought you were safe in the saddle up there,' one of my few well-wishers among the eminent physicians of the city recently said to me, with reference to the same household. And it was a *feat* to practise psychotherapy for eight to ten hours a day, while suffering such pain, but I know that I cannot continue my peculiarly strenuous work for any length of time without perfect physical health, and the dream is full of dismal allusions to the situation which would result if my illness continued (the note, such as neurasthenics carry and show to their doctors). *Do not work, do not eat*. On further interpretation I see that the dream-activity has succeeded in finding its way from the wish-situation of riding to some very early childish quarrels which must have occurred between myself and a nephew, who is a year older than I, and is now living in England. It has also taken up elements from my journeys in Italy; the street in the dream is built up out of impressions of Verona and Siena. A still deeper interpretation leads to sexual dream-thoughts, and I recall what the dream-allusions to that beautiful country were supposed to mean in the dream of a female patient who had never been to Italy (*to Italy*, German: *gen Italien = Genitalien = genitals*); at the same time there are references to the house in which I preceded my friend P. as physician, and to the place where the boil is located.

In another dream I was similarly successful in warding off a threatened disturbance of my sleep; this time the threat came from a sensory stimulus. It was only chance, however, that enabled me to discover the connection between the dream and the accidental dream-stimulus, and in this way to understand the dream. One midsummer morning in a Tyrolese mountain resort I woke with the knowledge that I had dreamed: *The Pope is dead*. I was not able to interpret this short, non-visual dream. I could remember only one possible basis of the dream, namely, that shortly before this the newspapers had reported that His Holiness was slightly indisposed. But in the course of the morning my wife asked me: `Did you hear the dreadful tolling of the church bells this morning?' I had no idea that I had heard it, but now I understood my dream. It was the reaction of my need for sleep to the noise by which the pious Tyroleans were trying to wake me. I avenged myself on them by the conclusion which formed the content of my dream, and continued to sleep, without any further interest in the tolling of the bells.

Among the dreams mentioned in the previous chapters there are several which might serve as examples of the elaboration of so-called nerve-stimuli. The dream of drinking in long draughts is such an example; here the somatic stimulus seems to be the sole source of the dream, and the wish arising from the sensation -- thirst -- the only motive for dreaming. We find much the same thing in other simple dreams, where the somatic stimulus is able of itself to generate a wish. The dream of the sick woman who throws the cooling apparatus from her cheek at night is an instance of an unusual manner of reacting to a pain-stimulus with a wish-fulfilment; it seems as though the patient had temporarily succeeded in making herself analgesic, and accompanied this by ascribing her pains to a stranger.

My dream of the three Parcae is obviously a hunger-dream, but it has contrived to shift the need for food right back to the child's longing for its mother's breast, and to use a harmless desire as a mask for a more serious one that cannot venture to express itself so openly. In the dream of Count Thun we were able to see by what paths an accidental physical need was brought into relation with the strongest, but also the most rigorously repressed impulses of the psychic life. And when, as in the case reported by Garnier, the First Consul incorporates the sound of an exploding infernal machine into a dream of battle before it causes him to wake, the true purpose for which alone psychic activity concerns itself with sensations during sleep is revealed with unusual clarity. A young lawyer, who is full of his first great bankruptcy case, and falls asleep in the afternoon, behaves just as the great Napoleon did. He dreams of a certain G. Reich in *Hussiatyn*, whose acquaintance he has made in connection with the bankruptcy case, but *Hussiatyn* (German: *husten*, to cough) forces itself upon his attention still further; he is obliged to wake, only to hear his wife -- who is suffering from bronchial catarrh -- violently coughing.

Let us compare the dream of Napoleon I -- who, incidentally, was an excellent sleeper -- with that of the sleepy student, who was awakened by his landlady with the reminder that he had to go to the hospital, and who thereupon dreamt himself into a bed in the hospital, and then slept on, the underlying reasoning being as follows: If I am already in the hospital, I needn't get up to go there. This is obviously a convenience-dream; the sleeper frankly admits to himself his motive in dreaming; but he thereby reveals one of the secrets of dreaming in general. In a certain sense, all dreams are *convenience-dreams*; they serve the purpose of continuing to sleep instead of waking. *The dream is the guardian of sleep, not its disturber*. In another place we shall have occasion to justify this conception in respect to the psychic factors that make for waking; but we can already demonstrate its applicability to the objective external stimuli. Either the mind does not concern itself at all with the causes of sensations during sleep, if it is able to carry this attitude through as against the intensity of the stimuli, and their significance, of which it is well aware; or it employs the dream to deny these stimuli; or, thirdly, if it is obliged to recognise the stimuli, it seeks that interpretation of them which will represent the actual sensation as a component of a desired situation which is compatible with sleep. The actual sensation is woven into the dream *in order to deprive it of its reality*. Napoleon is permitted to go on sleeping; it is only a dream-memory of the thunder of the guns at Arcole which is trying to disturb him.[3]

The wish to sleep, to which the conscious ego has adjusted itself, and which (together with the dream-censorship and the `secondary elaboration' to be mentioned later) *represents the ego's contribution to the dream, must thus always be taken into account as a motive of dream-formation, and every successful dream is a fulfilment of this wish.* The relation of this general, constantly present, and unvarying sleep-wish to the other wishes of which now one and now another is fulfilled by the dream-content, will be the subject of later consideration. In the wish to sleep we have discovered a motive capable of supplying the deficiency in the theory of Strümpell and Wundt, and of explaining the perversity and capriciousness of the interpretation of the external stimulus. The correct interpretation, of which the sleeping mind is perfectly capable, would involve active interest, and would require the sleeper to wake; hence, of those interpretations which are possible at all only such are admitted as are acceptable to the dictatorial censorship of the sleep-wish. The logic of dream situations would run, for example: `It is the nightingale, and not the lark'. For if it is the lark, love's night is at an end. From among the interpretations of the stimulus which are thus admissible, that one is selected which can secure the best connection with the wish-impulses that are lying in wait in the mind. Thus everything is definitely determined, and nothing is left to caprice. The misinterpretation is not an illusion, but -- if you will -- an excuse. Here again, as in substitution by displacement in the service of the dream-censorship, we have an act of deflection of the normal psychic procedure.

If the external nerve-stimuli and the inner bodily stimuli are sufficiently intense to compel psychic attention, they represent -- that is, if they result in dreaming at all, and not in waking -- a fixed point for dream-formation, a nucleus in the dream-material, for which an appropriate wish-fulfilment is sought, just as (see above) mediating ideas between two psychical dream-stimuli are sought. To this extent it is true of a number of dreams that the somatic element dictates the dream-content. In this extreme case even a wish that is not actually present may be aroused for the purpose of dream-formation. But the dream cannot do otherwise than represent a wish in some situation as fulfilled; it is, as it were, confronted with the task of discovering what wish can be represented as fulfilled by the given sensation. Even if this given material is of a painful or disagreeable character, yet it is not unserviceable for the purposes of dream-formation. The psychic life has at its disposal even wishes whose fulfilment evokes displeasure, which seems a contradiction, but becomes perfectly intelligible if we take into account the presence of two sorts of psychic instance and the censorship that subsists between them.

In the psychic life there exist, as we have seen, *repressed* wishes, which belong to the first system, and to whose fulfilment the second system is opposed. We do not mean this in a historic sense -- that such wishes have once existed and have subsequently been destroyed. The doctrine of *repression*, which we need in the study of psychoneuroses, asserts that such repressed wishes still exist, but simultaneously with an inhibition which weighs them down. Language has hit upon the truth when it speaks of the `suppression' (sub-pression, or pushing under) of such impulses. The psychic mechanism which enables such suppressed wishes to force their way to realisation is retained in being and in working order. But if it happens that such a suppressed wish is fulfilled, the vanquished inhibition of the second system (which is capable of consciousness) is then expressed as discomfort. And, in order to conclude this argument: If sensations of a disagreeable character which originate from somatic sources are present during sleep, this constellation is utilised by the dream-activity to procure the fulfilment -- with more or less maintenance of the censorship -- of an otherwise suppressed wish.

This state of affairs makes possible a certain number of anxiety-dreams, while others of these dream-formations which are unfavourable to the wish-theory exhibit a different mechanism. For the anxiety in dreams may of course be of a psychoneurotic character, originating in psychosexual excitation, in which case, the anxiety corresponds to repressed libido. Then this anxiety, like the whole anxiety-dream, has the significance of a neurotic symptom, and we stand at the dividing-line where the wish-fulfilling tendency of dreams is frustrated. But in other anxiety-dreams the feeling of anxiety comes from somatic sources (as in the case of persons suffering from pulmonary or cardiac trouble, with occasional difficulty in breathing), and then it is used to help such strongly suppressed wishes to attain fulfilment in a dream, the dreaming of which from psychic motives would have resulted in the same release of anxiety. It is not difficult to reconcile these two apparently contradictory cases. When two psychic formations, an affective inclination and a conceptual content, are intimately connected, either one being actually present will evoke the other, even in a dream; now the anxiety of somatic origin evokes the suppressed conceptual content, now it is the released conceptual content, accompanied by sexual excitement, which causes the release of anxiety. In the one case it may be said that a somatically determined affect is psychically interpreted; in the other case all is of psychic origin, but the content which has been suppressed is easily replaced by a somatic interpretation which fits the anxiety. The difficulties which lie in the way of understanding all this have little to do with dreams; they are due to the fact that in discussing these points we are touching upon the problems of the development of anxiety and of repression.

The general aggregate of bodily sensation must undoubtedly be included among the dominant dream-stimuli of internal bodily origin. Not that it is capable of supplying the dream-content; but it forces the dream-thoughts to make a choice from the material destined to serve the purpose of representation in the dream-content, inasmuch as it brings within easy reach that part of the material which is adapted to its own character, and holds the rest at a distance. Moreover, this general feeling, which survives from the preceding day, is of course connected with the psychic residues that are significant for the dream. Moreover, this feeling itself may be either maintained or overcome in the dream, so that it may, if it is painful, veer round into its opposite.

If the somatic sources of excitation during sleep -- that is, the sensations of sleep -- are not of unusual intensity, the part which they play in dream-formation is, in my judgment, similar to that of those impressions of the day which are still recent, but of no great significance. I mean that they are utilised for the dream-formation if they are of such a kind that they can be united with the conceptual content of the psychic dream-source, but not otherwise. They are treated as a cheap ever-ready material, which can be used whenever it is needed, and not as valuable material which itself prescribes the manner in which it must be utilised. I might suggest the analogy of a connoisseur giving an artist a rare stone, a piece of onyx, for example, in order that it may be fashioned into a work of art. Here the size of the stone, its colour, and its markings help to decide what head or what scene shall be represented; while if he is dealing with a uniform and abundant material such as marble or sandstone, the artist is guided only by the idea which takes shape in his mind. Only in this way, it seems to me, can we explain the fact that the dream-content furnished by physical stimuli of somatic origin which are not unusually accentuated does not make its appearance in all dreams and every night.[4]

Perhaps an example which takes us back to the interpretation of dreams will best illustrate my meaning. One day I was trying to understand the significance of the sensation of being inhibited, of not being able to move from the spot, of not being able to get something done, etc., which occurs so frequently in dreams, and is so closely allied to anxiety. That night I had the following dream: *I am very incompletely dressed, and I go from a flat on the ground-floor up a flight of stairs to an upper story. In doing this I jump up three stairs at a time, and I am glad to find that I can mount the stairs so quickly. Suddenly I notice that a servant-maid is coming down the stairs -- that is, towards me. I am ashamed, and try to hurry away, and now comes this feeling of being inhibited; I am glued to the stairs, and cannot move from the spot*.

Analysis: The situation of the dream is taken from an everyday reality. In a house in Vienna I have two apartments, which are connected only by the main staircase. My consultation-rooms and my study are on the raised ground-floor, and my living-rooms are on the first floor. Late at night, when I have finished my work downstairs, I go upstairs to my bedroom. On the evening before the dream I had actually gone this short distance with my garments in disarray -- that is, I had taken off my collar, tie and cuffs; but in the dream this had changed into a more advanced, but, as usual, indefinite degree of undress. It is a habit of mine to run up two or three steps at a time; moreover, there was a wish-fulfilment recognised even in the dream, for the ease with which I run upstairs reassures me as to the condition of my heart. Further, the manner in which I run upstairs is an effective contrast to the sensation of being inhibited, which occurs in the second half of the dream. It shows me -- what needed no proof -- that dreams have no difficulty in representing motor actions fully and completely carried out; think, for example, of flying in dreams!

But the stairs up which I go are not those of my own house; at first I do not recognise them; only the person coming towards me informs me of their whereabouts. This woman is the maid of an old lady whom I visit twice daily in order to give her hypodermic injections; the stairs, too, are precisely similar to those which I have to climb twice a day in this old lady's house.

How do these stairs and this woman get into my dream? The shame of not being fully dressed is undoubtedly of a sexual character; the servant of whom I dream is older than I, surly, and by no means attractive. These questions remind me of the following incident: When I pay my morning visit at this house I am usually seized with a desire to clear my throat; the sputum falls on the stairs. There is no spittoon on either of the two floors, and I consider that the stairs should be kept clean not at my expense, but rather by the provision of a spittoon. The housekeeper, another elderly, curmudgeonly person, but, as I willingly admit, a woman of cleanly instincts, takes a different view of the matter. She lies in wait for me, to see whether I shall take the liberty referred to, and if she sees that I do I can distinctly hear her growl. For days thereafter, when we meet, she refuses to greet me with the customary signs of respect. On the day before the dream the housekeeper's attitude was reinforced by that of the maid. I had just finished my usual hurried visit to the patient when the servant confronted me in the ante-room, observing: `You might as well have wiped your shoes today, doctor, before you came into the room. The red carpet is all dirty again from your feet.' This is the only justification for the appearance of the stairs and the maid in my dream.

Between my leaping upstairs and my spitting on the stairs there is an intimate connection. Pharyngitis and cardiac troubles are both supposed to be punishments for the vice of smoking, on account of which vice my own housekeeper does not credit me with excessive tidiness, so that my reputation suffers in both the houses which my dream fuses into one.

I must postpone the further interpretation of this dream until I can indicate the origin of the typical dream of being incompletely clothed. In the meantime, as a provisional deduction from the dream just related, I note that the dream-sensation of inhibited movement is always aroused at a point where a certain connection requires it. A peculiar condition of my motor system during sleep cannot be responsible for this dream-content, since a moment earlier I found myself, as though in confirmation of this fact, skipping lightly up the stairs.

[1] This part has been omitted from this text. Those who have a special interest in the subject may read the original translation published by Macmillan Co., New York, and Allen & Unwin, London.

[2] I would advise everyone to read the exact and detailed records (collected in two volumes) of the dreams experimentally produced by Mourly Vold in order to convince himself how little the conditions of the experiments help to explain the content of the individual dream, and how little such experiments help us towards an understanding of the problems of dreams.

[3] The two sources from which I know of this dream do not entirely agree as to its content.

[4] Rank has shown, in a number of studies, that certain awakening-dreams provoked by organic stimuli (dreams of urination and ejaculation) are especially calculated to demonstrate the conflict between the need for sleep and the demands of the organic need, as well as the influence of the latter on the dream-content.

D -- TYPICAL DREAMS

Generally speaking, we are not in a position to interpret another person's dream if he is unwilling to furnish us with the unconscious thoughts which lie behind the dream-content, and for this reason the practical applicability of our method of dream-interpretation is often seriously restricted.[1] But there are dreams which exhibit a complete contrast to the individual's customary liberty to endow his dream-world with a special individuality, thereby making it inaccessible to an alien understanding: there are a number of dreams which almost everyone has dreamed in the same manner, and of which we are accustomed to assume that they have the same significance in the case of every dreamer. A peculiar interest attaches to these typical dreams, because, no matter who dreams them, they presumably all derive from the same sources, so that they would seem to be particularly fitted to provide us with information as to the sources of dreams.

With quite special expectations, therefore, we shall proceed to test our technique of dream-interpretation on these typical dreams, and only with extreme reluctance shall we admit that precisely in respect of this material our method is not fully verified. In the interpretation of typical dreams we as a rule fail to obtain those associations from the dreamer which in other cases have led us to comprehension of the dream, or else these associations are confused and inadequate, so that they do not help us to solve our problem.

Why this is the case, and how we can remedy this defect in our technique, are points which will be discussed in a later chapter. The reader will then understand why I can deal with only a few of the group of typical dreams in this chapter, and why I have postponed the discussion of the others.

(a) The Embarrassment-Dream of Nakedness

In a dream in which one is naked or scantily clad in the presence of strangers, it sometimes happens that one is not in the least ashamed of one's condition. But the dream of nakedness demands our attention only when shame and embarrassment are felt in it, when one wishes to escape or to hide, and when one feels the strange inhibition of being unable to stir from the spot, and of being utterly powerless to alter the painful situation. It is only in this connection that the dream is typical; otherwise the nucleus of its content may be involved in all sorts of other connections, or may be replaced by individual amplifications. The essential point is that one has a painful feeling of shame, and is anxious to hide one's nakedness, usually by means of locomotion, but is absolutely unable to do so. I believe that the great majority of my readers will at some time have found themselves in this situation in a dream.

The nature and manner of the exposure is usually rather vague. The dreamer will say, perhaps, `I was in my chemise', but this is rarely a clear image; in most cases the lack of clothing is so indeterminate that it is described in narrating the dream by an alternative: `I was in my chemise or my petticoat.' As a rule the deficiency in clothing is not serious enough to justify the feeling of shame attached to it. For a man who has served in the army, nakedness is often replaced by a manner of dressing that is contrary to regulations. `I was in the street without my sabre, and I saw some officers approaching', or `I had no collar', or `I was wearing checked civilian trousers', etc.

The persons before whom one is ashamed are almost always strangers, whose faces remain indeterminate. It never happens, in the typical dream, that one is reproved or even noticed on account of the lack of clothing which causes one such embarrassment. On the contrary, the people in the dream appear to be quite indifferent; or, as I was able to note in one particularly vivid dream, they have stiff and solemn expressions. This gives us food for thought.

The dreamer's embarrassment and the spectator's indifference constitute a contradiction such as often occurs in dreams. It would be more in keeping with the dreamer's feelings if the strangers were to look at him in astonishment, or were to laugh at him, or be outraged. I think, however, that this obnoxious feature has been displaced by wish-fulfilment, while the embarrassment is for some reason retained, so that the two components are not in agreement. We have an interesting proof that the dream which is partially distorted by wish-fulfilment has not been properly understood; for it has been made the basis of a fairy-tale familiar to us all in Andersen's version of `The Emperor's New Clothes', and it has more recently received poetical treatment by Fulda in *The Talisman*. In Andersen's fairy-tale we are told of two impostors who weave a costly garment for the Emperor, which shall, however, be visible only to the good and true. The Emperor goes forth clad in this invisible garment, and since the imaginary fabric serves as a sort of touchstone, the people are frightened into behaving as though they did not notice the Emperor's nakedness.

But this is really the situation in our dream. It is not very venturesome to assume that the unintelligible dream-content has provided an incentive to invent a state of undress which gives meaning to the situation present in the memory. This situation is thereby robbed of its original meaning, and made to serve alien ends. But we shall see that such a misunderstanding of the dream-content often occurs through the conscious activity of a second psychic system, and is to be recognised as a factor of the final form of the dream; and further, that in the development of obsessions and phobias similar misunderstandings -- still, of course, within the same psychic personality -- play a decisive part. It is even possible to specify whence the material for the fresh interpretation of the dream is taken. The impostor is the dream, the Emperor is the dreamer himself, and the moralising tendency betrays a hazy knowledge of the fact that there is a question, in the latent dream-content, of forbidden wishes, victims of repression. The connection in which such dreams appear during my analyses of neurotics proves beyond a doubt that a memory of the dreamer's earliest childhood lies at the foundation of the dream. Only in our childhood was there a time when we were seen by our relatives, as well as by strange nurses, servants and visitors, in a state of insufficient clothing, and at that time we were not ashamed of our nakedness.[2] In the case of many rather older children it may be observed that being undressed has an exciting effect upon them, instead of making them feel ashamed. They laugh, leap about, slap or thump their own bodies; the mother, or whoever is present, scolds them, saying: `Fie, that is shameful -- you mustn't do that!'

Children often show a desire to display themselves; it is hardly possible to pass through a village in country districts without meeting a two- or three-year-old child who lifts up his or her blouse or frock before the traveller, possibly in his honour. One of my patients has retained in his conscious memory a scene from his eighth year, in which, after undressing for bed, he wanted to dance into his little sister's room in his shirt, but was prevented by the servant. In the history of the childhood of neurotics exposure before children of the opposite sex plays a prominent part; in paranoia the delusion of being observed while dressing and undressing may be directly traced to these experiences; and among those who have remained perverse there is a class in whom the childish impulse is accentuated into a symptom: the class of *exhibitionists.*

This age of childhood, in which the sense of shame is unknown, seems a paradise when we look back upon it later, and paradise itself is nothing but the mass-fantasy of the childhood of the individual. This is why in paradise men are naked and unashamed, until the moment arrives when shame and fear awaken; expulsion follows, and sexual life and cultural development begin. Into this paradise dreams can take us back every night; we have already ventured the conjecture that the impressions of our earliest childhood (from the prehistoric period until about the end of the third year) crave reproduction for their own sake, perhaps without further reference to their content, so that their repetition is a wish-fulfilment. Dreams of nakedness, then, are *exhibition-dreams.*[3]

The nucleus of an exhibition-dream is furnished by one's own person, which is seen not as that of a child, but as it exists in the present, and by the idea of scanty clothing which emerges indistinctly, owing to the superimposition of so many later situations of being partially clothed, or out of consideration for the censorship; to these elements are added the persons in whose presence one is ashamed. I know of no example in which the actual spectators of these infantile exhibitions reappear in a dream; for a dream is hardly ever a simple recollection. Strangely enough, those persons who are the objects of our sexual interest in childhood are omitted from all reproductions, in dreams, in hysteria or in obsessional neurosis; paranoia alone restores the spectators, and is fanatically convinced of their presence, although they remain unseen. The substitute for these persons offered by the dream, the `number of strangers' who take no notice of the spectacle offered them, is precisely the *counter-wish* to that single intimately-known person for whom the exposure was intended. `A number of strangers', moreover, often occur in dreams in all sorts of other connections; as a *counter-wish* they always signify `a secret'.[4] It will be seen that even that restitution of the old state of affairs that occurs in paranoia complies with this counter-tendency. One is no longer alone; one is quite positively being watched; but the spectators are `a number of strange, curiously indeterminate people.'

Furthermore, repression finds a place in the exhibition-dream. For the disagreeable sensation of the dream is, of course, the reaction on the part of the second psychic instance to the fact that the exhibitionistic scene which has been condemned by the censorship has nevertheless succeeded in presenting itself. The only way to avoid this sensation would be to refrain from reviving the scene.

In a later chapter we shall deal once again with the feeling of inhibition. In our dreams it represents to perfection *a conflict of the will, a denial*. According to our unconscious purpose, the exhibition is to proceed; according to the demands of the censorship, it is to come to an end.

The relation of our typical dreams to fairy-tales and other fiction and poetry is neither sporadic nor accidental. Sometimes the penetrating insight of the poet has analytically recognised the process of transformation of which the poet is otherwise the instrument, and has followed it up in the reverse direction; that is to say, has traced a poem to a dream. A friend has called my attention to the following passage in G. Keller's *Der Grüne Heinrich*: `I do not wish, dear Lee, that you should ever come to realise from experience the exquisite and piquant truth in the situation of Odysseus, when he appears, naked and covered with mud, before Nausicaa and her playmates! Would you like to know what it means? Let us for a moment consider the incident closely. If you are ever parted from your home, and from all that is dear to you, and wander about in a strange country; if you have seen much and experienced much; if you have cares and sorrows, and are, perhaps, utterly wretched and forlorn, you will some night inevitably dream that you are approaching your home; you will see it shining and glittering in the loveliest colours; lovely and gracious figures will come to meet you; and then you will suddenly discover that you are ragged, naked, and covered with dust. An indescribable feeling of shame and fear overcomes you; you try to cover yourself, to hide, and you wake up bathed in sweat. As long as humanity exists, this will be the dream of the care-laden, tempest-tossed man, and thus Homer has drawn this situation from the profoundest depths of the eternal nature of humanity.'

What are the profoundest depths of the eternal nature of humanity, which the poet commonly hopes to awaken in his listeners, but these stirrings of the psychic life which are rooted in that age of childhood, which subsequently become prehistoric? Childish wishes, now suppressed and forbidden, break into the dream behind the unobjectionable and permissibly conscious wishes of the homeless man, and it is for this reason that the dream which is objectified in the legend of Nausicaa regularly develops into an anxiety-dream.

My own dream of hurrying upstairs, which presently changed into being glued to the stairs, is likewise an exhibition-dream, for it reveals the essential ingredients of such a dream. It must therefore be possible to trace it back to experiences in my childhood, and the knowledge of these should enable us to conclude how far the servant's behaviour to me (i.e. her reproach that I had soiled the carpet) helped her to secure the position which she occupies in the dream. Now I am actually able to furnish the desired explanation. One learns in a psychoanalysis to interpret temporal proximity by material connection; two ideas which are apparently without connection, but which occur in immediate succession, belong to a unity which has to be deciphered; just as an *a* and a *b*, when written in succession, must be pronounced as one syllable, *ab*. It is just the same with the interrelations of dreams. The dream of the stairs has been taken from a series of dreams with whose other members I am familiar, having interpreted them. A dream included in this series must belong to the same context. Now, the other dreams of the series are based on the memory of a nurse to whom I was entrusted for a season, from the time when I was still at the breast to the age of two and a half, and of whom a hazy recollection has remained in my consciousness. According to information which I recently obtained from my mother, she was old and ugly, but very intelligent and thorough; according to the inferences which I am justified in drawing from my dreams, she did not always treat me quite kindly, but spoke harshly to me when I showed insufficient understanding of the necessity for cleanliness. Inasmuch as the maid endeavoured to continue my education in this respect, she is entitled to be treated, in my dream, as an incarnation of the prehistoric old woman. It is to be assumed, of course, that the child was fond of his teacher in spite of her harsh behaviour.[5]

(b) Dreams of the Death of Beloved Persons

Another series of dreams which may be called typical are those whose content is that a beloved relative, a parent, brother, sister, child, or the like, has died. We must at once distinguish two classes of such dreams: those in which the dreamer remains unmoved, and those in which he feels profoundly grieved by the death of the beloved person, even expressing this grief by shedding tears in his sleep.

We may ignore the dreams of the first group; they have no claim to be reckoned as typical. If they are analysed, it is found that they signify something that is not contained in them, that they are intended to mask another wish of some kind. This is the case in the dream of the aunt who sees the only son of her sister lying on a bier (p. 60). The dream does not mean that she desires the death of her little nephew; as we have learned, it merely conceals the wish to see a certain beloved person again after a long separation -- the same person whom she had seen after as long an interval at the funeral of another nephew. This wish, which is the real content of the dream, gives no cause for sorrow, and for that reason no sorrow is felt in the dream. We see here that the feeling contained in the dream does not belong to the manifest, but to the latent dream-content, and that the affective content has remained free from the distortion which has befallen the conceptual content.

It is otherwise with those dreams in which the death of a beloved relative is imagined, and in which a painful affect is felt. These signify, as their content tells us, the wish that the person in question might die; and since I may here expect that the feelings of all my readers and of all who have had such dreams will lead them to reject my explanation, I must endeavour to rest my proof on the broadest possible basis.

We have already cited a dream from which we could see that the wishes represented as fulfilled in dreams are not always current wishes. They may also be bygone, discarded, buried and repressed wishes, which we must nevertheless credit with a sort of continued existence, merely on account of their reappearance in a dream. They are not dead, like persons who have died, in the sense that we know death, but are rather like the shades in the *Odyssey* which awaken to a certain degree of life so soon as they have drunk blood. The dream of the dead child in the box (p. 62) contained a wish that had been present fifteen years earlier, and which had at that time been frankly admitted as real. Further --

and this, perhaps, is not unimportant from the standpoint of the theory of dreams -- a recollection from the dreamer's earliest childhood was at the root of this wish also. When the dreamer was a little child -- but exactly when cannot be definitely determined -- she heard that her mother, during the pregnancy of which she was the outcome, had fallen into a profound emotional depression, and had passionately wished for the death of the child in her womb. Having herself grown up and become pregnant, she was only following the example of her mother.

If anyone dreams that his father or mother, his brother or sister, has died, and his dream expresses grief, I should never adduce this as proof that he wishes any of them dead *now*. The theory of dreams does not go as far as to require this; it is satisfied with concluding that the dreamer has wished them dead at some time or other during his childhood. I fear, however, that this limitation will not go far to appease my critics; probably they will just as energetically deny the possibility that they ever had such thoughts, as they protest that they do not harbour them now. I must, therefore, reconstruct a portion of the submerged infantile psychology on the basis of the evidence of the present.[6]

Let us first of all consider the relation of children to their brothers and sisters. I do not know why we presuppose that it must be a loving one, since examples of enmity among adult brothers and sisters are frequent in everyone's experience, and since we are so often able to verify the fact that this estrangement originated during childhood, or has always existed. Moreover, many adults who today are devoted to their brothers and sisters, and support them in adversity, lived with them in almost continuous enmity during their childhood. The elder child ill-treated the younger, slandered him, and robbed him of his toys; the younger was consumed with helpless fury against the elder, envied and feared him, or his earliest impulse toward liberty and his first revolt against injustice were directed against his oppressor. The parents say that the children do not agree, and cannot find the reason for it. It is not difficult to see that the character even of a well-behaved child is not the character we should wish to find in an adult. A child is absolutely egoistical; he feels his wants acutely, and strives remorselessly to satisfy them, especially against his competitors, other children, and first of all against his brothers and sisters. And yet we do not on that account call a child `wicked' -- we call him `naughty'; he is not responsible for his misdeeds, either in our own judgment or in the eyes of the law. And this is as it should be; for we may expect that within the very period of life which we reckon as childhood, altruistic impulses and morality will awake in the little egoist, and that, in the words of Meynert, a secondary ego will overlay and inhibit the primary ego. Morality, of course, does not develop simultaneously in all its departments, and furthermore, the duration of the amoral period of childhood differs in different individuals. Where this morality fails to develop we are prone to speak of `degeneration'; but here the case is obviously one of arrested development. Where the primary character is already overlaid by the later development it may be at least partially uncovered again by an attack of hysteria. The correspondence between the so-called hysterical character and that of a naughty child is positively striking. The obsessional neurosis, on the other hand, corresponds to a super-morality, which develops as a strong reinforcement against the primary character that is threatening to revive.

Many persons, then, who now love their brothers and sisters, and who would feel bereaved by their death, harbour in their unconscious hostile wishes, survivals from an earlier period, wishes which are able to realise themselves in dreams. It is, however, quite especially interesting to observe the behaviour of little children up to their third and fourth year towards their younger brothers or sisters. So far the child has been the only one; now he is informed that the stork has brought a new baby. The child inspects the new arrival, and expresses his opinion with decision: `The stork had better take it back again!'[7]

I seriously declare it as my opinion that a child is able to estimate the disadvantages which he has to expect on account of a newcomer. A connection of mine, who now gets on very well with a sister, who is four years her junior, responded to the news of this sister's arrival with the reservation: `But I shan't give her my red cap, anyhow.' If the child should come to realise only at a later stage that its happiness may be prejudiced by a younger brother or sister, its enmity will be aroused at this period. I know of a case where a girl, not three years of age, tried to strangle an infant in its cradle, because she suspected that its continued presence boded her no good. Children at this time of life are capable of a jealousy that is perfectly evident and extremely intense. Again, perhaps the little brother or sister really soon disappears, and the child once more draws to himself the whole affection of the household; then a new child is sent by the stork; is it not natural that the favourite should conceive the wish that the new rival may meet the same fate as the earlier one, in order that he may be as happy as he was before the birth of the first child, and during the interval after his death?[8] Of course, this attitude of the child towards the younger brother or sister is, under normal circumstances, a mere function of the difference of age. After a certain interval the maternal instincts of the older girl will be awakened towards the helpless new-born infant.

Feelings of hostility towards brothers and sisters must occur far more frequently in children than is observed by their obtuse elders.[9]

In the case of my own children, who followed one another rapidly, I missed the opportunity of making such observations. I am now retrieving it, thanks to my little nephew, whose undisputed domination was disturbed after fifteen months by the arrival of a feminine rival. I hear, it is true, that the young man behaves very chivalrously toward his little sister, that he kisses her hand and strokes her; but in spite of this I have convinced myself that even before the completion of his second year he is using his new command of language to criticise this person, who, to him, after all, seems superfluous. Whenever the conversation turns upon her he chimes in, and cries angrily: `Too (l)ittle, too (l)ittle!' During the last few months, since the child has outgrown this disparagement, owing to her splendid development, he has found another reason for his insistence that she does not deserve so much attention. He reminds us, on every suitable pretext: `She hasn't any teeth.'[10] We all of us recollect the case of the eldest daughter of another sister of mine. The child, who was then six years of age, spent a full half-hour in going from one aunt to another with the question: `Lucie can't understand that yet, can she?' Lucie was her rival -- two and a half years younger.

I have never failed to come across this dream of the death of brothers or sisters, denoting an intense hostility, e.g. I have met it in all my female patients. I have met with only one exception, which could easily be interpreted into a confirmation of the rule. Once, in the course of a sitting, when I was explaining this state of affairs to a female patient, since it seemed to have some bearing on the symptoms under consideration that day, she answered, to my astonishment, that she had never had such dreams. But another dream occurred to her, which presumably had nothing to do with the case -- a dream which she had first dreamed at the age of *four*, when she was the youngest child, and had since then dreamed repeatedly. `*A number of children, all her brothers and sisters with her boy and girl cousins, were romping about in a meadow. Suddenly they all grew wings, flew up, and were gone*.' She had no idea of the significance of this dream; but we can hardly fail to recognise it as a dream of the death of all the brothers and sisters, in its original form, and but little influenced by the censorship. I will venture to add the following analysis of it: on the death of one out of this large number of children -- in this case the children of two brothers were brought up together as brothers and sisters -- would not our dreamer, at that time not yet four years of age, have asked some wise, grown-up person: `What becomes of children when they are dead?' The answer would probably have been: `They grow wings and become angels.' After this explanation, all the brothers and sisters and cousins in the dream now have wings, like angels and -- this is the important point -- they fly away. Our little angel-maker is left alone: just think, the only one out of such a crowd! That the children romp about a meadow, from which they fly away, points almost certainly to butterflies -- it is as though the child had been influenced by the same association of ideas which led the ancients to imagine Psyche, the soul, with the wings of a butterfly.

Perhaps some readers will now object that the inimical impulses of children toward their brothers and sisters may perhaps be admitted, but how does the childish character arrive at such heights of wickedness as to desire the death of a rival or a stronger playmate, as though all misdeeds could be atoned for only by death? Those who speak in this fashion forget that the child's idea of `being dead' has little but the word in common with our own. The child knows nothing of the horrors of decay, of shivering in the cold grave, of the terror of the infinite Nothing, the thought of which the adult, as all the myths of the hereafter testify, finds so intolerable. The fear of death is alien to the child; and so he plays with the horrid word, and threatens another child: `If you do that again, you will die, just like Francis died'; at which the poor mother shudders, unable perhaps to forget that the greater proportion of mortals do not survive beyond the years of childhood. Even at the age of eight, a child returning from a visit to a natural history museum may say to her mother: `Mamma, I do love you so; if you ever die, I am going to have you stuffed and set you up here in the room, so that I can always, always see you!' So different from our own is the childish conception of being dead.[11]

Being dead means, for the child, who has been spared the sight of the suffering that precedes death, much the same as `being gone', and ceasing to annoy the survivors. The child does not distinguish the means by which this absence is brought about, whether by distance, or estrangement, or death.[12] If, during the child's prehistoric years, a nurse has been dismissed, and if his mother dies a little while later, the two experiences, as we discover by analysis, form links of a chain in his memory. The fact that the child does not very intensely miss those who are absent has been realised, to her sorrow, by many a mother, when she has returned home from an absence of several weeks, and has been told, upon inquiry: `The children have not asked for their mother once.' But if she really departs to `that undiscovered country from whose bourne no traveller returns', the children seem at first to have forgotten her, and only *subsequently* do they begin to remember their dead mother.

While, therefore, the child has its motives for desiring the absence of another child, it is lacking in all those restraints which would prevent it from clothing this wish in the form of a death-wish; and the psychic reaction to dreams of a death-wish proves that, in spite of all the differences of content, the wish in the case of the child is after all identical with the corresponding wish in an adult.

If, then, the death-wish of a child in respect of his brothers and sisters is explained by his childish egoism, which makes him regard his brothers and sisters as rivals, how are we to account for the same wish in respect of his parents, who bestow their love on him, and satisfy his needs, and whose preservation he ought to desire for these very egoistical reasons?

Towards a solution of this difficulty we may be guided by our knowledge that the very great majority of dreams of the death of a parent refer to the parent of the same sex as the dreamer, so that a man generally dreams of the death of his father, and a woman of the death of her mother. I do not claim that this happens constantly; but that it happens in a great majority of cases is so evident that it requires explanation by some factor of general significance.[13] Broadly speaking, it is as though a sexual preference made itself felt at an early age, as though the boy regarded his father, and the girl her mother, as a rival in love -- by whose removal he or she could but profit.

Before rejecting this idea as monstrous, let the reader again consider the actual relations between parents and children. We must distinguish between the traditional standard of conduct, the filial piety expected in this relation, and what daily observation shows us to be the fact. More than one occasion for enmity lies hidden amidst the relations of parents and children; conditions are present in the greatest abundance under which wishes which cannot pass the censorship are bound to arise. Let us first consider the relation between father and son. In my opinion the sanctity with which we have endorsed the injunctions of the Decalogue dulls our perception of the reality. Perhaps we hardly dare permit ourselves to perceive that the greater part of humanity neglects to obey the fifth commandment. In the lowest as well as in the highest strata of human society, filial piety towards parents is wont to recede before other interests. The obscure legends which have been handed down to us from the primeval ages of human society in mythology and folklore give a deplorable idea of the despotic power of the father, and the ruthlessness with which it was exercised. Kronos devours his children, as the wild boar devours the litter of the sow; Zeus emasculates his father[14] and takes his place as ruler. The more tyrannically the father ruled in the ancient family, the more surely must the son, as his appointed successor, have assumed the position of an enemy, and the greater must have been his impatience to attain to supremacy through the death of his father. Even in our own middle-class families the father commonly fosters the growth of the germ of hatred which is naturally inherent in the paternal relation, by refusing to allow the son to be a free agent or by denying him the means of becoming so. A physician often has occasion to remark that a son's grief at the loss of his father cannot quench his gratification that he has at last obtained his freedom. Fathers, as a rule, cling desperately to as much of the sadly antiquated *potestas patris familias* as still survives in our modern society, and the poet who, like Ibsen, puts the immemorial strife between father and son in the foreground of his drama is sure of his effect. The causes of conflict between mother and daughter arise when the daughter grows up and finds herself watched by her mother when she longs for real sexual freedom, while the mother is reminded by the budding beauty of her daughter that for her the time has come to renounce sexual claims.

All these circumstances are obvious to everyone, but they do not help us to explain dreams of the death of their parents in persons for whom filial piety has long since come to be unquestionable. We are, however, preparing by the foregoing discussion to look for the origin of a death-wish in the earliest years of childhood.

In the case of psychoneurotics, analysis confirms this conjecture beyond all doubt. For analysis tells us that the sexual wishes of the child -- in so far as they deserve this designation in their nascent state -- awaken at a very early age, and that the earliest affection of the girl-child is lavished on the father, while the earliest infantile desires of the boy are directed upon the mother. For the boy the father, and for the girl the mother, becomes an obnoxious rival, and we have already shown, in the case of brothers and sisters, how readily in children this feeling leads to the death-wish. As a general rule, sexual selection soon makes its appearance in the parent; it is a natural tendency for the father to spoil his little daughters, and for the mother to take the part of the sons, while both, so long as the glamour of sex does not prejudice their judgment, are strict in training the children. The child is perfectly conscious of this partiality, and offers resistance to the parent who opposes it. To find love in an adult is for the child not merely the satisfaction of a special need; it means also that the child's will is indulged in all other respects. Thus the child is obeying its own sexual instinct, and at the same time reinforcing the stimulus proceeding from the parents, when its choice between the parents corresponds with their own.

The signs of these infantile tendencies are for the most part overlooked; and yet some of them may be observed even after the early years of childhood. An eight-year-old girl of my acquaintance, whenever her mother is called away from the table, takes advantage of her absence to proclaim herself her successor. `Now I shall be Mamma; Karl, do you want some more vegetables? Have some more, do,' etc. A particularly clever and lively little girl, not yet four years of age, in whom this trait of child psychology is unusually transparent, says frankly: `Now mummy can go away; then daddy must marry me, and I will be his wife.' Nor does this wish by any means exclude the possibility that the child may most tenderly love its mother. If the little boy is allowed to sleep at his mother's side whenever his father goes on a journey, and if after his father's return he has to go back to the nursery, to a person whom he likes far less, the wish may readily arise that his father might always be absent, so that he might keep his place beside his dear, beautiful mamma; and the father's death is obviously a means for the attainment of this wish; for the child's experience has taught him that `dead' folks, like grandpapa, for example, are always absent; they never come back.

While such observations of young children readily accommodate themselves to the interpretation suggested, they do not, it is true, carry the complete conviction which is forced upon a physician by the psychoanalysis of adult neurotics. The dreams of neurotic patients are communicated with preliminaries of such a nature that their interpretation as wish-dreams becomes inevitable. One day I find a lady depressed and weeping. She says: `I do not want to see my relatives any more; they must shudder at me.' Thereupon, almost without any transition, she tells me that she has remembered a dream, whose significance, of course, she does not understand. She dreamed it when she was four years old, and it was this: *A fox or a lynx is walking about the roof; then something falls down, or she falls down, and after that, her mother is carried out of the house -- dead*; whereat the dreamer weeps bitterly. I have no sooner informed her that this dream must signify a childish wish to see her mother dead, and that it is because of this dream that she thinks that her relatives must shudder at her, than she furnishes material in explanation of the dream. `Lynx-eye' is an opprobrious epithet which a street boy once bestowed on her when she was a very small child; and when she was three years old a brick or tile fell on her mother's head, so that she bled profusely.

I once had occasion to make a thorough study of a young girl who was passing through various psychic states. In the state of frenzied confusion with which her illness began, the patient manifested a quite peculiar aversion for her mother; she struck her and abused her whenever she approached the bed, while at the same period she was affectionate and submissive to a much older sister. Then there followed a lucid but rather apathetic condition, with badly disturbed sleep. It was in this phase that I began to treat her and to analyse her dreams. An enormous number of these dealt, in a more or less veiled fashion, with the death of the girl's mother; now she was present at the funeral of an old woman, now she saw herself and her sister sitting at a table, dressed in mourning; the meaning of the dreams could not be doubted. During her progressive improvement hysterical phobias made their appearance, the most distressing of which was the fear that something had happened to her mother. Wherever she might be at the time, she had then to hurry home in order to convince herself that her mother was still alive. Now this case, considered in conjunction with the rest of my experience, was very instructive; it showed, in polyglot translations, as it were, the different ways in which the psychic apparatus reacts to the same exciting idea. In the state of confusion, which I regard as an overthrow of the second psychic instance by the first instance, at other times suppressed, the unconscious enmity towards the mother gained the upper hand, and found physical expression; then, when the patient became calmer, the insurrection was suppressed, and the domination of the censorship restored, and this enmity had access only to the realms of dreams, in which it realised the wish that the mother might die; and after the normal condition had been still further strengthened it created the excessive concern for the mother as a hysterical counter-reaction and defensive phenomenon. In the light of these considerations, it is no longer inexplicable why hysterical girls are so often extravagantly attached to their mothers.

On another occasion I had an opportunity of obtaining a profound insight into the unconscious psychic life of a young man for whom an obsessional neurosis made life almost unendurable, so that he could not go into the streets, because he was tormented by the fear that he would kill everyone he met. He spent his days in contriving evidence of an alibi in case he should be accused of any murder that might have been committed in the city. It goes without saying that this man was as moral as he was highly cultured. The analysis -- which, by the way, led to a cure -- revealed, as the basis of this distressing obsession, murderous impulses in respect of his rather over-strict father -- impulses which, to his astonishment, had consciously expressed themselves when he was seven years old, but which, of course, had originated in a much earlier period of his childhood. After the painful illness and death of his father, when the young man was in his thirty-first year, the obsessive reproach made its appearance, which transferred itself to strangers in the form of this phobia. Anyone capable of wishing to push his own father from a mountain-top into an abyss cannot be trusted to spare the lives of persons less closely related to him; he therefore does well to lock himself into his room.

According to my already extensive experience, parents play a leading part in the infantile psychology of all persons who subsequently become psychoneurotics. Falling in love with one parent and hating the other forms part of the permanent stock of the psychic impulses which arise in early childhood, and are of such importance as the material of the subsequent neurosis. But I do not believe that psychoneurotics are to be sharply distinguished in this respect from other persons who remain normal -- that is, I do not believe that they are capable of creating something absolutely new and peculiar to themselves. It is far more probable -- and this is confirmed by incidental observations of normal children -- that in their amorous or hostile attitude toward their parents, psychoneurotics do no more than reveal to us, by magnification, something that occurs less markedly and intensively in the minds of the majority of children. Antiquity has furnished us with legendary matter which corroborates this belief, and the profound and universal validity of the old legends is explicable only by an equally universal validity of the above-mentioned hypothesis of infantile psychology. I am referring to the legend of King Oedipus and the *Oedipus Rex* of Sophocles. Oedipus, the son of Laius, king of Thebes, and Jocasta, is exposed as a suckling, because an oracle had informed the father that his son, who was still unborn, would be his murderer. He is rescued, and grows up as a king's son at a foreign court, until, being uncertain of his origin, he, too, consults the oracle, and is warned to avoid his native place, for he is destined to become the murderer of his father and the husband of his mother. On the road leading away from his supposed home he meets King Laius, and in a sudden quarrel strikes him dead. He comes to Thebes, where he solves the riddle of the Sphinx, who is barring the way to the city, whereupon he is elected king by the grateful Thebans, and is rewarded with the hand of Jocasta. He reigns for many years in peace and honour, and begets two sons and two daughters upon his unknown mother, until at last a plague breaks out -- which causes the Thebans to consult the oracle anew. Here Sophocles' tragedy begins. The messengers bring the reply that the plague will stop as soon as the murderer of Laius is driven from the country. But where is he?

> Where shall be found,
> Faint, and hard to be known, the trace of the ancient guilt?

The action of the play consists simply in the disclosure, approached step by step and artistically delayed (and comparable to the work of a psychoanalysis) that Oedipus himself is the murderer of Laius, and that he is the son of the murdered man and Jocasta. Shocked by the abominable crime which he has unwittingly committed, Oedipus blinds himself, and departs from his native city. The prophecy of the oracle has been fulfilled.

The *Oedipus Rex* is a tragedy of fate; its tragic effect depends on the conflict between the all-powerful will of the gods and the vain efforts of human beings threatened with disaster; resignation to the divine will, and the perception of one's own impotence is the lesson which the deeply moved spectator is supposed to learn from the tragedy. Modern authors have therefore sought to achieve a similar tragic effect by expressing the same conflict in stories of their own invention. But the playgoers have looked on unmoved at the unavailing efforts of guiltless men to avert the fulfilment of curse or oracle; the modern tragedies of destiny have failed of their effect.

If the *Oedipus Rex* is capable of moving a modern reader or playgoer no less powerfully than it moved the contemporary Greeks, the only possible explanation is that the effect of the Greek tragedy does not depend upon the conflict between fate and human will, but upon the peculiar nature of the material by which this conflict is revealed. There must be a voice within us which is prepared to acknowledge the compelling power of fate in the *Oedipus*, while we are able to condemn the situations occurring in *Die Ahnfrau* or other tragedies of fate as arbitrary inventions. And there actually is a motive in the story of King Oedipus which explains the verdict of this inner voice. His fate moves us only because it might have been our own, because the oracle laid upon us before our birth the very curse which rested upon him. It may be that we were all destined to direct our first sexual impulses toward our mothers, and our first impulses of hatred and violence toward our fathers; our dreams convince us that we were. King Oedipus, who slew his father Laius and wedded his mother Jocasta, is nothing more or less than a wish-fulfilment -- the fulfilment of the wish of our childhood. But we, more fortunate than he, in so far as we have not become psychoneurotics, have since our childhood succeeded in withdrawing our sexual impulses from our mothers, and in forgetting our jealousy of our fathers. We recoil from the person for whom this primitive wish of our childhood has been fulfilled with all the force of the repression which these wishes have undergone in our minds since childhood. As the poet brings the guilt of Oedipus to light by his investigation, he forces us to become aware of our own inner selves, in which the same impulses are still extant, even though they are suppressed. The antithesis with which the chorus departs:

> Behold, this is Oedipus,
> Who unravelled the great riddle, and was first in power,

Whose fortune all the townsmen praised and envied;
See in what dread adversity he sank!

-- this admonition touches us and our own pride, us who since the years of our childhood have grown so wise and so powerful in our own estimation. Like Oedipus, we live in ignorance of the desires that offend morality, the desires that nature has forced upon us, and after their unveiling we may well prefer to avert our gaze from the scenes of our childhood.[15]

In the very text of Sophocles' tragedy there is an unmistakable reference to the fact that the Oedipus legend had its source in dream-material of immemorial antiquity, the content of which was the painful disturbance of the child's relations to its parents caused by the first impulses of sexuality. Jocasta comforts Oedipus -- who is not yet enlightened, but is troubled by the recollection of the oracle -- by an allusion to a dream which is often dreamed, though it cannot, in her opinion, mean anything:

For many a man hath seen himself in dreams
His mother's mate, but he who gives no heed
To suchlike matters bears the easier life.

The dream of having sexual intercourse with one's mother was as common then as it is today with many people, who tell it with indignation and astonishment. As may well be imagined, it is the key to the tragedy and the complement to the dream of the death of the father. The Oedipus fable is the reaction of fantasy to these two typical dreams, and just as such a dream, when occurring to an adult, is experienced with feelings of aversion, so the content of the fable must include terror and self-chastisement. The form which it subsequently assumed was the result of an uncomprehending secondary elaboration of the material, which sought to make it serve a theological intention.[16] The attempt to reconcile divine omnipotence with human responsibility must, of course, fail with this material as with any other.

Another of the great poetic tragedies, Shakespeare's *Hamlet*, is rooted in the same soil as *Oedipus Rex*. But the whole difference in the psychic life of the two widely separated periods of civilisation, and the progress, during the course of time, of repression in the emotional life of humanity, is manifested in the differing treatment of the same material. In *Oedipus Rex* the basic wish-fantasy of the child is brought to light and realised as it is in dreams; in *Hamlet* it remains repressed, and we learn of its existence -- as we discover the relevant facts in a neurosis -- only through the inhibitory effects which proceed from it. In the more modern drama, the curious fact that it is possible to remain in complete uncertainty as to the character of the hero has proved to be quite consistent with the overpowering effect of the tragedy. The play is based upon Hamlet's hesitation in accomplishing the task of revenge assigned to him; the text does not give the cause or the motive of this hesitation, nor have the manifold attempts at interpretation succeeded in doing so. According to the still prevailing conception, a conception for which Goethe was first responsible, Hamlet represents the type of man whose active energy is paralysed by excessive intellectual activity: `Sicklied o'er with the pale cast of thought.' According to another conception, the poet has endeavoured to portray a morbid, irresolute character, on the verge of neurasthenia. The plot of the drama, however, shows us that Hamlet is by no means intended to appear as a character wholly incapable of action. On two separate occasions we see him assert himself: once in a sudden outburst of rage, when he stabs the eavesdropper behind the arras, and on the other occasion when he deliberately, and even craftily, with the complete unscrupulousness of a prince of the Renaissance, sends the two courtiers to the death which was intended for himself. What is it, then, that inhibits him in accomplishing the task which his father's ghost has laid upon him? Here the explanation offers itself that it is the peculiar nature of this task. Hamlet is able to do anything but take vengeance upon the man who did away with his father and has taken his father's place with his mother -- the man who shows him in realisation the repressed desires of his own childhood. The loathing which should have driven him to revenge is thus replaced by self-reproach, by conscientious scruples, which tell him that he himself is no better than the murderer whom he is required to punish. I have here translated into consciousness what had to remain unconscious in the mind of the hero; if anyone wishes to call Hamlet an hysterical subject I cannot but admit that this is the deduction to be drawn from my interpretation. The sexual aversion which Hamlet expresses in conversation with Ophelia is perfectly consistent with this deduction -- the same sexual aversion which during the next few years was increasingly to take possession of the poet's soul, until it found its supreme utterance in *Timon of Athens*. It can, of course, be only the poet's own psychology with which we are confronted in *Hamlet*; and in a work on Shakespeare by Georg Brandes (1896) I find the statement that the drama was composed immediately after the death of Shakespeare's father (1601) -- that is to say, when he was still mourning his loss, and during a revival, as we may fairly assume, of his own childish feelings in respect of his father. It is known, too, that Shakespeare's son, who died in childhood, bore the name of Hamnet (identical with Hamlet). Just as *Hamlet* treats of the relation of the son to his parents, so *Macbeth*, which was written about the same period, is based upon the theme of childlessness. Just as all neurotic symptoms, like dreams themselves, are capable of hyper-interpretation, and even require such hyper-interpretation before they become perfectly intelligible, so every genuine poetical creation must have proceeded from more than one motive, more than one impulse in the mind of the poet, and must admit of more than one interpretation. I have here attempted to interpret only the deepest stratum of impulses in the mind of the creative poet.[17]

With regard to typical dreams of the death of relatives, I must add a few words upon their significance from the point of view of the theory of dreams in general. These dreams show us the occurrence of a very unusual state of things; they show us that the dream-thought created by the repressed wish completely escapes the censorship, and is transferred to the dream without alteration. Special conditions must obtain in order to make this possible. The following two factors favour the production of these dreams: first, this is the last wish that we could credit ourselves with harbouring; we believe such a wish `would never occur to us even in a dream'; the dream-censorship is therefore unprepared for this monstrosity, just as the laws of Solon did not foresee the necessity of establishing a penalty for patricide. Secondly, the repressed and unsuspected wish is, in this special case, frequently met half-way by a residue from the day's experience, in the form of some *concern* for the life of the beloved person. This anxiety cannot enter into the dream otherwise than by taking advantage of the corresponding wish; but the wish is able to mask itself behind the concern which has been aroused during the day. If one is inclined to think that all this is really a very much simpler process, and to imagine that one merely continues during the night, and in one's dream, what was begun during the day, one removes the dreams of the death of those dear to us out of all connection with the general explanation of dreams, and a problem that may very well be solved remains a problem needlessly.

It is instructive to trace the relation of these dreams to anxiety-dreams. In dreams of the death of those dear to us the repressed wish has found a way of avoiding the censorship -- and the distortion for which the censorship is responsible. An invariable concomitant phenomenon, then, is that painful emotions are felt in the dream. Similarly, an anxiety-dream occurs only when the censorship is entirely or partially overpowered, and on the other hand, the overpowering of the censorship is facilitated when the actual sensation of anxiety is already present from somatic sources. It thus becomes obvious for what purpose the censorship performs its office and practices dream-distortion; it does so *in order to prevent the development of anxiety or other forms of painful affect*.

I have spoken in the foregoing sections of the egoism of the child's psyche, and I now emphasise this peculiarity in order to suggest a connection, for dreams too have retained this characteristic. All dreams are absolutely egoistical; in every dream the beloved ego appears, even though in a disguised form. The wishes that are realised in dreams are invariably the wishes of this ego; it is only a deceptive appearance if interest in another person is believed to have evoked a dream. I will now analyse a few examples which appear to contradict this assertion.

Dream 1

A boy not yet four years of age relates the following dream: *He saw a large garnished dish, on which was a large joint of roast meat; and the joint was suddenly -- not carved -- but eaten up. He did not see the person who ate it.*[18]

Who can he be, this strange person, of whose luxurious repast the little fellow dreams? The experience of the day must supply the answer. For some days past the boy, in accordance with the doctor's orders, had been living on a milk diet; but on the evening of the `dream-day' he had been naughty, and, as a punishment, had been deprived of his supper. He had already undergone one such hunger-cure, and had borne his deprivation bravely. He knew that he would get nothing, but he did not even allude to the fact that he was hungry. Training was beginning to produce its effect; this is demonstrated even by the dream, which reveals the beginnings of dream-distortion. There is no doubt that he himself is the person whose desires are directed toward this abundant meal, and a meal of roast meat at that. But since he knows that this is forbidden him, he does not dare, as hungry children do in dreams (cf. my little Anna's dream about strawberries, p. 41), to sit down to the meal himself. The person remains anonymous.

Dream 2

One night I dream that I see on a bookseller's counter a new volume of one of those collectors' series, which I am in the habit of buying (monographs on artistic subjects, history, famous artistic centres, etc.). *The new collection is entitled `Famous Orators' (or Orations), and the first number bears the name of Dr Lecher.*

On analysis it seems to me improbable that the fame of Dr Lecher, the long-winded speaker of the German Opposition, should occupy my thoughts while I am dreaming. The fact is that a few days ago I undertook the psychological treatment of some new patients, and am now forced to talk for ten to twelve hours a day. Thus I myself am a long-winded speaker.

Dream 3

On another occasion I dream that a university lecturer of my acquaintance says to me: `*My son, the myopic*.' Then follows a dialogue of brief observations and replies. A third portion of the dream follows, in which I and my sons appear, and so far as the latent dream-content is concerned, the father, the son, and Professor M., are merely lay figures, representing myself and my eldest son. Later on I shall examine this dream again, on account of another peculiarity.

Dream 4

The following dream gives an example of really base, egoistical feelings, which conceal themselves behind an affectionate concern: *My friend Otto looks ill; his face is brown and his eyes protrude.*

Otto is my family physician, to whom I owe a debt greater than I can ever hope to repay, since he has watched for years over the health of my children, has treated them successfully when they have been ill, and, moreover, has given them presents whenever he could find any excuse for doing so. He paid us a visit on the day of the dream, and my wife noticed that he looked tired and exhausted. At night I dream of him, and my dream attributes to him certain of the symptoms of Basedow's disease. If you were to disregard my rules for dream-interpretation you would understand this dream to mean that I am concerned about the health of my friend, and that this concern is realised in the dream. It would thus constitute a contradiction not only of the assertion that a dream is a wish-fulfilment, but also of the assertion that it is accessible only to egoistical impulses. But will those who thus interpret my dream explain why I should fear that Otto has Basedow's disease, for which diagnosis his appearance does not afford the slightest justification? My analysis, on the other hand, furnishes the following material, deriving from an incident which had occurred six years earlier. We were driving -- a small party of us, including Professor R. -- in the dark through the forest of N., which lies at a distance of some hours from where we were staying in the country. The driver, who was not quite sober, overthrew us and the carriage down a bank, and it was only by good fortune that we all escaped unhurt. But we were forced to spend the night at the nearest inn, where the news of our mishap aroused great sympathy. A certain gentleman, who showed unmistakable symptoms of *morbus Basedowii* -- the brownish colour of the skin of the face and the protruding eyes, but no goitre -- placed himself entirely at our disposal, and asked what he could do for us.

Professor R. answered in his decisive way, `Nothing, except lend me a nightshirt.' Whereupon our generous friend replied: `I am sorry, but I cannot do that,' and left us.

In continuing the analysis, it occurs to me that Basedow is the name not only of a physician, but also of a famous pedagogue. (Now that I am wide awake, I do not feel quite sure of this fact.) My friend Otto is the person whom I have asked to take charge of the physical education of my children -- especially during the age of puberty (hence the nightshirt) in case anything should happen to me. By seeing Otto in my dream with the morbid symptoms of our above-mentioned generous helper, I clearly mean to say: `If anything happens to me, he will do just as little for my children as Baron L. did for us, in spite of his amiable offers.' The egoistical flavour of this dream should now be obvious enough.[19]

But where is the wish-fulfilment to be found in this? Not in the vengeance wreaked on my friend Otto (who seems to be fated to be badly treated in my dreams), but in the following circumstance: Inasmuch as in my dream I represented Otto as Baron L., I likewise identified myself with another person, namely, with Professor R.; for I have asked something of Otto, just as R. asked something of Baron L. at the time of the incident I have described. And this is the point. For Professor R. has gone his way independently, outside academic circles, just as I myself have done, and has only in his later years received the title which he had earned long before. Once more, then, I want to be a professor! The very phrase `in his later years' is a wish-fulfilment, for it means that I shall live long enough to steer my boys through the age of puberty myself.

Of other typical dreams, in which one flies with a feeling of ease or falls in terror, I know nothing from my own experience, and whatever I have to say about them I owe to my psychoanalyses. From the information thus obtained one must conclude that these dreams also reproduce impressions made in childhood -- that is, that they refer to the games involving rapid motion which have such an extraordinary attraction for children. Where is the uncle who has never made a child fly by running with it across the room with outstretched arms, or has never played at falling with it by rocking it on his knee and then suddenly straightening his leg, or by lifting it above his head and suddenly pretending to withdraw his supporting hand? At such moments children shout with joy, and insatiably demand a repetition of the performance, especially if a little fright and dizziness are involved in the game; in after years they repeat their sensations in dreams, but in dreams they omit the hands that held them, so that now they are free to float or fall. We know that all small children have a fondness for such games as rocking and seesawing; and if they see gymnastic performances at the circus their recollection of such games is refreshed.[20] In some boys a hysterical attack will consist simply in the reproduction of such performances, which they accomplish with great dexterity. Not infrequently sexual sensations are excited by these games of movement, which are quite neutral in themselves.[21] To express the matter in a few words: the `exciting' games of childhood are repeated in dreams of flying, falling, reeling and the like, but the voluptuous feelings are now transformed into anxiety. But, as every mother knows, the excited play of children often enough culminates in quarrelling and tears.

I have therefore good reason for rejecting the explanation that it is the state of our dermal sensations during sleep, the sensation of the movements of the lungs, etc., that evokes dreams of flying and falling. I see that these very sensations have been reproduced from the memory to which the dream refers -- and that they are, therefore, dream-content and not dream-sources.

I do not for a moment deny, however, that I am unable to furnish a full explanation of this series of typical dreams. Precisely here my material leaves me in the lurch. I must adhere to the general opinion that all the dermal and kinetic sensations of these typical dreams are awakened as soon as any psychic motive of whatever kind has need of them, and that they are neglected when there is no such need of them. The relation to infantile experiences seems to be confirmed by the indications which I have obtained from the analyses of psychoneurotics. But I am unable to say what other meanings might, in the course of the dreamer's life, have become attached to the memory of these sensations -- different, perhaps, in each individual, despite the typical appearance of these dreams -- and I should very much like to be in a position to fill this gap with careful analyses of good examples. To those who wonder why I complain of a lack of material, despite the frequency of these dreams of flying, falling, tooth-drawing, etc., I must explain that I myself have never experienced any such dreams since I have turned my attention to the subject of dream-interpretation. The dreams of neurotics which are at my disposal, however, are not all capable of interpretation, and very often it is impossible to penetrate to the farthest point of their hidden intention; a certain psychic force which participated in the building up of the neurosis, and which again becomes active during its dissolution, opposes interpretation of the final problem.

(c) The Examination-Dream

Everyone who has received his certificate of matriculation after passing his final examination at school complains of the persistence with which he is plagued by anxiety-dreams in which he has failed, or must go through his course again, etc. For the holder of a university degree this typical dream is replaced by another, which represents that he has not taken his doctor's degree, to which he vainly objects, while still asleep, that he has already been practising for years, or is already a university lecturer or the senior partner of a firm of lawyers, and so on. These are the ineradicable memories of the punishments we suffered as children for misdeeds which we had committed -- memories which were revived in us on the *dies irae, dies illa* of the gruelling examination at the two critical junctures in our careers as students. The `examination-anxiety' of neurotics is likewise intensified by this childish fear. When our student days are over it is no longer our parents or teachers who see to our punishment; the inexorable chain of cause and effect of later life has taken over our further education. Now we dream of our matriculation, or the examination for the doctor's degree -- and who has not been faint-hearted on such occasions? -- whenever we fear that we may be punished by some unpleasant result because we have done something carelessly or wrongly, because we have not been as thorough as we might have been -- in short, whenever we feel the burden of responsibility.

For a further explanation of examination-dreams I have to thank a remark made by a colleague who had studied this subject, who once stated, in the course of a scientific discussion, that in his experience the examination-dream occurred only to persons who had passed the examination, never to those who had `flunked'. We have had increasing confirmation of the fact that the anxiety-dream of examination occurs when the dreamer is anticipating a responsible task on the following day, with the possibility of disgrace; recourse will then be had to an occasion in the past on which a great anxiety proved to have been without real justification, having, indeed, been refuted by the outcome. Such a dream would be a very striking example of the way in which the dream-content is misunderstood by the waking instance. The exclamation which is regarded as a protest against the dream: `But I am already a doctor,' etc., would in reality be the consolation offered by the dream, and should, therefore, be worded as follows: `Do not be afraid of the morrow; think of the anxiety which you felt before your matriculation; yet nothing happened to justify it, for now you are a doctor,' etc. But the anxiety which we attribute to the dream really has its origin in the residues of the dream-day.

The tests of this interpretation which I have been able to make in my own case, and in that of others, although by no means exhaustive, were entirely in its favour.[22] For example, I failed in my examination for the doctor's degree in medical jurisprudence; never once has the matter worried me in my dreams, while I have often enough been examined in botany, zoology, and chemistry, and I sat for the examinations in these subjects with well-justified anxiety, but escaped disaster, through the clemency of fate, or of the examiner. In my dreams of school examinations I am always examined in history, a subject in which I passed brilliantly at the time, but only, I must admit, because my good-natured professor -- my one-eyed benefactor in another dream -- did not overlook the fact that on the examination paper which I returned to him I had crossed out with my fingernail the second of three questions, as a hint that he should not insist on it. One of my patients, who withdrew before the matriculation examination, only to pass it later, but failed in the officer's examination, so that he did not become an officer, tells me that he often dreams of the former examination, but never of the latter.

W. Stekel, who was the first to interpret the `matriculation dream', maintains that this dream invariably refers to sexual experiences and sexual maturity. This has frequently been confirmed in my experience.

[1] The statement that our method of dream-interpretation is inapplicable when we have not at our disposal the dreamer's association-material must be qualified. In one case our work of interpretation is independent of these associations: namely, when the dreamer makes use of *symbolic* elements in his dream. We then employ what is, strictly speaking, a second or *auxiliary* method of dream-interpretation (see below).

[2] The child appears in the fairy-tale also, for there a little child suddenly cries out: `But he hasn't anything on at all!'

[3] Ferenczi has recorded a number of interesting dreams of nakedness in women which were without difficulty traced to the infantile delight in exhibitionism, but which differ in many features from the `typical' dream of nakedness discussed above.

[4] For obvious reasons the presence of `the whole family' in the dream has the same significance.

[5] A supplementary interpretation of this dream: To spit (*spucken*) on the stairs, since *spuken* (to haunt) is the occupation of spirits (cf. English, spook), led me by a free translation to *esprit d'escalier*. `Stair-wit' means unreadiness at repartee (*Schlagfertigkeit* = literally: readiness to hit out), with which I really have to reproach myself. But was the nurse deficient in *Schlagfertigkeit*?

[6] cf. also: *Analyse der Phobie eines fünfjährigen Knaben in the Jahrbuch für psychoanal. und psychopath. Forschungen*, Bd. i, 1909 (*Ges. Schriften*, Bd. viii), and *über infantile Sexualtheorien*, in the *Sammlung kleiner Schriften zur Neurosenlehre (Ges. Schriften*, Bd. v).

[7] Hans, whose phobia was the subject of the analysis in the above-mentioned publication, cried out at the age of three and a half, while feverish shortly after the birth of a sister: `But I don't want to have a little sister.' In his neurosis, eighteen months later, he frankly confessed the wish that his mother should drop the child into the bath while bathing it, in order that it might die. With all this, Hans was a good-natured, affectionate child, who soon became fond of his sister, and took her under his special protection.

[8] Such cases of death in the experience of children may soon be forgotten in the family, but psychoanalytical investigation shows that they are very significant for a later neurosis.

[9] Since the above was written a great many observations relating to the originally hostile attitude of children toward their brothers and sisters, and toward one of their parents, have been recorded in the literature of psychoanalysis. One writer, Spitteler, gives the following peculiarly sincere and ingenuous description of this typical childish attitude as he experienced it in his earliest childhood: `Moreover, there was now a second Adolf. A little creature whom they declared was my brother, but I could not understand what he could be for, or why they should pretend he was a being like myself. I was sufficient unto myself: what did I want with a brother? And he was not only useless, he was also even troublesome. When I plagued my grandmother, he too wanted to plague her; when I was wheeled about in the baby-carriage he sat opposite me, and took up half the room, so that we could not help kicking one another.'

[10] The three-and-a-half-year-old Hans embodied his devastating criticism of his little sister in these identical words (*loc. cit.*) He assumed that she was unable to speak on account of her lack of teeth.

[11] To my astonishment, I was told that a highly intelligent boy of ten, after the sudden death of his father, said: `I understand that father is dead, but I can't see why he does not come home to supper.' Further material relating to this subject will be found in the section *Kinderseele*, edited by Frau Dr von Hug-Hellmuth, in *Imago*, Bd. i-v, 1912-18.

[12] The observation of a father trained in psychoanalysis was able to detect the very moment when his very intelligent little daughter, aged four, realised the difference between `being away' and `being dead'. The child was being troublesome at table, and noted that one of the waitresses in the *pension* was looking at her with an expression of annoyance. `Josephine ought to be dead,' she thereupon remarked to her father. `But why dead?' asked the father, soothingly. `Wouldn't it be enough if she went away?' `No,' replied the child, `then she would come back again.' To the uncurbed self-love (*narcissism*) of the child every inconvenience constitutes the crime of *lèsé majesté*, and, as in the Draconian code, the child's feelings prescribe for all such crimes the one invariable punishment.

[13] The situation is frequently disguised by the intervention of a tendency to punishment, which in the form of a moral reaction, threatens the loss of the beloved parent.

[14] At least in some of the mythological accounts. According to others, emasculation was inflicted only by Kronos on his father Uranos. With regard to the mythological significance of this motive, cf. Otto Rank's *Der Mythus von der Geburt des Helden*, in Heft v of *Schriften zur angew. Seelenkunde*, 1909, and *Das Inzestmotiv in Dichtung und Sage*, 1912, chap. ix, 2.

[15] None of the discoveries of psychoanalytical research has evoked such embittered contradiction, such furious opposition, and also such entertaining acrobatics of criticism, as this indication of the incestuous impulses of childhood which survive in the unconscious. An attempt has even been made recently, in defiance of all experience, to assign only a `symbolic' significance to incest. Ferenczi has given an ingenious reinterpretation of the Oedipus myth, based on a passage in one of Schopenhauer's letters, in *Imago*, i, 1912. The `Oedipus complex', which was first alluded to here in *The Interpretation of Dreams*, has through further study of the subject, acquired an unexpected significance for the understanding of human history and the evolution of religion and morality. See *Totem und Taboo*.

[16] c.f. the dream-material of exhibitionism, p. 137.

[17] These indications in the direction of an analytical understanding of *Hamlet* were subsequently developed by Dr Ernest Jones, who defended the above conception against others which have been put forward in the literature of the subject. (*The Problem of Hamlet and the Oedipus Complex*, 1911). The relation of the material of Hamlet to the `myth of the birth of the hero' has been demonstrated by O. Rank. Further attempts at an analysis of *Macbeth* will be found in my essay on *Einige Charaktertypen, aus der psychoanalytischen Arbeit, in Imago*, iv, 1916, (*Ges. Schriften*, Bd. x), in L. Jekels's *Shakespeare's Macbeth, in Imago*, v, 1918; and in *The Oedipus Complex as an*

Explanation of Hamlet's Mystery: a Study in Motive (American Journal of Psychology, 1910, vol. xxi).

[18] Even the large, over-abundant, immoderate and exaggerated things occurring in dreams may be a childish characteristic. A child wants nothing more intensely than to grow big, and to eat as much of everything as grown-ups do; a child is hard to satisfy; he knows no such word as `enough', and insatiably demands the practise moderation, to be modest and resiged, only through training. As we know, the neurotic also is inclined to immoderation and excess.

[19] While Dr Ernest Jones was delivering a lecture before an American scientific society, and was speaking of egoism in dreams, a learned lady took exception to this unscientific generalisation. She thought the lecturer was entitled to pronounce such a verdict only on the dreams of Austrians but had no right to include the dreams of Americans. As for herself, she was sure that all her dreams were strictly altruistic.

In justice to this lady with her national pride it may, however, be remarked that the dogma `the dream is wholly egoistic' must not be misunderstood. For inasmuch as everything that occurs in preconscious thinking may appear in dreams (in the content as well as the latent dream-thoughts) the altruistic feelings may possibly occur. Similarly, affectionate or amorous feelings for another person, if they exist in the unconscious, may occur in dreams. The truth of the assertion is therefore restricted to the fact that among the unconscious stimuli of dreams one very often finds egoistical tendencies which seem to have been overcome in the waking state.

[20] Psychoanalytic investigation has enabled us to conclude that in the predilection shown by children for gymnastic performances, and in the repetition of these in hysterical attacks, there is, besides the pleasure felt in the organ, yet another factor at work (often unconscious): namely, a memory-picture of sexual intercourse observed in human beings or animals.

[21] A young colleague, who is entirely free from nervousness, tells me, in this connection: `I know from my own experience that while swinging, and at the moment at which the downward movement was at its maximum, I used to have a curious feeling in my genitals, which, although it was not really pleasing to me, I must describe as a voluptuous feeling.' I have often heard from patients that the first erections with voluptuous sensations which they can remember to have had in boyhood occurred while they were climbing. It is established with complete certainty by psychoanalysis that the first sexual sensations often have their origin in the scufflings and wrestlings of childhood.

CHAPTER SIX

The Dream-Work

All other previous attempts to solve the problems of dreams have concerned themselves directly with the manifest dream-content as it is retained in the memory. They have sought to obtain an interpretation of the dream from this content, or, if they dispensed with an interpretation, to base their conclusions concerning the dream on the evidence provided by this content. We, however, are confronted by a different set of data; for us a new psychic material interposes itself between the dream-content and the results of our investigations: the *latent* dream-content, or dream-thoughts, which are obtained only by our method. We develop the solution of the dream from this latent content, and not from the manifest dream-content. We are thus confronted with a new problem, an entirely novel task -- that of examining and tracing the relations between the latent dream-thoughts and the manifest dream-content, and the processes by which the latter has grown out of the former.

The dream-thoughts and the dream-content present themselves as two descriptions of the same content in two different languages; or, to put it more clearly, the dream-content appears to us as a translation of the dream-thoughts into another mode of expression, whose symbols and laws of composition we must learn by comparing the origin with the translation. The dream-thoughts we can understand without further trouble the moment we have ascertained them. The dream-content is, as it were, presented in hieroglyphics, whose symbols must be translated, one by one, into the language of the dream-thoughts. It would of course be incorrect to attempt to read these symbols in accordance with their values as pictures, instead of in accordance with their meaning as symbols. For instance, I have before me a picture-puzzle (rebus) -- a house, upon whose roof there is a boat; then a single letter; then a running figure, whose head has been omitted, and so on. As a critic I might be tempted to judge this composition and its elements to be nonsensical. A boat is out of place on the roof of a house, and a headless man cannot run; the man, too, is larger than the house, and if the whole thing is meant to represent a landscape the single letters of the alphabet have no right in it, since they do not occur in nature. A correct judgment of the picture-puzzle is possible only if I make no such objections to the whole and its parts, and if, on the contrary, I take the trouble to replace each image by a syllable or word which it may represent by virtue of some allusion or relation. The words thus put together are no longer meaningless, but might constitute the most beautiful and pregnant aphorism. Now a dream is such a picture-puzzle, and our predecessors in the art of dream-interpretation have made the mistake of judging the rebus as an artistic composition. As such, of course, it appears

A. CONDENSATION

The first thing that becomes clear to the investigator when he compares the dream-content with the dream-thoughts is that a tremendous *work of condensation* has been accomplished. The dream is meagre, paltry and laconic in comparison with the range and copiousness of the dream-thoughts. The dream, when written down, fills half a page; the analysis, which contains the dream-thoughts, requires six, eight, twelve times as much space. The ratio varies with different dreams; but in my experience it is always of the same order. As a rule, the extent of the compression which has been accomplished is underestimated, owing to the fact that the dream-thoughts which have been brought to light are believed to be the whole of the material, whereas a continuation of the work of interpretation would reveal still further thoughts hidden in the dream. We have already found it necessary to remark that one can never be really sure that one has interpreted a dream completely; even if the solution seems satisfying and flawless, it is always possible that yet another meaning has been manifested by the same dream. Thus the *degree of condensation* is -- strictly speaking -- indeterminable. Exception may be taken -- and at first sight the objection seems perfectly plausible -- to the assertion that the disproportion between dream-content and dream-thoughts justifies the conclusion that a considerable condensation of psychic material occurs in the formation of dreams. For we often have the feeling that we have been dreaming a great deal all night, and have then forgotten most of what we have dreamed. The dream which we remember on waking would thus *appear* to be merely a remnant of the total dream-work, which would surely equal the dream-thoughts in range if only we could remember it completely. To a certain extent this is undoubtedly true; there is no getting away from the fact that a dream is most accurately reproduced if we try to remember it immediately after waking, and that the recollection of it becomes more and more defective as the day goes on. On the other hand, it has to be recognised that the impression that we have dreamed a good deal more than we are able to reproduce is very often based on an illusion, the origin of which we shall explain later on. Moreover, the assumption of a condensation in the dream-work is not affected by the possibility of forgetting a part of dreams, for it may be demonstrated by the multitude of ideas pertaining to those individual parts of the dream which do remain in the memory. If a large part of the dream has really escaped the memory, we are probably deprived of access to a new series of dream-thoughts. We have no justification for expecting that those portions of the dream which have been lost should likewise have referred only to those thoughts which we know from the analysis of the portions which have been preserved.[1]

In view of the very great number of ideas which analysis elicits for each individual element of the dream-content, the principal doubt in the minds of many readers will be whether it is permissible to count everything that subsequently occurs to the mind during analysis as forming part of the dream-thoughts -- in other words, to assume that all these thoughts have been active in the sleeping state, and have taken part in the formation of the dream. Is it not more probable that new combinations of thoughts are developed in the course of analysis, which did not participate in the formation of the dream? To this objection I can give only a conditional reply. It is true, of course, that separate combinations of thoughts make their first appearance during the analysis; but one can convince oneself every time this happens that such new combinations have been established only between thoughts which have already been connected in other ways in the dream-thoughts; the new combinations are, so to speak, corollaries, short-circuits, which are made possible by the existence of other, more fundamental modes of connection. In respect of the great majority of the groups of thoughts revealed by analysis, we are obliged to admit that they have already been active in the formation of the dream, for if we work through a succession of such thoughts, which at first sight seem to have played no part in the formation of the dream, we suddenly come upon a thought which occurs in the dream-content, and is indispensable to its interpretation, but which is nevertheless inaccessible except through this chain of thoughts. The reader may here turn to the dream of the botanical monograph, which is obviously the result of an astonishing degree of condensation, even though I have not given the complete analysis.

But how, then, are we to imagine the psychic condition of the sleeper which precedes dreaming? Do all the dream-thoughts exist side by side, or do they pursue one another, or are there several simultaneous trains of thought, proceeding from different centres, which subsequently meet? I do not think it is necessary at this point to form a plastic conception of the psychic condition at the time of dream-formation. But let us not forget that we are concerned with *unconscious* thinking, and that the process may easily be different from that which we observe in ourselves in deliberate contemplation accompanied by consciousness.

The fact, however, is irrefutable that dream-formation is based on a process of condensation. How, then, is this condensation effected?

Now, if we consider that of the dream-thoughts ascertained only the most restricted number are represented in the dream by means of one of their conceptual elements, we might conclude that the condensation is accomplished by means of omission, inasmuch as the dream is not a faithful translation or projection, point by point, of the dream-thoughts, but a very incomplete and defective reproduction of them. This view, as we shall soon perceive, is a very inadequate one. But for the present let us take it as a point of departure, and ask ourselves: If only a few of the elements of the dream-thoughts make their way into the dream-content, what are the conditions that determine their selection?

In order to solve this problem, let us turn our attention to those elements of the dream-content which must have fulfilled the conditions for which we are looking. The most suitable material for this investigation will be a dream to whose formation a particularly intense condensation has contributed. I select the dream, cited on page 73 ff., of the botanical monograph.

Dream 1

Dream-content: *I have written a monograph upon a certain (indeterminate) species of plant. The book lies before me. I am just turning over a folded coloured plate. A dried specimen of the plant is bound up in this copy, as in a herbarium.*

The most prominent element of this dream is the *botanical monograph*. This is derived from the impressions of the dream-day; I had actually seen a *monograph on the genus Cyclamen* in a bookseller's window. The mention of this genus is lacking in the dream-content; only the monograph and its relation to botany have remained. The `botanical monograph' immediately reveals its relation to the *work on cocaine* which I once wrote; from cocaine the train of thought proceeds on the one hand to a *Festschrift*, and on the other to my friend, the oculist, Dr *Königstein*, who was partly responsible for the introduction of cocaine as a local anaesthetic. Moreover, Dr Königstein is connected with the recollection of an interrupted conversation I had had with him on the previous evening, and with all sorts of ideas relating to the remuneration of medical and surgical services among colleagues. This conversation, then, is the actual dream-stimulus; the monograph on cyclamen is also a real incident, but one of an indifferent nature; as I now see, the `botanical monograph' of the dream proves to be a *common mean* between the two experiences of the day, taken over unchanged from an indifferent impression, and bound up with the psychically significant experience by means of the most copious associations.

Not only the combined idea of the *botanical monograph*, however, but also each of its separate elements, `*botanical*' and `*monograph*', penetrates farther and farther, by manifold associations, into the confused tangle of the dream-thoughts. To *botanical* belong the recollections of the person of Professor Gärtner (German: Gärtner = gardener), of his *blooming* wife, of my patient, whose name is *Flora*, and of a lady concerning whom I told the story of the forgotten *flowers*. *Gärtner*, again, leads me to the laboratory and the conversation with *Königstein*; and the allusion to the two female patients belongs to the same conversation. From the lady with the flowers a train of thoughts branches off to the favourite flowers of my wife, whose other branch leads to the title of the hastily seen monograph. Further, *botanical* recalls an episode at the `Gymnasium', and a university examination; and a fresh subject -- that of my hobbies -- which was broached in the abovementioned conversation, is linked up, by means of what is humorously called my *favourite flower*, the artichoke, with the train of thoughts proceeding from the forgotten flowers; behind `artichoke' there lies, on the one hand, a recollection of Italy, and on the other a reminiscence of a scene of my childhood, in which I first formed an acquaintance -- which has since then grown so intimate -- with books. *Botanical*, then, is a veritable nucleus, and, for the dream, the meeting-point of many trains of thought; which, I can testify, had all really been brought into connection by the conversation referred to. Here we find ourselves in a thought-factory, in which, as in *The Weaver's Masterpiece*:

> The little shuttles to and fro
> Fly, and the threads unnoted flow;
> One throw links up a thousand threads.

Monograph in the dream, again, touches two themes: the one-sided nature of my studies, and the costliness of my hobbies.

The impression derived from this first investigation is that the elements `botanical' and `monograph' were taken up into the dream-content because they were able to offer the most numerous points of contact with the greatest number of dream-thoughts, and thus represented *nodal points* at which a great number of the dream-thoughts met together, and because they were of *manifold* significance in respect of the meaning of the dream. The fact upon which this explanation is based may be expressed in another form: Every element of the dream-content proves to be *over-determined* -- that is, it appears several times over in the dream-thoughts.

We shall learn more if we examine the other components of the dream in respect of their occurrence in the dream-thoughts. The *coloured plate* refers (cf. the analysis on p. 76) to a new subject, the criticism passed upon my work by colleagues, and also to a subject already represented in the dream -- my hobbies -- and, further, to a memory of my childhood, in which I pull to pieces a book with coloured plates; the dried specimen of the plant relates to my experience with the herbarium at the `Gymnasium', and gives this memory particular emphasis. Thus I perceive the nature of the relation between the dream-content and dream-thoughts: Not only are the elements of the dream determined several times over by the dream-thoughts, but the individual dream-thoughts are represented in the dream by several elements. Starting from an element of the dream, the path of the association leads to a number of dream-thoughts; and from a single dream-thought to several elements of the dream. In the process of dream-formation, therefore, it is not the case that a single dream-thought, or a group of dream-thoughts, supplies the dream-content with an abbreviation of itself as its representative, and that the next dream-thought supplies another abbreviation as its representative (much as representatives are elected from among the population); but rather that the whole mass of the dream-thoughts is subjected to a certain elaboration, in the course of which those elements that receive the strongest and completest support stand out in relief; so that the process might perhaps be likened to election by the *scrutin du liste.* Whatever dream I may subject to such a dissection, I always find the same fundamental principle confirmed -- that the dream-elements have been formed out of the whole mass of the dream-thoughts, and that every one of them appears, in relation to the dream-thoughts, to have a multiple determination.

It is certainly not superfluous to demonstrate this relation of the dream-content to the dream-thoughts by means of a further example, which is distinguished by a particularly artful intertwining of reciprocal relations. The dream is that of a patient whom I am treating for claustrophobia (fear of enclosed spaces). It will soon become evident why I feel myself called upon to entitle this exceptionally clever piece of dream-activity:

Dream 2 -- `A Beautiful Dream'

The dreamer is driving with a great number of companions in X-- Street, where there is a modest hostelry (which is not the case). *A theatrical performance is being given in one of the rooms of the inn. He is first spectator, then actor. Finally the company are told to change their clothes, in order to return to the city. Some of the company are shown into rooms on the ground floor, others to rooms on the first floor. Then a dispute arises. The people upstairs are annoyed because those downstairs have not yet finished changing, so that they cannot come down. His brother is upstairs; he is downstairs; and he is angry with his brother because they are so hurried.* (This part obscure.) *Besides, it was already decided, upon their arrival, who was to go upstairs and who down. Then he goes alone up the hill towards the city, and he walks so heavily, and with such difficulty, that he cannot move from the spot. An elderly gentleman joins him and talks angrily of the King of Italy. Finally, towards the top of the hill, he is able to walk much more easily.*

The difficulty experienced in climbing the hill was so distinct that for some time after waking he was in doubt whether the experience was a dream or the reality.

Judged by the manifest content, this dream can hardly be eulogised. Contrary to the rules, I shall begin the interpretation with that portion to which the dreamer referred as being the most distinct.

The difficulty dreamed of, and probably experienced during the dream -- difficulty in climbing, accompanied by dyspnoea -- was one of the symptoms which the patient had actually exhibited some years before, and which, in conjunction with other symptoms, was at the time attributed to tuberculosis (probably hysterically simulated). From our study of exhibition-dreams we are already acquainted with this sensation of being inhibited in motion, peculiar to dreams, and here again we find it utilised as material always available for the purposes of any other kind of representation. The part of the dream-content which represents climbing as difficult at first, and easier at the top of the hill, made me think, while it was being related, of the well-known masterly introduction to Daudet's *Sappho*. Here a young man carries the woman he loves upstairs; she is at first as light as a feather, but the higher he climbs the more she weighs; and this scene is symbolic of the progress of their relation, in describing which Daudet seeks to admonish young men not to lavish an earnest affection upon girls of humble origin and dubious antecedents.[2] Although I knew that my patient had recently had a love-affair with an actress, and had broken it off, I hardly expected to find that the interpretation which had occurred to me was correct. The situation in *Sappho* is actually the *reverse* of that in the dream; for in the dream climbing was difficult at the first and easy later on; in the novel the symbolism is pertinent only if what was at first easily carried finally proves to be a heavy burden. To my astonishment, the patient remarked that the interpretation fitted in very well with the plot of a play which he had seen the previous evening. The play was called *Rund um Wien* (`Round about Vienna'), and treated of the career of a girl who was at first respectable, but who subsequently lapsed into the *demi-monde*, and formed relations with highly-placed lovers, thereby *climbing*, but finally she *went downhill* faster and faster. This play reminded him of another, entitled *Von Stufe zu Stufe* (`From Step to Step'), the poster advertising which had depicted *a flight of stairs*.

To continue the interpretation: The actress with whom he had had his most recent and complicated affair had lived in X-- Street. There is no inn in this street. However, while he was spending part of the summer in Vienna for the sake of this lady, he had lodged (German: *abgestiegen* = stopped, literally *stepped off*) at a small hotel in the neighbourhood. When he was leaving the hotel, he said to the cab-driver: `I am glad at all events that I didn't get any vermin here!' (Incidentally, the dread of vermin is one of his phobias.) Whereupon the cab-driver answered: `How could anybody stop there! That isn't a hotel at all, it's really nothing but a *pub*!'

The `pub' immediately reminded him of a quotation:

> Of a wonderful host
> I was lately a guest.

But the host in the poem by Uhland is an *apple-tree*. Now a second quotation continues the train of thought:

> FAUST: (*dancing with the young witch*).
> A lovely dream once came to me;
> I then beheld an apple-tree,
> And there two fairest apples shone:
> They lured me so, *I climbed thereon*.
>
> THE FAIR ONE:
> `Apples have been desired by you,
> Since first in Paradise they grew;
> And I am moved with joy to know
> That such within my garden grow.[3]

There is not the slightest doubt what is meant by the apple-tree and the apples. A beautiful bosom stood high among the charms by which the actress had bewitched our dreamer.

Judging from the context of the analysis, we had every reason to assume that the dream referred to an impression of the dreamer's childhood. If this is correct, it must have referred to the wet-nurse of the dreamer, who is now a man of nearly thirty years of age. The bosom of the nurse is in reality an inn for the child. The nurse, as well as Daudet's *Sappho*, appears as an allusion to his recently abandoned mistress.

The (elder) brother of the patient also appears in the dream-content; he is *upstairs*, while the dreamer himself is *downstairs*. This again is an inversion, for the brother, as I happen to know, has lost his social position, while my patient has retained his. In relating the dream-content, the dreamer avoided saying that his brother was upstairs and that he himself was downstairs. This would have been too obvious an expression, for in Austria we say that a man is *on the ground floor* when he has lost his fortune and social position, just as we say that he has *come down*. Now the fact that at this point in the dream something is represented as inverted must have a meaning; and the inversion must apply to some other relation between the dream-thoughts and the dream-content. There is an indication which suggests how this inversion is to be understood. It obviously applies to the end of the dream, where the circumstances of climbing are the *reverse* of those described in *Sappho*. Now it is evident what inversion is meant: In *Sappho* the man carries the woman who stands in a sexual relation to him; in the dream-thoughts, conversely, there is a reference to a woman carrying a man; and, as this could occur only in childhood, the reference is once more to the nurse who carries the heavy child. Thus the final portion of the dream succeeds in representing Sappho and the nurse in the same allusion.

Just as the name *Sappho* has not been selected by the poet without reference to a Lesbian practice, so the portions of the dream in which people are busy *upstairs* and *downstairs*, `above' and `beneath', point to fancies of a sexual content with which the dreamer is occupied, and which, as suppressed cravings, are not unconnected with his neurosis. Dream-interpretation itself does not show that these are fancies and not memories of actual happenings; it only furnishes us with a set of thoughts and leaves it to us to determine their actual value. In this case real and imagined happenings appear at first as of equal value -- and not only here, but also in the creation of more important psychic structures than dreams. A large company, as we already know, signifies a secret. The brother is none other than a representative, drawn into the scenes of childhood by `fancying backwards', of all of the subsequent rivals for women's favours. Through the medium of an experience indifferent in itself, the episode of the gentleman who talks angrily of the King of Italy refers to the intrusion of people of low rank into aristocratic society. It is as though the warning which Daudet gives to young men were to be supplemented by a similar warning applicable to a suckling child.[4]

In the two dreams here cited I have shown by italics where one of the elements of the dream recurs in the dream-thoughts, in order to make the multiple relations of the former more obvious.

Since, however, the analysis of these dreams has not been carried to completion, it will probably be worth while to consider a dream with a full analysis, in order to demonstrate the manifold determination of the dream-content. For this purpose I shall select the dream of Irma's injection (see p. 19). From this example we shall readily see that the condensation-work in the dream-formation has made use of more means than one.

The chief person in the dream-content is my patient Irma, who is seen with the features which belong to her in waking life, and who therefore, in the first instance, represents herself. But her attitude, as I examine her at the window, is taken from a recollection of another person, of the lady for whom I should like to exchange my patient, as is shown by the dream-thoughts. Inasmuch as Irma has a diphtheritic membrane, which recalls my anxiety about my eldest daughter, she comes to represent this child of mine, behind whom, connected with her by the identity of their names, is concealed the person of the patient who died from the effects of poison. In the further course of the dream the significance of Irma's personality changes (without the alteration of her image as it is seen in the dream): she becomes one of the children whom we examine in the public dispensaries for children's diseases, where my friends display the differences in their mental capacities. The transition was obviously effected by the idea of my little daughter. Owing to her unwillingness to open her mouth, the same Irma constitutes an allusion to another lady who was once examined by me, and, also in the same connection, to my wife. Further, in the morbid changes which I discover in her throat I have summarised allusions to quite a number of other persons.

All these people whom I encounter as I follow up the associations suggested by `Irma' do not appear personally in the dream; they are concealed behind the dream-person `Irma', who is thus developed into a collective image, which, as might be expected, has contradictory features. Irma comes to represent these other persons, who are discarded in the work of condensation, inasmuch as I allow anything to happen to her which reminds me of these persons, trait by trait.

For the purposes of dream-condensation I may construct a *composite person* in yet another fashion, by combining the actual features of two or more persons in a single dream-image. It is in this fashion that the Dr M. of my dream was constructed; he bears the name of Dr M., and he speaks and acts as Dr M. does, but his bodily characteristics and his malady belong to another person, my eldest brother; a single feature, paleness, is doubly determined, owing to the fact that it is common to both persons. Dr R., in my dream about my uncle, is a similar composite person. But here the dream-image is constructed in yet another fashion. I have not united features peculiar to the one person with the features of the other, thereby abridging by certain features the memory-picture of each; but I have adopted the method employed by Galton in producing family portraits; namely, I have superimposed the two images, so that the common features stand out in stronger relief, while those which do not coincide neutralise one another and become indistinct. In the dream of my uncle the *fair beard* stands out in relief, as an emphasised feature, from a physiognomy which belongs to two persons, and which is consequently blurred; further, in its reference to growing grey the beard contains an allusion to my father and to myself.

The construction of collective and composite persons is one of the principal methods of dream-condensation. We shall presently have occasion to deal with this in another connection.

The notion of *dysentery* in the dream of Irma's injection has likewise a multiple determination; on the one hand, because of its paraphasic assonance with diphtheria, and on the other because of its reference to the patient whom I sent to the East, and whose hysteria had been wrongly diagnosed.

The mention of *propyls* in the dream proves again to be an interesting case of condensation. Not *propyls* but *amyls* were included in the dream-thoughts. One might think that here a simple displacement had occurred in the course of dream-formation. This is in fact the case, but the displacement serves the purposes of the condensation, as is shown from the following supplementary analysis: If I dwell for a moment upon the word *propylen* (German) its assonance with the word *propylaeum* suggests itself to me. But a *propylaeum is* to be found not only in Athens, but also in Munich. In the latter city, a year before my dream, I had visited a friend who was seriously ill, and the reference to him in *trimethylamin*, which follows closely upon *propyls*, is unmistakable.

I pass over the striking circumstance that here, as elsewhere in the analysis of dreams, associations of the most widely differing values are employed for making thought-connections as though they were equivalent, and I yield to the temptation to regard the procedure by which *amyls* in the dream-thoughts are replaced in the dream-content by *propyls* as a sort of plastic process.

On the one hand, here is the group of ideas relating to my friend Otto, who does not understand me, thinks I am in the wrong, and gives me the liqueur that smells of amyls; on the other hand, there is the group of ideas -- connected with the first by contrast -- relating to my Berlin friend who does understand me, who would always think that I was right, and to whom I am indebted for so much valuable information concerning the chemistry of sexual processes.

What elements in the Otto group are to attract my particular attention are determined by the recent circumstances which are responsible for the dream; *amyls* belong to the element so distinguished, which are predestined to find their way into the dream-content. The large group of ideas centring upon William is actually stimulated by the contrast between William and Otto, and those elements in it are emphasised which are in tune with those already stirred up in the `Otto' group. In the whole of this dream I am continually recoiling from somebody who excites my displeasure towards another person with whom I can at will confront the first; trait by trait I appeal to the friend as against the enemy. Thus `amyls' in the Otto group awakes recollections in the other group, also belonging to the region of chemistry; `trimethylamin', which receives support from several quarters, finds its way into the dream-content. `Amyls', too, might have got into the dream-content unchanged, but it yields to the influence of the `William' group, inasmuch as out of the whole range of recollections covered by this name an element is sought out which is able to furnish a double determination for `amyls'. `Propyls' is closely associated with `amyls'; from the `William' group comes Munich with its propylaeum. Both groups are united in `propyls--propylaeum'. As though by a compromise, this intermediate element then makes its way into the dream-content. Here a common mean which permits of a multiple determination has been created. It thus becomes palpable that a multiple determination must facilitate penetration into the dream-content. For the purpose of this mean-formation a displacement of the attention has been unhesitatingly effected from what is really intended to something adjacent to it in the associations.

The study of the dream of Irma's injection has now enabled us to obtain some insight into the process of condensation which occurs in the formation of dreams. We perceive, as peculiarities of the condensing process, a selection of those elements which occur several times over in the dream-content, the formation of new unities (composite persons, mixed images), and the production of common means. The purpose which is served by condensation, and the means by which it is brought about, will be investigated when we come to study in all their bearings the psychic processes at work in the formation of dreams. Let us for the present be content with establishing the fact of dream-condensation as a relation between the dream-thoughts and the dream-content which deserves attention.

The condensation-work of dreams becomes most palpable when it takes words and names as its objects. Generally speaking, words are often treated in dreams as things, and therefore undergo the same combinations as the ideas of things. The results of such dreams are comical and bizarre word-formations.

1. A colleague sent an essay of his, in which he had, in my opinion, overestimated the value of a recent physiological discovery, and had expressed himself, moreover, in extravagant terms. On the following night I dreamed a sentence which obviously referred to this essay: `That is a truly norekdal style.' The solution of this word-formation at first gave me some difficulty; it was unquestionably formed as a parody of the superlatives `colossal', `pyramidal'; but it was not easy to say where it came from. At last the monster fell apart into the two names *Nora* and *Ekdal*, from two well-known plays by Ibsen. I had previously read a newspaper article on Ibsen by the writer whose latest work I was now criticising in my dream.

2. One of my female patients dreams that *a man with a fair beard and a peculiar glittering eye is pointing to a signboard attached to a tree which reads: uclamparia -- wet.*[5]

Analysis. -- The man was rather authoritative-looking, and his peculiar glittering eye at once recalled the church of San Paolo, near Rome, where she had seen the mosaic portraits of the Popes. One of the early Popes had a golden eye (this is really an optical illusion, to which the guides usually call attention). Further associations showed that the general physiognomy of the man corresponded with her own clergyman (pope), and the shape of the fair beard recalled her doctor (myself), while the stature of the man in the dream recalled her father. All these persons stand in the same relation to her; they are all guiding and directing the course of her life. On further questioning, the golden eye recalled gold -- money -- the rather expensive psychoanalytic treatment, which gives her a great deal of concern. Gold, moreover, recalls the gold cure for alcoholism -- Herr D., whom she would have married, if it had not been for his clinging to the disgusting alcohol habit -- she does not object to anyone's taking an occasional drink; she herself sometimes drinks beer and liqueurs. This again brings her back to her visit to San Paolo (*fuori la mura*) and its surroundings. She remembers that in the neighbouring monastery of the *Tre Fontane* she drank a liqueur made of *eucalyptus* by the Trappist monks of the monastery. She then relates how the monks transformed this malarial and swampy region into a dry and wholesome neighbourhood by planting numbers of *eucalyptus* trees. The word `*uclamparia*' then resolves itself into *eucalyptus* and *malarie*, and the word *wet* refers to the former swampy nature of the locality. Wet also suggests dry. *Dry* is actually the name of the man whom she would have married but for his over-indulgence in alcohol. The peculiar name of *Dry* is of Germanic origin (*drei* = three) and hence, alludes to the monastery of the Three (*drei*) Fountains. In talking of Mr Dry's habit she used the strong expression: `He could drink a fountain.' Mr Dry jocosely refers to his habit by saying: `You know I must drink because I am always *dry*' (referring to his name). The *eucalyptus* refers also to her neurosis, which was at first diagnosed as *malaria*. She went to Italy because her attacks of anxiety, which were accompanied by marked rigors and shivering, were thought to be of malarial origin. She bought some eucalyptus oil from the monks, and she maintains that it has done her much good.

The condensation *uclamparia--wet* is therefore the point of junction for the dream as well as for the neurosis.

3. In a rather long and confused dream of my own, the apparent nucleus of which is a sea-voyage, it occurs to me that the next port is *Hearsing*, and next after that *Fliess*. The latter is the name of my friend in B., to which city I have often journeyed. But *Hearsing* is put together from the names of the places in the neighbourhood of Vienna, which so frequently end in `ing': *Hietzing, Liesing, Moedling* (the old Medelitz, *meae deliciae*, `my joy'; that is, my own name, the German for `joy' being *Freude*), and the English *hearsay*, which points to calumny, and establishes the relation to the indifferent dream-stimulus of the day -- a poem in *Fliegende Blätter* about a slanderous dwarf, `Sagter Hatergesagt' (Saidhe Hashesaid). By the combination of the final syllable *ing* with the name *Fliess, Vlissingen* is obtained, which is a real port through which my brother passes when he comes to visit us from England. But the English for *Vlissingen* is *Flushing*, which signifies *blushing*, and recalls patients suffering from *erythrothobia* (fear of blushing), whom I sometimes treat, and also a recent publication of Bechterew's, relating to this neurosis, the reading of which angered me.[6]

4. Upon another occasion I had a dream which consisted of two separate parts. The first was the vividly remembered word `*Autodidasker*': the second was a faithful reproduction in the dream-content of a short and harmless fancy which had been developed a few days earlier, and which was to the effect that I must tell Professor N., when I next saw him: `The patient about whose condition I last consulted you is really suffering from a neurosis, just as you suspected.' So not only must the newly-coined `*Autodidasker*' satisfy the requirement that it should contain or represent a compressed meaning, but this meaning must have a valid connection with my resolve -- repeated from waking life -- to give Professor N. due credit for his diagnosis.

Now *Autodidasker* is easily separated into *author* (German, *Autor*), *autodidact*, and *Lasker*, with whom is associated the name *Lasalle*. The first of these words leads to the occasion of the dream -- which this time is significant. I had brought home to my wife several volumes by a well-known author who is a friend of my brother's, and who, as I have learned, comes from the same neighbourhood as myself (J. J. David). One evening she told me how profoundly impressed she had been by the pathetic sadness of a story in one of David's novels (a story of wasted talents), and our conversation turned upon the signs of talent which we perceive in our own children. Under the influence of what she had just read, my wife expressed some concern about our children, and I comforted her with the remark that precisely such dangers as she feared can be averted by training. During the night my thoughts proceeded farther, took up my wife's concern for the children, and interwove with it all sorts of other things. Something which the novelist had said to my brother on the subject of marriage showed my thoughts a bypath which might lead to representation in the dream. This path led to Breslau; a lady who was a very good friend of ours had married and gone to live there. I found in Breslau *Lasker* and *Lasalle*, two examples to justify the fear lest our boys should be ruined by women, examples which enabled me to represent simultaneously two ways of influencing a man to his undoing.[7] The *Cherchez la femme*, by which these thoughts may be summarised, leads me, if taken in another sense, to my brother, who is still unmarried and whose name is *Alexander*. Now I see that *Alex*, as we abbreviate the name, sounds almost like an inversion of *Lasker*, and that this fact must have contributed to send my thoughts on a detour by way of Breslau.

But the playing with names and syllables in which I am here engaged has yet another meaning. It represents the wish that my brother may enjoy a happy family life, and this in the following manner: In the novel of artistic life, *L'Oeuvre*, which, by virtue of its content, must have been in association with my dream-thoughts, the author, as is well known, has incidentally given a description of his own person and his own domestic happiness, and appears under the name of *Sandoz*. In the metamorphosis of his name he probably went to work as follows: *Zola*, when inverted (as children are fond of inverting names) gives *Aloz*. But this was still too undisguised; he therefore replaced the syllable *Al*, which stands at the beginning of the name Alexander, by the third syllable of the same name, *sand*, and thus arrived at *Sandoz*. My *autodidasker* originated in a similar fashion.

My fantasy -- that I am telling Professor N. that the patient whom we have both seen is suffering from a neurosis -- found its way into the dream in the following manner: Shortly before the close of my working year I had a patient in whose case my powers of diagnosis failed me. A serious organic trouble -- possibly some alterative degeneration of the spinal cord -- was to be assumed, but could not be conclusively demonstrated. It would have been tempting to diagnose the trouble as a neurosis, and this would have put an end to all my difficulties, but for the fact that the sexual anamnesis, failing which I am unwilling to admit a neurosis, was so energetically denied by the patient. In my embarrassment I called to my assistance the physician whom I respect most of all men (as others do also), and to whose authority I surrender most completely. He listened to my doubts, told me he thought them justified, and then said: `Keep on observing the man, it is probably a neurosis.' Since I know that he does not share my opinions concerning the etiology of the neuroses, I refrained from contradicting him, but I did not conceal my scepticism. A few days later I informed the patient that I did not know what to do with him, and advised him to go to someone else. Thereupon, to my great astonishment, he began to beg my pardon for having lied to me; he had felt so ashamed; and now he revealed to me just that piece of sexual etiology which I had expected, and which I found necessary for assuming the existence of a neurosis. This was a relief to me, but at the same time a humiliation; for I had to admit that my consultant, who was not disconcerted by the absence of anamnesis, had judged the case more correctly. I made up my mind to tell him, when next I saw him, that he had been right and I had been wrong.

This is just what I do in the dream. But what sort of a wish is fulfilled if I acknowledge that I am mistaken? This is precisely my wish; I wish to be mistaken as regards my fears -- that is to say, I wish that my wife, whose fears I have appropriated in my dream-thoughts, may prove to be mistaken. The subject to which the fact of being right or wrong is related in the dream is not far removed from that which is really of interest to the dream-thoughts. We have the same pair of alternatives, of either organic or functional impairment caused by a woman, or actually by the sexual life -- either tabetic paralysis or a neurosis -- with which latter the nature of Lasalle's undoing is indirectly connected.

In this well-constructed (and on careful analysis quite transparent) dream, Professor N. appears not merely on account of this analogy, and my wish to be proved mistaken, or the associated references to Breslau and to the family of our married friend who lives there, but also on account of the following little dialogue which followed our consultation: After he had acquitted himself of his professional duties by making the above-mentioned suggestion. Dr N. proceeded to discuss personal matters. `How many children have you now?' -- `Six.' -- A thoughtful and respectful gesture. -- `Girls, boys?' -- `Three of each. They are my pride and my riches.' -- `Well, you must be careful; there is no difficulty about the girls, but the boys are a difficulty later on as regards their upbringing.' I replied that until now they had been very tractable: obviously this prognosis of my boys' future pleased me as little as his diagnosis of my patient, whom he believed to be suffering only from a neurosis. These two impressions, then, are connected by their contiguity, by their being successively received; and when I incorporate the story of the neurosis into the dream, I substitute it for the conversation on the subject of upbringing, which is even more closely connected with the dream-thoughts, since it touches so closely upon the anxiety subsequently expressed by my wife. Thus, even my fear that N. may prove to be right in his remarks on the difficulties to be met with in bringing up boys is admitted into the dream-content, inasmuch as it is concealed behind the representation of my wish that I may be wrong to harbour such apprehensions. The same fantasy serves without alteration to represent both the conflicting alternatives.

Examination-dreams present the same difficulties to interpretation that I have already described as characteristic of most typical dreams. The associative material which the dreamer supplies only rarely suffices for interpretation. A deeper understanding of such dreams has to be accumulated from a considerable number of examples. Not long ago I arrived at a conviction that reassurances like `But you already are a doctor', and so on, not only convey a consolation but imply a reproach as well. This would have run: `You are already so old, so far advanced in life, and yet you still commit such follies, are guilty of such childish behaviour.' This mixture of self-criticism and consolation would correspond with the examination-dreams. After this it is no longer surprising that the reproaches in the last analysed examples concerning `follies' and `childish behaviour' should relate to repetitions of reprehensible sexual acts.

The verbal transformations in dreams are very similar to those which are known to occur in paranoia, and which are observed also in hysteria and obsessions. The linguistic tricks of children, who at a certain age actually treat words as objects, and even invent new languages and artificial syntaxes, are a common source of such occurrences both in dreams and in the psychoneuroses.

The analysis of nonsensical word-formations in dreams is particularly well suited to demonstrate the degree of condensation effected in the dream-work. From the small number of the selected examples here considered it must not be concluded that such material is seldom observed or is at all exceptional. It is, on the contrary, very frequent, but owing to the dependence of dream-interpretation on psychoanalytic treatment very few examples are noted down and reported, and most of the analyses which are reported are comprehensible only to the specialist in neuropathology.

When a spoken utterance, expressly distinguished as such from a thought, occurs in a dream, it is an invariable rule that the dream-speech has originated from a remembered speech in the dream-material. The wording of the speech has either been preserved in its entirety or has been slightly altered in expression; frequently the dream-speech is pieced together from different recollections of spoken remarks; the wording has remained the same, but the sense has perhaps become ambiguous, or differs from the wording. Not infrequently the dream-speech serves merely as an allusion to an incident in connection with which the remembered speech was made.[8]

[1] References to the condensation in dreams are to be found in the works of many writers on the subject. Du Prel states in his *Philospohie der Mystik* that he is absolutely certain that a condensation-process of the succession of ideas has occurred.

[2] In estimating the significance of this passage we may recall the meaning of dreams of climbing stairs, as explained in the chapter on Symbolism.

[3] Translated by Bayard Taylor.

[4] The fantastic nature of the situation relating to the dreamer's wet-nurse is shown by the circumstance, objectively ascertained, that the nurse in this case was his mother. Further, I may call attention to the regret of the young man in the anecdote related on p. 105 (that he had not taken better advantage of his opportunities with his wet-nurse) as the probable source of this dream.

[5] Given by translator, as the author's example could not be translated.

[6] The same analysis and synthesis of syllables -- a veritable chemistry of syllables -- serves us for many a jest in waking life. `What is the cheapest method of obtaining silver? You go to a field where silver-berries are growing and pick them; then the berries are eliminated and the silver remains in a free state.' [Translator's example.] The first person who read and criticised this book made the objection -- with which other readers will probably agree -- `that the dreamer often appears too witty.' That is true, so long as it applies to the dreamer; it involves a condemnation only when its application is extended to the interpreter of the dream. In waking reality I can make very little claim to the predicate `witty'; if my dreams appear witty, this is not the fault of my individuality, but of the peculiar psychological conditions under which the dream is fabricated, and is intimately connected with the theory of wit and the comical. The dream becomes witty because the shortest and most direct way to the expression of its thoughts is barred for it; the dream is under constraint. My readers may convince themselves that the dreams of my patients give the impression of being quite as witty (at least, in intention), as my own,

and even more so. Nevertheless, this reproach impelled me to compare the technique of wit with the dream-work.

[7] Lasker died of progressive paralysis; that is, of the consequences of an infection caught from a woman (syphilis); Lasalle, also a syphilitic, was killed in a duel which he fought on account of the lady whom he had been courting.

[8] In the case of a young man who was suffering from obsessions, but whose intellectual functions were intact and highly developed, I recently found the only exception to this rule The speeches which occurred in his dreams did not originate in speeches which he had heard or had made himself, but corresponded to the undistorted verbal expression of his obsessive thoughts, which came to his waking consciousness only in an altered form.

B. THE WORK OF DISPLACEMENT

Another and probably no less significant relation must have already forced itself upon our attention while we were collecting examples of dream-condensation. We may have noticed that these elements which obtrude themselves in the dream-content as its essential components do not by any means play this same part in the dream-thoughts. As a corollary to this, the converse of this statement is also true. That which is obviously the essential content of the dream-thoughts need not be represented at all in the dream. The dream is, as it were, *centred elsewhere*; its content is arranged about elements which do not constitute the central point of the dream-thoughts. Thus, for example, in the dream of the botanical monograph the central point of the dream-content is evidently the element `botanical'; in the dream-thoughts we are concerned with the complications and conflicts resulting from services rendered between colleagues which place them under mutual obligations; later on with the reproach that I am in the habit of sacrificing too much time to my hobbies; and the element `botanical' finds no place in this nucleus of the dream-thoughts, unless it is loosely connected with it by antithesis, for botany was never among my favourite subjects. In the Sappho-dream of my patient, ascending and descending, being upstairs and down, is made the central point; the dream, however, is concerned with the danger of sexual relations with persons of `low' degree; so that only one of the elements of the dream-thoughts seems to have found its way into the dream-content, and this is unduly expanded. Again, in the dream of my uncle, the fair beard, which seems to be its central point, appears to have no rational connection with the desire for greatness which we have recognised as the nucleus of the dream-thoughts. Such dreams very naturally give us an impression of a `displacement'. In complete contrast to these examples, the dream of Irma's injection shows that individual elements may claim the same place in dream-formation as that which they occupy in the dream-thoughts. The recognition of this new and utterly inconstant relation between the dream-thoughts and the dream-content will probably astonish us at first. If we find in a psychic process of normal life that one idea has been selected from among a number of others, and has acquired a particular emphasis in our consciousness, we are wont to regard this as proof that a peculiar psychic value (a certain degree of interest) attaches to the victorious idea. We now discover that this value of the individual element in the dream-thoughts is not retained in dream-formation, or is not taken into account. For there is no doubt which of the elements of the dream-thoughts are of the highest value; our judgment informs us immediately. In dream-formation the essential elements, those that are emphasised by intensive interest, may be treated as though they were subordinate, while they are replaced in the dream by other elements, which were certainly subordinate in the dream-thoughts. It seems at first as though the psychic intensity[1] of individual ideas were of no account in their selection for dream-formation, but only their greater or lesser multiplicity of determination. One might be inclined to think that what gets into the dream is not what is important in the dream-thoughts, but what is contained in them several times over; but our understanding of dream-formation is not much advanced by this assumption; to begin with, we cannot believe that the two motives of multiple determination and intrinsic value can influence the selection of the dream otherwise than in the same direction. Those ideas in the dream-thoughts which are most important are probably also those which recur most frequently, since the individual dream-thoughts radiate from them as centres. And yet the dream may reject these intensively emphasised and extensively reinforced elements, and may take up into its content other elements which are only extensively reinforced.

This difficulty may be solved if we follow up yet another impression received during the investigation of the over-determination of the dream-content. Many readers of this investigation may already have decided, in their own minds, that the discovery of the multiple determination of the dream-elements is of no great importance, because it is inevitable. Since in analysis we proceed from the dream-elements, and register all the ideas which associate themselves with these elements, is it any wonder that these elements should recur with peculiar frequency in the thought-material obtained in this manner? While I cannot admit the validity of this objection, I am now going to say something that sounds rather like it: Among the thoughts which analysis brings to light are many which are far removed from the nucleus of the dream, and which stand out like artificial interpolations made for a definite purpose. Their purpose may readily be detected; they establish a connection, often a forced and far-fetched connection, between the dream-content and the dream-thoughts, and in many cases, if these elements were weeded out of the analysis, the components of the dream-content would not only not be over-determined, but they would not be sufficiently determined. We are thus led to the conclusion that multiple determination, decisive as regards the selection made by the dream, is perhaps not always a primary factor in dream-formation, but is often a secondary product of a psychic force which is as yet unknown to us. Nevertheless, it must be of importance for the entrance of the individual elements into the dream, for we may observe that in cases where multiple determination does not proceed easily from the dream-material it is brought about with a certain effort.

It now becomes very probable that a psychic force expresses itself in the dream-work which, on the one hand, strips the elements of the high psychic value of their intensity and, on the other hand, *by means of over-determination*, creates new significant values from elements of slight value, which new values then make their way into the dream-content. Now if this is the method of procedure, there has occurred in the process of dream-formation a *transference and displacement of the psychic intensities* of the individual elements, from which results the textual difference between the dream-content and the thought-content. The process which we here assume to be operative is actually the most essential part of the dream-work; it may fitly be called *dream-displacement. Dream-displacement and dream-condensation* are the two craftsmen to whom we may chiefly ascribe the structure of the dream.

I think it will be easy to recognise the psychic force which expresses itself in dream-displacement. The result of this displacement is that the dream-content no longer has any likeness to the nucleus of the dream-thoughts, and the dream reproduces only a distorted form of the dream-wish in the unconscious. But we are already acquainted with dream-distortion; we have traced it back to the censorship which one psychic instance in the psychic life exercises over another. Dream-displacement is one of the chief means of achieving this distortion. *Is fecit, cui profuit*. We must assume that dream-displacement is brought about by the influence of this censorship, the endopsychic defence.[2]

The manner in which the factors of displacement, condensation and over-determination interact with one another in dream-formation -- which is the ruling factor and which the subordinate one -- all this will be reserved as a subject for later investigation. In the meantime, we may state, as a second condition which the elements that find their way into the dream must satisfy, that *they must be withdrawn from the resistance of the censorship*. But henceforth, in the interpretation of dreams, we shall reckon with dream-displacement as an unquestionable fact.

[1] The psychic intensity or value of an idea -- the emphasis due to interest -- is of course to be distinguished from perceptual or conceptual intensity.

[2] Since I regard the attribution of dream-distortion to the censorship as the central point of my conception of the dream, I will here quote the closing passage of a story, *Träumen wie Wachen*, from *Phantasien eines Realisten*, by Lynkeus (Vienna, second edition, 1900), in which I find this chief feature of my doctrine reproduced:

`Concerning a man who possesses the remarkable faculty of never dreaming nonsense . . .'

`Your marvellous faculty of dreaming as if you were awake is based upon your virtues, upon your goodness, your justice, and your love of truth; it is the moral clarity of your nature which makes everything about you intelligible to me.'

`But if I really give thought to the matter,' was the reply, `I almost believe that all men are made as I am, and that no one ever dreams nonsense! A dream which one remembers so distinctly that one can relate it afterwards, and which, therefore, is no dream of delirium, *always* has a meaning; why, it cannot be otherwise! For that which is in contradiction to itself can never be combined into a whole. The fact that time and space are often thoroughly shaken up, detracts not at all from the real content of the dream, because both are without any significance whatever for its essential content. We often do the same thing in waking life; think of fairytales, of so many bold and pregnant creations of fantasy, of which only a foolish person would say: ``That is nonsense! For it isn't possible.'' '

`If only it were always possible to interpret dreams correctly, as you have just done with mine!' said the friend.

`That is certainly not an easy task, but with a little attention it must always be possible to the dreamer. -- You ask why it is generally impossible? In your case there seems to be something veiled in your dreams, something unchaste in a special and exalted fashion, a certain secrecy in your nature, which it is difficult to fathom; and that is why your dreams so often seem to be without meaning or even nonsensical. But in the profoundest sense, this is by no means the case; indeed it cannot be, for a man is always the same person, whether he wakes or dreams.'

C. THE MEANS OF REPRESENTATION IN DREAMS

Besides the two factors of *condensation* and *displacement* in dreams, which we have found to be at work in the transformation of the latent dream-material into the manifest dream-content, we shall, in the course of this investigation, come upon two further conditions which exercise an unquestionable influence over the selection of the material that eventually appears in the dream. But first, even at the risk of seeming to interrupt our progress, I shall take a preliminary glance at the processes by which the interpretation of dreams is accomplished. I do not deny that the best way of explaining them, and of convincing the critic of their reliability, would be to take a single dream as an example, to detail its interpretation, as I did (in Chapter Two) in the case of the dream of Irma's injection, but then to assemble the dream-thoughts which I had discovered, and from them to reconstruct the formation of the dream -- that is to say, to supplement dream-analysis by dream-synthesis. I have done this with several specimens for my own instruction; but I cannot undertake to do it here, as I am prevented by a number of considerations (relating to the psychic material necessary for such a demonstration) such as any right-thinking person would approve. In the analysis of dreams these considerations present less difficulty, for an analysis may be incomplete and still retain its value, even if it leads only a little way into the structure of the dream. I do not see how a synthesis, to be convincing, could be anything short of complete. I could give a complete synthesis only of the dreams of such persons as are unknown to the reading public. Since, however, neurotic patients are the only persons who furnish me with the means of making such a synthesis, this part of the description of dreams must be postponed until I can carry the psychological explanation of the neuroses far enough to demonstrate their relation to our subject.[1] This will be done elsewhere.

From my attempts to construct dreams synthetically from their dream-thoughts, I know that the material which is yielded by interpretation varies in value. Part of it consists of the essential dream-thoughts, which would completely replace the dream and would in themselves be a sufficient substitute for it, were there no dream-censorship. To the other part one is wont to ascribe slight importance, nor does one set any value on the assertion that all these thoughts have participated in the formation of the dream; on the contrary, they may include notions which are associated with experiences that have occurred subsequently to the dream, between the dream and the interpretation. This part comprises not only all the connecting-paths which have led from the manifest to the latent dream-content, but also the intermediate and approximating associations by means of which one has arrived at a knowledge of these connecting-paths during the work of interpretation.

At this point we are interested exclusively in the essential dream-thoughts. These commonly reveal themselves as a complex of thoughts and memories of the most intricate possible construction, with all the characteristics of the thought-processes known to us in waking life. Not infrequently they are trains of thought which proceed from more than one centre, but which are not without points of contact; and almost invariably we find, along with a train of thought, its contradictory counterpart, connected with it by the association of contrast.

The individual parts of this complicated structure naturally stand in the most manifold logical relations to one another. They constitute foreground and background, digressions, illustrations, conditions, lines of argument and objections. When the whole mass of these dream-thoughts is subjected to the pressure of the dream-work, during which the fragments are turned about, broken up and compacted, somewhat like drifting ice, the question arises, what becomes of the logical ties which had hitherto provided the framework of the structure? What representation do `if, `because', `as though', `although', `either -- or' and all the other conjunctions, without which we cannot understand a phrase or a sentence, receive in our dreams?

To begin with, we must answer that the dream has at its disposal no means of representing these logical relations between the dream-thoughts. In most cases it disregards all these conjunctions, and undertakes the elaboration only of the material content of the dream-thoughts. It is left to the interpretation of the dream to restore the coherence which the dream-work has destroyed.

If dreams lack the ability to express these relations, the psychic material of which they are wrought must be responsible for this defect. As a matter of fact, the representative arts -- painting and sculpture -- are similarly restricted, as compared with poetry, which is able to employ speech; and here again the reason for this limitation lies in the material by the elaboration of which the two plastic arts endeavour to express something. Before the art of painting arrived at an understanding of the laws of expression by which it is bound, it attempted to make up for this deficiency. In old paintings little labels hung out of the mouths of the persons represented, giving in writing the speech which the artist despaired of expressing in the picture.

Here, perhaps an objection will be raised, challenging the assertion that our dreams dispense with the representation of logical relations. There are dreams in which the most complicated intellectual operations take place; arguments for and against are adduced, jokes and comparisons are made, just as in our waking thoughts. But here again appearances are deceptive; if the interpretation of such dreams is continued it will be found that *all these things are dream-material, not the representation of intellectual activity in the dream*. The *content* of the dream-thoughts is reproduced by the apparent thinking in our dreams, but not *the relations of the dream-thoughts to one another*, in the determination of which relations thinking consists. I shall give some examples of this. But the fact which is most easily established is that all speeches which occur in dreams, and which are expressly designated as such, are unchanged or only slightly modified replicas of speeches which occur likewise among the memories in the dream-material. Often the speech is only an allusion to an event contained in the dream-thoughts; the meaning of the dream is quite different.

However, I shall not dispute the fact that even critical thought-activity, which does not simply repeat material from the dream-thoughts, plays a part in dream-formation. I shall have to explain the influence of this factor at the close of this discussion. It will then become clear that this thought activity is evoked not by the dream-thoughts, but by the dream itself, after it is, in a certain sense, already completed.

Provisionally, then, it is agreed that the logical relations between the dream-thoughts do not obtain any particular representation in the dream. For instance, where there is a contradiction in the dream, this is either a contradiction directed against the dream itself or a contradiction contained in one of the dream-thoughts; a contradiction in the dream corresponds with a contradiction *between* the dream-thoughts only in the most indirect and intermediate fashion.

But just as the art of painting finally succeeded in depicting, in the persons represented, at least the intentions behind their words -- tenderness, menace, admonition, and the like by other means than by floating labels, so also the dream has found it possible to render an account of certain of the logical relations between its dream-thoughts by an appropriate modification of the peculiar method of dream-representation. It will be found by experience that different dreams go to different lengths in this respect; while one dream will entirely disregard the logical structure of its material, another attempts to indicate it as completely as possible. In so doing the dream departs more or less widely from the text which it has to elaborate; and its attitude is equally variable in respect to the temporal articulation of the dream-thoughts, if such has been established in the unconscious (as, for example, in the dream of Irma's injection).

But what are the means by which the dream-work is enabled to indicate those relations in the dream-material which are difficult to represent? I shall attempt to enumerate these, one by one.

In the first place, the dream renders an account of the connection which is undeniably present between all the portions of the dream-thoughts by combining this material into a unity as a situation or a proceeding. It reproduces *logical connection* in the form of *simultaneity*; in this case it behaves rather like the painter who groups together all the philosophers or poets in a picture of the School of Athens, or Parnassus. They never were assembled in any hall or on any mountain-top, although to the reflective mind they do constitute a community.

The dream carries out in detail this mode of representation. Whenever it shows two elements close together, it vouches for a particularly intimate connection between their corresponding representatives in the dream-thoughts. It is as in our method of writing: *to* signifies that the two letters are to be pronounced as one syllable; while *t* with *o* following a blank space indicates that *t* is the last letter of one word and *o* the first letter of another. Consequently, dream-combinations are not made up of arbitrary, completely incongruous elements of the dream-material, but of elements that are pretty intimately related in the dream-thoughts also.

For representing *causal relations* our dreams employ two methods, which are essentially reducible to one. The method of representation more frequently employed -- in cases, for example, where the dream-thoughts are to the effect: `Because this was thus and thus, this and that must happen' -- consists in making the subordinate clause a prefatory dream and joining the principal clause on to it in the form of the main dream. If my interpretation is correct, the sequence may likewise be reversed. The principal clause always corresponds to that part of the dream which is elaborated in the greatest detail.

An excellent example of such a representation of causality was once provided by a female patient, whose dream I shall subsequently give in full. The dream consisted of a short prologue, and of a very circumstantial and very definitely centred dream-composition. I might entitle it `Flowery language'. The preliminary dream is as follows: *She goes to the two maids in the kitchen and scolds them for taking so long to prepare `a little bite of food'. She also sees a very large number of heavy kitchen utensils in the kitchen turned upside down in order to drain, even heaped up in stacks. The two maids go to fetch water, and have, as it were, to climb into a river, which reaches up to the house or into the courtyard.*

Then follows the main dream, which begins as follows: *She is climbing down from a height over a curiously shaped trellis, and she is glad that her dress doesn't get caught anywhere, etc.* Now the preliminary dream refers to the house of the lady's parents. The words which are spoken in the kitchen are words which she has probably often heard spoken by her mother. The piles of clumsy pots and pans are taken from an unpretentious hardware shop located in the same house. The second part of this dream contains an allusion to the dreamer's father, who was always pestering the maids, and who during a flood -- for the house stood close to the bank of the river -- contracted a fatal illness. The thought which is concealed behind the preliminary dream is something like this: `Because I was born in this house, in such sordid and unpleasant surroundings . . .' The main dream takes up the same thought, and presents it in a form that has been altered by a wish-fulfilment: `I am of exalted origin.' Properly then: `Because I am of such humble origin, the course of my life has been so and so.'

As far as I can see, the division of a dream into two unequal portions does not always signify a causal relation between the thoughts of the two portions. It often seems as though in the two dreams the same material were presented from different points of view; this is certainly the case when a series of dreams, dreamed the same night, end in a seminal emission, the somatic need enforcing a more and more definite expression. Or the two dreams have proceeded from two separate centres in the dream material, and they overlap one another in the content, so that the subject which in one dream constitutes the centre co-operates in the other as an allusion, and *vice versa*. But in a certain number of dreams the division into short preliminary dreams and long subsequent dreams actually signifies a causal relation between the two portions. The other method of representing the causal relation is employed with less comprehensive material, and consists in the transformation of an image in the dream into another image, whether it be of a person or a thing. Only where this transformation is actually seen occurring in the dream shall we seriously insist on the causal relation; not where we simply note that one thing has taken the place of another. I said that both methods of representing the causal relation are really reducible to the same method; in both cases *causation* is represented by succession, sometimes by the succession of dreams, sometimes by the immediate transformation of one image into another. In the great majority of cases, of course, the causal relation is not represented at all, but is effaced amidst the succession of elements that is unavoidable even in the dream-process.

Dreams are quite incapable of expressing the alternative `either -- or'; it is their custom to take both members of this alternative into the same context, as though they had an equal right to be there. A classic example of this is contained in the dream of Irma's injection. Its latent thoughts obviously mean: I am not responsible for the persistence of Irma's pains; the responsibility rests *either* with her resistance to accepting the solution *or* with the fact that she is living under unfavourable sexual conditions, which I am unable to change, *or* her pains are not hysterical at all, but organic. The dream, however, carries out all these possibilities, which are almost mutually exclusive, and is quite ready to add a fourth solution derived from the dream-wish. After interpreting the dream, I then inserted the *either -- or* in its context in the dream-thoughts.

But when in narrating a dream the narrator is inclined to employ the alternative *either -- or*: `It was either a garden or a living-room,' etc., there is not really an alternative in the dream-thoughts, but an `and' -- a simple addition. When we use *either -- or* we are as a rule describing a quality of vagueness in some element of the dream, but a vagueness which may still be cleared up. The rule to be applied in this case is as follows: The individual members of the alternative are to be treated as equal and connected by an `and'. For instance, after waiting long and vainly for the address of friend who is travelling in Italy, I dream that I receive a telegram which gives me the address. On the telegraph form I see printed in blue letters: the first word is blurred -- perhaps *via*

> or *villa*; the second is distinctly *Sezerno*,
> or even (*Casa*).

The second word, which reminds me of Italian names, and of our discussions on etymology, also expresses my annoyance in respect of the fact that my friend has kept his address a secret from me; but each of the possible first three words may be recognised on analysis as an independent and equally justifiable starting-point in the concatenation of ideas.

During the night before the funeral of my father I dreamed of a printed placard, a card or poster rather like the notices in the waiting-rooms of railway stations which announce that smoking is prohibited. The sign reads either:

You are requested to shut the eyes

or

You are requested to shut one eye

an alternative which I am in the habit of representing in the following form:

```
                                the
You are requested to shut  eye(s).
```

one

Each of the two versions has its special meaning, and leads along particular paths in the dream-interpretation. I had made the simplest possible funeral arrangements, for I knew what the deceased thought about such matters. Other members of the family, however, did not approve of such puritanical simplicity; they thought we should feel ashamed in the presence of the other mourners. Hence one of the wordings of the dream asks for the `shutting of one eye', that is to say, it asks that people should show consideration. The significance of the vagueness, which is here represented by an *either -- or*, is plainly to be seen. The dream-work has not succeeded in concocting a coherent and yet ambiguous wording for the dream-thoughts. Thus the two principal trains of thought are separated from each other, even in the dream-content.

In some few cases the division of a dream into two equal parts expresses the alternative which the dream finds it so difficult to present.

The attitude of dreams to the category of *antithesis* and *contradiction* is very striking. This category is simply ignored; the word `No' does not seem to exist for a dream. Dreams are particularly fond of reducing antitheses to uniformity, or representing them as one and the same thing. Dreams likewise take the liberty of representing any element whatever by its desired opposite, so that it is at first impossible to tell, in respect of any element which is capable of having an opposite, whether it is contained in the dream-thoughts in the negative or the positive sense.[2] In one of the recently cited dreams, whose introductory portion we have already interpreted (`because my origin is so and so'), the dreamer climbs down over a trellis, and holds a blossoming bough in her hands. Since this picture suggests to her the angel in paintings of the Annunciation (her own name is Mary) bearing a lily-stem in his hand, and the white-robed girls walking in procession on Corpus Christi Day, when the streets are decorated with green boughs, the blossoming bough in the dream is quite clearly an allusion to sexual innocence. But the bough is thickly studded with red blossoms, each of which resembles a camellia. At the end of her walk (so the dream continues) the blossoms are already beginning to fall; then follow unmistakable allusions to menstruation. But this very bough, which is carried like a lily-stem and as though by an innocent girl, is also an allusion to Camille, who, as we know, usually wore a white camellia, but a red one during menstruation. The same blossoming bough (`the flower of maidenhood' in Goethe's songs of the miller's daughter) represents at once sexual innocence and its opposite. Moreover, the same dream, which expresses the dreamer's joy at having succeeded in passing through life unsullied, hints in several places (as in the falling of the blossom) at the opposite train of thought, namely, that she had been guilty of various sins against sexual purity (that is, in her childhood). In the analysis of the dream we may clearly distinguish the two trains of thought, of which the comforting one seems to be superficial, and the reproachful one more profound. The two are diametrically opposed to each other, and their similar yet contrasting elements have been represented by identical dream-elements.

The mechanism of dream-formation is favourable in the highest degree to only one of the logical relations. This relation is that of similarity, agreement, contiguity, `just as'; a relation which may be represented in our dreams, as no other can be, by the most varied expedients. The `screening' which occurs in the dream-material, or the cases of `just as', are the chief points of support for dream-formation, and a not inconsiderable part of the dream-work consists in creating new `screenings' of this kind in cases where those that already exist are prevented by the resistance of the censorship from making their way into the dream. The effort towards condensation evinced by the dream-work facilitates the representation of a relation of similarity.

Similarity, agreement, community, are quite generally expressed in dreams by contraction into *a unity*, which is either already found in the dream-material or is newly created. The first case may be referred to as *identification*, the second as *composition*. Identification is used where the dream is concerned with persons, composition where things constitute the material to be unified; but compositions are also made of persons. Localities are often treated as persons.

Identification consists in giving representation in the dream-content to only one of two or more persons who are related by some common feature, while the second person or other persons appear to be suppressed as far as the dream is concerned. In the dream this one `screening' person enters into all the relations and situations which derive from the persons whom she screens. In cases of composition, however, when persons are combined, there are already present in the dream-image features which are characteristic of, but not common to, the persons in question, so that a new unity, a composite person, appears as the result of the union of these features. The combination itself may be effected in various ways. Either the dream-person bears the name of one of the persons to whom he refers -- and in this case we simply know, in a manner that is quite analogous to knowledge in waking life, that this or that person is intended -- while the visual features belong to another person; or the dream-image itself is compounded of visual features which in reality are derived from the two. Also, in place of the visual features, the part played by the second person may be represented by the attitudes and gestures which are usually ascribed to him by the words he speaks, or by the situations in which he is placed. In this latter method of characterisation the sharp distinction between the identification and the combination of persons begins to disappear. But it may also happen that the formation of such a composite person is unsuccessful. The situations or actions of the dream are then attributed to one person, and the other -- as a rule the more important -- is introduced as an inactive spectator. Perhaps the dreamer will say: `My mother was there too' (Stekel). Such an element of the dream-content is then comparable to a determinative in hieroglyphic script which is not meant to be expressed, but is intended only to explain another sign.

The common feature which justifies the union of two person -- that is to say, which enables it to be made -- may either be represented in the dream or it may be absent. As a rule identification or composition of persons actually serves to avoid the necessity of representing this common feature. Instead of repeating: `A is ill-disposed towards me, and so is B', I make, in my dream, a composite person of A and B; or I conceive A as doing something which is alien to his character, but which is characteristic of B. The dream-person obtained in this way appears in the dream in some new connection, and the fact that he signifies both A and B justifies my inserting that which is common to both persons -- their hostility towards me -- at the proper place in the dream-interpretation. In this manner I often achieve a quite extraordinary degree of condensation of the dream-content; I am able to dispense with the direct representation of the very complicated relations belonging to one person, if I can find a second person who has an equal claim to some of these relations. It will be readily understood how far this representation by means of identification may circumvent the censoring resistance which sets up such harsh conditions for the dream-work. The thing that offends the censorship may reside in those very ideas which are connected in the dream-material with the one person; I now find a second person, who likewise stands in some relation to the objectionable material, but only to a part of it. Contact at that one point which offends the censorship now justifies my formation of a composite person, who is characterised by the indifferent features of each. This person, the result of combination or identification, being free of the censorship, is now suitable for incorporation in the dream-content. Thus, by the application of dream-condensation, I have satisfied the demands of the dream-censorship.

When a common feature of two persons is represented in a dream, this is usually a hint to look for another concealed common feature, the representation of which is made impossible by the censorship. Here a displacement of the common feature has occurred, which in some degree facilitates representation. From the circumstance that the composite person is shown to me in the dream with an indifferent common feature, I must infer that another common feature which is by no means indifferent exists in the dream-thoughts.

Accordingly, the identification or combination of persons serves various purposes in our dreams; in the first place, that of representing a feature common to two persons; secondly, that of representing a *displaced* common feature; and, thirdly, that of expressing a community of features which is merely *wished for*. As the wish for a community of features in two persons often coincides with the *interchanging* of these persons, this relation also is expressed in dreams by identification. In the dream of Irma's injection I wish to exchange one patient for another -- that is to say, I wish this other person to be my patient, as the former person has been; the dream deals with this wish by showing me a person who is called Irma, but who is examined in a position such as I have had occasion to see only the other person occupy. In the dream about my uncle this substitution is made the centre of the dream; I identify myself with the minister by judging and treating my colleagues as shabbily as he does.

It has been my experience -- and to this I have found no exception -- that every dream treats of oneself. Dreams are absolutely egoistic.[3] In cases where not my ego but only a strange person occurs in the dream-content, I may safely assume that by means of identification my ego is concealed behind that person. I am permitted to supplement my ego. On other occasions, when my ego appears in the dream the situation in which it is placed tells me that another person is concealing himself, by means of identification, behind the ego. In this case I must be prepared to find that in the interpretation I should transfer something which is connected with this person -- the hidden common feature -- to myself. There are also dreams in which my ego appears together with other persons who, when the identification is resolved, once more show themselves to be my ego.

Through these identifications I shall then have to connect with my ego certain ideas to which the censorship has objected. I may also give my ego multiple representation in my dream, either directly or by means of identification with other people. By means of several such identifications an extraordinary amount of thought material may be condensed.[4] That one's ego should appear in the same dream several times or in different forms is fundamentally no more surprising than that it should appear, in conscious thinking, many times and in different places or in different relations: as, for example, in the sentence: `When *I* think what a healthy child *I* was.'

Still easier than in the case of persons is the resolution of identifications in the case of localities designated by their own names, as here the disturbing influence of the all-powerful ego is lacking. In one of my dreams of Rome (p.96) the name of the place in which I find myself is *Rome*; I am surprised, however, by a large number of German placards at a street corner. This last is a wish-fulfilment, which immediately suggests *Prague*; the wish itself probably originated at a period of my youth when I was imbued with a German nationalistic spirit which today is quite subdued. At the time of my dream I was looking forward to meeting a friend in *Prague*; the identification of Rome with Prague is therefore explained by a desired common feature; I would rather meet my friend in Rome than in Prague; for the purpose of this meeting I should like to exchange Prague for Rome.

The possibility of creating composite formations is one of the chief causes of the fantastic character so common in dreams, in that it introduces into the dream-content elements which could never have been objects of perception. The psychic process which occurs in the creation of composite formations is obviously the same as that which we employ in conceiving or figuring a dragon or a centaur in our waking senses. The only difference is that in the fantastic creations of waking life the impression intended is itself the decisive factor, while the composite formation in the dream is determined by a factor -- the common feature in the dream-thoughts -- which is independent of its form. Composite formations in dreams may be achieved in a great many different ways. In the most artless of these methods only the properties of the one thing are represented, and this representation is accompanied by a knowledge that they refer to another object also. A more careful technique combines features of the one object with those of the other in a new image, while it makes skilful use of any really existing resemblances between the two objects. The new creation may prove to be wholly absurd, or even successful as a fantasy, according as the material and the wit employed in constructing it may permit. If the objects to be condensed into a unity are too incongruous, the dream-work is content with creating a composite formation with a comparatively distinct nucleus, to which are attached more indefinite modifications. The unification into one image has here been to some extent unsuccessful; the two representations overlap one another, and give rise to something like a contest between the visual images. Similar representations might be obtained in a drawing if one were to attempt to give form to a unified abstraction of disparate perceptual images.

Dreams naturally abound in such composite formations; I have given several examples of these in the dreams already analysed, and will now cite more such examples. In the dream on p. 199, which describes the career of my patient `in flowery language', the dream-ego carries a spray of blossom in her hand which, as we have seen, signifies at once sexual innocence and sexual transgression. Moreover, from the manner in which the blossoms are set on, they recall cherry-blossom; the blossoms themselves, considered singly, are *camellias*, and finally the whole spray gives the dreamer the impression of an *exotic* plant. The common feature in the elements of this composite formation is revealed by the dream-thoughts. The blossoming spray is made up of allusions to presents by which she was induced or was to have been induced to behave in a manner agreeable to the giver. So it was with cherries in her childhood, and with a camellia-tree in her later years; the exotic character is an allusion to a much-travelled naturalist, who sought to win her favour by means of a drawing of a flower. Another female patient contrives a composite meaning out of *bathing machines* at a seaside resort, country *privies*, and the *attics* of our city dwelling-houses. A reference to human nakedness and exposure is common to the first two elements; and we may infer from their connection with the third element that (in her childhood) the garret was likewise the scene of bodily exposure. A dreamer of the male sex makes a composite locality out of two places in which `treatment' is given -- my office and the assembly rooms in which he first became acquainted with his wife. Another, a female patient, after her elder brother has promised to regale her with caviare, dreams that his legs are *covered all over with black beads of caviare*. The two elements, `*taint*' in a moral sense and the recollection of a cutaneous eruption in childhood which made her legs look as though studded over with *red* instead of black spots, have here been combined with the beads of *caviare* to form a new idea -- the idea of `*what she gets from her brother*.' In this dream parts of the human body are treated as objects, as is usually the case in dreams. In one of the dreams recorded by Ferenczi there occurs a composite formation made up of the person of a *physician* and a *horse*, and this composite being wears a *nightshirt*. The common feature in these three components was revealed in the analysis, after the nightshirt had been recognised as an allusion to the father of the dreamer in a scene of childhood. In each of the three cases there was some object of her sexual curiosity. As a child she had often been taken by her nurse to the army stud, where she had the amplest opportunity to satisfy her curiosity, at that time still uninhibited.

I have already stated that the dream has no means of expressing the relation of contradiction, contrast, negation. I shall now contradict this assertion for the first time. A certain number of cases of what may be summed up under the word `contrast' obtain representation, as we have seen, simply by means of identification -- that is, when an exchange, a substitution, can be bound up with the contrast. Of this we have cited repeated examples. Certain other of the contrasts in the dream-thoughts, which perhaps come under the category of `*inverted, turned into the opposite*', are represented in dreams in the following remarkable manner, which may almost be described as witty. The `inversion' does not itself make its way into the dream-content, but manifests its presence in the material by the fact that a part of the already formed dream-content which is, for other reasons, closely connected in context is -- as it were subsequently -- *inverted*. It is easier to illustrate this process than to describe it. In the beautiful `Up and Down' dream (p. 176) the dream-representation of ascending is an inversion of its prototype in the dream-thoughts: that is, of the introductory scene of Daudet's *Sappho*; in the dream climbing is difficult at first and easy later on, whereas in the novel it is easy at first, and later becomes more and more difficult. Again, `above' and `below', with reference to the dreamer's brother, are reversed in the dream. This points to a relation of inversion or contrast between two parts of the material in the dream-thoughts, which indeed we found in them, for in the childish fantasy of the dreamer he is carried by his nurse, while in the novel, on the contrary, the hero carries his beloved. My dream of Goethe's attack on Herr M. (to be cited later) likewise contains an inversion of this sort, which must be set right before the dream can be interpreted. In this dream Goethe attacks a young man, Herr M.; the reality, as contained in the dream-thoughts, is that an eminent man, a friend of mine, has been attacked by an unknown young author. In the dream I reckon time from the date of Goethe's death; in reality the reckoning was made from the year in which the paralytic was born. The thought which influences the dream-material reveals itself as my opposition to the treatment of Goethe as though he were a lunatic. `It is the other way about,' says the dream; `if you don't understand the book it is you who are feeble-minded, not the author.' All these dreams of inversion, moreover, seem to me to imply an allusion to the contemptuous phrase, `to turn one's back upon a person' (German: *einem die Kehrseite zeigen*, lit. to show a person one's backside): cf. the inversion in respect of the dreamer's brother in the Sappho dream. It is further worth noting how frequently inversion is employed in precisely those dreams which are inspired by repressed homosexual impulses.

Moreover, inversion, or transformation into the opposite, is one of the most favoured and most versatile methods of representation which the dream-work has at its disposal. It serves, in the first place, to enable the wish-fulfilment to prevail against a definite element of the dream-thoughts. `If only it were the other way about!' is often the best expression for the reaction of the ego against a disagreeable recollection. But inversion becomes extraordinarily useful in the service of the censorship, for it effects, in the material to be represented, a degree of distortion which at first simply paralyses our understanding of the dream. It is therefore always permissible, if a dream stubbornly refuses to surrender its meaning, to venture on the experimental inversion of definite portions of its manifest content. Then, not infrequently, everything becomes clear.

Besides the inversion of content, the temporal inversion must not be overlooked. A frequent device of dream-distortion consists in presenting the final issue of the event or the conclusion of the train of thought at the beginning of the dream, and appending at the end of the dream, and appending at the end of the dream the premises of the conclusion, or the causes of the event. Anyone who forgets this technical device of dream-distortion stands helpless before the problem of dream-interpretation.[5]

In many cases, indeed, we discover the meaning of the dream only when we have subjected the dream-content to a multiple inversion, in accordance with the different relations. For example, in the dream of a young patient who is suffering from obsessional neurosis, the memory of the childish death-wish directed against a dreaded father concealed itself behind the following words: *His father scolds him because he comes home so late*, but the context of the psychoanalytic treatment and the impressions of the dreamer show that the sentence must be read as follows: *He is angry with his father*, and further, that his father always *came home too early* (i.e. too soon). He would have preferred that his father should not come home at all, which is identical with the wish (see p. 143 ff.) that his father would die. As a little boy, during the prolonged absence of his father, the dreamer was guilty of a sexual aggression against another child, and was punished by the threat: `Just you wait until your father comes home!'

If we should seek to trace the relations between the dream-content and the dream-thoughts a little farther, we shall do this best by making the dream itself our point of departure, and asking ourselves: What do certain formal characteristics of the dream-presentation signify in relation to the dream-thoughts? First and foremost among the formal characteristics which are bound to impress us in dreams are the differences in the sensory intensity of the single dream-images, and in the distinctness of various parts of the dream, or of whole dreams as compared with one another. The differences in the intensity of individual dream images cover the whole gamut, from a sharpness of definition which one is inclined -- although without warrant -- to rate more highly than that of reality, to a provoking indistinctness which we declare to be characteristic of dreams, because it really is not wholly comparable to any of the degrees of indistinctness which we occasionally perceive in real objects. Moreover, we usually describe the impression which we receive of an indistinct object in a dream as `fleeting', while we think of the more distinct dream-images as having been perceptible also for a longer period of time. We must now ask ourselves by what conditions in the dream-material these differences in the distinctness of the individual portions of the dream-content are brought about.

Before proceeding farther, it is necessary to deal with certain expectations which seem to be almost inevitable. Since actual sensations experienced during sleep may constitute part of the dream-material, it will probably be assumed that these sensations, or the dream-elements resulting from them, are emphasised by a special intensity, or conversely, that anything which is particularly vivid in the dream can probably be traced to such real sensations during sleep. My experience, however, has never confirmed this. It is not true that those elements of a dream which are derivatives of real impressions perceived in sleep (nerve stimuli) are distinguished by their special vividness from others which are based on memories. The factor of reality is inoperative in determining the intensity of dream-images.

Further, it might be expected that the sensory intensity (vividness) of single dream-images is in proportion to the psychic intensity of the elements corresponding to them in the dream-thoughts. In the latter, intensity is identical with psychic value; the most intense elements are in fact the most significant, and these constitute the central point of the dream-thoughts. We know, however, that it is precisely these elements which are usually not admitted to the dream-content, owing to the vigilance of the censorship. Still, it might be possible for their most immediate derivatives, which represent them in the dream, to reach a higher degree of intensity without, however, for that reason constituting the central point of the dream-representation. This assumption also vanishes as soon as we compare the dream and the dream-material. The intensity of the elements in the one has nothing to do with the intensity of the elements in the other; as a matter of fact, a complete `*transvaluation of all psychic values*' takes place between the dream-material and the dream. The very element of the dream which is transient and hazy, and screened by more vigorous images, is often discovered to be the one and only direct derivative of the topic that completely dominates the dream-thoughts.

The intensity of the dream-elements proves to be determined in a different manner: that is, by two factors which are mutually independent. It will readily be understood that those elements by means of which the wish-fulfilment expresses itself are those which are intensely represented. But analysis tells us that from the most vivid elements of the dream the greatest number of trains of thought proceed, and that those which are most vivid are at the same time those which are best determined. No change of meaning is involved if we express this latter empirical proposition in the following formula: The greatest intensity is shown by those elements of the dream for whose formation the most extensive *condensation-work* was required. We may, therefore, expect that it will be possible to express this condition, as well as the other condition of the wish-fulfilment in a single formula.

I must utter a warning that the problem which I have just been considering -- the causes of the greater or lesser intensity or distinctness of single elements in dreams -- is not to be confounded with the other problem -- that of variations in the distinctness of whole dreams or sections of dreams. In the former case the opposite of distinctness is haziness; in the latter, confusion. It is, of course, undeniable that in both scales the two kinds of intensities rise and fall in unison. A portion of the dream which seems clear to us usually contains vivid elements; an obscure dream, on the contrary, is composed of less vivid elements. But the problem offered by the scale of definition, which ranges from the apparently clear to the indistinct or confused, is far more complicated than the problem of the fluctuations in vividness of the dream-elements. For reasons which will be given later, the former cannot at this stage be further discussed. In isolated cases one observes, not without surprise, that the impression of distinctness or indistinctness produced by a dream has nothing to do with the dream-structure, but proceeds from the dream-material, as one of its ingredients. Thus, for example, I remember a dream which on waking seemed so particularly well-constructed, flawless and clear that I made up my mind, while I was still in a somnolent state, to admit a new category of dreams -- those which had not been subject to the mechanism of condensation and distortion, and which might thus be described as `fantasies during sleep.' A closer examination, however, proved that this unusual dream suffered from the same structural flaws and breaches as exist in all other dreams; so I abandoned the idea of a category of `dream-fantasies'.[6] The content of the dream, reduced to its lowest terms, was that I was expounding to a friend a difficult and long-sought theory of bisexuality, and the wish-fulfilling power of the dream was responsible for the fact that this theory (which, by the way, was not communicated in the dream) appeared to be so lucid and flawless. Thus, what I believed to be a judgment as regards the finished dream was a part, and indeed the most essential part, of the dream-content. Here the dream-work reached out, as it were, into my first waking thoughts, and presented to me, in the form of a *judgment* of the dream, that part of the dream-material which it had failed to represent with precision in the dream. I was once confronted with the exact counterpart of this case by a female patient who at first absolutely declined to relate a dream which was necessary for the analysis `because it was so hazy and confused', and who finally declared, after repeatedly protesting the inaccuracy of her description, that it seemed to her that several persons -- herself, her husband, and her father -- had occurred in the dream, and that she had not known whether her husband was her father, or who really was her father, or something of that sort. Comparison of this dream with the ideas which occurred to the dreamer in the course of the sitting showed beyond a doubt that it dealt with the rather commonplace story of a maidservant who has to confess that she is expecting a child, and hears doubts expressed as to `who the father really is'.[7] The obscurity manifested by this dream, therefore, was once more a portion of the dream-exciting material. A fragment of this material was represented in the *form* of the dream. *The form of the dream or of dreaming is employed with astonishing frequency to represent the concealed content*.

Glosses on the dream, and seemingly harmless comments on it, often serve in the most subtle manner to conceal -- although, of course, they really betray -- a part of what is dreamed. As, for example, when the dreamer says: *Here the dream was wiped out*, and the analysis gives an infantile reminiscence of listening to someone cleaning himself after defecation. Or another example, which deserves to be recorded in detail: A young man has a very distinct dream, reminding him of fantasies of his boyhood which have remained conscious. He found himself in a hotel at a seasonal resort; it was night; he mistook the number of his room, and entered a room in which an elderly lady and her two daughters were undressing to go to bed. He continues: `*Then there are some gaps in the dream*; something is missing; and at the end there was a man in the room, who wanted to throw me out, and with whom I had to struggle.' He tries in vain to recall the content and intention of the boyish fantasy to which the dream obviously alluded. But we finally become aware that the required content had already been given in his remarks concerning the indistinct part of the dream. The `gaps' are the genital apertures of the women who are going to bed: `Here something is missing' describes the principal characteristic of the female genitals. In his young days he burned with curiosity to see the female genitals, and was still inclined to adhere to the infantile sexual theory which attributes a male organ to women.

A very similar form was assumed in an analogous reminiscence of another dreamer. He dreamed: *I go with Fräulein K. into the restaurant of the Volksgarten* . . . then comes a dark place, an interruption . . . *then I find myself in the salon of a brothel, where I see two or three women, one in a chemise and drawers*.

Analysis. -- Fräulein K. is the daughter of his former employer; as he himself admits, she was a sister-substitute. He rarely had the opportunity of talking to her, but they once had a conversation in which `one recognised one's sexuality, so to speak, as though one were to say: I am a man and you are a woman.' He had been only once to the above-mentioned restaurant, when he was accompanied by the sister of his brother-in-law, a girl to whom he was quite indifferent. On another occasion he accompanied three ladies to the door of the restaurant. The ladies were his sister, his sister-in-law, and the girl already mentioned. He was perfectly indifferent to all three of them, but they all belonged to the `sister category'. He had visited a brothel but rarely, perhaps two or three times in his life.

The interpretation is based on the `dark place', the `interruption' in the dream, and informs us that on occasion, but in fact only rarely, obsessed by his boyish curiosity, he had inspected the genitals of his sister, a few years his junior. A few days later the misdemeanour indicated in the dream recurred to his conscious memory.

All dreams of the same night belong, in respect of their content, to the same whole; their division into several parts, their grouping and number, are all full of meaning and may be regarded as pieces of information about the latent dream-thoughts. In the interpretation of dreams consisting of several main sections, or of dreams belonging to the same night, we must not overlook the possibility that these different and successive dreams mean the same thing, expressing the same impulses in different material. That one of these homologous dreams which comes first in time is usually the most distorted and most bashful, while the next dream is bolder and more distinct.

Even Pharaoh's dream of the ears and the kine, which Joseph interpreted, was of this kind. It is given by Josephus in greater detail than in the Bible. After relating the first dream, the King said: `After I had seen this vision I awaked out of my sleep, and, being in disorder, and considering with myself what this appearance should be, I fell asleep again, and saw another dream much more wonderful than the foregoing, which still did more affright and disturb me.' After listening to the relation of the dream, Joseph said: `This dream, O King, although seen under two forms, signifies one and the same event of things.'[18]

Jung, in his *Beitrag sur Psychologie des Gerüchtes*, relates how a veiled erotic dream of a schoolgirl was understood by her friends without interpretation, and continued by them with variations, and he remarks, with reference to one of these narrated dreams, `that the concluding idea of a long series of dream-images had precisely the same content as the first image of the series had endeavoured to represent. The censorship thrust the complex out of the way as long as possible by a constant renewal of symbolic screenings, displacements, transformations into something harmless, etc.' Scherner was well acquainted with this peculiarity of dream-representation, and describes it in his *Leben des Traumes* in terms of a special law in the Appendix to his doctrine of organic stimulation: `But finally, in all symbolic dream-formations emanating from definite nerve stimuli, the fantasy observes the general law that at the beginning of the dream it depicts the stimulating object only by the remotest and freest allusions, but towards the end, when the graphic impulse becomes exhausted, the stimulus itself is nakedly represented by its appropriate organ or its function; whereupon the dream, itself describing its organic motive, achieves its end . . .'

A pretty confirmation of this law of Scherner's has been furnished by Otto Rank in his essay *Ein Traum, der sich selbst deutet*. This dream, related to him by a girl, consisted of two dreams of the same night, separated by an interval of time, the second of which ended with an orgasm. It was possible to interpret this orgastic dream in detail in spite of the few ideas contributed by the dreamer, and the wealth of relations between the two dream-contents made it possible to recognise that the first dream expressed in modest language the same thing as the second, so that the latter -- the orgastic dream -- facilitated a full explanation of the former. From this example, Rank very justifiably argues the significance of orgastic dreams for the theory of dreams in general.

But in my experience it is only in rare cases that one is in a position to translate the lucidity or confusion of a dream, respectively, into a certainty or doubt in the dream-material. Later on I shall have to disclose a hitherto unmentioned factor in dream-formation, upon whose operation this qualitative scale in dreams is essentially dependent.

In many dreams in which a certain situation and environment are preserved for some time, there occur interruptions which may be described in the following words: `But then it seemed as though it were, at the same time, another place, and there such and such a thing happened.' In these cases what interrupts the main action of the dream, which after a while may be continued again, reveals itself in the dream-material as a subordinate clause, an interpolated thought. Conditionality in the dream-thoughts is represented by simultaneity in the dream-content (*wenn* or *wann* = if or when, while).

We may now ask, What is the meaning of the sensation of inhibited movement which so often occurs in dreams, and is so closely allied to anxiety? One wants to move, and is unable to stir from the spot; or wants to accomplish something, and encounters obstacle after obstacle. The train is about to start, and one cannot reach it; one's hand is raised to avenge an insult, and its strength fails, etc. We have already met with this sensation in exhibition-dreams, but have as yet made no serious attempt to interpret it. It is convenient, but inadequate, to answer that there is motor paralysis in sleep, which manifests itself by means of the sensation alluded to. We may ask: `Why is it, then, that we do not dream continually of such inhibited movements?' And we may permissibly suspect that this sensation, which may at any time occur during sleep, serves some sort of purpose for representation, and is evoked only when the need of this representation is present in the dream-material.

Inability to do a thing does not always appear in the dream as a sensation; it may appear simply as part of the dream-content. I think one case of this kind is especially fitted to enlighten us as to the meaning of this peculiarity. I shall give an abridged version of a dream in which I seem to be accused of dishonesty. *The scene is a mixture made up of a private sanatorium and several other places. A manservant appears, to summon me to an inquiry. I know in the dream that something has been missed, and that the inquiry is taking place because I am suspected of having appropriated the lost article. Analysis shows that inquiry is to be taken in two senses; it includes the meaning of medical examination. Being conscious of my innocence, and my position as consultant in this sanatorium, I calmly follow the manservant. We are received at the door by another manservant who says, pointing at me, `Have you brought him? Why, he is a respectable man.' Thereupon, and unattended, I enter a great hall where there are many machines, which reminds me of an inferno with its hellish instruments of punishment. I see a colleague strapped to an appliance; he has every reason to be interested in my appearance, but he takes no notice of me. I understand that I may now go. Then I cannot find my hat, and cannot go after all.*

The wish that the dream fulfils is obviously the wish that my honesty shall be acknowledged, and that I may be permitted to go; there must therefore be all sorts of material in the dream-thoughts which comprise a contradiction of this wish. The fact that I may go is the sign of my absolution; if, then, the dream provides at its close an event which prevents me from going, we may readily conclude that the suppressed material of the contradiction is asserting itself in this feature. The fact that I cannot find my hat therefore means: `You are not after all an honest man.' The inability to do something in the dream is *the expression of a contradiction, a `No'*; so that our earlier assertion, to the effect that the dream is not capable of expressing a negation, must be revised accordingly.[2]

In other dreams in which the inability to do something occurs, not merely as a situation, but also as a sensation, the same contradiction is more emphatically expressed by the sensation of inhibited movement, or a will to which a counter-will is opposed. Thus the sensation of inhibited movement represents a *conflict of will*. We shall see later on that this very motor paralysis during sleep is one of the fundamental conditions of the psychic process which functions during dreaming. Now an impulse which is conveyed to the motor system is none other than the will, and the fact that we are certain that this impulse will be inhibited in sleep makes the whole process extraordinarily well-adapted to the representation of a *will* towards something and of a `*No*' which opposes itself thereto. From my explanation of anxiety, it is easy to understand why the sensation of the inhibited will is so closely allied to anxiety, and why it is so often connected with it in dreams. Anxiety is a libidinal impulse which emanates from the unconscious and is inhibited by the preconscious.[10] Therefore, when a sensation of inhibition in the dream is accompanied by anxiety, the dream must be concerned with a volition which was at one time capable of arousing libido; there must be a sexual impulse.

As for the judgment which is often expressed during a dream: `Of course, it is only a dream', and the psychic force to which it may be ascribed, I shall discuss these questions later on. For the present I will merely say that they are intended to depreciate the importance of what is being dreamed. The interesting problem allied to this, as to what is meant if a certain content in the dream is characterised in the dream itself as having been `dreamed' -- the riddle of a `dream within a dream' -- has been solved in a similar sense by W. Stekel, by the analysis of some convincing examples. Here again the part of the dream `dreamed' is to be depreciated in value and robbed of its reality; that which the dreamer continues to dream after waking from the `dream within a dream' is what the dream-wish desires to put in place of the obliterated reality. It may therefore be assumed that the part `dreamed' contains the representation of the reality, the real memory, while, on the other hand, the continued dream contains the representation of what the dreamer merely wishes. The inclusion of a certain content in `a dream within a dream' is therefore equivalent to the wish that what has been characterised as a dream had never occurred. In other words: when a particular incident is represented by the dream-work in a `dream', it signifies the strongest confirmation of the reality of this incident, the most emphatic *affirmation* of it. The dream-work utilises the dream itself as a form of repudiation, and thereby confirms the theory that a dream is a wish-fulfilment.

[1] I have since given the complete analysis and synthesis of two dreams in the *Bruchstück einer Hysterieanalyse*, 1905 (*Ges. Schriften*, Bd. viii). Fragment of an Analysis of a Case of Hysteria, translated by Strachey, *Collected Papers*, vol. iii, Hogarth Press, London. O. Rank's analysis, *Ein Traum der sich selbst deutet*, deserves mention as the most complete interpretation of a comparatively long dream.

[2] From a work of K. Abel's *Der Gegensinn der Urworte*, 1884 (see my review of it in the Bleuler-Freud *Jahrbuch*, ii, 1910 (*Ges. Schriften*, Bd. x), I learned the surprising fact, which is confirmed by other philologists, that the oldest languages behaved just as dreams do in this regard. They had originally only one word for both extremes in a series of qualities or activities (strong-weak, old-young, far-near, bind-separate), and formed separate designations for the two opposites only secondarily, by slight modifications of the common primitive word. Abel demonstrates a very large number of those relationships in ancient Egyptian, and points to distinct remnants of the same development in the Semitic and Indo-Germanic languages.

[3] cf. here the observations made on pp. 161ff.

[4] If I do not know behind which of the persons appearing in the dream I am to look for my ego, I observe the following rule: That person in the dream who is subject to an emotion which I am aware of while asleep is the one that conceals my ego.

[5] The hysterical attack often employs the same device of temporal inversion in order to conceal its meaning from the observer. The attack of a hysterical girl, for example, consists in enacting a little romance, which she has imagined in the unconscious in connection with an encounter in a tram. A man, attracted by the beauty of her foot, addresses her while she is reading, whereupon she goes with him and a passionate love-scene ensues. Her attack begins with the representation of this scene by writhing movements of the body (accompanied by movements of the lips and folding of the arms to signify kisses and embraces), whereupon she hurries into the next room, sits down on a chair, lifts her skirt in order to show her foot, acts as though she were about to read a book, and speaks to me (answers me). Cf. the observation of Artemidorus: `In interpreting dreamstories one must consider them the first time from the beginning to the end, and the second time from the end to the beginning.'

[6] I do not know today whether I was justified in doing so.

[7] Accompanying hysterical symptoms, amenorrhoea and profound depression were the chief troubles of this patient.

[8] Josephus, *Antiquities of the Jews*, book ii, chap. v, trans. by Wm. Whiston, David McKay, Philadelphia.

[9] A reference to an experience of childhood emerges, in the complete analysis, through the following connecting links: `The Moor has done his duty, the Moor can go.' And then follows the waggish question: `How old is the Moor when he has done his duty?' -- `A

year, then he can go (walk).' (It is said that I came into the world with so much black curly hair that my mother declared that I was a little Moor.) The fact that I cannot find my hat is an experience of the day which has been exploited in various senses. Our servant, who is a genius at stowing things away, had hidden the hat. A rejection of melancholy thoughts of death is concealed behind the conclusion of the dream: `I have not nearly done my duty yet; I cannot go yet.' Birth and death together -- as in the dream of Goethe and the paralytic, which was a little earlier in date.

[10] This theory is not in accordance with more recent views.

D. REGARD FOR REPRESENTABILITY

We have hitherto been concerned with investigating the manner in which our dreams represent the relations between the dream-thoughts, but we have often extended our inquiry to the further question as to what alterations the dream-material itself undergoes for the purposes of dream-formation. We now know that the dream-material, after being stripped of a great many of its relations, is subjected to compression, while at the same time displacements of the intensity of its elements enforce a psychic transvaluation of this material. The displacements which we have considered were shown to be substitutions of one particular idea for another, in some way related to the original by its associations, and the displacements were made to facilitate the condensation, inasmuch as in this manner, instead of two elements, a common mean between them found its way into the dream. So far no mention has been made of any other kind of displacement. But we learn from the analyses that displacement of another kind does occur, and that it manifests itself in *an exchange of the verbal expression* for the thought in question. In both cases we are dealing with a displacement along a chain of associations, but the same process takes place in different psychic spheres, and the result of this displacement in the one case is that one element is replaced by another, while in the other case an element exchanges its verbal shape for another.

This second kind of displacement occurring in dream-formation is not only of great theoretical interest, but is also peculiarly well-fitted to explain the appearance of fantastic absurdity in which dreams disguise themselves. Displacement usually occurs in such a way that a colourless and abstract expression of the dream-thought is exchanged for one that is pictorial and concrete. The advantage, and along with it the purpose, of this substitution is obvious. Whatever is pictorial is *capable of representation* in dreams and can be fitted into a situation in which abstract expression would confront the dream-representation with difficulties not unlike those which would arise if a political leading article had to be represented in an illustrated journal. Not only the possibility of representation, but also the interests of condensation and of the censorship, may be furthered by this exchange. Once the abstractly expressed and unserviceable dream-thought is translated into pictorial language, those contacts and identities between this new expression and the rest of the dream-material which are required by the dream-work, and which it contrives whenever they are not available, are more readily provided, since in every language concrete terms, owing to their evolution, are richer in associations than are abstract terms. It may be imagined that a good part of the intermediate work in dream-formation, which seeks to reduce the separate dream-thoughts to the tersest and most unified expression in the dream, is effected in this manner, by fitting paraphrases of the various thoughts. The one thought whose mode of expression has perhaps been determined by other factors will therewith exert a distributive and selective influence on the expressions available for the others, and it may even do this from the very start, just as it would in the creative activity of a poet. When a poem is to be written in rhymed couplets, the second rhyming line is bound by two conditions: it must express the meaning allotted to it, and its expression must permit of a rhyme with the first line. The best poems are, of course, those in which one does not detect the effort to find a rhyme, and in which both thoughts have as a matter of course, by mutual induction, selected the verbal expression which, with a little subsequent adjustment, will permit of the rhyme.

In some cases the change of expression serves the purposes of dream-condensation more directly, in that it provides an arrangement of words which, being ambiguous, permits of the expression of more than one of the dream-thoughts. The whole range of verbal wit is thus made to serve the purpose of the dream-work. The part played by words in dream-formation ought not to surprise us. A word, as the point of junction of a number of ideas, possesses, as it were, a predestined ambiguity, and the neuroses (obsessions, phobias) take advantage of the opportunities for condensation and disguise afforded by words quite as eagerly as do dreams.[1] That dream-distortion also profits by this displacement of expression may be readily demonstrated. It is indeed confusing if one ambiguous word is substituted for two with single meanings, and the replacement of sober, everyday language by a plastic mode of expression baffles our understanding, especially since a dream never tells us whether the elements presented by it are to be interpreted literally or metaphorically, whether they refer to the dream-material directly, or only by means of interpolated expressions. Generally speaking, in the interpretation of any element of a dream it is doubtful whether it

(a) is to be accepted in the negative or the positive sense (contrast relation);

(b) is to be interpreted historically (as a memory);

(c) is symbolic; or whether

(d) its valuation is to be based upon its wording.

In spite of this versatility, we may say that the representation effected by the dream-work, *which was never even intended to be understood*, does not impose upon the translator any greater difficulties than those that the ancient writers of hieroglyphics imposed upon their readers.

I have already given several examples of dream-representations which are held together only by ambiguity of expression (`her mouth opens without difficulty', in the dream of Irma's injection; `I cannot go yet after all', in the last dream related, etc.). I shall now cite a dream in the analysis of which plastic representation of the abstract thoughts plays a greater part. The difference between such dream-interpretation and the interpretation by means of symbols may nevertheless be clearly defined; in the symbolic interpretation of dreams the key to the symbolism is selected arbitrarily by the interpreter, while in our own cases of verbal disguise these keys are universally known and are taken from established modes of speech. Provided one hits on the right idea on the right occasion, one may solve dreams of this kind, either completely or in part, independently of any statements made by the dreamer.

A lady, a friend of mine, dreams: *She is at the opera. It is a Wagnerian performance, which has lasted until 7.45 in the morning. In the stalls and pit there are tables, at which people are eating and drinking. Her cousin and his young wife, who have just returned from their honeymoon, are sitting at one of these tables; beside them is a member of the aristocracy. The young wife is said to have brought him back with her from the honeymoon quite openly, just as she might have brought back a hat. In the middle of the stalls there is a high tower, on the top of which there is a platform surrounded by an iron railing. There, high overhead, stands the conductor, with the features of Hans Richter, continually running round behind the railing, perspiring terribly; and from this position he is conducting the orchestra, which is arranged round the base of the tower. She herself is sitting in a box with a friend of her own sex* (known to me). *Her younger sister tries to hand her up, from the stalls, a large lump of coal, alleging that she had not known that it would be so long, and that she must by this time be miserably cold. (As though the boxes ought to have been heated during the long performance.*)

Although in other respects the dream gives a good picture of the situation, it is, of course, nonsensical enough: the tower in the middle of the stalls, from which the conductor leads the orchestra, and above all the coal which her sister hands up to her. I purposely asked for no analysis of this dream. With some knowledge of the personal relations of the dreamer, I was able to interpret parts of it independently of her. I knew that she had felt intense sympathy for a musician whose career had been prematurely brought to an end by insanity. I therefore decided to take the tower in the stalls *verbally*. It then emerged that the man whom she wished to see in the place of Hans Richter *towered* above all the other members of the orchestra. This tower must be described as a *composite formation by means of apposition*; by its substructure it represents the greatness of the man, but by the railing at the top, behind which he runs round like a prisoner or an animal in a cage (an allusion to the name of the unfortunate man[2]), it represents his later fate. `Lunatic-tower' is perhaps the expression in which the two thoughts might have met.

Now that we have discovered the dream's method of representation, we may try, with the same key, to unlock the meaning of the second apparent absurdity, that of the coal which her sister hands up to the dreamer. `Coal' should mean `secret love'.

> No fire, no coal so hotly glows
> As the secret love of which no one knows.

She and her friend *remain seated*[3] while her younger sister, who still has a prospect of marrying, hands her up the coal `because she did not know *that it would be so long*.' What would be so long is not told in the dream. If it were an anecdote, we should say `the performance'; but in the dream we may consider the sentence as it is, declare it to be ambiguous, and add `before she married'. The interpretation `secret love' is then confirmed by the mention of the cousin who is sitting with his wife in the stalls, and by the *open love-affair* attributed to the latter. The contrasts between secret and open love, between the dreamer's fire and the coldness of the young wife, dominate the dream. Moreover, here once again there is a person `*in a high position*' as a middle term between the aristocrat and the musician who is justified in raising high hopes.

In the above analysis we have at last brought to light a third factor, whose part in the transformation of the dream-thoughts into the dream-content is by no means trivial: namely, consideration of the *suitability of the dream-thoughts for representation in the particular psychic material of which the dream makes use* -- that is, for the most part in visual images. Among the various subordinate ideas associated with the essential dream-thoughts, those will be preferred which permit of visual representation, and the dream-work does not hesitate to recast the intractable thoughts into another verbal form, even though this is a more unusual form, provided it makes representation possible, and thus puts an end to the psychological distress caused by strangulated thinking. This pouring of the thought-content into another mould may at the same time serve the work of condensation, and may establish relations with another thought which otherwise would not have been established. It is even possible that this second thought may itself have previously changed its original expression for the purpose of meeting the first one half-way.

Herbert Silberer[4] has described a good method of directly observing the transformation of thoughts into images which occurs in dream-formation, and has thus made it possible to study in isolation this one factor of the dream-work. If while in a state of fatigue and somnolence he imposed upon himself a mental effort, it frequently happened that the thought escaped him, and in its place there appeared a picture in which he could recognise the substitute for the thought. Not quite appropriately, Silberer described this substitution as `auto-symbolic'. I shall cite here a few examples from Silberer's work, and on account of certain peculiarities of the phenomena observed I shall refer to the subject later on.

Example 1. -- I remember that I have to correct a halting passage in an essay.

Symbol. -- I see myself planing a piece of wood.

Example 5. -- I endeavour to call to mind the aim of certain metaphysical studies which I am proposing to undertake.

This aim, I reflect, consists in working one's way through, while seeking for the basis of existence, to ever higher forms of consciousness or levels of being.

Symbol. -- I run a long knife under a cake as though to take a slice out of it.

Interpretation. -- My movement with the knife signifies `working one's way through'. . . . The explanation of the basis of the symbolism is as follows: At table it devolves upon me now and again to cut and distribute a cake, a business which I perform with a long, flexible knife, and which necessitates a certain amount of care. In particular, the neat extraction of the cut slices of cake presents a certain amount of difficulty; the knife must be carefully pushed *under* the slices in question (the slow `working one's way through' in order to get to the bottom). But there is yet more symbolism in the picture. The cake of the symbol was really a `dobos-cake' -- that is, a cake in which the knife has to cut through several *layers* (the levels of consciousness and thought).

Example 9. -- I lost the thread in a train of thought. I make an effort to find it again, but I have to recognise that the point of departure has completely escaped me.

Symbol. -- Part of a form of type, the last lines of which have fallen out.'

In view of the part played by witticisms, puns, quotations, songs, and proverbs in the intellectual life of educated persons, it would be entirely in accordance with our expectations to find disguises of this sort used with extreme frequency in the representation of the dream-thoughts. Only in the case of a few types of material has a generally valid dream-symbolism established itself on the basis of generally known allusions and verbal equivalents. A good part of this symbolism, however, is common to the psychoneuroses, legends, and popular usages as well as to dreams.

In fact, if we look more closely into the matter, we must recognise that in employing this kind of substitution the dream-work is doing nothing at all original. For the achievement of its purpose, which in this case is representation without interference from the censorship, it simply follows the paths which it finds already marked out in unconscious thinking, and gives the preference to those transformations of the repressed material which are permitted to become conscious also in the form of witticisms and allusions, and with which all the fantasies of neurotics are replete. Here we suddenly begin to understand the dream-interpretations of Scherner, whose essential correctness I have vindicated elsewhere. The preoccupation of the imagination with one's own body is by no means peculiar to or characteristic of the dream alone. My analyses have shown me that it is constantly found in the unconscious thinking of neurotics, and may be traced back to sexual curiosity, whose object, in the adolescent youth or maiden, is the genitals of the opposite sex, or even of the same sex. But, as Scherner and Volkelt very truly insist, the house does not constitute the only group of ideas which is employed for the symbolisation of the body, either in dreams or in the unconscious fantasies of neurosis. To be sure, I know patients who have steadily adhered to an architectural symbolism for the body and the genitals (sexual interest, of course, extends far beyond the region of the external genital organs) -- patients for whom posts and pillars signify legs (as in the *Song of Songs*), to whom every door suggests a bodily aperture (`hole'), and every water-pipe the urinary system, and so on. But the groups of ideas appertaining to plant-life, or to the kitchen, are just as often chosen to conceal sexual images;[5] in respect of the former everyday language, the sediment of imaginative comparisons dating from the remotest times, has abundantly paved the way (the `vineyard' of the Lord, the `seed' of Abraham, the `garden' of the maiden in the *Song of Songs*). The ugliest as well as the most intimate details of sexual life may be thought or dreamed of in apparently innocent allusions to culinary operations, and the symptoms of hysteria will become absolutely unintelligible if we forget that sexual symbolism may conceal itself behind the most commonplace and inconspicuous matters as its safest hiding-place. That some neurotic children cannot look at blood and raw meat, that they vomit at the sight of eggs and macaroni, and that the dread of snakes, which is natural to mankind, is monstrously exaggerated in neurotics -- all this has a definite sexual meaning. Wherever the neurosis employs a disguise of this sort, it treads the paths once trodden by the whole of humanity in the early stages of civilisation -- paths to whose thinly veiled existence our idiomatic expressions, proverbs, superstitions, and customs testify to this day.

I here insert the promised `flower-dream' of a female patient, in which I shall print in Roman type everything which is to be sexually interpreted. This beautiful dream lost all its charm for the dreamer once it had been interpreted.

(a) Preliminary dream: *She goes to the two maids in the kitchen and scolds them for taking so long to prepare `a little bite of food'. She also sees a very large number of heavy kitchen utensils in the kitchen, heaped into piles and turned upside down in order to drain.* Later addition: *The two maids go to fetch water, and have, as it were, to climb into a river which reaches up to the house or into the courtyard.*[6]

(b) Main dream:[7] *She is descending from a height*[8] *over curiously constructed railings, or a fence which is composed of large square trelliswork hurdles with small square apertures.*[9] *It is really not adapted for climbing; she is constantly afraid that she cannot find a place for her foot, and she is glad that her dress doesn't get caught anywhere, and that she is able to climb down it so respectably.*[10] *As she climbs she is carrying a* big branch *in her hand,*[11] *really like a tree, which is thickly studded with* red flowers; *a spreading branch, with many twigs.*[12] *With this is connected the idea of cherry-blossoms* (Blüten = flowers), *but they look like fully opened* camellias, *which of course do not grow on trees. As she is descending, she first has one, then suddenly two, and then again only one.*[13] *When she has reached the ground the lower flowers have already begun to fall. Now that she has reached the bottom she sees an `odd man' who is combing -- as she would like to put it -- just such a tree, that is, with a piece of wood he is scraping* thick bunches of hair *from it, which hang from it like moss. Other men have chopped off such branches in a garden, and have flung them into the road, where they are lying about, so that a number of people take some of them. But she asks whether this is right, whether she may take one, too.*[14] *In the garden there stands a young man (he is a foreigner, and known to her) toward whom she goes in order to ask him how it is possible to transplant such* branches in her own garden.[15] *He embraces her, whereupon she struggles and asks him what he is thinking of, whether it is permissible to embrace her in such a manner. He says there is nothing wrong in it, that it is permitted.*[16] *He then declares himself willing to go with her into the* other garden, *in order to show her how to put them in, and he says something to her which she does not quite understand: `Besides this I need three metres (later she says: square metres) or three fathoms of ground.' It seems as though he were asking her for something in return for his willingness, as though he had the intention of* indemnifying (reimbursing) himself in her garden, *as though he wanted to evade some law or other, to derive some advantage from it without causing her an injury. She does not know whether or not he really shows her anything.*

The above dream, which has been given prominence on account of its symbolic elements, may be described as a `biographical' dream. Such dreams occur frequently in psychoanalysis, but perhaps only rarely outside it.[17]

I have, of course, an abundance of such material, but to reproduce it here would lead us too far into the consideration of neurotic conditions. Everything points to the same conclusion, namely, that we need not assume that any special symbolising activity of the psyche is operative in dream-formation; that, on the contrary, the dream makes use of such symbolisations as are to be found ready-made in unconscious thinking, since these, by reason of their ease of representation, and for the most part by reason of their being exempt from the censorship, satisfy more effectively the requirements of dream-formation.

[1] cf. *Wit and its Relation to the Unconscious*.

[2] Hugo Wolf.

[3] [The German *sitzen geblieben* is often applied to women who have not succeeded in getting married. -- TRANS.]

[4] Bleuler-Freud *Jahrbuch*, i, 1909.

[5] A mass of corroborative material may be found in the three supplementary volumes of Edward Fuchs's *Illustrierte Sittengeschichte*; privately printed by A. Lange, Munich.

[6] For the interpretation of this preliminary dream, which is to be regarded as `causal', see p. 199.

[7] Her career.

[8] Exalted origin, the wish-contrast to the preliminary dream.

[9] A composite formation, which unites two localities, the so-called garret (German: *Boden* = floor, garret) of her father's house, in which she used to play with her brother, the object of her later fantasies, and the farm of a malicious uncle, who used to tease her.

[10] Wish-contrast to an actual memory of her uncle's farm, to the effect that she used to expose herself while she was asleep.

[11] Just as the angel bears a lily-stem in the Annunciation.

[12] For the explanation of this composite formation, see pp. 202-03; innocence, menstruation, *La Dame aux Camélias*.

[13] Referring to the plurality of the persons who serve her fantasies.

[14] Whether it is permissible to masturbate. [`*Sich einen herunterreissen*' means `to pull off' and colloquially `to masturbate'. -- TRANS.]

[15] The branch (*Ast*) has long been used to represent the male organ, and, moreover, contains a very distinct allusion to the family name of the dreamer

[16] Refers to matrimonial precautions, as does that which immediately follows.

[17] An analogous `biographical' dream is recorded on p. 242, among the examples of dream symbolism.

E. REPRESENTATION IN DREAMS BY SYMBOLS: SOME FURTHER TYPICAL DREAMS

The analysis of the last biographical dream shows that I recognised the symbolism in dreams from the very outset. But it was only little by little that I arrived at a full appreciation of its extent and significance, as the result of increasing experience, and under the influence of the works of W. Stekel, concerning which I may here fittingly say something.

This author, who has perhaps injured psychoanalysis as much as he has benefited it, produced a large number of novel symbolic translations, to which no credence was given at first, but most of which were later confirmed and had to be accepted. Stekel's services are in no way belittled by the remark that the sceptical reserve with which these symbols were received was not unjustified. For the examples upon which he based his interpretations were often unconvincing, and, moreover, he employed a method which must be rejected as scientifically unreliable. Stekel found his symbolic meanings by way of intuition, by virtue of his individual faculty of immediately understanding the symbols. But such an art cannot be generally assumed; its efficiency is immune from criticism, and its results have therefore no claim to credibility. It is as though one were to base one's diagnosis of infectious diseases on the olfactory impressions received beside the sick-bed, although of course there have been clinicians to whom the sense of smell -- atrophied in most people -- has been of greater service than to others, and who really have been able to diagnose a case of abdominal typhus by their sense of smell.

The progressive experience of psychoanalysis has enabled us to discover patients who have displayed in a surprising degree this immediate understanding of dream-symbolism. Many of these patients suffered from dementia praecox, so that for a time there was an inclination to suspect that all dreamers with such an understanding of symbols were suffering from that disorder. But this did not prove to be the case; it is simply a question of a personal gift or idiosyncrasy without perceptible pathological significance.

When one has familiarised oneself with the extensive employment of symbolism for the representation of sexual material in dreams, one naturally asks oneself whether many of these symbols have not a permanently established meaning, like the signs in shorthand; and one even thinks of attempting to compile a new dream-book on the lines of the cipher method. In this connection it should be noted that symbolism does not appertain especially to dreams, but rather to the unconscious imagination, and particularly to that of the people, and it is to be found in a more developed condition in folklore, myths, legends, idiomatic phrases, proverbs, and the current witticisms of a people than in dreams. We should have, therefore, to go far beyond the province of dream-interpretation in order fully to investigate the meaning of symbolism, and to discuss the numerous problems -- for the most part still unsolved -- which are associated with the concept of the symbol.[1] We shall here confine ourselves to say that representation by a symbol comes under the heading of the indirect representations, but that we are warned by all sorts of signs against indiscriminately classing symbolic representation with the other modes of indirect representation before we have clearly conceived its distinguishing characteristics.

In a number of cases the common quality shared by the symbol and the thing which it represents is obvious, in others it is concealed; in these latter cases the choice of the symbol appears to be enigmatic. And these are the very cases that must be able to elucidate the ultimate meaning of the symbolic relation; they point to the fact that it is of a genetic nature. What is today symbolically connected was probably united, in primitive times, by conceptual and linguistic identity.[2] The symbolic relationship seems to be a residue and reminder of a former identity. It may also be noted that in many cases the symbolic identity extends beyond the linguistic identity, as had already been asserted by Schubert (1814).[3]

Dreams employ this symbolism to give a disguised representation to their latent thoughts. Among the symbols thus employed there are, of course, many which constantly, or all but constantly, mean the same thing. But we must bear in mind the curious plasticity of psychic material. Often enough a symbol in the dream-content may have to be interpreted not symbolically but in accordance with its proper meaning; at other times the dreamer, having to deal with special memory-material, may take the law into his own hands and employ anything whatever as a sexual symbol, though it is not generally so employed. Wherever he has the choice of several symbols for the representation of a dream-content, he will decide in favour of that symbol which is in addition objectively related to his other thought-material; that is to say, he will employ an individual motivation besides the typically valid one.

Although since Scherner's time the more recent investigations of dream-problems have definitely established the existence of dream-symbolism -- even Havelock Ellis acknowledges that our dreams are indubitably full of symbols -- it must yet be admitted that the existence of symbols in dreams has not only facilitated dream-interpretation, but has also made it more difficult. The technique of interpretation in accordance with the dreamer's free associations more often than otherwise leaves us in the lurch as far as the symbolic elements of the dream-content are concerned. A return to the arbitrariness of dream-interpretation as it was practised in antiquity, and is seemingly revived by Stekel's wild interpretations, is contrary to scientific method. Consequently, those elements in the dream-content which are to be symbolically regarded compel us to employ a combined technique, which on the one hand is based on the dreamer's associations, while on the other hand the missing portions have to be supplied by the interpreter's understanding of the symbols. Critical circumspection in the solution of the symbols must coincide with careful study of the symbols in especially transparent examples of dreams in order to silence the reproach of arbitrariness in dream-interpretation. The uncertainties which still adhere to our function as dream-interpreters are due partly to our imperfect knowledge (which, however, can be progressively increased) and partly to certain peculiarities of the dream-symbols themselves. These often possess many and varied meanings, so that, as in Chinese script, only the context can furnish the correct meaning. This multiple significance of the symbol is allied to the dream's faculty of admitting over-interpretations, of representing, in the same content, various wish-impulses and thought-formations, often of a widely divergent character.

After these limitations and reservations I will proceed. The Emperor and the Empress (King and Queen)[4] in most cases really represent the dreamer's parents; the dreamer himself or herself is the prince or princess. But the high authority conceded to the Emperor is also conceded to great men, so that in some dreams, for example, Goethe appears as a father-symbol (Hitschmann). -- All elongated objects, sticks, tree-trunks, umbrellas (on account of the opening, which might be likened to an erection), all sharp and elongated weapons, knives, daggers, and pikes, represent the male member. A frequent, but not very intelligible symbol for the same is a nail-file (a reference to rubbing and scraping?). -- Small boxes, chests, cupboards, and ovens correspond to the female organ; also cavities, ships, and all kinds of vessels. -- A room in a dream generally represents a woman; the description of its various entrances and exits is scarcely calculated to make us doubt this interpretation.[5] The interest as to whether the room is `open' or `locked' will be readily understood in this connection. (Cf. Dora's dream in *Fragment of an Analysis of Hysteria*.) There is no need to be explicit as to the sort of key that will unlock the room; the symbolism of `lock and key' has been gracefully if broadly employed by Uhland in his song of the *Graf Eberstein*. -- The dream of walking through a suite of rooms signifies a brothel or a harem. But, as H. Sachs has shown by an admirable example, it is also employed to represent marriage (contrast). An interesting relation to the sexual investigations of childhood emerges when the dreamer dreams of two rooms which were previously one, or finds that a familiar room in a house of which he dreams has been divided into two, or the reverse. In childhood the female genitals and anus (the `behind'[6]) are conceived of as a single opening according to the infantile cloaca theory, and only later is it discovered that this region of the body contains two separate cavities and openings. Steep inclines, ladders, and stairs, and going up or down them, are symbolic representations of the sexual act.[7] Smooth walls over which one climbs, facades of houses, across which one lets oneself down -- often with a sense of great anxiety -- correspond to erect human bodies, and probably repeat in our dreams childish memories of climbing up parents or nurses. `Smooth' walls are men; in anxiety dreams one often holds firmly to `projections' on houses. Tables, whether bare or covered, and boards, are women, perhaps by virtue of contrast, since they have no protruding contours. `Wood', generally speaking, seems, in accordance with its linguistic relations, to represent feminine matter (*Materie*). The name of the island Madeira means `wood' in Portuguese. Since `bed and board' (*mensa et thorus*) constitute marriage, in dreams the latter is often substituted for the former, and as far as practicable the sexual representation-complex is transposed to the eating-complex. -- Of articles of dress, a woman's hat may very often be interpreted with certainty as the male genitals. In the dreams of men one often finds the necktie as a symbol for the penis; this is not only because neckties hang down in front of the body, and are characteristic of men, but also because one can select them at pleasure, a freedom which nature prohibits as regards the original of the symbol. Persons who make use of this symbol in dreams are very extravagant in the matter of ties, and possess whole collections of them.[8] All complicated machines and appliances are very probably the genitals -- as a rule the male genitals -- in the description of which the symbolism of dreams is as indefatigable as human wit. It is quite unmistakable that all weapons and tools are used as symbols for the male organ: e.g. ploughshare, hammer, gun, revolver, dagger, sword, etc. Again, many of the landscapes seen in dreams, especially those that contain bridges or wooded mountains, may be readily recognised as descriptions of the genitals. Marcinowski collected a series of examples in which the dreamer explained his dream by means of drawings, in order to represent the landscapes and places appearing in it. These drawings clearly showed the distinction between the manifest and the latent meaning of the dream. Whereas, naively regarded, they seemed to represent plans, maps, and so forth, closer investigation showed that they were representations of the human body, of the genitals, etc., and only after conceiving them thus could the dream be understood.[9] Finally, where one finds incomprehensible neologisms one may suspect combinations of components having a sexual significance. -- Children, too, often signify the genitals, since men and women are in the habit of fondly referring to their genital organs as `little man', `little woman', `little thing'. The `little brother' was correctly recognised by Stekel as the penis. To play with or to beat a little child is often the dream's representation of masturbation. The dream-work represents castration by baldness, hair-cutting, the loss of teeth, and beheading. As an insurance against castration, the dream uses one of the common symbols of a penis in double or multiple form; and the appearance in a dream of a lizard -- an animal whose tail, if pulled off, is regenerated by a new growth -- has the same meaning. Most of those animals which are utilised as genital symbols in mythology and folklore play this part also in dreams: the fish, the snail, the cat, the mouse (on account of the hairiness of the genitals), but above all the snake, which is the most important symbol of the male member. Small animals and vermin are substitutes for little children, e.g. undesired sisters or brothers. To be infected with vermin is often the equivalent for pregnancy. -- As a very recent symbol of the male organ I may mention the airship, whose employment is justified by its relation to flying, and also, occasionally, by its form. -- Stekel has given a number of other symbols, not yet sufficiently verified, which he has illustrated by examples. The works of this author, and especially his book *Die Sprache des Traumes*, contain the richest collection of interpretations of symbols, some of which were ingeniously guessed and were proved to be correct upon investigation, as, for example, in the section on the symbolism of death. The author's lack of critical reflection, and his tendency to generalise at all costs, make his interpretations doubtful or inapplicable, so that in making use of his works caution is urgently advised. I shall therefore restrict myself to mentioning a few examples.

Right and *left*, according to Stekel, are to be understood in dreams in an ethical sense. `The right-hand path always signifies the way to righteousness, the left-hand path the path to crime. Thus the left may signify homosexuality, incest, and perversion, while the right signifies marriage, relations with a prostitute, etc. The meaning is always determined by the individual moral standpoint of the dreamer' (*loc. cit.*, p. 466). *Relatives* in dreams generally stand for the genitals (pp. 373 ff.). Here I can confirm this meaning only for the son, the daughter, and the younger sister -- that is, wherever `little thing' could be employed. On the other hand, verified examples allow us to recognise *sisters* as symbols of the breasts, and *brothers* as symbols of the larger hemispheres. To be unable to overtake a carriage is interpreted by Stekel as regret at being unable to catch up with a difference in age (p. 479). The *luggage* of a traveller is the burden of sin by which one is oppressed (*ibid.*). But a traveller's luggage often proves to be an unmistakable symbol of one's own genitals. To numbers, which frequently occur in dreams, Stekel has assigned a fixed symbolic meaning, but these interpretations seem neither sufficiently verified nor of universal validity, although in individual cases they can usually be recognised as plausible. We have, at all events, abundant confirmation that the figure three is a symbol of the male genitals. One of Stekel's generalisations refers to the double meaning of the genital symbols. `Where is there a symbol,' he asks, `which (if in any way permitted by the imagination) may not be used simultaneously in the masculine and the feminine sense?' To be sure, the clause in parenthesis retracts much of the absolute character of this assertion, for this double meaning is not always permitted by the imagination. Still, I think it is not superfluous to state that in my experience this general statement of Stekel's requires elaboration. Besides those symbols which are just as frequently employed for the male as for the female genitals, there are others which preponderantly, or almost exclusively, designate one of the sexes, and there are yet others which, so far as we know, have only the male or only the female signification. To use long, stiff objects and weapons as symbols of the female genitals, or hollow objects (chests, boxes, etc.) as symbols of the male genitals, is certainly not permitted by the imagination.

It is true that the tendency of dreams, and of the unconscious fantasy, to employ the sexual symbols bisexually, reveals an archaic trait, for in childhood the difference in the genitals is unknown, and the same genitals are attributed to both sexes. One may also be misled as regards the significance of a bisexual symbol if one forgets the fact that in some dreams a general reversal of sexes takes place, so that the male organ is represented by the female, and *vice versa*. Such dreams express, for example, the wish of a woman to be a man.

The genitals may even be represented in dreams by other parts of the body: the male member by the hand or the foot, the female genital orifice by the mouth, the ear, or even the eye. The secretions of the human body -- mucus, tears, urine, semen, etc. -- may be used in dreams interchangeably. This statement of Stekel's, correct in the main, has suffered a justifiable critical restriction as the result of certain comments of R. Reitler's (*Internat. Zeitschr. für Psych*., i, 1913). The gist of the matter is the replacement of an important secretion, such as the semen, by an indifferent one.

These very incomplete indications may suffice to stimulate others to make a more painstaking collection.[10] I have attempted a much more detailed account of dream-symbolism in my *Introductory Lectures on Psychoanalysis* (trans. by Joan Riviere; Allen and Unwin, London).

I shall now append a few instances of the use of such symbols, which will show how impossible it is to arrive at the interpretation of a dream if one excludes dream-symbolism, but also how in many cases it is imperatively forced upon one. At the same time, I must expressly warn the investigator against overestimating the importance of symbols in the interpretation of dreams, restricting the work of dream-translation to the translation of symbols, and neglecting the technique of utilising the associations of the dreamer. The two techniques of dream-interpretation must supplement one another; practically, however, as well as theoretically, precedence is retained by the latter process, which assigns the final significance to the utterances of the dreamer, while the symbol-translations which we undertake play an auxiliary part.

1. The hat as the symbol of a man (of the male genitals):[11] (A fragment from the dream of a young woman who suffered from agoraphobia as the result of her fear of temptation.)

`I am walking in the street in summer; I am wearing a straw hat of peculiar shape, the middle piece of which is bent upwards, while the side pieces hang downwards (here the description hesitates), and in such a fashion that one hangs lower than the other. I am cheerful and in a confident mood, and as I pass a number of young officers I think to myself: You can't do anything to me.'

As she could produce no associations to the hat, I said to her: `The hat is really a male genital organ, with its raised middle piece and the two downward-hanging side pieces.' It is perhaps peculiar that her hat should be supposed to be a man, but after all one says: *Unter die Haube kommen* (to get under the cap) when we mean: to get married. I intentionally refrained from interpreting the details concerning the unequal dependence of the two side pieces, although the determination of just such details must point the way to the interpretation. I went on to say that if, therefore, she had a husband with such splendid genitals she would not have to fear the officers; that is, she would have nothing to wish from them, for it was essentially her temptation-fantasies which prevented her from going about unprotected and unaccompanied. This last explanation of her anxiety I had already been able to give her repeatedly on the basis of other material.

It is quite remarkable how the dreamer behaved after this interpretation. She withdrew her description of the hat, and would not admit that she had said that the two side pieces were hanging down. I was, however, too sure of what I had heard to allow myself to be misled, and so I insisted that she did say it. She was quiet for a while, and then found the courage to ask why it was that one of her husband's testicles was lower than the other, and whether it was the same with all men. With this the peculiar detail of the hat was explained, and the whole interpretation was accepted by her.

The hat symbol was familiar to me long before the patient related this dream. From other but less transparent cases I believed that I might assume the hat could also stand for the female genitals.[12]

2. The `little one' as the genital organ. Being run over as a symbol of sexual intercourse.

(Another dream of the same agoraphobic patient.)

`Her mother sends away her little daughter so that she has to go alone. She then drives with her mother to the railway station, and sees her little one walking right along the track, so that she is bound to be run over. She hears the bones crack. (At this she experiences a feeling of discomfort but no real horror.) She then looks out through the carriage window, to see whether the parts cannot be seen behind. Then she reproaches her mother for allowing the little one to go out alone.'

Analysis. -- It is not an easy matter to give here a complete interpretation of the dream. It forms part of a cycle of dreams, and can be fully understood only in connection with the rest. For it is not easy to obtain the material necessary to demonstrate the symbolism in a sufficiently isolated condition. The patient at first finds that the railway journey is to be interpreted historically as an allusion to a departure from a sanatorium for nervous diseases, with whose director she was of course in love. Her mother fetched her away, and before her departure the physician came to the railway station and gave her a bunch of flowers; she felt uncomfortable because her mother witnessed this attention. Here the mother, therefore, appears as the disturber of her tender feelings, a role actually played by this strict woman during her daughter's girlhood. -- The next association referred to the sentence: `She then looks to see whether the parts cannot be seen behind.' In the dream-facade one would naturally be compelled to think of the pieces of the little daughter who had been run over and crushed. The association, however, turns in quite a different direction. She recalls that she once saw her father in the bathroom, naked, from behind; she then begins to talk about sex differences, and remarks that in the man the genitals can be seen from behind, but in the woman they cannot. In this connection she now herself offers the interpretation that `the little one' is the genital organ, and her little one (she has a four-year-old daughter) her own organ. She reproaches her mother for wanting her to live as though she had no genitals, and recognises this reproach in the introductory sentence of the dream: the mother sends her little one away, so that she has to go alone. In her fantasy, going alone through the streets means having no man, no sexual relations (*coire* = to go together), and this she does not like. According to all her statements, she really suffered as a girl through her mother's jealousy, because her father showed a preference for her.

The deeper interpretation of this dream depends upon another dream of the same night, in which the dreamer identifies herself with her brother. She was a `tomboy', and was always being told that she should have been born a boy. This identification with the brother shows with especial clearness that `the little one' signifies the genital organ. The mother threatened him (her) with castration, which could only be understood as a punishment for playing with the genital parts, and the identification, therefore, shows that she herself had masturbated as a child, though she had retained only a memory of her brother's having done so. An early knowledge of the male genitals, which she lost later, must, according to the assertions of this second dream, have been acquired at this time. Moreover, the second dream points to the infantile sexual theory that girls originate from boys as a result of castration. After I had told her of this childish belief, she at once confirmed it by an anecdote in which the boy asks the girl: `Was it cut off?' to which the girl replies: `No, it's always been like that.' Consequently the sending away of `the little one', of the genital organ, in the first dream refers also to the threatened castration. Finally, she blames her mother for not having borne her as a boy.

That `being run over' symbolises sexual intercourse would not be evident from this dream if we had not learned it from many other sources.

3. Representation of the genitals by buildings, stairs, and shafts.

(Dream of a young man inhibited by a father complex.)

`He is taking a walk with his father in a place which is certainly the Prater, for one can see the Rotunda, in front of which there is a small vestibule to which there is attached a captive balloon; the balloon, however, seems rather limp. His father asks him what this is all for; he is surprised at it, but he explains it to his father. They come into a courtyard in which lies a large sheet of tin. His father wants to pull off a big piece of this, but first looks round to see if anyone is watching. He tells his father that all he needs to do is to speak to the overseer, and then he can take as much as he wants to without any more ado. From this courtyard a flight of stairs leads down into a shaft, the walls of which are softly upholstered, rather like a leather armchair. At the end of this shaft there is a long platform, and then a new shaft begins . . .'

Analysis. -- This dreamer belonged to a type of patient which is not at all promising from a therapeutic point of view; up to a certain point in the analysis such patients offer no resistance whatever, but from that point onwards they prove to be almost inaccessible. This dream he analysed almost independently. `The Rotunda,' he said, `is my genitals, the captive balloon in front is my penis, about whose flaccidity I have been worried.' We must, however, interpret it in greater detail: the Rotunda is the buttocks, constantly associated by the child with the genitals; the smaller structure in front is the scrotum. In the dream his father asks him what this is all for -- that is, he asks him about the purpose and arrangement of the genitals. It is quite evident that this state of affairs should be reversed, and that he ought to be the questioner. As such questioning on the part of the father never occurred in reality, we must conceive the dream-thought as a wish, or perhaps take it conditionally, as follows. `If I had asked my father for sexual enlightenment . . . ' The continuation of this thought we shall presently find in another place.

The courtyard in which the sheet of tin is spread out is not to be conceived symbolically in the first instance, but originates from his father's place of business. For reasons of discretion I have inserted the tin for another material in which the father deals without, however, changing anything in the verbal expression of the dream. The dreamer had entered his father's business, and had taken a terrible dislike to the somewhat questionable practices upon which its profit mainly depended. Hence the continuation of the above dream-thought (`if I had asked him') would be: `He would have deceived me just as he does his customers.' For the `pulling off', which serves to represent commercial dishonesty, the dreamer himself gives a second explanation, namely, masturbation. This is not only quite familiar to us (see above, p. 229), but agrees very well with the fact that the secrecy of masturbation is expressed by its opposite (one can do it quite openly). Thus, it agrees entirely with our expectations that the auto-erotic activity should be attributed to the father, just as was the questioning in the first scene of the dream. The shaft he at once interprets as the vagina, by referring to the soft upholstering of the walls. That the action of coition in the vagina is described as a going down instead of in the usual way as a going up agrees with what I have found in other instances.[13]

The details -- that at the end of the first shaft there is a long platform, and then a new shaft -- he himself explains biographically. He had for some time had sexual intercourse with women, but had given it up on account of inhibitions, and now hopes to be able to begin it again with the aid of the treatment. The dream, however, becomes indistinct towards the end, and to the experienced interpreter it becomes evident that in the second scene of the dream the influence of another subject has already begun to assert itself; which is indicated by his father's business, his dishonest practices, and the vagina represented by the first shaft, so that one may assume a reference to his mother.

4. The male organ symbolised by persons and the female by a landscape.

(Dream of a woman of the lower class, whose husband is a policeman, reported by B. Dattner.)

`. . . *Then someone broke into the house and she anxiously called for a policeman. But he went peacefully with two tramps into a church,*[14] *to which a great many steps led up;*[15] *behind the church there was a mountain*[16] *on top of which there was a dense forest.*[17] *The policeman was provided with a helmet, a gorget, and a cloak.*[18] *The two vagrants, who went along with the policeman quite peaceably, had sack-like aprons tied round their loins.*[19] *A road led from the church to the mountains. This road was overgrown on each side with grass and brushwood, which became thicker and thicker as it reached the top of the mountain, where it spread out into quite a forest*.'

5. Castration dreams of children.

(a) `*A boy aged three years and five months, for whom his father's return from military service is clearly inconvenient, wakes one morning in a disturbed and excited state, and constantly repeats the question: Why did Daddy carry his head on a plate? Last night Daddy carried his head on a plate.*'

(b) `*A student who is now suffering from a severe obsessional neurosis remembers that in his sixth year he repeatedly had the following dream: He goes to the barber to have his hair cut. Then a large woman with severe features comes up to him and cuts off his head. He recognises the woman as his mother.*'

6. A modified staircase dream.

To one of my patients, a sexual abstainer, who was very ill, whose fantasy was fixated upon his mother, and who repeatedly dreamed of climbing stairs while accompanied by his mother, I once remarked that moderate masturbation would probably have been less harmful to him than his enforced abstinence. The influence of this remark provoked the following dream:

His piano teacher reproaches him for neglecting his piano-playing, and for not practising the Etudes *of Moscheles and Clementi's* Gradus ad Parnassum. With reference to this he remarked that the *Gradus*, too, is a stairway, and that the piano itself is a stairway, as it has a scale.

It may be said that there is no class of ideas which cannot be enlisted in the representation of sexual facts and wishes.

7. The sensation of reality and the representation of repetition.

A man, now thirty-five, relates a clearly remembered dream which he claims to have had when he was four years of age: *The notary with whom his father's will was deposited* -- he had lost his father at the age of three -- *brought two large Emperor-pears, of which he was given one to eat. The other lay on the windowsill of the living-room*. He woke with the conviction of the reality of what he had dreamt, and obstinately asked his mother to give him the second pear; it was, he said, still lying on the windowsill. His mother laughed at this.

Analysis. -- The notary was a jovial old gentleman who, as he seems to remember, really sometimes brought pears with him. The window-sill was as he saw it in the dream. Nothing else occurs to him in this connection, except, perhaps, that his mother has recently told him a dream. She has two birds sitting on her head; she wonders when they will fly away, but they do not fly away, and one of them flies to her mouth and sucks at it.

The dreamer's inability to furnish associations justifies the attempt to interpret it by the substitution of symbols. The two pears -- *pommes ou poires* -- are the breasts of the mother who nursed him; the window-sill is the projection of the bosom, analogous to the balconies in the dream of houses. His sensation of reality after waking is justified, for his mother had actually suckled him for much longer than the customary term, and her breast was still available. The dream is to be translated: `Mother, give (show) me the breast again at which I once used to drink.' The `once' is represented by the eating of the one pear, the `again' by the desire for the other. *The temporal repetition* of an act is habitually represented in dreams by *the numerical multiplication of an object*.

It is naturally a very striking phenomenon that symbolism should already play a part in the dream of a child of four, but this is the rule rather than the exception. One may say that the dreamer has command of symbolism from the very first.

The early age at which people make use of symbolic representation, even apart from the dream-life, may be shown by the following uninfluenced memory of a lady who is now twentyseven: *She is in her fourth year. The nursemaid is driving her, with her brother, eleven months younger, and a cousin, who is between the two in age, to the lavatory, so that they can do their little business there before going for their walk. As the oldest, she sits on the seat and the other two on chambers. She asks her (female) cousin: Have you a purse, too? Walter has a little sausage, I have a purse. The cousin answers: Yes, I have a purse, too. The nursemaid listens, laughing, and relates the conversation to the mother, whose reaction is a sharp reprimand.*

Here a dream may be inserted whose excellent symbolism permitted of interpretation with little assistance from the dreamer:

8. The question of symbolism in the dreams of normal persons.[20]

An objection frequently raised by the opponents of psychoanalysis -- and recently also by Havelock Ellis[21] -- is that, although dream-symbolism may perhaps be a product of the neurotic psyche, it has no validity whatever in the case of normal persons. But while psychoanalysis recognises no essential distinctions, but only quantitative differences, between the psychic life of the normal person and that of the neurotic, the analysis of those dreams in which, in sound and sick persons alike, the repressed complexes display the same activity, reveals the absolute identity of the mechanisms as well as of the symbolism. Indeed, the natural dreams of healthy persons often contain a much simpler, more transparent, and more characteristic symbolism than those of neurotics, which, owing to the greater strictness of the censorship and the more extensive dream-distortion resulting therefrom, are frequently troubled and obscured, and are therefore more difficult to translate. The following dream serves to illustrate this fact. This dream comes from a non-neurotic girl of a rather prudish and reserved type. In the course of conversation I found that she was engaged to be married, but that there were hindrances in the way of the marriage which threatened to postpone it. She related spontaneously the following dream:

I arrange the centre of a table with flowers for a birthday. On being questioned she states that in the dream she seemed to be at home (she has no home at the time) and experienced a feeling of happiness.

The `popular' symbolism enables me to translate the dream for myself. It is the expression of her wish to be married: the table, with the flowers in the centre, is symbolic of herself and her genitals. She represents her future wishes as fulfilled, inasmuch as she is already occupied with thoughts of the birth of a child; so the wedding has taken place long ago.

I call her attention to the fact that `the centre of a table' is an unusual expression, which she admits; but here, of course, I cannot question her more directly. I carefully refrain from suggesting to her the meaning of the symbols, and ask her only for the thoughts which occur to her mind in connection with the individual parts of the dream. In the course of the analysis her reserve gave way to a distinct interest in the interpretation, and a frankness which was made possible by the serious tone of the conversation. -- To my question as to what kind of flowers they had been, her first answer is `*expensive flowers; one has to pay for them*'; then she adds that they were *lilies-of-the-valley, violets, and pinks or carnations*. I took the word *lily* in this dream in its popular sense, as a symbol of chastity; she confirmed this, as purity occurred to her in association with *lily*. *Valley* is a common feminine dream-symbol. The chance juxtaposition of the two symbols in the name of the flower is made into a piece of dream-symbolism, and serves to emphasise the preciousness of her virginity -- *expensive flowers; one has to pay for them* -- and expresses the expectation that her husband will know how to appreciate its value. The comment, *expensive flowers*, etc., has, as will be shown, a different meaning in every one of the three different flower-symbols.

I thought of what seemed to me a venturesome explanation of the hidden meaning of the apparently quite asexual word *violets* by an unconscious relation to the French *viol*. But to my surprise the dreamer's association was the English word *violate*. The accidental phonetic similarity of the two words *violet* and *violate* is utilised by the dream to express in `the language of flowers' the idea of the violence of defloration (another word which makes use of flowersymbolism), and perhaps also to give expression to a masochistic tendency on the part of the girl. -- An excellent example of the word bridges across which run the paths to the unconscious. `*One has to pay for them*' here means life, with which she has to pay for becoming a wife and a mother.

In association with *pinks*, which she then calls *carnations, I* think of *carnal*. But her association is *colour*, to which she adds that *carnations* are the flowers which her fiancé gives her frequently and in large quantities. At the end of the conversation she suddenly admits, spontaneously, that she has not told me the truth; the word that occurred to her was not *colour*, but *incarnation*, the very word I expected. Moreover, even the word `colour' is not a remote association; it was determined by the meaning of *carnation* (i.e. *flesh-colour*) -- that is, by the complex. This lack of honesty shows that the resistance here is at its greatest because the symbolism is here most transparent, and the struggle between libido and repression is most intense in connection with this phallic theme. The remark that these flowers were often given her by her fiancé is, together with the double meaning of *carnation*, a still further indication of their phallic significance in the dream. The occasion of the present of flowers during the day is employed to express the thought of a sexual present and a return present. She gives her virginity and expects in return for it a rich love-life. But the words: `*expensive flowers; one has to pay for them*' may have a real, financial meaning. -- The flower-symbolism in the dream thus comprises the virginal female, the male symbol, and the reference to violent defloration. It is to be noted that sexual flower-symbolism, which, of course, is very widespread, symbolises the human sexual organs by flowers, the sexual organs of plants; indeed, presents of flowers between lovers may perhaps have this unconscious significance.

The birthday for which she is making preparations in the dream probably signifies the birth of a child. She identifies herself with the bridegroom, and represents him preparing her for a birth (having coitus with her). It is as though the latent thoughts were to say: `If I were he, I would not wait, but I would deflower the bride without asking her; I would use violence.' Indeed, the word *violate* points to this. Thus even the sadistic libidinal components find expression.

In a deeper stratum of the dream the sentence I *arrange*, etc., probably has an auto-erotic, that is, an infantile significance.

She also has a knowledge -- possible only in the dream -- of her physical need; she sees herself flat like a table, so that she emphasises all the more her virginity, the costliness of the *centre* (another time she calls it a *centre-piece of flowers*). Even the horizontal element of the table may contribute something to the symbol. -- The concentration of the dream is worthy of remark; nothing is superfluous, every word is a symbol.

Later on she brings me a supplement to this dream: `*I decorate the flowers with green crinkled paper*.' She adds that it was *fancy paper* of the sort which is used to disguise ordinary flowerpots. She says also: `To hide untidy things, whatever was to be seen which was not pretty to the eye; there is a gap, a little space in the flowers. The paper looks like velvet or moss.' With *decorate* she associates *decorum*, as I expected. The green colour is very prominent, and with this she associates *hope*, yet another reference to pregnancy. -- In this part of the dream the identification with the man is not the dominant feature, but thoughts of shame and frankness express themselves. She makes herself beautiful for him; she admits physical defects, of which she is ashamed and which she wishes to correct. The associations *velvet* and *moss* distinctly point to *crines pubis*.

The dream is an expression of thoughts hardly known to the waking state of the girl; thoughts which deal with the love of the senses and its organs; she is `prepared for a birthday', i.e. she has coitus; the fear of defloration and perhaps the pleasurably toned pain find expression; she admits her physical defects and overcompensates them by means of an over-estimation of the value of her virginity. Her shame excuses the emerging sensuality by the fact that the aim of it all is the child. Even material considerations, which are foreign to the lover, find expression here. The affect of the simple dream -- the feeling of bliss -- shows that here strong emotional complexes have found satisfaction.

I close with the --

9. Dream of a chemist.

(A young man who has been trying to give up his habit of masturbation by substituting intercourse with a woman.)

Preliminary statement: On the day before the dream he had been instructing a student as to *Grignard's* reaction, in which magnesium is dissolved in absolutely pure ether under the catalytic influence of iodine. Two days earlier there had been an explosion in the course of the same reaction, in which someone had burned his hand.

Dream I. *He is going to make phenylmagnesiumbromide; he sees the apparatus with particular distinctness, but he has substituted himself for the magnesium. He is now in a curious, wavering attitude. He keeps on repeating to himself: `This is the right thing, it is working, my feet are beginning to dissolve, and my knees are getting soft.' Then he reaches down and feels for his feet, and meanwhile (he does not know how) he takes his legs out of the carboy, and then again he says to himself: `That can't be . . . Yes, it has been done correctly.' Then he partially wakes, and repeats the dream to himself, because he wants to tell it to me. He is positively afraid of the analysis of the dream. He is much excited during this state of semi-sleep, and repeats continually: `Phenyl, phenyl.'*

Dream II. *He is in . . . with his whole family. He is supposed to be at the Schottentor at half-past eleven in order to keep an appointment with the lady in question, but he does not wake until half-past eleven. He says to himself: `It is too late now; when you get there* *it will be half-past twelve.' The next moment he sees the whole family gathered about the table -- his mother and the parlour-maid with the soup-tureen with peculiar distinctness. Then he says to himself: `Well, if we are sitting down to eat already, I certainly can't get away.'*

Analysis. He feels sure that even the first dream contains a reference to the lady whom he is to meet at the place of rendezvous (the dream was dreamed during the night before the expected meeting). The student whom he was instructing is a particularly unpleasant fellow; the chemist had said to him: `That isn't right, because the magnesium was still unaffected,' and the student had answered, as though he were quite unconcerned: `Nor it is.' He himself must be this student; he is as indifferent to his *analysis* as the student is to his *synthesis*; the *he* in the dream, however, who performs the operation, is myself. How unpleasant he must seem to me with his indifference to the result!

Again, he is the material with which the analysis (synthesis) is made. For the question is the success of the treatment. The legs in the dream recall an impression of the previous evening. He met a lady at a dancing class of whom he wished to make a conquest; he pressed her to him so closely that she once cried out. As he ceased to press her legs he felt her firm, responding pressure against his lower thighs as far as just above the knees, the spot mentioned in the dream. In this situation, then, the woman is the magnesium in the retort, which is at last working. He is feminine towards me, as he is virile towards the woman. If he succeeds with the woman, the treatment will also succeed. Feeling himself and becoming aware of his knees refers to masturbation, and corresponds to his fatigue of the previous day . . . The rendezvous had actually been made for half-past eleven. His wish to oversleep himself and to keep to his sexual object at home (that is, masturbation) corresponds to his resistance.

He says, in respect to the repetition of the name phenyl, that all these radicals ending in *yl* have always been pleasing to him; they are very convenient to use: benzyl, acetyl, etc. That, however, explained nothing. But when I proposed the root *Schlemihl*[22] he laughed heartily, and told me that during the summer he had read a book by Prévost which contained a chapter: *Les exclus de l'amour*, and in this there was some mention of *Schlemilies*; and in reading of these outcasts he said to himself: `That is my case.' He would have played the *Schlemihl* if he had missed the appointment.

It seems that the sexual symbolism of dreams has already been directly confirmed by experiment. In 1912 Dr K. Schrötter, at the instance of H. Swoboda, produced dreams in deeply hypnotised persons by suggestions which determined a large part of the dream-content. If the suggestion proposed that the subject should dream of normal or abnormal sexual relations, the dream carried out these orders by replacing sexual material by the symbols with which psychoanalytic dream-interpretation has made us familiar. Thus, following the suggestion that the dreamer should dream of homosexual relations with a lady friend, this friend appeared in the dream carrying a shabby travelling-bag, upon which there was a label with the printed words: `For ladies only'. The dreamer was believed never to have heard of dream-symbolisation or of dream-interpretation. Unfortunately, the value of this important investigation was diminished by the fact that

Dr Schrötter shortly afterwards committed suicide. Of his dream-experiments he gave us only a preliminary report in the *Zentralblatt für Psychoanalyse*.

Similar results were reported in 1923 by G. Roffenstein. Especially interesting were the experiments performed by Betlheim and Hartmann, because they eliminated hypnosis. These authors told stories of a crude sexual content to confused patients suffering from Korsakoff's psychosis, and observed the distortions which appeared when the material related was reproduced.[23] It was shown that the reproduced material contained symbols made familiar by the interpretation of dreams (climbing stairs, stabbing and shooting as symbols of coitus, knives and cigarettes as symbols of the penis). Special value was attached to the appearance of the symbol of climbing stairs, for, as the authors justly observed, `a symbolisation of this sort could not be effected by a conscious wish to distort.'

Only when we have formed a due estimate of the importance of symbolism in dreams can we continue the study of the *typical dreams* which was interrupted in an earlier chapter (p. 161). I feel justified in dividing these dreams roughly into two classes: first, those which always really have the same meaning, and second, those which despite the same or a similar content must nevertheless be given the most varied interpretations. Of the typical dreams belonging to the first class I have already dealt fairly fully with the examination-dream.

On account of their similar affective character, the dreams of missing a train deserve to be ranked with the examination-dreams; moreover, their interpretation justifies this approximation. They are consolation-dreams, directed against another anxiety perceived in dreams -- the fear of death. `To depart' is one of the most frequent and one of the most readily established of the death-symbols. The dream therefore says consolingly: `Reassure yourself, you are not going to die (to depart)', just as the examination-dream calms us by saying: `Don't be afraid; this time, too, nothing will happen to you.' The difficulty in understanding both kinds of dreams is due to the fact that the anxiety is attached precisely to the expression of consolation.

The meaning of the `dreams due to dental stimulus' which I have often enough had to analyse in my patients escaped me for a long time because, much to my astonishment, they habitually offered too great a resistance to interpretation. But finally an overwhelming mass of evidence convinced me that in the case of men nothing other than the masturbatory desires of puberty furnish the motive power of these dreams. I shall analyse two such dreams, one of which is also a `flying dream'. The two dreams were dreamed by the same person -- a young man of pronounced homosexuality which, however, has been inhibited in life.

He is witnessing a performance of Fidelio *from the stalls of the opera-house; he is sitting next to L., whose personality is congenial to him, and whose friendship he would like to have. Suddenly he flies diagonally right across the stalls; he then puts his hand in his mouth and draws out two of his teeth.*

He himself describes the flight by saying that it was as though he were thrown into the air. As the opera performed was *Fidelio*, he recalls the words:

> He who a charming wife acquires . . .

But the acquisition of even the most charming wife is not among the wishes of the dreamer. Two other lines would be more appropriate:

> He who succeeds in the lucky (big) throw
> The friend of a friend to be . . .

The dream thus contains the `lucky (big) throw', which is not, however, a wish-fulfilment only. For it conceals also the painful reflection that in his striving after friendship he has often had the misfortune to be `thrown out', and the fear lest this fate may be repeated in the case of the young man by whose side he has enjoyed the performance of *Fidelio*. This is now followed by a confession, shameful to a man of his refinement, to the effect that once, after such a rejection on the part of a friend, his profound sexual longing caused him to masturbate twice in succession.

The other dream is as follows: *Two university professors of his acquaintance are treating him in my place. One of them does something to his penis; he is afraid of an operation. The other thrusts an iron bar against his mouth, so that he loses one or two teeth. He is bound with four silk handkerchiefs.*

The sexual significance of this dream can hardly be doubted. The silk handkerchiefs allude to an identification with a homosexual of his acquaintance. The dreamer, who has never achieved coition (nor has he ever actually sought sexual intercourse) with men, conceives the sexual act on the lines of masturbation with which he was familiar during puberty.

I believe that the frequent modifications of the typical dream due to dental stimulus -- that, for example, in which another person draws the tooth from the dreamer's mouth -- will be made intelligible by the same explanation.[24] It may, however, be difficult to understand how `dental stimulus' can have come to have this significance. But here I may draw attention to the frequent `displacement from below to above' which is at the service of sexual repression, and by means of which all kinds of sensations and intentions occurring in hysteria, which ought to be localised in the genitals, may at all events be realised in other, unobjectionable parts of the body. We have a case of such displacement when the genitals are replaced by the face in the symbolism of unconscious thought. This is corroborated by the fact that verbal usage relates the buttocks to the cheeks,[25] and the *labia minora* to the lips which enclose the orifice of the mouth. The nose is compared to the penis in numerous allusions, and in each case the presence of hair completes the resemblance. Only one feature -- the teeth -- is beyond all possibility of being compared in this way; but it is just this coincidence of agreement and disagreement which makes the teeth suitable for purposes of representation under the pressure of sexual repression.

I will not assert that the interpretation of dreams due to dental stimulus as dreams of masturbation (the correctness of which I cannot doubt) has been freed of all obscurity.[26] I carry the explanation as far as I am able, and must leave the rest unsolved. But I must refer to yet another relation indicated by a colloquial expression. In Austria there is in use an indelicate designation for the act of masturbation, namely: `To pull one out', or `to pull one off'.[27] I am unable to say whence these colloquialisms originate, or on what symbolisms they are based; but the teeth would very well fit in with the first of the two.

Dreams of pulling teeth, and of teeth falling out, are interpreted in popular belief to mean the death of a connection. Psychoanalysis can admit of such a meaning only at the most as a joking allusion to the sense already indicated.

To the second group of typical dreams belong those in which one is flying or hovering, falling, swimming, etc. What do these dreams signify? Here we cannot generalise. They mean, as we shall learn, something different in each case; only, the sensory material which they contain always comes from the same source.

We must conclude from the information obtained in psychoanalysis that these dreams also repeat impressions of our childhood -- that is, that they refer to the games involving movement which have such an extraordinary attraction for children. Where is the uncle who has never made a child fly by running with it across the room, with outstretched arms, or has never played at falling with it by rocking it on his knee and then suddenly straightening his leg, or by lifting it above his head and suddenly pretending to withdraw his supporting hand? At such moments children shout with joy and insatiably demand a repetition of the performance, especially if a little fright and dizziness are involved in it. In after years they repeat their sensations in dreams, but in dreams they omit the hands that held them, so that now they are free to float or fall. We know that all small children have a fondness for such games as rocking and seesawing; and when they see gymnastic performances at the circus their recollection of such games is refreshed. In some boys the hysterical attack consists simply in the reproduction of such performances, which they accomplish with great dexterity. Not infrequently sexual sensations are excited by these games of movement, innocent though they are in themselves. To express the matter in a few words: it is these romping games of childhood which are being repeated in dreams of flying, falling, vertigo, and the like, but the pleasurable sensations are now transformed into anxiety. But, as every mother knows, the romping of children often enough ends in quarrelling and tears.

I have therefore good reason for rejecting the explanation that it is the condition of our cutaneous sensations during sleep, the sensation of the movements of the lungs, etc., that evoke dreams of flying and falling. As I see it, these sensations have themselves been reproduced from the memory to which the dream refers -- that they are therefore dream-content, and not dream-sources.[28]

This material, consisting of sensations of motion, similar in character, and originating from the same sources, is now used for the representation of the most manifold dream-thoughts. Dreams of flying or hovering, for the most part pleasurably toned, will call for the most widely differing interpretations -- interpretations of a quite special nature in the case of some dreamers, and interpretations of a typical nature in that of others. One of my patients was in the habit of dreaming very frequently that she was hovering a little way above the street without touching the ground. She was very short of stature, and she shunned every sort of contamination involved by intercourse with human beings. Her dream of suspension -- which raised her feet above the ground and allowed her head to tower into the air -- fulfilled both of her wishes. In the case of other dreamers of the same sex, the dream of flying had the significance of the longing: `If only I were a little bird!' Similarly, others become angels at night, because no one has ever called them angels by day. The intimate connection between flying and the idea of a bird makes it comprehensible that the dream of flying, in the case of male dreamers, should usually have a coarsely sensual significance;[29] and we should not be surprised to hear that this or that dreamer is always very proud of his ability to fly.

Dr Paul Federn (Vienna) has propounded the fascinating theory that a great many flying dreams are erection dreams, since the remarkable phenomenon of erection, which constantly occupies the human fantasy, cannot fail to be impressive as an apparent suspension of the laws of gravity (cf. the winged phalli of the ancients).

It is a noteworthy fact that a prudent experimenter like Mourly Vold, who is really averse to any kind of interpretation, nevertheless defends the erotic interpretation of the dreams of flying and hovering.[30] He describes the erotic element as `the most important motive factor of the hovering dream', and refers to the strong sense of bodily vibration which accompanies this type of dream, and the frequent connection of such dreams with erections and emissions.

Dreams of *falling* are more frequently characterised by anxiety. Their interpretation, when they occur in women, offers no difficulty, because they nearly always accept the symbolic meaning of falling, which is a circumlocution for giving way to an erotic temptation. We have not yet exhausted the infantile sources of the dream of falling; nearly all children have fallen occasionally, and then been picked up and fondled; if they fell out of bed at night, they were picked up by the nurse and taken into her bed.

People who dream often, and with great enjoyment, of *swimming*, cleaving the waves, etc., have usually been bedwetters, and they now repeat in the dream a pleasure which they have long since learned to forgo. We shall soon learn, from one example or another, to what representations dreams of swimming easily lend themselves.

The interpretation of dreams of *fire* justifies a prohibition of the nursery, which forbids children to `play with fire' so that they may not wet the bed at night. These dreams also are based on reminiscences of the *enuresis nocturna* of childhood. In my *Fragment of an Analysis of Hysteria*[31] I have given the complete analysis and synthesis of such a dream of fire in connection with the infantile history of the dreamer, and have shown for the representation of what maturer impulses this infantile material has been utilised.

It would be possible to cite quite a number of other `typical' dreams, if by such one understands dreams in which there is a frequent recurrence, in the dreams of different persons, of the same manifest dream-content. For example: dreams of passing through narrow alleys, or a whole suite of rooms; dreams of burglars, in respect of whom nervous people take measures of precaution before going to bed; dreams of being chased by wild animals (bulls, horses); or of being threatened with knives, daggers, and lances. The last two themes are characteristic of the manifest dream-content of persons suffering from anxiety, etc. A special investigation of this class of material would be well worth while. In lieu of this I shall offer two observations, which do not, however, apply exclusively to typical dreams.

The more one is occupied with the solution of dreams, the readier one becomes to acknowledge that the majority of the dreams of adults deal with sexual material and give expression to erotic wishes. Only those who really analyse dreams, that is, those who penetrate from their manifest content to the latent dream-thoughts, can form an opinion on this subject; but never those who are satisfied with registering merely the manifest content (as, for example, Näcke in his writings on sexual dreams). Let us recognise at once that there is nothing astonishing in this fact, which is entirely consistent with the principles of dream-interpretation. No other instinct has had to undergo so much suppression, from the time of childhood onwards, as the sexual instinct in all its numerous components:[32] from no other instinct are so many and such intense unconscious wishes left over, which now, in the sleeping state, generate dreams. In dream-interpretation this importance of the sexual complexes must never be forgotten, though one must not, of course, exaggerate it to the exclusion of all other factors.

Of many dreams it may be ascertained, by careful interpretation, that they may even be understood bisexually, inasmuch as they yield an indisputable over-interpretation, in which they realise homosexual impulses -- that is, impulses which are contrary to the normal sexual activity of the dreamer. But that all dreams are to be interpreted bisexually, as Stekel[33] maintains, and Adler,[34] seems to me to be a generalisation as insusceptible of proof as it is improbable, and one which, therefore, I should be loth to defend; for I should, above all, be at a loss to know how to dispose of the obvious fact that there are many dreams which satisfy other than erotic needs (taking the word in the widest sense), as, for example, dreams of hunger, thirst, comfort, etc. And other similar assertions, to the effect that `behind every dream one finds a reference to death' (Stekel), or that every dream shows `an advance from the feminine to the masculine line' (Adler), seem to me to go far beyond the admissible in the interpretation of dreams. The assertion that *all dreams call for a sexual interpretation*, against which there is such an untiring polemic in the literature of the subject, is quite foreign to my *Interpretation of Dreams.* It will not be found in any of the eight editions of this book, and is in palpable contradiction to the rest of its contents.

We have stated elsewhere that dreams which are conspicuously *innocent* commonly embody crude erotic wishes, and this we might confirm by numerous further examples. But many dreams which appear indifferent, in which we should never suspect a tendency in any particular direction, may be traced, according to the analysis, to unmistakably sexual wish-impulses, often of an unsuspected nature. For example, who, before it had been interpreted, would have suspected a sexual wish in the following dream? The dreamer relates: *Between two stately palaces there stands, a little way back, a small house, whose doors are closed. My wife leads me along the little bit of road leading to the house and pushes the door open, and then I slip quickly and easily into the interior of a courtyard that slopes steeply upwards.*

Anyone who has had experience in the translating of dreams will, of course, at once be reminded that penetration into narrow spaces and the opening of locked doors are among the commonest of sexual symbols, and will readily see in this dream a representation of attempted coition from behind (between the two stately buttocks of the female body). The narrow, steep passage is, of course, the vagina; the assistance attributed to the wife of the dreamer requires the interpretation that in reality it is only consideration for the wife which is responsible for abstention from such an attempt. Moreover, inquiry shows that on the previous day a young girl had entered the household of the dreamer; she had pleased him, and had given him the impression that she would not be altogether averse to an approach of this sort. The little house between the two palaces is taken from the reminiscence of the Hradschin in Prague, and once more points to the girl, who is a native of that city.

If, in conversation with my patients, I emphasise the frequency of the Oedipus dream -- the dream of having sexual intercourse with one's mother -- I elicit the answer: `I cannot remember such a dream.' Immediately afterwards, however, there arises the recollection of another, an unrecognisable, indifferent dream, which the patient has dreamed repeatedly, and which on analysis proves to be a dream with this very content -- that is, yet another Oedipus dream. I can assure the reader that disguised dreams of sexual intercourse with the dreamer's mother are far more frequent than undisguised dreams to the same effect.[35]

There are dreams of landscapes and localities in which emphasis is always laid upon the assurance: `I have been here before.' But this `*déja vu*' has a special significance in dreams. In this case the locality is always the genitals of the mother; of no other place can it be asserted with such certainty that one `has been here before.' I was once puzzled by the account of a dream given by a patient afflicted with obsessional neurosis. He dreamed that he called at a house where he had been *twice* before. But this very patient had long ago told me of an episode of his sixth year. At that time he shared his mother's bed, and had abused the occasion by inserting his finger into his mother's genitals while she was asleep.

A large number of dreams, which are frequently full of anxiety, and often have for content the traversing of narrow spaces, or staying long in the water, are based upon fantasies concerning the intra-uterine life, the sojourn in the mother's womb, and the act of birth. I here insert the dream of a young man who, in his fantasy, has even profited by the intra-uterine opportunity of spying upon an act of coition between his parents.

`He is in a deep shaft, in which there is a window, as in the Semmering tunnel. Through this he sees at first an empty landscape, and then he composes a picture in it, which is there all at once and fills up the empty space. The picture represents a field which is being deeply tilled by an implement, and the wholesome air, the associated idea of hard work, and the bluish-black clods of earth make a pleasant impression on him. He then goes on and sees a work on education lying open . . . and is surprised that so much attention is devoted in it to the sexual feelings (of children), which makes him think of me.'

Here is a pretty water-dream of a female patient, which was turned to special account in the course of treatment.

At her usual holiday resort on the -- Lake, she flings herself into the dark water at a place where the pale moon is reflected in the water.

Dreams of this sort are parturition dreams; their interpretation is effected by reversing the fact recorded in the manifest dream-content; thus, instead of `flinging oneself into the water', read `coming out of the water' -- that is, `being born'.[36] The place from which one is born may be recognised if one thinks of the humorous sense of the French *`la lune*'. The pale moon thus becomes the white `bottom', which the child soon guesses to be the place from which it came. Now what can be the meaning of the patient's wishing to be born at a holiday resort? I asked the dreamer this, and she replied without hesitation: `Hasn't the treatment made me as though I were *born again*?' Thus the dream becomes an invitation to continue the treatment at this summer resort -- that is, to visit her there; perhaps it also contains a very bashful allusion to the wish to become a mother herself.[37]

Another dream of parturition, with its interpretation, I take from a paper by E. Jones. *`She stood at the seashore watching a small boy, who seemed to be hers, wading into the water. This he did till the water covered him and she could only see his head bobbing up and down near the surface. The scene then changed to the crowded hall of an hotel. Her husband left her, and she ``entered into conversation with" a stranger.*

`The second half of the dream was discovered in the analysis to represent flight from her husband, and the entering into intimate relations with a third person, behind whom was plainly indicated Mr X.'s brother, mentioned in a former dream. The first part of the dream was a fairly evident birth-fantasy. In dreams as in mythology, the delivery of a child from the uterine waters is commonly represented, by way of distortion, as the entry of the child into water; among many other instances, the births of Adonis, Osiris, Moses, and Bacchus are well-known illustrations of this. The bobbing up and down of the head in the water at once recalled to the patient the sensation of quickening which she had experienced in her only pregnancy. Thinking of the boy going into the water induced a reverie in which she saw herself taking him out of the water, carrying him into the nursery, washing and dressing him, and installing him in her household.

`The second half of the dream, therefore, represents thoughts concerning the elopement, which belonged to the first half of the underlying latent content; the first half of the dream corresponded with the second half of the latent content, the birth fantasy. Besides this inversion in the order, further inversions took place in each half of the dream. In the first half the child entered the water, and then his head bobbed; in the underlying dream-thoughts the quickening occurred first, and then the child left the water (a double inversion). In the second half her husband left her; in the dream-thoughts she left her husband.'

Another parturition dream is related by Abraham -- the dream of a young woman expecting her first confinement: *From one point of the floor of the room a subterranean channel leads directly into the water (path of parturition--amniotic fluid). She lifts up a trap in the door, and there immediately appears a creature dressed in brownish für, which almost resembles a seal. This creature changes into the dreamer's younger brother, to whom her relation has always been maternal in character.*

Rank has shown from a number of dreams that parturition-dreams employ the same symbols as micturition-dreams. The erotic stimulus expresses itself in these dreams as an urethral stimulus. The stratification of meaning in these dreams corresponds with a change in the significance of the symbol since childhood.

We may here turn back to the interrupted theme (see p. 37) of the part played by organic, sleep-disturbing stimuli in dream-formation. Dreams which have come into existence under these influences not only reveal quite frankly the wish-fulfilling tendency, and the character of convenience-dreams, but they very often display a quite transparent symbolism as well, since waking not infrequently follows a stimulus whose satisfaction in symbolic disguise has already been vainly attempted in the dream. This is true of emission dreams as well as those evoked by the need to urinate or defecate. The peculiar character of emission dreams permits us directly to unmask certain sexual symbols already recognised as typical, but nevertheless violently disputed, and it also convinces us that many an apparently innocent dream-situation is merely the symbolic prelude to a crudely sexual scene. This, however, finds *direct* representation, as a rule, only in the comparatively infrequent emission dreams, while it often enough turns into an anxiety-dream, which likewise leads to waking.

The symbolism of *dreams due to urethral stimulus* is especially obvious, and has always been divined. Hippocrates had already advanced the theory that a disturbance of the bladder was indicated if one dreamt of fountains and springs (Havelock Ellis). Scherner, who has studied the manifold symbolism of the urethral stimulus, agrees that `the powerful urethral stimulus always turns into the stimulation of the sexual sphere and its symbolic imagery . . . The dream due to urethral stimulus is often at the same time the representative of the sexual dream.'

O. Rank, whose conclusions (in his paper on *Die Symbolschichtung im Wecktraum*) I have here followed, argues very plausibly that a large number of `dreams due to urethral stimulus' are really caused by sexual stimuli, which at first seek to gratify themselves by way of regression to the infantile form of urethral erotism. Those cases are especially instructive in which the urethral stimulus thus produced leads to waking and the emptying of the bladder, whereupon, in spite of this relief, the dream is continued, and expresses its need in undisguisedly erotic images.[38]

In a quite analogous manner dreams due to *intestinal stimulus* disclose the pertinent symbolism, and thus confirm the relation, which is also amply verified by ethno-psychology, of *gold* and *feces*.[39] `Thus, for example, a woman, at a time when she is under the care of a physician on account of an *intestinal disorder*, dreams of a digger for hidden treasure who is burying a treasure in the vicinity of a little wooden shed which looks like a rural *privy*. A second part of the dream has as its content how she *wipes* the *posterior* of her child, a little girl, who has *soiled herself*.'

Dreams of `rescue' are connected with parturition dreams. To rescue, especially to rescue from the water, is, when dreamed by a woman, equivalent to giving birth; this sense is, however, modified when the dreamer is a man.[40]

Robbers, burglars, and ghosts, of which we are afraid before going to bed, and which sometimes even disturb our sleep, originate in one and the same childish reminiscence. They are the nightly visitors who have waked the child in order to set it on the chamber, so that it may not wet the bed, or have lifted the coverlet in order to see clearly how the child is holding its hands while sleeping. I have been able to induce an exact recollection of the nocturnal visitor in the analysis of some of these anxiety-dreams. The robbers were always the father; the ghosts more probably corresponded to female persons in white nightgowns.

[1] Cf. the works of Bleuler and his Zurich disciples, Maeder, Abraham, and others, and of the non-medical authors (Kleinpaul and others) to whom they refer. But the most pertinent things that have been said on the subject will be found in the work of O. Rank and H. Sachs, *Die Bedeutung der Psychoanalyse für die Geisteswissenschaft*, 1913, chap. i; also E. Jones, *Die Theorie der Symbolik Intern. Zeitschr. für Psychoanalyse*, v. 1919.

[2] This conception would seem to find an extraordinary confirmation in a theory advanced by Hans Sperber (*Über den Einfluss sexueller momente auf Entstehung und Entwicklung der Sprache*, in *Imago*, i, 1912). Sperber believes that primitive words denoted sexual things exclusively, and subsequently lost their sexual significance and were applied to other things and activities, which were compared with the sexual.

[3] For example, a ship sailing on the sea may appear in the urinary dreams of Hungarian dreamers, despite the fact that the term of `to ship', for `to urinate', is foreign to this language (Ferenczi). In the dreams of the French and the other romance peoples `room' serves as a symbolic representation for woman', although these peoples have nothing analogous to the German *Frauenzimmer*. Many symbols are as old as language itself, while others are continually being coined (e.g. the aeroplane, the Zeppelin).

[4] [In the USA the father is represented in dreams as `the President', and even more often as `the Governor' -- a title which is frequently applied to the parent in everyday life. -- trans.]

[5] `A patient living in a boarding-house dreams that he meets one of the servants, and asks her what her number is; to his surprise she answers: 14. He has in fact entered into relations with the girl in question, and has often had her in his bedroom. She feared, as may be imagined, that the landlady suspected her, and had proposed, on the day before the dream, that they should meet in one of the unoccupied rooms. In reality this room had the number 14, while in the dream the woman bore this number. A clearer proof of the identification of woman and room could hardly be imagined.' (Ernest Jones, *Intern. Zeitschr. f. Psychoanalyse*, ii, 1914) (cf. Artemidorus, *The Symbolism of Dreams* [German version by F. S. Krauss, Vienna, 1881, p. 110]: `Thus, for example, the bedroom signifies the wife, supposing one to be in the house.')

[6] cf. `the *cloaca* theory' in *Three Contributions to the Theory of Sex*.

[7] I may here repeat what I have said in another place (*Die Zukünftigen Chancen der psychoanalytischen Therapie, Zentralblatt für Psychoanalyse*, i, No. 1 and 2, 1910, and *Ges. Schriften*, Bd. vi): `Some time ago I learned that a psychologist who is unfamiliar with our work remarked to one of my friends that we were surely overestimating the secret sexual significance of dreams. He stated that his most frequent dream was that of climbing a flight of stairs, and that there was surely nothing sexual behind this. Our attention having been called to this objection, we directed our investigations to the occurrence in dreams of flights of stairs, ladders, and steps, and we soon ascertained that stairs (or anything analogous to them) represent a definite symbol of coitus. The basis for this comparison is not difficult to find; with rhythmical intervals and increasing breathlessness one reaches a height, and may then come down again in a few rapid jumps. Thus the rhythm of coitus is reproduced in climbing stairs. Let us not forget to consider the colloquial usage. This tells us that `mounting' is, without further addition, used as a substitutive designation for the sexual act. In French, the step of a staircase is called *la marche; un vieux marcheur* corresponds exactly to the German, *ein alter Steiger*.'

[8] cf. in the *Zentralblatt für Psychoanalyse*, ii, 675, the drawing of a nineteen-year-old manic patient: a man with a snake as a neck-tie, which is turning towards a girl. Also the story *Der Schamhaftige (Anthropophyteia*, vi, 334): A woman entered a bathroom, and there came face to face with a man who hardly had time to put on his shirt. He was greatly embarrassed, but at once covered his throat with the front of his shirt, and said: `Please excuse me, I have no necktie.'

[9] cf. Pfister's works on cryptography and picture-puzzles.

[10] In spite of all the differences between Scherner's conception of dream-symbolism and the one developed here, I must still insist that Scherner should be recognised as the true discoverer of symbolism in dreams, and that the experience of psychoanalysis has brought his book (published in 1861) into posthumous repute.

[11] From *Nachträge zur Traumdeutung in Zentralblatt für Psychoanalyse*, i, Nos. 5 and 6, 1911.

[12] cf. Kirchgraber for a similar example (*Zentralblatt für Psychoanalyse*, iii, 1912, p. 95). Stekel reported a dream in which the hat with an obliquely-standing feather in the middle symbolised the (impotent) man.

[13] cf. comment in the *Zentralblatt für Psychoanalyse*, 1; and see above, p. 229, note 34.

[14] or chapel = vagina.

[15] symbol of coitus.

[16] mons Veneris.

[17] crines pubis.

[18] Demons in cloaks and hoods are, according to the explanation of a specialist, of a phallic character.

[19] The two halves of the scrotum.

[20] Alfred Robitsek in the *Zentralblatt für Psychoanalyse*, ii, 1911, p. 340.

[21] *The World of Dreams*, London, 1911, p. 168.

[22] [This Hebrew word is well known in German-speaking countries, even among Gentiles, and signifies an unlucky, awkward person. -- trans.]

[23] *Über Fehlreaktionen bei der Korsakoffschen Psychose, Arch. f. Psychiatrie*, Bd. lxxii. 1924.

[24] The extraction of a tooth by another is usually to be interpreted as castration (cf. hair-cutting; Stekel). One must distinguish between dreams due to dental stimulus and dreams referring to the dentist, such as have been recorded, for example, by Coriat (*Zentralblatt für Psychoanalyse*, iii, 440).

[25] [In German *Backen* = cheeks and *Hinterbacken* (lit. `hindcheeks') = buttocks. -- trans.]

[26] According to C. G. Jung, dreams due to dental stimulus in the case of women have the significance of parturition dreams. E. Jones has given valuable confirmation of this. The common element of this interpretation with that represented above may be found in the fact that in both cases (castration--birth) there is a question of removing a part from the whole body.

[27] cf. the `biographical' dream on pp. 228-9.

[28] This passage, dealing with dreams of motion, is repeated on account of the context. cf. p. 165.

[29] [A reference to the German slang word *vogeln* (to copulate) from *Vogel* (a bird). -- trans.]

[30] *Über den Traum*, Ges. Schriften, Bd. iii.

[31] *Collected Papers*, vol. iii, trans. by Alix and James Strachey, Hogarth Press, London.

[32] cf. *Three Contributions to the Theory of Sex*.

[33] W. Stekel, *Die Sprache des Traumes*, 1911.

[34] Alf. Adler, *Der Psychische Hermaphroditismus im Leben und in der Neurose*, in *Fortschritte der Medizin*, 1910, No. 16, and later papers in the *Zentralblatt für Psychoanalyse*, i, 1910-11.

[35] I have published a typical example of such a disguised Oedipus dream in No. 1 of the *Zentralblatt für Psychoanalyse* (see below); another, with a detailed analysis, was published in No. 4 of the same journal by Otto Rank. For other disguised Oedipus dreams in which the *eye* appears as a symbol, see Rank (*Int. Zeitschr. für Ps.A.*, i, 1913). Papers upon eye dreams and eye symbolism by Eder, Ferenczi, and Reitler will be found in the same issue. The blinding in the Oedipus legend and elsewhere is a substitute for castration. The ancients, by the way, were not unfamiliar with the symbolic interpretation of the undisguised Oedipus dream (see O. Rank, *Jahrb*. ii, p. 534: `Thus, a dream of Julius Caesar's of sexual relations with his mother has been handed down to us, which the oneiroscopists interpreted as a favourable omen signifying his taking possession of the earth (Mother Earth). Equally well known is the oracle delivered to the Tarquinii, to the effect that that one of them would become the ruler of Rome who should be the first to kiss his mother (*osculum matri tulerit*), which Brutus conceived as referring to Mother Earth (*terram osculo contigit, scilicet quod ea communis mater omnium mortalium esset*, Livy, I, lxi).' Cf. here the dream of Hippias in Herodotus, VI, 107: `But Hippias led the barbarians to Marathon after he had had the following dream-vision the previous night. It had seemed to Hippias that he was sleeping with his own mother. He concluded from this dream that he would return home to Athens, and would regain power, and that he would die in his fatherland in his old age.' These myths and interpretations point to a correct psychological insight. I have found that those persons who consider themselves preferred or favoured by their mothers manifest in life that confidence in themselves, and that unshakable optimism, which often seem heroic, and not infrequently compel actual success.

Typical example of a disguised Oedipus dream:

A man dreams: *He has a secret affair with a woman whom another man wishes to marry. He is concerned lest the other should discover this relation and abandon the marriage; he therefore behaves very affectionately to the man; he nestles up to him and kisses him*. -- The facts of the dreamer's life touch the dream-content only at one point. He has a secret affair with a married woman, and an equivocal expression of her husband, with whom he is on friendly terms, aroused in him the suspicion that he might have noticed something of this relationship. There is, however, in reality, yet another factor, the mention of which was avoided in the dream, and which alone gives the key to it. The life of the husband is threatened by an organic malady. His wife is prepared for the possibility of his sudden death, and our dreamer consciously harbours the intention of marrying the young widow after her husband's decease. It is through this objective situation that the dreamer finds himself transferred into the constellation of the Oedipus dream; his wish is to be enabled to kill the man, so that he may win the woman for his wife; his dream gives expression to the wish in a hypocritical distortion. Instead of representing her as already married to the other man, it represents the other man only as wishing to marry her, which indeed corresponds with his own secret intention, and the hostile wishes directed against the man are concealed under demonstrations of affection, which are reminiscences of his childish relations to his father.

[36] For the mythological meaning of water-birth, see Rank: *Der Mythus von der Geburt des Helden*, 1909.

[37] It was not for a long time that I learned to appreciate the significance of the fantasies and unconscious thoughts relating to life in the womb. They contain the explanation of the curious dread, felt by so many people, of being buried alive, as well as the profoundest unconscious reason for the belief in a life after death, which represents only the projection into the future of this mysterious life before birth. *The act of birth, moreover, is the first experience attended by anxiety, and is thus, the source and model of the affect of anxiety.*

[38] `The same symbolic representations which in the infantile sense constitute the basis of the vesical dream appear in the ``recent" sense in purely sexual significance: water = urine = semen = amniotic fluid; ship = ``to pump ship" (urinate = seed-capsule; getting wet = enuresis = coitus = pregnancy; swimming = full bladder = dwelling-place of the unborn; rain = urination = symbol of fertilization; travelling (journeying-alighting) = getting out of bed = having sexual intercourse (honeymoon journey); urinating = sexual ejaculation' (Rankin, I, c.).

[39] Freud, *Charakter und Analerotik*; Rank, *Die Symbolschichtung*, etc.; Dattner, *Intern. Zeitschr. f. Psych.* i, 1913; Reik, *Intern. Zeitschr.*, iii, 1915.

[40] For such a dream see Pfister, *Ein Fall von psychoanalytischer Seelensorge und Seelenheilung*, in *Evangelische Freiheit*, 1909. Concerning the symbol of `rescuing', see my paper, *Die Zukünftigen Chancender psychoanalytischen Therapie*, in *Zentralblatt für Psychoanalyse*, i, 1910. Also *Beitrage zur Psychologie des Liebeslebens*, i. *Über einen besonderen Typus der objektwahl beim Manne*, in *Jahrbuch für Ps.A.*, Bd. ii, 1910 (*Ges. Schriften*, Bd. v). Also Rank, *Beilege zur Rettungsphantasie* in the *Zentralblatt für Psychoanalyse*, i, 1910, p. 331; Reik, *Zur Rettungssymbolic*; ibid., p. 299.

F. EXAMPLES -- ARITHMETIC AND SPEECH IN DREAMS

Before I proceed to assign to its proper place the fourth of the factors which control the formation of dreams, I shall cite a few examples from my collection of dreams, partly for the purpose of illustrating the cooperation of the three factors with which we are already acquainted, and partly for the purpose of adducing evidence for certain unsupported assertions which have been made, or of bringing out what necessarily follows from them. It has, of course, been difficult in the foregoing account of the dream-work to demonstrate my conclusions by means of examples. Examples in support of isolated statements are convincing only when considered in the context of an interpretation of a dream as a whole; when they are wrested from their context, they lose their value; on the other hand, a dream-interpretation, even when it is by no means profound, soon becomes so extensive that it obscures the thread of the discussion which it is intended to illustrate. This technical consideration must be my excuse if I now proceed to mix together all sorts of things which have nothing in common except their reference to the text of the foregoing chapter.

We shall first consider a few examples of very peculiar or unusual methods of representation in dreams. A lady dreamed as follows: *A servant-girl is standing on a ladder as though to clean the windows, and has with her a chimpanzee and a gorilla cat* (later corrected, *angora cat*). *She throws the animals on to the dreamer; the chimpanzee nestles up to her, and this is very disgusting*. This dream has accomplished its purpose by a very simple means, namely, by taking a mere figure of speech literally, and representing it in accordance with the literal meaning of its words. `Monkey', like the names of animals in general, is an opprobrious epithet, and the situation of the dream means merely `*to hurl invectives*'. This same collection will soon furnish us with further examples of the employment of this simple artifice in the dream-work.

Another dream proceeds in a very similar manner: *A woman with a child which has a conspicuously deformed cranium; the dreamer has heard that the child acquired this deformity owing to its position in its mother's womb. The doctor says that the cranium might be given a better shape by means of compression, but that this would injure the brain. She thinks that because it is a boy it won't suffer so much from deformity*. This dream contains a plastic representation of the abstract concept `childish impressions', with which the dreamer has become familiar in the course of the treatment.

In the following example the dream-work follows rather a different course. The dream contains a recollection of an excursion to the Hilmteich, near Graz: *There is a terrible storm outside; a miserable hotel -- the water is dripping from the walls, and the beds are damp*. (The latter part of the content was less directly expressed than I give it.) The dream signifies `*superfluous*'. The abstract idea occurring in the dream-thoughts is first made equivocal by a certain abuse of language; it has perhaps been replaced by `overflowing', or by `fluid' and `super-fluid (-fluous)', and has then been brought to representation by an accumulation of like impressions. Water within, water without, water in the beds in the form of dampness -- everything fluid and `super' fluid. That for the purposes of dream-representation the spelling is much less considered than the sound of words ought not to surprise us when we remember that rhyme exercises a similar privilege.

The fact that language has at its disposal a great number of words which were originally used in a pictorial and concrete sense, but are at present used in a colourless and abstract fashion, has, in certain other cases, made it very easy for the dream to represent its thoughts. The dream has only to restore to these words their full significance, or to follow their change of meaning a little way back. For example, a man dreams that his friend, who is struggling to get out of a very tight place, calls upon him for help. The analysis shows that the tight place is a hole, and that the dreamer symbolically uses these very words to his friend: `Be careful, or you'll get yourself into a hole.'[1] Another dreamer climbs a mountain from which he obtains an extraordinarily extensive view. He identifies himself with his brother, who is editing a `review' dealing with the Far East.

In a dream in *Der Grüne Heinrich* a spirited horse is plunging about in a field of the finest oats, every grain of which is really `a sweet almond, a raisin and a new penny wrapped in red silk and tied with a bit of pig's bristle.' The poet (or the dreamer) immediately furnishes the meaning of this dream, for the horse felt himself pleasantly tickled, so that he exclaimed: `The oats are pricking me' (`I feel my oats').

In the old Norse sagas (according to Henzen) prolific use is made in dreams of colloquialisms and witty expressions; one scarcely finds a dream without a double meaning or a play upon words.

It would be a special undertaking to collect such methods of representation and to arrange them in accordance with the principles upon which they are based. Some of the representations are almost witty. They give one the impression that one would have never guessed their meaning if the dreamer himself had not succeeded in explaining it.

1. A man dreams *that he is asked for a name, which, however, he cannot recall*. He himself explains that this means: `I shouldn't dream of it.'

2. A female patient relates a dream in which *all the persons concerned were singularly large*. `That means,' she adds, `that it must deal with an episode of my early childhood, for at that time all grown-up people naturally seemed to me immensely large.' She herself did not appear in the dream.

The transposition into childhood is expressed differently in other dreams -- by the translation of time into space. One sees persons and scenes as though at a great distance, at the end of a long road, or as though one were looking at them through the wrong end of a pair of opera-glasses.

3. A man who in waking life shows an inclination to employ abstract and indefinite expressions, but who otherwise has his wits about him, dreams, in a certain connection, *that he reaches a railway station just as a train is coming in. But then the platform moves towards the train, which stands still*; an absurd inversion of the real state of affairs. This

detail, again, is nothing more than an indication to the effect that something else in the dream must be inverted. The analysis of the same dream leads to recollections of picture-books in which men were represented standing on their heads and walking on their hands.

4. The same dreamer, on another occasion, relates a short dream which almost recalls the technique of a rebus. *His uncle gives him a kiss in an automobile*. He immediately adds the interpretation, which would never have occurred to me: it means *auto-erotism*. In the waking state this might have been said in jest.

5. At a New Year's Eve dinner the host, the patriarch of the family, ushered in the New Year with a speech. One of his sons-in-law, a lawyer, was not inclined to take the old man seriously, especially when in the course of his speech he expressed himself as follows: `When I open the ledger for the Old Year and glance at its pages I see everything on the asset side and nothing, thank the Lord, on the side of liability; all you children have been a great *asset*, none of you a *liability*.' On hearing this the young lawyer thought of X, his wife's brother, who was a cheat and a liar, and whom he had recently extricated from the entanglements of the law. That night, in a dream, he saw the New Year's celebration once more, and heard the speech, or rather saw it. Instead of speaking, the old man actually opened the ledger, and on the side marked `assets' he saw his name amongst others, but on the other side, marked `liability', there was the name of his brother-in-law, X. However, the word `Liability' was changed into `Lie-Ability', which he regarded as X.'s main characteristic.[2]

6 A dreamer *treats another person for a broken bone*. The analysis shows that the fracture represents a *broken marriage vow, etc.*

7. In the dream-content the time of day often represents a certain period of the dreamer's childhood. Thus, for example, 5.15 a.m. means to one dreamer the age of five years and three months; when he was that age, a younger brother was born.

8. Another representation of *age* in a dream: *A woman is walking with two little girls; there is a difference of fifteen months in their ages*. The dreamer cannot think of any family of her acquaintance in which this is the case. She herself interprets it to mean that the two children represent her own person, and that the dream reminds her that the two traumatic events of her childhood were separated by this period of time (3½ and 4¾ years).

9. It is not astonishing that persons who are undergoing psychoanalytic treatment frequently dream of it, and are compelled to give expression in their dreams to all the thoughts and expectations aroused by it. The image chosen for the treatment is as a rule that of a journey, usually in a motorcar, this being a modern and complicated vehicle; in the reference to the speed of the car the patient's ironical humour is given free play. If the `*unconscious*', as an element of waking thought, is to be represented in the dream, it is replaced, appropriately enough, by *subterranean* localities, which at other times, when there is no reference to analytic treatment, have represented the female body or the womb. *Below* in the dream very often refers to the genitals, and its opposite, *above*, to the

face, mouth or breast. By *wild beasts* the dream-work usually symbolises passionate impulses; those of the dreamer, and also those of other persons of whom the dreamer is afraid; or thus, by means of a very slight displacement, the persons who experience these passions. From this it is not very far to the totemistic representation of the dreaded *father* by means of vicious animals, dogs, wild horses, etc. One might say that wild beasts serve to represent the *libido*, feared by the ego, and combated by repression. Even the neurosis itself, the *sick person*, is often separated from the dreamer and exhibited in the dream as an independent person.

One may go so far as to say that the dream-work makes use of all the means accessible to it for the visual representation of the dream-thoughts, whether these appear admissible or inadmissible to waking criticism, and thus exposes itself to the doubt as well as the derision of all those who have only hearsay knowledge of dream-interpretation, but have never themselves practised it. Stekel's book, *Die Sprache des Traumes*, is especially rich in such examples, but I avoid citing illustrations from this work as the author's lack of critical judgment and his arbitrary technique would make even the unprejudiced observer feel doubtful.

10. From an essay by V. Tausk (*Kleider und Farben im Dienste der Traumdarstellung*, in *Interna. Zeitschr. für Ps.A.* ii, 1914):

(a) A. dreams that *he sees his former governess wearing a dress of black lustre, which fits closely over her buttocks.* -- That means he declares this woman to be *lustful*.

(b) C. in a dream *sees a girl on the road to X, bathed in a white light and wearing a white blouse.*

The dreamer began an affair with a Miss White on this road.

11. In an analysis which I carried out in the French language I had to interpret a dream in which I appeared as an elephant. I naturally had to ask why I was thus represented. `*Vous me trompez*', answered the dreamer (*Trompe* = trunk).

The dream-work often succeeds in representing very refractory material, such as proper names, by means of the forced exploitation of very remote relation. In one of my dreams *old Brücke has set me a task. I make a preparation, and pick something out of it which looks like crumpled tinfoil.* (I shall return to this dream later). The corresponding association, which is not easy to find, is *stanniol*, and now I know that I have in mind the name of the author *Stannius*, which appeared on the title-page of a treatise on the nervous system of fishes, which in my youth I regarded with reverence. The first scientific problem which my teacher set me did actually relate to the nervous system of a fish -- the *Ammocoetes*. Obviously, this name could not be utilised in the picture-puzzle.

Here I must not fail to include a dream with a curious content, which is worth noting also as the dream of a child, and which is readily explained by analysis. A lady tells me. `I can remember that when I was a child I repeatedly dreamed that *God wore a conical paper hat on His head*. They often used to make me wear such a hat at table, so that I shouldn't be able to look at the plates of the other children and see how much they had received of any particular dish. Since I had heard that God was omniscient, the dream signified that I knew everything in spite of the hat which I was made to wear.'

What the dream-work consists in, and its unceremonious handling of its material, the dream-thoughts, may be shown in an instructive manner by the numbers and calculations which occur in dreams. Superstition, by the way, regards numbers as having a special significance in dreams. I shall therefore give a few examples of this kind from my collection.

1. From the dream of a lady, shortly before the end of her treatment:

She wants to pay for something or other; her daughter takes 3 florins 65 kreuzer from her purse; but the mother says: `What are you doing? It costs only 21 kreuzer.' This fragment of the dream was intelligible without further explanation owing to my knowledge of the dreamer's circumstances. The lady was a foreigner, who had placed her daughter at school in Vienna, and was able to continue my treatment as long as her daughter remained in the city. In three weeks the daughter's scholastic year would end, and the treatment would then stop. On the day before the dream the principal of the school had asked her whether she could not decide to leave the child at school for another year. She had then obviously reflected that in this case she would be able to continue the treatment for another year. Now, this is what the dream refers to, for a year is equal to *365* days; the three weeks remaining before the end of the scholastic year, and of the treatment, are equivalent to *21* days (though not to so many hours of treatment). The numerals, which in the dream-thoughts refer to periods of time, are given money values in the dream, and simultaneously a deeper meaning finds expression -- for `*time is money*'. 365 kreuzer, of course, are *3 florins 65 kreuzer*. The smallness of the sums which appear in the dream is a self-evident wish-fulfilment; the wish has reduced both the cost of the treatment and the year's school fees.

2. In another dream the numerals are involved in even more complex relations. A young lady, who has been married for some years, learns that an acquaintance of hers, of about the same age, Elise L., has just become engaged. Thereupon she dreams: *She is sitting in the theatre with her husband, and one side of the stalls is quite empty. Her husband tells her that Elise L. and her fiance had also wished to come to the theatre, but that they only could have obtained poor seats; three for 1 florin 50 kreuzer, and of course they could not take those. She thinks they didn't lose much, either.*

What is the origin of the 1 florin 50 kreuzer? A really indifferent incident of the previous day. The dreamer's sister-in-law had received *150* florins as a present from her husband, and hastened to get rid of them by buying some jewelery. Let us note that 150 florins is *100 times* 1 florin 50 kreuzer. But whence the 3 in connection with the seats in the theatre? There is only one association for this, namely, that the fiance is three months younger than herself. When we have ascertained the significance of the fact that one side of the stalls is empty we have the solution of the dream. This feature is an undisguised allusion to a little incident which had given her husband a good excuse for teasing her. She had decided to go to the theatre that week; she had been careful to obtain tickets a few days beforehand, and had had to pay the advance booking-fee. When they got to the theatre they found that one side of the house was almost empty; so that she certainly *need not have been in such a hurry*.

I shall now substitute the dream-thoughts for the dream: `It surely was nonsense to marry so early; there was *no need for* my being in such a hurry. From Elise L.'s example I see that I should have got a husband just the same -- and one a *hundred times* better -- if I had only waited (antithesis to the *haste* of her sister-in-laws), I could have bought *three* such men for the money (the dowry)!' -- Our attention is drawn to the fact that the numerals in this dream have changed their meanings and their relations to a much greater extent than in the one previously considered. The transforming and distorting activity of the dream has in this case been greater -- a fact which we interpret as meaning that these dream-thoughts had to overcome an unusual degree of endo-psychic resistance before they attained to representation. And we must not overlook the fact that the dream contains an absurd element, namely, that *two* persons are expected to take *three seats*. It will throw some light on the question of the interpretation of absurdity in dreams if I remark that this absurd detail of the dream-content is intended to represent the most strongly emphasised of the dream-thoughts: `It was *nonsense* to marry so early.' The figure 3, which occurs in a quite subordinate relation between the two persons compared (three months' difference in their ages), has thus been adroitly utilised to produce the idea of nonsense required by the dream. The reduction of the actual 150 florins to 1 florin 50 kreuzer corresponds to the dreamer's disparagement of her husband in her suppressed thoughts.

3. Another example displays the arithmetical powers of dreams, which have brought them into such disrepute. A man dreams: *He is sitting in the B.s' house* (the B.s are a family with which he was formerly acquainted), *and he says: `It was nonsense that you didn't give me Amy for my wife.' Thereupon, he asks the girl: `How old are you?' Answer: `I was born in 1882.' `Ah, then you are 28 years old.'*

Since the dream was dreamed in the year 1898, this is obviously bad arithmetic, and the inability of the dreamer to calculate may, if it cannot be otherwise explained, be likened to that of a general paralytic. My patient was one of those men who cannot help thinking about every woman they see. The patient who for some months came next after him in my consulting-room was a young lady; he met this lady after he had constantly asked about her, and he was very anxious to make a good impression on her. This was the lady whose age he estimated at *28*. So much for explaining the result of his apparent calculation. But *1882* was the year in which he had married. He had been unable to refrain from entering into conversation with the two other women whom he met at my house -- the two by no means youthful maids who alternately opened the door to him -- and as he did not find them very responsive, he had told himself that they probably regarded him as elderly and `serious'.

Bearing in mind these examples, and others of a similar nature (to follow), we may say: The dream-work does not calculate at all, whether correctly or incorrectly; it only strings together, in the *form* of a sum, numerals which occur in the dream-thoughts, and which may serve as allusions to material which is insusceptible of representation. It thus deals with figures, as material for expressing its intentions, just as it deals with all other concepts, and with names and speeches which are only verbal images.

For the dream-work cannot compose a new speech. No matter how many speeches and answers, which may in themselves be sensible or absurd, may occur in dreams, analysis always shows us that the dream has merely taken from the dream-thoughts fragments of speeches which have really been delivered or heard, and has dealt with them in the most arbitrary fashion. It has not only torn them from their context and mutilated them, accepting one fragment and rejecting another, but it has often fitted them together in a novel manner, so that the speech which seems coherent in dream is dissolved by analysis into three or four components. In this new application of the words the dream has often ignored the meaning which they had in the dream-thoughts, and has drawn an entirely new meaning from them.[3] Upon closer inspection he more distinct and compact ingredients of the dream-speech may be distinguished from others, which serve as connectives, and have probably been supplied, just as we supply omitted letters and syllables in reading. The dream-speech thus has the structure of *breccia*, in which the larger pieces of various material are held together by a solidified cohesive medium.

Strictly speaking, of course, this description is correct only for those dream-speeches which have something of the sensory character of a speech, and are described as `speeches'. The others, which have not, as it were, been perceived as heard or spoken (which have no accompanying acoustic or motor emphasis in the dream) are simply thoughts, such as occur in our waking life, and find their way unchanged into many of our dreams. Our reading, too, seems to provide an abundant and not easily traceable source for the indifferent speech-material of dreams. But anything that is at all conspicuous as a speech in a dream can be referred to actual speeches which have been made or heard by the dreamer.

We have already found examples of the derivation of such dream-speeches in the analyses of dreams which have been cited for other purposes. Thus, in the `innocent market-dream' (pp. 86-7) where the speech: *That is no longer to be had* serves to identify me with the butcher, while a fragment of the other speech: *I don't know that, I don't take that*, precisely fulfils the task of rendering the dream innocent. On the previous day the dreamer, replying to some unreasonable demand on the part of her cook, had waved her aside with the words: *I don't know that, behave yourself properly*, and she afterwards took into the dream the first, indifferent sounding part of the speech in order to allude to the latter part, which fitted well into the fantasy underlying the dream, but which might also have betrayed it.

Here is one of many examples which all lead to the same conclusion:

A large courtyard in which dead bodies are being burned. The dreamer says, `I'm going, I can't stand the sight of it*.' (Not a distinct speech.) *Then he meets two butcher boys and* *asks, `Well, did it taste good?' And one of them answers, `No, it wasn't good.' As though it had been human flesh.

The innocent occasion of this dream is as follows: After taking supper with his wife, the dreamer pays a visit to his worthy but by no means *appetising neighbour*. The hospitable old lady is just sitting down to her own supper, and *presses* him (among men a composite, sexually significant word is used jocosely in the place of this word) to taste it. He declines, saying that he has no appetite. She replies: `*Go on with you, you can manage it all right*', or something of the kind. The dreamer is thus forced to taste and praise what is offered him. `But that's good!' When he is alone again with his wife, he complains of his neighbour's importunity, and of the quality of the food which he has tasted. `I can't stand the sight of it', a phrase that in the dream, too, does not emerge as an actual speech, is a thought relating to the physical charms of the lady who invites him, which may be translated by the statement that he has no desire to look at her.

The analysis of another dream -- which I will cite at this stage for the sake of a very distinct speech, which constitutes its nucleus, but which will be explained only when we come to evaluate the affects in dreams -- is more instructive. I dream very vividly: *I have gone to Brücke's laboratory at night, and on hearing a gentle knocking at the door, I open it to (the deceased) Professor Fleischl, who enters in the company of several strangers, and after saying a few words sits down at his table*. Then follows a second dream: *My friend Fl. has come to Vienna, unobtrusively, in July; I meet him in the street, in conversation with my (deceased) friend P., and I go with them somewhere, and they sit down facing each other as though at a small table, while I sit facing them at the narrow end of the table. Fl. speaks of his sister, and says: `In three-quarters of an hour she was dead,' and then something like `That is the threshold.' As P. does not understand him, Fl. turns to me, and asks me how much I have told P. of his affairs. At this, overcome by strange emotions, I try to tell Fl. that P. (cannot possibly know anything, of course, because he) is not alive. But noticing the mistake myself, I say:* `Non vixit.' *Then I look searchingly at P., and under my gaze he becomes pale and blurred, and his eyes turn a sickly blue and at last he dissolves. I rejoice greatly at this; I now understand that Ernst Fleischl, too, is only an apparition, a* revenant, *and I find that it is quite possible that such a person should exist only so long as one wishes him to, and that he can be made to disappear by the wish of another person.*

This very pretty dream unites so many of the enigmatical characteristics of the dream-content -- the criticism made in the dream itself, inasmuch as I myself notice my mistake in saying *Non vixit* instead of *Non vivit*, the unconstrained intercourse with deceased persons, whom the dream itself declares to be dead, the absurdity of my conclusion, and the intense satisfaction which it gives me -- that `I would give my life' to expound the complete solution of the problem. But in reality I am incapable of doing what I do in the dream, i.e. of sacrificing such intimate friends to my ambition. And if I attempted to disguise the facts, the true meaning of the dream, with which I am perfectly familiar, would be spoiled. I must therefore be content to select a few of the elements of the dream for interpretation, some here, and some at a later stage.

The scene in which I annihilate P. with a glance forms the centre of the dream. His eyes become strange and weirdly blue, and then he dissolves. This scene is an unmistakable imitation of a scene that was actually experienced. I was a demonstrator at the Physiological Institute; I was on duty in the morning, and Brücke learned that on several occasions I had been unpunctual in my attendance at the students' laboratory. One morning, therefore, he arrived at the hour of opening, and waited for me. What he said to me was brief and to the point; but it was not what he said that mattered. What overwhelmed me was the terrible gaze of his blue eyes, before which I melted away -- as P. does in the dream, for P. has exchanged roles with me, much to my relief. Anyone who remembers the eyes of the great master, which were wonderfully beautiful even in his old age, and has ever seen him angered, will readily imagine the emotions of the young transgressor on that occasion.

But for a long while I was unable to account for the *Non vixit* with which I pass sentence in the dream. Finally, I remembered that the reason why these two words were so distinct in the dream was not because they were heard or spoken, but because they were *seen*. Then I knew at once where they came from. On the pedestal of the statue of the Emperor Joseph in the Vienna Hofburg are inscribed the following beautiful words:

> *Saluti patriae vixit*
> *non diu sed totus.*[4]

From this inscription I had taken what fitted one inimical train of thought in my dream-thoughts, and which was intended to mean: `That fellow has nothing to say in the matter, he is not really alive.' And I now recalled that the dream was dreamed a few days after the unveiling of the memorial to Fleischl, in the cloisters of the University, upon which occasion I had once more seen the memorial to Brücke, and must have thought with regret (in the unconscious) how my gifted friend P., with all his devotion to science, had by his premature death forfeited his just claim to a memorial in these halls. So I set up this memorial to him in the dream; Josef is my friend P.'s baptismal name.[5]

According to the rules of dream-interpretation, I should still not be justified in replacing *non vivit*, which I need, by *non vixit*, which is placed at my disposal by the recollection of the Kaiser Josef memorial. Some other element of the dream-thoughts must have contributed to make this possible. Something now calls my attention to the fact that in the dream scene two trains of thought relating to my friend P. meet, one hostile, the other affectionate -- the former on the surface, the latter covered up -- and both are given representation in the same words: *non vixit*. As my friend P. has deserved well of science, I erect a memorial to him; as he has been guilty of a malicious wish (expressed at the end of the dream), I annihilate him. I have here constructed a sentence with a special cadence, and in doing so I must have been influenced by some existing model. But where can I find a similar antithesis, a similar parallel between two opposite reactions to the same person, both of which can claim to be wholly justified, and which nevertheless do not attempt to affect one another? Only in one passage which, however, makes a profound impression upon the reader -- Brutus's speech of justification in Shakespeare's *Julius Caesar*. `As Caesar loved me, I weep for him; as he was fortunate, I rejoice at it; as he was valiant, I honour him; but as he was ambitious, I slew him.' Have we not here the same verbal structure, and the same antithesis of thought, as in the dream-thoughts? So I am playing Brutus in my dream. If only I could find in my dream-thoughts another collateral connection to confirm this! I think it might be the following: `My friend Fl. comes to Vienna in July.' This detail is not the case in reality. To my knowledge, my friend has never been in Vienna in July. But the month of *July* is named after *Julius Caesar*, and might therefore very well furnish the required allusion to the intermediate thought -- that I am playing the part of Brutus.[6]

Strangely enough, I once did actually play the part of Brutus. When I was a boy of fourteen, I presented the scene between Brutus and Caesar in Schiller's poem to an audience of children: with the assistance of my nephew, who was a year older than I, and who had come to us from England -- and was thus a *revenant* -- for in him I recognise the playmate of my early childhood. Until the end of my third year we had been inseparable; we had loved each other and fought each other and, as I have already hinted, this childish relation has determined all my later feelings in my intercourse with persons of my own age. My nephew John has since then had many incarnations, which have revivified first one and then another aspect of a character that is ineradicably fixed in my unconscious memory. At times he must have treated me very badly, and I must have opposed my tyrant courageously, for in later years I was often told of a short speech in which I defended myself when my father -- his grandfather -- called me to account: `Why did you hit John?' `*I hit him because he hit me.*' It must be this childish scene which causes *non vivit* to become *non vixit*, for in the language of later childhood striking is known as *wichsen* (German: *wichsen* = to polish, to wax, i.e. to thrash); and the dream-work does not disdain to take advantage of such associations. My hostility towards my friend P., which has so little foundation in reality -- he was greatly my superior, and might therefore have been a new edition of my old playmate -- may certainly be traced to my complicated relations with John during our childhood. I shall, as I have said, return to this dream later on.

[1] [Given by translator, as the author's example could not be translated.]

[2] Reported by Brill in his *Fundamental Conceptions of Psychoanalysis*.

[3] Analyses of other numerical dreams have been given by Jung, Marcinowski and others. Such dreams often involve very complicated arithmetical operations, which are none the less solved by the dreamer with astonishing confidence. Cf. also Ernest Jones, *über unbewusste Zahlenbehandlung, Zentralb. für Psychoanalyse*, 4, ii, 1912, p. 241). Neurosis behaves in the same fashion. I know a patient who -- involuntarily and unwillingly -- hears (hallucinates) songs or fragments of songs without being able to understand their significance for her psychic life. She is certainly not a paranoiac. Analysis shows that by exercising a certain licence she gave the text of these songs a false application. `Oh, thou blissful one! Oh, thou happy one!' This is the first line of a Christmas carol, but by not continuing it to the word `Christmastide', she turns it into a bridal song, etc. The same mechanism of distortion may operate, without hallucination, merely in association.

[4] The inscription in fact reads: *Saluti publicae vixit non diu sed totus*. The motive of the mistake: *patriae for publicae*, has probably been correctly divined by Wittels.

[5] As an example of over-determination: My excuse for coming late was that after working late into the night, in the morning I had to make the long journey from Kaiser-Josef-Strasse to Währinger Strasse.

[6] And also, Caesar = *Kaiser*.

G. ABSURD DREAMS -- INTELLECTUAL PERFORMANCES IN DREAMS

Hitherto, in our interpretation of dreams, we have come upon the element of *absurdity* in the dream-content so frequently that we must no longer postpone the investigation of its cause and its meaning. We remember, of course, that the absurdity of dreams has furnished the opponents of dream-interpretation with their chief argument for regarding the dream as merely the meaningless product of an attenuated and fragmentary activity of the psyche.

I will begin with a few examples in which the absurdity of the dream-content is apparent only, disappearing when the dream is more thoroughly examined. These are certain dreams which -- accidentally, one begins by thinking -- are concerned with the dreamer's dead father.

Dream 1. Here is the dream of a patient who had lost his father six years before the date of the dream:

His father had been involved in a terrible accident. He was travelling by the night express when the train was derailed, the seats were telescoped, and his head was crushed from side to side. The dreamer sees him lying on his bed; from his left eyebrow a wound runs vertically upwards. The dreamer is surprised that his father should have met with an accident (since he is dead already, as the dreamer adds in relating his dream). *His father's eyes are so clear.*

According to the prevailing standards of dream-criticism, this dream-content would be explained as follows: At first, while the dreamer is picturing his father's accident, he has forgotten that his father has already been many years in his grave; in the course of the dream this *memory* awakens, so that he is surprised at his own dream even while he is dreaming it. Analysis, however, tells us that it is quite superfluous to seek for such explanations. The dreamer had commissioned a sculptor to make a *bust* of his father, and he had inspected the bust two days before the dream. It is this which seems to him to have come to grief (the German word means `gone wrong' or `met with an accident'). The sculptor has never seen his father, and has had to work from photographs. On the very day before the dream the son had sent an old family servant to the studio in order to see whether he, too, would pass the same judgment upon the marble bust -- namely, that it was *too narrow between the temples*. And now follows the memory-material which has contributed to the formation of the dream: The dreamer's father had a habit, whenever he was harassed by business cares or domestic difficulties, of pressing his temples between his hands, as though his head was growing too large and he was trying to compress it. When the dreamer was four years old, he was present when a pistol was accidentally discharged, and his father's eyes were blackened *(his eyes are so clear)*. When his father was thoughtful or depressed, he had a deep furrow in his forehead just where the dream shows his wound. The fact that in the dream this wrinkle is replaced by a wound points to the second occasion for the dream. The dreamer had taken a photograph of his little daughter; the plate had fallen from his hand, and when he picked it up it revealed a crack which ran like a vertical furrow across the child's forehead, extending as far as the eyebrow. He could not help feeling a superstitious foreboding, for on the day before his mother's death the negative of her portrait had been cracked.

Thus, the absurdity of this dream is simply the result of a carelessness of verbal expression, which does not distinguish between the bust or the photograph and the original. We are all accustomed to making remarks like: `Don't you think it's exactly your father?' The appearance of absurdity in this dream might, of course, have been easily avoided. If it were permissible to form an opinion on the strength of a single case, one might be tempted to say that this semblance of absurdity is admitted or even desired.

Dream 2. Here is another example of the same kind from my own dreams (I lost my father in the year 1896): --

After his death my father has played a part in the political life of the Magyars, and has united them into a political whole; and here I see, indistinctly, a little picture: *a number of men, as though in the Reichstag; a man is standing on one or two chairs; there are others round about him. I remember that on his death-bed he looked so like Garibaldi, and I am glad that this promise has really come true.*

Certainly this is absurd enough. It was dreamed at the time when the Hungarians were in a state of anarchy, owing to Parliamentary *obstruction*, and were passing through the crisis from which Koloman *Széll* subsequently delivered them. The trivial circumstance that the scenes beheld in dreams consist of such little pictures is not without significance for the elucidation of this element. The customary visual dream-representations of our thoughts present images that impress us as being life-size; my dream-picture, however, is the reproduction of a wood-cut inserted in the text of an illustrated history of Austria, representing Maria Theresa in the Reichstag of Pressburg -- the famous scene of *Moriamur pro rege nostro*.[1] Like Maria Theresa, my father, in my dream, is surrounded by the multitude; but he is standing on one or two chairs (*Stühlen*), and is thus, like a *Stuhlrichter* (presiding judge). (He has *united* them; here the intermediary is the phrase: `We shall need no *judge*.') Those of us who stood about my father's death-bed did actually notice that he looked very like Garibaldi. He had a *post-mortem* rise of temperature; his cheeks shone redder and redder . . . involuntarily we continue: `And behind him, in unsubstantial (radiance), lay that which subdues us all -- the common fate.'

This uplifting of our thoughts prepares us for the fact that we shall have to deal with this `common fate'. The *post-mortem* rise in temperature corresponds to the words `after his death' in the dream-content. The most agonising of his afflictions had been a complete paralysis of the intestines (*obstruction*) during the last few weeks of his life. All sorts of disrespectful thoughts associate themselves with this. One of my contemporaries, who lost his father while still at the `gymnasium' -- upon which occasion I was profoundly moved, and tendered him my friendship -- once told me, derisively, of the distress of a relative whose father had died in the street, and had been brought home, when it appeared, upon undressing the corpse, that at the moment of death, or *post-mortem*, an evacuation of the bowels (*Stuhlentleerung*) had taken place. The daughter was deeply distressed by this circumstance, because this ugly detail would inevitably spoil her memory of her father. We have now penetrated to the wish that is embodied in this dream. To stand after one's death before one's children great and undefiled: who would not wish that? What now has become of the absurdity of this dream? The appearance of absurdity was due only to the fact that a perfectly permissible figure of speech, in which we are accustomed to ignore any absurdity that may exist as between its components, has been faithfully represented in the dream. Here again we can hardly deny that the appearance of absurdity is desired and has been purposely produced.

The frequency with which dead persons appear in our dreams as living and active and associating with us has evoked undue astonishment, and some curious explanations, which afford conspicuous proof of our misunderstanding of dreams. And yet the explanation of these dreams is close at hand. How often it happens that we say to ourselves: `If my father were still alive, what would he say to this?' The dream can express this *if* in no other way than by his presence in a definite situation. Thus, for instance, a young man whose grandfather has left him a great inheritance dreams that the old man is alive, and calls his grandson to account, reproaching him for his lavish expenditure. What we regard as an objection to the dream on account of our better knowledge that the man is already dead, is in reality the consoling thought that the dead man does not need to learn the truth, or satisfaction over the fact that he can no longer have a say in the matter.

Another form of absurdity found in dreams of deceased relatives does not express scorn and derision; it serves to express the extremest repudiation, the representation of a suppressed thought which one would like to believe the very last thing one would think of. Dreams of this kind appear to be capable of solution only if we remember that a dream makes no distinction between desire and reality. For example, a man who nursed his father during his last illness, and who felt his death very keenly, dreamed some time afterwards the following senseless dream: *His father was again living, and conversing with him as usual, but* (and this was the remarkable thing) *he had nevertheless died, though he did not know it*. This dream is intelligible if, after `he had nevertheless died', we insert *in consequence of the dreamer's wish*, and if after `but he did not know it,' we add *that the dreamer had entertained this wish*. While nursing him, the son had often wished that his father was dead; that is, he had had the really compassionate thought that it would be a good thing if death would at last put an end to his sufferings. While he was mourning his father's death, even this compassionate wish became an unconscious reproach, as though it had really contributed to shorten the sick man's life. By the awakening of the earliest infantile feelings against his father, it became possible to express this reproach as a dream; and it was precisely because of the extreme antithesis between the dream-instigator and the day-thoughts that this dream had to assume so absurd a form.[2]

As a general thing, the dreams of a deceased person of whom the dreamer has been fond confront the interpreter with difficult problems, the solution of which is not always satisfying. The reason for this may be sought in the especially pronounced ambivalence of feeling which controls the relation of the dreamer to the dead person. In such dreams it is quite usual for the deceased person to be treated at first as living; then it suddenly appears that he is dead; and in the continuation of the dream he is once more living. This has a confusing effect. I at last divined that this alternation of death and life is intended to represent the *indifference* of the dreamer. (`It is all one to me whether he is alive or dead'). This indifference, of course, is not real, but wished; its purpose is to help the dreamer to deny his very intense and often contradictory emotional attitudes, and so it becomes the dream-representation of his *ambivalence*. For other dreams in which one meets with deceased persons the following rule will often be a guide: If in the dream the dreamer is not reminded that the dead person is dead, he sets himself on a par with the dead; he dreams of his own death. The sudden realisation or astonishment in the dream (`but he has long been dead!') is a protest against this identification, and rejects the meaning that the dreamer is dead. But I will admit that I feel that dream-interpretation is far from having elicited all the secrets of dreams having this content.

Dream 3. In the example which I shall now cite, I can detect the dream-work in the act of purposely manufacturing an absurdity for which there is no occasion whatever in the dream-material. It is taken from the dream which I had as a result of meeting Count Thun just before going away on a holiday. `*I am driving in a cab, and I tell the driver to drive to a railway station. ``Of course, I can't drive with you on the railway track itself,'' I say, after the driver has reproached me, as though I had worn him out; at the same time, it seems as though I had already made with him a journey that one usually makes by train*.' Of this confused and senseless story analysis gives the following explanation: During the day I had hired a cab to take me to a remote street in Dornbach. The driver, however, did not know the way, and simply kept on driving, in the manner of such worthy people, until I became aware of the fact and showed him the way, indulging in a few derisive remarks. From this driver a train of thought led to the aristocratic personage whom I was to meet later on. For the present, I will only remark that one thing that strikes us middle-class plebeians about the aristocracy is that they like to put themselves in the driver's seat. Does not Count Thun guide the Austrian `car of State'? The next sentence in the dream, however, refers to my brother, whom I thus also identify with the cab-driver. I had refused to go to Italy with him this year (`Of course, I can't drive with you on the railway track itself'), and this refusal was a sort of punishment for his accustomed complaint that I usually *wear him out* on this tour (this finds its way into the dream unchanged) by rushing him too quickly from place to place, and making him see too many beautiful things in a single day. That evening my brother had accompanied me to the railway station, but shortly before the carriage had reached the Western station of the Metropolitan Railway he had jumped out in order to take the train to Purkersdorf. I suggested to him that he might remain with me a little longer, as he did not travel to Purkersdorf by the Metropolitan but by the Western Railway. This is why, in my dream, I made in the cab a journey which one usually makes by train. In reality, however, it was the other way about: what I told my brother was: `The distance which you travel on the Metropolitan Railway you could travel in my company on the Western Railway.' The whole confusion of the dream is therefore due to the fact that in my dream I replace `Metropolitan Railway' by `cab', which, to be sure, does good service in bringing the driver and my brother into conjunction. I then elicit from the dream some nonsense which is hardly disentangled by elucidation, and which almost constitutes a contradiction of my earlier speech (`Of course, I cannot drive with you on the railway track itself'). But as I have no excuse whatever for confronting the Metropolitan Railway with the cab, I must intentionally have given the whole enigmatical story this peculiar form in my dream.

But with what intention? We shall now learn what the absurdity in the dream signifies, and the motives which admitted it or created it. In this case the solution of the mystery is as follows: In the dream I need an absurdity, and something incomprehensible, in connection with `driving' (*Fahren* = riding, driving) because in the dream-thoughts I have a certain opinion that demands representation. One evening, at the house of the witty and hospitable lady who appears, in another scene of the same dream, as the `housekeeper', I heard two riddles which I could not solve. As they were known to the other members of the party. I presented a somewhat ludicrous figure in my unsuccessful attempts to find the solutions. They were two puns turning on the words *Nachkommen* (to obey orders--offspring) and *Vorfahren* (to drive--forefathers, ancestry). They ran, I believe, as follows:

`The coachman does it
At the master's behests;
Everyone has it;
In the grave it rests.'

(*Vorfahren*)

A confusing detail was that the first halves of the two riddles were identical:

`The coachman does it
At the master's behests;
Not everyone has it;
In the grave it rests.'

(*Nachkommen*)

When I saw Count Thun drive up (*vorfahren*) in state, and fell into the Figaro-like mood, in which one finds that the sole merit of such aristocratic gentlemen is that they have taken the trouble to be born (to become *Nachkommen*), these two riddles became intermediary thoughts for the dream-work. As aristocrats may readily be replaced by coachmen, and since it was once the custom to call a coachman `Herr Schwäger' (brother-in-law), the work of condensation could involve my brother in the same representation. But the dream-thought at work in the background is as follows: It is nonsense to be proud of one's ancestors (*Vorfahren*). I would rather be an ancestor (*Vorfahr*) myself. On account of this opinion, `it is nonsense', we have the nonsense in the dream. And now the last riddle in this obscure passage of the dream is solved -- namely that I have driven before (*vorher gefahren, vorgefahren*) with this driver.

Thus, a dream is made absurd if there occurs in the dream-thoughts, as one of the elements of the contents, the opinion: `That is nonsense'; and, in general, if criticism and derision are the motives of one of the dreamer's unconscious trains of thought. Hence absurdity is one of the means by which the dream-work represents contradiction; another means is the inversion of material relation between the dream-thoughts and the dream-content; another is the employment of the feeling of motor inhibition. But the absurdity of a dream is not to be translated by a simple `no'; it is intended to reproduce the tendency of the dream-thoughts to express laughter or derision simultaneously with the contradiction. Only with this intention does the dream-work produce anything ridiculous. Here again it transforms a part of the latent content into a manifest form.[3]

As a matter of fact, we have already cited a convincing example of this significance of an absurd dream. The dream (interpreted without analysis) of the Wagnerian performance which lasted until 7.45 a.m., and in which the orchestra is conducted from a tower, etc. (see p. 223) is obviously saying: It is a crazy world and an insane society. He who deserves a thing doesn't get it, and he who doesn't care for it does get it. In this way the dreamer compares her fate with that of her cousin. The fact that dreams of a dead father were the first to furnish us with examples of absurdity in dreams is by no means accidental. The conditions for the creation of absurd dreams are here grouped together in a typical fashion. The authority proper to the father has at an early age evoked the criticism of the child, and the strict demands which he has made have caused the child, in self-defence, to pay particularly close attention to every weakness of his father's; but the piety with which the father's personality is surrounded in our thoughts, especially after his death, intensifies the censorship which prevents the expression of his criticism from becoming conscious.

Dream 4. Here is another absurd dream of a deceased father:

I receive a communication from the town council of my native city concerning the cost of accommodation in the hospital in the year 1851. This was necessitated by a seizure from which I was suffering. I make fun of the matter for, in the first place, I was not yet born in 1851, and in the second place, my father, to whom the communication might refer, is already dead. *I go to him in the adjoining room, where he is lying in bed, and tell him about it. To my surprise he remembers that in the year 1851 he was once drunk and had to be locked up or confined. It was when he was working for the firm of T. `Then you, too, used to drink?' I ask. `You married soon after?' I reckon that I was born in 1856, which seems to me to be immediately afterwards.*

In the light of the foregoing exposition, we shall translate the insistence with which this dream exhibits its absurdities as a sure sign of a particularly embittered and passionate polemic in the dream-thoughts. All the greater, then, is our astonishment when we perceive that in this dream the polemic is waged openly, and that my father is denoted as the person who is made a laughing-stock. Such frankness seems to contradict our assumption of a censorship controlling the dream-work. The explanation is that here the father is only an interposed figure, while the quarrel is really with another person, who appears in the dream only in a single allusion. Whereas a dream usually treats of revolt against other persons, behind whom the father is concealed, here it is the other way about: the father serves as the man of straw to represent another, and hence the dream dares to concern itself openly with a person who is usually hallowed, because there is present the certain knowledge that he is not in reality intended. We learn of this condition of affairs by considering the occasion of the dream. It was dreamed after I had heard that an older colleague, whose judgment was considered infallible, had expressed disapproval and astonishment on hearing that one of my patients had already been undergoing psychoanalytic treatment at my hands for five years. The introductory sentences of the dream allude in a transparently disguised manner to the fact that this colleague had for a time taken over the duties which my father could no longer perform (statement of expenses, accommodation in the hospital); and when our friendly relations began to alter for the worse I was thrown into the same emotional conflict as that which arises in the case of a misunderstanding between father and son (by reason of the part played by the father, and his earlier functions). The dream-thoughts now bitterly resent the reproach that I am not making better progress, which extends itself from the treatment of this patient to other things. Does my colleague know anyone who can get on any faster? Does he not know that conditions of this sort are usually incurable and last for life? What are four or five years in comparison to a whole lifetime, especially when life has been made so much easier for the patient during the treatment?

The impression of absurdity in this dream is brought about largely by the fact that sentences from different divisions of the dream-thoughts are strung together without any reconciling transition. Thus, the sentence, *I go to him in the adjoining room*, etc., leaves the subject from which the preceding sentences are taken, and faithfully reproduces the circumstances under which I told my father that I was engaged to be married. Thus the dream is trying to remind me of the noble disinterestedness which the old man showed at that time, and to contrast this with the conduct of another newly-introduced person. I now perceive that the dream is allowed to make fun of my father because in the dream-thoughts, in the full recognition of his merits, he is held up as an example to others. It is in the nature of every censorship that one is permitted to tell untruths about forbidden things rather than the truth. The next sentence, to the effect that my father remembers that he was *once drunk*, and was *locked up* in consequence, contains nothing that really relates to my father any more. The person who is screened by him is here a no less important personage than the great Meynert, in whose footsteps I followed with such veneration, and whose attitude towards me, after a short period of favouritism, changed into one of undisguised hostility. The dream recalls to me his own statement that in his youth he had at one time formed the habit of *intoxicating himself with chloroform*, with the result that he had to *enter a sanatorium*; and also my second experience with him, shortly before his death. I had an embittered literary controversy with him in reference to masculine hysteria, the existence of which he denied, and when I visited him during his last illness, and asked him how he felt, he described his condition at some length, and concluded with the words: `You know, I have always been one of the prettiest cases of masculine hysteria.' Thus, to my satisfaction, and to my astonishment, he admitted what he so long and so stubbornly denied. But the fact that in this scene of my dream I can use my father to screen Meynert is explained not by any discovered analogy between the two persons, but by the fact that it is the brief yet perfectly adequate representation of a conditional sentence in the dream-thoughts which, if fully expanded, would read as follows: `Of course, if I belonged to the second generation, if I were the son of a professor or a privy councillor, I should have progressed more rapidly.' In my dream I make my father a professor and a privy councillor. The most obvious and most annoying absurdity of the dream lies in the treatment of the date 1851, which seems to me to be indistinguishable from 1856, *as though a difference of five years meant nothing whatever*. But it is just this one of the dream-thoughts that requires expression. Four or five years -- that is precisely the length of time during which I enjoyed the support of the colleague mentioned at the outset; but it is also the duration of time I kept my fiancee waiting before I married her; and by a coincidence that is eagerly exploited by the dream-thoughts, it is also the time I have kept my oldest patient waiting for a complete cure. `What are five years?' ask the dream-thoughts. `*That is no time at all to me, that isn't worth consideration*. I have time enough ahead of me, and just as what you wouldn't believe came true at last, so I shall accomplish this also.' Moreover, the number 51, when considered apart from the number of the century, is determined in yet another manner and in an opposite sense; for which reason it occurs several times over in the dream. It is the age at which man seems particularly exposed to danger; the age at which I have seen colleagues die suddenly, among them one who had been appointed a few days earlier to a professorship for which he had long been waiting.

Dream 5. Another absurd dream which plays with figures:

An acquaintance of mine, Herr M., has been attacked in an essay by no less a person than Goethe and, as we all think, with unjustifiable vehemence. Herr M. is, of course, crushed by this attack. He complains of it bitterly at a dinner-party; but his veneration for Goethe has not suffered as a result of this personal experience. I try to elucidate the temporal relations a little, as they seem improbable to me. Goethe died in 1832; since his attack upon M. must, of course, have taken place earlier, M. was at the time quite a young man. It seems plausible to me that he was 18 years old. But I do not know exactly what the date of the present year is, and so the whole calculation lapses into obscurity. The attack, by the way, is contained in Goethe's well-known essay on `Nature'.

We shall soon find the means of justifying the nonsense of this dream. Herr M., with whom I became acquainted *at a dinnerparty*, had recently asked me to examine his brother, who showed signs of *general paralysis*. The conjecture was right; the painful thing about this visit was that the patient gave his brother away by alluding to his *youthful pranks*, though our conversation gave him no occasion to do so. I had asked the patient to tell me the year of his birth, and had repeatedly got him to make trifling calculations in order to show the weakness of his memory -- which tests, by the way, he passed quite well. Now I can see that I behave like a paralytic in the dream (*I do not know exactly what the date of the present year is*). Other material of the dream is drawn from another recent source. The editor of a medical periodical, a friend of mine, had accepted for his paper a very unfavourable `*crushing*' review of the last book of my Berlin friend, Fl, the critic being a very *youthful reviewer*, who was not very competent to pass judgment. I thought I had a right to interfere, and called the editor to account; he greatly regretted his acceptance of the review, but he would not promise any redress. I thereupon broke off my relations with the periodical, and in my letter of resignation I expressed the hope that *our personal relations would not suffer* as a result of the incident. The third source of this dream is an account given by a female patient -- it was fresh in my memory at the time -- of the psychosis of her brother who had fallen into a frenzy crying `*Nature, Nature*.' The physicians in attendance thought that the cry was derived from a reading of Goethe's beautiful *essay*, and that it pointed to the patient's overwork in the study of natural philosophy. I thought, rather, of the sexual meaning in which even our less cultured people use the word `Nature', and the fact that the unfortunate man afterwards mutilated his genitals seems to show that I was not far wrong. Eighteen years was the age of this patient at the time of this access of frenzy.

If I add, further, that the book of my so severely criticised friend (`One asks oneself whether the author or oneself is crazy' had been the opinion of another critic) treats of the *temporal conditions* of life, and refers the duration of Goethe's life to the multiple of a number significant from the biological point of view, it will readily be admitted that in my dream I am putting myself in my friend's place. (*I try to elucidate the temporal relations a little*.) But I behave like a paretic, and the dream revels in absurdity. This means that the dream-thoughts say, ironically: `Naturally, he is the fool, the lunatic, and you are the clever people who know better. Perhaps, however, it is the other way about?' Now, `*the other way about*' is abundantly represented in my dream, inasmuch as Goethe has attacked the young man, which is absurd, while it is perfectly possible even today for a young fellow to attack the immortal Goethe and inasmuch as I reckon from the *year of Goethe's death*, while I made the paretic reckon from the *year of his birth.*

But I have further promised to show that no dream is inspired by other than egoistical motives. Accordingly, I must account for the fact that in this dream I make my friend's cause my own, and put myself in his place. My critical conviction in waking life would not justify my doing so. Now, the story of the eighteen-year-old patient, and the divergent interpretations of his cry, `*Nature*', allude to the fact that I have put myself into opposition to the majority of physicians by claiming a sexual etiology for the psychoneuroses. I may say to myself: `You will meet with the same kind of criticism as your friend; indeed you have already done so to some extent'; so that I may now replace the `he' in the dream-thoughts by `we'. `Yes, you are right; we two are the fools.' That *mea res agitur* is clearly shown by the mention of the short, incomparably beautiful essay of Goethe's for it was a popular lecture on this essay which induced me to study the natural sciences when I left the gymnasium, and was still undecided as to my future.

Dream 6. I have to show that yet another dream in which my ego does not appear is none the less egoistic. On p. 163 I referred to a short dream in which Professor M. says: `My son, the myopic . . .'; and I stated that this was only a preliminary dream, preceding another in which I play a part. Here is the main dream, previously omitted, which challenges us to explain its absurd and unintelligible word-formation.

On account of something or other that is happening in Rome it is necessary for the children to flee, and this they do. The scene is then laid before a gate, a double gate in the ancient style (the Porta Romana in Siena, as I realise while I am dreaming). I am sitting on the edge of a well, and I am greatly depressed; I am almost weeping. A woman -- a nurse, a nun -- brings out the two boys and hands them over to their father, who is not myself. The elder is distinctly my eldest son, but I do not see the face of the other boy. The woman asks the eldest boy for a parting kiss. She is remarkable for a red nose. The boy refuses her the kiss, but says to her, extending her his hand in parting, `Auf Geseres', *and to both of us (or to one of us)* `Auf Ungeseres.' *I have the idea that this indicates a preference*.

This dream is built upon a tangle of thoughts induced by a play I saw at the theatre, called *Das neue Ghetto* (`The New Ghetto'). The Jewish question, anxiety as to the future of my children, who cannot be given a fatherland, anxiety as to educating them so that they may enjoy the privileges of citizens -- all these features may easily be recognised in the accompanying dream-thoughts.

`By the waters of Babylon we sat down and wept.' Siena, like Rome, is famous for its beautiful fountains. In the dream I have to find some sort of substitute for Rome (cf. p. 94) from among localities which are known to me. Near the Porta Romana of Siena we saw a large, brightly-lit building, which we learned was the *Manicomio*, the insane asylum. Shortly before the dream I had heard that a co-religionist had been forced to resign a position, which he had secured with great effort, in a state asylum.

Our interest is aroused by the speech: *`Auf Geseres'*, where one might expect, from the situation continued throughout the dream, *`Auf Wiedersehen' (Au revoir)*, and by its quite meaningless antithesis: *`Auf Ungeseres.' (`Un'* is a prefix meaning `not'.)

According to information received from Hebrew scholars, *Geseres* is a genuine Hebrew word, derived from the verb *goiser*, and may best be rendered by `ordained sufferings, fated disaster'. From its employment in the Jewish jargon one would take it to mean `wailing and lamentation'. *Ungeseres* is a coinage of my own, and is the first to attract my attention, but for the present it baffles me. The little observation at the end of the dream -- that *Ungeseres* indicates an advantage over *Geseres* -- opens the way to the associations, and therewith to understanding. This relation holds good in the case of caviare; the *unsalted kind*[4] is more highly prized than the salted. `Caviare to the general' -- `noble passions'. Herein lies concealed a jesting allusion to a member of my household, of whom I hope -- for she is younger than I -- that she will watch over the future of my children; this, too, agrees with the fact that another member of my household, our worthy nurse, is clearly indicated by the nurse (or nun) of the dream. But a connecting-link is wanting between the pair, *salted-unsalted* and *Geseres-Ungeseres*. This is to be found in *gesauert* and *ungesauert* (leavened and unleavened). In their flight or exodus from Egypt the children of Israel had not time to allow their dough to become leavened, and in commemoration of this event they eat unleavened bread at Passover to this day. Here, too, I can find room for the sudden association which occurred to me in this part of the analysis. I remembered how we, my friend from Berlin and myself, had strolled about the streets of Breslau, a city which was strange to us, during the last days of Easter. A little girl asked me the way to a certain street; I had to tell her that I did not know it; I then remarked to my friend, `I hope that later on in life the child will show more perspicacity in selecting the persons whom she allows to direct her.' Shortly afterwards a sign caught my eye: `Dr *Herod*, consulting hours . . .' I said to myself: `I hope this colleague does not happen to be a children's specialist.' Meanwhile, my friend had been developing his views on the biological significance of *bilateral symmetry*, and had begun a sentence with the words: `If we had only one eye in the middle of the forehead, like Cyclops . . .' This leads us to the speech of the professor in the preliminary dream: `*My son, the myopic*.' And now I have been led to the chief source for *Geseres*. Many years ago, when this son of Professor M.'s, who is today an independent thinker, was still sitting on his school-bench, he contracted an affection of the eye which, according to the doctor, gave some cause for anxiety. He expressed the opinion that so long as it was confined *to one eye* it was of no great significance, but that if it should extend to the other eye it would be serious. The affection subsided in the one eye without leaving any ill effects; shortly afterwards, however, the same symptoms did actually appear in the other eye. The boy's terrified mother immediately summoned the physician to her distant home in the country. But the doctor was now of a different opinion (took *the other side*). `*What sort of ``Geseres" is this you are making?'* he asked the mother, impatiently. `*If one side got well, the other will, too.'* And so it turned out.

And now as to the connection between this and myself and my family. The *school-bench* upon which Professor M.'s son learned his first lessons has become the property of my eldest son; it was given to him by the boy's mother, and it is into his mouth that I put the words of farewell in the dream. One of the wishes that may be connected with this transference may now be readily guessed. This school-bench is intended by its construction to guard the child from becoming *shortsighted* and *one-sided*. Hence *myopia* (and behind it the Cyclops), and the discussion about *bilateralism*. The fear of one-sidedness has a twofold significance; it might mean not only physical one-sidednes, but intellectual one-sidedness also. Does it not seem as though the scene in the dream, with all its craziness, were contradicting precisely this anxiety? When *on the one hand* the boy has spoken his words of farewell, *on the other hand* he calls out the very opposite, as though to establish an equilibrium. He is acting, as it were, in obedience to bilateral symmetry!

Thus, a dream frequently has the profoundest meaning in the places where it seems most absurd. In all ages those who have had something to say and have been unable to say it without danger to themselves have gladly donned the cap and bells. He for whom the forbidden saying was intended was more likely to tolerate it if he was able to laugh at it, and to flatter himself with the comment that what he disliked was obviously absurd. Dreams behave in real life as does the prince in the play who is obliged to pretend to be a madman, and hence we may say of dreams what Hamlet said of himself, substituting an unintelligible jest for the actual truth: `I am but mad north-northwest; when the wind is southerly I know a hawk from a handsaw' (Act II, sc. ii).[5]

Thus, my solution of the problem of absurdity in dreams is that the dream-thoughts are never absurd -- at least, not those of the dreams of sane persons -- and that the dream-work produces absurd dreams, and dreams with individually absurd elements, when the dream-thoughts contain criticism, ridicule, and derision, which have to be given expression. My next concern is to show that the dream-work is exhausted by the co-operation of the three factors enumerated -- and of a fourth which has still to be mentioned -- that it does no more than translate the dream-thoughts, observing the four conditions prescribed, and that the question whether the mind goes to work in dreams with all its intellectual faculties, or with only part of them, is wrongly stated, and does not meet the actual state of affairs. But since there are plenty of dreams in which judgments are passed, criticisms made, and facts recognised in which astonishment at some individual element of the dream appears, and explanations are attempted, and arguments adduced, I must meet the objections deriving from these occurrences by the citation of selected examples.

My answer is as follows: *Everything in dreams which occurs as the apparent functioning of the critical faculty is to be regarded, not as the intellectual performance of the dream-work, but as belonging to the substance of the dream-thoughts, and it has found its way from these, as a completed structure, into the manifest dream-content*. I may go even farther than this! I may even say that the judgments which are passed upon the dream as it is remembered *after waking*, and the feelings which are aroused by the reproduction of the dream, belong largely to the latent dream-content, and must be fitted into place in the interpretation of the dream.

1. One striking example of this has already been given. A female patient does not wish to relate her dream *because it was too vague*. She saw a person in the dream, and does not know *whether it was her husband or her father*. Then follows a second dream-fragment, in which there occurs a `manure-pail', with which the following reminiscence is associated. As a young housewife she once declared jestingly, in the presence of a young male relative who frequented the house, that her next business would be to procure a new manure-pail. Next morning one was sent to her, but it was filled with lilies of the valley. This part of the dream served to represent the phrase, `Not grown on my own manure'.[6] If we complete the analysis, we find in the dream-thoughts the after-effect of a story heard in youth; namely, that a girl had given birth to a child, and that *it was not clear who was the father*. The dream-representation here overlaps into the waking thought, and allows one of the elements of the dream-thoughts to be represented by a judgment, formed in the waking state, of the whole dream.

2. A similar case: One of my patients has a dream which strikes him as being an interesting one, for he says to himself, immediately after waking: `*I must tell that to the doctor*.' The dream is analysed, and shows the most distinct allusion to an affair in which he had become involved during the treatment, and of which he had decided *to tell me nothing*.[7]

3. Here is a third example from my own experience:

I go to the hospital with P., through a neighbourhood in which there are houses and gardens. Thereupon I have an idea that I have already seen this locality several times in my dreams. I do not know my way very well; P. shows me a way which leads round a corner to a restaurant (indoor); here I ask for Frau Doni, and I hear that she is living at the back of the house, in a small room, with three children. I go there, and on the way I meet an undefined person with my two little girls. After I have been with them for a while, I take them with me. A sort of reproach against my wife for having left them there.

On waking I am conscious of a great *satisfaction*, whose motive seems to be the fact that I shall now learn from the analysis what is meant by '*I have already dreamed of this*.'[8] But the analysis of the dream tells me nothing about this; it shows me only that the satisfaction belongs to the latent dream-content, and not to a judgment of the dream. It is *satisfaction concerning the fact that I have had children by my marriage*. P.'s path through life and my own ran parallel for a time; now he has outstripped me both socially and financially, but his marriage has remained childless. Of this the two occasions of the dream give proof on complete analysis. On the previous day I had read in the newspaper the obituary notice of a certain Frau *Dona* A--y (which I turn into Doni), who had died in childbirth; I was told by my wife that the dead woman had been nursed by the same midwife whom she herself had employed at the birth of our two youngest boys. The name *Dona* had caught my attention, for I had recently met with it for the first time in an English novel. The other occasion for the dream may be found in the date on which it was dreamed; this was the night before the birthday of my eldest boy, who, it seems, is poetically gifted.

4. The same satisfaction remained with me after waking from the absurd dream that my father, after his death, had played a political role among the Magyars. It is motivated by the persistence of the feeling which accompanied the last sentence of the dream: '*I remember that on his deathbed he looked so like Garibaldi, and I am glad that it has really come true* . . .' (Followed by a forgotten continuation.) I can now supply from the analysis what should fill this gap. It is the mention of my second boy, to whom I have given the baptismal name of an eminent historical personage who attracted me greatly during my boyhood, especially during my stay in England. I had to wait for a year before I could fulfil my intention of using this name if the next child should be a son, and with great *satisfaction* I greeted him by this name as soon as he was born. It is easy to see how the father's suppressed desire for greatness is, in his thoughts, transferred to his children; one is inclined to believe that this is one of the ways by which the suppression of this desire (which becomes necessary in the course of life) is effected. The little fellow won his right to inclusion in the text of this dream by virtue of the fact that the same accident -- that of soiling his clothes (quite pardonable in either a child or in a dying person) -- had occurred to him. Compare with this the allusion *Stuhlrichter* (presiding judge) and the wish of the dream: to stand before one's children *great* and *undefiled*.

5. If I should now have to look for examples of judgments or expressions of opinion which remain in the dream itself, and are not continued in, or transferred to, our waking thoughts, my task would be greatly facilitated were I to take my examples from dreams which have already been cited for other purposes. The dream of Goethe's attack on Herr M. appears to contain quite a number of acts of judgment. *I try to elucidate the temporal relations a little, as they seem improbable to me.* Does not this look like a critical impulse directed against the nonsensical idea that Goethe should have made a literary attack upon a young man of my acquaintance? '*It seems plausible to me that he was 18 years old*.' That sounds quite like the result of a calculation, though a silly one; and the '*I do not know exactly what is the date of the present year*' would be an example of uncertainty or doubt in dreams.

But I know from analysis that these acts of judgment, which seem to have been performed in the dream for the first time, admit of a different construction, in the light of which they become indispensable for interpreting the dream, while at the same time all absurdity is avoided. With the sentence `*I try to elucidate the temporal relations a little*,' I put myself in the place of my friend, who is actually trying to elucidate the temporal relations of life. The sentence then loses its significance as a judgment which objects to the nonsense of the previous sentences. The interposition, `*Which seems improbable to me*,' belongs to the following: `*It seems plausible to me*.' With almost these identical words I replied to the lady who told me of her brother's illness: `It seems improbable to me' that the cry of `Nature, Nature', was in any way connected with Goethe; it seems much more plausible to me that it has the sexual significance which is known to you. In this case, it is true, a judgment was expressed, but in reality, not in a dream, and on an occasion which is remembered and utilised by the dream-thoughts. The dream-content appropriates this judgment like any other fragment of the dream-thoughts.

The number 18 with which the judgment in the dream is meaninglessly connected still retains a trace of the context from which the real judgment was taken. Lastly, the `*I do not know exactly what is the date of the present year*' is intended for no other purpose than that of my identification with the paralytic, in examining whom this particular fact was established.

In the solution of these apparent acts of judgment in dreams, it will be well to keep in mind the above-mentioned rule of interpretation, which tells us that we must disregard the coherence which is established in the dream between its constituent parts as an unessential phenomenon, and that every dream-element must be taken separately and traced back to its source. The dream is a compound, which for the purposes of investigation must be broken up into its elements. On the other hand, we become alive to the fact that there is a psychic force which expresses itself in our dreams and establishes this apparent coherence; that is, the material obtained by the dream-work undergoes a secondary elaboration. Here we have the manifestations of that psychic force which we shall presently take into consideration as the fourth of the factors which co-operate in dream-formation.

6. Let us now look for other examples of acts of judgment in the dreams which have already been cited. In the absurd dream about the communication from the town council, I ask the question, `*You married soon after?' I reckon that I was born in 1856, which seems to me to be directly afterwards*. This certainly takes the form of an *inference*. My father married shortly after his attack, in the year 1851. I am the eldest son, born in 1856, so this is correct. We know that this inference has in fact been falsified by the wishfulfilment, and that the sentence which dominates the dream-thoughts is as follows: *Four or five years -- that is no time at all -- that need not be counted*. But every part of this chain of reasoning may be seen to be otherwise determined from the dream-thoughts, as regards both its content and its form. It is the patient of whose patience my colleague complains who intends to marry immediately the treatment is ended. The manner in which I converse with my father in this dream reminds me of an *examination* or *cross-examination*, and thus of a university professor who was in the habit of compiling a

complete docket of personal data when entering his pupils' names: You were born when? -- 1856. -- *Patre?* -- Then the applicant gave the Latin form of the baptismal name of the father and we students assumed that the Hofrat drew inferences from the father's name which the baptismal name of the candidate would not always have justified. Hence, the *drawing of inferences* in the dream would be merely the repetition of the *drawing of inferences* which appears as a scrap of material in the dream-thoughts. From this we learn something new. If an inference occurs in the dream-content, it assuredly comes from the dream-thoughts; but it may be contained in these as a fragment of remembered material, or it may serve as the logical connective of a series of dream-thoughts. In any case, an inference in the dream represents an inference taken from the dream-thoughts.[2]

It will be well to continue the analysis of this dream at this point. With the inquisition of the professor is associated the recollection of an index (in my time published in Latin) of the university students; and further, the recollection of my own course of study. The *five years* allowed for the study of medicine were, as usual, too little for me. I worked unconcernedly for some years longer; my acquaintances regarded me as a loafer, and doubted whether I should `get through'. Then, suddenly, I decided to take my examinations, and I `got through' *in spite of the postponement*. A fresh confirmation of the dream-thoughts with which I defiantly meet my critics: `Even though you won't believe it, because I am taking my time, I shall reach the *conclusion* (German, *Schluss* = end. conclusion, *inference*). It has often happened like that.'

In its introductory portion this dream contains several sentences which, we can hardly deny, are of the nature of an argument. And this argument is not at all absurd; it might just as well occur in my waking thoughts. *In my dream I make fun of the communication from the town council, for in the first place I was not yet born in 1851, and in the second place my father, to whom it might refer, is already dead*. Not only is each of these statements perfectly correct in itself, but they are the very arguments that I should employ if I received such a communication. We know from the foregoing analysis (p. 289) that this dream has sprung from the soil of deeply embittered and scornful dream-thoughts; and if we may also assume that the motive of the censorship is a very powerful one, we shall understand that the dream-thought has every occasion to create a *flawless refutation of an unreasonable demand*, in accordance with the pattern contained in the dream-thoughts. But the analysis shows that in this case the dream-work has not been required to make a free imitation, but that material taken from the dream-thoughts had to be employed for the purpose. It is as though in an algebraic equation there should occur, besides the figures, plus and minus signs, and symbols of powers and of roots, and as though someone, in copying this equation, without understanding it, should copy both the symbols and the figures, and mix them all up together. The two arguments may be traced to the following material: It is painful to me to think that many of the hypotheses upon which I base my psychological solution of the psychoneuroses will arouse scepticism and ridicule when they first became known. For instance, I shall have to assert that impressions of the second year of life, and even the first, leave an enduring trace upon the emotional life of subsequent neuropaths, and that these impressions -- although greatly distorted and exaggerated by the memory -- may furnish the earliest and profoundest basis of a hysterical symptom. Patients to whom I explain this at a suitable moment are wont to parody my explanation by offering to search for reminiscenes of the period *when they were not yet born*. My disclosure of the unsuspected part played by the father in the earliest sexual impulses of female patients may well have a similar reception. (Cf. the discussion on pp. 150 ff.) Nevertheless, it is my well-founded conviction that both doctrines are true. In confirmation of this I recall certain examples in which the death of the father occurred when the child was very young, and subsequent incidents, otherwise inexplicable, proved that the child had unconsciously preserved recollections of the person who had so early gone out of its life. I know that both my assertions are based upon *inferences* whose validity will be attacked. It is the doing of the wish-fulfilment that precisely the material of those inferences, which I fear will be contested, should be utilised by the dream-work for establishing *incontestable conclusions*.

7. In one dream, which I have hitherto only touched upon, astonishment at the subject emerging is distinctly expressed at the outset.

`*The elder Brücke must have set me some task or other; strangely enough, it relates to the preparation of the lower part of my own body, the pelvis and legs, which I see before me as though in the dissecting-room, but without feeling the absence of part of my body, and without a trace of horror. Louise N. is standing beside me, and helps me in the work. The pelvis is eviscerated; now the upper, now the lower aspect is visible, and the two aspects are commingled. Large fleshy red tubercles are visible (which, even in the dream, make me think of haemorrhoids). Also something lying over them had to be carefully picked off, it looked like crumpled tinfoil.*[10] *Then I was once more in possession of my legs, and I made a journey through the city, but I took a cab (as I was tired). To my astonishment, the cab drove into the front door of a house, which opened and allowed it to pass into a corridor, which was broken off at the end, and eventually led on into the open.*[11] *Finally I wandered through changing landscapes, with an Alpine guide, who carried my things. He carried me for some distance, out of consideration for my tired legs. The ground was swampy; we went along the edge; people were sitting on the ground, like Red Indians or gypsies; among them a girl. Until then I had made my way along on the slippery ground, in constant astonishment that I was so well able to do so after making the preparation. At last we came to a small wooden house with an open window at one end. Here the guide set me down, and laid two planks, which stood in readiness, on the window-sill so as to bridge the chasm which had to be crossed from the window. Now I grew really alarmed about my legs. Instead of the expected crossing, I saw two grown-up men lying upon wooden benches which were fixed on the walls of the hut, and something like two sleeping children next to them; as though not the planks but the children were intended to make the crossing possible. I awoke with terrified thoughts.*

Anyone who has been duly impressed by the extensive nature of dream-condensation will readily image what a number of pages the exhaustive analysis of this dream would fill. Fortunately for the context, I shall make this dream only the one example of astonishment in dreams, which makes its appearance in the parenthetical remark, `*strangely enough*'. Let us consider the occasion of the dream. It is a visit of this lady, Louise N., who helps me with my work in the dream. She says: `Lend me something to read.' I offer her *She*, by Rider Haggard. `A *strange* book, but full of hidden meaning,' I try to explain; `the eternal feminine, the immortality of our emotions --' Here she interrupts me: `I know that book already. Haven't you something of your own?' `No, my own immortal works are still unwritten.' `Well, when are you going to publish your so-called ``latest revelations'', which, you promised us, even we should be able to read?' she asks, rather sarcastically. I now perceive that she is a mouthpiece for someone else, and I am silent. I think of the effort it cost me to make public even my work on dreams, in which I had to surrender so much of my own intimate nature. (`The best that you know you can't tell the boys.') The preparation of my *own body* which I am ordered to make in my dream is thus the *self-analysis* involved in the communication of my dreams. The elder Brücke very properly finds a place here; in the first years of my scientific work it so happened that I neglected the publication of a certain discovery until his insistence forced me to publish it. But the further trains of thought, proceeding from my conversation with Louise N., go too deep to become conscious; they are side-tracked by way of the material which has been incidentally awakened in me by the mention of Rider Haggard's *She*. The comment `*strangely enough*' applies to this book, and to another by the same author, *The Heart of the World*' and numerous elements of the dream are taken from these two fantastic romances. The swampy ground over which the dreamer is carried, the chasm which has to be crossed by means of planks, come from *She*; the Red Indians, the girl, and the wooden house, from *The Heart of the World*. In both novels a woman is the leader, and both treat of perilous wandering; *She* has to do with an adventurous journey to an undiscovered country, a place almost untrodden by the foot of man. According to a note which I find in my record of the dream, the fatigue in my legs was a real sensation from those days. Probably a weary mood corresponded with this fatigue, and the doubting question: `How much farther will my legs carry me?' In *She* the end of the adventure is that the heroine meets her death in the mysterious central fire, instead of winning immortality for herself and for others. Some related anxiety has mistakably arisen in the dream-thoughts. The `wooden house' is assuredly also a *coffin* -- that is, the grave. But in representing this most unwished-for of all thoughts by means of a wish-fulfilment, the dream-work has achieved its masterpiece. I was once in a grave, but it was an empty Etruscan grave near Orvieto -- a narrow chamber with two stone benches on the walls, upon which were lying the skeletons of two adults. The interior of the wooden house in the dream looks exactly like this grave, except that stone has been replaced by wood. The dream seems to say: `If you must already sojourn in your grave, let it be this Etruscan grave', and by means of this interpolation it transforms the most mournful expectation into one that is really to be desired. Unfortunately, as we shall learn, the dream is able to change into its opposite only the idea accompanying an affect, but not always the affect itself. Hence, I awake with `thoughts of terror', even after the idea that perhaps my children will achieve what has been denied to their father has forced its way to representation: a fresh allusion to the strange romance in which the identity of a character is preserved through a series of generations covering two thousand years.

8. In the context of another dream there is a similar expression of astonishment at what is experienced in the dream. This, however, is connected with such a striking, far-fetched, and almost intellectual attempt at explanation that if only on this account I should have to subject the whole dream to analysis, even if it did not possess two other interesting features. On the night of the eighteenth of July 1 was travelling on the Southern Railway,

and in my sleep I heard someone call out: `*Hollthum, 10 minutes.' I immediately think of Holothuria -- of a natural history museum -- that here is a place where valiant men have vainly resisted the domination of their overlord. -- Yes, the counter-reformation in Austria! -- As though it were a place in Styria or the Tyrol. Now I see indistinctly a small museum, in which the relics or the acquisitions of these men are preserved. I should like to leave the train, but I hesitate to do so. There are women with fruit on the platform; they squat on the ground, and in that position invitingly hold up their baskets. -- I hesitated, in doubt as to whether we have time, but here we are still stationary. -- I am suddenly in another compartment, in which the leather and the seats are so narrow that one's spine directly touches the back.*[12] *I am surprised at this, but I may have changed carriages while asleep. Several people, among them an English brother and sister; a row of books plainly on a shelf on the wall. -- I see `The Wealth of Nations', and `Matter and Motion' (by Maxwell), thick books bound in brown linen. The man asks his sister about a book of Schiller's, whether she has forgotten it. These books seem to belong now to me, now to them. At this point I wish to join in the conversation in order to confirm or support what is being said . . .* I wake sweating all over, because all the windows are shut. The train stops at *Marburg*.

While writing down the dream, a part of it occurs to me which my memory wished to pass over. *I tell the brother and sister (in English), referring to a certain book: `It is from . . .' but I correct myself: `It is by . . .' The man remarks to his sister: `He said it correctly.'*

The dream begins with the name of a station, which seems to have almost waked me. For this name, which was *Marburg*, I substitute *Hollthurn*. The fact that I heard Marburg the first, or perhaps the second time it was called out, is proved by the mention of Schiller in the dream; he was born in Marburg, though not the Styrian Marburg.[13] Now on this occasion, although I was travelling first class, I was doing so under very disagreeable circumstances. The train was overcrowded; in my compartment I had come upon a lady and gentleman who seemed very fine people, and had not the good breeding, or did not think it worth while, to conceal their displeasure at my intrusion. My polite greeting was not returned, and although they were sitting side by side (with their backs to the engine), the woman before my eyes hastened to pre-empt the seat opposite her, and next to the window, with her umbrella; the door was immediately closed, and pointed remarks about the opening of windows were exchanged. Probably I was quickly recognised as a person hungry for fresh air. It was a hot night, and the atmosphere of the compartment, closed on both sides, was almost suffocating. My experience as a traveller leads me to believe that such inconsiderate and overbearing conduct marks people who have paid for their tickets only partly, or not at all. When the conductor came round, and I presented my dearly bought ticket, the lady exclaimed haughtily and almost threateningly: `My husband has a pass.' She was an imposing-looking person, with a discontented expression, in age not far removed from the autumn of feminine beauty; the man had no chance to say anything; he sat there motionless. I tried to sleep. In my dream I take a terrible revenge on my disagreeable travelling companions; no one would suspect what insults and humiliations are concealed behind the disjointed fragments of the first half of the dream. After this need has been satisfied, the second wish, to exchange my compartment for another, makes itself felt. The dream changes its scene so often, and without making the slightest objection to such changes, that it would not have seemed at all remarkable had I at once, from my memories, replaced my travelling companions by more agreeable persons. But here was a case where something or other opposes the change of scene, and finds it necessary to explain it. How did I suddenly get into another compartment? I could not positively remember having changed carriages. So there was only one explanation: *I must have left the carriage while asleep* -- an unusual occurrence, examples of which, however, are known to neuropathologists. We know of persons who undertake railway journeys in a crepuscular state, without betraying their abnormal condition by any sign whatever, until at some stage of their journey they come to themselves, and are surprised by the gap in their memory. Thus, while I am still dreaming, I declare my own case to be such a case of *automatisme ambulatoire*.

Analysis permits of another solution. The attempt at explanation, which so surprises me if I am to attribute it to the dream-work, is not original, but is copied from the neurosis of one of my patients. I have already spoken in another chapter of a highly cultured and kindly man who began, shortly after the death of his parents, to accuse himself of murderous tendencies, and who was distressed by the precautionary measures which he had to take to secure himself against these tendencies. His was a case of severe obsessional idea with full insight. To begin with, it was painful to him to walk through the streets, as he was obsessed by the necessity of accounting for all the persons he met; he had to know whither they had disappeared; if one of them suddenly eluded his pursuing glance, he was left with a feeling of distress and the idea that he might possibly have made away with the man. Behind this obsessive idea was concealed, among other things, a Cain-fantasy, for `all men are brothers'. Owing to the impossibility of accomplishing this task, he gave up going for walks, and spent his life imprisoned within his four walls. But reports of murders which had been committed in the world outside were constantly reaching his room by way of the newspapers, and his conscience tormented him with the doubt that he might be the murderer for whom the police were looking. The certainty that he had not left the house for weeks protected him for a time against these accusations, until one day there dawned upon him the possibility that *he might have left his house while in an unconscious state*, and might thus have committed murder without knowing anything about it. From that time onwards he locked his front door, and gave the key to his old housekeeper, strictly forbidding her to give it into his hands, even if he demanded it.

This, then, is the origin of the attempted explanation that I may have changed carriages while in an unconscious state; it has been taken into the dream ready-made, from the material of the dream-thoughts, and is evidently intended to identify me with the person of my patient. My memory of this patient was awakened by natural association. My last night journey had been made a few weeks earlier in his company. He was cured, and we were going into the country together to his relatives, who had sent for me; as we had a compartment to ourselves, we left all the windows open throughout the night, and for as long as I remained awake we had a most interesting conversation. I knew that hostile impulses towards his father in childhood, in a sexual connection, had been at the root of his illness. By identifying myself with him I wanted to make an analogous confession to myself. The second scene of the dream really resolves itself into a wanton fantasy to the effect that my two elderly travelling companions had acted so uncivilly towards me because my arrival on the scene had prevented them from exchanging kisses and embraces during the night, as they had intended. This fantasy, however, goes back to an early incident of my childhood when, probably impelled by sexual curiosity, I had intruded into my parents' bedroom, and was driven thence by my father's emphatic command.

I think it would be superfluous to multiply such examples. They would all confirm what we have learned from those already cited: namely, that an act of judgment in a dream is merely the repetition of an original act of judgment in the dream-thoughts. In most cases it is an unsuitable repetition, fitted into an inappropriate context; occasionally, however, as in our last example, it is so artfully applied that it may almost give one the impression of independent intellectual activity in the dream. At this point we might turn our attention to that psychic activity which, though it does not appear to co-operate constantly in the formation of dreams, yet endeavours to fuse the dream-elements of different origin into a flawless and significant whole. We consider it necessary, however, first of all to consider the expressions of affect which appear in dreams, and to compare these with the affects which analysis discovers in the dream-thoughts.

[1] I have forgotten in what author I found a reference to a dream which was overrun with unusually small figures, the source of which proved to be one of the engravings of Jacques Callot, which the dreamer had examined during the day. These engravings contain an enormous number of very small figures; a whole series of them deals with the horrors of the Thirty Years War.

[2] cf. *Formulierungen über die zwei Prinzipien des seelischen Geschehens*, in *Jahrbuch f. Ps.A.*, iii, 1, 1911 (*Ges. Schriften*, Bd. v).

[3] Here the dream-work parodies the thought which it qualifies as ridiculous, in that it creates something ridiculous in relation to it. Heine does the same thing when he wishes to deride the bad rhymes of the King of Bavaria. He does it by using even worse rhymes:

Herr Ludwig ist ein grosser Poet
Und singt er, so stürzt Apollo
Vor ihm auf die Knie und bittet und fleht,
Halt ein, ich werde sonst toll, oh!

[4] [Note the resemblance of *Geseres* and *Ungeseres* to the German words for salted and unsalted -- *gesalzen* and *ungesalzen*; also to the words *gesauert* and *ungesauert*, leavened and unleavened. -- TRANS.]

[5] This dream furnishes a good example in support of the universally valid doctrine that dreams of the same night, even though they are separated in the memory, spring from the same thought-material. The dream-situation in which I am rescuing my children from the city of Rome, moreover, is distorted by a reference back to an episode of my childhood.

The meaning is that I envy certain relatives who years ago had occasion to transplant their children to the soil of another country.

[6] [This German expression is equivalent to our saying: `I am not responsible for that', `That's not my funeral', or `That's not due to my own efforts'. -- TRANS.]

[7] The injunction or resolve already contained in the dream: *`I must tell that to the doctor*', when it occurs in dreams during psychoanalytic treatment, is constantly accompanied by a great resistance to confessing the dream, and is not infrequently followed by the forgetting of the dream.

[8] A subject which has been extensively discussed in recent volumes of the *Revue Philosophique* (paramnesia in dreams).

[9] These results correct at several points my earlier statements concerning the representation of logical relations (pp. 194 ff.). These described the general procedure of the dream-work, but overlooked its most delicate and most careful operations.

[10] Stanniol, allusion to *Stannius*; the nervous system of fishes; cf. p. 271.

[11] The place in the corridor of my apartment-house where the perambulators of the other tenants stand; it is also otherwise hyper-determined several times over.

[12] This description is not intelligible even to myself, but I follow the principle of reproducing the dream in those words which occur to me while I am writing it down. The wording itself is a part of the dream-representation.

[13] Schiller was not born in one of the *Marburgs*, but in *Marbach*, as every German schoolboy knows, and as I myself knew. This again is one of those errors which creep in as substitutes for an intentional falsification in another place and which I have endeavoured to explain in *The Psychopathology of Everyday Life.*

H. THE AFFECTS IN DREAMS

A shrewd remark of Stricker's called our attention to the fact that the expressions of affects in dreams cannot be disposed of in the contemptuous fashion in which we are wont to shake off the dream-content after we have waked. `If I am afraid of robbers in my dreams, the robbers, to be sure, are imaginary, but the fear of them is real'; and the same thing is true if I rejoice in my dream. According to the testimony of our feelings, an affect experienced in a dream is in no way inferior to one of like intensity experienced in waking life, and the dream presses its claim to be accepted as part of our real psychic experiences, by virtue of its affective rather than its ideational content. In the waking state we do not put the one before the other, since we do not know how to evaluate an affect psychically except in connection with an ideational content. If an affect and an idea are ill-matched as regards their nature or their intensity, our waking judgment becomes confused.

The fact that in dreams the ideational content does not always produce the affective result which in our waking thoughts we should expect as its necessary consequence has always been a cause of astonishment. Strümpell declared that ideas in dreams are stripped of their psychic values. But there is no lack of instances in which the reverse is true; when an intensive manifestation of affect appears in a content which seems to offer no occasion for it. In my dream I may be in a horrible, dangerous, or disgusting situation, and yet I may feel no fear or aversion; on the other hand, I am sometimes terrified by harmless things, and sometimes delighted by childish things.

This enigma disappears more suddenly and more completely than perhaps any other dream-problem if we pass from the manifest to the latent content. We shall then no longer have to explain it, for it will no longer exist. Analysis tells us that *the ideational contents have undergone displacements and substitutions, while the affects have remained unchanged*. No wonder, then, that the ideational content which has been altered by dream-distortion no longer fits the affect which has remained intact; and no cause for wonder when analysis has put the correct content into its original place.[1]

In a psychic complex which has been subjected to the influence of the resisting censorship, the affects are the unyielding constituent, which alone can guide us to the correct completion. This state of affairs is revealed in the psychoneuroses even more distinctly than in dreams. Here the affect is always in the right, at least as regards its quality; its intensity may, of course, be increased by displacement of the neurotic attention. When the hysterical patient wonders that he should be so afraid of a trifle, or when the sufferer from obsessions is astonished that he should reproach himself so bitterly for a mere nothing, they are both in error, inasmuch as they regard the conceptual content -- the trifle, the mere nothing -- as the essential thing, and they defend themselves in vain, because they make this conceptual content the starting-point of their thought-work. Psychoanalysis, however, puts them on the right path, inasmuch as it recognises that, on the contrary, it is the affect that is justified, and looks for the concept which pertains to it, and which has been repressed by a substitution. All that we need assume is that the liberation of affect and the conceptual content do not constitute the indissoluble organic unity as which we are wont to regard them, but that the two parts may be welded together, so that analysis will separate them. Dream-interpretation shows that this is actually the case.

I will first of all give an example in which analysis explains the apparent absence of affect in a conceptual content which ought to compel a liberation of affect.

Dream 1. *The dreamer sees three lions in a desert, one of which is laughing, but she is not afraid of them. Then, however, she must have fled from them, for she is trying to climb a tree. But she finds that her cousin, the French teacher, is already up in the tree, etc.*

The analysis yields the following material: The indifferent occasion of dream was a sentence in the dreamer's English exercise: `The *lion's* greatest adornment is his mane.' Her father used to wear a beard which encircled his face like a *mane*. The name of her English teacher is Miss *Lyons*. An acquaintance of hers had sent her the ballads of *Loewe (Loewe* = lion). These, then, are the three lions; why should she be afraid of them? She has read a story in which a negro who has incited his fellows to revolt is hunted with bloodhounds, and climbs a tree to save himself. Then follow fragmentary recollections in the merriest mood, such as the following directions for catching lions (from *Die Fliegende Blätter*): `Take a desert and put it through a sieve; the lions will be left behind.' Also a very amusing, but not very proper anecdote about an official who is asked why he does not take greater pains to win the favour of his chief, and who replies that he has been trying to creep into favour, but that his immediate superior was *already up there*. The whole matter becomes intelligible as soon as one learns that on the dream-day the lady had received a visit from her husband's superior. He was very polite to her, and kissed her hand, and *she was not at all afraid of him*, although he is a `big bug' (*Grosses Tier* = big animal) and plays the part of a `*social lion*' in the capital of her country. This lion is, therefore, like the lion in *A Midsummer Night's Dream*, who is unmasked as Snug the joiner; and of such stuff are all the dream-lions of which one is not afraid.

Dream 2. As my second example, I will cite the dream of the girl who saw her sister's little son lying as a corpse in his coffin, but who, it may be added, was conscious of no pain or sorrow. Why she was unmoved we know from the analysis. The dream only disguised her wish to see once more the man she loved; the affect had to be attuned to the wish, and not to its disguisement. There was thus no occasion for sorrow.

In a number of dreams the affect does at least remain connected with the conceptual content which has replaced the content really belonging to it. In others, the dissolution of the complex is carried farther. The affect is entirely separated from the idea belonging to it, and finds itself accommodated elsewhere in the dream, where it fits into the new arrangement of the dream-elements. We have seen that the same thing happens to acts of judgment in dreams. If an important inference occurs in the dream-thoughts, there is one in the dream also; but the inference in the dream may be displaced to entirely different material. Not infrequently this displacement is effected in accordance with the principal of antithesis.

I will illustrate the latter possibility by the following dream, which I have subjected to the most exhaustive analysis.

Dream 3. *A castle by the sea; afterwards it lies not directly on the coast, but on a narrow canal leading to the sea. A certain Herr P. is the governor of the castle. I stand with him in a large salon with three windows, in front of which rise the projections of a wall, like battlements of a fortress. I belong to the garrison, perhaps as a volunteer naval officer. We fear the arrival of enemy warships, for we are in a state of war. Herr P. intends to leave the castle; he gives me instructions as to what must be done if what we fear should come to pass. His sick wife and his children are in the threatened castle. As soon as the bombardment begins, the large hall is to be cleared. He breathes heavily, and tries to get away; I detain him, and ask him how I am to send him news in case of need. He says something further, and immediately afterwards he sinks to the floor dead. I have probably taxed him unnecessarily with my questions. After his death, which makes no further impression upon me, I consider whether the widow is to remain in the castle, whether I should give notice of the death to the higher command, whether I should take over the control of the castle as the next in command. I now stand at the window, and scrutinise the ships as they pass by; they are cargo steamers, and they rush by over the dark water; several with more than one funnel, others with bulging decks* (these are very like the railway stations in the preliminary dream, which has not been related). *Then my brother is standing beside me, and we both look out of the window on to the canal. At the sight of one ship we are alarmed, and call out: `Here comes the warship!' It turns out, however, that they are only the ships which I have already seen, returning. Now comes a small ship, comically truncated, so that it ends amidships; on the deck one sees curious things like cups or little boxes. We call out as with one voice: `That is the breakfast ship.'*

The rapid motion of the ships, the deep blue of the water, the brown smoke of the funnels -- all these together produce an intense and gloomy impression.

The localities in this dream are compiled from several journeys to the Adriatic (Miramare, Duino, Venice, Aquileia). A short but enjoyable Easter trip to Aquileia with my brother, a few weeks before the dream, was still fresh in my memory; also the *naval war* between America and Spain, and associated with this my anxiety as to the fate of my relatives in America, play a part in the dream. Manifestations of affect appear at two places in this dream. In one place an affect that would be expected is lacking: it is expressly emphasised that the death of the governor makes no impression upon me; at another point, when I see the warships, I am *frightened*, and experience all the sensations of fright in my sleep. The distribution of affects in this well-constructed dream has been effected in such a way that any obvious contradiction is avoided. For there is no reason why I should be frightened at the governor's death, and it is fitting that, as the commander of the castle, I should be alarmed by the sight of the warship. Now analysis shows that Herr P. is nothing but a substitute for my own ego (in the dream I am his substitute). I am the governor who suddenly dies. The dream-thoughts deal with the future of my family after my premature death. No other disagreeable thought is to be found among the dream thoughts. The alarm which goes with the sight of the warship must be transferred from it to this disagreeable thought. Inversely, the analysis shows that the region of the dream-thoughts from which the warship comes is laden with most cheerful reminiscences. In Venice, a year before the dream, one magically beautiful day, we stood at the windows of our room on the Riva Schiavoni and looked out over the blue lagoon, on which there was more traffic to be seen than usual. Some English ships were expected; they were to be given a festive reception; and suddenly my wife cried, happy as a child: `*Here comes the English warship!*' In the dream I am frightened by the very same words; once more we see that speeches in dreams have their origin in speeches in real life. I shall presently show that even the element `English' in this speech has not been lost for the dream-work. Here, then, between the dream-thoughts and the dream-content, I turn joy into fright, and I need only point to the fact that by means of this transformation I give expression to part of the latent dream-content. The example shows, however, that the dream-work is at liberty to detach the occasion of an affect from its connections in the dream-thoughts, and to insert it at any other place it chooses in the dream-content.

I will take the opportunity which is here incidentally offered of subjecting to a closer analysis the `breakfast ship', whose appearance in the dream so absurdly concludes a situation that has been rationally adhered to. If I look more closely at this dream-object, I am impressed after the event by the fact that it was black, and that by reason of its truncation at its widest beam it achieved, at the truncated end, a considerable resemblance to an object which had aroused our interest in the museums of the Etruscan cities. This object was a rectangular cup of black clay, with two handles, upon which stood things like coffee-cups or tea-cups, very similar to our modern service for the *breakfast table*. Upon inquiry we learned that this was the toilet set of an Etruscan lady, with little boxes for rouge and powder; and we told one another jestingly that it would not be a bad idea to take a thing like that home to the lady of the house. The dream-object, therefore, signifies a `*black toilet*' (*toilette* = dress), or mourning, and refers directly to a death. The other end of the dream-object reminds us of the `boat' (German, *Nachen*, from the Greek root, *vexus*, as a philological friend informs me), upon which corpses were laid in prehistoric times, and were left to be buried by the sea. This is associated with the return of the ships in the dream.

`Silently on his rescued boat the old man drifts into harbour.'

It is the return voyage after the *shipwreck* (German: *Schiff-bruck = ship-breaking*); the breakfast ship looks as though it were *broken off* amidships. But whence comes the name `breakfast' ship? This is where `English' comes in, which we have left over from the warships. *Breakfast*, a *breaking of the fast. Breaking* again belongs to shipwreck (*Schiff-bruch*), and *fasting* is associated with the black (mourning).

But the only thing about this breakfast ship which has been newly created by the dream is its name. The thing existed in reality, and recalls to me one of the merriest moments of my last journey. As we distrusted the fare in Aquileia, we took some food with us from Goerz, and bought a bottle of the excellent Istrian wine in Aquileia; and while the little mail-steamer slowly travelled through the *canale delle Mee* and into the lonely expanse of lagoon in the direction of Grado, we had breakfast on deck in the highest spirits -- we were the only passengers -- and it tasted to us as few breakfasts have ever tasted. This, then, was the `*breakfast ship*', and it is behind this very recollection of the gayest *joie de vivre* that the dream hides the saddest thoughts of an unknown and mysterious future.

The detachment of affects from the groups of ideas which have occasioned their liberation is the most striking thing that happens to them in dream-formation, but it is neither the only nor even the most essential change which they undergo on the way from the dream-thoughts to the manifest dream. If the affects in the dream-thoughts are compared with those in the dream, one thing at once becomes clear. Wherever there is an affect in the dream, it is to be found also in the dream-thoughts; the converse, however, is not true. In general, a dream is less rich in affects than the psychic material from which it is elaborated. When I have reconstructed the dream-thoughts, I see that the most intense psychic impulses are constantly striving in them for self-assertion, usually in conflict with others which are sharply opposed to them. Now, if I turn back to the dream, I often find it colourless and devoid of any very intensive affective tone. Not only the content, but also the affective tone of my thoughts is often reduced by the dream-work to the level of the indifferent. I might say that a *suppression of the affects* has been accomplished by the dream-work. Take, for example, the dream of the botanical monograph. It corresponds to a passionate plea for my freedom to act as I am acting, to arrange my life as seems right to me, and to me alone. The dream which results from this sounds indifferent; I have written a monograph; it is lying before me; it is provided with coloured plates, and dried plants are to be found in each copy. It is like the peace of a deserted battlefield; no trace is left of the tumult of battle.

But things may turn out quite differently; vivid expressions of affect may enter into the dream itself; but we will first of all consider the unquestioned fact that so many dreams appear indifferent, whereas it is never possible to go deeply into the dream-thoughts without deep emotion.

The complete theoretical explanation of this suppression of affects during the dream-work cannot be given here; it would require a most careful investigation of the theory of the affects and of the mechanism of repression. Here I can put forward only two suggestions. I am forced -- for other reasons -- to conceive the liberation of affects as a centrifugal process directed towards the interior of the body, analogous to the processes of motor and secretory innervation. Just as in the sleeping state the emission of motor impulses towards the outer world seems to be suspended, so the centrifugal awakening of affects by unconscious thinking during sleep may be rendered more difficult. The affective impulses which occur during the course of the dream-thoughts may thus in themselves be feeble, so that those that find their way into the dream are no stronger. According to this line of thought, the `suppression of the affects' would not be a consequence of the dream-work at all, but a consequence of the state of sleep. This may be so, but it cannot possibly be all the truth. We must remember that all the more complex dreams have revealed themselves as the result of a compromise between conflicting psychic forces. On the one hand, the wish-forming thoughts have to oppose the contradiction of a censorship; on the other hand, as we have often seen, even in unconscious thinking, every train of thought is harnessed to its contradictory counterpart. Since all these trains of thought are capable of arousing affects, we shall, broadly speaking, hardly go astray if we conceive the suppression of affects as the result of the inhibition which the contrasts impose upon one another, and the censorship upon the urges which it has suppressed. *The inhibition of affects would accordingly be the second consequence of the dream-censorship, just as dream-distortion was the first consequence.*

I will here insert an example of a dream in which the indifferent emotional tone of the dream-content may be explained by the antagonism of the dream-thoughts. I must relate the following short dream, which every reader will read with disgust.

Dream 4. *Rising ground, and on it something like an open-air latrine; a very long bench, at the end of which is a wide aperture. The whole of the back edge is thickly covered with little heaps of excrement of all sizes and degrees of freshness. A thicket behind the bench. I urinate upon the bench, a long stream of urine rinses everything clean, the patches of excrement come off easily and fall into the opening. Nevertheless, it seems as though something remained at the end.*

Why did I experience no disgust in this dream?

Because, as the analysis shows, the most pleasant and gratifying thoughts have co-operated in the formation of this dream. Upon analysing it, I immediately think of the *Augean stables* which were cleansed by Hercules. I am this Hercules. The rising ground and the thicket belong to Aussee, where my children are now staying I have discovered the infantile etiology of the neuroses, and have thus guarded my own children from falling ill. The bench (omitting the aperture, of course) is the faithful copy of a piece of furniture of which an affectionate female patient has made me a present. This reminds me how my patients honour me. Even the museum of human excrement is susceptible of a gratifying interpretation. However much it disgusts me, it is a souvenir of the beautiful land of Italy, where in the small cities, as everyone knows, the privies are not equipped in any other way. The stream of urine that washes everything clean is an unmistakable allusion to greatness. It is in this manner that *Gulliver* extinguishes the great fire in Lilliput; to be sure, he thereby incurs the displeasure of the tiniest of queens. In this way, too, Gargantua. the superman of Master Rabelais, takes vengeance upon the Parisians, straddling Notre-Dame and training his stream of urine upon the city. Only yesterday I was turning over the leaves of Garnier's illustrations to Rabelais before I went to bed. And, strangely enough, here is another proof that I am the superman! The platform of Notre-Dame was my favourite nook in Paris; every free afternoon I used to go up into the towers of the cathedral and there clamber about between the monsters and gargoyles. The circumstance that all the excrement vanishes so rapidly before the stream of urine corresponds to the motto: *Afflavit et dissipati sunt*, which I shall some day make the title of a chapter on the therapeutics of hysteria.

And now as to the affective occasion of the dream. It had been a hot summer afternoon; in the evening, I had given my lecture on the connection between hysteria and the perversions, and everything which I had to say displeased me thoroughly, and seemed utterly valueless. I was tired; I took not the least pleasure in my difficult work, and longed to get away from this rummaging in human filth; first to see my children, and then to revisit the beauties of Italy. In this mood I went from the lecture-hall to a café to get some little refreshment in the open air, for my appetite had forsaken me. But a member of my audience went with me; he begged for permission to sit with me while I drank my coffee and gulped down my roll, and began to say flattering things to me. He told me how much he had learned from me, that he now saw everything through different eyes, that I had cleansed the *Augean stables* of error and prejudice, which encumbered the theory of the neuroses -- in short, that I was a very great man. My mood was ill-suited to his hymn of praise; I struggled with my disgust, and went home earlier in order to get rid of him; and before I went to sleep I turned over the leaves of *Rabelais*, and read a short story by C. F. Meyer entitled *Die Leiden eines Knaben* (The Sorrows of a Boy).

The dream had originated from this material, and Meyer's novel had supplied the recollections of scenes of childhood.[2]

The day's mood of annoyance and disgust is continued in the dream, inasmuch as it is permitted to furnish nearly all the material for the dream-content. But during the night the opposite mood of vigorous, even immoderate self-assertion awakened and dissipated the earlier mood. The dream had to assume such a form as would accommodate both the expressions of self-depreciation and exaggerated self-glorification in the same material. This compromise-formation resulted in an ambiguous dream-content, but, owing to the mutual inhibition of the opposites, in an indifferent emotional tone.

According to the theory of wish-fulfilment, this dream would not have been possible had not the opposed, and indeed suppressed, yet pleasure-emphasised megalomaniac train of thought been added to the thoughts of disgust. For nothing painful is intended to be represented in dreams; the painful elements of our daily thoughts are able to force their way into our dreams only if at the same time they are able to disguise a wish-fulfilment.

The dream-work is able to dispose of the affects of the dream-thoughts in yet another way than by admitting them or reducing them to zero. *It can transform them into their opposites*. We are acquainted with the rule that for the purposes of interpretation every element of the dream may represent its opposite, as well as itself. One can never tell beforehand which is to be posited; only the context can decide this point. A suspicion of this state of affairs has evidently found its way into the popular consciousness; the dream-books, in their interpretations, often proceed according to the principle of contraries. This transformation into the contrary is made possible by the intimate associative ties which in our thoughts connect the idea of a thing with that of its opposite. Like every other displacement, this serves the purposes of the censorship, but it is often the work of wish-fulfilment, for wish-fulfilment consists in nothing more than the substitution of an unwelcome thing by its opposite. Just as concrete images may be transformed into their contraries in our dreams, so also may the affects of the dream-thoughts, and it is probable that this inversion of affects is usually brought about by the dream-censorship. The *suppression and inversion of affects* is useful even in social life, as is shown by the familiar analogy of the dream-censorship and, above all, hypocrisy. If I am conversing with a person to whom I must show consideration while I should like to address him as an enemy, it is almost more important that I should conceal the expression of my affect from him than that I should modify the verbal expression of my thoughts. If I address him in courteous terms, but accompany them by looks or gestures of hatred and disdain, the effect which I produce upon him is not very different from what it would have been had I cast my unmitigated contempt into his face. Above all, then, the censorship bids me suppress my affects, and if I am a master of the art of dissimulation I can hypocritically display the opposite affect -- smiling where I should like to be angry, and pretending affection where I should like to destroy.

We have already had an excellent example of such an inversion of affect in the service of the dream-censorship. In the dream `of my uncle's beard' I feel great affection for my friend R. while (and because) the dream-thoughts berate him as a simpleton. From this example of the inversion of affects we derived our first proof of the existence of the censorship. Even here it is not necessary to assume that the dream-work creates a counter-affect of this kind that is altogether new; it usually finds it lying ready in the material of the dream-thoughts, and merely intensifies it with the psychic force of the defence-motives until it is able to predominate in the dream-formation. In the dream of my uncle, the affectionate counter-affect probably has its origin in an infantile source (as the continuation of the dream would suggest), for owing to the peculiar nature of my earliest childhood experiences the relation of uncle and nephew has become the source of all my friendships and hatred (cf. analysis on p. 279).

An excellent example of such a reversal of affect is found in a dream recorded by Ferenczi.[3]

An elderly gentleman was awakened at night by his wife, who was frightened because he laughed so loudly and uncontrollably in his sleep. The man afterwards related that he had had the following dream: *I lay in my bed, a gentleman known to me came in, I wanted to turn on the light, but I could not; I attempted to do so repeatedly, but in vain. Thereupon my wife got out of bed, in order to help me, but she, too, was unable to manage it; being ashamed of her néligé in the presence of the gentleman, she finally gave it up and went back to her bed; all this was so comical that I had to laugh terribly. My wife said: `What are you laughing at, what are you laughing at?' but I continued to laugh until I woke.* The following day the man was extremely depressed, and suffered from headache: `From too much laughter, which shook me up,' he thought.

Analytically considered, the dream looks less comical. In the latent dream-thoughts the `gentleman known' to him who came into the room is the image of death as the `great unknown', which was awakened in his mind on the previous day. The old gentleman, who suffers from arteriosclerosis, had good reason to think of death on the day before the dream. The uncontrollable laughter takes the place of weeping and sobbing at the idea that he has to die. It is the light of life that he is no longer able to turn on. This mournful thought may have associated itself with a failure to effect sexual intercourse, which he had attempted shortly before this, and in which the assistance of his wife *en négligé* was of no avail; he realised that he was already on the decline. The dream-work knew how to transform the sad idea of impotence and death into a comic scene, and the sobbing into laughter.

There is one class of dreams which has a special claim to be called `hypocritical', and which severely tests the theory of wishfulfilment. My attention was called to them when Frau Dr M. Hilferding proposed for discussion by the Psychoanalytic Society of Vienna a dream recorded by Rosegger, which is here reprinted:

In *Waldheimat*, vol. xi, Rosegger writes as follows in his story, *Fremd gemacht* (p. 303):

I usually enjoy healthful sleep, yet I have gone without repose on many a night; in addition to my modest existence as a student and literary man, I have for long years dragged out the shadow of a veritable tailor's life -- like a ghost from which I could not become divorced.

It is not true that I have occupied myself very often or very intensely with thoughts of my past during the day. A stormer of heaven and earth who has escaped from the hide of the Philistine has other things to think about. And as a gay young fellow, I hardly gave a thought to my nocturnal dreams; only later, when I had formed the habit of thinking about everything, or when the Philistine within me began to assert itself a little, did it strike me that -- when I dreamed at all -- I was always a journeyman tailor, and that in that capacity I had already worked in my master's shop for a long time without any pay. As I sat there beside him, and sewed and pressed, I was perfectly well aware that I no longer belonged there, and that as a burgess of the town I had other things to attend to; but I was always on a holiday, or away in the country, and so I sat beside my master and helped him. I often felt far from comfortable about it, and regretted the waste of time which I might have employed for better and more useful purposes. If anything was not quite correct in measure and cut I had to put up with a scolding from my master. Of wages there was never a question. Often, as I sat with bent back in the dark workshop, I decided to give notice and make myself scarce. Once I actually did so, but the master took no notice of me, and next time I was sitting beside him again and sewing.

How happy I was when I woke up after such weary hours! And I then resolved that, if this intrusive dream should ever occur again, I would energetically throw it off, and would cry aloud: `It is only a delusion, I am lying in bed, and I want to sleep' . . . And the next night I would be sitting in the tailor's shop again.

So it went on for years, with dismal regularity. Once, when the master and I were working at Alpelhofer's, at the house of the peasant with whom I began my apprenticeship, it happened that my master was particularly dissatisfied with my work. `I should like to know where in the world your thoughts are?' he cried, and looked at me sullenly. I thought the most sensible thing to do would be to get up and explain to the master that I was working with him only as a favour, and then take my leave. But I did not do this. I even submitted when the master engaged an apprentice, and ordered me to make room for him on the bench. I moved into the corner, and kept on sewing. On the same day another journeyman was engaged; a bigoted fellow; he was the Bohemian who had worked for us nineteen years earlier, and then had fallen into the lake on his way home from the public-house. When he tried to sit down there was no room for him. I looked at the master inquiringly, and he said to me: `You have no talent for tailoring; *you may go; you're a stranger henceforth.' My* fright on that occasion was so overpowering that I woke.

The grey of morning glimmered through the clear windows of my familiar home. *Objects d'art* surrounded me; in the tasteful bookcase stood the eternal Homer, the gigantic Dante, the incomparable Shakespeare, the glorious Goethe -- all radiant and immortal. From the adjoining room resounded the clear little voices of the children, who were waking up prattling to their mother. I felt as though I had rediscovered that idyllically sweet, peaceful, poetical and spiritualised life in which I have so often and so deeply been conscious of contemplative human happiness. And yet I was vexed that I had not given my master notice first, but had been dismissed by him.

And how remarkable this seems to me: since that night, when my master `made a stranger' of me, I have enjoyed restful sleep; I no longer dream of my tailoring days, which now lie in the remote past; which in their unpretentious simplicity were really so cheerful, but which, none the less, have cast a long shadow over the later years of my life.

In this series of dreams of a poet who, in his younger years, had been a journeyman tailor, it is hard to recognise the domination of the wish-fulfilment. All the delightful things occurred in his waking life, while the dream seemed to drag along with it the ghost-like shadow of an unhappy existence which had long been forgotten. Dreams of my own of a similar character enable me to give some explanation of such dreams. As a young doctor, I worked for a long time in the Chemical Institute without being able to accomplish anything in that exacting science, so that in the waking state I never think about this unfruitful and actually somewhat humiliating period of my student days. On the other hand, I have a recurring dream to the effect that I am working in the laboratory, making analyses, and experiments, and so forth: these dreams, like the examination-dreams, are disagreeable, and they are never very distinct. During the analysis of one of these dreams my attention was directed to the word `*analysis*' which gave me the key to an understanding of them. since then I have become an `analyst'. I make analyses which are greatly praised -- psychoanalyses, of course. Now I understand: when I feel proud of these analyses in my waking life, and feel inclined to boast of my achievements, my dreams hold up to me at night those other, unsuccessful analyses, of which I have no reason to be proud; they are the punitive dreams of the upstart, like those of the journeyman tailor who became a celebrated poet. But how is it possible for a dream to place itself at the service of self-criticism in its conflict with parvenu pride, and to take as its content a rational warning instead of a prohibited wish-fulfilment? I have already hinted that the answer to this question presents many difficulties. We may conclude that the foundation of the dream consisted at first of an arrogant fantasy of ambition; but that in its stead only its suppression and abasement has reached the dream-content. One must remember that there are masochistic tendencies in mental life to which such an inversion might be attributed. I see no objection to regarding such dreams as *punishment-dreams*, as distinguished from wish-fulfilling dreams. I should not see in this any limitation of the theory of dreams hitherto as presented, but merely a verbal concession to the point of view to which the convergence of contraries seems strange. But a more thorough investigation of individual dreams of this class allows us to recognise yet another element. In an indistinct, subordinate portion of one of my laboratory dreams, I was just at the age which placed me in the most gloomy and most unsuccessful year of my professional' career; I still had no position, and no idea how I was going to support myself, when I suddenly found that I had the choice of several women whom I might marry! I was, therefore, young again and, what is more, she was young again -- the woman who has shared with me all these difficult years. In this way, one of the wishes which constantly gnaws at the heart of the ageing man was revealed as the unconscious dream-instigator. The conflict raging in other psychic strata between vanity and self-criticism had certainly determined the dream-content, but the more deeply-rooted wish for youth had alone made it possible as a dream. One often says to oneself even in the waking state: `To be sure, things are going well with you today, and once you found life very hard; but, after all, life was sweet in those days, when you were still so young.'[4]

Another group of dreams, which I have often myself experienced, and which I have recognised to be hypocritical, have as their content a reconciliation with persons with whom one has long ceased to have friendly relations. The analysis constantly discovers an occasion which might well induce me to cast aside the last remnants of consideration for these former friends, and to treat them as strangers or enemies. But the dream chooses to depict the contrary relation.

In considering dreams recorded by a novelist or poet, we may often enough assume that he has excluded from the record those details which he felt to be disturbing and regarded as unessential. His dreams thus set us a problem which could be readily solved if we had an exact reproduction of the dream-content.

O. Rank has called my attention to the fact that in Grimm's fairy-tale of the valiant little tailor, or *Seven at one Stroke*, there is related a very similar dream of an upstart. The tailor, who has become a hero, and has married the king's daughter, dreams one night while lying beside the princess, his wife, about his trade; having become suspicious, on the following night she places armed guards where they can listen to what is said by the dreamer, and arrest him. But the little tailor is warned, and is able to correct his dream.

The complicated processes of removal, diminution, and inversion by which the affects of the dream-thoughts finally become the affects of the dream may be very well surveyed in suitable syntheses of completely analysed dreams. I shall here discuss a few examples of affective manifestations in dreams which will, I think, prove this conclusively in some of the cases cited.

Dream 5. In the dream about the odd task which the elder Brücke sets me -- that of preparing my own pelvis -- I am aware in the dream itself of not feeling *appropriate horror*. Now this is a wish-fulfilment in more senses than one. The preparation signifies the self-analyses which I perform, as it were, by publishing my book on dreams, which I actually found so painful that I postponed the printing of the completed manuscript for more than a year. The wish now arises that I may disregard this feeling of aversion, and for that reason I feel no horror (*Grauen*, which also means `to grow grey') in the dream. I should much like to escape `Grauen' in the other sense too, for I am already growing quite grey, and the grey in my hair warns me to delay no longer For we know that at the end of the dream this thought secures representation: `I shall have to leave my children to reach the goal of their difficult journey without my help.'

In the two dreams that transfer the expression of satisfaction to the moments immediately after waking, this satisfaction is in the one case motivated by the expectation that I am now going to learn what is meant by `I have already dreamed of this', and refers in reality to the birth of my first child, and in the other case it is motivated by the conviction that `that which has been announced by a premonitory sign' is now going to happen, and the satisfaction is that which I felt on the arrival of my second son. Here the same affects that dominated in the dream-thoughts have remained in the dream, but the process is probably not quite so simple as this in any dream. If the two analyses are examined a little more closely it will be seen that this satisfaction, which does not succumb to the censorship, receives reinforcement from a source which must fear the censorship and whose affect would certainly have aroused opposition if it had not screened itself by a similar and readily admitted affect of satisfaction from the permitted source, and had, so to speak, sneaked in behind it. I am unfortunately unable to show this in the case of the actual dream, but an example from another situation will make my meaning intelligible. I will put the following case: Let there be a person near me whom I hate so strongly that I have a lively impulse to rejoice should anything happen to him. But the moral side of my nature does not give way to this impulse; I do not dare to express this sinister wish, and when something does happen to him which he does not deserve I suppress my satisfaction, and force myself to thoughts and expressions of regret. Everyone will at some time have found himself in such a position. But now let it happen that the hated person, through some transgression of his own, draws upon himself a well-deserved calamity; I shall now be allowed to give free rein to my satisfaction at his being visited by a just punishment, and I shall be expressing an opinion which coincides with that of other impartial persons. But I observe that my satisfaction proves to be more intense than that of others, for it has received reinforcement from another source -- from my hatred, which was hitherto prevented by the inner censorship from furnishing the affect, but which, under the altered circumstances, is no longer prevented from doing so. This case generally occurs in social life when antipathetic persons or the adherents of an unpopular minority have been guilty of some offence. Their punishment is then usually commensurate not with the guilt, but with their guilt plus the ill-will against them that has hitherto not been put into effect. Those who punish them doubtless commit an injustice, but they are prevented from becoming aware of it by the satisfaction arising from the release within themselves of a suppression of long standing. In such cases the quality of the affect is justified, but not its degree; and the selfcriticism that has been appeased in respect of the first point is only too ready to neglect to scrutinise the second point. Once you have opened the doors more people enter than it was your original intention to admit.

A striking feature of the neurotic character, namely, that in it causes capable of evoking affect produce results which are qualitatively justified but quantitatively excessive, is to be explained on these lines, in so far as it admits of a psychological explanation at all. But the excess of affect proceeds from unconscious and hitherto suppressed affective sources which are able to establish an associative connection with the actual occasion, and for whose liberation of affect the unprotested and permitted source of affects opens up the desired path. Our attention is thus called to the fact that the relation of mutual inhibition must not be regarded as the only relation obtaining between the suppressed and the suppressing psychic institution. The cases in which the two institution bring about a pathological result by co-operation and mutual reinforcement deserve just as much attention. These hints regarding the psychic mechanism will contribute to our understanding of the expressions of affects in dreams. A gratification which makes its appearance in a dream, and which, of course, may readily be found in its proper place in the dream-thoughts, may not always be fully explained by means of this reference. As a rule, it is necessary to search for a second source in the dream-thoughts, upon which the pressure of the censorship rests, and which, under this pressure, would have yielded not gratification but the contrary affect, had it not been enabled by the presence of the first dream-source to free its gratification-affect from repression, and reinforce the gratification springing from the other source. Hence affects which appear in dreams appear to be formed by the confluence of several tributaries, and are over-determined in respect of the material of the dream-thoughts. *Sources of affect which are able to furnish the same affect combine in the dream-work in order to produce it*.[5]

Some insight into these involved relations is gained from the analysis of the admirable dream in which `*non vixit*' constitutes the central point (cf. p. 277). In this dream expressions of affect of different qualities are concentrated at two points in the manifest content. Hostile and painful impulses (in the dream itself we have the phrase `overcome by strange emotions') overlap one another at the point where I destroy my antagonistic friend with a couple of words. At the end of the dream I am greatly pleased, and am quite ready to believe in a possibility which I recognise as absurd when I am awake, namely, that there are *revenants* who can be swept away by a mere wish.

I have not yet mentioned the occasion of this dream. It is an important one, and leads us far down into the meaning of the dream. From my friend in Berlin (whom I have designed as Fl.) I had received the news that he was about to undergo an operation, and that relatives of his living in Vienna would inform me as to his condition. The first few messages after the operation were not very reassuring, and caused me great anxiety. I should have liked to go to him myself, but at that time I was afflicted with a painful complaint which made every movement a torment. I now learn from the dream-thoughts that I feared for this dear friend's life. I knew that his only sister, with whom I had never been acquainted, had died young, after a very brief illness. (*In the dream Fl. tells me about his sister, and says: `In three-quarters of an hour she was dead.') I* must have imagined that his own constitution was not much stronger, and that I should soon be travelling, in spite of my health, in response to far worse news -- and that I should arrive too late, for which I should eternally reproach myself.[6] This reproach, that I should arrive too late, has become the central point of the dream, but it has been represented in a scene in which the revered teacher of my student years -- Brücke -- reproaches me for the same thing with a terrible look from his blue eyes. What brought about this alteration of the scene will soon become apparent: the dream cannot reproduce the scene itself as I experienced it. To be sure, it leaves the blue eyes to the other man, but it gives me the part of the annihilator, an inversion which is obviously the work of the wish-fulfilment.

My concern for the life of my friend, my self-reproach for not having gone to him, my shame (*he had come to me in Vienna unobtrusively*), my desire to consider myself excused on account of my illness -- all this builds up an emotional tempest which is distinctly felt in my sleep, and which rages in that region of the dream-thoughts.

But there was another thing in the occasion of the dream which had quite the opposite effect. With the unfavourable news during the first days of the operation I received also an injunction to speak to no one about the whole affair, which hurt my feelings, for it betrayed an unnecessary distrust of my discretion. I know, of course, that this request did not proceed from my friend, but that it was due to clumsiness or excessive timidity on the part of the messenger; yet the concealed reproach affected me very disagreeably, because it was not altogether unjustified. As we know, only reproaches which `have something in them' have the power to hurt. Years ago, when I was younger than I am now, I knew two men who were friends, and who honoured me with their friendship; and I quite superfluously told one of them what the other had said of him. This incident, of course, had nothing to do with the affairs of my friend Fl., but I have never forgotten the reproaches to which I had to listen on that occasion. One of the two friends between whom I made trouble was Professor Fleischl; the other one I will call by his baptismal name, Josef, a name which was borne also by my friend and antagonist P., who appears in this dream.

In the dream the element unobtrusively points to the reproach that I cannot keep anything to myself, and so does the question of Fl. as to *how much of his affairs I have told P*. But it is the intervention of that old memory which transposes the reproach for arriving too late from the present to the time when I was working in Brücke's laboratory; and by replacing the second person in the annihilation scene of the dream by a Josef, I enable this scene to represent not only the first reproach -- that I have arrived too late -- but also that other reproach, more strongly affected by the repression, to the effect that I do not keep secrets. The work of condensation and displacement in this dream, as well as the motives for it, are now obvious.

My present trivial annoyance at the injunction not to divulge secrets draws reinforcement from springs that flow far beneath the surface, and so swells to a stream of hostile impulses towards persons who are in reality dear to me. The source which furnishes the reinforcement is to be found in my childhood. I have already said that my warm friendships as well as my enmities with persons of my own age go back to my childish relations to my nephew, who was a year older than I. In these he had the upper hand, and I early learned how to defend myself; we lived together, were inseparable, and loved one another, but at times, as the statements of older persons testify, we used to squabble and *accuse* one another. In a certain sense, all my friends are incarnations of this first figure; they are all *revenants*. My nephew himself returned when a young man, and then we were like Caesar and Brutus. An intimate friend and a hated enemy have always been indispensable to my emotional life; I have always been able to create them anew, and not infrequently my childish ideal has been so closely approached that friend and enemy have coincided in the same person; but not simultaneously, of course, nor in constant alternation, as was the case in my early childhood.

How, when such associations exist, a recent occasion of emotion may cast back to the infantile occasion and substitute this as a cause of affect, I shall not consider now. Such an investigation would properly belong to the psychology of unconscious thought, or a psychological explanation of the neuroses. Let us assume, for the purposes of dream-interpretation, that a childish recollection presents itself, or is created by the fantasy with, more or less, the following content: We two children quarrel on account of some object -- just what we shall leave undecided, although the memory, or illusion of memory, has a very definite object in view -- and each claims that *he got there first*, and therefore has the first right to it. We come to blows; Might comes before Right; and, according to the indications of the dream, I must have known that I was in the wrong (*noticing the error myself*); but this time I am the stronger, and take possession of the battlefield; the defeated combatant hurries to my father, his grandfather, and accuses me, and I defend myself with the words, which I have heard from my father: `*I hit him because he hit me.*' Thus, this recollection, or more probably fantasy, which forces itself upon my attention in the course of the analysis -- without further evidence I myself do not know how -- becomes a central item of the dream-thoughts, which collects the affective impulses prevailing in the dream-thoughts, as the bowl of a fountain collects the water that flows into it. From this point the dream-thoughts flow along the following channels: `It serves you right that you have had to make way for me; why did you try to push me off? I don't need you; I'll soon find someone else to play with,' etc. Then the channels are opened through which these thoughts flow back again into the dream-representation. For such an `*ote-toi que je m'y mette*' I once had to reproach my deceased friend Josef. He was next to me in the line of promotion in Brücke's laboratory, but advancement there was very slow. Neither of the two assistants budged from his place, and youth became impatient. My friend, who knew that his days were numbered, and was bound by no intimate relation to his superior, sometimes gave free expression to his impatience. As this superior was a man seriously ill, the wish to see him removed by promotion was susceptible of an obnoxious secondary interpretation. Several years earlier, to be sure, I myself had cherished, even more intensely, the same wish -- to obtain a post which had fallen vacant; wherever there are gradations of rank and promotion the way is opened for the suppression of covetous wishes. Shakespeare's Prince Hal cannot rid himself of the temptation to see how the crown fits, even at the bedside of his sick father. But, as may readily be understood, the dream inflicts this inconsiderate wish not upon me, but upon my friend.[7]

`As he was ambitious, I slew him.' As he could not expect that the other man would make way for him, the man himself has been put out of the way. I harbour these thoughts immediately after attending the unveiling of the memorial to the other man at the University. Part of the satisfaction which I feel in the dream may therefore be interpreted: A just punishment; it serves you right.

At the funeral of this friend a young man made the following remark, which seemed rather out of place: `The preacher talked as though the world could no longer exist without this one human being.' Here was a stirring of revolt in the heart of a sincere man, whose grief had been disturbed by exaggeration. But with this speech are connected the dream-thoughts: `No one is really irreplaceable; how many men have I already escorted to the grave! But I am still alive; I have survived them all; I claim the field.' Such a thought, at the moment when I fear that if I make a journey to see him I shall find my friend no longer among the living, permits only of the further development that I am glad once more to have survived someone; that it is not I who have died but he; that I am master of the field, as once I was in the imagined scene of my childhood. This satisfaction, infantile in origin, at the fact that I am master of the field, covers the greater part of the affect which appears in the dream. I am glad that I am the survivor; I express this sentiment with the naive egoism of the husband who says to his wife: `If one of us dies, I shall move to Paris.' My expectation takes it as a matter of course that I am not the one to die.

It cannot be denied that great self-control is needed to interpret one's dreams and to report them. One has to reveal oneself as the sole villain among all the noble souls with whom one shares the breath of life. Thus, I find it quite comprehensible that *revenants* should exist only as long as one wants them, and that they can be obliterated by a wish. It was for this reason that my friend Josef was punished. But the *revenants* are the successive incarnations of the friend of my childhood; I am also gratified at having replaced this person for myself over and over again, and a substitute will doubtless soon be found even for the friend whom I am now on the point of losing. No one is irreplaceable.

But what has the dream-censorship been doing in the meantime? Why does it not raise the most emphatic objection to a train of thoughts characterised by such brutal selfishness, and transform the satisfaction inherent therein into extreme discomfort? I think it is because other unobjectionable trains of thought referring to the same persons result also in satisfaction, and with their affect cover that proceeding from the forbidden infantile sources. In another stratum of thought I said to myself, at the ceremony of unveiling the memorial: `I have lost so many dear friends, some through death, some through the dissolution of friendship; is it not good that substitutes have presented themselves, that I have gained a friend who means more to me than the others could, and whom I shall now always retain, at an age when it is not easy to form new friendships?' The gratification of having found this substitute for my lost friend can be taken over into the dream without interference, but behind it there sneaks in the hostile feeling of malicious gratification from the infantile source. Childish affection undoubtedly helps to reinforce the rational affection of today; but childish hatred also has found its way into the representation.

But besides this, there is in the dream a distinct reference to another train of thoughts which may result in gratification. Some time before this, after long waiting, a little daughter was born to my friend. I knew how he had grieved for the sister whom he had lost at an early age, and I wrote to him that I felt that he would transfer to this child the love he had felt for her, that this little girl would at last make him forget his irreparable loss.

Thus this train also connects up with the intermediary thoughts of the latent dream-content, from which paths radiate in the most contrary directions: `No one is irreplaceable. See, here are only *revenants*; all those whom one has lost return.' And now the bonds of association between the contradictory components of the dream-thoughts are more tightly drawn by the accidental circumstance that my friend's little daughter bears the same name as the girl playmate of my own youth, who was just my own age, and the sister of my oldest friend and antagonist. I heard the name `Pauline' with *satisfaction*, and in order to allude to this coincidence I replaced one Josef in the dream by another Josef, and found it impossible to suppress the identical initials in the name Fleischl and Fl. From this point a train of thought runs to the naming of my own children. I insisted that the names should not be chosen according to the fashion of the day, but should be determined by regard for the memory of those dear to us. The children's names make them `*revenants*'. And, finally, is not the procreation of children for all men the only way of access to immortality?

I shall add only a few observations as to the affects of dreams considered from another point of view. In the psyche of the sleeper an affective tendency -- what we call a mood -- may be contained as its dominating element, and may induce a corresponding mood in the dream. This mood may be the result of the experiences and thoughts of the day, or it may be of somatic origin; in either case it will be accompanied by the corresponding trains of thought. That this ideational content of the dream-thoughts should at one time determine the affective tendency primarily, while at another time it is awakened in a secondary manner by the somatically determined emotional disposition, is indifferent for the purposes of dream-formation. This is always subject to the restriction that it can represent only a wish-fulfilment, and that it may lend its psychic energy to the wish alone. The mood actually present will receive the same treatment as the sensation which actually emerges during sleep (cf. p. 133), which is either neglected or reinterpreted in the sense of a wish-fulfilment. Painful moods during sleep become the motive force of the dream, inasmuch as they awake energetic wishes which the dream has to fulfil. The material in which they inhere is elaborated until it is serviceable for the expression of the wish-fulfilment. The more intense and the more dominating the element of the painful mood in the dream-thoughts, the more surely will the most strongly suppressed wish-impulses take advantage of the opportunity to secure representation; for thanks to the actual existence of discomfort, which otherwise they would have to create spontaneously, they find that the more difficult part of the work necessary to ensure representation has already been accomplished; and with these observations we touch once more upon the problem of anxiety-dreams, which will prove to be the boundary-case of dream-activity.

[1] If I am not greatly mistaken, the first dream which I was able to elicit from my grandson (aged 20 months) points to the fact that the dream-work had succeeded in transforming its material into a wish-fulfilment, while the affect which belonged to it remained unchanged even in the sleeping state The night before its father was to return to the front the child cried out, sobbing violently: `Papa, Papa -- Baby.' That may mean: Let Papa and Baby still be together; while the weeping takes cognisance of the imminent departure. The child was at the time very well able to express the concept of separation. `Fort' (= away, replaced by a peculiarly accented, long-drawn out *ooooh*) had been his first word, and for many months before this first dream he had played at `away' with all his toys; which went back to his early self-conquest in allowing his mother to go away.

[2] cf. the dream about Count Thun, last scene.

[3] *Internat. Zeitschr. f. Psychoanalyse*, iv, 1916.

[4] Ever since psychoanalysis has dissected the personality into an ego and a super-ego (*Group Psychology and the Analysis of the Ego*, trans. by James Strachey, Intern. Psychoanalytic Press, London) it has been easy to recognise in these punishment-dreams wish-fulfilments of the super-ego.

[5] I have since explained the extraordinary effect of pleasure produced by tendency wit on analogous lines.

[6] It is this fancy from the unconscious dream-thoughts which pre-emptorily demands *non vivit* instead of *non vixit*. `You have come too late, he is no longer alive.' The fact that the manifest situation of the dream aims at the *non vivit* has been mentioned on p. 277.

[7] It will have been obvious that the name *Josef* plays a great part in my dreams (see the dream about my uncle). It is particularly easy for me to hide my ego in my dreams behind persons of this name, since Joseph was the name of the dream-interpreter in the Bible.

I. THE SECONDARY ELABORATION

We will at last turn our attention to the fourth of the factors participating in dream-formation.

If we continue our investigation of the dream-content on the lines already laid down -- that is, by examining the origin in the dream-thoughts of conspicuous occurrences -- we come upon elements that can be explained only by making an entirely new assumption. I have in mind cases where one manifests astonishment, anger, or resistance in a dream, and that, too, in respect of part of the dream-content itself. Most of these impulses of criticism in dreams are not directed against the dream-content, but prove to be part of the dream-material, taken over and fittingly applied, as I have already shown by suitable examples. There are, however, criticisms of this sort which are not so derived: their correlatives cannot be found in the dream-material. What, for instance, is meant by the criticism not infrequent in dreams: `After all, it's only a dream'? This is a genuine criticism of the dream, such as I might make if I were awake. Not infrequently it is only the prelude to waking; even oftener it is preceded by a painful feeling, which subsides when the actuality of the dream-state has been affirmed. The thought: `After all, it's only a dream' in the dream itself has the same intention as it has on the stage on the lips of Offenbach's *Belle Hélène*; it seeks to minimise what has just been experienced, and to secure indulgence for what is to follow. It serves to lull to sleep a certain mental agency which at the given moment has every occasion to rouse itself and forbid the continuation of the dream, or the scene. But it is more convenient to go on sleeping and to tolerate the dream, `because, after all, it's only a dream'. I imagine that the disparaging criticism: `After all, it's only a dream,' appears in the dream at the moment when the censorship, which is never quite asleep, feels that it has been surprised by the already admitted dream. It is too late to suppress the dream, and the agency therefore meets with this remark the anxiety or painful emotion which rises into the dream. It is an expression of the *esprit d'escalier* on the part of the psychic censorship.

In this example we have incontestable proof that everything which the dream contains does not come from the dream-thoughts, but that a psychic function, which cannot be differentiated from our waking thoughts, may make contributions to the dream-content. The question arises, does this occur only in exceptional cases, or does the psychic agency which is otherwise active only as the censorship play a constant part in dream-formation?

One must decide unhesitatingly for the latter view. It is indisputable that the censoring agency, whose influence we have so far recognised only in the restrictions of and omissions in the dream-content, is likewise responsible for interpolations in and amplifications of this content. Often these interpolations are readily recognised; they are introduced with hesitation, prefaced by an `as if'; they have no special vitality, of their own, and are constantly inserted at points where they may serve to connect two portions of the dream-content or create a continuity between two sections of the dream. They manifest less ability to adhere in the memory than do the genuine products of the dream-material; if the dream is forgotten, they are forgotten first, and I strongly suspect that our frequent complaint that although we have dreamed so much we have forgotten most of the dream, and have remembered only fragments, is explained by the immediate falling away of just these cementing thoughts. In a complete analysis these interpolations are often betrayed by the fact that no material is to be found for them in the dream-thoughts. But after careful examination I must describe this case as the less usual one; in most cases the interpolated thoughts can be traced to material in the dream-thoughts which can claim a place in the dream neither by its own merits nor by way of over-determination. Only in the most extreme cases does the psychic function in dream-formation which we are now considering rise to original creation; whenever possible it makes use of anything appropriate that it can find in the dream-material.

What distinguishes this part of the dream-work, and also betrays it, is its tendency. This function proceeds in a manner which the poet maliciously attributes to the philosopher: with its rags and tatters it stops up the breaches in the structure of the dream. The result of its efforts is that the dream loses the appearance of absurdity and incoherence, and approaches the pattern of an intelligible experience. But the effort is not always crowned with complete success. Thus, dreams occur which may, upon superficial examination, seem faultlessly logical and correct; they start from a possible situation, continue it by means of consistent changes, and bring it -- although this is rare -- to a not unnatural conclusion. These dreams have been subjected to the most searching elaboration by a psychic function similar to our waking thought; they seem to have a meaning, but this meaning is very far removed from the real meaning of the dream. If we analyse them, we are convinced that the secondary elaboration has handled the material with the greatest freedom, and has retained as little as possible of its proper relations. These are the dreams which have, so to speak, already been once interpreted before we subject them to waking interpretation. In other dreams this tendentious elaboration has succeeded only up to a point; up to this point consistency seems to prevail, but then the dream becomes nonsensical or confused; but perhaps before it concludes it may once more rise to a semblance of rationality. In yet other dreams the elaboration has failed completely; we find ourselves helpless, confronted with a senseless mass of fragmentary contents.

I do not wish to deny to this fourth dream-forming power, which will soon become familiar to us -- it is in reality the only one of the four dream-creating factors which is familiar to us in other connections -- I do not wish to deny to this fourth factor the faculty of creatively making new contributions to our dreams. But its influence is certainly exerted, like that of the other factors, mainly in the preference and selection of psychic material already formed in the dream-thoughts. Now there is a case where it is to a great extent spared the work of building, as it were, a facade to the dream by the fact that such a structure, only waiting to be used, already exists in the material of the dream-thoughts. I am accustomed to describe the element of the dream-thoughts which I have in mind as `fantasy'; I shall perhaps avoid misunderstanding if I at once point to the *daydream* as an analogy in waking life.[1] The part played by this element in our psychic life has not yet been fully recognised and revealed by psychiatrists; though M. Benedikt has, it seems to me, made a highly promising beginning. Yet the significance of the daydream has not escaped the unerring insight of the poets; we are all familiar with the description of the daydreams of one of his subordinate characters which Alphonse Daudet has given us in his *Nabab*. The study of the psychoneuroses discloses the astonishing fact that these fantasies or daydreams are the immediate predecessors of symptoms of hysteria -- at least, of a great many of them; for hysterical symptoms are dependent not upon actual memories, but upon the fantasies built up on a basis of memories. The frequent occurrence of conscious day-fantasies brings these formations to our ken; but while some of these fantasies are conscious, there is a superabundance of unconscious fantasies, which must perforce remain unconscious on account of their content and their origin in repressed material. A more thorough examination of the character of these day-fantasies shows with what good reason the same name has been given to these formations as to the products of nocturnal thought -- *dreams*. They have essential features in common with nocturnal dreams; indeed, the investigation of daydreams might really have afforded the shortest and best approach to the understanding of nocturnal dreams.

Like dreams, they are wish-fulfilments; like dreams, they are largely based upon the impressions of childish experiences; like dreams, they obtain a certain indulgence from the censorship in respect of their creations. If we trace their formation, we becomes aware how the wish-motive which has been operative in their production has taken the material of which they are built, mixed it together, rearranged it, and fitted it together into a new whole. They bear very much the same relation to the childish memories to which they refer as many of the baroque palaces of Rome bear to the ancient ruins, whose hewn stones and columns have furnished the material for the structures built in the modern style.

In the `secondary elaboration' of the dream-content which we have ascribed to our fourth dream-forming factor, we find once more the very same activity which is allowed to manifest itself, uninhibited by other influences, in the creation of daydreams. We may say, without further preliminaries, that this fourth factor of ours seeks to construct *something* like a daydream from the material which offers itself. But where such a daydream has already been constructed in the context of the dream-thoughts, this factor of the dream-work will prefer to take possession of it, and contrive that it gets into the dream-content. There are dreams that consist merely of the repetition of a day-fantasy, which has perhaps remained unconscious -- as, for instance, the boy's dream that he is riding in a war-chariot with the heroes of the Trojan war. In my `*Autodidasker*' dream the second part of the dream at least is the faithful repetition of a day-fantasy -- harmless in itself -- of my dealings with Professor N. The fact that the exciting fantasy forms only a part of the dream, or that only a part of it finds its way into the dream-content, is due to the complexity of the conditions which the dream must satisfy at its genesis. On the whole, the fantasy is treated like any other component of the latent material: but it is often still recognisable as a whole in the dream. In my dreams there are often parts which are brought into prominence by their producing a different impression from that produced by the other parts. They seem to me to be in a state of flux, to be more coherent and at the same time more transient than other portions of the same dream. I know that these are unconscious fantasies which find their way into the context of the dream, but I have never yet succeeded in registering such a fantasy. For the rest, these fantasies, like all the other component parts of the dream-thoughts, are jumbled together, condensed, superimposed, and so on; but we find all the transitional stages, from the case in which they may constitute the dream-contrary or at least the dream-facade, unaltered, to the most contrary case, in which they are represented in the dream-content by only one of their elements, or by a remote allusion to such an element. The fate of the fantasies in the dream-thoughts is obviously determined by the advantages they can offer as against the claims of the censorship and the pressure of condensation.

In my choice of examples for dream-interpretation I have, as far as possible, avoided those dreams in which unconscious fantasies play a considerable part, because the introduction of this psychic element would have necessitated an extensive discussion of the psychology of unconscious thought. But even in this connection I cannot entirely avoid the `fantasy', because it often finds its way into the dream complete, and still more often perceptibly glimmers through it. I might mention yet one more dream, which seems to be composed of two distinct and opposed fantasies, overlapping here and there, of which the first is superficial, while the second becomes, as it were, the interpretation of the first.[2]

The dream -- it is the only one of which I possess no careful notes -- is roughly to this effect: *The dreamer -- a young unmarried man -- is sitting in his favourite inn, which is seen correctly; several persons come to fetch him, among them someone who wants to arrest him. He says to his table companions, `I will pay later, I am coming back.' But they cry, smiling scornfully: `We know all about that; that's what everybody says.' One guest calls after him: `There goes another one.' He is then led to a small place where he finds a woman with a child in her arms. One of his escorts says: `This is Herr Müller.' A commissioner or some other official is running through a bundle of tickets or papers, repeating Müller, Müller, Müller. At last the commissioner asks him a question, which he answers with a `Yes.' He then takes a look at the woman, and notices that she has grown a large beard.*

The two component parts are here easily separable. What is superficial is the *fantasy of being arrested*; this seems to be newly created by the dream-work. But behind it the *fantasy of marriage* is visible, and this material, on the other hand, has been slightly modified by the dream-work, and the features which may be common to the two fantasies appear with special distinctness, as in Galton's composite photographs. The promise of the young man, who is at present a bachelor, to return to his place at his accustomed table -- the scepticism of his drinking companions, made wise by their many experiences -- their calling after him: `There goes (marries) another one' -- are all features easily susceptible of the other interpretation, as is the affirmative answer given to the official. Running through a bundle of papers and repeating the same name corresponds to a subordinate but easily recognised feature of the marriage ceremony -- the reading aloud of the congratulatory telegrams which have arrived at irregular intervals, and which, of course, are all addressed to the same name. In the personal appearance of the bride in this dream the marriage fantasy has even got the better of the arrest fantasy which screens it. The fact that this bride finally wears a beard I can explain from information received -- I had no opportunity of making an analysis. The dreamer had, on the previous day, been crossing the street with a friend who was just as hostile to marriage as himself, and had called his friend's attention to a beautiful brunette who was coming towards them. The friend had remarked: `Yes, if only these women wouldn't get beards as they grow older, like their fathers.'

Of course, even in this dream there is no lack of elements with which the dream-distortion has done deep work. Thus, the speech, `I will pay later', may have reference to the behaviour feared on the part of the father-in-law in the matter of a dowry. Obviously all sorts of misgivings are preventing the dreamer from surrendering himself with pleasure to the fantasy of marriage. One of these misgivings -- that with marriage he might lose his freedom -- has embodied itself in the transformation of a scene of arrest.

If we once more return to the thesis that the dream-work prefers to make use of a ready-made fantasy, instead of first creating one from the material of the dream-thoughts, we shall perhaps be able to solve one of the most interesting problems of the dream. I have related the dream of Maury, who is struck on the back of the neck by a small board, and wakes after a long dream -- a complete romance of the period of the French Revolution. Since the dream is produced in a coherent form, and completely fits the explanation of the waking stimulus, of whose occurrence the sleeper could have had no foreboding, only one assumption seems possible, namely, that the whole richly elaborated dream must have been composed and dreamed in the short interval of time between the falling of the board on Maury's cervical vertebrae and the waking induced by the blow. We should not venture to ascribe such rapidity to the mental operations of the waking state, so that we have to admit that the dream-work has the privilege of a remarkable acceleration of its issue.

To this conclusion, which rapidly became popular, more recent authors (Le Lorrain, Egger, and others) have opposed emphatic objections; some of them doubt the correctness of Maury's record of the dream, some seek to show that the rapidity of our mental operations in waking life is by no means inferior to that which we can, without reservation, ascribe to the mental operations in dreams. The discussion raises fundamental questions, which I do not think are at all near solution. But I must confess that Egger's objections, for example, to Maury's dream of the guillotine, do not impress me as convincing. I would suggest the following explanation of this dream: Is it so very improbable that Maury's dream may have represented a fantasy which had been preserved for years in his memory, in a completed state, and which was awakened -- I should like to say, alluded to -- at the moment when he became aware of the waking stimulus? The whole difficulty of composing so long a story, with all its details, in the exceedingly short space of time which is here at the dreamer's disposal then disappears; the story was already composed. If the board had struck Maury's neck when he was awake, there would perhaps have been time for the thought: `Why, that's just like being guillotined.' But as he is struck by the board while asleep, the dream-work quickly utilises the incoming stimulus for the construction of a wish-fulfilment, *as if* it thought (this is to be taken quite figuratively): `Here is a good opportunity to realise the wish-fantasy which I formed at such and such a time while I was reading.' It seems to me undeniable that this dream-romance is just such a one as a young man is wont to construct under the influence of exciting impressions. Who has not been fascinated -- above all, a Frenchman and a student of the history of civilisation -- by descriptions of the Reign of Terror, in which the aristocracy, men and women, the flower of the nation, showed that it was possible to die with a light heart, and preserved their ready wit and the refinement of their manners up to the moment of the last fateful summons? How tempting to fancy oneself in the midst of all this, as one of these young men who take leave of their ladies with a kiss of the hand, and fearlessly ascend the scaffold! Or perhaps ambition was the ruling motive of the fantasy -- the ambition to put oneself in the place of one of those powerful personalities who, by their sheer force of intellect and their fiery eloquence, ruled the city in which the heart of mankind was then beating so convulsively; who were impelled by their convictions to send thousands of human beings to their death, and were paving the way for the transformation of Europe; who, in the meantime, were not sure of their own heads, and might one day lay them under the knife of the guillotine, perhaps in the role of a Girondist or the hero Danton? The detail preserved in the memory of the dream, `accompanied by an enormous crowd', seems to show that Maury's fantasy was an ambitious one of just this character.

But the fantasy prepared so long ago need not be experienced again in sleep; it is enough that it should be, so to speak, `touched off'. What I mean is this: If a few notes are struck, and someone says, as in *Don Juan*: `That is from *Figaro's Wedding* by Mozart', memories suddenly surge up within me, none of which I can recall to consciousness a moment later. The phrase serves as a point of irruption from which a complete whole is simultaneously put into a condition of stimulation. It may well be the same in unconscious thinking. Through the waking stimulus the psychic station is excited which gives access to the whole guillotine fantasy. This fantasy, however, is not run through in sleep, but only in the memory of the awakened sleeper. Upon waking, the sleeper remembers in detail the fantasy which was transferred as a whole into the dream. At the same time, he has no means of assuring himself that he is really remembering something which was dreamed. The same explanation -- namely, that one is dealing with finished fantasies which have been evoked as wholes by the waking stimulus -- may be applied to other dreams which are adapted to the waking stimulus -- for example, to Napoleon's dream of a battle before the explosion of a bomb. Among the dreams collected by Justine Tobowolska in her dissertation on the apparent duration of time in dreams,[3] I think the most corroborative is that related by Macario (1857) as having been dreamed by a playwright, Casimir Bonjour. Bonjour intended one evening to witness the first performance of one of his own plays, but he was so tired that he dozed off in his chair behind the scenes just as the curtain was rising. In his sleep he went through all the five acts of his play, and observed all the various signs of emotion which were manifested by the audience during each individual scene. At the close of the performance, to his great satisfaction, he heard his name called out amidst the most lively manifestations of applause. Suddenly he woke. He could hardly believe either his eyes or his ears; the performance had not gone beyond the first lines of the first scene; he could not have been asleep for more than two minutes. As for the dream, the running through the five acts of the play and the observing the attitude of the public towards each individual scene need not, we may venture to assert, have been something new, produced while the dreamer was asleep; it may have been a repetition of an already completed work of the fantasy. Tobowolska and other authors have emphasised a common characteristic of dreams that show an accelerated flow of ideas: namely, that they seem to be especially coherent, and not at all like other dreams, and that the dreamer's memory of them is summary rather than detailed. But these are precisely the characteristics which would necessarily be exhibited by ready-made fantasies touched off by the dream-work -- a conclusion which is not, of course, drawn by these authors. I do not mean to assert that all dreams due to a waking stimulus admit of this explanation, or that the problem of the accelerated flux of ideas in dreams is entirely disposed of in this manner.

And here we are forced to consider the relation of this secondary elaboration of the dream-content to the other factors of the dream-work. May not the procedure perhaps be as follows? The dream-forming factors, the efforts at condensation, the necessity of evading the censorship, and the regard for representability by the psychic means of the dream first of all create from the dream-material a provisional dream-content, which is subsequently modified until it satisfies as far as possible the exactions of a secondary agency. -- No, this is hardly probable. We must rather assume that the requirements of this agency constitute from the very first one of the conditions which the dream must satisfy, and that this condition, as well as the conditions of condensation, the opposing censorship, and representability, simultaneously influence, in an inductive and selective manner, the whole mass of material in the dream-thoughts. But of the four conditions necessary for dream-formation, the last recognised is that whose exactions appear to be least binding upon the dream. The following consideration makes it seem very probable that this psychic function, which undertakes the so-called secondary elaboration of the dream-content, is identical with the work of our waking thought: Our waking (preconscious) thought behaves towards any given perceptual material precisely as the function in question behaves towards the dream-content. It is natural to our waking thought to create order in such material, to construct relations, and to subject it to the requirements of an intelligible coherence. Indeed, we go rather too far in this respect; the tricks of conjurers befool us by taking advantage of this intellectual habit of ours. In the effort to combine in an intelligible manner the sensory impressions which present themselves we often commit the most curious mistakes, and even distort the truth of the material before us. The proofs of this fact are so familiar that we need not give them further consideration here. We overlook errors which make nonsense of a printed page because we imagine the proper words. The editor of a widely read French journal is said to have made a bet that he could print the words `from in front' or `from behind' in every sentence of a long article without any of his readers noticing it. He won his bet. Years ago I came across a comical example of false association in a newspaper. After the session of the French Chamber in which Dupuy quelled the panic, caused by the explosion of a bomb thrown by an anarchist, with the courageous words, `*La séance continue*', the visitors in the gallery were asked to testify as to their impressions of the outrage. Among them were two provincials. One of these said that immediately after the end of a speech he had heard a detonation, but that he had thought that it was the parliamentary custom to fire a shot whenever a speaker had finished. The other, who had apparently already listened to several speakers, had got hold of the same idea, but with this variation, that he supposed the shooting to be a sign of appreciation following a specially successful speech.

Thus, the psychic agency which approaches the dream-content with the demand that it must be intelligible, which subjects it to a first interpretation, and in doing so leads to the complete misunderstanding of it, is none other than our normal thought. In our interpretation the rule will be, in every case, to disregard the apparent coherence of the dream as being of suspicious origin and, whether the elements are confused or clear, to follow the same regressive path to the dream-material.

At the same time, we note those factors upon which the above-mentioned (p. 211) scale of quality in dreams -- from confusion to clearness -- is essentially dependent. Those parts of the dream seem to us clear in which the secondary elaboration has been able to accomplish something; those seem confused where the powers of this performance have failed. Since the confused parts of the dream are often likewise those which are less vividly presented, we may conclude that the secondary dream-work is responsible also for a contribution to the plastic intensity of the individual dream-structures.

If I seek an object of comparison for the definitive formation of the dream, as it manifests itself with the assistance of normal thinking, I can think of none better than those mysterious inscriptions with which *Die Fliegende Blätter* has so long amused its readers. In a certain sentence which, for the sake of contrast, is in dialect, and whose significance is as scurrilous as possible, the reader is led to expect a Latin inscription. For this purpose the letters of the words are taken out of their syllabic groupings, and are rearranged. Here and there a genuine Latin word results; at other points, on the assumption that letters have been obliterated by weathering, or omitted, we allow ourselves to be deluded about the significance of certain isolated and meaningless letters. If we do not wish to be fooled we must give up looking for an inscription, must take the letters as they stand, and combine them, disregarding their arrangement, into words of our mother tongue.

The secondary elaboration is that factor of the dream-work which has been observed by most of the writers on dreams, and whose importance has been duly appreciated. Havelock Ellis gives an amusing allegorical description of its performances: `As a matter of fact, we might even imagine the sleeping consciousness as saying to itself: ``Here comes our master, Waking Consciousness, who attaches such mighty importance to reason and logic and so forth. Quick! gather things up, put them in order -- any order will do -- before he enters to take possession." '[4]

The identity of this mode of operation with that of waking thought is very clearly stated by Delacroix in his *Sur la structure logique du rêve* (p. 526): `*Cette fonction d'interpretation n'est pas particuliëre au rêve; c'est le même travail de coordination logique que nous faisons sur nos sensations pendant la veille.*'

J. Sully is of the same opinion; and so is Tobowolska: `*Sur ces successions incohèrentes d'hallucinations, l'esprit s'efforce de faire le même travail de coordination logique qu'il fait pendant la veille sur les sensations. Il relie entre elles par un lien imaginaire toutes ces images dècousues et bouche les ècarts trop grands qui se trouvaient entre elles*' (p. 93).

Some authors maintain that this ordering and interpreting activity begins even in the dream and is continued in the waking state. Thus Paulhan (p. 547): `*Cependant j'ai souvent pensè qu'il pouvait y avoir une certain dèformation, ou plutôt reformation du rêve dans le souvenir . . . La tendence systématisante de l'imagination pourrait fort bien achever après le réveil ce qu'elle a ébauché pendant le sommeil. De la sorte, la rapidité réelle de la pensée serait augmentée en apparence par les perfectionnements dûs à l'imagination éveillée.*'

Leroy and Tobowolska (p. 592): `*Dans le rêve, au contraire, I'interprétation et la coordination se font non seulement à l'aide des données du rêve, mais encore à l'aide de celles de la veille . . .*'

It was therefore inevitable that this one recognised factor of dream-formation should be over-estimated, so that the whole process of creating the dream was attributed to it. This creative work was supposed to be accomplished at the moment of waking, as was assumed by Goblot, and with deeper conviction by Foucault, who attributed to waking thought the faculty of creating the dream out of the thoughts which emerged in sleep.

In respect to this conception Leroy and Tobowolska express themselves as follows: `*On a cru pouvoir placer le rêve au moment du reveil et ils ont attribué à la pensée de la veille la fonction de construire le rêve avec les images présentes dans la pensée du sommeil.*'

To this estimate of the secondary elaboration I will add the one fresh contribution to the dream-work which has been indicated by the sensitive observations of H. Silberer. Silberer has caught the transformation of thoughts into images *in flagranti*, by forcing himself to accomplish intellectual work while in a state of fatigue and somnolence. The elaborated thought vanished, and in its place there appeared a vision which proved to be a substitute for -- usually abstract -- thoughts. In these experiments it so happened that the emerging image, which may be regarded as a dream-element, represented something other than the thoughts which were waiting for elaboration: namely, the exhaustion itself, the difficulty or distress involved in this work; that is, the subjective state and the manner of functioning of the person exerting himself rather than the object of his exertions. Silberer called this case, which in him occurred quite often, the `functional phenomenon', in contradistinction to the `material phenomenon' which he expected.

> For example: one afternoon I am lying, extremely sleepy, on my sofa, but I nevertheless force myself to consider a philosophical problem. I endeavour to compare the views of Kant and Schopenhauer concerning time. Owing to my somnolence I do not succeed in holding on to both trains of thought, which would have been necessary for the purposes of comparison. After several vain efforts, I once more exert all my will-power to formulate for myself the Kantian deduction in order to apply it to Schopenhauer's statement of the problem. Thereupon, I directed my attention to the latter, but when I tried to return to Kant, I found that he had again escaped me, and I tried in vain to fetch him back. And now this fruitless endeavour to rediscover the Kantian documents mislaid

> somewhere in my head suddenly presented itself, my eyes being closed, as in a dream-image, in the form of a visible, plastic symbol: *I demand information of a grumpy secretary, who, bent over a desk, does not allow my urgency to disturb him; half straightening himself, he gives me a look of angry refusal.*[5]

Other examples, which relate to the fluctuation between sleep and waking:

> Example 2 -- Conditions: Morning, while awaking. While to a certain extent asleep (crepuscular state), thinking over a previous dream, in a way repeating and finishing it, I feel myself drawing nearer to the waking state, yet I wish to remain in the crepuscular state.
>
> Scene: *I am stepping with one foot over a stream, but I at once pull it back again and resolve to remain on this side.*[6]
>
> Example 6 -- Conditions the same as in Example 4 (he wishes to remain in bed a little longer without oversleeping). I wish to indulge in a little longer sleep.
>
> Scene: *I am saying goodbye to somebody, and I agree to meet him (or her) again before long.*

I will now proceed to summarise this long disquisition on the dream-work. We were confronted by the question whether in dream-formation the psyche exerts all its faculties to their full extent, without inhibition, or only a fraction of them, which are restricted in their action. Our investigations lead us to reject such a statement of the problem as wholly inadequate in the circumstances. But if, in our answer, we are to remain on the ground upon which the question forces us, we must assent to two conceptions which are apparently opposed and mutually exclusive. The psychic activity in dream-formation resolves itself into two achievements: the production of the dream-thoughts and the transformation of these into the dream-content. The dream-thoughts are perfectly accurate, and are formed with all the psychic profusion of which we are capable; they belong to the thoughts which have not become conscious, from which our conscious thoughts also result by means of a certain transposition. There is doubtless much in them that is worth knowing, and also mysterious, but these problems have no particular relation to our dreams, and cannot claim to be treated under the head of dream-problems.[7] On the other hand we have the process which changes the unconscious thoughts into the dream-content, which is peculiar to the dream-life and characteristic of it. Now, this peculiar dream-work is much farther removed from the pattern of waking thought than has been supposed by even the most decided depreciators of the psychic activity in dream-formation. It is not so much that it is more negligent, more incorrect, more forgetful, more incomplete than waking thought; it is something altogether different, qualitatively, from waking thought, and cannot therefore be compared with it. It does not think, calculate, or judge at all, but limits itself to the work of transformation. It may be exhaustively described if we do not lose sight of the conditions which its product must satisfy. This product, the dream, has above all to be withdrawn from the censorship, and to this end the dream-work makes use of the *displacement of psychic intensities*, even to the transvaluation of all psychic values; thoughts must be exclusively or predominantly reproduced in the material of visual and acoustic memory-traces, and from this requirement there proceeds the *regard of the dream-work for representability*, which it satisfies by fresh displacements. Greater intensities have (probably) to be produced than are at the disposal of the night dream-thoughts, and this purpose is served by the extensive *condensation* to which the constituents of the dream-thoughts are subjected. Little attention is paid to the logical relations of the thought-material; they ultimately find a veiled representation in the *formal* peculiarities of the dream. The affects of the dream-thoughts undergo slighter alterations than their conceptual content. As a rule, they are suppressed; where they are preserved, they are freed from the concepts and combined in accordance with their similarity. Only one part of the dream-work -- the revision, variable in amount, which is effected by the partially awakened conscious thought -- is at all consistent with the conception which the writers on the subject have endeavoured to extend to the whole performance of dream-formation.

[1] *Rêve, petit roman* = daydream, story.

[2] I have analysed an excellent example of a dream of this kind, having its origin in the stratification of several fantasies, in the *Fragment of an Analysis of a Case of Hysteria* (*Collected Papers*, vol. iii). I undervalued the significance of such fantasies for dream-formation as long as I was working principally on my own dreams, which were rarely based upon daydreams but most frequently upon discussions and mental conflicts. With other persons it is often much easier to prove the *complete analogy between the nocturnal dream and the daydream*. In hysterical patients an attack may often be replaced by a dream; it is then obvious that the daydream fantasy is the first step for both these psychic formations.

[3] *Etude sur les illusions de temps dans les rêves du sommeil normal*, 1900, p. 53.

[4] *The World of Dream*stituting for the manifes

[5] dr *am its* meaning as

[6] fou *d by* interpretat

[7] on, many of them are guilty of another mistake, to which they adhere just as stubb rnly. They look for the essence of the dream in this latent content, and thereby overlook the distinction between latent dream-thoughts and the dream-work. The dream is fundamentally nothing more than a special form of our thinking, which is made possible by the conditions of the sleeping state. It is the dream-work which prostituting for the manifest dream its meaning as found by interpretation, many of them are guilty of another mistake, to which they adhere just as stubbornly. They look for the essence of the dream in this latent content, and thereby overlook the distinction between latent dream-thoughts and the dream-work. The dream is fundamentally nothing more than a special

form of our thinking, which is made possible by the conditions of the sleeping state. It is the dream-work which produces this form, and it alone is the essence of dreaming -- the only explanation of its singularity. I say this in order to correct the reader's judgment of the notorious `prospective tendency' of dreams. That the dream should concern itself with efforts to perform the tasks with which our psychic life is confronted is no more remarkable than that our conscious waking life should so concern itself, and I will only add that this work may be done also in the preconscious, a fact already familiar to us.

CHAPTER SEVEN

The Psychology of the Dream-Processes

Among the dreams which have been communicated to me by others there is one which is at this point especially worthy of our attention. It was told me by a female patient who had heard it related in a lecture on dreams. Its original source is unknown to me. This dream evidently made a deep impression upon the lady, since she went so far as to imitate it, i.e. to repeat the elements of this dream in a dream of her own; in order, by this transference, to express her agreement with a certain point in the dream.

The preliminary conditions of this typical dream were as follows: A father had been watching day and night beside the sick-bed of his child. After the child died, he retired to rest in an adjoining room, but left the door ajar so that he could look from his room into the next, where the child's body lay surrounded by tall candles. An old man, who had been installed as a watcher, sat beside the body, murmuring prayers. After sleeping for a few hours the father dreamed that *the child was standing by his bed, clasping his arm and crying reproachfully: `Father, don't you see that I am burning?'* The father woke up and noticed a bright light coming from the adjoining room. Rushing in, he found that the old man had fallen asleep, and the sheets and one arm of the beloved body were burnt by a fallen candle.

The meaning of this affecting dream is simple enough, and the explanation given by the lecturer, as my patient reported it, was correct. The bright light shining through the open door on to the sleeper's eyes gave him the impression which he would have received had he been awake: namely, that a fire had been started near the corpse by a falling candle. It is quite possible that he had taken into his sleep his anxiety lest the aged watcher should not be equal to his task.

We can find nothing to change in this interpretation; we can only add that the content of the dream must be over-determined, and that the speech of the child must have consisted of phrases which it had uttered while still alive, and which were associated with important events for the father. Perhaps the complaint, `I am burning', was associated with the fever from which the child died, and `Father, don't you see?' to some other affective occurrence unknown to us.

Now, when we have come to recognise that the dream has meaning, and can be fitted into the context of psychic events, it may be surprising that a dream should have occurred in circumstances which called for such an immediate waking. We shall then note that even this dream is not lacking in a wish-fulfilment. The dead child behaves as though alive; he warns his father himself; he comes to his father's bed and clasps his arm, as he probably did in the recollection from which the dream obtained the first part of the child's speech. It was for the sake of this wish-fulfilment that the father slept a moment longer. The dream was given precedence over waking reflection because it was able to show the child still living. If the father had waked first, and had then drawn the conclusion which led him into the adjoining room, he would have shortened the child's life by this one moment.

There can be no doubt about the peculiar features in this brief dream which engage our particular interest. So far, we have endeavoured mainly to ascertain wherein the secret meaning of the dream consists, how it is to be discovered, and what means the dream-work uses to conceal it. In other words, our greatest interest has hitherto been centred on the problems of interpretation. Now, however, we encounter a dream which is easily explained, and the meaning of which is without disguise; we note that nevertheless this dream preserves the essential characteristics which conspicuously differentiate a dream from our waking thoughts, and this difference demands an explanation. It is only when we have disposed of all the problems of interpretation that we feel how incomplete is our psychology of dreams.

But before we turn our attention to this new path of investigation, let us stop and look back, and consider whether we have not overlooked something important on our way hither. For we must understand that the easy and comfortable part of our journey lies behind us. Hitherto, all the paths that we have followed have led, if I mistake not, to light, to explanation, and to full understanding; but from the moment when we seek to penetrate more deeply into the psychic processes in dreaming, all paths lead into darkness. It is quite impossible to *explain* the dream as a psychic process, for to explain means to trace back to the known, and as yet we have no psychological knowledge to which we can refer such explanatory fundamentals as may be inferred from the psychological investigation of dreams. On the contrary, we shall be compelled to advance a number of new assumptions, which do little more than conjecture the structure of the psychic apparatus and the play of the energies active in it; and we shall have to be careful not to go too far beyond the simplest logical construction, since otherwise its value will be doubtful. And even if we should be unerring in our inferences, and take cognisance of all the logical possibilities, we should still be in danger of arriving at a completely mistaken result, owing to the probable incompleteness of the preliminary statement of our elementary data. We shall not be able to arrive at any conclusions as to the structure and function of the psychic instrument from even the most careful investigation of dreams, or of any other *isolated* activity; or, at all events, we shall not be able to confirm our conclusions. To do this we shall have to collate such phenomena as the comparative study of a whole series of psychic activities proves to be reliably constant. So that the psychological assumptions which we base on the analysis of the dream-processes will have to mark time, as it were, until they can join up with the results of other investigations which, proceeding from another starting-point, will seek to penetrate to the heart of the same problem.

A. THE FORGETTING OF DREAMS

I propose, then, that we shall first of all turn our attention to a subject which brings us to a hitherto disregarded objection, which threatens to undermine the very foundation of our efforts at dream-interpretation. The objection has been made from more than one quarter that the dream which we wish to interpret is really unknown to us, or, to be more precise, that we have no guarantee that we know it as it really occurred.

What we recollect of the dream, and what we subject to our methods of interpretation, is, in the first place, mutilated by the unfaithfulness of our memory, which seems quite peculiarly incapable of retaining dreams, and which may have omitted precisely the most significant parts of their content. For when we try to consider our dreams attentively, we often have reason to complain that we have dreamed much more than we remember; that unfortunately we know nothing more than this one fragment, and that our recollection of even this fragment seems to us strangely uncertain. Moreover, everything goes to prove that our memory reproduces the dream not only incompletely but also untruthfully, in a falsifying manner. As, on the one hand, we may doubt whether what we dreamed was really as disconnected as it is in our recollections, so on the other hand we may doubt whether a dream was really as coherent as our account of it; whether in our attempted reproduction we have not filled in the gaps which really existed, or those which are due to forgetfulness, with new and arbitrarily chosen material; whether we have not embellished the dream, rounded it off and corrected it, so that any conclusion as to its real content becomes impossible. Indeed, one writer (Spitta)[1] surmises that all that is orderly and coherent is really first put into the dream during the attempt to recall it. Thus we are in danger of being deprived of the very object whose value we have undertaken to determine.

In all our dream-interpretations we have hitherto ignored these warnings. On the contrary, indeed, we have found that the smallest, most insignificant, and most uncertain components of the dream-content invited interpretations no less emphatically than those which were distinctly and certainly contained in the dream. In the dream of Irma's injection we read: `I *quickly* called in Dr M.,' and we assumed that even this small addendum would not have got into the dream if it had not been susceptible of a special derivation. In this way we arrived at the history of that unfortunate patient to whose bedside I `quickly' called my older colleague. In the seemingly absurd dream which treated the difference between fifty-one and fifty-six as a *quantité négligeable* the number fifty-one was mentioned repeatedly. Instead of regarding this as a matter of course, or a detail of indifferent value, we proceeded from this to a second train of thought in the latent dream-content, which led to the number fifty-one, and by following up this clue we arrived at the fears which proposed fifty-one years as the term of life in the sharpest opposition to a dominant train of thought which was boastfully lavish of the years. In the dream `*Non vixit*' I found, as an insignificant interpolation, that I had at first overlooked the sentence: `*As P. does not understand him, Fl. asks me,*' etc. The interpretation then coming to a standstill, I went back to these words, and I found through them the way to the infantile fantasy which appeared in the dream-thoughts as an intermediate point of junction. This came about by means of the poet's verses:

Selten habit ihr mich verstanden,
Selten auch verstand ich Euch,
Nur wenn wir im Kot *uns fanden*
So verstanden wir uns gleich!

(Seldom have you *understood* me,
Seldom have I understood you,
But when we found ourselves in the *mire*,
We at once understood each other!)

Every analysis will afford evidence of the fact that the most insignificant features of the dream are indispensable to interpretation, and will show how the completion of the task is delayed if we postpone our examination of them. We have given equal attention, in the interpretation of dreams, to every nuance of verbal expression found in them; indeed, whenever we were confronted by a senseless or insufficient wording, as though we had failed to translate the dream into the proper version, we have respected even these defects of expression. In brief, what other writers have regarded as arbitrary improvisations, concocted hastily to avoid confusion, we have treated like a sacred text. This contradiction calls for explanation.

It would appear, without doing any injustice to the writers in question, that the explanation is in our favour. From the standpoint of our newly-acquired insight into the origin of dreams, all contradictions are completely reconciled. It is true that we distort the dream in our attempt to reproduce it; we once more find therein what we have called the secondary and often misunderstanding elaboration of the dream by the agency of normal thinking. But this distortion is itself no more than a part of the elaboration to which the dream-thoughts are constantly subjected as a result of the dream-censorship. Other writers have here suspected or observed that part of the dream-distortion whose work is manifest; but for us this is of little consequence, as we know that a far more extensive work of distortion, not so easily apprehended, has already taken the dream for its object from among the hidden dream-thoughts. The only mistake of these writers consists in believing the modification effected in the dream by its recollection and verbal expression to be arbitrary, incapable of further solution, and consequently liable to lead us astray in our cognition of the dream. They underestimate the determination of the dream in the psyche. Here there is nothing arbitrary. It can be shown that in all cases a second train of thought immediately takes over the determination of the elements which have been left undetermined by the first. For example, I wish quite arbitrarily to think of a number; but this is not possible; the number that occurs to me is definitely and necessarily determined by thoughts within me which may be quite foreign to my momentary purpose.[2] The modifications which the dream undergoes in its revision by the waking mind are just as little arbitrary. They preserve an associative connection with the content, whose place they take, and serve to show us the way to this content, which may itself be a substitute for yet another content.

In analysing the dreams of patients I impose the following test of this assertion, and never without success. If the first report of a dream seems not very comprehensible, I request the dreamer to repeat it. This he rarely does in the same words. But the passages in which the expression is modified are thereby made known to me as the weak points of the dream's disguise; they are what the embroidered emblem on Siegfried's raiment was to Hagen. These are the points from which the analysis may start. The narrator has been admonished by my announcement that I intend to take special pains to solve the dream, and immediately, obedient to the urge of resistance, he protects the weak points of the dream's disguise, replacing a treacherous expression by a less relevant one. He thus calls my attention to the expressions which he has discarded. From the efforts made to guard against the solution of the dream, I can also draw conclusions about the care with which the raiment of the dream has been woven.

The writers whom I have mentioned are, however, less justified when they attribute so much importance to the doubt with which our judgment approaches the relation of the dream. For this doubt is not intellectually warranted; our memory can give no guarantees, but nevertheless we are compelled to credit its statements far more frequently than is objectively justifiable. Doubt concerning the accurate reproduction of the dream, or of individual data of the dream, is only another offshoot of the dream-censorship, that is, of resistance to the emergence of the dream-thoughts into consciousness. This resistance has not yet exhausted itself by the displacements and substitutions which it has effected, so that it still clings, in the form of doubt, to what has been allowed to emerge. We can recognise this doubt all the more readily in that it is careful never to attack the intensive elements of the dream, but only the weak and indistinct ones. But we already know that a transvaluation of all the psychic values has taken place between the dream-thoughts and the dream. The distortion has been made possible only by devaluation; it constantly manifests itself in this way and sometimes contents itself therewith. If doubt is added to the indistinctness of an element of the dream-content, we may, following this indication, recognise in this element a direct offshoot of one of the outlawed dream-thoughts. The state of affairs is like that obtaining after a great revolution in one of the republics of antiquity or the Renaissance. The once powerful, ruling families of the nobility are now banished; all high posts are filled by upstarts; in the city itself only the poorer and most powerless citizens, or the remoter followers of the vanquished party, are tolerated. Even the latter do not enjoy the full rights of citizenship. They are watched with suspicion. In our case, instead of suspicion we have doubt. I must insist, therefore, that in the analysis of a dream one must emancipate oneself from the whole scale of standards of reliability; and if there is the slightest possibility that this or that may have occurred in the dream, it should be treated as an absolute certainty. Until one has decided to reject all respect for appearances in tracing the dream-elements, the analysis will remain at a standstill. Disregard of the element concerned has the psychic effect, in the person analysed, that nothing in connection with the unwished ideas behind this element will occur to him. This effect is really not self-evident; it would be quite reasonable to say, `Whether this or that was contained in the dream I do not know for certain; but the following ideas happen to occur to me.' But no one ever does say so; it is precisely the disturbing effect of doubt in the analysis that permits it to be unmasked as an offshoot and instrument of the psychic resistance. Psychoanalysis is justifiably suspicious. One of its rules runs: Whatever disturbs the progress of the work is a resistance.[3]

The forgetting of dreams, too, remains inexplicable until we seek to explain it by the power of the psychic censorship. The feeling that one has dreamed a great deal during the night and has retained only a little of it may have yet another meaning in a number of cases: it may perhaps mean that the dream-work has continued in a perceptible manner throughout the night, but has left behind it only one brief dream. There is, however, no possible doubt that a dream is progressively forgotten on waking. One often forgets it in spite of a painful effort to recover it. I believe, however, that just as one generally overestimates the extent of this forgetting, so also one overestimates the lacunae in our knowledge of the dream due to the gaps occurring in it. All the dream-content that has been lost by forgetting can often be recovered by analysis; in a number of cases, at all events, it is possible to discover from a single remaining fragment, not the dream, of course -- which, after all, is of no importance -- but the whole of the dream-thoughts. It requires a greater expenditure of attention and self-suppression in the analysis; that is all; but it shows that the forgetting of the dream is not innocent of hostile intention.[4]

A convincing proof of the tendentious nature of dream-forgetting -- of the fact that it serves the resistance -- is obtained on analysis by investigating a preliminary stage of forgetting.[5] It often happens that in the midst of an interpretation an omitted fragment of the dream suddenly emerges which is described as having been previously forgotten. This part of the dream that has been wrested from forgetfulness is always the most important part. It lies on the shortest path to the solution of the dream, and for that very reason it was most exposed to the resistance. Among the examples of the dreams that I have included in the text of this treatise, it once happened that I had subsequently to interpolate a fragment of dream-content. The dream is a dream of travel, which revenges itself on two unamiable travelling companions; I have left it almost entirely uninterpreted, as part of its content is crudely obscene. The part omitted reads: `*I said, referring to a book of Schiller's: ``It is from . . ." but corrected myself, as I realised my mistake: ``It is by . . ." Whereupon the man remarked to his sister, ``Yes, he said it correctly*." '[6]

Self-correction in dreams, which to some writers seems so wonderful, does not really call for consideration. But I will draw from my own memory an instance typical of verbal errors in dreams. I was nineteen years of age when I visited England for the first time, and I spent a day on the shore of the Irish Sea. Naturally enough, I amused myself by picking up the marine animals left on the beach by the tide, and I was just examining a starfish (the dream begins with *Hollthurn--Holothurian*) when a pretty little girl came up to me and asked me: `*Is it starfish? Is it alive?*' I replied, `*Yes, he is alive,*' but then felt ashamed of my mistake, and repeated the sentence correctly. For the grammatical mistake which I then made, the dream substitutes another which is quite common among German people. `*Das Buch ist von Schiller*' is not to be translated by `*the book is from,*' but by `*the book is by*'. That the dream-work accomplishes this substitution, because the word *from*, owing to its consonance with the German adjective *fromm* (pious, devout) makes a remarkable condensation possible, should no longer surprise us after all that we have heard of the intentions of the dream-work and its unscrupulous selection of means. But what relation has this harmless recollection of the seashore to my dream? It explains, by means of a very innocent example, that I have used the word -- the word denoting gender, or *sex* or the *sexual (he)* -- in the wrong place. This is surely one of the keys to the solution of the dream. Those who have heard of the derivation of the book-title *Matter and Motion (Molière in Le Malade Imaginaire: La Matière est-elle laudable? -- A Motion of the bowels)* will readily be able to supply the missing parts.

Moreover, I can prove conclusively, by a *demonstratio ad oculos*, that the forgetting of the dream is in a large measure the work of the resistance. A patient tells me that he has dreamed, but that the dream has vanished without leaving a trace, as if nothing had happened. We set to work, however; I come upon a resistance which I explain to the patient; encouraging and urging him, I help him to become reconciled to some disagreeable thought; and I have hardly succeeded in doing so when he exclaims: `Now I can recall what I dreamed!' The same resistance which that day disturbed him in the work of interpretation caused him also to forget the dream. By overcoming this resistance I have brought back the dream to his memory.

In the same way the patient, having reached a certain part of the work, may recall a dream which occurred three, four, or more days ago, and which has hitherto remained in oblivion.[7]

Psychoanalytical experience has furnished us with yet another proof of the fact that the forgetting of dreams depends far more on the resistance than on the mutually alien character of the waking and sleeping states, as some writers have believed it to depend. It often happens to me, as well as to other analysts, and to patients under treatment, that we are waked from sleep by a dream, as we say, and that immediately thereafter, while in full possession of our mental faculties, we begin to interpret the dream. Often in such cases I have not rested until I have achieved a full understanding of the dream, and yet it has happened that after waking I have forgotten the interpretation work as completely as I have forgotten the dream-content itself, though I have been aware that I have dreamed and that I had interpreted the dream. The dream has far more frequently taken the result of the interpretation with it into forgetfulness than the intellectual faculty has succeeded in retaining the dream in the memory. But between this work of interpretation and the waking thoughts there is not that psychic abyss by which other writers have sought to explain the forgetting of dreams. -- When Morton Prince objects to my explanation of the forgetting of dreams on the ground that it is only a special case of the amnesia of dissociated psychic states, and that the impossibility of applying my explanation of this special amnesia to other types of amnesia makes it valueless even for its immediate purpose, he reminds the reader that in all his descriptions of such dissociated states he has never attempted to discover the dynamic explanation underlying these phenomena. For had he done so, he would surely have discovered that repression (and the resistance produced thereby) is the cause not of these dissociations merely, but also of the amnesia of their psychic content.

That dreams are as little forgotten as other psychic acts, that even in their power of impressing themselves on the memory they may fairly be compared with the other psychic performances, was proved to me by an experiment which I was able to make while preparing the manuscript of this book. I had preserved in my notes a great many dreams of my own which, for one reason or another, I could not interpret, or, at the time of dreaming them, could interpret only very imperfectly. In order to obtain material to illustrate my assertion, I attempted to interpret some of them a year or two later. In this attempt I was invariably successful; indeed, I may say that the interpretation was effected more easily after all this time than when the dreams were of recent occurrence. As a possible explanation of this fact, I would suggest that I had overcome many of the internal resistances which had disturbed me at the time of dreaming. In such subsequent interpretations I have compared the old yield of dream-thoughts with the present result, which has usually been more abundant, and I have invariably found the old dream-thoughts unaltered among the present ones. However, I soon recovered from my surprise when I reflected that I had long been accustomed to interpret dreams of former years that had occasionally been related to me by my patients as though they had been dreams of the night before; by the same method, and with the same success. In the section on anxiety-dreams I shall include two examples of such delayed dream-interpretations. When I made this experiment for the first time I expected, not unreasonably, that dreams would behave in this connection merely like neurotic symptoms. For when I treat a psychoneurotic, for instance, an hysterical patient, by psychoanalysis, I am compelled to find explanations for the first symptoms of the malady, which have long since disappeared, as well as for those still existing symptoms which have brought the patient to me; and I find the former problem easier to solve than the more exigent one of today. In the *Studies in Hysteria*,[8] published as early as 1895, I was able to give the explanation of a first hysterical attack which the patient, a woman over forty years of age, had experienced in her fifteenth year.[9]

I will now make a few rather unsystematic remarks relating to the interpretation of dreams, which will perhaps serve as a guide to the reader who wishes to test my assertions by the analysis of his own dreams.

He must not expect that it will be a simple and easy matter to interpret his own dreams. Even the observation of endoptic phenomena, and other sensations which are commonly immune from attention, calls for practice, although this group of observations is not opposed by any psychic motive. It is very much more difficult to get hold of the `unwished ideas'. He who seeks to do so must fulfil the requirements laid down in this treatise, and while following the rules here given, he must endeavour to restrain all criticism, all preconceptions, and all affective or intellectual bias in himself during the work of analysis. He must be ever mindful of the precept which Claude Bernard held up to the experimenter in the physiological laboratory: `*Travailler comme une bete*' -- that is, he must be as enduring as an animal, and also as disinterested in the results of his work. He who will follow this advice will no longer find the task a difficult one. The interpretation of a dream cannot always be accomplished in one session; after following up a chain of associations you will often feel that your working capacity is exhausted; the dream will not tell you anything more that day; it is then best to break off, and to resume the work the following day. Another portion of the dream-content then solicits your attention, and you thus obtain access to a fresh stratum of the dream-thoughts. One might call this the `fractional' interpretation of dreams.

It is most difficult to induce the beginner in dream-interpretation to recognise the fact that his task is not finished when he is in possession of a complete interpretation of the dream which is both ingenious and coherent, and which gives particulars of all the elements of the dream-content. Besides this, another interpretation, an over-interpretation of the same dream, one which has escaped him, may be possible. It is really not easy to form an idea of the wealth of trains of unconscious thought striving for expression in our minds, or to credit the adroitness displayed by the dream-work in killing -- so to speak -- seven flies at one stroke, like the journeyman tailor in the fairy-tale, by means of its ambiguous modes of expression. The reader will constantly be inclined to reproach the author for a superfluous display of ingenuity, but anyone who has had personal experience of dream-interpretation will know better than to do so.

On the other hand, I cannot accept the opinion first expressed by H. Silberer, that every dream -- or even that many dreams, and certain groups of dreams -- calls for two different interpretations, between which there is even supposed to be a fixed relation. One of these, which Silberer calls the *psychoanalytic* interpretation, attributes to the dream any meaning you please, but in the main an infantile sexual one. The other, the more important interpretation, which he calls the *anagogic* interpretation, reveals the more serious and often profound thoughts which the dream-work has used as its material. Silberer does not prove this assertion by citing a number of dreams which he has analysed in these two directions. I am obliged to object to this opinion on the ground that it is contrary to facts. The majority of dreams require no over-interpretation, and are especially insusceptible of an anagogic interpretation. The influence of a tendency which seeks to veil the fundamental conditions of dream-formation and divert our interest from its instinctual roots is as evident in Silberer's theory as in other theoretical efforts of the last few years. In a number of cases I can confirm Silberer's assertions; but in these the analysis shows me that the dream-work was confronted with the task of transforming a series of highly abstract thoughts, incapable of direct representation, from waking life into a dream. The dream-work attempted to accomplish this task by seizing upon another thought-material which stood in loose and often *allegorical* relation to the abstract thoughts, and thereby diminished the difficulty of representing them. The abstract interpretation of a dream originating in this manner will be given by the dreamer immediately, but the correct interpretation of the substituted material can be obtained only by means of the familiar technique.

The question whether every dream can be interpreted is to be answered in the negative. One should not forget that in the work of interpretation one is opposed by the psychic forces that are responsible for the distortion of the dream. Whether one can master the inner resistances by one's intellectual interest, one's capacity for self-control, one's psychological knowledge, and one's experience in dream-interpretation depends on the relative strength of the opposing forces. It is always possible to make some progress; one can at all events go far enough to become convinced that a dream has meaning, and generally far enough to gain some idea of its meaning. It very often happens that a second dream enables us to confirm and continue the interpretation assumed for the first. A whole series of dreams, continuing for weeks or months, may have a common basis, and should therefore be interpreted as a continuity. In dreams that follow one another we often observe that one dream takes as its central point something that is only alluded to in the periphery of the next dream, and conversely, so that even in their interpretations the two supplement each other. That different dreams of the same night are always to be treated, in the work of interpretation, as a whole, I have already shown by examples.

In the best interpreted dreams we often have to leave one passage in obscurity because we observe during the interpretation that we have here a tangle of dream-thoughts which cannot be unravelled, and which furnishes no fresh contribution to the dream-content. This, then, is the keystone of the dream, the point at which it ascends into the unknown. For the dream-thoughts which we encounter during the interpretation commonly have no termination, but run in all directions into the net-like entanglement of our intellectual world. It is from some denser part of this fabric that the dream-wish then arises, like the mushroom from its mycelium.

Let us now return to the facts of dream-forgetting. So far, of course, we have failed to draw any important conclusion from them. When our waking life shows an unmistakable intention to forget the dream which has been formed during the night, either as a whole, immediately after waking, or little by little in the course of the day, and when we recognise as the chief factor in this process of forgetting the psychic resistance against the dream which has already done its best to oppose the dream at night, the question then arises: What actually has made the dream-formation possible against this resistance? Let us consider the most striking case, in which the waking life has thrust the dream aside as though it had never happened. If we take into consideration the play of the psychic forces, we are compelled to assert that the dream would never have come into existence had the resistance prevailed at night as it did by day. We conclude, then, that the resistance loses some part of its force during the night; we know that it has not been discontinued, as we have demonstrated its share in the formation of dreams -- namely, the work of distortion. We have therefore to consider the possibility that at night the resistance is merely diminished, and that dream-formation becomes possible because of this slackening of the resistance; and we shall readily understand that as it regains its full power on waking it immediately thrusts aside what it was forced to admit while it was feeble. Descriptive psychology teaches us that the chief determinant of dream-formation is the dormant state of the psyche; and we may now add the following explanation: *The state of sleep makes dream-formation possible by reducing the endopsychic censorship.*

We are certainly tempted to look upon this as the only possible conclusion to be drawn from the facts of dream-forgetting, and to develop from this conclusion further deductions as to the comparative energy operative in the sleeping and waking states. But we shall stop here for the present. When we have penetrated a little farther into the psychology of dreams we shall find that the origin of dream-formation may be differently conceived. The resistance which tends to prevent the dream-thoughts from becoming conscious may perhaps be evaded without suffering reduction. It is also plausible that both the factors which favour dream-formation, the reduction as well as the evasion of the resistance, may be simultaneously made possible by the sleeping state. But we shall pause here, and resume the subject a little later.

We must now consider another series of objections against our procedure in dream-interpretation. For we proceed by dropping all the directing ideas which at other times control reflection, directing our attention to a single element of the dream, noting the involuntary thoughts that associate themselves with this element. We then take up the next component of the dream-content, and repeat the operation with this; and, regardless of the direction taken by the thoughts, we allow ourselves to be led onwards by them, rambling from one subject to another. At the same time, we harbour the confident hope that we may in the end, and without intervention on our part, come upon the dream-thoughts from which the dream originated. To this the critic may make the following objection: That we arrive somewhere if we start from a single element of the dream is not remarkable. Something can be associatively connected with every idea. The only thing that is remarkable is that one should succeed in hitting upon the dream-thoughts in this arbitrary and aimless excursion. It is probably a self-deception; the investigator follows the chain of associations from the one element which is taken up until he finds the chain breaking off, whereupon he takes up a second element; it is thus only natural that the originally unconfined associations should now become narrowed down. He has the former chain of associations still in mind, and will therefore in the analysis of the second dream-idea hit all the more readily upon single associations which have something in common with the associations of the first chain. He then imagines that he has found a thought which represents a point of junction between two of the dream-elements. As he allows himself all possible freedom of thought-connection, excepting only the transitions from one idea to another which occur in normal thinking, it is not difficult for him finally to concoct out of a series of `intermediary thoughts', something which he calls the dream-thoughts; and without any guarantee, since they are otherwise unknown, he palms these off as the psychic equivalent of the dream. But all this is a purely arbitrary procedure, an ingenious-looking exploitation of chance, and anyone who will go to this useless trouble can in this way work out any desired interpretation for any dream whatever.

If such objections are really advanced against us, we may in defence refer to the impression produced by our dream-interpretations, the surprising connections with other dream-elements which appear while we are following up the individual ideas, and the improbability that anything which so perfectly covers and explains the dream as do our dream-interpretations could be achieved otherwise than by following previously established psychic connections. We might also point to the fact that the procedure in dream-interpretation is identical with the procedure followed in the resolution of hysterical symptoms, where the correctness of the method is attested by the emergence and disappearance of the symptoms -- that is, where the interpretation of the text is confirmed by the interpolated illustrations. But we have no reason to avoid this problem -- namely, how one can arrive at a pre-existent aim by following an arbitrarily and aimlessly meandering chain of thoughts -- since we shall be able not to solve the problem, it is true, but to get rid of it entirely.

For it is demonstrably incorrect to state that we abandon ourselves to an aimless excursion of thought when, as in the interpretation of dreams, we renounce reflection and allow the involuntary ideas to come to the surface. It can be shown that we are able to reject only those directing ideas which are known to us, and that with the cessation of these the unknown -- or, as we inexactly say, unconscious -- directing ideas immediately exert their influence, and henceforth determine the flow of the involuntary ideas. Thinking without directing ideas cannot be ensured by any influence we ourselves exert on our own psychic life; neither do I know of any state of psychic derangement in which such a mode of thought establishes itself.[10] The psychiatrists have here far too prematurely relinquished the idea of the solidity of the psychic structure. I know that an unregulated stream of thoughts, devoid of directing ideas, can occur as little in the realm of hysteria and paranoia as in the formation or solution of dreams. Perhaps it does not occur at all in the endogenous psychic affections, and, according to the ingenious hypothesis of Lauret, even the deliria observed in confused psychic states have meaning and are incomprehensible to us only because of ommissions. I have had the same conviction whenever I have had an opportunity of observing such states. The deliria are the work of a censorship which no longer makes any effort to conceal its sway, which, instead of lending its support to a revision that is no longer obnoxious to it, cancels regardlessly anything to which it objects, thus causing the remnant to appear disconnected, This censorship proceeds like the Russian censorship of the frontier, which allows only those foreign journals which have had certain passages blacked out to fall into the hands of the readers to be protected.

The free play of ideas following any chain of associations may perhaps occur in cases of destructive organic affections of the brain. What, however, is taken to be such in the psychoneuroses may always be explained as the influence of the censorship on a series of thoughts which have been pushed into the foreground by the concealed directing ideas.[11] It has been considered an unmistakable sign of free association unencumbered by directing ideas if the emerging ideas (or images) appear to be connected by means of the so-called superficial associations -- that is, by assonance, verbal ambiguity, and temporal coincidence, without inner relationship of meaning; in other words, if they are connected by all those associations which we allow ourselves to exploit in wit and in playing upon words. This distinguishing mark holds good with associations which lead us from the elements of the dream-content to the intermediary thoughts, and from these to the dream-thoughts proper; in many analyses of dreams we have found surprising examples of this. In these no connection was too loose and no witticism too objectionable to serve as a bridge from one thought to another. But the correct understanding of such surprising tolerance is not far to seek. *Whenever one psychic element is connected with another by an obnoxious and superficial association, there exists also a correct and more profound connection between the two, which succumbs to the resistance of the censorship*.

The correct explanation for the predominance of the superficial associations is the pressure of the censorship, and not the suppression of the directing ideas. Whenever the censorship renders the normal connective paths impassable, the superficial associations will replace the deeper ones in the representation. It is as though in a mountainous region a general interruption of traffic, for example an inundation, should render the broad highways impassable: traffic would then have to be maintained by steep and inconvenient tracks used at other times only by the hunter.

We can here distinguish two cases which, however, are essentially one. In the first case, the censorship is directed only against the connection of two thoughts which, being detached from one another, escape its opposition. The two thoughts then enter successively into consciousness; their connection remains concealed; but in its place there occurs to us a superficial connection between the two which would not otherwise have occurred to us, and which as a rule connects with another angle of the conceptual complex instead of that from which the suppressed but essential connection proceeds. Or, in the second case, both thoughts, owing to their content, succumb to the censorship; both then appear not in their correct form but in a modified, substituted form; and both substituted thoughts are so selected as to represent, by a superficial association, the essential relation which existed between those that they have replaced. *Under the pressure of the censorship, the displacement of a normal and vital association by one superficial and apparently absurd has thus occurred in both cases.*

Because we know of these displacements, we unhesitatingly rely upon even the superficial associations which occur in the course of dream-interpretation.[12]

The psychoanalysis of neurotics makes abundant use of the two principles: that with the abandonment of the conscious directing ideas the control over the flow of ideas is transferred to the concealed directing ideas; and that superficial associations are only a displacement-substitute for suppressed and more profound ones. Indeed, psychoanalysis makes these two principles the foundation stones of its technique. When I request a patient to dismiss all reflection, and to report to me whatever comes into his mind, I firmly cling to the assumption that he will not be able to drop the directing idea of the treatment, and I feel justified in concluding that what he reports, even though it may seem to be quite ingenuous and arbitrary, has some connection with his morbid state. Another directing idea of which the patient has no suspicion is my own personality. The full appreciation, as well as the detailed proof of both these explanations, belongs to the description of the psychoanalytic technique as a therapeutic method. We have here reached one of the junctions, so to speak, at which we purposely drop the subject of dream-interpretation.[13]

Of all the objections raised, only one is justified and still remains to be met: namely, that we ought not to ascribe all the associations of the interpretation-work to the nocturnal dream-work. By interpretation in the waking state we are actually opening a path running back from the dream-elements to the dream-thoughts. The dream-work has followed the contrary direction, and it is not at all probable that these paths are equally passable in opposite directions. On the contrary, it appears that during the day, by means of new thought-connections, we sink shafts that strike the intermediary thoughts and the dream-thoughts now in this place, now in that. We can see how the recent thought-material of the day forces its way into the interpretation-series, and how the additional resistance which has appeared since the night probably compels it to make new and further detours. But the number and form of the collaterals which we thus contrive during the day are, psychologically speaking, indifferent, so long as they point the way to the dream-thoughts which we are seeking.

[1] Similar views are expressed by Foucault and Tannery.

[2] *cf. The Psychopathology of Everyday Life.*

[3] This peremptory statement: `Whatever disturbs the progress of the work is a resistance' might easily be misunderstood. It has, of course, the significance merely of a technical rule, a warning for the analyst. It is not denied that during an analysis events may occur which cannot be ascribed to the intention of the person analysed. The patient's father may die in other ways than by being murdered by the patient, or a war may break out and interrupt the analysis. But despite the obvious exaggeration of the above statement there is still something new and useful in it. Even if the disturbing event is real and independent of the patient, the extent of the disturbing influence does often depend only on him, and the resistance reveals itself unmistakably in the ready and immoderate exploitation of such an opportunity.

[4] As an example of the significance of doubt and uncertainty in a dream with a simultaneous shrinking of the dream-content to a single element I will cite from my *Introductory Lectures on Psychoanalysis* the following dream, the analysis of which was successful, despite a short postponement:

A sceptical lady patient has a rather long dream, in which it happens that certain persons tell her of my book on Wit, and praise it highly. Then something is said about a `channel', perhaps another book in which `channel' occurs, or something else to do with `channel', . . . she doesn't know; it is quite vague.

You will, of course, be inclined to think that the element `channel' will resist analysis, because it is so indeterminate. You are right in assuming this difficulty, but it is not difficult because it is vague; it is vague for the reason that makes the interpretation difficult. The dreamer could associate nothing with `channel'; and of course I could not suggest anything. A little while later -- the following day, to be precise -- she stated that something did occur to her which *perhaps* referred to `channel'. It was, as a matter of fact, a witticism which she had heard someone repeat. On a steamer running between Dover and Calais a well-known writer was talking to an Englishman, who in a certain connection quoted the aphorism: *Du sublime au ridicule il n'y a qu'un pas*. The writer retorted: *Oui, le pas de Calais*, whereby he wished to imply that he thought France sublime and England ridiculous. But the *Pas de Calais* is a channel, the *Canal la Manche* (the sleeve channel). Do I think that this association has anything to do with the dream? I certainly do; it really furnishes the solution of this enigmatical dream-element. Can you doubt that this witticism already existed, before the dream, as the unconscious of the element `channel'; can you assume that it was subsequently invented as an association? The association testifies to the scepticism concealed behind her obtrusive admiration, and the resistance is, of course, the common reason for both her hesitation in finding an association and the indefinite character of the corresponding dream-element. Note the relation of the dream-element to the unconscious in this case. It is like a fragment of this unconscious, like an allusion to it; by its isolation it has become quite unintelligible.

[5] Concerning the intention of forgetting in general, see my *The Psychopathology of Everyday Life.*

[6] Such corrections in the use of foreign languages are not rare in dreams, but they are usually attributed to foreigners. Maury, while he was studying English, once dreamed that he informed someone that he had called on him the day before in the following words: `I called for you yesterday.' The other answered, correctly: `You mean: I called on you yesterday.'

[7] Ernest Jones describes an analogous case of frequent occurrence; during the analysis of one dream another dream of the same night is often recalled which until then was not merely forgotten, but was not even suspected.

[8] Translated by A. A. Brill, Journal of Nervous and Mental Diseases Publishing Co., New York.

[9] Dreams which have occurred during the first years of childhood, and which have sometimes been retained in the memory for decades with perfect sensorial freshness, are almost always of great importance for the understanding of the development and the neurosis of the dreamer. The analysis of them protects the physician from errors and uncertainties which might confuse him even theoretically.

[10] Only recently has my attention been called to the fact that Ed. von Hartmann took the same view with regard to this psychologically important point: Incidental to the discussion of the role of the unconscious in artistic creation (*Philos. d. Unbew*., Bd. 1, Abschn. B., Kap. V) Eduard von Hartmann clearly enunciated the law of association of ideas which is directed by unconscious directing ideas, without however realising the scope of this law. With him it was a question of demonstrating that `every combination of a sensuous idea when it is not left entirely to chance, but is directed to a definite end, is in need of help from the unconscious', and that the conscious interest in any particular thought-association is a stimulus for the unconscious to discover from among the numberless possible ideas the one which corresponds to the directing idea. `It is the unconscious that selects, and appropriately, in accordance with the aims of the interest: and this holds true for the *associations in abstract thinking (as sensible representations and artistic combinations as well as for flashes of wit*).' Hence, a limiting of the association of ideas to ideas that evoke and are evoked in the sense of pure association-psychology is untenable. Such a restriction `would be justified only if there were states in human life in which man was free not only from any conscious purpose, but also from the domination or co-operation of any unconscious interest, any passing mood. But such a state hardly ever comes to pass, *for even if one leaves one's train of thought seemingly altogether to chance, or if one surrenders oneself entirely to the involuntary dreams of fantasy, yet always other leading interests, dominant feelings and moods prevail at one time rather than another, and these will always exert an influence on the association of ideas.*' (*Philos. d. Unbew*., 11^e^ Aufl. i, 246). In semi-conscious dreams there always appear only such ideas as correspond to the (unconscious) momentary main interest. By rendering prominent the feelings and moods over the free thought-series, the methodical

procedure of psychoanalysis is thoroughly justified even from the standpoint of Hartmann's Psychology (N. E. Pohorilles, *Internat. Zeitschrift. f. Ps.A.*, 1, 1913, p. 605). -- Du Prel concludes from the fact that a name which we vainly try to recall suddenly occurs to the mind that there is an unconscious but none the less purposeful thinking, whose result then appears in consciousness (*Philos. d. Mystik*, p. 107).

[11] Jung has brilliantly corroborated this statement by analyses of dementia praecox. (cf. *The Psychology of Dementia Praecox*, translated by A. A. Brill. Monograph Series, Journal of Nervous and Mental Diseases Publishing Co., New York.)

[12] The same considerations naturally hold good of the case in which superficial associations are exposed in the dream-content, as, for example, in both the dreams reported by Maury (p. 50, *pélerinage-pelletier-pelle, kilometre-kilograms-gilolo, Lobelia-Lopez-Lotto*). I know from my work with neurotics what kind of reminiscence is prone to represent itself in this manner. It is the consultation of encyclopedias by which most people have satisfied their need of an explanation of the sexual mystery when obsessed by the curiosity of puberty.

[13] The above statements, which when written sounded very improbable, have since been corroborated and applied experimentally by Jung and his pupils in the *Diagnostiche Assoziationsstudien*.

B. REGRESSION

Now that we have defended ourselves against the objections raised, or have at least indicated our weapons of defence, we must no longer delay entering upon the psychological investigations for which we have so long been preparing. Let us summarise the main results of our recent investigations: The dream is a psychic act full of import; its motive power is invariably a wish craving fulfilment; the fact that it is unrecognisable as a wish, and its many peculiarities and absurdities, are due to the influence of the psychic censorship to which it has been subjected during its formation. Besides the necessity of evading the censorship, the following factors have played a part in its formation: first, a need for condensing the psychic material; second, regard for representability in sensory images; and third (though not constantly), regard for a rational and intelligible exterior of the dream-structure. From each of these propositions a path leads onward to psychological postulates and assumptions. Thus, the reciprocal relation of the wish-motives, and the four conditions, as well as the mutual relations of these conditions, must now be investigated; the dream must be inserted in the context of the psychic life.

At the beginning of this section we cited a certain dream in order that it might remind us of the problems that are still unsolved. The interpretation of this dream (of the burning child) presented no difficulties, although in the analytical sense it was not given in full. We asked ourselves why, after all, it was necessary that the father should dream instead of waking, and we recognised the wish to represent the child as living as a motive of the dream. That there was yet another wish operative in the dream we shall be able to show after further discussion. For the present, however, we may say that for the sake of the wish-fulfilment the thought-process of sleep was transformed into a dream.

If the wish-fulfilment is cancelled out, only one characteristic remains which distinguishes the two kinds of psychic events. The dream-thought would have been: `I see a glimmer coming from the room in which the body is lying. Perhaps a candle has fallen over, and the child is burning!' The dream reproduces the result of this reflection unchanged, but represents it in a situation which exists in the present and is perceptible by the senses like an experience of the waking state. This, however, is the most common and the most striking psychological characteristic of the dream: a thought, usually the one wished for, is objectified in the dream, and represented as a scene, or -- as we think -- experienced.

But how are we now to explain this characteristic peculiarity of the dream-work, or -- to put it more modestly -- how are we to bring it into relation with the psychic processes?

On closer examination, it is plainly evident that the manifest form of the dream is marked by two characteristics which are almost independent of each other. One is its representation as a present situation with the omission of `perhaps'; the other is the translation of the thought into visual images and speech.

The transformation to which the dream-thoughts are subjected because the expectation is put into the present tense is, perhaps, in this particular dream not so very striking. This is probably due to the special and really subsidiary role of the wish-fulfilment in this dream. Let us take another dream, in which the dream-wish does not break away from the continuation of the waking thoughts in sleep; for example, the dream of Irma's injection. Here the dream-thought achieving representation is in the conditional: `If only Otto could be blamed for Irma's illness!' The dream suppresses the conditional, and replaces it by a simple present tense: `Yes, Otto is to blame for Irma's illness.' This, then, is the first of the transformations which even the undistorted dream imposes on the dream-thoughts. But we will not linger over this first peculiarity of the dream. We dispose of it by a reference to the conscious fantasy, the day-dream, which behaves in a similar fashion with its conceptual content. When Daudet's M. Joyeuse wanders unemployed through the streets of Paris while his daughter is led to believe that he has a post and is sitting in his office, he dreams, in the present tense, of circumstances that might help him to obtain a recommendation and employment. The dream, then, employs the present tense in the same manner and with the same right as the day-dream. The present is the tense in which the wish is represented as fulfilled.

The second quality peculiar to the dream alone, as distinguished from the daydream, is that the conceptual content is not thought, but is transformed into visual images, to which we give credence, and which we believe that we experience. Let us add, however, that not all dreams show this transformation of ideas into visual images. There are dreams which consist solely of thoughts, but we cannot on that account deny that they are substantially dreams. My dream `Autodidasker -- the day-fantasy about Professor N.' is of this character; it is almost as free of visual elements as though I had thought its content during the day. Moreover, every long dream contains elements which have not undergone this transformation into the visual, and which are simply thought or known as we are wont to think or know in our waking state. And we must here reflect that this transformation of ideas into visual images does not occur in dreams alone, but also in hallucinations and visions, which may appear spontaneously in health, or as symptoms in the psychoneuroses. In brief, the relation which we are here investigating is by no means an exclusive one; the fact remains, however, that this characteristic of the dream, whenever it occurs, seems to be its most noteworthy characteristic, so that we cannot think of the dream-life without it. To understand it, however, requires a very exhaustive discussion.

Among all the observations relating to the theory of dreams to be found in the literature of the subject, I should like to lay stress upon one as being particularly worthy of mention. The famous G. T. H. Fechner makes the conjecture,[1] in a discussion as to the nature of the dreams, *that the dream is staged elsewhere than in the waking ideation.* No other assumption enables us to comprehend the special peculiarities of the dream-life.

The idea which is thus put before us is one of *psychic locality.* We shall wholly ignore the fact that the psychic apparatus concerned is known to us also as an anatomical preparation, and we shall carefully avoid the temptation to determine the psychic locality in any anatomical sense. We shall remain on psychological ground, and we shall do no more than accept the invitation to think of the instrument which serves the psychic activities much as we think of a compound microscope, a photographic camera, or other apparatus. The psychic locality, then, corresponds to a place within such an apparatus in which one of the preliminary phases of the image comes into existence. As is well known, there are in the microscope and the telescope such ideal localities or planes, in which no tangible portion of the apparatus is located. I think it superfluous to apologise for the imperfections of this and all similar figures. These comparisons are designed only to assist us in our attempt to make intelligible the complication of the psychic performance by dissecting it and referring the individual performances to the individual components of the apparatus. So far as I am aware, no attempt has yet been made to divine the construction of the psychic instrument by means of such dissection. I see no harm in such an attempt; I think that we should give free rein to our conjectures, provided we keep our heads and do not mistake the scaffolding for the building. Since for the first approach to any unknown subject we need the help only of auxiliary ideas, we shall prefer the crudest and most tangible hypothesis to all others.

Accordingly, we conceive the psychic apparatus as a compound instrument, the component parts of which we shall call *instances*, or, for the sake of clearness, *systems*. We shall then anticipate that these systems may perhaps maintain a constant partial orientation to one another, very much as do the different and successive systems of lenses of a telescope. Strictly speaking, there is no need to assume an actual spatial arrangement of the psychic system. It will be enough for our purpose if a definite sequence is established, so that in certain psychic events the system will be traversed by the excitation in a definite temporal order. This order may be different in the case of other processes; such a possibility is left open. For the sake of brevity, we shall henceforth speak of the component parts of the apparatus as `ψ-systems'.

The first thing that strikes us is the fact that the apparatus composed of ψ-systems has a direction. All our psychic activities proceed from (inner or outer) stimuli and terminate in innervations. We thus ascribe to the apparatus a sensory and a motor end; at the sensory end we find a system which receives the perceptions, and at the motor end another which opens the sluices of motility. The psychic process generally runs from the perceptive end to the motor end. The most general scheme of the psychic apparatus has therefore the following appearance as shown in Fig. 1 on page 379. But this is only in compliance with the requirement, long familiar to us, that the psychic apparatus must be constructed like a reflex apparatus. The reflex act remains the type of every psychic activity as well.

FIG. 1

We now have reason to admit a first differentiation at the sensory end. The percepts that come to us leave in our psychic apparatus a trace, which we may call a *memory-trace*. The function related to this memory-trace we call `the memory'. If we hold seriously to our resolution to connect the psychic processes into systems, the memory-trace can consist only of lasting changes in the elements of the systems. But, as has already been shown elsewhere, obvious difficulties arise when one and the same system is faithfully to preserve changes in its elements and still to remain fresh and receptive in respect of new occasions of change. In accordance with the principle which is directing our attempt, we shall therefore ascribe these two functions to two different systems. We assume that an initial system of this apparatus receives the stimuli of perception but retains nothing of them -- that is, it has no memory; and that behind this there lies a second system, which transforms the momentary excitation of the first into lasting traces. The following would then be the diagram of our psychic apparatus:

FIG. 2

We know that of the percepts which act upon the P-system, we retain permanently something else as well as the content itself. Our percepts prove also to be connected with one another in the memory, and this is especially so if they originally occurred simultaneously. We call this the fact of *association*. It is now clear that, if the P-system is entirely lacking in memory, it certainly cannot preserve traces for the associations; the individual P-elements would be intolerably hindered in their functioning if a residue of a former connection should make its influence felt against a new perception. Hence we must rather assume that the memory-system is the basis of association. The fact of association, then, consists in this -- that in consequence of a lessening of resistance and a smoothing of the ways from one of the *mem*-elements, the excitation transmits itself to a second rather than to a third *mem*-element.

On further investigation we find it necessary to assume not one but many such *mem*-systems, in which the same excitation transmitted by the P-elements undergoes a diversified fixation. The first of these *mem*-systems will in any case contain the fixation of the association through simultaneity, while in those lying farther away the same material of excitation will be arranged according to other forms of combination; so that relationships of similarity, etc., might perhaps be represented by these later systems. It would, of course, be idle to attempt to express in words the psychic significance of such a system. Its characteristic would lie in the intimacy of its relations to elements of raw material of memory -- that is (if we wish to hint at a more comprehensive theory) in the gradations of the conductive resistance on the way to these elements.

An observation of a general nature, which may possibly point to something of importance, may here be interpolated. The P-system, which possesses no capacity for preserving changes, and hence no memory, furnishes to consciousness the complexity and variety of the sensory qualities. Our memories, on the other hand, are unconscious in themselves; those that are most deeply impressed form no exception. They can be made conscious, but there is no doubt that they unfold all their activities in the unconscious state. What we term our character is based, indeed, on the memory-traces of our impressions, and it is precisely those impressions that have affected us most strongly, those of our early youth, which hardly ever become conscious. But when memories become conscious again they show no sensory quality, or a very negligible one in comparison with the perceptions. If, now, it can be confirmed *that for consciousness memory and quality are mutually exclusive in the ψ-systems*, we have gained a most promising insight into the determinations of the neuron-excitations.[2]

What we have so far assumed concerning the composition of the psychic apparatus at the sensible end has been assumed regardless of dreams and of the psychological explanations which we have hitherto derived from them. Dreams, however, will serve as a source of evidence for our knowledge of another part of the apparatus. We have seen that it was impossible to explain dream-formation unless we ventured to assume two psychic `instances', one of which subjected the activities of the other to criticism, the result of which was exclusion from consciousness.

We have concluded that the criticising `instance' maintains closer relations with the consciousness than the `instance' criticised. It stands between the latter and the consciousness like a screen. Further, we have found that there is reason to identify the criticising `instance' with that which directs our waking life and determines our voluntary conscious activities. If, in accordance with our assumptions, we now replace these `instances' by systems, the criticising system will therefore be moved to the motor end. We now enter both systems in our diagram, expressing, by the names given them, their relation to consciousness.

FIG 3

The last of the systems at the motor end we call the *preconscious (Pcs.)* to denote that the exciting processes in this system can reach consciousness without any further detention, provided certain other conditions are fulfilled, e.g. the attainment of a definite degree of intensity, a certain apportionment of that function which we must call attention, etc. This is at the same time the system which holds the keys of voluntary motility. The system behind it we call the *unconscious (Ucs.)*, because it has no access to consciousness *except through the preconscious*, in the passage through which the excitation-process must submit to certain changes.[3]

In which of these systems, then, do we localise the impetus to dream-formation? For the sake of simplicity, let us say in the system *Ucs*. We shall find, it is true, in subsequent discussions, that this is not altogether correct; that dream-formation is obliged to make connection with dream-thoughts which belong to the system of the preconscious. But we shall learn elsewhere, when we come to deal with the dream-wish, that the motive power of the dream is furnished by the *Ucs.*, and on account of this factor we shall assume the unconscious system as the starting-point for dream-formation. This dream-excitation, like all the other thought-structures, will now strive to continue itself in the *Pcs.*, and thence to gain admission to the consciousness.

Experience teaches us that the path leading through the preconscious to consciousness is closed to the dream-thoughts during the day by the resisting censorship. At night they gain admission to consciousness; the question arises, In what way and because of what changes? If this admission were rendered possible to the dream-thoughts by the weakening, during the night, of the resistance watching on the boundary between the unconscious and the preconscious, we should then have dreams in the material of our ideas, which would not display the hallucinatory character that interests us at present.

The weakening of the censorship between the two systems, *Ucs.* and *Pcs.*, can explain to us only such dreams as the `Autodidasker' dream, but not dreams like that of the burning child, which -- as will be remembered -- we stated as a problem at the outset in our present investigations.

What takes place in the hallucinatory dream we can describe in no other way than by saying that the excitation follows a retrogressive course. It communicates itself not to the motor end of the apparatus, but to the sensory end, and finally reaches the system of perception. If we call the direction which the psychic process follows from the unconscious into the waking state *progressive*, we may then speak of the dream as having a *regressive* character.[4]

This *regression* is therefore assuredly one of the most important psychological peculiarities of the dream-process; but we must not forget that it is not characteristic of the dream alone. Intentional recollection and other component processes of our normal thinking likewise necessitate a retrogression in the psychic apparatus from some complex act of ideation to the raw material of the memory-traces which underlie it. But during the waking state this turning backwards does not reach beyond the memory-images; it is incapable of producing the hallucinatory revival of the perceptual images. Why is it otherwise in dreams? When we spoke of the condensation-work of the dream we could not avoid the assumption that by the dream-work the intensities adhering to the ideas are completely transferred from one to another. It is probably this modification of the usual psychic process which makes possible the cathexis[5] of the system of P to its full sensory vividness in the reverse direction to thinking.

I hope that we are not deluding ourselves as regards the importance of this present discussion. We have done nothing more than give a name to an inexplicable phenomenon. We call it regression if the idea in the dream is changed back into the visual image from which it once originated. But even this step requires justification. Why this definition if it does not teach us anything new? Well, I believe that the word *regression* is of service to us, inasmuch as it connects a fact familiar to us with the scheme of the psychic apparatus endowed with direction. At this point, and for the first time, we shall profit by the fact that we have constructed such a scheme. For with the help of this scheme we shall perceive, without further reflection, another peculiarity of dream-formation. If we look upon the dream as a process of regression within the hypothetical psychic apparatus, we have at once an explanation of the empirically proven fact that all thought-relations of the dream-thoughts are either lost in the dream-work or have difficulty in achieving expression. According to our scheme, these thought-relations are contained not in the first *mem*-systems, but in those lying farther to the front, and in the regression to the perceptual images they must forfeit expression. *In regression the structure of the dream-thoughts breaks up into its raw material.*

But what change renders possible this regression which is impossible during the day? Let us here be content with an assumption. There must evidently be changes in the cathexis of the individual systems, causing the latter to become more accessible or inaccessible to the discharge of the excitation; but in any such apparatus the same effect upon the course of the excitation might be produced by more than one kind of change. We naturally think of the sleeping state, and of the many cathectic changes which this evokes at the sensory end of the apparatus. During the day there is a continuous stream flowing from the ψ-system of the P toward the motility end; this current ceases at night, and can no longer block the flow of the current of excitation in the opposite direction. This would appear to be that `seclusion from the outer world' which according to the theory of some writers is supposed to explain the psychological character of the dream. In the explanation of the regression of the dream we shall, however, have to take into account those other regressions which occur during morbid waking states. In these other forms of regression the explanation just given plainly leaves us in the lurch. Regression occurs in spite of the uninterrupted sensory current in a progressive direction.

The hallucinations of hysteria and paranoia, as well as the visions of mentally normal persons, I would explain as corresponding, in fact, to regressions, i.e. to thoughts transformed into images; and would assert that only such thoughts undergo this transformation as are in intimate connection with suppressed memories, or with memories which have remained unconscious. As an example I will cite the case of one of my youngest hysterical patients -- a boy of twelve, who was prevented from falling asleep by `green faces with red eyes', which terrified him. The source of this manifestation was the suppressed, but once conscious memory of a boy whom he had often seen four years earlier, and who offered a warning example of many bad habits, including masturbation, for which he was now reproaching himself. At that time his mother had noticed that the complexion of this ill-mannered boy was *greenish* and that he had *red* (i.e. red-rimmed) *eyes*. Hence his terrifying vision, which merely determined his recollection of another saying of his mother's, to the effect that such boys become demented, are unable to learn anything at school, and are doomed to an early death. A part of this prediction came true in the case of my little patient; he could not get on at school, and, as appeared from his involuntary associations, he was in terrible dread of the remainder of the prophecy. However, after a brief period of successful treatment his sleep was restored, his anxiety removed, and he finished his scholastic year with an excellent record.

Here I may add the interpretation of a vision described to me by an hysterical woman of forty, as having occurred when she was in normal health. One morning she opened her eyes and saw her brother in the room, although she knew him to be confined in an insane asylum. Her little son was asleep by her side. Lest the child *should be frightened* on seeing his *uncle*, and *fall into convulsions*, she pulled the sheet over his face. This done, the phantom disappeared. This apparition was the revision of one of her childish memories, which, although conscious, was most intimately connected with all the unconscious material in her mind. Her nurserymaid had told her that her mother, who had died young (my patient was then only eighteen months old), had suffered from epileptic or hysterical convulsions, which dated back to a fright caused by her brother (the patient's *uncle*) who appeared to her disguised as a spectre with a *sheet* over his head. The vision contains the same elements as the reminiscence, viz. the appearance of the brother, the sheet, the fright, and its effect. These elements, however, are arranged in a fresh context, and are transferred to other persons. The obvious motive of the vision, and the thought which it replaced, was her solicitude lest her little son, who bore a striking resemblance to his uncle, should share the latter's fate.

Both examples here cited are not entirely unrelated to the state of sleep, and may for that reason be unfitted to afford the evidence for the sake of which I have cited them. I will, therefore, refer to my analysis of an hallucinatory paranoiac woman patient[6] and to the results of my hitherto unpublished studies on the psychology of the psychoneuroses, in order to emphasise the fact that in these cases of regressive thought-transformation one must not overlook the influence of a suppressed memory, or one that has remained unconscious, this being usually of an infantile character. This memory draws into the regression, as it were, the thoughts with which it is connected, and which are kept from expression by the censorship -- that is, into that form of representation in which the memory itself is psychically existent. And here I may add, as a result of my studies of hysteria, that if one succeeds in bringing to consciousness infantile scenes (whether they are recollections or fantasies) they appear as hallucinations, and are divested of this character only when they are communicated. It is known also that even in persons whose memories are not otherwise visual, the earliest infantile memories remain vividly visual until late in life.

If, now, we bear in mind the part played in the dream-thoughts by the infantile experiences, or by the fantasies based upon them, and recollect how often fragments of these re-emerge in the dream-content, and how even the dream-wishes often proceed from them, we cannot deny the probability that in dreams, too, the transformation of thoughts into visual images may be the result of the *attraction* exercised by the visually represented memory, striving for resuscitation, upon the thoughts severed from consciousness and struggling for expression. Pursuing this conception, we may further describe the dream as the *substitute for the infantile scene modified by transference to recent material*. The infantile scene cannot enforce its own revival, and must therefore be satisfied to return as a dream.

This reference to the significance of the infantile scenes (or of their fantastic repetitions) as in a certain degree furnishing the pattern for the dream-content renders superfluous the assumption made by Scherner and his pupils concerning inner sources of stimuli. Scherner assumes a state of `visual excitation', of internal excitation in the organ of sight, when the dreams manifest a special vividness or an extraordinary abundance of visual elements. We need raise no objection to this assumption; we may perhaps content ourselves with assuming such a state of excitation only for the psychic perceptive system of the organ of vision; we shall, however, insist that this state of excitation is a reanimation by the memory of a former actual visual excitation. I cannot, from my own experience, give a good example showing such an influence of an infantile memory; my own dreams are altogether less rich in perceptual elements than I imagine those of others to be; but in my most beautiful and most vivid dream of late years I can easily trace the hallucinatory distinctness of the dream-contents to the visual qualities of recently received impressions. On page 314 I mentioned a dream in which the dark blue of the water, the brown of the smoke issuing from the ship's funnels, and the sombre brown and red of the buildings which I saw made a profound and lasting impression upon my mind. This dream, if any, must be attributed to visual excitation, but what was it that had brought my organ of vision into this excitable state? It was a recent impression which had joined itself to a series of former impressions. The colours I beheld were in the first place those of the toy blocks with which my children had erected a magnificent building for my admiration, on the day preceding the dream. There was the sombre red on the large blocks, the blue and brown on the small ones. Joined to these were the colour impressions of my last journey in Italy: the beautiful blue of the Isonzo and the lagoons, the brown hue of the Alps. The beautiful colours seen in the dream were but a repetition of those seen in memory.

Let us summarise what we have learned about this peculiarity of dreams: their power of recasting their idea-content in visual images. We may not have explained this character of the dream-work by referring it to the known laws of psychology, but we have singled it out as pointing to unknown relations, and have given it the name of the *regressive* character. Wherever such regression has occurred, we have regarded it as an effect of the resistance which opposes the progress of thought on its normal way to consciousness, and of the simultaneous attraction exerted upon it by vivid memories.[7] The regression in dreams is perhaps facilitated by the cessation of the progressive stream flowing from the sense-organs during the day; for which auxiliary factor there must be some compensation, in the other forms of regression, by the strengthening of the other regressive motives. We must also bear in mind that in pathological cases of regression, just as in dreams, the process of energy transference must be different from that occurring in the regressions of normal psychic life, since it renders possible a full hallucinatory cathexis of the perceptive system. What we have described in the analysis of the dream-work as `regard for representability' may be referred to the *selective attraction* of visually remembered scenes touched by the dream-thoughts.

As to the regression, we may further observe that it plays a no less important part in the theory of neurotic symptom-formation than in the theory of dreams. We may therefore distinguish a threefold species of regression: (a) a *topical* one, in the sense of the scheme of the ψ-systems here expounded; (b) a *temporal* one, in so far as it is a regression to older psychic formations; and (c) a *formal* one, when primitive modes of expression and representation take the place of the customary modes. These three forms of regression are, however, basically one, and in the majority of cases they coincide, for that which is older in point of time is at the same time formally primitive and, in the psychic topography, nearer to the perception-end.

We cannot leave the theme of regression in dreams without giving utterance to an impression which has already and repeatedly forced itself upon us, and which will return to us reinforced after a deeper study of the psychoneuroses: namely, that dreaming is on the whole an act of regression to the earliest relationships of the dreamer, a resuscitation of his childhood, of the impulses which were then dominant and the modes of expression which were then available. Behind this childhood of the individual we are then promised an insight into the phylogenetic childhood, into the evolution of the human race, of which the development of the individual is only an abridged repetition influenced by the fortuitous circumstances of life. We begin to suspect that Friedrich Nietzsche was right when he said that in a dream `there persists a primordial part of humanity which we can no longer reach by a direct path', and we are encouraged to expect, from the analysis of dreams, a knowledge of the archaic inheritance of man, a knowledge of psychical things in him that are innate. It would seem that dreams and neuroses have preserved for us more of the psychical antiquities than we suspected; so that psychoanalysis may claim a high rank among those sciences which endeavour to reconstruct the oldest and darkest phases of the beginnings of mankind.

It is quite possible that we shall not find this first part of our psychological evaluation of dreams particularly satisfying. We must, however, console ourselves with the thought that we are, after all, compelled to build out into the dark. If we have not gone altogether astray, we shall surely reach approximately the same place from another starting-point, and then, perhaps, we shall be better able to find our bearings.

[1] *Psychophysik*, Part II, p. 520.

[2] Since writing this, I have thought that consciousness occurs actually in the locality of the memory-trace. (cf. *Notiz über den Wünderblock*, 1925, *Ges. Schriften*, Bd. vi.)

[3] The further elaboration of this linear diagram will have to reckon with the assumption that the system following the *Pcs.* represents the one to which we must attribute consciousness (*Cs.*), so that *P* = *Cs.*

[4] The first indication of the element of regression is already encountered in the writings of Albertus Magnus. According to him the *imaginatio* constructs the dream out of the tangible objects which it has retained. The process is the converse of that operating in the waking state. Hobbes states (*Leviathan*, 1651): `In sum our dreams are the reverse of our imagination, the motion, when we are awake, beginning at one end, and when we dream at another' (quoted by Havelock Ellis, *loc. cit.*, p. 112).

[5] [From the Greek *kathekho*, to occupy, used here in place of the author's term *Besetzung*, to signify a charge or investment of energy. -- TRANS.]

[6] *Selected Papers on Hysteria and other Psychoneuroses*, p. 165, translated by A. A. Brill, Monograph Series, Journal of Nervous and Mental Diseases Publishing Co.

[7] In a statement of the theory of repression it should be explained that a thought passes into repression owing to the co-operation of two of the factors which influence it. On the one side (the censorship of *Cs.*) it is pushed, and from the other side (the *Ucs.*) it is pulled, much as one is helped to the top of the Great Pyramid. (cf. the Chapter *Die Verdrängung* in *Ges. Schriften*, Bd. v.)

C. THE WISH-FULFILMENT

The dream of the burning child (cited above) affords us a welcome opportunity for appreciating the difficulties confronting the theory of wish-fulfilment. That a dream should be nothing but a wish-fulfilment must undoubtedly seem strange to us all -- and not only because of the contradiction offered by the anxiety-dream. Once our first analyses had given us the enlightenment that meaning and psychic value are concealed behind our dreams, we could hardly have expected so unitary a determination of this meaning. According to the correct but summary definition of Aristotle, the dream is a continuation of thinking in sleep. Now if, during the day, our thoughts perform such a diversity of psychic acts -- judgments, conclusions, the answering of objections, expectations, intentions, etc. -- why should they be forced at night to confine themselves to the production of wishes only? Are there not, on the contrary, many dreams that present an altogether different psychic act in dream-form -- for example, anxious care -- and is not the father's unusually transparent dream of the burning child such a dream? From the gleam of light that falls upon his eyes while he is asleep the father draws the apprehensive conclusion that a candle has fallen over and may be burning the body; he transforms this conclusion into a dream by embodying it in an obvious situation enacted in the present tense. What part is played in this dream by the wish-fulfilment? And how can we possibly mistake the predominance of the thought continued from the waking state or evoked by the new sensory impression?

All these considerations are justified, and force us to look more closely into the role of the wish-fulfilment in dreams, and the significance of the waking thoughts continued in sleep.

It is precisely the wish-fulfilment that has already caused us to divide all dreams into two groups. We have found dreams which were plainly wish-fulfilments; and others in which the wish-fulfilment was unrecognisable and was often concealed by every available means. In this latter class of dreams we recognised the influence of the dream-censorship. The undisguised wish-dreams were found chiefly in children; *short*, frank wish-dreams *seemed* (I purposely emphasise this word) to occur also in adults.

We may now ask whence in each case does the wish that is realised in the dream originate? But to what opposition or to what diversity do we relate this `whence'? I think to the opposition between conscious daily life and an unconscious psychic activity which is able to make itself perceptible only at night. I thus find a threefold possibility for the origin of a wish. Firstly, it may have been excited during the day, and owing to external circumstances may have remained unsatisfied; there is thus left for the night an acknowledged and unsatisfied wish. Secondly, it may have emerged during the day, only to be rejected; there is thus left for the night an unsatisfied but suppressed wish. Thirdly, it may have no relation to daily life, but may belong to those wishes which awake only at night out of the suppressed material in us. If we turn to our scheme of the psychic apparatus, we can localise a wish of the first order in the system *Pcs.* We may assume that a wish of the second order has been forced back from the *Pcs.* system into the *Ucs.* system, where alone, if anywhere, can it maintain itself; as for the wish-impulse of the third order, we believe that it is wholly incapable of leaving the *Ucs.* system. Now, have the wishes arising from these different sources the same value for the dream, the same power to incite a dream?

On surveying the dreams at our disposal with a view to answering this question, we are at once moved to add as a fourth source of the dream-wish the actual wish-impetus which arises during the night (for example, the stimulus of thirst, and sexual desire). It then seems to us probable that the source of the dream-wish does not affect its capacity to incite a dream. I have in mind the dream of the child who continued the voyage that had been interrupted during the day, and the other children's dreams cited in the same chapter; they are explained by an unfulfilled but unsuppressed wish of the daytime. That wishes suppressed during the day assert themselves in dreams is shown by a great many examples. I will mention a very simple dream of this kind. A rather sarcastic lady, whose younger friend has become engaged to be married, is asked in the daytime by her acquaintances whether she knows her friend's fiancé, and what she thinks of him. She replies with unqualified praise, imposing silence on her own judgment, although she would have liked to tell the truth, namely, that he is a *commonplace fellow -- one meets such by the dozen (Dutzendmensch)*. The following night she dreams that the same question is put to her, and that she replies with the formula: `*In case of subsequent orders, it will suffice to mention the reference number*.' Finally, as the result of numerous analyses, we learn that the wish in all dreams that have been subject to distortion has its origin in the unconscious, and could not become perceptible by day. At first sight, then, it seems that in respect of dream-formation all wishes are of equal value and equal power.

I cannot prove here that this is not really the true state of affairs, but I am strongly inclined to assume a stricter determination of the dream-wish. Children's dreams leave us in no doubt that a wish unfulfilled during the day may instigate a dream. But we must not forget that this is, after all, the wish of a child; that it is a wish-impulse of the strength peculiar to childhood. I very much doubt whether a wish unfulfilled in the daytime would suffice to create a dream in an adult. It would rather seem that as we learn to control our instinctual life by intellection we more and more renounce as unprofitable the formation or retention of such intense wishes as are natural to childhood. In this, indeed, there may be individual variations; some retain the infantile type of the psychic processes longer than others; just as we find such differences in the gradual decline of the originally vivid visual imagination. In general, however, I am of the opinion that unfulfilled wishes of the day are insufficient to produce a dream in adults. I will readily admit that the wish-impulses originating in consciousness contribute to the instigation of dreams, but they probably do no more. The dream would not occur if the preconscious wish were not reinforced from another source.

That source is the unconscious. I believe that *the conscious wish becomes effective in exciting a dream only when it succeeds in arousing a similar unconscious wish which reinforces it*. From the indications obtained in the psychoanalysis of the neuroses I believe that these unconscious wishes are always active and ready to express themselves whenever they find an opportunity of allying themselves with an impulse from consciousness, and transferring their own greater intensity to the lesser intensity of the latter.[1] It must, therefore, seem that the conscious wish alone has been realised in the dream; but a slight peculiarity in the form of the dream will put us on the track of the powerful ally from the unconscious. These ever-active and, as it were, immortal wishes of our unconscious recall the legendary Titans who, from time immemorial, have been buried under the mountains which were once hurled upon them by the victorious gods, and even now quiver from time to time at the convulsions of their mighty limbs. These wishes, existing in repression, are themselves of infantile origin, as we learn from the psychological investigation of the neurouses. Let me, therefore, set aside the view previously expressed, that it matters little whence the dream-wish originates, and replace it by another, namely: *the wish manifested in the dream must be an infantile wish.* In the adult it originates in the *Ucs.*, while in the child, in whom no division and censorship exist as yet between the *Pcs.* and *Ucs.*, or in whom these are only in process of formation, it is an unfulfilled and unrepressed wish from the waking state. I am aware that this conception cannot be generally demonstrated, but I maintain that it can often be demonstrated even where one would not have suspected it, and that it cannot be generally refuted.

In dream-formation, the wish-impulses which are left over from the conscious waking life are, therefore, to be relegated to the background. I cannot admit that they play any part except that attributed to the material of actual sensations during sleep in relation to the dream-content. If I now take into account those other psychic instigations left over from the waking life of the day, which are not wishes, I shall merely be adhering to the course mapped out for me by this line of thought. We may succeed in provisionally disposing of the energetic cathexis of our waking thoughts by deciding to go to sleep. He is a good sleeper who can do this; Napoleon I is reputed to have been a model of this kind. But we do not always succeed in doing it, or in doing it completely. Unsolved problems, harassing cares, overwhelming impressions, continue the activity of our thought even during sleep, maintaining psychic processes in the system which we have termed the preconscious. The thought-impulses continued into sleep may be divided into the following groups:

1. Those which have not been completed during the day, owing to some accidental cause.
2. Those which have been left uncompleted because our mental powers have failed us, i.e. unsolved problems.
3. Those which have been turned back and suppressed during the day. This is reinforced by a powerful fourth group --
4. Those which have been excited in our *Ucs.* during the day by the workings of the *Pcs.*; and finally we may add a fifth, consisting of --
5. The indifferent impressions of the day, which have therefore been left unsettled.

We need not underrate the psychic intensities introduced into sleep by these residues of the day's waking life, especially those emanating from the group of the unsolved issues. It is certain that these excitations continue to strive for expression during the night, and we may assume with equal certainty that the state of sleep renders impossible the usual continuance of the process of excitation in the preconscious and its termination in becoming conscious. In so far as we can become conscious of our mental processes in the ordinary way, even during the night, to that extent we are simply not asleep. I cannot say what change is produced in the *Pcs.* system by the state of sleep,[2] but there is no doubt that the psychological characteristics of sleep are to be sought mainly in the cathectic changes occurring just in this system, which dominates, moreover, the approach to motility, paralysed during sleep. On the other hand, I have found nothing in the psychology of dreams to warrant the assumption that sleep produces any but secondary changes in the conditions of the *Ucs.* system. Hence, for the nocturnal excitations in the *Pcs.* there remains no other path than that taken by the wish-excitations from the *Ucs.*; they must seek reinforcement from the *Ucs.*, and follow the detours of the unconscious excitations. But what is the relation of the preconscious day-residues to the dream? There is no doubt that they penetrate abundantly into the dream; that they utilise the dream-content to obtrude themselves upon consciousness even during the night; indeed, they sometimes even dominate the dream-content, and impel it to continue the work of the day; it is also certain that the day-residues may just as well have any other character as that of wishes. But it is highly instructive, and for the theory of wish-fulfilment of quite decisive importance, to see what conditions they must comply with in order to be received into the dream.

Let us pick out one of the dreams cited above, e.g. the dream in which my friend Otto seems to show the symptoms of *Basedow's disease* (p. 163). Otto's appearance gave me some concern during the day, and this worry, like everything else relating to him, greatly affected me. I may assume that this concern followed me into sleep. I was probably bent on finding out what was the matter with him. During the night my concern found expression in the dream which I have recorded. Not only was its content senseless, but it failed to show any wish-fulfilment. But I began to search for the source of this incongruous expression of the solicitude felt during the day, and analysis revealed a connection. I identified my friend Otto with a certain Baron L. and myself with a Professor R. There was only one explanation of my being impelled to select just this substitute for the day-thought. I must always have been ready in the *Ucs.* to identify myself with Professor R., as this meant the realisation of one of the immortal infantile wishes, viz. the wish to become great. Repulsive ideas respecting my friend, ideas that would certainly have been repudiated in a waking state, took advantage of the opportunity to creep into the dream; but the worry of the day had likewise found some sort of expression by means of a substitute in the dream-content. The day-thought, which was in itself not a wish, but on the contrary a worry, had in some way to find a connection with some infantile wish, now unconscious and suppressed, which then allowed it -- duly dressed up -- to `arise' for consciousness. The more domineering the worry the more forced could be the connection to be established; between the content of the wish and that of the worry there need be no connection, nor was there one in our example.

It would perhaps be appropriate, in dealing with this problem, to inquire how a dream behaves when material is offered to it in the dream-thoughts which flatly opposes a wish-fulfilment; such as justified worries, painful reflections and distressing realisations. The many possible results may be classified as follows: (a) The dream-work succeeds in replacing all painful ideas by contrary ideas, and suppressing the painful affect belonging to them. This, then, results in a pure and simple satisfaction-dream, a palpable `wish-fulfilment', concerning which there is nothing more to be said. (b) The painful ideas find their way into the manifest dream-content, more or less modified, but nevertheless quite recognisable. This is the case which raises doubts about the wish-theory of dreams, and thus calls for further investigation. Such dreams with a painful content may either be indifferent in feeling, or they may convey the whole painful affect, which the ideas contained in them seem to justify, or they may even lead to the development of anxiety to the point of waking.

Analysis then shows that even these painful dreams are wish-fulfilments. An unconscious and repressed wish, whose fulfilment could only be felt as painful by the dreamer's ego, has seized the opportunity offered by the continued cathexis of painful day-residues, has lent them its support, and has thus made them capable of being dreamed. But whereas in case (a) the unconscious wish coincided with the conscious one, in case (b) the discord between the unconscious and the conscious -- the repressed material and the ego -- is revealed, and the situation in the fairy-tale, of the three wishes which the fairy offers to the married couple, is realised (see [note 32] below, p. 434). The gratification in respect of the fulfilment of the repressed wish may prove to be so great that it balances the painful affects adhering to the day-residues; the dream is then indifferent in its affective tone, although it is on the one hand the fulfilment of a wish, and on the other the fulfilment of a fear. Or it may happen that the sleep ego plays an even more extensive part in the dream-formation, that it reacts with violent resentment to the accomplished satisfaction of the repressed wish, and even goes so far as to make an end of the dream by means of anxiety. It is thus not difficult to recognise that dreams of pain and anxiety are, in accordance with our theory, just as much wish-fulfilments as are the straightforward dreams of gratification.

Painful dreams may also be `punishment dreams'. It must be admitted that the recognition of these dreams adds something that is, in a certain sense, new to the theory of dreams. What is fulfilled by them is once more an unconscious wish -- the wish for the punishment of the dreamer for a repressed, prohibited wish-impulse. To this extent these dreams comply with the requirement here laid down: that the motive-power behind the dream-formation must be furnished by a wish belonging to the unconscious. But a finer psychological dissection allows us to recognise the difference between this and the other wish-dreams. In the dreams of group (b) the unconscious dream-forming wish belonged to the repressed material. In the punishment-dreams it is likewise an unconscious wish, but one which we must attribute not to the repressed material but to the `ego'.

Punishment-dreams point, therefore, to the possibility of a still more extensive participation of the ego in dream-formation. The mechanism of dream-formation becomes indeed in every way more transparent if in place of the antithesis `conscious' and `unconscious', we put the antithesis: `ego' and `repressed'. This, however, cannot be done without taking into account what happens in the psychoneuroses, and for this reason it has not been done in this book. Here I need only remark that the occurrence of punishment-dreams is not generally subject to the presence of painful day-residues. They originate indeed most readily if the contrary is true, if the thoughts which are day-residues are of a gratifying nature, but express illicit gratifications. Of these thoughts nothing then finds its way into the manifest dream except their contrary, just as was the case in the dreams of group (a). Thus it would be the essential characteristic of punishment-dreams that in them it is not the unconscious wish from the repressed material (from the system *Ucs.*) that is responsible for dream-formation, but the punitive wish reacting against it, a wish pertaining to the ego, even though it is unconscious (i.e. preconscious).[3]

I will elucidate some of the foregoing observations by means of a dream of my own, and above all I will try to show how the dream-work deals with a day-residue involving painful expectation:

Indistinct beginning. *I tell my wife I have some news for her, something very special. She becomes frightened, and does not wish to hear it. I assure her that on the contrary it is something which will please her greatly, and I begin to tell her that our son's Officers' Corps has sent a sum of money (5,000 k.?) . . . something about honourable mention . . . distribution . . . at the same time I have gone with her into a small room, like a storeroom, in order to fetch something from it. Suddenly I see my son appear; he is not in uniform but rather in a tight-fitting sports suit (like a seal?) with a small cap. He climbs onto a basket which stands to one side near a chest, in order to put something on this chest: I address him; no answer. It seems to me that his face or forehead is bandaged, he arranges something in his mouth, pushing something into it. Also his hair shows a glint of grey. I reflect: Can he be so exhausted? And has he false teeth? Before I can address him again I awake without anxiety, but with palpitations. My clock points to 2.30 a.m.*

To give a full analysis is once more impossible. I shall therefore confine myself to emphasising some decisive points. Painful expectations of the day had given occasion for this dream; once again there had been no news for over a week from my son, who was fighting at the front. It is easy to see that in the dream-content the conviction that he has been killed or wounded finds expression. At the beginning of the dream one can observe an energetic effort to replace the painful thoughts by their contrary. I have to impart something very pleasing, something about sending money, honourable mention, and distribution. (The sum of money originates in a gratifying incident of my medical practice; it is therefore trying to lead the dream away altogether from its theme.) But this effort fails. The boy's mother has a presentiment of something terrible and does not wish to listen. The disguises are too thin; the reference to the material to be suppressed shows through everywhere. If my son is killed, then his comrades will send back his property; I shall have to distribute whatever he has left among his sisters, brothers and other people. Honourable mention is frequently awarded to an officer after he has died the `hero's death'. The dream thus strives to give direct expression to what it at first wished to deny, whilst at the same time the wishfulfilling tendency reveals itself by distortion. (The change of locality in the dream is no doubt to be understood as threshold symbolism, in line with Silberer's view.) We have indeed no idea what lends it the requisite motive-power. But my son does not appear as `falling' (on the field of battle) but `climbing'. -- He was, in fact, a daring mountaineer. -- He is not in uniform, but in a sports suit; that is, the place of the fatality now dreaded has been taken by an accident which happened to him at one time when he was ski-running, when he fell and fractured his thigh. But the nature of his costume, which makes him look like a seal, recalls immediately a younger person, our comical little grandson; the grey hair recalls his father, our son-in-law, who has had a bad time in the War. What does this signify? But let us leave this: the locality, a pantry, the chest, from which he wants to take something (in the dream, to put something on it), are unmistakable allusions to an accident of my own, brought upon myself when I was between two and three years of age. I climbed on a foot-stool in the pantry, in order to get something nice which was on a chest or table. The foot-stool tumbled over and its edge struck me behind the lower jaw. I might very well have knocked all my teeth out. At this point, an admonition presents itself: it serves you right -- like a hostile impulse against the valiant warrior. A profounder analysis enables me to detect the hidden impulse, which would be able to find satisfaction in the dreaded mishap to my son. It is the envy of youth which the elderly man believes that he has thoroughly stifled in actual life. There is no mistaking the fact that it was the very intensity of the painful apprehension lest such a misfortune should really happen that searched out for its alleviation such a repressed wish-fulfilment.

I can now clearly define what the unconscious wish means for the dream. I will admit that there is a whole class of dreams in which the *incitement* originates mainly or even exclusively from the residues of the day; and returning to the dream about my friend Otto, I believe that even my desire to become at last a *professor extraordinarius* would have allowed me to sleep in peace that night, had not the day's concern for my friend's health continued active. But this worry alone would not have produced a dream; the *motive-power* needed by the dream had to be contributed by a wish, and it was the business of my concern to find such a wish for itself, as the motive power of the dream. To put it figuratively, it is quite possible that a day-thought plays the part of the *entrepreneur* in the dream; but the *entrepreneur*, who, as we say, has the idea, and feels impelled to realise it, can do nothing without *capital*; he needs a *capitalist* who will defray the expense, and this capitalist, who contributes the psychic expenditure for the dream, is invariably and indisputably, whatever the nature of the waking thoughts, *a wish from the unconscious.*

In other cases the capitalist himself is the *entrepreneur*; this, indeed, seems to be the more usual case. An unconscious wish is excited by the day's work, and this now creates the dream. And the dream-processes provide a parallel for all the other possibilities of the economic relationship here used as an illustration. Thus the *entrepreneur* may himself contribute a little of the capital, or several *entrepreneurs* may seek the aid of the same capitalist, or several capitalists may jointly supply the capital required by the *entrepreneurs.* Thus there are dreams sustained by more than one dream-wish, and many similar variations, which may be readily imagined, and which are of no further interest to us. What is still lacking to our discussion of the dream-wish we shall only be able to complete later on.

The *tertium comparationis* in the analogies here employed, the quantitative element of which an allotted amount is placed at the free disposal of the dream, admits of a still closer application to the elucidation of the dream-structure. As shown on pp. 190 ff., we can recognise in most dreams a centre supplied with a special sensory intensity. This is as a rule the direct representation of the wish-fulfilment; for if we reverse the displacements of the dream-work we find that the psychic intensity of the elements in the dream-thoughts is replaced by the *sensory* intensity of the elements in the dream-content. The elements in the neighbourhood of the wish-fulfilment have often nothing to do with its meaning, but prove to be the offshoots of painful thoughts which are opposed to the wish. But owing to their connection with the central element, often artificially established, they secure so large a share of its intensity as to become capable of representation. Thus, the representative energy of the wish-fulfilment diffuses itself over a certain sphere of association, within which all elements are raised to representation, including even those that are in themselves without resources. In dreams containing several dynamic wishes we can easily separate and delimit the spheres of the individual wish-fulfilments, and we shall find that the gaps in the dream are often of the nature of boundary-zones.

Although the foregoing remarks have restricted the significance of the day-residues for the dream, they are none the less deserving of some further attention. For they must be a necessary ingredient in dream-formation, inasmuch as experience reveals the surprising fact that every dream shows in its content a connection with a recent waking impression, often of the most indifferent kind. So far we have failed to understand the necessity for this addition to the dream-mixture (p. 84). This necessity becomes apparent only when we bear in mind the part played by the unconscious wish, and seek further information in the psychology of the neuroses. We shall then learn that an unconscious idea, as such, is quite incapable of entering into the preconscious, and that it can exert an influence there only by establishing touch with a harmless idea already belonging to the preconscious, to which it transfers its intensity, and by which it allows itself to be screened. This is the fact of *transference*, which furnishes the explanation of so many surprising occurrences in the psychic life of neurotics. The transference may leave the idea from the preconscious unaltered, though the latter will thus acquire an unmerited intensity, or it may force upon this some modification derived from the content of the transferred idea. I trust the reader will pardon my fondness for comparisons with daily life, but I feel tempted to say that the situation for the repressed idea is like that of the American dentist in Austria, who may not carry on his practice unless he can get a duly installed doctor of medicine to serve him as a signboard and legal `cover'. Further, just as it is not exactly the busiest physicians who form such alliances with dental practitioners, so in the psychic life the choice as regards covers for repressed ideas does not fall upon such preconscious or conscious ideas as have themselves attracted enough of the attention active in the preconscious. The unconscious prefers to entangle with its connections either those impressions and ideas of the preconscious which have remained unnoticed as being indifferent or those which have immediately had attention withdrawn from them again (by rejection). It is a well-known proposition of the theory of associations, confirmed by all experience, that ideas which have formed a very intimate connection in one direction assume a negative type of attitude towards whole groups of new connections. I have even attempted at one time to base a theory of hysterical paralysis on this principle.

If we assume that the same need of transference on the part of the repressed ideas, of which we have become aware through the analysis of the neurosis, makes itself felt in dreams also, we can at once explain two of the problems of the dream: namely, that every dream-analysis reveals an interweaving of a recent impression, and that this recent element is often of the most indifferent character. We may add what we have already learned elsewhere, that the reason why these recent and indifferent elements so frequently find their way into the dream-content as substitutes for the very oldest elements of the dream-thoughts is that they have the least to fear from the resisting censorship. But while this freedom from censorship explains only the preference shown to the trivial elements, the constant presence of recent elements points to the necessity for transference. Both groups of impressions satisfy the demand of the repressed ideas for material still free from associations, the indifferent ones because they have offered no occasion for extensive associations, and the recent ones because they have not had sufficient time to form such associations.

We thus see that the day-residues, among which we may now include the indifferent impressions, not only borrow something from the *UCS.* when they secure a share in dream-formation -- namely, the motive-power at the disposal of the repressed wish -- but they also offer to the unconscious something that is indispensable to it, namely, the points of attachment necessary for transference. If we wished to penetrate more deeply into the psychic processes, we should have to throw a clearer light on the play of excitations between the preconscious and the unconscious, and indeed the study of the psychoneuroses would impel us to do so; but dreams, as it happens, give us no help in this respect.

Just one further remark as to the day-residues. There is no doubt that it is really these that disturb our sleep, and not our dreams which, on the contrary, strive to guard our sleep. But we shall return to this point later.

So far we have discussed the dream-wish; we have traced it back to the sphere of the *UCS.*, and have analysed its relation to the day-residues, which, in their turn, may be either wishes, or psychic impulses of any other kind, or simply recent impressions. We have thus found room for the claims that can be made for the dream-forming significance of our waking mental activity in all its multifariousness. It might even prove possible to explain, on the basis of our train of thought, those extreme cases in which the dream, continuing the work of the day, brings to a happy issue an unsolved problem of waking life. We merely lack a suitable example to analyse, in order to uncover the infantile or repressed source of wishes, the tapping of which has so successfully reinforced the efforts of the preconscious activity. But we are not a step nearer to answering the question: Why is it that the unconscious can furnish in sleep nothing more than the motive-power for a wish-fulfilment? The answer to this question must elucidate the psychic nature of the state of wishing: and it will be given with the aid of the notion of the psychic apparatus.

We do not doubt that this apparatus, too, has only arrived at its present perfection by a long process of evolution. Let us attempt to restore it as it existed in an earlier stage of capacity. From postulates to be confirmed in other ways we know that at first the apparatus strove to keep itself as free from stimulation as possible, and therefore, in its early structure, adopted the arrangement of a reflex apparatus, which enabled it promptly to discharge by the motor paths any sensory excitation reaching it from without. But this simple function was disturbed by the exigencies of life, to which the apparatus owes the impetus toward further development. The exigencies of life first confronted it in the form of the great physical needs. The excitation aroused by the inner need seeks an outlet in motility, which we may describe as `internal change' or `expression of the emotions'. The hungry child cries or struggles helplessly. But its situation remains unchanged; for the excitation proceeding from the inner need has not the character of a momentary impact, but of a continuing pressure. A change can occur only if, in some way (in the case of the child by external assistance), there is an *experience of satisfaction*, which puts an end to the internal excitation. An essential constituent of this experience is the appearance of a certain percept (of food in our example), the memory-image of which is henceforth associated with the memory-trace of the excitation arising from the need. Thanks to the established connection, there results, at the next occurrence of this need, a psychic impulse which seeks to revive the memory-image of the former percept, and to re-evoke the former percept itself; that is, it actually seeks to re-establish the situation of the first satisfaction. Such an impulse is what we call a wish; the reappearance of the perception constitutes the wish-fulfilment, and the full cathexis of the perception, by the excitation springing from the need, constitutes the shortest path to the wish-fulfilment. We may assume a primitive state of the psychic apparatus in which this path is actually followed, i.e. in which the wish ends in hallucination. This first psychic activity therefore aims at an identity of perception: that is, at a repetition of that perception which is connected with the satisfaction of the need.

This primitive mental activity must have been modified by bitter practical experience into a secondary and more appropriate activity. The establishment of identity of perception by the short regressive path within the apparatus does not produce the same result in another respect as follows upon cathexis of the same perception coming from without. The satisfaction does not occur, and the need continues. In order to make the internal cathexis equivalent to the external one, the former would have to be continuously sustained, just as actually happens in the hallucinatory psychoses and in hunger-fantasies, which exhaust their performance in *maintaining their hold* on the object desired. In order to attain to more appropriate use of the psychic energy, it becomes necessary to suspend the full regression, so that it does not proceed beyond the memory-image, and thence can seek other paths, leading ultimately to the production of the desired identity from the side of the outer world.[4] This inhibition, as well as the subsequent deflection of the excitation, becomes the task of a second system, which controls voluntary motility, i.e. a system whose activity first leads on to the use of motility for purposes remembered in advance. But all this complicated mental activity, which works its way from the memory-image to the production of identity of perception via the outer world, merely represents *a roundabout way to wish-fulfilment* made necessary by experience.[5] Thinking is indeed nothing but a substitute for the hallucinatory wish; and if the dream is called a wish-fulfilment, this becomes something self-evident, since nothing but a wish can impel our psychic apparatus to activity.

The dream, which fulfils its wishes by following the short regressive path, has thereby simply preserved for us a specimen of the *primary* method of operation of the psychic apparatus, which has been abandoned as inappropriate. What once prevailed in the waking state, when our psychic life was still young and inefficient, seems to have been banished into our nocturnal life; just as we still find in the nursery those discarded primitive weapons of adult humanity, the bow and arrow. *Dreaming is a fragment of the superseded psychic life of the child*. In the psychoses those modes of operation of the psychic apparatus which are normally suppressed in the waking state reassert themselves, and thereupon betray their inability to satisfy our demands in the outer world.[6]

The unconscious wish-impulses evidently strive to assert themselves even during the day, and the fact of transference, as well as the psychoses, tells us that they endeavour to force their way through the preconscious system to consciousness and the command of motility. Thus, in the censorship between *UCS.* and *PCS.*, which the dream forces us to assume, we must recognise and respect the guardian of our psychic health. But is it not carelessness on the part of this guardian to diminish his vigilance at night, and to allow the suppressed impulses of the *UCS.* to achieve expression, thus again making possible the process of hallucinatory regression? I think not, for when the critical guardian goes to rest -- and we have proof that his slumber is not profound -- he takes care to close the gate to motility. No matter what impulses from the usually inhibited *UCS.* may bustle about the stage, there is no need to interfere with them; they remain harmless, because they are not in a position to set in motion the motor apparatus which alone can operate to produce any change in the outer world. Sleep guarantees the security of the fortress which has to be guarded. The state of affairs is less harmless when a displacement of energies is produced, not by the decline at night in the energy put forth by the critical censorship, but by the pathological enfeeblement of the latter, or the pathological reinforcement of the unconscious excitations, and this while the preconscious is cathected and the gates of motility are open. The guardian is then overpowered; the unconscious excitations subdue the *PCS.*, and from the *PCS.* they dominate our speech and action, or they enforce hallucinatory regressions, thus directing an apparatus not designed for them by virtue of the attraction exerted by perceptions on the distribution of our psychic energy. We call this condition psychosis.

We now find ourselves in the most favourable position for continuing the construction of our psychological scaffolding, which we left after inserting the two systems, *UCS.* and *PCS.* However, we still have reason to give further consideration to the wish as the sole psychic motive-power in the dream. We have accepted the explanation that the reason why the dream is in every case a wish-fulfilment is that it is a function of the system *UCS.*, which knows no other aim than wish-fulfilment, and which has at its disposal no forces other than the wish-impulses. Now if we want to continue for a single moment longer to maintain our right to develop such far-reaching psychological speculations from the facts of dream-interpretation, we are in duty bound to show that they insert the dream into a context which can also embrace other psychic structures. If there exists a system of the *UCS.* -- or something sufficiently analogous for the purposes of our discussion -- the dream cannot be its sole manifestation; every dream may be a wish-fulfilment, but there must be other forms of abnormal wish-fulfilment as well as dreams. And in fact the theory of all psychoneurotic symptoms culminates in the one proposition *that they, too, must be conceived as wish-fulfilments of the unconscious*.[7] Our explanation makes the dream only the first member of a series of the greatest importance for the psychiatrist, the understanding of which means the solution of the purely psychological part of the psychiatric problem.[8] But in other members of this group of wish-fulfilments -- for example, in the hysterical symptoms -- I know of one essential characteristic which I have so far failed to find in the dream. Thus, from the investigations often alluded to in this treatise, I know that the formation of a hysterical symptom needs a junction of both the currents of our psychic life. The symptom is not merely the expression of a realised unconscious wish; the latter must be joined by another wish from the preconscious, which is fulfilled by the same symptom; so that the symptom is at least doubly determined, once by each of the conflicting systems. Just as in dreams, there is no limit to further over-determination. The determination which does not derive from the *UCS.* is, as far as I can see, invariably a thought-stream of reaction against the unconscious wish; for example, a self-punishment. Hence I can say, quite generally, that *a hysterical symptom originates only where two contrary wish-fulfilments, having their source in different psychic systems, are able to meet in a single expression*.[9] Examples would help us but little here, as nothing but a complete unveiling of the complications in question can carry conviction. I will therefore content myself with the bare assertion, and will cite one example, not because it proves anything, but simply as an illustration. The hysterical vomiting of a female patient proved, on the one hand, to be the fulfilment of an unconscious fantasy from the years of puberty -- namely, the wish that she might be continually pregnant, and have a multitude of children; and this was subsequently supplemented by the wish that she might have them by as many fathers as possible. Against this immoderate wish there arose a powerful defensive reaction. But as by the vomiting the patient might have spoilt her figure and her beauty, so that she would no longer find favour in any man's eyes, the symptom was also in keeping with the punitive trend of thought, and so, being admissible on both sides, it was allowed to become a reality. This is the same way of acceding to a wish-fulfilment as the queen of the Parthians was pleased to adopt in the case of the triumvir Crassus. Believing that he had undertaken his campaign out of greed for gold, she caused molten gold to be poured into the throat of the corpse. `Here thou hast what thou hast longed for!'

Of the dream we know as yet only that it expresses a wish-fulfilment of the unconscious; and apparently the dominant preconscious system permits this fulfilment when it has compelled the wish to undergo certain distortions. We are, moreover, not in fact in a position to demonstrate regularly the presence of a train of thought opposed to the dream-wish, which is realised in the dream as well as its antagonist. Only now and then have we found in dream-analyses signs of reaction-products as, for instance, my affection for my friend R. in the `dream of my uncle' (p. 48). But the contribution from the preconscious which is missing here may be found in another place. The dream can provide expression for a wish from the *UCS.* by means of all sorts of distortions, once the dominant system has withdrawn itself into the *wish to sleep*, and has realised this wish by producing the changes of cathexis within the psychic apparatus which are within its power; thereupon holding on to the wish in question for the whole duration of sleep.[10]

Now this persistent wish to sleep on the part of the preconscious has a quite general facilitating effect on the formation of dreams. Let us recall the dream of the father who, by the gleam of light from the death-chamber, was led to conclude that his child's body might have caught fire. We have shown that one of the psychic forces decisive in causing the father to draw this conclusion in the dream instead of allowing himself to be awakened by the gleam of light was the wish to prolong the life of the child seen in the dream by one moment. Other wishes originating in the repressed have probably escaped us, for we are unable to analyse this dream. But as a second source of motive power in this dream we may add the father's desire to sleep, for, like the life of the child, the father's sleep is prolonged for a moment by the dream. The underlying motive is: `Let the dream go on, or I must wake up.' As in this dream, so in all others, the wish to sleep lends its support to the unconscious wish. On page 35 we cited dreams which were manifestly dreams of convenience. But in truth all dreams may claim this designation. The efficacy of the wish to go on sleeping is most easily recognised in the awakening dreams, which so elaborate the external sensory stimulus that it becomes compatible with the continuance of sleep; they weave it into a dream in order to rob it of any claims it might make as a reminder of the outer world. But this wish to go on sleeping must also play its part in permitting all other dreams, which can only act as disturbers of the state of sleep from within. `Don't worry; sleep on; it's only a dream', is in many cases the suggestion of the *PCS.* to consciousness when the dream gets too bad; and this describes in a quite general way the attitude of our dominant psychic activity towards dreaming, even though the thought remains unuttered. I must draw the conclusion that *throughout the whole of our sleep we are just as certain that we are dreaming as we are certain that we are sleeping*. It is imperative to disregard the objection that our consciousness is never directed to the latter knowledge, and that it is directed to the former knowledge only on special occasions, when the censorship feels, as it were, taken by surprise. On the contrary, there are persons in whom the retention at night of the knowledge that they are sleeping and dreaming becomes quite manifest, and who are thus apparently endowed with the conscious faculty of guiding their dream-life. Such a dreamer, for example, is dissatisfied with the turn taken by a dream; he breaks it off without waking, and begins it afresh, in order to continue it along different lines, just like a popular author who, upon request, gives a happier ending to his play. Or on another occasion, when the dream places him in a sexually exciting situation, he thinks in his sleep: `I don't want to continue this dream and exhaust myself by an emission; I would rather save it for a real situation.'

The Marquis Hervey (Vaschide) declared that he had gained such power over his dreams that he could accelerate their course at will, and turn them in any direction he wished. It seems that in him the wish to sleep had accorded a place to another, a preconscious wish, the wish to observe his dreams and to derive pleasure from them. Sleep is just as compatible with such a wish-resolve as it is with some proviso as a condition of waking up (wet-nurse's sleep). We know, too, that in all persons an interest in dreams greatly increases the number of dreams remembered after waking.

Concerning other observations as to the guidance of dreams, Ferenczi states: `The dream takes the thought that happens to occupy our psychic life at the moment, and elaborates it from all sides. It lets any given dream-picture drop when there is a danger that the wish-fulfilment will miscarry, and attempts a new kind of solution, until it finally succeeds in creating a wish-fulfilment that satisfies in one compromise both instances of the psychic life.'

[1] They share this character of indestructibility with all other psychic acts that are really unconscious -- that is, with psychic acts belonging solely to the system *Ucs*. These paths are opened once and for all; they never fall into disuse; they conduct the excitation-process to discharge as often as they are charged again with unconscious excitation. To speak metaphorically, they suffer no other form of annihilation than did the shades of the lower regions in the *Odyssey*, who awoke to new life the moment they drank blood. The processes depending on the preconscious system are destructible in quite another sense. The psychotherapy of the neuroses is based on this difference.

[2] I have endeavoured to penetrate farther into the relations of the sleeping state and the conditions of hallucination in my essay, Metapsychological Supplement to the Theory of Dreams. *Collected Papers*, vol. iv, p. 137 (*Metapsychologische Ergänzung zur Traumlehre. Int. Zeitschr. f. Ps. A.* iv, 1916-18, *Ges. Schriften*, Bd. v. p. 520).

[3] Here one may consider the idea of the super-ego which was later recognised by psychoanalysis.

[4] In other words: the introduction of a `test of reality' is recognised as necessary.

[5] Le Lorrain justly extols the wish-fulfilments of dreams: `*Sans fatigue sérieuse, sans être obligé de recourir à cette lutte opiniâtre et longue qui use et corrode les jouissances poursuivies*.'

[6] I have further elaborated this train of thought elsewhere, where I have distinguished the two principles involved as the pleasure-principle and the reality-principle. `Formulations regarding the Two Principles in Mental Functioning', *Collected Papers*, vol. iv, p. 13 (*Formulierungen über die zwei Prinzipien des psychischen Geschehens in Ges. Schriften*, Bd. v, p. 409).

[7] Expressed more exactly: One portion of the symptom corresponds to the unconscious wish-fulfilment, while the other corresponds to the reaction-formation opposed to it.

[8] Hughlings Jackson has expressed himself as follows: `Find out all about dreams, and you will have found out all about insanity.'

[9] cf. my latest formulation of the origin of hysterical symptoms in the treatise on `Hysterical Fantasies and their Relation to Bisexuality', *Collected Papers*, vol. ii, p. 51 This forms Chapter X in the English edition of *Selected Papers on Hysteria and Other Psychoneuroses*.

[10] This idea has been borrowed from the theory of sleep of Liébault, who revived hypnotic research in modern times (*Du Sommeil provoqué*, etc., Paris, 1889).

D. WAKING CAUSED BY DREAMS, THE FUNCTION OF DREAMS, THE ANXIETY-DREAM

Now that we know that throughout the night the preconscious is orientated to the wish to sleep, we can follow the dream process with proper understanding. But let us first summarise what we already know about this process. We have seen that day-residues are left over from the waking activity of the mind, residues from which it has not been possible to withdraw all cathexis. Either one of the unconscious wishes has been aroused through the waking activity during the day or it so happens that the two coincide; we have already discussed the multifarious possibilities. Either already during the day or only on the establishment of the state of sleep the unconscious wish has made its way to the day-residues, and has effected a transference to them. Thus there arises a wish transferred to recent material; or the suppressed recent wish is revived by a reinforcement from the unconscious. This wish now endeavours to make its way to consciousness along the normal path of the thought processes, through the preconscious, to which indeed it belongs by virtue of one of its constituent elements. It is, however, confronted by the censorship which still subsists, and to whose influence it soon succumbs. It now takes on the distortion for which the way has already been paved by the transference to recent material. So far it is on the way to becoming something resembling an obsession, a delusion, or the like, i.e. a thought reinforced by a transference, and distorted in expression owing to the censorship. But its further progress is now checked by the state of sleep of the preconscious; this system has presumably protected itself against invasion by diminishing its excitations. The dream-process, therefore, takes the regressive course, which is just opened up by the peculiarity of the sleeping state, and in so doing follows the attraction exerted on it by memory-groups, which are, in part only, themselves present as visual cathexis, not as translations into the symbols of the later systems. On its way to regression it acquires representability. The subject of compression will be discussed later. The dream-process has by this time covered the second part of its contorted course. The first part threads its way progressively from the unconscious scenes or fantasies to the preconscious, while the second part struggles back from the boundary of the censorship to the tract of the perceptions. But when the dream-process becomes a perception-content, it has, so to speak, eluded the obstacle set up in the *Pcs.* by the censorship and the sleeping state. It succeeds in drawing attention to itself, and in being remarked by consciousness. For consciousness, which for us means a sense-organ for the apprehension of psychic qualities, can be excited in waking life from two sources: firstly, from the periphery of the whole apparatus, the perceptive system; and secondly, from the excitations of pleasure and pain which emerge as the sole psychic qualities yielded by the transpositions of energy in the interior of the apparatus. All other processes in the ψ-systems, even those in the preconscious, are devoid of all psychic quality, and are therefore not objects of consciousness, inasmuch as they do not provide either pleasure or pain for its perception. We shall have to assume that *these releases of pleasure and pain automatically regulate the course of the cathectic processes*. But in order to make possible more delicate performances, it subsequently proved necessary to render the flow of ideas more independent of pain-signals. To accomplish this, the *Pcs.* system needed qualities of its own which could attract consciousness, and most probably received them through the connection of the preconscious processes with the memory-system of speech symbols, which was not devoid of quality. Through the qualities of this system, consciousness, hitherto only a sense-organ for perceptions, now becomes also a sense-organ for a part of our thought-processes. There are now, as it were, two sensory surfaces, one turned toward perception and the other toward the preconscious thought-processes.

I must assume that the sensory surface of consciousness which is turned to the preconscious is rendered far more unexcitable by sleep than the surface turned toward the P-system. The giving up of interest in the nocturnal thought-process is, of course, an appropriate procedure. Nothing is to happen in thought; the preconscious wants to sleep. But once the dream becomes perception, it is capable of exciting consciousness through the qualities now gained. The sensory excitation performs what is in fact its function; namely, it directs a part of the cathectic energy available in the *Pcs.* to the exciting cause in the form of attention. We must therefore admit that the dream always has a *waking* effect -- that is, it calls into activity part of the quiescent energy of the *Pcs.* Under the influence of this energy, it now undergoes the process which we have described as secondary elaboration with a view to coherence and comprehensibility. This means that the dream is treated by this energy like any other perception-content; it is subjected to the same anticipatory ideas as far, at least, as the material allows. As far as this third part of the dream-process has any direction, this is once more progressive.

To avoid misunderstanding, it will not be amiss to say a few words as to the temporal characteristics of these dream-processes. In a very interesting discussion, evidently suggested by Maury's puzzling guillotine dream, Goblot tries to demonstrate that a dream takes up no other time than the transition period between sleeping and waking. The process of waking up requires time; during this time the dream occurs. It is supposed that the final picture of the dream is so vivid that it forces the dreamer to wake; in reality it is so vivid only because when it appears the dreamer is already very near waking. `*Un rêve, c'est un réveil qui commence.*'

It has already been pointed out by Dugas that Goblot, in order to generalise his theory, was forced to ignore a great many facts. There are also dreams from which we do not awaken; for example, many dreams in which we dream that we dream. From our knowledge of the dream-work, we can by no means admit that it extends only over the period of waking. On the contrary, we must consider it probable that the first part of the dream-work is already begun during the day, when we are still under the domination of the preconscious. The second phase of the dream-work, viz. the alteration by the censorship, the attraction exercised by unconscious scenes, and the penetration to perception, continues probably all through the night, and accordingly we may always be correct when we report a feeling that we have been dreaming all night, even although we cannot say what we have dreamed. I do not, however, think that it is necessary to assume that up to the time of becoming conscious the dream-processes really follow the temporal sequence which we have described; viz. that there is first the transferred dream-wish, then the process of distortion due to the censorship, and then the change of direction to regression, etc. We were obliged to construct such a sequence for the sake of description; in reality, however, it is probably rather a question of simultaneously trying this path and that, and of the excitation fluctuating to and fro, until finally, because it has attained the most apposite concentration, one particular grouping remains in the field. Certain personal experiences even incline me to believe that the dream-work often requires more than one day and one night to produce its result, in which case the extraordinary art manifested in the construction of the dream is shorn of its miraculous character. In my opinion, even the regard for the comprehensibility of the dream as a perceptual event may exert its influence before the dream attracts consciousness to itself. From this point, however, the process is accelerated, since the dream is henceforth subjected to the same treatment as any other perception. It is like fireworks, which require hours for their preparation and then flare up in a moment.

Through the dream-work, the dream-process now either gains sufficient intensity to attract consciousness to itself and to arouse the preconscious (quite independently of the time or profundity of sleep), or its intensity is insufficient, and it must wait in readiness until attention, becoming more alert immediately before waking, meets it half-way. Most dreams seem to operate with relatively slight psychic intensities, for they wait for the process of waking. This, then, explains the fact that as a rule we perceive something dreamed if we are suddenly roused from a deep sleep. Here, as well as in spontaneous waking, our first glance lights upon the perception-content created by the dream-work, while the next falls on that provided by the outer world.

But of greater theoretical interest are those dreams which are capable of waking us in the midst of our sleep. We may bear in mind the purposefulness which can be demonstrated in all other cases, and ask ourselves why the dream, that is, the unconscious wish, is granted the power to disturb our sleep, i.e. the fulfilment of the preconscious wish. The explanation is probably to be found in certain relations of energy which we do not yet understand. If we did so, we should probably find that the freedom given to the dream and the expenditure upon it of a certain detached attention represent a saving of energy as against the alternative case of the unconscious having to be held in check at night just as it is during the day. As experience shows, dreaming, even if it interrupts our sleep several times a night, still remains compatible with sleep. We wake up for a moment, and immediately fall asleep again. It is like driving off a fly in our sleep; we awake *ad hoc*. When we fall asleep again we have removed the cause of disturbance. The familiar examples of the sleep of wet-nurses, etc., show that the fulfilment of the wish to sleep is quite compatible with the maintenance of a certain amount of attention in a given direction.

But we must here take note of an objection which is based on a greater knowledge of the unconscious processes. We have ourselves described the unconscious wishes as always active, whilst nevertheless asserting that in the daytime they are not strong enough to make themselves perceptible. But when the state of sleep supervenes, and the unconscious wish has shown its power to form a dream, and with it to awaken the preconscious, why does this power lapse after cognisance has been taken of the dream? Would it not seem more probable that the dream should continually renew itself, like the disturbing fly which, when driven away, takes pleasure in returning again and again?

What justification have we for our assertion that the dream removes the disturbance to sleep?

It is quite true that the unconscious wishes are always active. They represent paths which are always practicable, whenever a quantum of excitation makes use of them. It is indeed an outstanding peculiarity of the unconscious processes that they are indestructible. Nothing can be brought to an end in the unconscious; nothing is past or forgotten. This is impressed upon us emphatically in the study of the neuroses, and especially of hysteria. The unconscious path of thought which leads to the discharge through an attack is forthwith passable again when there is a sufficient accumulation of excitation. The mortification suffered thirty years ago operates, after having gained access to the unconscious sources of affect, during all these thirty years as though it were a recent experience. Whenever its memory is touched, it revives, and shows itself to be cathected with excitation which procures a motor discharge for itself in an attack. It is precisely here that psychotherapy must intervene, its task being to ensure that the unconscious processes are settled and forgotten. Indeed, the fading of memories and the weak affect of impressions which are no longer recent, which we are apt to take as self-evident, and to explain as a primary effect of time on our psychic memory-residues, are in reality secondary changes brought about by laborious work. It is the preconscious that accomplishes this work; *and the only course which psychotherapy can pursue is to bring the Ucs. under the dominion of the Pcs.*

There are, therefore, two possible issues for any single unconscious excitation-process. Either it is left to itself, in which case it ultimately breaks through somewhere and secures, on this one occasion, a discharge for its excitation into motility, or it succumbs to the influence of the preconscious, and through this its excitation becomes *bound* instead of being *discharged. It is the latter case that occurs in the dream-process*. The cathexis from the *Pcs.* which goes to meet the dream once this has attained to perception, because it has been drawn thither by the excitation of consciousness, binds the unconscious excitation of the dream and renders it harmless as a disturber of sleep. When the dreamer wakes up for a moment, he has really chased away the fly that threatened to disturb his sleep. We may now begin to suspect that it is really more expedient and economical to give way to the unconscious wish, to leave clear its path to regression so that it may form a dream, and then to bind and dispose of this dream by means of a small outlay of preconscious work, than to hold the unconscious in check throughout the whole period of sleep. It was, indeed, to be expected that the dream, even if originally it was not a purposeful process, would have seized upon some definite function in the play of forces of the psychic life. We now see what this function is. The dream has taken over the task of bringing the excitation of the *Ucs.*, which had been left free, back under the domination of the preconscious; it thus discharges the excitation of the *Ucs.*, acts as a safety-valve for the latter, and at the same time, by a slight outlay of waking activity, secures the sleep of the preconscious. Thus, like the other psychic formations of its group, the dream offers itself as a compromise, serving both systems simultaneously, by fulfilling the wishes of both, in so far as they are mutually compatible. A glance at Robert's `elimination theory' will show that we must agree with this author on his main point, namely, the determination of the function of dreams, though we differ from him in our general presuppositions and in our estimation of the dream-process.[1]

The above qualification -- in *so far as the two wishes are mutually compatible* -- contains a suggestion that there may be cases in which the function of the dream fails. The dream-process is, to begin with, admitted as a wish-fulfilment of the unconscious, but if this attempted wish-fulfilment disturbs the preconscious so profoundly that the latter can no longer maintain its state of rest, the dream has broken the compromise, and has failed to perform the second part of its task. It is then at once broken off, and replaced by complete awakening. But even here it is not really the fault of the dream if, though at other times the guardian, it has now to appear as the disturber of sleep, nor need this prejudice us against its averred purposive character. This is not the only instance in the organism in which a contrivance that is usually to the purpose becomes inappropriate and disturbing so soon as something is altered in the conditions which engender it; the disturbance, then, at all events serves the new purpose of indicating the change, and of bringing into play against it the means of adjustment of the organism. Here, of course, I am thinking of the anxiety-dream, and lest it should seem that I try to evade this witness against the theory of wish-fulfilment whenever I encounter it, I will at least give some indications as to the explanation of the anxiety-dream.

That a psychic process which develops anxiety may still be a wish-fulfilment has long ceased to imply any contradiction for us. We may explain this occurrence by the fact that the wish belongs to one system (the *Ucs.*), whereas the other system (the *Pcs.*) has rejected and suppressed it.[2] The subjection of the *Ucs.* by the *Pcs.* is not thoroughgoing even in perfect psychic health; the extent of this suppression indicates the degree of our psychic normality. Neurotic symptoms indicate to us that the two systems are in mutual conflict; the symptoms are the result of a compromise in this conflict, and they temporarily put an end to it. On the one hand they afford the *Ucs.* a way out for the discharge of its excitation -- they serve it as a kind of sally-gate -- while, on the other hand, they give the *Pcs.* the possibility of dominating the *Ucs.* in some degree. It is instructive to consider, for example, the significance of a hysterical phobia, or of agoraphobia. A neurotic is said to be incapable of crossing the street alone, and this we should rightly call a `symptom'. Let someone now remove this symptom by constraining him to this action which he deems himself incapable of performing. The result will be an attack of anxiety, just as an attack of anxiety in the street has often been the exciting cause of the establishment of an agoraphobia. We thus learn that the symptom has been constituted in order to prevent the anxiety from breaking out. The phobia is thrown up before the anxiety like a frontier fortress.

We cannot enlarge further on this subject unless we examine the role of the affects in these processes, which can only be done here imperfectly. We will therefore affirm the proposition that the principal reason why the suppression of the *Ucs.* becomes necessary is that if the movement of ideas in the *Ucs.* were allowed to run its course, it would develop an affect which originally had the character of pleasure, but which, since the process of *repression*, bears the character of pain. The aim, as well as the result, of the suppression is to prevent the development of this pain. The suppression extends to the idea-content of the *Ucs.*, because the liberation of pain might emanate from this idea-content. We here take as our basis a quite definite assumption as to the nature of the development of affect. This is regarded as a motor or secretory function, the key to the innervation of which is to be found in the ideas of the *Ucs.* Through the domination of the *Pcs.* these ideas are as it were strangled, that is, inhibited from sending out the impulse that would develop the affect. The danger which arises if cathexis by the *Pcs.* ceases thus consists in the fact that the unconscious excitations would liberate an affect that -- in consequence of the repression that has previously occurred -- could only be felt as pain or anxiety.

This danger is released if the dream-process is allowed to have its own way. The conditions for its realisation are, that repressions shall have occurred, and that the suppressed wish-impulses can become sufficiently strong. They therefore fall entirely outside the psychological framework of dream-formation. Were it not for the fact that our theme is connected by just one factor with the theme of the development of anxiety, namely, by the setting free of the *Ucs.* during sleep, I could refrain from the discussion of the anxiety-dream altogether, and thus avoid all the obscurities involved in it.

The theory of the anxiety-dream belongs, as I have already repeatedly stated, to the psychology of the neuroses. I might further add that anxiety in dreams is an anxiety-problem and not a dream-problem. Having once exhibited the point of contact of the psychology of the neuroses with the theme of the dream-process, we have nothing further to do with it. There is only one thing left which I can do. Since I have asserted that neurotic anxiety has its origin in sexual sources, I can subject anxiety-dreams to analysis in order to demonstrate the sexual material in their dream-thoughts.

For good reasons I refrain from citing any of the examples so abundantly placed at my disposal by neurotic patients, and prefer to give some anxiety-dreams of children.

Personally, I have no real anxiety-dream for decades, but I do recall one from my seventh or eighth year which I subjected to interpretation some thirty years later. The dream was very vivid, and showed me *my beloved mother, with a peculiarly calm, sleeping countenance, carried into the room and laid on the bed by two (or three) persons with birds' beaks.* I awoke crying and screaming, and disturbed my parents' sleep. The peculiarly draped, excessively tall figures with beaks I had taken from the illustrations of Philippson's Bible; I believe they represented deities with the heads of sparrowhawks from an Egyptian tomb-relief. The analysis yielded, however, also the recollection of a house-porter's boy, who used to play with us children on meadow in front of the house; I might add that his name was Philip. It seemed to me then that I first heard from this boy the vulgar word signifying sexual intercourse, which is replaced among educated persons by the Latin word *coitus*, but which the dream plainly enough indicates by the choice of the birds' heads.[3] I must have guessed the sexual significance of the word from the look of my worldly-wise teacher. My mother's expression in the dream was copied from the countenance of my grandfather, whom I had seen a few days before his death snoring in a state of coma. The interpretation of the secondary elaboration in the dream must therefore have been that my *mother* was dying; the tomb-relief, too, agrees with this. I awoke with this anxiety, and could not calm myself until I had waked my parents. I remember that I suddenly became calm when I saw my mother; it was as though I had needed the assurance: then she is not dead. But this secondary interpretation of the dream had only taken place when the influence of the developed anxiety was already at work. I was not in a state of anxiety because I had dreamt that my mother was dying; I interpreted the dream in this manner in the preconscious elaboration because I was already under the domination of the anxiety. The latter, however, could be traced back, through the repression to a dark, plainly sexual craving, which had found appropriate expression in the visual content of the dream.

A man twenty-seven years of age, who had been seriously ill for a year, had repeatedly dreamed, between the ages of eleven and thirteen, dreams attended with great anxiety, to the effect that a man with a hatchet was running after him; he wanted to run away, but seemed to be paralysed, and could not move from the spot. This may be taken as a good and typical example of a very common anxiety-dream, free from any suspicion of a sexual meaning. In the analysis, the dreamer first thought of a story told him by his uncle (chronologically later than the dream), viz. that he was attacked at night in the street by a suspicious-looking individual; and he concluded from this association that he might have heard of a similar episode at the time of the dream. In association with the hatchet, he recalled that during this period of his life he once hurt his hand with a hatchet while chopping wood. This immediately reminded him of his relations with his younger brother, whom he used to maltreat and knock down. He recalled, in particular, one occasion when he hit his brother's head with his boot and made it bleed, and his mother said: `I'm afraid he will kill him one day.' While he seemed to be thus held by the theme of violence, a memory from his ninth year suddenly emerged. His parents had come home late and had gone to bed, whilst he was pretending to be asleep. He soon heard panting, and other sounds that seemed to him mysterious, and he could also guess the position of his parents in bed. His further thoughts showed that he had established an analogy between this relation between his parents and his own relation to his younger brother. He subsumed what was happening between his parents under the notion of `*an act of violence and a fight*.' The fact that he had frequently noticed *blood in his mother's bed* corroborated this conception.

That the sexual intercourse of adults appears strange and alarming to children who observe it, and arouses anxiety in them, is, I may say, a fact established by everyday experience. I have explained this anxiety on the ground that we have here a sexual excitation which is not mastered by the child's understanding, and which probably also encounters repulsion because their parents are involved, and is therefore transformed into anxiety. At a still earlier period of life the sexual impulse towards the parent of opposite sex does not yet suffer repression, but as we have seen (pp. 84-5) expresses itself freely.

For the night terrors with hallucinations (*pavor nocturnus*) so frequent in children I should without hesitation offer the same explanation. These, too, can only be due to misunderstood and rejected sexual impulses which, if recorded, would probably show a temporal periodicity, since an intensification of sexual *libido* may equally be produced by accidentally exciting impressions and by spontaneous periodic processes of development.

I have not the necessary observational material for the full demonstration of this explanation.[4] On the other hand, pediatrists seem to lack the point of view which alone makes intelligible the whole series of phenomena, both from the somatic and from the psychic side. To illustrate by a comical example how closely, if one is made blind by the blinkers of medical mythology, one may pass by the understanding of such cases, I will cite a case which I found in a thesis on *pavor nocturnus* (Debacker, 1881, p. 66).

A boy of thirteen, in delicate health, began to be anxious and dreamy; his sleep became uneasy, and once almost every week it was interrupted by an acute attack of anxiety with hallucinations. The memory of these dreams was always very distinct. Thus he was able to relate that the devil had shouted at him: `Now we have you, now we have you!' and then there was a smell of pitch and brimstone, and the fire burned his skin. From this dream he woke in terror; at first he could not cry out; then his voice came back to him, and he was distinctly heard to say: `No, no, not me; I haven't done anything,' or: `Please, don't; I will never do it again!' At other times he said: `Albert has never done that!' Later he avoided undressing, `because the fire attacked him only when he was undressed.' In the midst of these evil dreams, which were endangering his health, he was sent into the country, where he recovered in the course of eighteen months. At the age of fifteen he confessed one day: `*Je n'osais pas l'avouer, mais j'éprouvais continuellement des picotements et des surexcitations aux parties;*[5] *à la fin, cela m'énervait tant que plusieurs fois j'ai pensé me jeter par la fenêtre du dortoir*.'

It is, of course, not difficult to guess: (1) That the boy had practised masturbation in former years, that he had probably denied it, and was threatened with severe punishment for his bad habit. (His confession: *Je ne le ferai plus*; his denial: *Albert n'a jamais fait ça*) (2) That under the advancing pressure of puberty the temptation to masturbate was reawakened through the titillation of the genitals. (3) That now, however, there arose within him a struggle for repression, which suppressed the libido and transformed it into anxiety, and that this anxiety now gathered up the punishments with which he was originally threatened.

Let us, on the other hand, see what conclusions were drawn by the author (p. 69):

1. It is clear from this observation that the influence of puberty may produce in a boy of delicate health a condition of extreme weakness, and that this may lead to a *very marked cerebral anaemia*.[6]
2. This cerebral anaemia produces an alteration of character, demonomaniacal hallucinations, and very violent nocturnal, and perhaps also diurnal, states of anxiety.
3. The demonomania and the self-reproaches of the boy can be traced to the influences of a religious education which had acted upon him as a child.
4. All manifestations disappeared as a result of a lengthy sojourn in the country, bodily exercise, and the return of physical strength after the termination of puberty.
5. Possibly an influence predisposing to the development of the boy's cerebral state may be attributed to heredity and to the father's former syphilis.

Then finally come the concluding remarks: `*Nous avons fait entrer cette observation dans le cadre délires apyrétiques d'inanition, car c'est à l'ischémie cérébrale que nous rattachons cet état particulier*.'

[1] Is this the only function which we can attribute to dreams? I know of no other. A. Maeder, to be sure, has endeavoured to claim for the dream yet other `secondary' functions. He started from the just observation that many dreams contain attempts to provide solutions of conflicts, which are afterwards actually carried through. They thus behave like preparatory practice for waking activities. He therefore drew a parallel between dreaming and the play of animals and children, which is to be conceived as a training of the inherited instincts, and a preparation for their later serious activity, thus setting up a *fonction ludique* for the dream. A little while before Maeder, Alfred Adler likewise emphasised the function of `thinking ahead' in the dream. (An analysis which I published in 1905 contained a dream which may be conceived as a resolution-dream, which was repeated night after night until it was realised.)

But an obvious reflection must show us that this `secondary' function of the dream has no claim to recognition within the framework of any dream-interpretation. Thinking ahead, making resolutions, sketching out attempted solutions which can then perhaps be realised in waking life -- these and many more performances are functions of the unconscious and preconscious activities of the mind which continue as `day-residues' in the sleeping state, and can then combine with an unconscious wish to form a dream (see pp. 399-400). The function of `thinking ahead' in the dream is thus rather a function of preconscious waking thought, the result of which may be disclosed to us by the analysis of dreams or other phenomena. After the dream has so long been fused with its manifest content, one must now guard against confusing it with the latent dream-thoughts.

[2] `A second consideration, much more important and far-reaching, but equally overlooked by the laity, is the following. A wish-fulfilment must certainly bring some pleasure; but we go on to ask; ``To whom?'' Of course to the person who has the wish. But we know that the attitude of the dreamer towards his wishes is a peculiar one: he rejects them, censors them, in short, he will have none of them. Their fulfilment, then, can afford him no pleasure, rather the opposite, and here experience shows that this ``opposite'', which has still to be explained, takes the form of *anxiety*. The dreamer, where his wishes are concerned, is like two separate people closely linked together by some important thing in common. Instead of enlarging upon this I will remind you of a well-known fairy-tale in which you will see these relationships repeated. A good fairy promised a poor man and his wife to fulfil their first three wishes. They were delighted, and made up their minds to choose the wishes carefully. But the woman was tempted by the smell of some sausages being cooked in the next cottage and wished for two like them. Lo! and behold, there they were -- and the first wish was fulfilled. With that, the man lost his temper and in his resentment wished that the sausages might hang on the tip of his wife's nose. This also came to pass and the sausages could not be removed from their position; so the second wish was fulfilled, but it was the man's wish and its fulfilment was most unpleasant for the woman. You know the rest of the story: as they were after all man and wife the third wish had to be that the sausages should come off the end of the woman's nose. We might

make use of this fairytale many times over in other contexts, but here it need only serve to illustrate the fact that it is possible for the fulfilment of one person's wish to be very disagreeable to someone else, unless the two people are entirely at one!' *Introductory Lectures on Psycho-Analysis*, London, 1929, pp. 182-83.

[3] [The German of the word `bird' is *Vogel*, which gives origin to the vulgar expression *vögeln*, denoting sexual intercourse. -- TRANS.]

[4] This material has since been provided in abundance by the literature of psychoanalysis.

[5] The emphasis is my own, though the meaning is plain enough without it.

[6] The italics are mine.

E. THE PRIMARY AND SECONDARY PROCESSES; REPRESSION

In attempting to penetrate more profoundly into the psychology of the dream-processes, I have undertaken a difficult task, to which, indeed, my powers of exposition are hardly adequate. To reproduce the simultaneity of so complicated a scheme in terms of a successive description, and at the same time to make each part appear free from all assumptions, goes fairly beyond my powers. I have now to atone for the fact that in my exposition of the psychology of dreams I have been unable to follow the historic development of my own insight. The lines of approach to the comprehension of the dream were laid down for me by previous investigations into the psychology of the neuroses, to which I should not refer here, although I am constantly obliged to do so; whereas I should like to work in the opposite direction, starting from the dream, and then proceeding to establish its junction with the psychology of the neuroses. I am conscious of all the difficulties which this involves for the reader, but I know of no way to avoid them.

Since I am dissatisfied with this state of affairs, I am glad to dwell upon another point of view, which would seem to enhance the value of my efforts. As was shown in the introductory section, I found myself confronted with a theme which had been marked by the sharpest contradictions on the part of those who had written on it. In the course of our treatment of the problems of the dream, room has been found for most of these contradictory views. We have been compelled to take decided exception to two only of the views expressed: namely, that the dream is a meaningless process, and that it is a somatic process. Apart from these, we have been able to find a place for the truth of all the contradictory opinions at one point or another of the complicated tissue of the facts, and we have been able to show that each expressed something genuine and correct. That our dreams continue the impulses and interests of waking life has been generally confirmed by the discovery of the hidden dream-thoughts. These concern themselves only with things that seem to us important and of great interest. Dreams never occupy themselves with trifles. But we have accepted also the opposite view, namely, that the dream gathers up the indifferent residues of the day, and cannot seize upon any important interest of the day until it has in some measure withdrawn itself from waking activity. We have found that this holds true of the dream-content, which by means of distortion gives the dream-thought an altered expression. We have said that the dream-process, owing to the nature of the mechanism of association, finds it easier to obtain possession of recent or indifferent material, which has not yet been put under an embargo by our waking mental activity; and that on account of the censorship it transfers the psychic intensity of the significant but also objectionable material to the indifferent. The hypermnesia of the dream and its ability to dispose of infantile material have become the main foundations of our doctrine; in our theory of dreams we have assigned to a wish of infantile origin the part of the indispensable motive-power of dream-formation. It has not, of course, occurred to us to doubt the experimentally demonstrated significance of external sensory stimuli during sleep; but we have placed this material in the same relation' to the dream-wish as the thought-residues left over from our waking activity. We need not dispute the fact that the dream interprets objective sensory stimuli after the manner of an illusion; but we have supplied the motive for this interpretation, which has been left indeterminate by other writers. The interpretation proceeds in such a way that the perceived object is rendered harmless as a source of disturbance of sleep, whilst it is made usable for the wish-fulfilment. Though we do not admit as a special source of dreams the subjective state of excitation of the sensory organs during sleep (which seems to have been demonstrated by Trumbull Ladd), we are, nevertheless, able to explain this state of excitation by the regressive revival of the memories active behind the dream. As to the internal organic sensations, which are wont to be taken as the cardinal point of the explanation of dreams, these, too, find a place in our conception, though indeed a more modest one. These sensations -- the sensations of falling, of soaring, or of being inhibited -- represent an ever-ready material, which the dream-work can employ to express the dream-thought as often as need arises.

That the dream-process is a rapid and momentary one is, we believe, true as regards the perception by consciousness of the preformed dream-content; but we have found that the preceding portions of the dream-process probably follow a slow, fluctuating course. As for the riddle of the superabundant dream-content compressed into the briefest moment of time, we have been able to contribute the explanation that the dream seizes upon readymade formations of the psychic life. We have found that it is true that dreams are distorted and mutilated by the memory, but that this fact presents no difficulties, as it is only the last manifest portion of a process of distortion which has been going on from the very beginning of the dream-work. In the embittered controversy, which has seemed irreconcilable, whether the psychic life is asleep at night, or can make the same use of all its faculties as during the day, we have been able to conclude that both sides are right, but that neither is entirely so. In the dream-thoughts we found evidence of a highly complicated intellectual activity, operating with almost all the resources of the psychic apparatus; yet it cannot be denied that these dream-thoughts have originated during the day, and it is indispensable to assume that there is a sleeping state of the psychic life. Thus, even the doctrine of partial sleep received its due, but we have found the characteristic feature of the sleeping state not in the disintegration of the psychic system of connections, but in the special attitude adopted by the psychic system which is dominant during the day -- the attitude of the wish to sleep. The deflection from the outer world retains its significance for our view, too; though not the only factor at work, it helps to make possible the regressive course of the dream-representation. The abandonment of voluntary guidance of the flow of ideas is incontestable; but psychic life does not thereby become aimless, for we have seen that upon relinquishment of the voluntary directing ideas, involuntary ones take charge. On the other hand, we have not only recognised the loose associative connection of the dream, but have brought a far greater area within the scope of this kind of connection than could have been suspected; we have, however, found it merely an enforced substitute for another, a correct and significant type of association. To be sure, we too have called the dream absurd, but examples have shown us how wise the dream is when it simulates absurdity. As regards the functions that have been attributed to the dream, we are able to accept them all. That the dream relieves the mind, like a safety-valve, and that, as Robert has put it, all kinds of harmful material are rendered harmless by representation in the dream, not only coincides exactly with our own theory of the twofold wish-fulfilment in the dream, but in its very wording becomes more intelligible for us than it is for Robert himself. The free indulgence of the psyche in the play of its faculties is reproduced in our theory as the noninterference of the preconscious activity with the dream. The `return to the embryonal standpoint of psychic life in the dream,' and Havelock Ellis's remark that the dream is `*an archaic world of vast emotions and imperfect thoughts*,' appear to us as happy anticipations of our own exposition, which asserts that *primitive* modes of operations that are suppressed during the day play a part in the formation of dreams. We can fully identify ourselves with Sully's statement, that `our dreams bring back again our earlier and successively developed personalities, our old ways of regarding things, with impulses and modes of reaction which ruled us long ago'; and for us, as for Delage, the *suppressed* material becomes the mainspring of the dream.

We have fully accepted the role that Scherner ascribes to the dream-fantasy, and his own interpretations, but we have been obliged to transpose them, as it were, to another part of the problem. It is not the dream that creates the fantasy, but the activity of unconscious fantasy that plays the leading part in the formation of the dream-thoughts. We remain indebted to Scherner for directing us to the source of the dream-thoughts, but almost everything that he ascribes to the dream-work is attributable to the activity of the unconscious during the day, which instigates dreams no less than neurotic symptoms. The dream-work we had to separate from this activity as something quite different and far more closely controlled. Finally, we have by no means renounced the relation of the dream to psychic disturbances, but have given it, on new ground, a more solid foundation.

Held together by the new features in our theory as by a superior unity, we find the most varied and most contradictory conclusions of other writers fitting into our structure; many of them are given a different turn, but only a few of them are wholly rejected. But our own structure is still unfinished. For apart from the many obscure questions in which we have involved ourselves by our advance into the dark regions of psychology, we are now, it would seem, embarrassed by a new contradiction. On the one hand, we have made it appear that the dream-thoughts proceed from perfectly normal psychic activities, but on the other hand we have found among the dream-thoughts a number of entirely abnormal mental processes, which extend also to the dream-content, and which we reproduce in the interpretation of the dream. All that we have termed the `dream-work' seems to depart so completely from the psychic processes which we recognise as correct and appropriate that the severest judgments expressed by the writers mentioned as to the low level of psychic achievement of dreams must appear well founded.

Here, perhaps, only further investigations can provide an explanation and set us on the right path. Let me pick out for renewed attention one of the constellations which lead to dream-formation.

We have learned that the dream serves as a substitute for a number of thoughts derived from our daily life, and which fit together with perfect logic. We cannot, therefore, doubt that these thoughts have their own origin in our normal mental life. All the qualities which we value in our thought-processes, and which mark them out as complicated performances of a high order, we shall find repeated in the dream-thoughts. There is, however, no need to assume that this mental work is performed during sleep; such an assumption would badly confuse the conception of the psychic state of sleep to which we have hitherto adhered. On the contrary, these thoughts may very well have their origin in the daytime, and, unremarked by our consciousness, may have gone on from their first stimulus until, at the onset of sleep, they have reached completion. If we are to conclude anything from this state of affairs, it can only be that it proves *that the most complex mental operations are possible without the co-operation of consciousness* -- a truth which we have had to learn anyhow from every psychoanalysis of a patient suffering from hysteria or obsessions. These dream-thoughts are certainly not in themselves incapable of consciousness; if we have not become conscious of them during the day, this may have been due to various reasons. The act of becoming conscious depends upon a definite psychic function -- attention -- being brought to bear. This seems to be available only in a determinate quantity, which may have been diverted from the train of thought in question by other aims. Another way in which such trains of thought may be withheld from consciousness is the following: From our conscious reflection we know that, when applying our attention, we follow a particular course. But if that course leads us to an idea which cannot withstand criticism, we break off and allow the cathexis of attention to drop. Now, it would seem that the train of thought thus started and abandoned may continue to develop without our attention returning to it, unless at some point it attains a specially high intensity which compels attention. An initial conscious rejection by our judgment, on the ground of incorrectness or uselessness for the immediate purpose of the act of thought, may, therefore, be the cause of a thought-process going on unnoticed by consciousness until the onset of sleep.

Let us now recapitulate: We call such a train of thought a *preconscious* train, and we believe it to be perfectly correct, and that it may equally well be a merely neglected train or one that has been interrupted and suppressed. Let us also state in plain terms how we visualise the movement of our thought. We believe that a certain quantity of excitation, which we call `cathectic energy', is displaced from a purposive idea along the association paths selected by this directing idea. A `neglected' train of thought has received no such cathexis, and the cathexis has been withdrawn from one that was `suppressed' `or rejected'; both have thus been left to their own excitations. The train of thought cathected by some aim becomes able under certain conditions to attract the attention of consciousness, and by the mediation of consciousness it then receives `*hypercathexis*'. We shall be obliged presently to elucidate our assumptions as to the nature and function of consciousness.

A train of thought thus incited in the *Pcs.* may either disappear spontaneously, or it may continue. The former eventuality we conceive as follows: it diffuses its energy through all the association paths emanating from it, and throws the entire chain of thoughts into a state of excitation, which continues for a while, and then subsides, through the excitation which had called for discharge being transformed into dormant cathexis. If this first eventuality occurs, the process has no further significance for dream-formation. But other directing ideas are lurking in our preconscious, which have their source in our unconscious and ever-active wishes. These may gain control of the excitation in the circle of thoughts thus left to itself, establish a connection between it and the unconscious wish, and *transfer* to it the energy inherent in the unconscious wish. Henceforth the neglected or suppressed train of thought is in a position to maintain itself, although this reinforcement gives it no claim to access to consciousness. We may say, then, that the hitherto preconscious train of thought *has been drawn into the unconscious*.

Other constellations leading to dream-formation might be as follows: The preconscious train of thought might have been connected from the beginning with the unconscious wish, and for that reason might have met with rejection by the dominating aim-cathexis. Or an unconscious wish might become active for other (possibly somatic) reasons, and of its own accord seek a transference to the psychic residues not cathected by the *Pcs*. All three cases have the same result: there is established in the preconscious a train of thought which, having been abandoned by the preconscious cathexis, has acquired cathexis from the unconscious wish.

From this point onward the train of thought is subjected to a series of transformations which we no longer recognise as normal psychic processes, and which give a result that we find strange, a psychopathological formation. Let us now emphasise and bring together these transformations:

1. The intensities of the individual ideas become capable of discharge in their entirety, and pass from one idea to another, so that individual ideas are formed which are endowed with great intensity. Through the repeated occurrence of this process, the intensity of an entire train of thought may ultimately be concentrated in a single conceptual unit. This is the fact of *compression* or *condensation* with which we became acquainted when investigating the dream-work. It is condensation that is mainly responsible for the strange impression produced by dreams, for we know of nothing analogous to it in the normal psychic life that is accessible to consciousness. We get here, too, ideas which are of great psychic significance as nodal points or as end-results of whole chains of thought, but this value is not expressed by any character *actually manifest* for our internal perception; what is represented in it is not in any way made more intensive. In the process of condensation the whole set of psychic connections becomes transformed into the *intensity* of the idea-content. The situation is the same as when in the case of a book I italicise or print in heavy type any word to which I attach outstanding value for the understanding of the text. In speech I should pronounce the same word loudly and deliberately and with emphasis. The first simile points immediately to one of the examples which were given of the dream-work (trimethylamine in the dream of Irma's injection). Historians of art call our attention to the fact that the most ancient sculptures known to history follow a similar principle, in expressing the rank of the persons represented by the size of the statues. The king is made two or three times as tall as his retinue or his vanquished enemies. But a work of art of the Roman period makes use of more subtle means to accomplish the same end. The figure of the Emperor is placed in the centre, erect and in his full height, and special care is bestowed on the modelling of this figure; his enemies are seen cowering at his feet; but he is no longer made to seem a giant among dwarfs. At the same time, in the bowing of the subordinate to his superior, even in our own day, we have an echo of this ancient principle of representation.

The direction followed by the condensations of the dream is prescribed on the one hand by the true preconscious relations of the dream-thoughts, and on the other hand by the attraction of the visual memories in the unconscious. The success of the condensation-work produces those intensities which are required for penetration to the perception-system.

2. By the free transference of intensities, and in the service of the condensation, intermediary ideas -- compromises, as it were -- are formed (cf. the numerous examples). This, also, is something unheard of in the normal movement of our ideas, where what is of most importance is the selection and the retention of the right conceptual material. On the other hand, composite and compromise formations occur with extraordinary frequency when we are trying to find verbal expression for preconscious thoughts; these are considered `slips of the tongue'.

3. The ideas which transfer their intensities to one another are very loosely connected, and are joined together by such forms of association as are disdained by our serious thinking, and left to be exploited solely by wit. In particular, assonances and punning associations are treated as equal in value to any other associations.

4. Contradictory thoughts do not try to eliminate one another, but continue side by side, and often combine to form condensation-products, *as though no contradiction existed*; or they form compromises for which we should never forgive our thought, but which we frequently sanction in our action.

These are some of the most conspicuous abnormal processes to which the dream-thoughts which have previously been rationally formed are subjected in the course of the dream-work. As the main feature of these processes, we may see that the greatest importance is attached to rendering the cathecting energy mobile and *capable of discharge*; the content and the intrinsic significance of the psychic elements to which these cathexes adhere become matters of secondary importance. One might perhaps assume that condensation and compromise-formation are effected only in the service of regression, when the occasion arises for changing thoughts into images. But the analysis -- and still more plainly the synthesis -- of such dreams as show no regression towards images, e.g. the dream `Autodidasker: Conversation with Professor N.', reveals the same processes of displacement and condensation as do the rest.

We cannot, therefore, avoid the conclusion that two kinds of essentially different psychic processes participate in dream-formation; one forms perfectly correct and fitting dream-thoughts, equivalent to the results of normal thinking, while the other deals with these thoughts in a most astonishing and, as it seems, incorrect way. The latter process we have already set apart in Chapter Six as the dream-work proper. What can we say now as to the derivation of this psychic process?

It would be impossible to answer this question here if we had not penetrated a considerable way into the psychology of the neuroses, and especially of hysteria. From this, however, we learn that the same `incorrect' psychic processes -- as well as others not enumerated -- control the production of hysterical symptoms. In hysteria, too, we find at first a series of perfectly correct and fitting thoughts, equivalent to our conscious ones, of whose existence in this form we can, however, learn nothing, i.e. which we can only subsequently reconstruct. If they have forced their way anywhere to perception, we discover from the analysis of the symptom formed that these normal thoughts have been subjected to abnormal treatment, and *that by means of condensation and compromise-formation, through superficial associations which cover up contradictions, and eventually along the path of regression, they have been conveyed into the symptom*. In view of the complete identity between the peculiarities of the dream-work and those of the psychic activity which issues in psychoneurotic symptoms, we shall feel justified in transferring to the dream the conclusions urged upon us by hysteria.

From the theory of hysteria we borrow the proposition that *such an abnormal psychic elaboration of a normal train of thought takes place only when the latter has been used for the transference of an unconscious wish which dates from the infantile life and is in a state of repression*. Complying with this proposition, we have built up the theory of the dream on the assumption that the actuating dream-wish invariably originates in the unconscious; which, as we have ourselves admitted, cannot be universally demonstrated, even though it cannot be refuted. But in order to enable us to say just what *repression* is, after employing this term so freely, we shall be obliged to make a further addition to our psychological scaffolding.

We had elaborated the fiction of a primitive psychic apparatus, the work of which is regulated by the effort to avoid accumulation of excitation, and as far as possible to maintain itself free from excitation. For this reason it was constructed after the plan of a reflex apparatus; motility, in the first place as the path to changes within the body, was the channel of discharge at its disposal. We then discussed the psychic results of experiences of gratification, and were able at this point to introduce a second assumption, namely, that the accumulation of excitation -- by processes that do not concern us here -- is felt as pain, and sets the apparatus in operation in order to bring about again a state of gratification, in which the diminution of excitation is perceived as pleasure. Such a current in the apparatus, issuing from pain and striving for pleasure, we call a wish. We have said that nothing but a wish is capable of setting the apparatus in motion and that the course of any excitation in the apparatus is regulated automatically by the perception of pleasure and pain. The first occurrence of wishing may well have taken the form of a hallucinatory cathexis of the memory of gratification. But this hallucination, unless it could be maintained to the point of exhaustion, proved incapable of bringing about a cessation of the need, and consequently of securing the pleasure connected with gratification.

Thus, there was required a second activity -- in our terminology the activity of a second system -- which would not allow the memory-cathexis to force its way to perception and thence to bind the psychic forces, but would lead the excitation emanating from the need-stimulus by a detour, which by means of voluntary motility would ultimately so change the outer world as to permit the real perception of the gratifying object. Thus far we have already elaborated the scheme of the psychic apparatus; these two systems are the germ of what we set up in the fully developed apparatus as the *Ucs.* and the *Pcs.*

To change the outer world appropriately by means of motility requires the accumulation of a large total of experiences in the memory-systems, as well as a manifold consolidation of the relations which are evoked in this memory-material by various directing ideas. We will now proceed further with our assumptions. The activity of the second system, groping in many directions, tentatively sending forth cathexes and retracting them, needs on the one hand full command over all memory-material, but on the other hand it would be a superfluous expenditure of energy were it to send along the individual thought-paths large quantities of cathexis, which would then flow away to no purpose and thus diminish the quantity needed for changing the outer world. Out of a regard for purposiveness, therefore, I postulate that the second system succeeds in maintaining the greater part of the energic cathexes in a state of rest, and in using only a small portion for its operations of displacement. The mechanics of these processes is entirely unknown to me; anyone who seriously wishes to follow up these ideas must address himself to the physical analogies, and find some way of getting a picture of the sequence of motions which ensues on the excitation of the neurones. Here I do no more than hold fast to the idea that the activity of the first ψ-system aims at *the free outflow of the quantities of excitation*, and that the second system, by means of the cathexes emanating from it, effects an *inhibition* of this outflow, a transformation into dormant cathexis, probably with a rise of potential. I therefore assume that the course taken by any excitation under the control of the second system is bound to quite different mechanical conditions from those which obtain under the control of the first system. After the second system has completed its work of experimental thought, it removes the inhibition and damming up of the excitations and allows them to flow off into motility.

An interesting train of thought now presents itself if we consider the relations of this inhibition of discharge by the second system to the process of regulation by the pain-principle. Let us now seek out the counterpart of the primary experience of gratification, namely, the *objective experience of fear*. Let a perception-stimulus act on the primitive apparatus and be the source of a pain-excitation. There will then ensue uncoordinated motor manifestations, which will go on until one of these withdraws the apparatus from perception, and at the same time from the pain. On the reappearance of the percept this manifestation will immediately be repeated (perhaps as a movement of flight), until the percept has again disappeared. But in this case no tendency will remain to recathect the perception of the source of pain by hallucination or otherwise. On the contrary, there will be a tendency in the primary apparatus to turn away again from this painful memory-image immediately if it is in any way awakened, since the overflow of its excitation into perception would, of course, evoke (or more precisely, begin to evoke) pain. This turning away from a recollection, which is merely a repetition of the former flight from perception, is also facilitated by the fact that, unlike the perception, the recollection has not enough quality to arouse consciousness, and thereby to attract fresh cathexis. This effortless and regular turning away of the psychic process from the memory of anything that had once been painful gives us the prototype and the first example of *psychic repression*. We all know how much of this turning away from the painful, the tactics of the ostrich, may still be shown as present even in the normal psychic life of adults.

In obedience to the pain-principle, therefore, the first ψ-system is quite incapable of introducing anything unpleasant into the thought-nexus. The system cannot do anything but wish. If this were to remain so, the activity of thought of the second system, which needs to have at its disposal all the memories stored up by experience, would be obstructed. But two paths are now open: either the work of the second system frees itself completely from the pain-principle, and continues its course, paying no heed to the pain attached to given memories, or it contrives to cathect the memory of the pain in such a manner as to preclude the liberation of pain. We can reject the first possibility, as the pain-principle also proves to act as a regulator of the cycle of excitation in the second system; we are therefore thrown back upon the second possibility, namely, that this system cathects a memory in such a manner as to inhibit any outflow of excitation from it, and hence, also, the outflow, comparable to a motor-innervation, needed for the development of pain. And thus, setting out from two different starting-points, i.e. from regard for the pain-principle, and from the principle of the least expenditure of innervation, we are led to the hypothesis that cathexis through the second system is at the same time an inhibition of the discharge of excitation. Let us, however, keep a close hold on the fact -- for this is the key to the theory of repression -- *that the second system can only cathect an idea when it is in a position to inhibit any pain emanating from this idea*. Anything that withdrew itself from this inhibition would also remain inaccessible for the second system, i.e. would immediately be given up by virtue of the pain-principle. The inhibition of pain, however, need not be complete; it must be permitted to begin, since this indicates to the second system the nature of the memory, and possibly its lack of fitness for the purpose sought by the process of thought.

The psychic process which is alone tolerated by the first system I shall now call the *primary process*; and that which results under the inhibiting action of the second system I shall call the *secondary process*. I can also show at another point for what purpose the second system is obliged to correct the primary process. The primary process strives for discharge of the excitation in order to establish with the quantity of excitation thus collected *an identity of perception*; the secondary process has abandoned this intention, and has adopted instead the aim of an *identity of thought*. All thinking is merely a detour from the memory of gratification (taken as a purposive idea) to the identical cathexis of the same memory, which is to be reached once more by the path of motor experiences. Thought must concern itself with the connecting-paths between ideas without allowing itself to be misled by their intensities. But it is obvious that condensations of ideas and intermediate or compromise-formations are obstacles to the attainment of the identity which is aimed at; by substituting one idea for another they swerve away from the path which would have led onward from the first idea. Such procedures are, therefore, carefully avoided in our secondary thinking. It will readily be seen, moreover, that the pain-principle, although at other times it provides the thought-process with its most important clues, may also put difficulties in its way in the pursuit of identity of thought. Hence, the tendency of the thinking process must always be to free itself more and more from exclusive regulation by the pain-principle, and to restrict the development of affect through the work of thought to the very minimum which remains effective as a signal. This refinement in functioning is to be achieved by a fresh hyper-cathexis, effected with the help of consciousness. But we are aware that this refinement is seldom completely successful, even in normal psychic life, and that our thinking always remains liable to falsification by the intervention of the pain-principle.

This, however, is not the breach in the functional efficiency of our psychic apparatus which makes it possible for thoughts representing the result of the secondary thought-work to fall into the power of the primary psychic process; by which formula we may now describe the operations resulting in dreams and the symptoms of hysteria. This inadequacy results from the converging of two factors in our development, one of which pertains solely to the psychic apparatus, and has exercised a determining influence on the relation of the two systems, while the other operates fluctuatingly, and introduces motive forces of organic origin into the psychic life. Both originate in the infantile life, and are a precipitate of the alteration which our psychic and somatic organism has undergone since our infantile years.

When I termed one of the psychic processes in the psychic apparatus the *primary* process, I did so not only in consideration of its status and function, but was also able to take account of the temporal relationship actually involved. So far as we know, a psychic apparatus possessing only the primary process does not exist, and is to that extent a theoretical fiction; but this at least is a fact: that the primary processes are present in the apparatus from the beginning, while the secondary processes only take shape gradually during the course of life, inhibiting and overlaying the primary, whilst gaining complete control over them perhaps only in the prime of life. Owing to this belated arrival of the secondary processes, the essence of our being, consisting of unconscious wish-impulses, remains something which cannot be grasped or inhibited by the preconscious; and its part is once and for all restricted to indicating the most appropriate paths for the wish-impulses originating in the unconscious. These unconscious wishes represent for all subsequent psychic strivings a compulsion to which they must submit themselves, although they may perhaps endeavour to divert them and to guide them to superior aims. In consequence of this retardation, an extensive region of the memory-material remains in fact inaccessible to preconscious cathexis.

Now among these wish-impulses originating in the infantile life, indestructible and incapable of inhibition, there are some the fulfilments of which have come to be in contradiction with the purposive ideas of our secondary thinking. The fulfilment of these wishes would no longer produce an affect of pleasure, but one of pain; *and it is just this conversion of affect that constitutes the essence of what we call `repression'*. In what manner and by what motive forces such a conversion can take place constitutes the problem of repression, which we need here only touch upon in passing. It will suffice to note the fact that such a conversion of affect occurs in the course of development (one need only think of the emergence of disgust, originally absent in infantile life), and that it is connected with the activity of the secondary system. The memories from which the unconscious wish evokes a liberation of affect have never been accessible to the *Pcs.*, and for that reason this liberation cannot be inhibited. It is precisely on account of this generation of affect that these ideas are not now accessible even by way of the preconscious thoughts to which they have transferred the energy of the wishes connected with them. On the contrary, the pain-principle comes into play, and causes the *Pcs.* to turn away from these transference-thoughts. These latter are left to themselves, are `repressed', and thus the existence of a store of infantile memories, withdrawn from the beginning from the *Pcs.*, becomes the preliminary condition of repression.

In the most favourable case, the generation of pain terminates so soon as the cathexis is withdrawn from the transference thoughts in the *Pcs.*, and this result shows that the intervention of the pain-principle is appropriate. It is otherwise, however, if the repressed unconscious wish receives an organic reinforcement which it can put at the service of its transference-thoughts, and by which it can enable them to attempt to break through with their excitation, even if the cathexis of the *Pcs.* has been taken away from them. A defensive struggle then ensues, inasmuch as the *Pcs.* reinforces the opposite to the repressed thoughts (counter-cathexis), and the eventual outcome is that the transference-thoughts (the carriers of the unconscious wish) break through in some form of compromise through symptom-formation. But from the moment that the repressed thoughts are powerfully cathected by the unconscious wish-impulse, but forsaken by the preconscious cathexis, they succumb to the primary psychic process, and aim only at motor discharge; or, if the way is clear, at hallucinatory revival of the desired identity of perception. We have already found, empirically, that the `incorrect' processes described are enacted only with thoughts which are in a state of repression. We are now in a position to grasp yet another part of the total scheme of the facts. These `incorrect' processes are the *primary* processes of the psychic apparatus; they occur wherever ideas abandoned by the preconscious cathexis are left to themselves and can become filled with the uninhibited energy which flows from the unconscious and strives for discharge. There are further facts which go to show that the processes described as `incorrect' are not really falsifications of our normal procedure, or defective thinking, but the modes of operation of the psychic apparatus when freed from inhibition. Thus we see that the process of conveyance of the preconscious excitation to motility occurs in accordance with the same procedure, and that in the linkage of preconscious ideas with words we may easily find manifested the same displacements and confusions (which we ascribe to inattention). Finally, a proof of the increased work made necessary by the inhibition of these primary modes of procedure might be found in the fact that we achieve a *comical effect*, a surplus to be discharged through *laughter, if we allow these modes of thought to come to consciousness*.

The theory of the psychoneuroses asserts with absolute certainty that it can only be sexual wish-impulses from the infantile life, which have undergone repression (affect-conversion) during the developmental period of childhood, which are capable of renewal at later periods of development (whether as a result of our sexual constitution, which has, of course, grown out of an original bisexuality, or in consequence of unfavourable influences in our sexual life); and which therefore supply the motive power for all psychoneurotic symptom-formation. It is only by the introduction of these sexual forces that the gaps still demonstrable in the theory of repression can be filled. Here, I will leave it undecided whether the postulate of the sexual and infantile holds good for the theory of dreams as well; I am not completing the latter, because in assuming that the dream-wish invariably originates in the unconscious I have already gone a step beyond the demonstrable.[1] Nor will I inquire further into the nature of the difference between the play of psychic forces in dream-formation and in the formation of hysterical symptoms, since there is missing here the needed fuller knowledge of one of the two things to be compared. But there is another point which I regard as important, and I will confess at once that it was only on account of this point that I entered upon all the discussions concerning the two psychic systems, their modes of operation, and the fact of repression. It does not greatly matter whether I have conceived the psychological relations at issue with approximate correctness, or, as is easily possible in such a difficult matter, wrongly and imperfectly. However our views may change about the interpretation of the psychic censorship or the correct and the abnormal elaboration of the dream-content, it remains certain that such processes are active in dream-formation, and that in their essentials they reveal the closest analogy with the processes observed in the formation of hysterical symptoms. Now the dream is not a pathological phenomenon; it does not presuppose any disturbance of our psychic equilibrium; and it does not leave behind it any weakening of our efficiency or capacities. The objection that no conclusions can be drawn about the dreams of healthy persons from my own dreams and from those of my neurotic patients may be rejected without comment. If, then, from the nature of the given phenomena we infer the nature of their motive forces, we find that the psychic mechanism utilised by the neuroses is not newly-created by a morbid disturbance that lays hold of the psychic life, but lies in readiness in the normal structure of our psychic apparatus. The two psychic systems, the frontiercensorship between them, the inhibition and overlaying of the one activity by the other, the relations of both to consciousness -- or whatever may take the place of these concepts on a juster interpretation of the actual relations -- all these belong to the normal structure of our psychic instrument, and the dream shows us one of the paths which lead to a knowledge of this structure. If we wish to be content with a minimum of perfectly assured additions to our knowledge, we shall say that the dream affords proof that *the suppressed material continues to exist even in the normal person and remains capable of psychic activity*. Dreams are one of the manifestations of this suppressed material; theoretically this is true in all cases; and in tangible experience, it has been found true in at least a great number of cases, which happen to display most plainly the more striking features of the dream-life. The suppressed psychic material, which in the waking state has been prevented from expression and cut off from internal perception *by the mutual neutralisation of contradictory attitudes*, finds ways and means, under the sway of compromise-formations, of obtruding itself on consciousness during the night.

Flectere si nequeo Superos, Acheronta movebo.

At any rate, *the interpretation of dreams is the* via regia to *a knowledge of the unconscious element in our psychic life.*

By the analysis of dreams we obtain some insight into the composition of this most marvellous and most mysterious of instruments; it is true that this only takes us a little way, but it gives us a start which enables us, setting out from the angle of other (properly pathological) formations, to penetrate further in our disjoining of the instrument. For disease -- at all events that which is rightly called functional -- does not necessarily presuppose the destruction of this apparatus, or the establishment of new cleavages in its interior; it can be explained *dynamically* by the strengthening and weakening of the components of the play of forces, so many of the activities of which are covered up in normal functioning. It might be shown elsewhere how the fact that the apparatus is a combination of two instances also permits of a refinement of its normal functioning which would have been impossible to a single system.[2]

[1] Here, as elsewhere, there are gaps in the treatment of the subject, which I have deliberately left, because to fill them up would, on the one hand, require excessive labour, and, on the other hand, I should have to depend on material which is foreign to the dream. Thus, for example, I have avoided stating whether I give the word `suppressed' a different meaning from that of the word `repressed'. No doubt, however, it will have become clear that the latter emphasises more than the former the relation to the unconscious. I have not gone into the problem which obviously arises, of why the dream-thoughts undergo distortion by the censorship even when they abandon the progressive path to consciousness, and choose the path of regression. And so with other similar omissions. I have, above all, sought to give some idea of the problems to which the further dissection of the dream-work leads and to indicate the other themes with which these are connected. It was, however, not always easy to decide just where the pursuit should be discontinued. -- That I have not treated exhaustively the part which the psycho-sexual life plays in the dream, and have avoided the interpretation of dreams of an obviously sexual content, is due to a special reason -- which may not perhaps be that which the reader would expect. It is absolutely alien to my views and my neuropathological doctrines to regard the sexual life as a *pudendum* with which neither the physician nor the scientific investigator should concern himself. To me, the moral indignation which prompted the translator of Artemidorus of Daldis to keep from the reader's knowledge the chapter on sexual dreams contained in the *Symbolism of Dreams* is merely ludicrous. For my own part, what decided my procedure was solely the knowledge that in the explanation of sexual dreams I should be bound to get deeply involved in the still unexplained problems of perversion and bisexuality; it was for this reason that I reserved this material for treatment elsewhere.

[2] The dream is not the only phenomenon that permits us to base our psychopathology on psychology. In a short unfinished series of articles in the *Monatsschrift für Psychiatrie und Neurologie (Über den psychischen Mechanismus der Vergesslichkeit*, 1898, and *Über Deckerinnerungen*, 1899) I attempted to interpret a number of psychic manifestations from everyday life in support of the same conception. (These and other articles on `Forgetting', `Lapses of Speech', etc., have now been published in the *Psychopathology of Everyday Life.*)

F. THE UNCONSCIOUS AND CONSCIOUSNESS; REALITY

If we look more closely, we may observe that the psychological considerations examined in the foregoing chapter require us to assume, not the existence of two systems near the motor end of the psychic apparatus, but two *kinds of processes or courses taken by excitation*. But this does not disturb us; for we must always be ready to drop our auxiliary ideas, when we think we are in a position to replace them by something which comes closer to the unknown reality. Let us now try to correct certain views which may have taken a misconceived form as long as we regarded the two systems, in the crudest and most obvious sense, as two localities within the psychic apparatus -- views which have left a precipitate in the terms `repression' and `penetration'. Thus, when we say that an unconscious thought strives for translation into the preconscious in order subsequently to penetrate through to consciousness, we do not mean that a second idea has to be formed, in a new locality, like a paraphrase, as it were, whilst the original persists by its side; and similarly, when we speak of penetration into consciousness, we wish carefully to detach from this notion any idea of a change of locality. When we say that a preconscious idea is repressed and subsequently absorbed by the unconscious, we might be tempted by these images, borrowed from the idea of a struggle for a particular territory, to assume that an arrangement is really broken up in the one psychic locality and replaced by a new one in the other locality. For these comparisons we will substitute a description which would seem to correspond more closely to the real state of affairs; we will say that an energic cathexis is shifted to or withdrawn from a certain arrangement, so that the psychic formation falls under the domination of a given instance or is withdrawn from it. Here again we replace a topographical mode of representation by a dynamic one; it is not the psychic formation that appears to us as the mobile element, but its innervation.[1]

Nevertheless, I think it expedient and justifiable to continue to use the illustrative idea of the two systems. We shall avoid any abuse of this mode of representation if we remember that ideas, thoughts, and psychic formations in general must not in any case be localised in organic elements of the nervous system but, so to speak, *between them*, where resistances and association-tracks form the correlate corresponding to them. Everything that can become an object of internal perception is *virtual*, like the image in the telescope produced by the crossing of light-rays. But we are justified in thinking of the systems -- which have nothing psychic in themselves, and which never become accessible to our psychic perception -- as something similar to the lenses of the telescope, which project the image. If we continue this comparison, we might say that the censorship between the two systems corresponds to the refraction of rays on passing into a new medium.

Thus far, we have developed our psychology on our own responsibility; it is now time to turn and look at the doctrines prevailing in modern psychology, and to examine the relation of these to our theories. The problem of the unconscious in psychology is, according to the forcible statement of Lipps,[2] less *a* psychological problem than *the* problem of psychology. As long as psychology disposed of this problem by the verbal explanation that the `psychic' is the `conscious', and that `unconscious psychic occurrences' are an obvious contradiction, there was no possibility of a physician's observations of abnormal mental states being turned to any psychological account. The physician and the philosopher can meet only when both acknowledge that `unconscious psychic processes' is `the appropriate and justified expression for an established fact.' The physician cannot but reject, with a shrug of his shoulders, the assertion that `consciousness is the indispensable quality of the psychic'; if his respect for the utterances of the philosophers is still great enough, he may perhaps assume that he and they do not deal with the same thing and do not pursue the same science. For a single intelligent observation of the psychic life of a neurotic, a single analysis of a dream, must force upon him the unshakable conviction that the most complicated and the most accurate operations of thought, to which the name of psychic occurrences can surely not be refused, may take place without arousing consciousness.[3] The physician, it is true, does not learn of these unconscious processes until they have produced an effect on consciousness which admits of communication or observation. But this effect on consciousness may show a psychic character which differs completely from the unconscious process, so that internal perception cannot possibly recognise in the first a substitute for the second. The physician must reserve himself the right to penetrate, by a *process of deduction*, from the effect on consciousness to the unconscious psychic process; he learns in this way that the effect on consciousness is only a remote psychic product of the unconscious process, and that the latter has not become conscious as such, and has, moreover, existed and operated without in any way betraying itself to consciousness.

A return from the overestimation of the property of consciousness is the indispensable preliminary to any genuine insight into the course of psychic events. As Lipps has said, the unconscious must be accepted as the general basis of the psychic life. The unconscious is the larger circle which includes the smaller circle of the conscious; everything conscious has a preliminary unconscious stage, whereas the unconscious can stop at this stage, and yet claim to be considered a full psychic function. The unconscious is the true psychic reality; *in its inner nature it is just as much unknown to us as the reality of the external world, and it is just as imperfectly communicated to us by the data of consciousness as is the external world by the reports of our sense organs*.

We get rid of a series of dream-problems which have claimed much attention from earlier writers on the subject when the old antithesis between conscious life and dream-life is discarded, and the unconscious psychic assigned to its proper place. Thus, many of the achievements which are a matter for wonder in a dream are now no longer to be attributed to dreaming, but to unconscious thinking, which is active also during the day. If the dream seems to make play with a symbolical representation of the body, as Scherner has said, we know that this is the work of certain unconscious fantasies, which are probably under the sway of sexual impulses and find expression not only in dreams, but also in hysterical phobias and other symptoms. If the dream continues and completes mental work begun during the day, and even brings valuable new ideas to light, we have only to strip off the dream-disguise from this, as the contribution of the dream-work, and a mark of the assistance of dark powers in the depths of the psyche (cf. the devil in Tartini's sonata-dream). The intellectual achievement as such belongs to the same psychic forces as are responsible for all such achievements during the day. We are probably much too inclined to overestimate the conscious character even of intellectual and artistic production. From the reports of certain writers who have been highly productive, such as Goethe and Helmholtz, we learn, rather, that the most essential and original part of their creations came to them in the form of inspirations, and offered itself to their awareness in an almost completed state. In other cases, where there is a concerted effort of all the psychic forces, there is nothing strange in the fact that conscious activity, too, lends its aid. But it is the much-abused privilege of conscious activity to hide from us all other activities wherever it participates.

It hardly seems worth while to take up the historical significance of dreams as a separate theme. Where, for instance, a leader has been impelled by a dream to engage in a bold undertaking, the success of which has had the effect of changing history, a new problem arises only so long as the dream is regarded as a mysterious power and contrasted with other more familiar psychic forces. The problem disappears as soon as we regard the dream as a *form of expression* for impulses to which a resistance was attached during the day, whilst at night they were able to draw reinforcement from deep-lying sources of excitation.[4] But the great respect with which the ancient peoples regarded dreams is based on a just piece of psychological divination. It is a homage paid to the unsubdued and indestructible element in the human soul, to the *daemonic* power which furnishes the dream-wish, and which we have found again *in our unconscious*.

It is not without purpose that I use the expression *in our unconscious*, for what we so call does not coincide with the unconscious of the philosophers, nor with the unconscious of Lipps. As they use the term, it merely means the opposite of the conscious. That there exist not only conscious but also unconscious psychic processes is the opinion at issue, which is so hotly contested and so energetically defended. Lipps enunciates the more comprehensive doctrine that everything psychic exists as unconscious, but that some of it may exist also as conscious. But it is not to prove *this* doctrine that we have adduced the phenomena of dreams and hysterical symptom-formation; the observation of normal life alone suffices to establish its correctness beyond a doubt. The novel fact that we havé learned from the analysis of psycho-pathological formations, and indeed from the first member of the group, from dreams, is that the unconscious -- and hence all that is psychic -- occurs as a function of two separate systems, and that as such it occurs even in normal psychic life. There are consequently *two kinds of unconscious*, which have not as yet been distinguished by psychologists. Both are unconscious in the psychological sense; but in our sense the first, which we call *Ucs.*, is likewise *incapable of consciousness*; whereas the second we call *Pcs.* because its excitations, after the observance of certain rules, are capable of reaching consciousness; perhaps not before they have again undergone censorship, but nevertheless regardless of the *Ucs. system*. The fact that in order to attain consciousness the excitations must pass through an unalterable series, a succession of instances, as is betrayed by the changes produced in them by the censorship, has enabled us to describe them by analogy in spatial terms. We described the relations of the two systems to each other and to consciousness by saying that the system *Pcs.* is like a screen between the system *Ucs.* and consciousness. The system *Pcs.* not only bars access to consciousness, but also controls the access to voluntary motility, and has control of the emission of a mobile cathectic energy, a portion of which is familiar to us as attention.[5]

We must also steer clear of the distinction between the *superconscious* and the *subconscious*, which has found such favour in the more recent literature on the psychoneuroses, for just such a distinction seems to emphasise the equivalence of what is psychic and what is conscious.

What role is now left, in our representation of things, to the phenomenon of consciousness, once so all-powerful and overshadowing all else? None other than *that of a sense-organ for the perception of psychic qualities*. According to the fundamental idea of our schematic attempt we can regard conscious perception only as the function proper to a special system for which the abbreviated designation *Cs.* commends itself. This system we conceive to be similar in its mechanical characteristics to the perception-system P, and hence excitable by qualities, and incapable of retaining the trace of changes: i.e. devoid of memory. The psychic apparatus which, with the sense-organ of the P-systems, is turned to the outer world, is itself the outer world for the sense-organ of *Cs.*, whose teleological justification depends on this relationship. We are here once more confronted with the principle of the succession of instances which seems to dominate the structure of the apparatus. The material of excitation flows to the sense-organ *Cs.* from two sides: first from the P-system, whose excitation, qualitatively conditioned, probably undergoes a new elaboration until it attains conscious perception; and, secondly, from the interior of the apparatus itself, whose quantitative processes are perceived as a qualitative series of pleasures and pains once they have reached consciousness after undergoing certain changes.

The philosophers, who became aware that accurate and highly complicated thought-structures are possible even without the co-operation of consciousness, thus found it difficult to ascribe any function to consciousness; it appeared to them a superfluous mirroring of the completed psychic process. The analogy of our *Cs.* system with the perception-systems relieves us of this embarrassment. We see that perception through our sense organs results in directing an attention-cathexis to the paths along which the incoming sensory excitation diffuses itself; the qualitative excitation of the P-system serves the mobile quantity in the psychic apparatus as a regulator of its discharge. We may claim the same function for the overlying sense organ of the *Cs.* system. By perceiving new qualities, it furnishes a new contribution for the guidance and suitable distribution of the mobile cathexisquantities. By means of perceptions of pleasure and pain, it influences the course of the cathexes within the psychic apparatus, which otherwise operates unconsciously and by the displacement of quantities. It, is probable that the pain-principle first of all regulates the displacements of cathexis automatically, but it is quite possible that consciousness contributes a second and more subtle regulation of these qualities, which may even oppose the first, and perfect the functional capacity of the apparatus, by placing it in a position contrary to its original design, subjecting even that which induces pain to cathexis and to elaboration. We learn from neuro-psychology that an important part in the functional activity of the apparatus is ascribed to these regulations by the qualitative excitations of the sense-organs. The automatic rule of the primary pain-principle, together with the limitation of functional capacity bound up with it, is broken by the sensory regulations, which are themselves again automatisms. We find that repression, which, though originally expedient, nevertheless finally brings about a harmful lack of inhibition and of psychic control, overtakes memories much more easily than it does perceptions, because in the former there is no additional cathexis from the excitation of the psychic sense-organs. Whilst an idea which is to be warded off may fail to become conscious because it has succumbed to repression, it may on other occasions come to be repressed simply because it has been withdrawn from conscious perception on other grounds. These are clues which we make use of in therapy in order to undo accomplished repressions.

The value of the hyper-cathexis which is produced by the regulating influence of the *Cs.* sense-organs on the mobile quantity is demonstrated in a teleological context by nothing more clearly than by the creation of a new series of qualities, and consequently a new regulation, which constitutes the prerogative of man over the animals. For the mental processes are in themselves unqualitative except for the excitations of pleasure and pain which accompany them: which, as we know, must be kept within limits as possible disturbers of thought. In order to endow them with quality, they are associated in man with verbal memories, the qualitative residues of which suffice to draw upon them the attention of consciousness, which in turn endows thought with a new mobile cathexis.

It is only on a dissection of hysterical mental processes that the manifold nature of the problems of consciousness becomes apparent. One then receives the impression that the transition from the preconscious to the conscious cathexis is associated with a censorship similar to that between *Ucs.* and *Pcs*. This censorship, too, begins to act only when a certain quantitative limit is reached, so that thought-formations which are not very intense escape it. All possible cases of detention from consciousness and of penetration into consciousness under certain restrictions are included within the range of psychoneurotic phenomena; all point to the intimate and twofold connection between the censorship and consciousness. I shall conclude these psychological considerations with the record of two such occurrences.

On the occasion of a consultation a few years ago, the patient was an intelligent-looking girl with a simple, unaffected manner. She was strangely attired; for whereas a woman's dress is usually carefully thought out to the last pleat, one of her stockings was hanging down and two of the buttons of her blouse were undone. She complained of pains in one of her legs, and exposed her calf without being asked to do so. Her chief complaint, however, was as follows: She had a feeling in her body *as though something were sticking into it which moved to and fro and shook her through and through*. This sometimes seemed to make her whole body *stiff*. On hearing this, my colleague in consultation looked at me; the trouble was quite obvious to him. To both of us it seemed peculiar that this suggested nothing to the patient's mother, though she herself must repeatedly have been in the situation described by her child. As for the girl, she had no idea of the import of her words, or she would never have allowed them to pass her lips. Here the censorship had been hoodwinked so successfully that under the mask of an innocent complaint a fantasy was admitted to consciousness which otherwise would have remained in the preconscious.

Another example: I began the psychoanalytic treatment of a boy of fourteen who was suffering from *tic convulsif*, hysterical vomiting, headache, etc., by assuring him that after closing his eyes he would see pictures or that ideas would occur to him, which he was to communicate to me. He replied by describing pictures. The last impression he had received before coming to me was revived visually in his memory. He had been playing a game of checkers with his uncle, and now he saw the checkerboard before him. He commented on various positions that were favourable or unfavourable, on moves that were not safe to make. He then saw a dagger lying on the checkerboard -- an object belonging to his father, but which his fantasy laid on the checkerboard. Then a sickle was lying on the board; a scythe was added; and finally, he saw the image of an old peasant mowing the grass in front of his father's house far away. A few days later I discovered the meaning of this series of pictures. Disagreeable family circumstances had made the boy excited and nervous. Here was a case of a harsh, irascible father, who had lived unhappily with the boy's mother, and whose educational methods consisted of threats; he had divorced his gentle and delicate wife, and remarried; one day he brought home a young woman as the boy's new mother. The illness of the fourteen-year-old boy developed a few days later. It was the suppressed rage against his father that had combined these images into intelligible allusions. The material was furnished by a mythological reminiscence. The sickle was that with which Zeus castrated his father; the scythe and the image of the peasant represented Kronos, the violent old man who devours his children, and upon whom Zeus wreaks his vengeance in so unfilial a manner. The father's marriage gave the boy an opportunity of returning the reproaches and threats which the child had once heard his father utter because he *played* with his genitals (the draughtboard; the prohibited moves; the dagger with which one could kill). We have here long-impressed memories and their unconscious derivatives which, *under the guise of meaningless pictures*, have slipped into consciousness by the devious paths opened to them.

If I were asked what is the theoretical value of the study of dreams, I should reply that it lies in the additions to psychological knowledge and the beginnings of an understanding of the neuroses which we thereby obtain. Who can foresee the importance a thorough knowledge of the structure and functions of the psychic apparatus may attain, when even our present state of knowledge permits of successful therapeutic intervention in the curable forms of the psychoneuroses? But, it may be asked, what of the practical value of this study in regard to a knowledge of the psyche and discovery of the hidden peculiarities of individual character? Have not the unconscious impulses revealed by dreams the value of real forces in the psychic life? Is the ethical significance of the suppressed wishes to be lightly disregarded, since, just as they now create dreams, they may some day create other things?

I do not feel justified in answering these questions. I have not followed up this aspect of the problem of dreams. In any case, however, I believe that the Roman Emperor was in the wrong in ordering one of his subjects to be executed because the latter had dreamt that he had killed the Emperor. He should first of all have endeavoured to discover the significance of the man's dream; most probably it was not what it seemed to be. And even if a dream of a different content had actually had this treasonable meaning, it would still have been well to recall the words of Plato -- that the virtuous man contents himself with dreaming of that which the wicked man does in actual life. I am therefore of the opinion that dreams should be acquitted of evil. Whether any *reality* is to be attributed to the unconscious wishes, I cannot say. Reality must, of course, be denied to all transitory and intermediate thoughts. If we had before us the unconscious wishes, brought to their final and truest expression, we should still do well to remember that *psychic reality* is a special form of existence which must not be confounded with *material reality*. It seems, therefore, unnecessary that people should refuse to accept the responsibility for the immorality of their dreams. With an appreciation of the mode of functioning of the psychic apparatus, and an insight into the relations between conscious and unconscious, all that is ethically offensive in our dream-life and the life of fantasy for the most part disappears.

`What a dream has told us of our relations to the present (reality) we will then seek also in our consciousness, and we must not be surprised if we discover that the monster we saw under the magnifying-glass of the analysis is a tiny little infusorian' (H. Sachs).

For all practical purposes in judging human character, a man's actions and conscious expressions of thought are in most cases sufficient. Actions, above all, deserve to be placed in the front rank; for many impulses which penetrate into consciousness are neutralised by real forces in the psychic life before they find issue in action; indeed, the reason why they frequently do not encounter any psychic obstacle on their path is because the unconscious is certain of their meeting with resistance later. In any case, it is highly instructive to learn something of the intensively tilled soil from which our virtues proudly emerge. For the complexity of human character, dynamically moved in all directions, very rarely accommodates itself to the arbitrament of a simple alternative, as our antiquated moral philosophy would have it.

And what of the value of dreams in regard to our knowledge of the future? That, of course, is quite out of the question. One would like to substitute the words: `in regard to our knowledge of the past.' For in every sense a dream has its origin in the past. The ancient belief that dreams reveal the future is not indeed entirely devoid of truth. By representing a wish as fulfilled the dream certainly leads us into the future; but this future, which the dreamer accepts as his present, has been shaped in the likeness of the past by the indestructible wish.

[1] This conception underwent elaboration and modification when it was recognised that the essential character of a preconscious idea was its connection with the residues of verbal ideas (The Unconscious, *Collected Papers*, vol. iv, p. 98).

[2] *Der Begriff des Unbewussten in der Psychologie*. Lecture delivered at the Third International Psychological Congress at Munich, 1897.

[3] I am happy to be able to point to an author who has drawn from the study of dreams the same conclusion as regards the relation between consciousness and the unconscious. Du Prel says: `The problem: what is the psyche, manifestly requires a preliminary examination as to whether consciousness and psyche are identical. But it is just this

preliminary question which is answered in the negative by the dream, which shows that the concept of the psyche extends beyond that of consciousness, much as the gravitational force of a star extends beyond its sphere of luminosity' (*Philos. d. Mystik*, p. 47). `It is a truth which cannot be sufficiently emphasised that the concepts of consciousness and of the psyche are not co-extensive' (p. 306).

[4] cf. here the dream (Σα–τνρος) of Alexander the Great at the siege of Tyre (p. 13, note 4).

[5] Cf. here my remarks in the *Proceedings of the Society for Psychical Research*, vol. xxvi, in which the descriptive, dynamic and systematic meanings of the ambiguous word `unconscious' are distinguished from one another.